Einführung Theoretische Meteorologie

meiner Frau

Michael Hantel

Einführung
Theoretische Meteorologie

 Springer Spektrum

Michael Hantel
Universität Wien
michael.hantel@univie.ac.at

ISBN 978-3-8274-3055-7　　　　　　　ISBN 978-3-8274-3056-4 (eBook)
DOI 10.1007/978-3-8274-3056-4

Die Deutsche Nationalbibliothek verzeichnet diese Publikation in der Deutschen Nationalbibliografie;
detaillierte bibliografische Daten sind im Internet über http://dnb.d-nb.de abrufbar.

Springer Spektrum
© Springer-Verlag Berlin Heidelberg 2013

Planung und Lektorat: Merlet Behncke-Braunbeck, Stefanie Adam
Redaktion: Dr. Michael Zillgitt
Grafiken: Dr. Dieter Mayer
Satz: Dr. Dieter Mayer
Einbandabbildung: © NASA/SSAI, Hal Pierce
Einbandentwurf: SpieszDesign, Neu-Ulm

Gedruckt auf säurefreiem und chlorfrei gebleichtem Papier

Springer Spektrum ist eine Marke von Springer DE.
Springer DE ist Teil der Fachverlagsgruppe Springer Science+Business Media
www.springer-spektrum.de

Motto:
Alles sollte so einfach wie möglich gemacht werden, aber nicht einfacher.
Albert Einstein

Vorwort

Dieses Buch ist hervorgegangen aus Vorlesungen über theoretische Meteorologie an der Universität Wien. Im derzeitigen Bachelor-Studium entspricht es ungefähr dem Umfang der Fächer Strahlung, Thermodynamik, Dynamik I und II.

Das Ziel des Bachelor-Studiums der Meteorologie an der Universität Wien ist der Erwerb akademischer Kernkompetenzen und theoretisch fundierter Problemlösungskompetenz. Das Studium soll eine breite Grundausbildung vermitteln und, aufbauend auf den mathematischen Grundlagen der Physik, mit der spezifischen Denk- und Arbeitsweise in der Meteorologie vertraut machen (vgl. Homepage des *Instituts für Meteorologie und Geophysik* der Universität Wien: http://img.univie.ac.at/studium/).

Dazu will das vorliegende Buch dienen. Leserin und Leser[1] sollen in die Begriffswelt der theoretischen Meteorologie eingeführt werden. Zu diesem Gebirge gibt es viele Zugänge. Die Zugänge in diesem Buch sind subjektiv, wie es nicht anders sein kann, und sie entsprechen sicher nicht jedem Geschmack. Beispielsweise werden die Bewegungsgleichungen auf der gekrümmten Erde nicht, wie in manchen anderen Lehrbüchern, durch Vektortransformationen abgeleitet, sondern sie folgen aus den Euler-Lagrange-Gleichungen in generalisierten Koordinaten – der Autor findet das einfacher (und der Leser mag entdecken, dass ihm die energetische Konsistenz der Gleichungen ohne Mehrarbeit in den Schoß fällt). Am Ende des Buches soll der Leser trotz der subjektiv getroffenen Auswahl zu einer Art von Weltbild der theoretischen Meteorologie kommen. Dies möge ihn später befähigen, andere (vielleicht bessere) Zugänge aus eigener Kraft zu finden.

Methodisch beschränkt sich daher der Stoff auf die Grundlagen. Im Mittelpunkt steht die Begriffsbildung. Wir versuchen in diesem Buch, besonders zentrale und gleichzeitig vertrackte Begriffe durch motivierende Erklärung dem Neuling nahe zu bringen. Manche Aspekte in der Thermodynamik oder der Hydrodynamik sind so abstrakt, dass der Anfänger beim Fehlen überzeugender Erklärungen nach einiger Zeit aufgibt und sich sagt: „Was die Entropie ist, kann man gar nicht verstehen. Da ist es am besten, ich lerne die Formel soundso für die Prüfung auswendig und vergesse die Thermodynamik nachher möglichst sofort wieder."

---

[1]Die Leserin steht an erster Stelle, wie man sieht. Der Autor bittet sie dennoch um das Privileg, ab hier die maskuline Form des Lesers verwenden zu dürfen, weil sie ihm gewohnheitsmäßig als *pars pro toto* leichter von der Hand geht.

Das ist nicht die Idee des akademischen Studiums (sowenig dagegen spricht, einige besonders zentrale Formeln auswendig zu wissen – das wird in diesem Buch durch die Seiten *Kurz und klar* auch durchaus unterstützt). Auch im modernen Bachelor-Studium unter den Rahmenbedingungen des Bologna-Prozesses muss es darum gehen, die begrifflichen Grundlagen überzeugend, und dadurch bleibend, zu vermitteln.

Die Meteorologie hat hier ein Problem, denn sie ist ein Fach, das methodisch bei vielen Grundlagenfächern (Mathematik, Physik und Chemie) Anleihen aufnimmt; dennoch ist die Meteorologie ein eigenständiges Fach. Ein Beispiel ist der Wind. Diesen kann man in eine divergente und eine rotierende Komponente zerlegen, wie in der theoretischen Physik gezeigt wird. Aber die theoretische Physik interessiert sich anschließend nicht für die Rotation, sondern nur für die divergente Potenzialströmung, die ausführlich behandelt wird (so im Lehrbuch der Nobelpreisträger Landau und Lifschitz). In der Meteorologie dagegen ist die rotierende Komponente ausschlaggebend, wie die Hochs und die Tiefs zeigen. Wer hat nun Recht? Der Physiker mit seiner Potenzialströmung oder der Meteorologe mit seiner Rotationsströmung? Natürlich haben beide Recht, und jedes Fach sollte auf seinem gut begründeten Standpunkt bestehen. Daran sieht man aber, wie die Wahrnehmung in verschiedenen Fächern unterschiedlich sein kann. Solche Zusammenhänge soll der Leser am Ende durchschauen.

Niemand, der theoretische Meteorologie betreibt, kann sich früher oder später der Faszination der axiomatischen Methode entziehen. Hier werden – ausgehend von als evident geltenden Axiomen – alle anderen Aussagen des theoretischen Apparats nur durch konsequentes Schließen entwickelt. Großartige Beispiele dafür sind Elektrodynamik oder Relativitätstheorie. Der Theoretiker möchte das in der Meteorologie am liebsten genauso machen. Aber bei einem Lehrbuch muss er damit vorsichtig sein, denn dem Leser ist die Axiomatik meist zu abstrakt. Auch stößt ihre konsequente Anwendung in unserem Fach schnell an Grenzen. Wir versuchen daher einen vermittelnden Weg zu gehen: Axiomatik da, wo es einfach und noch durchsichtig ist (z. B. bei der Gibbsschen Form in der Thermodynamik – klingt vornehm, ist aber nicht wirklich kompliziert) und auf den Einzelfall konzentriert dort, wo ein anschauliches Verständnis notwendig und hilfreich ist (z. B. bei der mehrfach gegebenen Ableitung der Transformation auf Druckkoordinaten – klingt harmlos, ist aber ein bisschen tückisch). Ob die Balance hier gelungen ist, möge der Leser entscheiden.

Die großen Teilgebiete in der Meteorologie, für die der Autor ein Grundverständnis vermitteln möchte, sind Strahlung, Thermodynamik, Hydrodynamik, barotrope Prozesse, Turbulenz und Grenzschicht, barokline Prozesse und globale Haushalte. Jedes dieser Gebiete stellt einen Hauptteil des Buches dar. Bei dem angestrebten zusammenhängenden Gesamtbild muss man aber viele Kompromisse eingehen. Stiefmütterlich bis gar nicht behandelt werden beispielsweise die atmosphärische Chemie und die Fronten. Für den Leser, der schon mit etwas Vorwissen an die theoretische Meteorologie herangeht, seien die folgenden Akzente genannt, die bei der Lektüre als Leitfaden dienen können: Erstens zielt die Darstellung der verschiedenen Haushalte immer wieder auf die enorme Bedeutung der *Erhaltungssätze* für Energie, Masse und Impuls ab; das ist der Unterschied zum Geld, das auch einen Haushalt hat, aber keinem Erhaltungssatz gehorcht. Zweitens setzen wir uns bei der Kontinuitätsgleichung, einem Kernbegriff der Theorie, mit der Frage auseinander, warum auch die moderne Meteorologie nicht so modern ist wie die Quantenphysik, sondern klassische *Kontinuumsphysik* bleibt. Und drittens stellt sich eine mehr anwendungsbezogene Frage: Warum führen der barotrope und der barokline Ansatz, trotz ihrer großen Verschiedenheit, zu weitgehend gleichen Ergebnissen im quasigeostrophischen Modell, insbesondere bei der *Vorticity-Gleichung*? Wenn der Leser hier die Übersicht behält, ist ein wesentliches Ziel des Buches erreicht.

Die häufiger angewandten mathematischen Methoden sind im Anhang – etwas unsystematisch – zusammengestellt; dort wird beispielsweise auch begründet, warum dieses Buch für den natürlichen Logarithmus ausschließlich die Bezeichnung „log" verwendet (mit dem Ergebnis, dass „ln" gar nicht vorkommt). Im Anhang findet sich außerdem eine (nach subjektiven Gesichtspunkten erstellte) Liste weiterführender Literatur. Abschließend sei noch eine formale Bemerkung zu den Seiten *Kurz und klar* gestattet. Im Text der einzelnen Kapitel finden sich einfach umrahmte und auch doppelt umrahmte Gleichungen. Die einfach umrahmten sind ziemlich wichtig; die doppelt umrahmten sind so wichtig, dass man einige davon auswendig lernen könnte. Nur doppelt umrahmte Formeln wurden in die Seiten *Kurz und klar* aufgenommen.

Mein Dank geht zuerst an Herrn Dr. Dieter Mayer (Universität Wien), der durch ein gemeinsam herausgegebenes Skriptum „Theoretische Meteorologie" die Grundlage für dieses Buch mit gelegt hat; außerdem hat er das technische Entstehen des Buches begleitet und alle Abbildungen erstellt.

Ferner danke ich einer Zahl von KollegInnen für wertvolle Hinweise (ohne Titel, in alphabetischer Reihenfolge): Katharina Brazda, Niko Filipovic, Petra Friederichs, Leopold Haimberger, Fritz Herbert, Stefan Hofer, Sebastian Koblinger, Helmut Kraus, Fabian Lehner, Peter Nevir, Helmut Pichler, Matthias Schlaisich, Johannes Schmetz, Petra Seibert, Stefano Serafin, und Lukas Strauss. Ebenso danke ich den Fachleuten des Springer-Verlags für die so effiziente und angenehme Zusammenarbeit.

Wien, im September 2012   Michael Hantel

Inhaltsverzeichnis

Teil I

Strahlung

Kurz und klar

Die wichtigsten Strahlungsformeln

$$\text{Strahldichte (engl. radiance):} \quad L(e) \tag{I.1}$$

$$\text{Strahlungsflussdichte (abgekürzt Fluss):} \quad \boldsymbol{F} = \int L\,\boldsymbol{e}\,\mathrm{d}\omega \tag{I.2}$$

$$\text{Strahlungsfluss:} \quad \Phi = (\boldsymbol{F} \cdot \boldsymbol{n})\,A \tag{I.3}$$

$$\text{Raumwinkel:} \quad \mathrm{d}\omega = \frac{\mathrm{d}f}{s^2} = \sin\vartheta\,\mathrm{d}\vartheta\,\mathrm{d}\alpha \tag{I.4}$$

$$\text{Heizungsrate:} \quad \rho\,Q = -\boldsymbol{\nabla} \cdot \boldsymbol{F} \tag{I.5}$$

$$\text{Strahlungsheizung:} \quad \frac{\partial T}{\partial t} \approx -\frac{g}{c_p}\,\frac{\partial F_p}{\partial p} \tag{I.6}$$

$$\text{Spektrum:} \quad L = \int_{\lambda=0}^{\infty} L_\lambda\,\mathrm{d}\lambda; \quad B = \int_{x=0}^{\infty} B_x\,\mathrm{d}x \quad \text{mit} \quad x = \frac{h\,\nu}{k\,T} \tag{I.7}$$

$$\text{Stefan-Boltzmann-Gesetz (schwarzer Strahler):} \quad B(T) = \frac{\sigma\,T^4}{\pi} \tag{I.8}$$

$$\text{Planck-Formel:} \quad B_x = \frac{\sigma\,T^4}{\pi}\,f(x) \quad \text{mit} \quad f(x) = \frac{15}{\pi^4}\,\frac{x^3}{\mathrm{e}^x - 1} \tag{I.9}$$

$$\text{Stefan-Boltzmann-Konstante:} \quad \sigma = 5.67 \cdot 10^{-8}\,\frac{\text{W}}{\text{m}^2 \cdot \text{K}^4} \tag{I.10}$$

$$\text{Strahlungstemperaturen:} \quad T_{\text{Sonne}} = 5\,780\ \text{K}; \quad T_{\text{Erde}} = 255\ \text{K} \tag{I.11}$$

$$\text{Optischer Weg } \tau: \quad \mathrm{d}L_\lambda = -L_\lambda \cdot \mathrm{d}\tau \tag{I.12}$$

$$\text{Beersches Gesetz } (k = \text{Massenextinktionskoeffizient}): \quad \mathrm{d}\tau = k\,\rho\,\mathrm{d}s \tag{I.13}$$

$$\text{Strahlungsübertragungsgleichung (SÜG):} \quad \mathrm{d}L_\lambda = (J_\lambda - L_\lambda)\,\mathrm{d}\tau \tag{I.14}$$

$$\text{SÜG, Lösung:} \quad L_\lambda(\tau) = \mathrm{e}^{-(\tau-\tau_0)}\,L_\lambda(\tau_0) + \int_{\tau'=\tau_0}^{\tau'=\tau} J_\lambda(\tau')\,\mathrm{e}^{-(\tau-\tau')}\,\mathrm{d}\tau' \tag{I.15}$$

1 Allgemeine Strahlungsgesetze

Strahlung ist ein elektrodynamischer Vorgang. In diesem Kapitel werden die elementaren Gesetze zusammengestellt, welche die Strahlungsprozesse beschreiben. Die Darstellung ist deskriptiv. Auf die dahinter stehenden elektrodynamischen Gesetzmäßigkeiten, insbesondere die Maxwellschen Gleichungen, wird kein Bezug genommen.

1.1 Grundbegriffe

1.1.1 Strahlungsfluss und Strahldichte

Der *Fluss* der Strahlung ist die Grundlage unserer Begriffsbildung. Am einfachsten vorstellen kann man sich den Fluss am Beispiel von fließendem Wasser, hier etwa als jene Masse oder jenes Volumen von Wasser, das pro Zeiteinheit durch ein Rohr strömt, jedoch ungeachtet der Durchflussfläche. Die Einheit wäre hier beispielsweise Kilogramm pro Sekunde (kg/s).[1]

Analog kann man einen Energiefluss oder *Strahlungsfluss* definieren. Wir betrachten die Menge E an Strahlungsenergie, die pro Zeit t fließt: $\Phi = E/t$. Die zugehörige Einheit ist $J/s = W$. Ein für uns bedeutender Strahlungsfluss ist jener der Sonne mit dem Betrag von $\Phi_{\text{Sonne}} = 3.85 \cdot 10^{26}$ W. Das ist der gesamte Strahlungsfluss, der aus der Sonne austritt, also die *Strahlungsleistung der Sonne*.

Bezieht man den Strahlungsfluss auf die Fläche A, durch die er hindurch tritt, so gelangt man zur *Strahlungsflussdichte* (oder Irradianz) F:

---

[1] Ab sofort verwenden wir die Einheitenzeichen: kg, s, m, J, W, N.

$$F = \frac{\Phi}{A} \qquad \text{mit der Einheit} \qquad \frac{\text{W}}{\text{m}^2} \tag{1.1}$$

Für die Strahlungsflussdichte der Sonne (mit dem Radius r_{Sonne}) ergibt sich

$$F_{\text{Sonne}} = \frac{\Phi_{\text{Sonne}}}{4\pi\, r_{\text{Sonne}}^2} \approx 6.33 \cdot 10^7 \, \frac{\text{W}}{\text{m}^2} \tag{1.2}$$

Diese Zahl kann man sich etwa so veranschaulichen: Je 10 bis 20 m^2 der Sonnen-oberfläche geben in Form reiner Strahlung die (elektrische) Leistung eines modernen Kohle- oder Kernkraftwerks ab (typisches Steinkohlekraftwerk: 700 MW; Kernkraftwerk: 1400 MW).

Fragt man nach der Strahlungsflussdichte in einem bestimmten Abstand zur Sonne, etwa jenem der Erde, so gelangt man zur Solarkonstanten und damit zur Strahlungs-energie, die jeden Quadratmeter der Erde (genauer: am Oberrand der Atmosphäre bei senkrechtem Lichteinfall) in einer Sekunde erreicht. Diesen Wert bekommt man, indem man den Strahlungsfluss von der Sonne auf die Oberfläche einer gedachten Kugel mit dem Radius der Distanz Erde–Sonne bezieht:

$$S = \frac{\Phi_{\text{Sonne}}}{4\pi\, R^2} \approx 1368 \, \frac{\text{W}}{\text{m}^2} \tag{1.3}$$

Die Entfernung der Erde von der Sonne beträgt $R \approx 150$ Mio. km. Wenn man S bei der Erde misst (das geschieht weltweit routinemäßig in den Strahlungsobservatorien) und R aus astronomischen Daten kennt, kann man Φ_{Sonne} mithilfe der Formel (1.3) berechnen. Der hier angegebene Wert wurde auf diese Weise gewonnen. Man sieht übrigens, dass der Begriff *Solarkonstante* aus der irdischen Perspektive stammt, also eigentlich unglücklich gewählt ist; denn jeder Planet hat ja seine eigene Solarkonstante (deren Berechnung ist eine beliebte Übungsaufgabe).

F_{Sonne} und S sind begrifflich gleiche Größen. Die Unterschiede bestehen in der Flä-che, durch welche die Strahlung hindurch tritt, und auch in der Richtung der Strahlung: Bei F_{Sonne} interessieren wir uns dafür, was aus einem Quadratmeter der Sonnenober-fläche *austritt*, bei S dafür, was in einen Quadratmeter der Erdoberfläche *eintritt* (das *Auftreffen* der Strahlung auf die Empfängerfläche liegt auch dem Wort „Irradianz" zugrunde, im Unterschied zum Wort „Emission", das sich auf das *Austreten* der Strah-lung aus der Senderfläche bezieht). Diese Unterschiede sind jedoch nicht prinzipiell geartet und verhalten sich so ähnlich wie beim Wind: Den gleichen Wind kann man danach benennen, *woher* er weht (beispielsweise ein Westwind) oder *wohin* er weht (ein Westwind ist ein ostwärts gerichteter Windvektor). Die Strahlungsflussdichte ist letzten Endes (wie der Wind) ein Vektor, und diesen wollen wir im folgenden genauer herleiten.

1.1.2 Das Lambertsche Gesetz

Wovon hängt der Strahlungsfluss ab? Wir betrachten (Abb. 1.1) den zu $\Phi = \int d\Phi$ beitragenden Anteil $d\Phi$, der von einer kleinen strahlenden Fläche dA' ausgeht und, nachdem er eine gewisse Strecke s zurückgelegt hat, bei einer empfangenden Fläche

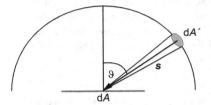

Abb. 1.1 Geometrie zum Lambertschen Gesetz. Der Strahlungsfluss geht von der Fläche dA' aus und fällt unter dem Zenitwinkel ϑ auf die Fläche dA. Der Verbindungsvektor zwischen beiden Flächen ist $\boldsymbol{s}$, seine Länge $s = \sqrt{\boldsymbol{s} \cdot \boldsymbol{s}}$.

dA ankommt; die beiden Flächen sind im Allgemeinen nicht parallel, sondern stehen unter einem gewissen Winkel ϑ zueinander. Anschaulich ist klar, und im Experiment lässt es sich nachweisen, dass $d\Phi$ zu folgenden Größen proportional sein sollte:

$$d\Phi \propto dA' \qquad d\Phi \propto \frac{1}{s^2} \qquad d\Phi \propto \cos\vartheta \qquad d\Phi \propto dA \qquad (1.4)$$

Daraus ergibt sich das *Lambertsche Gesetz*:

$$\boxed{d\Phi = L\, dA' \, \frac{1}{s^2} \, \cos\vartheta \, dA} \qquad (1.5)$$

Die Proportionalitätskonstante L in dieser Beziehung heißt *Strahldichte* (engl. *radiance*); sie hat die Dimension einer Intensität.

Den Quotienten dA'/s^2 kann man durch den *Raumwinkel* ω interpretieren. Dessen Differenzial ist:

$$\frac{dA'}{s^2} = d\omega \qquad (1.6)$$

Damit lässt sich das Lambertsche Gesetz für die Differenziale des Flusses und der Flussdichte schreiben:

$$\boxed{d\Phi = L \cos\vartheta \, dA \, d\omega} \qquad \boxed{dF = L \cos\vartheta \, d\omega} \qquad (1.7)$$

Der Raumwinkel ist eine rein mathematische Größe, die ohne Bezug auf den Strahlungsfluss definiert ist. Insbesondere kann das Raumwinkeldifferenzial durch den Zenitwinkel ϑ und den Azimutwinkel α ausgedrückt werden (vgl. Abb. 1.2):

$$\boxed{d\omega = \frac{df}{s^2} = \sin\vartheta \, d\vartheta \, d\alpha} \qquad (1.8)$$

df ist ein infinitesimal kleiner Anteil eines endlichen Stücks $f = \int df$ der Kugeloberfläche und hat die Seitenlängen $s \sin\vartheta \, d\alpha$ und $s\, d\vartheta$. Formel (1.8) werden wir später bei der Integration für den isotropen Spezialfall benötigen.

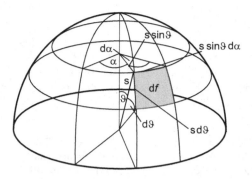

Abb. 1.2 Das Flächendifferenzial $\mathrm{d}f$ auf einer Kugeloberfläche mit dem Radius s als Funktion von Zenitwinkel ϑ und Azimutwinkel α. Verwendet wird der Zusammenhang zwischen Winkel, Radius und Bogenlänge. Für das Flächendifferenzial ergibt sich $\mathrm{d}f = s\,\sin\vartheta\,\mathrm{d}\alpha \cdot s\,\mathrm{d}\vartheta$.

Die Strahldichte L, soeben scheinbar nebensächlich als Proportionalitätskonstante im Lambertschen Gesetz eingeführt, ist die eigentlich relevante Größe des Strahlungsfeldes. Sie hat die Einheit $\mathrm{W/m^2}$, also die einer Flussdichte.[2]

Symmetrische Fassung des Lambertschen Gesetzes

In der ursprünglichen Form des Lambertschen Gesetzes (Abb. 1.1) war stillschweigend angenommen worden, dass die strahlende Fläche senkrecht auf der Strahlrichtung steht. Im allgemeinen schließt aber nicht nur die Empfängerfläche $\mathrm{d}A$, sondern auch die Senderfläche $\mathrm{d}A'$ einen Winkel (hier ϑ', vgl. Abb. 1.3) mit der Strahlrichtung ein; also folgt für das Raumwinkeldifferenzial:

$$\mathrm{d}\omega = \frac{\mathrm{d}A'\,\cos\vartheta'}{s^2} \tag{1.9}$$

Gleichung (1.7) liefert damit für den Strahlungsfluss die symmetrische Form:

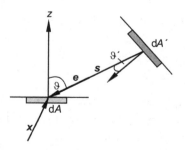

Abb. 1.3 Geometrie zur symmetrischen Fassung des Lambertschen Gesetzes. Eingezeichnet sind die Fläche $\mathrm{d}A'$ der Strahlungsquelle, die Empfängerfläche $\mathrm{d}A$ sowie die Winkel zwischen den Flächennormalen und der Strahlrichtung. Der Abstandsvektor zwischen beiden Flächen ist s; er hat die Richtung e. Der Ortsvektor x definiert die Position der Empfängerfläche.

---

[2]Wenn man den Umstand hervorheben will, dass es sich um Strahlung aus einem bestimmten Raumwinkel handelt, muss man den an sich dimensionslosen Raumwinkel mit einer Dimensionsangabe schreiben, d. h., man gibt dem Raumwinkel $\Delta\omega = 1$ den Namen „ster" für „Steradian". Dann hat die Strahldichte die Einheit $\mathrm{W/(m^2\,ster)}$. Wir schließen uns hier diesem Brauch nicht an.

$$\mathrm{d}\Phi = \frac{L \, \mathrm{d}A \, \cos\vartheta \, \mathrm{d}A' \, \cos\vartheta'}{s^2} \tag{1.10}$$

Eine Interpretation von Gleichung (1.10) ist die *Umkehrbarkeit des Strahlenweges*.

Spezialfall 1: Parallele Strahlung

Die Sonne ist von uns so weit entfernt, dass ihre Strahlen hier nur einen sehr kleinen Raumwinkelbereich einnehmen. Um mit Hilfe von (1.7) die Strahlungsflussdichte F der Sonne zu ermitteln, muss man über den Raumwinkel bei der Sonne integrieren. Der Raumwinkel der Sonne ist sehr klein; er beträgt:

$$\Delta\omega = \frac{\pi \, r_{\text{Sonne}}^2}{R^2} \tag{1.11}$$

Also kann der Winkel ϑ näherungsweise als konstant angesehen werden, so dass man erhält:

$$F = \int \mathrm{d}F = \int L \, \cos\vartheta \, \mathrm{d}\omega = L \, \cos\vartheta \, \Delta\omega \tag{1.12}$$

Bei senkrechtem Einfall ($\vartheta = 0 \to \cos\vartheta = 1$) ist die Strahlungsflussdichte zugleich die Solarkonstante:

$$S = L_{\text{Sonne}} \, \Delta\omega \tag{1.13}$$

Aus der Solarkonstanten gemäß (1.3) und dem Raumwinkel der Sonne gemäß (1.11) kann man also die Strahldichte der Sonne ermitteln. Es ist gleichgültig, ob man das mit den Daten der Erde oder denen eines anderen Planeten macht:

$$L_{\text{Sonne}} = \frac{S}{\Delta\omega} = \frac{\Phi_{\text{Sonne}}}{4\pi R^2} \cdot \frac{R^2}{\pi \, r_{\text{Sonne}}^2} \approx 2.0 \cdot 10^7 \ \mathrm{W/m^2} \tag{1.14}$$

L_{Sonne} ist eine reine Sonneneigenschaft, hängt also nicht davon ab, wie weit man von der Sonne entfernt ist.

Spezialfall 2: Diffuse Strahlung (Himmel)

In diesem Fall wird die differenzielle Strahlungsflussdichte $\mathrm{d}F$ über den gesamten oberen Halbraum integriert; dabei wird L als konstant angenommen *(isotrope Strahlung)*:

$$F_{\text{isotr}} = \int \mathrm{d}F = \int\limits_{\omega=0}^{\omega=2\pi} L \, \cos\vartheta \, \mathrm{d}\omega = L_{\text{isotr}} \int\limits_{\vartheta=0}^{\vartheta=\pi/2} \int\limits_{\alpha=0}^{\alpha=2\pi} \cos\vartheta \, \sin\vartheta \, \mathrm{d}\vartheta \, \mathrm{d}\alpha \tag{1.15}$$

Mit $\mathrm{d}(\sin\vartheta) = \cos\vartheta \, \mathrm{d}\vartheta$ und Integration über den Azimut erhält man:

$$F_{\text{isotr}} = 2\pi\, L_{\text{isotr}} \int\limits_{\sin\vartheta(\vartheta=0)}^{\sin\vartheta(\vartheta=\pi/2)} \sin\vartheta\,\mathrm{d}(\sin\vartheta) = \pi\, L_{\text{isotr}} \qquad (1.16)$$

Im terrestrischen Spektralbereich ist die Strahlung praktisch immer mit sehr guter Näherung isotrop. Dagegen herrscht im solaren Spektralbereich Isotropie bei Nebel oder gleichförmiger Bewölkung.

1.1.3   Vektor der Strahlungsflussdichte

Dieser Vektor wird eingeführt (siehe Abb. 1.4), um die Orientierung der Empfängerfläche

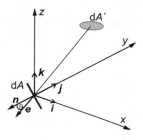

Abb. 1.4 Geometrie zur Veranschaulichung des Vektors der Strahlungsflussdichte. e ist der Einheitsvektor von der Strahlungsquelle $\mathrm{d}A'$ in Richtung zur Empfängerfläche $\mathrm{d}A$, n ist der Normalenvektor auf $\mathrm{d}A$; ϑ ist der Winkel zwischen beiden Einheitsvektoren: $\cos\vartheta = e \cdot n$.

A mit der Flächennormalen n von der Strahlungsflussrichtung e zu trennen. $e = s/|s|$ sei der Einheitsvektor in Richtung von s. Dann ist $\cos\vartheta = e \cdot n$ gleich dem Skalarprodukt von e und n. Damit lässt sich das Lambertsche Gesetz (1.7) wie folgt schreiben:

$$\mathrm{d}\Phi = L(e)\,\mathrm{d}\omega(e)\, e \cdot n\,\mathrm{d}A(n) \qquad (1.17)$$

Die ersten drei Größen in (1.17) hängen nur von e ab, die letzten beiden nur von n. Daher können wir das Differenzial der Flussdichte als die Projektion des differenziellen Vektors

$$\mathrm{d}F = L(e)\, e\,\mathrm{d}\omega(e) \qquad (1.18)$$

auf die Normalenrichtung n verstehen. Die von n unabhängige Feldgröße:

$$\boxed{F = \int L\, e\,\mathrm{d}\omega} \qquad (1.19)$$

definieren wir jetzt als den *Vektor der Strahlungsflussdichte*. Der Einheitsvektor e durchläuft bei der Integration den gesamten oberen und unteren Halbraum. Nur Bereiche, aus denen Strahlung kommt, liefern zum Integral einen Beitrag. Für den Strahlungsfluss folgt aus (1.17) und (1.19):

$$\boxed{\Phi = \int F \cdot n\,\mathrm{d}A} \qquad (1.20)$$

Das ist ein Integral über die Empfängerfläche, falls diese gekrümmt, der Normalenvektor $\boldsymbol{n}$ also überall verschieden ist. Wenn $\boldsymbol{n}$ dagegen eine einzige Richtung darstellt und A die Größe der Empfängerfläche ist, vereinfacht sich (1.21) zur praktischen Formel für den Fluss:

$$\boxed{\Phi = (\boldsymbol{F} \cdot \boldsymbol{n})\, A} \tag{1.21}$$

Das Wesentliche hier ist der Winkel zwischen den Vektoren $\boldsymbol{F}$ und $\boldsymbol{n}$. Man überzeuge sich, dass (1.21) mit (1.1) konsistent ist

Die Definition (1.19) stellt eine zentrale Begriffsbildung der Strahlungstheorie dar. Die Strahlungsflussdichte im Lambertschen Gesetz (1.7) ist einfach die Projektion von $\mathrm{d}\boldsymbol{F}$ auf die Normale $\boldsymbol{n}$ der Empfängerfläche. Damit ergibt sich die Separation von $\mathrm{d}\boldsymbol{F}$ und $\boldsymbol{n}$ auf natürliche Weise aus dem Lambertschen Gesetz – sie ist nur eine andere Schreibweise dieses Gesetzes. Man sieht weiter, dass die Strahldichte ihrer Natur nach kein Vektor ist, sondern ein nicht-negativer Skalar $L = L(\boldsymbol{e})$, der jedoch vom Einheitsvektor $\boldsymbol{e}$ abhängt.

Wenn keine Verwechslung mit dem Fluss Φ zu befürchten ist, bezeichnen wir den Strahlungsflussdichtevektor einfach als Fluss. Die beiden Größen, die in der Strahlungstheorie im Mittelpunkt stehen, sind also die Strahldichte L und der Fluss $\boldsymbol{F}$. Wenn man das Feld von L kennt, berechnet man $\boldsymbol{F}$ durch Integration gemäß (1.19).

Eine Bemerkung zur Buchstabenwahl. Der Theoretiker möchte gern verschiedene Größen mit verschiedenen Buchstaben benennen und hat daher einen notorischen Hunger auf Buchstaben; aber die vorhandenen Alphabete enthalten immer zuwenig davon. Hier nun in der Strahlung benutzen wir Φ für den Fluss; später in der Dynamik wird Φ immer für das Geopotential verwendet. Hier benutzen wir $\boldsymbol{F}$ für den Strahlungsflussdichtevektor; in der Dynamik ist $\boldsymbol{F}$ für die Kraft reserviert. Im Energiekapitel schließlich wird $\boldsymbol{F}$ für die allgemeine Flussdichte gebraucht; dort ist dann $\boldsymbol{r}$ der Strahlungsflussdichtevektor.

1.1.4 Energiedichte

Unter der *Energiedichte*, abgekürzt mit u, versteht man die in einem Volumen V enthaltene Energie E. Die entsprechende Einheit ist $\mathrm{J/m^3}$.

Der Zusammenhang zwischen Energie und Strahlungsfluss unter Berücksichtigung von Gleichung (1.7) lautet:

$$\mathrm{d}E = \mathrm{d}\Phi\,\mathrm{d}t = L\,\mathrm{d}A\,\cos\vartheta\,\mathrm{d}\omega\,\mathrm{d}t \tag{1.22}$$

Wir betrachten in Abb. 1.5 das Volumen eines Zylinders der Länge $\mathrm{d}s$ und der Grundfläche $\mathrm{d}A\cos\vartheta$: Mit den Definitionen der Geschwindigkeit und des Zylindervolumens

$$\mathrm{d}s = c\,\mathrm{d}t \qquad \mathrm{d}V = \mathrm{d}A\,\cos\vartheta\,\mathrm{d}s \tag{1.23}$$

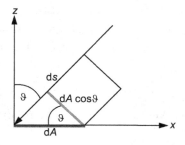

Abb. 1.5 Geometrie zur Erläuterung der Energiedichte (vergrößerte Version von Abb. 1.1). Auf die Fläche dA falle Strahlung unter dem Zenitwinkel ϑ. Die Länge des Zylinders beträgt ds, seine Grundfläche $dA \cdot \cos \vartheta$.

lässt sich Gleichung (1.22) wie folgt schreiben (wobei c kein Vektor, sondern ein Skalar ist):

$$dE = \frac{L \, dV}{c} \, d\omega \tag{1.24}$$

Daraus ergibt sich das Differenzial der Energiedichte:

$$du = \frac{dE}{dV} = \frac{L}{c} \, d\omega \tag{1.25}$$

Kommt die Strahldichte aus dem gesamten Raum, und ist sie zudem isotrop, so folgt:

$$u = \int_{4\pi} du = \int_{4\pi} \frac{L}{c} \, d\omega = \frac{4\pi}{c} \, L \tag{1.26}$$

Bei nicht isotroper Strahldichte erhält man u aus der mittleren Strahldichte:

$$\frac{\int L \, d\omega}{\int d\omega} = \overline{L} \quad \rightarrow \quad u = \int_{4\pi} \frac{\overline{L}}{c} \, d\omega = \frac{4\pi}{c} \, \overline{L} \tag{1.27}$$

Die durch Strahlung bedingte Energiedichte u ist in der Atmosphäre 3 bis 6 Größenordnungen kleiner als die mechanischen oder thermodynamischen Energiedichten. Der Grund ist der hohe Wert der Lichtgeschwindigkeit im Nenner von (1.27). Daher wird u in den Energiehaushalten gewöhnlich vernachlässigt.

1.1.5 Strahlungsheizung und -kühlung

Die Strahlung ist ein Fluss von Energie. Wie wirkt sich dieser auf die Temperatur des Mediums aus? – Antwort: Wenn der Strahlungsflussdichtevektor *konvergiert*, so wird das Medium *erwärmt*; wenn er *divergiert*, wird das Medium *abgekühlt*.

Wir brauchen also die Divergenz der Strahlungsflussdichte. Für den in kartesischen Komponenten formulierten Vektor $\boldsymbol{F} = (F_x, F_y, F_z)$ ist die Divergenz:

$$\text{div} \boldsymbol{F} = \boldsymbol{\nabla} \cdot \boldsymbol{F} = \frac{\partial F_x}{\partial x} + \frac{\partial F_y}{\partial y} + \frac{\partial F_z}{\partial z} \tag{1.28}$$

Mit Gleichung (1.19) wird dies zu:

$$\boldsymbol{\nabla} \cdot \boldsymbol{F} = \boldsymbol{\nabla} \cdot \int L\,\boldsymbol{e}\,\mathrm{d}\omega = \int \boldsymbol{\nabla} \cdot (L\,\boldsymbol{e})\,\mathrm{d}\omega = \int \underbrace{(\boldsymbol{\nabla}L \cdot \boldsymbol{e})}_{\partial L(\boldsymbol{x},\boldsymbol{e},s)/\partial s}\,\mathrm{d}\omega \qquad (1.29)$$

Der $\boldsymbol{\nabla}$-Operator wirkt nicht auf den Raumwinkel $\mathrm{d}\omega$ und darf daher in das Integral hineingezogen werden; er wirkt auch nicht auf den Einheitsvektor $\boldsymbol{e}$, sondern nur auf die Strahldichte L. Also ist $\boldsymbol{\nabla} \cdot \boldsymbol{e} = 0$. Zur Umformung von $\boldsymbol{\nabla} \cdot (L\,\boldsymbol{e})$ haben wir die einfache Vektorformel

$$\boldsymbol{\nabla} \cdot (\alpha \boldsymbol{A}) = \boldsymbol{\nabla}\alpha \cdot \boldsymbol{A} + \alpha\,\boldsymbol{\nabla} \cdot \boldsymbol{A} \qquad (1.30)$$

benutzt. Die Lage von $\boldsymbol{F}$ und $\boldsymbol{\nabla} \cdot \boldsymbol{F}$ im Raum wird durch den Ortsvektor $\boldsymbol{x}$ festgelegt.

Mit der thermodynamischen Beziehung für die Enthalpie $c_p\,T$ eines Gases kann man den Zusammenhang zwischen Strahlungsflussdivergenz und Temperatur herstellen (darin ist c_p ist die spezifische Wärmekapazität und p der Druck):

$$\rho\,\frac{\mathrm{d}(c_p\,T)}{\mathrm{d}t} = \rho\,Q + \frac{\mathrm{d}p}{\mathrm{d}t} \qquad (1.31)$$

Das ist die vorweggenommene Formel (6.94) aus dem Kapitel über Thermodynamik. Q ist die *Heizungsrate*. Die Größe ρQ hat die Einheit $\mathrm{W/m^3}$, ist also eine *Leistungsdichte* (Leistung pro Volumen) und damit dem Problem genau angemessen. Wenn nur Strahlung aktiv ist, wird die Heizungsrate durch die negative Divergenz (= Konvergenz) des Vektors der Strahlungsflussdichte bewirkt:

$$\boxed{\rho\,Q = -\boldsymbol{\nabla} \cdot \boldsymbol{F}} \qquad (1.32)$$

$\boldsymbol{F}$ hat die Einheit $\mathrm{W/m^2}$ und damit $\boldsymbol{\nabla} \cdot \boldsymbol{F}$ die korrekte Einheit einer Leistungsdichte.

Zur Berechnung der strahlungsbedingten Heizungsrate nehmen wir nun die folgenden Vereinfachungen von (1.32) vor:

- Wir berücksichtigen nur die vertikale Änderung von $\boldsymbol{F}$:

$$\boldsymbol{\nabla} \cdot \boldsymbol{F} \approx \frac{\partial F_z}{\partial z} \qquad (1.33)$$

Die horizontalen Änderungen von $\boldsymbol{F}$ sind in der Tat viel kleiner als die vertikalen und für viele Zwecke vernachlässigbar.

- Wir gehen zu Druckkoordinaten über (Vorwegnahme der statischen Grundgleichung $\mathrm{d}p = -g\,\rho\,\mathrm{d}z$). Das liefert

$$\frac{\partial F_z}{\partial z} = -g\,\rho\,\frac{\partial F_z}{\partial p} \qquad (1.34)$$

Hier hat sich das Vorzeichen verändert.

■ Die Divergenz eines Vektors ist unabhängig vom Koordinatensystem (was mathematisch bewiesen werden kann). Wie kommt dann aber die gerade gefundene Vorzeichenänderung zustande? Durch die partielle Ableitung $\partial F_z / \partial p$. Dieser Ausdruck ist jedoch vektoranalytisch ein Unding. Wir bringen das in Ordnung durch folgende unmittelbar einsichtige Konvention: Das Vorzeichen einer Vektorkomponente soll positiv (bzw. negativ) sein, wenn die Komponente in positive (bzw. negative) Koordinatenrichtung zeigt. In unserem Fall bedeutet das: Wir haben F_z durch $F_p = -F_z$ zu ersetzen. Diese Konvention ist unabhängig vom Koordinatensystem, wie es sich gehört. Damit wird aus (1.34):

$$\frac{\partial F_z}{\partial z} = g \, \rho \, \frac{\partial F_p}{\partial p} \tag{1.35}$$

Dadurch wird die Koordinatenunabhängigkeit der Divergenz erfüllt und die Unsicherheit der Vorzeichendefinition beseitigt.

Diese Vereinfachungen werden gern benutzt, um die Divergenz (die selbst keine Temperaturänderung ist) in eine virtuelle Temperaturänderung umzurechnen. Dazu nimmt man außerdem Bewegungsfreiheit ($\mathrm{d}/\mathrm{d}t = \partial/\partial t$) und konstanten Druck ($\mathrm{d}p/\mathrm{d}t = 0$) an. (1.31) vereinfacht sich damit zur folgenden Formel für die *Strahlungsheizung der Atmosphäre*

$$\boxed{\frac{\partial T}{\partial t} = -\frac{g}{c_p} \frac{\partial F_p}{\partial p}} \tag{1.36}$$

Wenn man also das vertikale Profil der Strahlungsflusskomponente F_p kennt, liefert (1.36) die durch die Divergenz dieses Flussprofils bewirkte virtuelle Strahlungserwärmung bzw. -abkühlung. Ob die so berechnete Erwärmung bzw. Abkühlung tatsächlich eintritt oder nicht, ist für diese Überlegung gleichgültig, denn es gibt außer der strahlung auch noch andere Prozesse, welche die Temperatur vergrößern oder vermindern.

Zur Terminologie:

■ $\nabla \cdot F > 0 \implies \partial T/\partial t < 0 :$ Fluss *divergent*, Strahlung abkühlend
■ $\nabla \cdot F < 0 \implies \partial T/\partial t > 0 :$ Fluss *konvergent*, Strahlung erwärmend

Was wird eigentlich durch die Strahlung abgekühlt bzw. erwärmt? – Das Medium, also die Materie, durch welche der Vektor der Strahlungsflussdichte hindurch tritt. Zur Veranschaulichung der Divergenz betrachten wir ein simples Beispiel, nämlich Autos, die durch einen Tunnel fahren:

■ Wenn 4 Autos pro Sekunde in den Tunnel fahren und in der gleichen Zeit 6 heraus, so ist dies ein divergentes Geschwindigkeitsfeld (die Divergenz ist positiv); die Autodichte (sie entspricht hier der Temperatur) nimmt ab. Auf die Atmosphäre übertragen, würde dies eine Abkühlung bedeuten.

■ Wenn 6 Autos pro Sekunde in den Tunnel fahren und nur 4 heraus, was natürlich nur vorübergehend möglich ist, so wäre dies ein konvergentes Geschwindigkeitsfeld (die Divergenz ist negativ); die Autodichte nimmt zu: Die Atmosphäre würde sich erwärmen, weil sie Strahlung absorbieren würde.

In der Realität trägt nicht nur (wie hier angenommen) die Strahlung zur Erwärmung bzw. zur Abkühlung der Atmosphäre bei, sondern auch die Phasenumwandlungsenergie des Wasserdampfs, weswegen man in diesem Fall vom *strahlungskonvektiven Gleichgewicht* spricht. Zusätzlich wirkt sich auch die horizontale Energieflussdivergenz aus (vgl. dazu Kapitel 13.4 über den globalen Energiehaushalt).

Übungsaufgabe Wäre ausschließlich die Strahlung im Klimasystem aktiv, wie würde sich die Temperatur der globalen Atmosphäre nach Formel (1.36) ändern? Antwort: F_p am oberen Rand der Atmosphäre ist im Klimamittel null (energetisches Gleichgewicht des Planeten) und beträgt am unteren Rand etwa 100 W/m²; dieser abwärts gerichtete Strahlungsfluss balanciert die Verdunstung (ca. 80 %) sowie den aufwärtigen Strom fühlbarer Wärme (ca. 20 %). Die Atmosphäre hat also eine klimatische Strahlungsflussdivergenz von etwa

$$\frac{\Delta F_p}{\Delta p} = +\frac{100 \text{ W/m}^2}{1000 \text{ hPa}} \tag{1.37}$$

Wenn man das mit $g \approx 10$ m/s² und $c_p \approx 1000$ J/(kg · K) in (1.36) einsetzt, so erhält man

$$\frac{\partial T}{\partial t} = -\frac{g}{c_p}\frac{\Delta F_p}{\Delta p} \approx -10^{-5} \text{ K/s} \tag{1.38}$$

Das entspricht einer Abkühlung von etwa 1 K pro Tag, die zur Folge hätte, dass die Dynamik der Atmosphäre nach einigen Wochen „tot" wäre.

1.1.6 Das Spektrum

Die Strahlung setzt sich aus Wellen verschiedener *Wellenlängen* λ bzw. *Frequenzen* ν zusammen. Die gesamte Strahldichte lässt sich damit folgendermaßen schreiben:

$$\boxed{L = \int\limits_{\lambda=0}^{\infty} L_\lambda \, \mathrm{d}\lambda \qquad \text{oder} \qquad L = \int\limits_{\nu=0}^{\infty} L_\nu \, \mathrm{d}\nu} \tag{1.39}$$

Der Integrand L_λ bzw. L_ν heißt *spektrale Strahldichte*. L_λ, L_ν sind Funktionen der Wellenlänge bzw. der Frequenz. Die Umrechnung von L_λ auf L_ν erfolgt mit $c = \nu \cdot \lambda$, wobei die *Lichtgeschwindigkeit* c eine Konstante ist:

$$L_\lambda \, \mathrm{d}\lambda = -L_\nu \, \mathrm{d}\nu \tag{1.40}$$

Der Grund für die Vorzeichenänderung ist die Umkehr der Integrationsrichtung. Durch Anwendung der *relativen Ableitung* gemäß Formel (27.12) im Anhang

$$\frac{dc}{c} = \frac{d\nu}{\nu} + \frac{d\lambda}{\lambda} \tag{1.41}$$

und unter Beachtung von $dc = 0$ erhält man die gesuchte Beziehung:

$$L_\nu = \frac{c}{\nu^2}\, L_\lambda \tag{1.42}$$

Wenn man L_λ durch Elimination von λ als Funktion von ν betrachtet, so liefert (1.42) die Umrechnung von $L_\lambda(\lambda)$ auf $L_\nu = L_\nu(\nu)$.

1.2   Gesetze der thermischen Strahlung

Für die Meteorologie ist nur die thermische Strahlung relevant. Strahlungsformen wie die Radioaktivität sind mengenmäßig nicht von Bedeutung.

1.2.1   Kirchhoffsches Gesetz

Wir betrachten die Anordnung von Abb. 1.6 für isotrope Strahlung. Wäre K ein idealer Spiegel, so würde natürlich $F_\lambda^{I} = F_\lambda^{II}$ gelten, d. h. der Körper würde die gesamte erhaltene Strahlung wieder abgeben und nichts absorbieren. Die auf den Reflexionsvorgang bezogene Änderung der Strahlungsflussdichte lässt sich durch eines der folgenden Flussverhältnisse ausdrücken:

$$\alpha = \frac{F_\lambda^{I} - F_\lambda^{II}}{F_\lambda^{I}}, \quad 0 \leq \alpha \leq 1 \qquad A = \frac{F_\lambda^{II}}{F_\lambda^{I}}, \quad 0 \leq A \leq 1. \tag{1.43}$$

Die Größe α wird als *Absorptionszahl* (auch Absorptionskoeffizient oder Absorptionsverhältnis) bezeichnet. Sie ist gleich eins, wenn nichts, und gleich null, wenn alles reflektiert wird. Entsprechend ist die *Albedo A* definiert (eigentlich die *Reflexionszahl*).[3] Zwischen beiden besteht der Zusammenhang

$$\alpha = 1 - A \tag{1.44}$$

Wegen der Isotropie der Strahlung kann man von der Strahlungsflussdichte F_λ wegen der Proportionalität (1.16) auf die Strahldichte L_λ übergehen:

---

[3]Der Begriff *Albedo* („Weißegrad") stammt aus der spätmittelalterlichen italienischen Malerei. In der damaligen Kunsttheorie gibt es auch eine (hier nicht gebrauchte) *Rubedo* („Rötegrad") und eine *Nigredo* („Schwärzegrad").

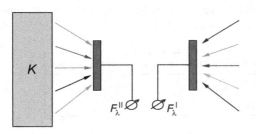

Abb. 1.6 Versuchsaufbau zur Erläuterung des Kirchhoffschen Gesetzes bei der teilweisen Reflexion von Strahlung durch einen Körper K. Ein Messgerät misst die von rechts kommende, auf K auftreffende, spektrale Strahlungsflussdichte F_λ^{I}. Der Körper K gibt seinerseits auch Strahlung ab, und deren spektrale Strahlungsflussdichte F_λ^{II} wird von einem weiteren Messgerät erfasst.

$$\alpha = \frac{L_\lambda^{\mathrm{I}} - L_\lambda^{\mathrm{II}}}{L_\lambda^{\mathrm{I}}}, \qquad 0 \le \alpha \le 1 \tag{1.45}$$

Das Messprinzip von Abb. 1.6 liefert zunächst nur den reinen Beobachtungswert von α oder A.

Wir entwickeln die Begriffsbildung weiter für die Strahldichte. In der Definition von α oder A ist noch keine Aussage über die *Emission* von Strahlung durch den Körper K enthalten. Die Emission hängt ab von Temperatur T und der Wellenlänge λ sowie von den Oberflächeneigenschaften von K. Experimentell stellt man fest, dass Körper gleicher Temperatur verschieden stark emittieren können. Jedoch kann ein nur von T abhängiger Maximalwert nicht überschritten werden. Wenn K diese maximale Strahldichte $B_\lambda(T, \lambda)$ emittiert, bezeichnet man ihn als *schwarzen Körper*; das Modell des schwarzen Körpers ist grundlegend für die Theorie der thermischen Strahlung. Mit $B_\lambda(T, \lambda)$ kann nun die *Emissionszahl* definiert werden:

$$\varepsilon = \frac{L_\lambda(T, \lambda)}{B_\lambda(T, \lambda)} \tag{1.46}$$

Sie gibt den Prozentsatz der maximal möglichen Strahldichte an: Der Körper K würde die Strahldichte $B_\lambda(T, \lambda)$ emittieren, wenn er schwarz wäre. Real emittiert K nur die Strahldichte $L_\lambda(T, \lambda) = \varepsilon\, B_\lambda(T, \lambda)$. Die Versuchsanordnung dafür und für das Kirchhoffsche Gesetz zeigt Abb. 1.7.

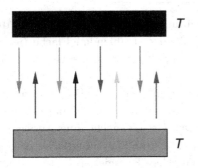

Abb. 1.7 Strahlungsgleichgewicht zwischen einem schwarzen und einem nicht schwarzen Körper, die beide auf gleicher Temperatur T gehalten werden. Der schwarze Körper K_s (oben) emittiert die Strahldichte B_λ, der nicht schwarze Körper K_n (unten) die Strahldichte L_λ. Nun absorbiert K_n den Anteil $\alpha\, B_\lambda$ der von K_s emittierten Strahldichte B_λ und reflektiert den Anteil $(1 - \alpha)\, B_\lambda$. Aber K_s absorbiert die gesamte von K_n emittierte Strahldichte L_λ und zusätzlich die reflektierte Strahldichte $(1 - \alpha)\, B_\lambda$.

Betrachten wir die Absorption und die Emission der Strahldichte beim schwarzen und beim nicht schwarzen Körper, so ergibt sich folgende Tabelle:

	absorbierte Strahldichte	emittierte Strahldichte
schwarzer Strahler	$L_\lambda + (1 - \alpha) B_\lambda$	B_λ
nicht schwarzer Strahler	αB_λ	L_λ

Im *Strahlungsgleichgewicht* wird gleich viel Strahlung absorbiert wie emittiert. Das gilt für den schwarzen ebenso wie für den nicht schwarzen Körper, d. h. die jeweils linken und rechten Seiten der Tabelle müssen gleich sein. Daraus folgt aus beiden Zeilen das gleiche Ergebnis:

$$\alpha = \frac{L_\lambda}{B_\lambda} \tag{1.47}$$

Die Absorptionszahl ist also gleich der in Formel (1.46) definierten Emissionszahl. Dies ist das *Kirchhoffsche Gesetz*:

$$\alpha = \varepsilon \tag{1.48}$$

Für den Fall $\alpha = \varepsilon = 1$ besagt das Kirchhoffsche Gesetz insbesondere: Der schwarze Strahler nimmt bei jeder Wellenlänge die maximal mögliche Strahlung auf und gibt die maximal mögliche Strahlung ab.

1.2.2 Das Stefan-Boltzmannsche Strahlungsgesetz

Die Strahlung, die ein schwarzer Körper emittiert, ist eine Funktion der Temperatur T. Den Zusammenhang vermittelt das *Stefan-Boltzmannsche Gesetz*. Es sagt aus, wie die Strahldichte B des schwarzen Körpers von T abhängt:

$$B(T) = \frac{\sigma T^4}{\pi} \quad \text{mit} \quad \sigma = 5.67 \cdot 10^{-8} \frac{\text{W}}{\text{m}^2 \cdot \text{K}^4} \tag{1.49}$$

Den Fluss, den der schwarze Körper in den Halbraum emittiert, gewinnt man durch Integration über den Halbraum, der sich oberhalb der strahlenden Fläche befindet; gemäß der obige Formel (1.16) liefert das $F(T) = \pi B(T)$. Wegen der Isotropie unterscheiden sich B und F nur durch den Faktor π.

Das Stefan-Boltzmannsche Gesetz war vor seiner theoretischen Begründung empirisch lange bekannt. Es ist unabhängig von der Wellenlänge. Die Stefan-Boltzmann-Konstante σ ist das Ergebnis von Messungen. Das Gesetz macht eine Aussage über die Gesamtenergie, die eine auf der Temperatur T befindliche Oberfläche insgesamt abstrahlt. Es ist die Grundlage für alle atmosphärischen Energiehaushalte.

1.2.3 Das Plancksche Strahlungsgesetz

Das Stefan-Boltzmannsche Gesetz macht keine Aussage über das Spektrum der ausgesandten Strahlung; es gibt auch keine Erklärung für die Herkunft der Naturkonstanten σ. Dies wird durch das *Plancksche Strahlungsgesetz* geliefert:

$$B_\lambda = B_\lambda(T, \lambda) = \frac{2\,h\,c^2}{\lambda^5\left(e^{h\,c/(\lambda\,k\,T)} - 1\right)} \tag{1.50}$$

Das Plancksche Strahlungsgesetz ist die Formel für den Integranden in $B = \int B_\lambda\,\mathrm{d}\lambda$, also für die spektrale Strahldichte des schwarzen Strahlers (auch kurz als *Wellenlängenspektrum* bezeichnet). Die hier auftretenden Naturkonstanten sind:

- Plancksche Konstante (Wirkungsquantum) $h = 6.63 \cdot 10^{-34}$ Js;
- Lichtgeschwindigkeit $c \approx 3.00 \cdot 10^8$ m/s;
- Boltzmann-Konstante $k = 1.38 \cdot 10^{-23}$ J/K

Das Plancksche Gesetz kann man klassisch durch eine statistische Betrachtung der Energiedichte von Photonen ableiten; man kann es unabhängig auch quantendynamisch begründen. Dadurch steht dieses Gesetz, begrifflich wie historisch, an der Schnittstelle zwischen klassischer Physik und Quantenphysik. Für die Entdeckung der Energiequanten erhielt Max Planck im Jahre 1918 den Physik-Nobelpreis.

Die recht komplizierte Planck-Funktion (1.50) lässt sich durch eine einfache Transformation in eine Gestalt bringen, in der die Abhängigkeiten von T und von λ voneinander getrennt sind. Dazu führen wir statt der Wellenlänge λ eine *dimensionsfreie Frequenz* wie folgt ein:

$$x = \frac{h\,c}{\lambda\,k\,T} = \frac{h\,\nu}{k\,T} \tag{1.51}$$

Mit x schreibt sich das Integral der Planckschen Formel, analog zu den obigen Gleichungen (1.39):

$$B = \int_{\lambda=0}^{\infty} B_\lambda\,\mathrm{d}\lambda \quad \text{oder} \quad B = \int_{x=0}^{\infty} B_x\,\mathrm{d}x \tag{1.52}$$

Das Frequenzspektrum B_x ermitteln wir, entsprechend der obigen Gleichung (1.40), durch Gleichsetzen der Differenzialausdrücke im Integranden und unter Beachtung der Integrationsrichtung:

$$B_\lambda\,\mathrm{d}\lambda = -B_x\,\mathrm{d}x \tag{1.53}$$

Für die Umrechnung von B_λ auf B_x verschaffen wir uns aus (1.51) die Substitution:

$$\frac{\mathrm{d}x}{x} = -\frac{\mathrm{d}\lambda}{\lambda} \qquad \rightarrow \qquad \mathrm{d}\lambda = -\frac{k\,T}{h\,c}\,\lambda^2\,\mathrm{d}x \tag{1.54}$$

Dies sowie die Planck-Funktion B_λ setzen wir in die linke Seite von (1.53) ein und ersetzen anschließend λ gemäß (1.51) durch x; dann liefert die rechte Seite das Spektrum B_x. Wir bezeichnen diese Schreibweise der Planck-Funktion mit der dimensionsfreien Frequenzfunktion f, bei der die Abhängigkeiten von T und von x separiert sind, kurz als *Planck-Formel*:

$$\boxed{\boxed{B_x = \frac{\sigma\,T^4}{\pi}\,f(x) \qquad \text{mit} \qquad f(x) = \frac{15}{\pi^4}\,\frac{x^3}{\mathrm{e}^x - 1}}} \tag{1.55}$$

Mit dem seltsam aussehenden Zahlenfaktor $15/\pi^4$ erreicht man die Normierung der Frequenzfunktion:

$$\boxed{\int\limits_0^\infty f(x)\,\mathrm{d}x = 1} \tag{1.56}$$

Die Integration von (1.50) über alle Wellenlängen bzw. (1.55) über alle Frequenzen liefert (1.49) und insbesondere die gesuchte Formel für die Stefan-Boltzmann-Konstante:

$$\sigma = \frac{2\,k^4\,\pi^5}{15\,h^3\,c^2} \tag{1.57}$$

Damit konnte Planck das empirische Stefan-Boltzmannsche Gesetz auf das Integral seiner Strahlungsformel und auf die universellen Naturkonstanten h, c und k zurückführen. Man setze diese in (1.57) ein und überzeuge sich, dass dabei der Zahlenwert von σ im Stefan-Boltzmannschen Gesetz (1.49) herauskommt.

1.2.4   Solare und terrestrische Strahlung

Ist die Sonne ein schwarzer Strahler? Wenn wir dies annehmen, können wir die Strahlungsflussdichte der Sonne gemäß Formel (1.2) mit dem Stefan-Boltzmannschen Gesetz in die *Strahlungsgleichgewichtstemperatur* T_{Sonne} umrechnen:

$$F_{\text{Sonne}} = 6.33 \cdot 10^7\,\frac{\text{W}}{\text{m}^2} = \sigma\,T_{\text{Sonne}}^4 \qquad \rightarrow \qquad \boxed{T_{\text{Sonne}} = 5\,780\ \text{K}} \tag{1.58}$$

Um die *Strahlungsgleichgewichtstemperatur* T_{Erde} zu erhalten, muss man den gesamten Fluss kennen, mit dem die Erde Energie in den Weltraum abstrahlt. Obwohl die Erde, anders als die Sonne, kein Stern ist, emittiert sie dennoch thermische Strahlung, und zwar ebenfalls gemäß dem Stefan-Boltzmannschen Gesetz, jedoch bei einer weit geringeren Temperatur T_{Erde}. Die thermische Strahlung, die von der Sonne ausgeht, bezeichnen wir als *solare Strahlung* und die von der Erde ausgehende als *terrestrische Strahlung*.

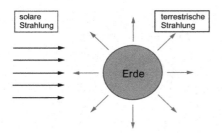

Abb. 1.8 Ankommender und ausgehender Strahlungsfluss. Die solare Strahlung trifft auf einen kreisförmigen Querschnitt mit dem Radius a der Erde, aber die ausgehende terrestrische Strahlung geht von der 4-mal größeren Kugeloberfläche der Erde aus.

Wir berechnen den Strahlungsfluss der Erde durch folgende Überlegung. Die Sonne bescheint den Querschnitt der Erdkugel, also ein Viertel der Erdoberfläche. Mit der Albedo A, dem Erdradius a und der Solarkonstanten S gilt für den solaren Strahlungsfluss, der die Erde erreicht:

$$\Phi_{\text{ein}} = S\,(1 - A)\,\pi\,a^2 \tag{1.59}$$

Der Anteil $S\,A\,\pi\,a^2$ wird von der Erde unmittelbar reflektiert und nimmt daher am Strahlungshaushalt des Planeten von vornherein nicht teil; die Albedo der Erde beträgt $A \approx 0.3$. Ausgestrahlt wird rund um den Globus bei der Gleichgewichtstemperatur T_{Erde}. Das Stefan-Boltzmannsche Gesetz liefert dabei für den abgestrahlten Strahlungsfluss:

$$\Phi_{aus} = 4\pi\,a^2\,\sigma\,T_{\text{Erde}}^4 \tag{1.60}$$

Das Strahlungsgleichgewicht der Erde fordert Gleichheit der beiden Energieflüsse (1.59) und (1.60). Das ergibt schließlich die Gleichgewichtstemperatur:

$$(1 - A)\,\frac{S}{4} = \sigma\,T_{\text{Erde}}^4 \qquad \rightarrow \qquad \boxed{T_{\text{Erde}} = 255\ \text{K} = -18\ ^\circ\text{C}} \tag{1.61}$$

Die hier berechnete „schwarze" Temperatur ist von a, also von der Größe der Erde, unabhängig. Sie entspricht der tatsächlichen Temperatur der Atmosphäre in einer Höhe von etwa 5 Kilometern.

Wenn man die Plancksche Strahlungsfunktion für die solare und für die terrestrische Strahlung naiv als Funktion der Wellenlänge λ aufträgt, so zeigt die Kurve der spektralen Strahldichte der Sonne (kurz: das *solare Spektrum*) ein sehr schmales und extrem hohes Maximum bei einer niedrigen Wellenlänge, während das Spektrum bei der Erde, das *terrestrische Spektrum*, ein extrem niedriges Maximum hat, sich aber über einen sehr großen Bereich bei großen Wellenlängen erstreckt.

Um beide Spektren vergleichbar zu machen, führen wir folgende Äquivalenzumformung durch, die aus (1.53) und (1.54) folgt:

$$\lambda\,B_\lambda\,\frac{\mathrm{d}\lambda}{\lambda} = -x\,B_x\,\frac{\mathrm{d}x}{x} = +x\,B_x\,\frac{\mathrm{d}\lambda}{\lambda} \tag{1.62}$$

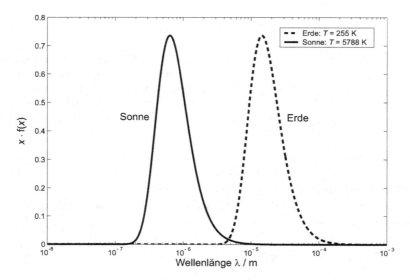

Abb. 1.9 Normierte Plancksche Funktionen für die Strahlungstemperaturen der Sonne und der Erde. Das Maximum des solaren Spektrums liegt bei $\lambda \approx 6.5 \cdot 10^{-7}$ μm und das des terrestrischen Spektrums bei $\lambda \approx 1.4 \cdot 10^{-5}$ μm.

Der Vergleich des ersten mit dem letzten Ausdruck sowie die Verwendung von (1.55) ergibt

$$\lambda\, B_\lambda = x\, B_x = \underbrace{\frac{\sigma\, T^4}{\pi}}_{=B}\, x\, f(x) \tag{1.63}$$

Darin ist B die Strahldichte des jeweils betrachteten schwarzen Strahlers. Für die Temperaturen der Sonne bzw. der Erde ergibt sich:

$$B_{\text{Sonne}} = \frac{\sigma\, T^4_{\text{Sonne}}}{\pi} = 2 \cdot 10^7\ \frac{\text{W}}{\text{m}^2} \qquad B_{\text{Erde}} = \frac{\sigma\, T^4_{\text{Erde}}}{\pi} = 76\ \frac{\text{W}}{\text{m}^2} \tag{1.64}$$

Wenn man jetzt den Skalierungsfaktor B fortlässt und $x\, f(x)$ über $\log \lambda$ aufträgt, sind beide Spektren gleich; nur die Maxima sind gegeneinander verschoben (Abb. 1.9).

Ordinate und Abszisse in Abb. 1.9 sehen auf den ersten Blick aus, als hätten sie nichts miteinander zu tun. Diesen Eindruck kann man wie folgt beseitigen: Man führe statt λ den Parameter $l = \log(\lambda/\lambda_0)$ ein; dabei ist λ_0 eine geeignete Referenzkonstante, im einfachsten Fall die Einheit der Wellenlänge. Dann ist $dl = d\lambda/\lambda = -dx/x$. Außerdem ist $\lambda = \lambda_0 \exp(l)$. Wenn man also λ als Funktion von l und dadurch mit Formel (1.51) auch x als Funktion von l schreibt, so kann man die Ordinate als Funktion von l schreiben: $x\, f(x) = x(l)\, f[x(l)] = F(l)$. In Abb. 1.9 ist also letzten Endes $F(l)$ als Funktion von l dargestellt.

Übungsaufgabe Man berechne durch eine Extremwertbetrachtung, für welches λ das Maximum des solaren bzw. des terrestrischen Spektrums angenommen wird.

1.2.5 Treibhauseffekt

Die *Strahlungsgleichgewichtstemperatur* $T_E = T_{Erde}$ der Erde gemäß (1.61) ist weit geringer als die Temperatur der Erdoberfläche. Wie ist das zu erklären?

Wir erstellen dazu das folgende einfache Zwei-Schichten-Modell (Abb. 1.10): Die obere Schicht (Atmosphäre, Temperatur T_E) wird im solaren Spektralbereich als vollständig durchlässig angenommen, im terrestrischen Spektralbereich als schwarz. Die untere Schicht (Erdoberfläche, Temperatur T_S) wird in beiden Spektralbereichen als

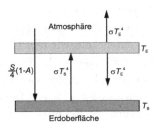

Abb. 1.10 Einfachstes Modell des Treibhauseffektes. Die abwärtige terrestrische Gegenstrahlung von der Atmosphäre zur Erde, zusätzlich zur solaren Einstrahlung, bewirkt den Treibhauseffekt. Von der solaren Einstrahlung $S\,(1-A)$ kommt gemäß (1.61) nur ein Viertel der Erdoberfläche zugute.

schwarz angenommen. In beiden Schichten herrsche Strahlungsgleichgewicht. Dann lauten die Bilanzen (links vom Gleichheitszeichen jeweils die absorbierte, rechts die emittierte Strahlung):

$$\text{Bilanz Atmosphäre:} \qquad \sigma\,T_S^4 = 2\,\sigma\,T_E^4 \qquad\qquad (1.65)$$

$$\text{Bilanz Erdoberfläche:} \qquad (1-A)\,\frac{S}{4} + \sigma\,T_E^4 = \sigma\,T_S^4 \qquad\qquad (1.66)$$

Beide Bilanzen gemeinsam reproduzieren erstens Formel (1.61) und liefern zweitens:

$$\sigma\,T_S^4 = 2\,\sigma\,T_E^4 \qquad \text{d. h.} \qquad T_S = \underbrace{2^{1/4}}_{=1.19}\,T_E \approx 303\ \text{K} \qquad\qquad (1.67)$$

Obwohl dieses Modell die Oberflächentemperatur der Erde quantitativ überschätzt (sie ist nicht 30 °C, sondern 15 °C), liefert es doch eine grundsätzlich richtige Erklärung des Treibhauseffektes.

Was dieses Modell jedoch nicht leistet, sieht man auch an Abb. 1.10: Die inneren Eigenschaften des betroffenen Mediums spielen gar keine Rolle; nicht einmal die Dicke der Atmosphärenschicht geht in die Bilanzen ein. Das zeigt, dass der physikalische Effekt bestenfalls pauschal erfasst ist.

1.3   Wechselwirkung von Strahlung mit Materie

Wir interessieren uns jetzt dafür, was mit der Strahlung geschieht, wenn sie in ein Medium eintritt; diese Frage wird durch das Modell des schwarzen Strahlers, das ja nur für die Oberfläche des Mediums gilt, nicht beantwortet.

1.3.1   Der optische Weg

Wir betrachten hier die Strahlung aus der Vektorperspektive, betrachten sie also wie einen gerichteten Lichtstrahl; das wird durch unser oben in Formel (1.19) ausgedrücktes Konzept der Strahlungsflussdichte nahe gelegt. Daraus entwickeln wir den Begriff des optischen Weges. Als Richtung des Lichtstrahls nehmen wir aber nicht die Richtung von F, denn diese setzt sich ja aus unendlich vielen Strahlrichtungen zusammen, die sich alle um den Vektor e unterscheiden. Vielmehr entwickeln wir den Begriff des optischen Weges sogleich für Strahlung aus dem Raumwinkel zwischen ω und $\omega + d\omega$, also für die Strahldichte aus der Richtung, die durch e definiert ist; vgl. dazu die obige Formel (1.18).

Zur Umsetzung dieses Konzepts betrachten wir in Abb. 1.11 Strahlung mit der spektralen Strahldichte L_λ, die in ein transparentes Medium eintritt und nach Durchlaufen

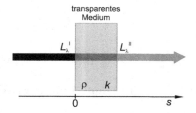

Abb. 1.11 Schwächung der spektralen Strahldichte, die durch ein transparentes Medium, etwa einen Glasklotz, hindurchgeht (ρ = Dichte, k = Massenextinktionskoeffizient des Mediums).

eines gewissen Weges wieder austritt; der dicke Pfeil repräsentiert die Richtung von e. Für die austretende Strahldichte schreiben wir

$$L_\lambda^{\mathrm{II}} = L_\lambda^{\mathrm{I}} + \mathrm{d}L_\lambda \tag{1.68}$$

Wenn die Strahlung beim Durchgang durch das Medium geschwächt wird, so spricht man von *Extinktion*; dann ist $\mathrm{d}L_\lambda$ negativ.

Wovon ist diese Schwächung abhängig? Gewiss von der auftreffenden Strahldichte selbst. Wir erwarten also die Proportionalität $dL_\lambda \propto -L_\lambda^{\mathrm{I}}$. Die Proportionalitätskonstante bezeichnen wir als *optischen Weg* τ (genauer: als sein Differenzial). Das bedeutet, wir setzen allgemein:

$$\boxed{\mathrm{d}L_\lambda = -L_\lambda \cdot \mathrm{d}\tau} \tag{1.69}$$

Diese Formel ist zunächst nur eine Definition. Ob das Konzept des optischen Weges physikalisch fruchtbar ist, muss erst gezeigt werden.

1.3.2 Das Beersche Gesetz

Der optische Weg ist dimensionslos. Wie das Experiment zeigt, ist er proportional zum geometrischen Weg s, den der Strahl im Medium zurücklegt, wobei gilt:

$$\boxed{d\tau = e\,ds = k\,\rho\,ds}$$

(1.70)

Die Größe e wird als *Volumenextinktionskoeffizient* (mit der Einheit m^2/m^3) bezeichnet und k als *Massenextinktionskoeffizient* (mit der Einheit m^2/kg); ferner ist ρ die Massendichte des Mediums. Der Zusammenhang (1.70) heißt *Beersches Gesetz*. Die Größe k ist also eine massenspezifische Fläche (ein *Wirkungsquerschnitt*), weil die Querschnittsfläche der Partikel (Atome, Moleküle) für die Wechselwirkung ausschlaggebend ist.

Der optische Weg τ hängt ab von λ und von s. Nun ist k vorwiegend von λ, hingegen ρ nur von s abhängig. Für den optischen Weg ergibt sich daher durch Integration von (1.70):

$$\tau_2 - \tau_1 = \int\limits_{s=s_1}^{s=s_2} k\,\rho\,ds = k(\lambda) \int\limits_{s=s_1}^{s=s_2} \rho(s)\,ds$$

(1.71)

Mit $s_1 = 0$ wird auch $\tau_1 = 0$. Der optische Weg im Medium wird also durch zwei Faktoren bestimmt: erstens durch den Massenextinktionskoeffizienten k und zweitens durch das Integral, das man als *durchstrahlte Absorbermasse w* bezeichnet.

1.3.3 Absorption und Streuung

Extinktion beschreibt den Prozess der Schwächung des Flussdichtevektors. Diese geschieht durch *Absorption* und durch *Streuung*. Bei der Absorption wird der Strahl in seiner Intensität geschwächt, und Energie wird in Wärme umgewandelt. Bei der Streuung wird er dagegen lediglich in eine andere Richtung abgelenkt.

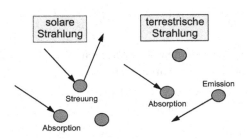

Abb. 1.12 Schema der Extinktion und der Emission. Solare Strahlung wird durch beide Formen der Extinktion (Absorption und Streuung) beeinflusst; jedoch wird von der Atmosphäre keine solare Strahlung emittiert (sonst müsste die Luft glühen). Terrestrische Strahlung hingegen wird durch Absorption und Emission beeinflusst; jedoch wird sie nicht nennenswert gestreut.

Bei der Streuung hat die Strahldichte in der Raumrichtung des auftreffenden Strahls eine Senke, jedoch eine Quelle in derjenigen Richtung, in die der Strahl gestreut wird. Das ist das Prinzip eines Spiegels. Dieser Effekt kommt auch beim Duschen vor, wenn das Wasser vom Körper abgelenkt wird. Der Streuung ist die blaue Farbe des Himmels zu verdanken, da das Sonnenlicht über das gesamte Himmelsgewölbe gestreut wird.

1.4   Die Strahlungsübertragungsgleichung (SÜG)

Die *Strahlungsübertragungsgleichung*, im folgenden abgekürzt mit *SÜG*, erfasst Extinktion und Emission in einer Gleichung. Grundlage für die Beschreibung der Extinktion ist das Beersche Gesetz; analog dazu wird die Emission als Verstärkung der Strahlung angesetzt. Das Ergebnis lautet:

$$\boxed{\mathrm{d}L_\lambda = (J_\lambda - L_\lambda)\,\mathrm{d}\tau} \tag{1.72}$$

Dieser Ansatz ist zunächst nicht mehr als eine Verallgemeinerung der obigen Formel (1.69). Außerdem fehlt die Spezifizierung der Quellfunktion J_λ. Da L_λ eine Funktion von e und von λ ist, muss der optische Weg ebenfalls in Abhängigkeit von e und λ spezifiziert werden.

Um uns zu orientieren, betrachten wir einige Spezialfälle.

1.4.1   SÜG im Weltraum

Im Vakuum des Weltraums ist $\rho = 0$ und $J_\lambda = 0$, somit auch $\tau = 0$. Die SÜG lautet hier also: $\mathrm{d}L_\lambda = 0$. Die Strahldichte der Sonne und aller anderer Gestirne ist daher überall im Weltall konstant, auch wenn in großen Abständen kaum noch Lichtquanten von der Sonne ankommen.

1.4.2   SÜG im Medium, aber ohne Strahlungsquelle

Aus (1.72) ergibt sich mit $J_\lambda = 0$ durch einfache Integration (mit Trennung der Variablen):

$$L_\lambda(\tau) = L_\lambda(\tau_0)\,\mathrm{e}^{-(\tau - \tau_0)} \tag{1.73}$$

Der Faktor $\mathrm{e}^{-(\tau_0 - \tau)}$ heißt *Transmission*: Nach Durchlaufen des optischen Weges $\tau_0 - \tau$ ist von der ursprünglichen Strahldichte nur noch dieser Anteil vorhanden.

1.4.3 SÜG im Medium mit konstanter Strahlungsquelle

Eine Umformung von Gleichung (1.72) führt im Falle von $J_\lambda \neq 0$ zu:

$$e^\tau (dL_\lambda + L_\lambda\, d\tau) = e^\tau\, J_\lambda\, d\tau. \qquad (1.74)$$

Das lässt sich wegen $e^\tau\, d\tau = d(e^\tau)$ und mit Verwendung der Produktregel folgendermaßen schreiben:

$$d(e^\tau\, L_\lambda) = J_\lambda\, d(e^\tau) \qquad (1.75)$$

Durch Integration beider Seiten mit den Grenzen τ_0 und τ wird daraus:

$$e^\tau\, L_\lambda(\tau) - e^{\tau_0}\, L_\lambda(\tau_0) = J_\lambda\, (e^\tau - e^{\tau_0}) \qquad (1.76)$$

und durch eine weitere Umformung:

$$L_\lambda(\tau) = e^{-(\tau-\tau_0)}\, (L_\lambda(\tau_0) - J_\lambda) + J_\lambda \qquad (1.77)$$

Dieses Ergebnis interpretieren wir so: Wenn der im Medium schon zurückgelegte optische Weg $\tau - \tau_0$ sehr groß ist (wie etwa in der Venusatmosphäre), so wird die Exponentialfunktion rechts sehr klein. Die ankommende Strahldichte L_λ wird dann praktisch gleich der Strahlungsquelle J_λ.

1.4.4 Allgemeine SÜG mit variabler Quelle

Wenn die Strahlungsquelle J_λ vom optischen Weg abhängt, kann sie nicht mehr wie in Gleichung (1.76) vor das Integral gezogen werden, so dass gilt:

$$e^\tau\, L_\lambda(\tau) - e^{\tau_0}\, L_\lambda(\tau_0) = \int\limits_{\tau'=\tau_0}^{\tau'=\tau} J_\lambda(\tau')\, e^{\tau'} d\tau' \qquad (1.78)$$

Die Lösung für die spektrale Strahldichte lautet also jetzt:

$$\boxed{L_\lambda(\tau) = e^{-(\tau-\tau_0)}\, L_\lambda(\tau_0) + \int\limits_{\tau'=\tau_0}^{\tau'=\tau} J_\lambda(\tau')\, e^{-(\tau-\tau')}\, d\tau'} \qquad (1.79)$$

Das ist die *allgemeine Lösung der Strahlungsübertragungsgleichung*. In einem Medium kann auch Strahlung erzeugt werden, deswegen findet sich J_λ im Integral. Mit dem Faktor $e^{-(\tau-\tau')}$ wird diese Strahlung in Abhängigkeit vom optischen Weg τ geschwächt. Den Faktor $e^{-\tau}$ kann man aus dem Integral als Faktor nach vorne ziehen.

1.4.5   Optisch dichtes Medium

In unserer Darstellung arbeiten wir mit der Vorstellung, dass die Strahlung von der
Quelle zum Beobachter fließt. Das entspricht der vektoriellen Darstellung (1.18) der
Strahldichte als Differenzial des Strahlungsflussdichtevektors; hier wird die Integration
in Strahlrichtung ausgeführt, also in Richtung des Einheitsvektors e. Bei der Fernerkundung und in der Astronomie verwendet man auch die umgekehrte Richtung, d. h.
man integriert ins dichte Medium hinein.

Welche Methode ist die richtige? Das ist Geschmacksache. In optisch sehr dichten
Medien wird $\tau \gg \tau_0$, und dabei fällt der erste Term in (1.79) weg. In diesem Fall nehmen wir die Variablentransformation $\tau - \tau' = \tau_*$ vor, setzen also $\mathrm{d}\tau' = -\mathrm{d}\tau_*$. Dieser
Vorzeichenwechsel wird mit der Umkehrung der Integrationsgrenzen wieder ausgegli-
chen:

$$L_\lambda(\tau) = \int\limits_{\tau_*=0}^{\tau_*=\tau} J_\lambda(\tau_*)\,\mathrm{e}^{-\tau_*}\,\mathrm{d}\tau_* \tag{1.80}$$

Mit dieser Transformation integriert man bildlich gesprochen von sich weg: Man startet
beim eigenen Standort (optischer Weg $\tau_* = 0$) und integriert in den Stern hinein bis
zum optischen Weg $\tau_* = \tau$.

1.4.6   Die Strahlungsheizung

Die Beziehung für die Strahlungsheizung folgt aus den Gleichungen (1.29) und (1.32):

$$\boxed{\rho\,Q = -\boldsymbol{\nabla}\cdot\boldsymbol{F} = -\int_\omega \frac{\partial L}{\partial s}\,\mathrm{d}\omega} \tag{1.81}$$

Man fixiert sich auf einen Raumwinkel und bewegt sich in Richtung des Strahls. Nimmt
man die Wellenlängenabhängigkeit noch dazu, dann erhält man

$$\rho\,Q = -\int_\omega \int_\lambda \frac{\partial L_\lambda}{\partial s}\,\mathrm{d}\lambda\,\mathrm{d}\omega = -\int_\omega \int_\lambda \frac{\partial L_\lambda}{\partial s}\,\mathrm{d}\omega\,\mathrm{d}\lambda \tag{1.82}$$

Mit der Kombination der Strahlungsübertragungsgleichung (1.72) und des Beerschen
Gesetzes (1.70) wird der Integrand von (1.82) zu

$$\frac{\partial L_\lambda}{\partial s} = \rho(s)\,k(\lambda)\,[J_\lambda(\lambda,\omega) - L_\lambda(\lambda,\omega)] \tag{1.83}$$

Die Dichte ρ kann vor das Integral gezogen werden, weil sie weder von λ noch von ω
abhängt.

$$\rho\,Q = \rho\int_\lambda k(\lambda)\left(\int_\omega [L_\lambda(\lambda,\omega) - J_\lambda(\lambda,\omega)]\,\mathrm{d}\omega\right)\,\mathrm{d}\lambda \tag{1.84}$$

Die Strahlungsquelle J_λ setzt sich aus Emission und Streuung zusammen. Kommt keine Streuung vor, dann ist $J_\lambda = B_\lambda$; das gilt bei der terrestrischen Strahlung. Die solare Strahlung wird hingegen nur gestreut, und Emission im solaren Spektralbereich kommt in der Atmosphäre nicht vor. Man beachte übrigens, dass ρ in den vorstehenden Gleichungen nicht (wie sonst meistens) die Dichte der Luft ist, sondern die Partialdichte des extingierenden oder emittierenden Gases! Man vergleiche dazu die Formeln (1.70) und (1.71).

Bezüglich des Vorzeichens von (1.84) lassen sich nun drei Fälle unterscheiden:

- $L_\lambda > J_\lambda$: Der Integrand ist positiv, die Strahldichte wird im Medium extingiert, und es kommt zu einer Erwärmung. Wenn J_λ verschwindet und $k > 0$ ist, dann wird Strahldichte absorbiert. Das ist vorwiegend der Fall bei der solaren Strahlung, welche die Atmosphäre erwärmt: Die Strahlungsheizung Q ist positiv.
- $L_\lambda = J_\lambda$: In diesem Fall verschwindet der Integrand, und es kommt zu keiner Nettoerwärmung; Strahldichte und Strahlungsquelle sind gleich stark, wie im Inneren der Sonne. Man spricht dabei vom *Strahlungsgleichgewicht*.
- $L_\lambda < J_\lambda$: Das Integral ist negativ, Q dementsprechend auch, das Medium wird abgekühlt. Das ist vorwiegend der Fall bei der terrestrischen Strahlung; diese kühlt die Atmosphäre ab, weil sie auf diese Weise Energie nach außen abgibt.

Die Auswertung des Integrals (1.84) lässt sich in folgende Schritte gliedern:

- Richtung des Raumwinkelelementes festlegen, aus dem die Strahlung kommt.
- Strahlungsquelle J_λ festlegen. Wo sind Quellen und Senken?
- Die Integration über alle Raumrichtungen ω ausführen.
- Die gesamte Prozedur für alle Wellenlängen λ wiederholen. Wegen der extrem starken Wellenlängenabhängigkeit von J_λ und k liegt hier der Hauptaufwand bei der Strahlungsmodellierung.
- Über alle Absorber bzw. Emitter summieren (beachte, dass ρ die Dichte des einzelnen Absorbers ist).

Wenn es nur um die Strahlungsheizung geht, genügt die Auswertung des Integrals (1.84), bei dem der optische Weg nicht auftaucht. Für viele Zwecke braucht man jedoch das vollständige Profil der Strahldichte, und dann muss man zur Definition (1.19) des Flussdichtevektors zurück. Die dann notwendige Lösung der Strahlungsübertragungsgleichung erfordert zusätzlich die Berechnung des optischen Weges.

2 Terrestrische Strahlung

In diesem Kapitel werden die einfachsten in Abschnitt 1.4.6 gezeigten Schritte für die terrestrische Strahlung ausgeführt. Das Ziel ist es, Ausdrücke für die aufwärts und die abwärts gerichteten Strahlungsflussdichten zu finden. Dazu nehmen wir die Erdatmosphäre als planparallel an.

2.1   Die planparallele Atmosphäre

Wir nehmen vereinfachend an, dass die Erde in horizontaler Richtung unendlich ausgedehnt sei. Dieses Modell ist für kleine Abschnitte zulässig. Beispielsweise spielt die Krümmung bei der Fläche von Österreich kaum eine Rolle. Ferner nehmen wir an, dass die *Strahldichte in azimutaler Richtung α isotrop* ist. L_λ hängt dann nur vom Zenitwinkel ϑ ab, aber nicht vom *Azimutwinkel α*. Das ist für diffuse Strahlung (solar und terrestrisch) auf nicht allzu kleiner räumlicher und zeitlicher Skala eine gute Näherung und erfasst daher praktisch alle meteorologisch wichtigen Strahlungskomponenten *mit Ausnahme der direkten Sonnenstrahlung.*

Die Annahme der Isotropie in azimutaler Richtung bedeutet, dass der Vektor der Strahlungsflussdichte nur eine vertikale Komponente hat. Bei der Strahldichte betrachten wir zwei Komponenten: eine nach oben gerichtete $L_\lambda^\uparrow$ und eine nach unten gerichtete $L_\lambda^\downarrow$; beide hängen von ϑ ab, jedoch nicht von α (anschaulich: Ein nach unten rechts gerichteter Strahl unterscheidet sich in dieser Hinsicht nicht von einem nach unten

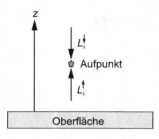

Abb. 2.1 Von unten nach oben bzw. von oben nach unten gerichtete Strahldichten an einem Aufpunkt. Beide Strahldichten sind positive Größen.

links fallenden Strahl). In analoger Weise teilt man den Vektor der Flussdichte in zwei Anteile:

$$\boldsymbol{F}_\lambda = \boldsymbol{F}_\lambda^\downarrow + \boldsymbol{F}_\lambda^\uparrow \tag{2.1}$$

Der erste ergibt sich durch Integration der aus dem oberen Halbraum (OHR) kommenden Strahldichten, der zweite entsprechend aus den Strahldichten aus dem unteren Halbraum (UHR).

Für die weiteren Betrachtungen müssen zusätzliche Konventionen festgelegt werden, welche die Randbedingungen und die Vorzeichen betreffen:

Konvention 1

Der Fluss, der auf die durch $\boldsymbol{n}$ festgelegte Empfängerfläche auftrifft, hat eine von oben und eine von unten kommende Komponente: $\boldsymbol{F}_\lambda = F_\lambda\, \boldsymbol{n}$ mit $F_\lambda = F_\lambda^\downarrow + F_\lambda^\uparrow$ und $F_\lambda^\downarrow = \boldsymbol{n} \cdot \boldsymbol{F}_\lambda^\downarrow$ sowie $F_\lambda^\uparrow = \boldsymbol{n} \cdot \boldsymbol{F}_\lambda^\uparrow$.

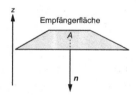

Abb. 2.2 Richtung des Normalvektors der Empfängerfläche.

Für die Integrale über die beiden Halbräume ergibt sich

$$F_\lambda^\downarrow = \int\limits_{\text{OHR}} L_\lambda^\downarrow\, \boldsymbol{n} \cdot \boldsymbol{e}\, \mathrm{d}\omega \tag{2.2}$$

$$F_\lambda^\uparrow = \int\limits_{\text{UHR}} L_\lambda^\uparrow\, \boldsymbol{n} \cdot \boldsymbol{e}\, \mathrm{d}\omega \tag{2.3}$$

Die möglichen Zenitwinkel ϑ sind für den OHR: $0 \leq \vartheta \leq \pi/2$ und für den UHR: $\pi/2 \leq \vartheta \leq \pi$. Der Winkel ϑ wird von der Vertikalen aus gemessen. Damit gilt:

$$\boldsymbol{e} \cdot \boldsymbol{n} = \cos\vartheta = \mu \tag{2.4}$$

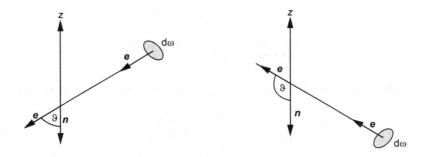

Abb. 2.3 Zusammenhang zwischen den Einheitsvektoren und dem Zenitwinkel beim OHR (links) und beim UHR (rechts).

Dies entspricht der Projektion des Einheitsvektors e (der die Richtung der Strahldichte festlegt) auf den Flächenvektor n. Der eigentlich in e enthaltene abwärts oder aufwärts zeigende Pfeil äußert sich im Vorzeichen von μ. Kommt die Strahlung aus OHR, so ist μ positiv, aus UHR hingegen negativ.

- Oberer Halbraum (OHR): $\quad 0 \leq \vartheta \leq \pi/2 \quad \rightarrow \quad 0 \leq \mu \leq 1 \quad \rightarrow \quad F_\lambda^\downarrow \geq 0$

- Unterer Halbraum (UHR): $\quad \pi/2 \leq \vartheta \leq \pi \quad \rightarrow \quad -1 \leq \mu \leq 0 \quad \rightarrow \quad F_\lambda^\uparrow \leq 0$

Wegen des Zusammenhangs (2.4) verwendet man in der Strahlungstheorie statt ϑ durchgehend den Parameter μ. Die vorstehenden Konventionen haben zur Folge, dass $F_\lambda^\downarrow$ nur positiv sein kann und $F_\lambda^\uparrow$ nur negativ. Dadurch ist $F_\lambda = F_\lambda^\downarrow + F_\lambda^\uparrow$ automatisch die vorzeichenrichtige Vertikalkomponente des Vektors $\boldsymbol{F}_\lambda$ (positiv nach unten).[1]

Konvention 2

Man nimmt einen Spezialstrahl an, der parallel zur z-Achse nach unten verläuft, also unter einem Winkel $\vartheta = 0$ einfällt. Dieser wird repräsentiert durch die *optische Tiefe* χ, die in Analogie zu Gleichung (1.70) wie folgt eingeführt wird:

$$\mathrm{d}\chi = -k\,\rho\,\mathrm{d}z \tag{2.5}$$

Das Vorzeichen erklärt sich aus den entgegengesetzten Richtungen von χ und z. Integration von (2.5) führt zu

---

[1] Manche Autoren bevorzugen eine Konvention, bei der beide Anteile von F_λ für sich positiv gerechnet werden; das führt zur Schreibweise $F_\lambda = F_\lambda^\downarrow - F_\lambda^\uparrow$ und erfordert eine Umdefinition von $F_\lambda^\uparrow$.

$$\chi(\lambda, z) - \underbrace{\chi(\lambda, \infty)}_{=0} = - \int\limits_{z'=\infty}^{z'=z} k(\lambda)\, \rho(z')\, \mathrm{d}z' \qquad (2.6)$$

Die optische Tiefe am oberen Rand der Atmosphäre ist null. Damit ergibt sich

$$\chi(\lambda, z) = k(\lambda) \int\limits_{z'=z}^{z'=\infty} \rho(z')\, \mathrm{d}z' \qquad (2.7)$$

Die Größe χ ist eine in der Strahlungstheorie vielfach verwendete Vertikalkoordinate. Die Argumentliste (λ, z) wird gewöhnlich weggelassen.

Konvention 3

Der Wegzuwachs in Richtung des Strahls ist $\mathrm{d}s$. Der Zusammenhang zwischen $\mathrm{d}s$ und $\mathrm{d}z$ folgt aus der Beziehung

$$\mathrm{d}z = -\mu\, \mathrm{d}s \qquad (2.8)$$

Zur Erläuterung des Vorzeichens siehe Abb. 2.4.

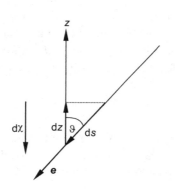

Abb. 2.4 Zum Vorzeichen in Gleichung (2.8). Kommt der Strahl aus dem oberen Halbraum, so ist die vertikale Komponente des geometrischen Weges s zu z gegenläufig; dabei ist $\mu = \cos\vartheta$ positiv, womit das negative Vorzeichen in Gleichung (2.8) gerechtfertigt ist. Kommt der Strahl aus dem unteren Halbraum, so ist die vertikale Komponente des optischen Weges die positive z-Richtung. Da aber μ im unteren Halbraum negativ ist, benötigt man das negative Vorzeichen, um das vom Cosinus herrührende Vorzeichen auszugleichen.

Konvention 4

Der Zusammenhang zwischen dem optischen Weg τ in der allgemeinen Richtung e und der optischen Tiefe ergibt sich durch Einsetzen von Gleichung (2.8) in (2.5) unter Beachtung von (1.70). Das liefert die allgemeine Beziehung

$$\mathrm{d}\tau = \frac{1}{\mu}\, \mathrm{d}\chi \qquad (2.9)$$

Dadurch wird für jeden Zenitwinkel, repräsentiert durch seinen Cosinus μ, das Differenzial des optischen Weges auf dasjenige der optischen Tiefe reduziert – eine entscheidende Vereinfachung im Modell der planparallelen Atmosphäre.

Konvention 5

Zur Definition der *Randbedingungen* für die spektralen Strahldichten verwenden wir für den Augenblick die umständliche Argumentliste (λ, χ, μ):

z	χ	Strahldichte
$z = \infty$	$\chi = 0$	$L_\lambda^\downarrow(\lambda, 0, \mu) = 0$
$z = z_S$	$\chi = \chi_s$	$L_\lambda^\uparrow(\lambda, \chi_s, \mu) = B_\lambda(\lambda, T_s)$

An der oberen Grenze ist die abwärtige Strahldichte gleich null, weil aus dem Weltraum keine terrestrische Strahlung kommt, und zwar unabhängig von μ. Von der Erdoberfläche, d. h. der Untergrenze (Index s), geht isotrope Strahlung aus; daher existiert für die aufwärtige Strahldichte ebenfalls keine Winkelabhängigkeit, und μ erscheint nicht in der Argumentliste von B_λ.

Damit sind die Randbedingungen für die Integration der Strahlungsübertragungsgleichung festgelegt; wir wissen ja, dass die SÜG eine Differenzialgleichung 1. Ordnung ist.

Konvention 6

Die allgemeine SÜG (1.72) zusammen mit Gleichung (2.9) liefert jetzt zwei Strahlungsübertragungsgleichungen, je nach der Richtung der Strahldichte:

$$\frac{\mathrm{d}L_\lambda^\downarrow}{\mathrm{d}\tau} = \frac{\mu\,\mathrm{d}L_\lambda^\downarrow}{\mathrm{d}\chi} = J_\lambda^\downarrow - L_\lambda^\downarrow \tag{2.10}$$

$$\frac{\mathrm{d}L_\lambda^\uparrow}{\mathrm{d}\tau} = \frac{\mu\,\mathrm{d}L_\lambda^\uparrow}{\mathrm{d}\chi} = J_\lambda^\uparrow - L_\lambda^\uparrow \tag{2.11}$$

Für die Quellfunktion wird in der Theorie der terrestrischen Strahlung im einfachsten Fall nur Emission gemäß der Planckschen Formel (1.50) berücksichtigt, Streuung wird vernachlässigt. Das bedeutet: $J_\lambda^\downarrow = J_\lambda^\uparrow = B_\lambda$.

2.2   Berechnung des optischen Weges

Nun berechnen wir die optischen Wege τ in beiden Richtungen. Durch beidseitige Integration von (2.9) erhalten wir die Lösung, die jedoch wegen der Randbedingungen von der Richtung des Strahls abhängig ist.

Oberer Halbraum mit dem abwärtigen Strahl

Die Integration vom oberen Rand der Atmosphäre (mit χ_0) bis zum Aufpunkt (mit χ) liefert

$$\tau^{\downarrow} - \tau_0^{\downarrow} = \frac{1}{\mu}\left(\chi - \chi_0\right) \tag{2.12}$$

Mit $\tau_0 = 0$ und $\chi_0 = 0$ wird daraus

$$\tau^{\downarrow} = \frac{\chi}{\mu} \tag{2.13}$$

Unterer Halbraum mit dem aufwärtigen Strahl

Hier wird von der Erdoberfläche (mit χ_S) bis zum Aufpunkt (mit χ) integriert:

$$\tau^{\uparrow} - \tau_0^{\uparrow} = \frac{1}{\mu}\left(\chi - \chi_s\right) \tag{2.14}$$

Mit $\tau_0 = 0$ erhalten wir

$$\tau^{\uparrow} = \frac{\chi - \chi_s}{\mu} \tag{2.15}$$

Hier sind Zähler und Nenner beide negativ, d. h. $\tau^{\uparrow}$ ist positiv.

2.3   Berechnung der Strahldichte

Die allgemeine, von der Strahlrichtung unabhängige Lösung ist durch Gleichung (1.79) gegeben. Wir setzen nun die Randbedingungen für die beiden Strahlungsrichtungen ein:

Abwärts gerichtete Strahldichte

Nach Konvention 5 ist $L_\lambda^{\downarrow}(\chi = 0) = 0$. Gleichung (1.79) liefert also

$$L_\lambda^\downarrow(\lambda,\chi,\mu) = \int\limits_{\chi'=0}^{\chi'=\chi} \mathrm{e}^{-(\chi-\chi')/\mu}\, B_\lambda\, \frac{\mathrm{d}\chi'}{\mu} \tag{2.16}$$

Die aus dem OHR am Aufpunkt ankommende, wellenlängen- und richtungsabhängige Strahldichte setzt sich aus den – von allen Quellen entlang des optischen Weges ausgehenden und entsprechend ihren (optischen) Abständen $(\chi-\chi')/\mu$ vom Aufpunkt χ geschwächten – Strahldichten $B_\lambda(\chi')$ zusammen.

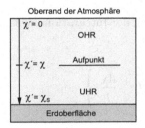

Abb. 2.5 Veranschaulichung der Parameter χ, χ' und χ_S. Bei χ' handelt es sich um die Integrationsvariable der optischen Tiefe (parallel zur z-Achse), χ ist die optische Tiefe am Aufpunkt bzw. an der Empfängerfläche, und χ_S ist die optische Tiefe an der Erdoberfläche.

Aufwärts gerichtete Strahldichte

Die Integration über den UHR liefert:

$$L_\lambda^\uparrow(\lambda,\chi,\mu) = \mathrm{e}^{-(\chi-\chi_s)/\mu}\, B_\lambda(T_s) - \int_{\chi'=\chi}^{\chi'=\chi_s} \mathrm{e}^{-(\chi-\chi')/\mu}\, B_\lambda(\chi')\, \frac{\mathrm{d}\chi'}{\mu} \tag{2.17}$$

Die am Aufpunkt von unten ankommende Strahldichte setzt sich aus der mit der Strahlungstemperatur verknüpften und durch den optischen Abstand zwischen Boden und Aufpunkt geschwächten Strahldichte $B_\lambda(T_S)$ sowie den entlang des optischen Weges aufintegrierten, durch Emission verursachten und gemäß den einzelnen optischen Abständen geschwächten Strahldichten $B_\lambda(\chi')$ zusammen.

2.4   Berechnung des Flusses

Wir verfügen nun über die Beziehungen für die Strahldichten. Einsetzen in die Formeln für die spektralen Strahlungsflussdichten $F^\uparrow$ und $F^\downarrow$ liefert die nachfolgend aufgeführten Gleichungen.

Abwärts gerichtete Strahlungsflussdichte

Für die abwärts gerichtete Strahlungsflussdichte erhält man mit Hilfe der Gleichung (2.3):

$$F_\lambda^\downarrow = \int\limits_{\text{OHR}} L_\lambda^\downarrow \, \mu \, \mathrm{d}\omega \tag{2.18}$$

Einsetzen der Beziehung für den Raumwinkel $\mathrm{d}\omega = -\mathrm{d}\mu \, \mathrm{d}\alpha$ liefert für die Strahlungsflussdichte:

$$F_\lambda^\downarrow = -2\pi \int\limits_{\mu=1}^{\mu=0} L_\lambda^\downarrow \, \mu \, \mathrm{d}\mu \tag{2.19}$$

Durch Einsetzen von Gleichung (2.16) und Umkehrung der Integrationsrichtung erhält man

$$F_\lambda^\downarrow = 2\pi \int\limits_{\mu=0}^{\mu=1} \left(\int\limits_{\chi'=0}^{\chi'=\chi} e^{-(\chi-\chi')/\mu} B_\lambda(\chi') \frac{\mathrm{d}\chi'}{\mu} \right) \mu \, \mathrm{d}\mu \tag{2.20}$$

Wegen der Isotropie kann die Quelle B_λ vor das Integral über $\mathrm{d}\mu$ gezogen werden:

$$F_\lambda^\downarrow = 2\pi \int\limits_{\chi'=0}^{\chi'=\chi} B_\lambda(\chi') \underbrace{\int\limits_{\mu=0}^{\mu=1} e^{-(\chi-\chi')/\mu} \, \mathrm{d}\mu}_{=f(\chi-\chi')} \mathrm{d}\chi' \tag{2.21}$$

Aufwärts gerichtete Strahlungsflussdichte

Analog zu Gleichung (2.18) gilt für die aufwärts gerichtete Strahlungsflussdichte:

$$F_\lambda^\uparrow = \int\limits_{\text{UHR}} L_\lambda^\uparrow \, \mu \, \mathrm{d}\omega = -2\pi \int\limits_{\mu=0}^{\mu=-1} L_\lambda^\uparrow \, \mu \, \mathrm{d}\mu \tag{2.22}$$

Einsetzen von (2.17) in (2.22) liefert

$$F_\lambda^\uparrow = -2\pi \int\limits_0^{-1} \left(e^{-(\chi-\chi_s)/\mu} B_\lambda(T_s) + \int\limits_{\chi'=\chi_s}^{\chi'=\chi} e^{-(\chi-\chi')/\mu} B_\lambda(\chi') \frac{\mathrm{d}\chi'}{\mu} \right) \mu \, \mathrm{d}\mu \tag{2.23}$$

Auflösen der Klammern und Vertauschen der Integrationsreihenfolge führt zu:

$$F_\lambda^\uparrow = -2\pi B_\lambda(T_s) \int\limits_0^{-1} e^{-(\chi-\chi_s)/\mu} \, \mu \, \mathrm{d}\mu - 2\pi \int\limits_{\chi'=\chi_s}^{\chi'=\chi} B_\lambda(\chi') \int\limits_0^{-1} e^{-(\chi-\chi')/\mu} \, \mathrm{d}\mu \, \mathrm{d}\chi' \tag{2.24}$$

Um als obere Integrationsgrenze ebenfalls $\mu = 1$ statt $\mu = -1$ zu erhalten, kann man eine Variablentransformation von μ nach $-\mu$ durchführen. Um das negative Vorzeichen im Exponenten behalten zu können, wird die Reihenfolge von χ und χ_s bzw. von χ und χ' vertauscht:

$$F_\lambda^\uparrow = -2\pi\, B_\lambda(T_s) \underbrace{\int_0^1 \mathrm{e}^{-(\chi_s-\chi)/\mu}\, \mu\, \mathrm{d}\mu}_{=f(\chi_s-\chi)} - 2\pi \int_{\chi'=\chi}^{\chi'=\chi_s} B_\lambda(\chi') \underbrace{\int_0^1 \mathrm{e}^{-(\chi'-\chi)/\mu}\, \mathrm{d}\mu}_{=f(\chi'-\chi)}\, \mathrm{d}\chi' \quad (2.25)$$

Gesamte Strahlungsflussdichte

Die Summe der Ergebnisse (2.21) und (2.25) liefert den gesamten Fluss, der auf die horizontale Fläche im Niveau des Aufpunkts z in der Atmosphäre auftrifft:

$$F = F_\lambda^\downarrow + F_\lambda^\uparrow \quad (2.26)$$

Dabei ist $F_\lambda^\downarrow$ positiv, und $F_\lambda^\uparrow$ ist negativ. Zu beachten ist, dass μ auch in (2.25) jetzt nur noch positive Werte annimmt, d. h. die obige Konvention 1 ist hinfällig geworden. $F_\lambda^\downarrow$ ist kein Vektor, sondern die Projektion des Vektors $\boldsymbol{F}$ auf den Normalvektor $\boldsymbol{n}$ der Empfängerfläche.

Die in den Gleichungen (2.21) und (2.25) unterklammerten Terme werden als Exponentialintegrale bezeichnet.

2.5 Mathematischer Exkurs: Das Exponentialintegral

Das Exponentialintegral ist definiert als

$$E_n(x) = \int_{t=1}^\infty \frac{\mathrm{e}^{-x \cdot t}}{t^n}\, \mathrm{d}t \quad (2.27)$$

Diese Funktion leiten wir nach x ab:

$$\frac{\mathrm{d}E_n(x)}{\mathrm{d}x} = \int_1^\infty \frac{\partial \mathrm{e}^{-x \cdot t}/\partial x}{t^n}\, \mathrm{d}t = -\int_1^\infty \frac{\mathrm{e}^{-x \cdot t}\, t}{t^n}\, \mathrm{d}t = -\int_1^\infty \frac{\mathrm{e}^{-x \cdot t}}{t^{n-1}}\, \mathrm{d}t = -E_{n-1} \quad (2.28)$$

Das ist eine Rekursionsgleichung.

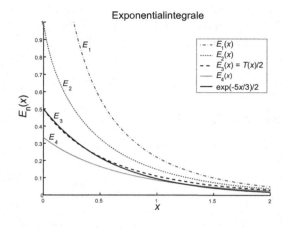

Abb. 2.6 Die Exponentialintegrale als Funktionen von x. Für E_3 sind zwei Kurven eingezeichnet, die einander durchdringen. Die eine ist $E_3(x) = \mathcal{T}(x)/2$, die andere entspricht der (5/3)-Näherung; beide können für praktische Zwecke als gleich angesehen werden.

2.6   Das Konzept der Transmissionsfunktion

Unser nächstes Ziel ist es, die Integrale über die Einfallswinkel der einzelnen Strahlen mit Hilfe der Exponentialintegrale (2.27) auszudrücken. Dazu wird unter Beachtung der Rekursionsvorschrift (2.28) die *Transmissionsfunktion* definiert:

$$\mathcal{T}(x) = 2\,E_3(x) \qquad \text{mit} \qquad \frac{\mathrm{d}\mathcal{T}}{\mathrm{d}x} = -2\,E_2(x) \qquad (2.29)$$

Zuerst zeigen wir, dass die unterklammerten Ausdrücke in den Gleichungen (2.21) und (2.25) Exponentialintegralen der Form (2.27) entsprechen. Durch die Substitution

$$\mu = \frac{1}{t} \quad \rightarrow \quad \mathrm{d}\mu = -\frac{\mathrm{d}t}{t^2} \qquad (2.30)$$

erhält man

$$f(\chi - \chi') = \int\limits_0^1 \mathrm{e}^{-(\chi-\chi')/\mu}\,\mathrm{d}\mu = -\int\limits_\infty^1 \frac{\mathrm{e}^{-(\chi-\chi')\,t}}{t^2}\,\mathrm{d}t = E_2\,(\chi - \chi') \qquad (2.31)$$

Mit derselben Substitution kann auch das unterklammerte Integral von Gleichung (2.25) auf ein Exponentialintegral zurückgeführt werden:

$$f(\chi_s - \chi) = -\int\limits_\infty^1 \frac{\mathrm{e}^{-(\chi_s-\chi)\,t}}{t^2}\,\frac{1}{t}\,\mathrm{d}t = \int\limits_1^\infty \frac{\mathrm{e}^{-(\chi_s-\chi)\,t}}{t^3}\,\mathrm{d}t = E_3\,(\chi_s - \chi) \qquad (2.32)$$

Mit χ ist immer der Aufpunkt gemeint. Je nachdem, ob man den OHR oder den UHR betrachtet, ist $\chi - \chi'$ positiv bzw. negativ.

Nun berechnen wir unter Verwendung der Transmissionsfunktion die nach oben und die nach unten gerichteten Strahlungsflussdichten.

■ **Abwärtiger Fluss**: Mithilfe einer Umformung sowie mit Gleichung (2.21) ergibt sich für die nach unten gerichtete Strahlungsflussdichte

$$F_\lambda^\downarrow(\chi) = \int_{\chi'=0}^{\chi'=\chi} \pi\, B_\lambda(\chi')\, 2\, E_2\, (\chi - \chi')\, \mathrm{d}\chi' \qquad (2.33)$$

Mit der Rekursionsformel (2.29) kann eine weitere Umformung erfolgen:

$$F_\lambda^\downarrow(\chi) = -\int_{\chi'=0}^{\chi'=\chi} \pi\, B_\lambda(\chi')\, \frac{\mathrm{d}\mathcal{T}(\chi - \chi')}{\mathrm{d}(\chi - \chi')}\, \mathrm{d}\chi' \qquad (2.34)$$

Im Nenner wird χ mit χ' vertauscht und das dadurch auftretende negative Vorzeichen nach vorn herausgezogen:

$$F_\lambda^\downarrow(\chi) = \int_{\chi'=0}^{\chi'=\chi} \pi\, B_\lambda(\chi')\, \frac{\mathrm{d}\mathcal{T}(\chi - \chi')}{\mathrm{d}(\chi' - \chi)}\, \mathrm{d}\chi' \qquad (2.35)$$

Nach dem Kürzen von $\mathrm{d}(\chi' - \chi)$ gegen $\mathrm{d}\chi'$ sowie unter Verwendung der Transmission als neuer Vertikalkoordinate $\mathcal{T}(\chi - \chi')$ mit den Grenzen $\mathcal{T}(\chi - 0) = \mathcal{T}(\chi)$ und $\mathcal{T}(\chi - \chi) = \mathcal{T}(0) = 1$ erhält man schließlich

$$F_\lambda^\downarrow(\chi) = \int_{\mathcal{T}=\mathcal{T}(\chi)}^{\mathcal{T}=1} \pi\, B_\lambda(\mathcal{T})\, \mathrm{d}\mathcal{T} \qquad (2.36)$$

■ **Aufwärtiger Fluss**: Ausgehend von der Darstellung der aufwärts gerichteten Strahlungsflussdichte in Gleichung (2.25) ergibt sich durch Einsetzen der Transmissionsfunktion:

$$F_\lambda^\uparrow(\chi) = -\pi\, B_\lambda(T_S)\, \mathcal{T}(\chi_s - \chi) + \int_{\chi'=\chi}^{\chi'=\chi_s} \pi\, B_\lambda(\chi')\, \frac{\mathrm{d}\mathcal{T}(\chi' - \chi)}{\mathrm{d}(\chi' - \chi)}\, \mathrm{d}\chi' \qquad (2.37)$$

Nach dem Kürzen von $\mathrm{d}(\chi' - \chi)$ gegen $\mathrm{d}\chi'$ und unter Anpassung der Integrationsgrenzen erhält man

$$F_\lambda^\uparrow(\chi) = -\pi\, B_\lambda(T_S)\, \mathcal{T}(\chi_s - \chi) - \int_{\mathcal{T}=\mathcal{T}(\chi_s-\chi)}^{\mathcal{T}=1} \pi\, B_\lambda(\mathcal{T})\, \mathrm{d}\mathcal{T} \qquad (2.38)$$

Der erste Term rührt von der strahlenden Erdoberfläche her, der zweite von der strahlenden Atmosphäre.

2.7   Das Konzept der Absorbermasse

Für die optische Tiefe hatten wir oben, bei der Konvention 2, gefunden:

$$\chi(z) = k(\lambda) \int\limits_{z'=z}^{z'=\infty} \rho(z')\,\mathrm{d}z' \tag{2.39}$$

Das Integral wird als *durchstrahlte Absorbermasse* bezeichnet:

$$w(z) = \int\limits_{z'=z}^{z'=\infty} \rho\,\mathrm{d}z' \tag{2.40}$$

Für die optische Tiefe ergibt sich damit

$$\chi(\lambda, z) = k(\lambda)\,w(z) \tag{2.41}$$

Durch Einbringen von (2.41) in die Formeln (2.36) und (2.38) erhält man die Transmission als die eigentliche Vertikalkoordinate.

   Kritisch ist anzumerken: Die hier angenommene Trennung von $k(\lambda)$ und $\rho(z)$ ist in Wirklichkeit nicht ideal erfüllt. Vielmehr hängt k von λ *und* von T ab, also von z.

2.8   Die Goodyschen Flussformeln

Die SÜG ist eine einfache Gleichung für die Strahldichte; jedoch ist die SÜG richtungsabhängig. Aber der Strahlungsfluss ist nicht richtungsabhängig, denn diese Abhängigkeit wurde durch die Integration über alle betrachteten Richtungen eliminiert. Das Modell der Goodyschen Flussformeln für eine graue Atmosphäre im Strahlungsgleichgewicht verbindet die Vorzüge der einfachen SÜG mit der Richtungsunabhängigkeit des Flusses. Zu ihrer Herleitung verwenden wir das Transmissionskonzept.

   Die folgende Tabelle zeigt die Gegenüberstellung von Strahldichte und Fluss eines vom Boden nach oben ausgehenden Strahls bezüglich der Extinktion. Vor der Extinktion (optische Tiefe χ_s) sind Strahldichte und Fluss maximal; wie viel davon bis zur optischen Tiefe χ durchgelassen wird, hängt von den jeweiligen Transmissionsfunktionen ab.

	vor Extinktion	nach Extinktion	Transmission
Strahldichte	$L_\lambda^\uparrow(\lambda, \chi_s, \mu) = B_\lambda$	$L_\lambda^\uparrow(\lambda, \chi, \mu)$ $= \mathrm{e}^{-(\chi-\chi_s)/\mu}\,B_\lambda$	$\mathrm{e}^{-(\chi-\chi_s)/\mu}$
Strahlungs- flussdichte	$F_\lambda^\uparrow(\lambda, \chi_s) = -\pi\,B_\lambda$	$F_\lambda^\uparrow(\lambda, \chi)$ $= -\mathcal{T}(\chi_s - \chi)\,\pi\,B_\lambda$	$\mathcal{T}(\chi_s - \chi)$

Bei isotroper Strahlung besteht vor der Extinktion zwischen Fluss und Strahldichte ein einfacher Zusammenhang, der bei der Transmission jedoch nicht auf den ersten Blick erkennbar ist (siehe Tabelle).

Wir vergleichen nun beide Transmissionsfunktionen. Unter einem speziellen Einfallswinkel mit dem Cosinus μ_0 sind die Transmissionen gleich. Wir suchen also ein ausgezeichnetes μ_0, das folgende Bedingung erfüllt:

$$e^{-x/\mu_0} = \mathcal{T}(x) \tag{2.42}$$

Hier haben wir das Argument $\chi_s - \chi$ durch x ersetzt. (2.42) ergibt

$$\mu_0 = \frac{x}{\log\left[1/\mathcal{T}(x)\right]} \tag{2.43}$$

Für unterschiedliche x berechnen wir nun μ_0. Bis auf die Randbereiche von $\mathcal{T}(x)$ ergibt sich ein Wert von $\mu_0 = 3/5$, was einem Winkel von $\vartheta = 53°$ entspricht. Dabei tun wir so, als würden alle Strahlen bzw. der gesamte Fluss aus einer einzelnen Richtung, nämlich unter dem Zenitwinkel von $\vartheta = 53°$ kommen. Das kann man auch als Mittelwert einer grauen Atmosphäre mit der optischen Tiefe $\chi_s = 1$ interpretieren, was ungefähr der optischen Tiefe der Erdatmosphäre entspricht. Bei anderen Planeten würde man zu anderen Einfallswinkeln gelangen.

Wir verwenden jetzt die Strahlungsübertragungsgleichungen gemäß Konvention 6. Nach Durchmultiplikation mit $2\pi\mu$ integrieren wir die erste über den OHR, die zweite über den UHR:

$$2\pi \int\limits_{\mu=0}^{\mu=1} \left(\mu\, \frac{\partial L_\lambda^\downarrow(\chi,\mu)}{\partial \chi} = B_\lambda - L_\lambda^\downarrow \right) \mu\, \mathrm{d}\mu \tag{2.44}$$

$$2\pi \int\limits_{\mu=-1}^{\mu=0} \left(\mu\, \frac{\partial L_\lambda^\uparrow(\chi,\mu)}{\partial \chi} = B_\lambda - L_\lambda^\uparrow \right) \mu\, \mathrm{d}\mu \tag{2.45}$$

Nach Ausführung der Integration ist die μ-Abhängigkeit entfernt, und die partiellen Ableitungen ersetzen wir durch die gewöhnliche Ableitung nach χ:

$$\frac{\mathrm{d}}{\mathrm{d}\chi}\left(2\pi \int\limits_{\mu=0}^{\mu=1} \mu^2\, L_\lambda^\downarrow(\chi,\mu)\, \mathrm{d}\mu \right) = \pi B_\lambda - F_\lambda^\downarrow \tag{2.46}$$

$$\frac{\mathrm{d}}{\mathrm{d}\chi}\left((2\pi \int\limits_{\mu=-1}^{\mu=0} \mu^2\, L_\lambda^\uparrow(\chi,\mu)\, \mathrm{d}\mu \right) = -\pi B_\lambda - F_\lambda^\uparrow \tag{2.47}$$

Der in (2.46) eingeklammerte Ausdruck werde als $W_\lambda^\downarrow$ bezeichnet und der in (2.47) eingeklammerte als $W_\lambda^\uparrow$. Wir setzen nun

$$W_\lambda^\downarrow = \mu_0 \cdot F_\lambda^\downarrow \qquad \text{und} \qquad W_\lambda^\uparrow = -\mu_0 \cdot F_\lambda^\uparrow \tag{2.48}$$

Für den Parameter μ_0 findet man den Wert $3/5$. Mit der modifizierten optischen Tiefe

$$\chi^* = \frac{\chi}{\mu_0} \tag{2.49}$$

ergeben sich die *Goodyschen Flussformeln*:

$$\frac{\mathrm{d}F_\lambda^\downarrow}{\mathrm{d}\chi^*} = \pi B_\lambda - F_\lambda^\downarrow \qquad \text{und} \qquad \frac{\mathrm{d}F_\lambda^\uparrow}{\mathrm{d}\chi^*} = \pi B_\lambda + F_\lambda^\uparrow \tag{2.50}$$

Diese gestatten es, das Vertikalprofil der aufwärtigen und der abwärtigen Strahlungs-flussdichte durch Vertikalintegration zu bestimmen. Im Fall einer grauen Atmosphäre hat man zusätzlich über die Wellenlängen zu integrieren, was einfach dadurch ge-schieht, dass man den Index λ weglässt.

3 Solare Strahlung

Nach den Ausführungen zur terrestrischen Strahlung folgt hier eine kurze Betrachtung der solaren Strahlung; dabei beschränken wir uns auf die Verallgemeinerung der Quellfunktion. Im Gegensatz zur terrestrischen Strahlung emittiert die Luft keine solare Strahlung, sondern diese wird nur absorbiert und darüber hinaus gestreut. Die Vereinfachung der Strahlungsübertragungsgleichung durch den Fortfall der thermischen Emission im solaren Spektralbereich wird durch die zusätzlich auftretende Streuung wieder wettgemacht.

3.1   Die SÜG mit Streuung

Die differenzielle Strahlungsübertragungsgleichung ist wie vorher durch (1.72) gegeben:

$$\mathrm{d}L_\lambda = (J_\lambda - L_\lambda)\,\mathrm{d}\tau \qquad \text{mit} \qquad \mathrm{d}\tau = k\,\rho_i\,\mathrm{d}s \qquad (3.1)$$

Die SÜG gilt am Aufpunkt (fixiert durch den Ortsvektor r, der in den Gleichungen hier nicht explizit vorkommt). Von dort aus bildet man die Richtung der Strahlung, vertreten durch den Einheitsvektor e, der zu r hinzeigt, und s ist der Weg längs e, also $s = s\,e$. Die Dichte des i-ten Absorbers ist ρ_i; sie hängt nur von s ab. Dagegen hängen τ, k, L_λ und J_λ von λ und von s ab.

Thermische *Emission* (repräsentiert durch die Quellfunktion J_λ) von solarer Strahlung gibt es bei terrestrischen Temperaturen nicht, wohl aber Streuprozesse. *Absorption* und *Streuung* werden durch den Extinktionskoeffizienten repräsentiert:

$$k = k^a + k^s \qquad (3.2)$$

Der erste Summand ist der *Absorptionskoeffizient*, der zweite der *Streukoeffizient* (auch: Absorptions- und Streu-*Querschnitt*).

Streuprozesse wirken sich aber nicht nur im Streuquerschnitt, sondern auch in der Quellfunktion aus. Dazu schreiben wir die kombinierten Gleichungen (3.1), (3.2) in folgender Form:

$$\mathrm{d}L_\lambda = \left(\underbrace{\frac{J_\lambda \, k^a}{k}}_{J_\lambda^e} + \underbrace{\frac{J_\lambda \, k^s}{k}}_{J_\lambda^s} \right) \mathrm{d}\tau - \left(\underbrace{\frac{L_\lambda \, k^a}{k}}_{L_\lambda^a} + \underbrace{\frac{L_\lambda \, k^s}{k}}_{L_\lambda^s} \right) \mathrm{d}\tau \qquad (3.3)$$

Nun besteht aber ein grundsätzlicher Unterschied zwischen den J_λ und den L_λ. In den L_λ ist die Beschreibung des Absorptions- und Streuprozesses vollständig in den Quotienten k^a/k und k^s/k enthalten und wirkt sich nicht auf die spektrale Strahldichte L_λ aus, die man daher auch ausklammern und als Faktor nach vorn ziehen kann. Die Zerlegung von L_λ in die Summanden L_λ^a und L_λ^s wäre sowieso nicht sachgerecht und hat hier nur formale Bedeutung – die Strahldichte L_λ ist schließlich eine *Zustandsgröße* des Strahlungsfeldes und kann nicht willkürlich in Teile zerlegt werden.

Bei den *Quellgrößen* J_λ dagegen beschreiben die beiden Summanden in der Tat verschiedene Erzeugungsprozesse: J_λ^e steht für die Emission (man beachte die implizit sichtbare Auswirkung des Kirchhoffschen Gesetzes) und J_λ^s für die Streuung. Hier lassen sich insbesondere in der Quellfunktion für die Streuung die Behandlung von J_λ und die von k^s nicht voneinander trennen.

3.2 Die Phasenfunktion

Den Begriff der Phasenfunktion führen wir für den einfachsten Fall reiner Streuung ein, d. h. es ist $k = k^s$ und $k^a = 0$. Das bedeutet: $J_\lambda^e = 0$, $L_\lambda^a = 0$, $L_\lambda^s = L_\lambda$. Die SÜG lautet also:

$$\mathrm{d}L_\lambda = J_\lambda^s \, \mathrm{d}\tau - L_\lambda \, \mathrm{d}\tau \qquad (3.4)$$

Bei dem idealisierten Prozess reiner Einfachstreuung wird Strahlung aus der Richtung e' in die Richtung e gestreut, ohne dass sich der Betrag der aus e' einfallenden Strahldichte $L_\lambda(e')$ ändert; $\mathrm{d}\omega'(e')$ ist das zugehörige Raumwinkelelement (vgl. Abb. 3.1). Dann ist der Beitrag dieses Prozesses zur streubedingten Strahlungsquelle in Richtung e gegeben durch

$$\mathrm{d}J_\lambda^s(e) = P(e', e) \, L_\lambda(e') \, \frac{\mathrm{d}\omega'(e')}{4\pi} \qquad (3.5)$$

Die *Phasenfunktion* $P(e', e)$ gibt die Wahrscheinlichkeit für diesen Richtungswechsel an. Der Faktor 4π erfüllt den Zweck der Normierung. $P(e', e)$ ist eine Funktion zweier

Einheitsvektoren, selbst aber ein Skalar. Integriert man beide Seiten, so erhält man für die Strahlungsquelle

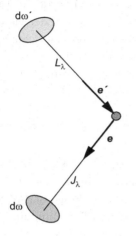

Abb. 3.1 Der Prozess der Streuung bei solarer Strahlung. Wird ein Molekül der Luft von einem Photon getroffen, so kann dieses in seiner Richtung abgelenkt werden, ohne absorbiert und wieder emittiert zu werden. Je nach Einfallsrichtung e' sind die Wahrscheinlichkeiten für eine Streurichtung e unterschiedlich. Diese Information wird in der Phasenfunktion $P(e', e)$ zusammengefasst.

$$J_\lambda^s(e) = \int\limits_{\omega'=0}^{4\pi} P(e', e) \, L_\lambda(e') \, \frac{\mathrm{d}\omega'(e')}{4\pi} \tag{3.6}$$

Wenn die Strahldichte isotrop ist, also $L_\lambda(e') \equiv L_\lambda$ gilt, so vereinfacht sich (3.6) zu:

$$J_\lambda^s(e) = L_\lambda \, \frac{1}{4\pi} \int\limits_{\omega'=0}^{4\pi} P(e', e) \, \mathrm{d}\omega'(e') = L_\lambda \tag{3.7}$$

Dieses simple Resultat ergibt sich aus dem Umstand, dass das Integral der Streuwahrscheinlichkeit über den gesamten Raumwinkel den Wert 1 haben muss. Im Fall rein isotroper Einfachstreuung degeneriert also die allgemeine Formel (3.6) zu (3.7), und die Quelle der SÜG ist gleich der Strahldichte selbst. In Gleichung (3.4) verschwindet in diesem Fall die rechte Seite identisch, d. h. es ist $L_\lambda \equiv$ const., was erwartungsgemäß Strahlungsgleichgewicht bedeutet.

Wenn die Extinktion außer durch Streuung auch durch Absorption beeinflusst wird, so ist die Normierung der Phasenfunktion offenbar nicht mehr möglich. Die verallgemeinerte Behandlung des Streuproblems unter Berücksichtigung auch der nicht streubedingten Emission sowie der Mehrfachstreuung überschreitet den Rahmen dieser einführenden Darstellung.

3.3 Rayleigh-Streuung

Die Ursache der Streuung im Fall solarer Strahlung wird in der Theorie der Rayleigh-Streuung behandelt. Dabei werden die Luftmoleküle als Dipole betrachtet, die von der solaren Strahlung zu erzwungenen Schwingungen angeregt werden und nun ihrerseits, mit der gleichen Frequenz, Strahlung aussenden. Dies ist ein grundsätzlich anderer Prozess als die Plancksche Strahlung. Der wichtigste Punkt dabei ist der Umstand, dass die Intensität der Anregung dieser erzwungenen Schwingungen von der vierten Potenz der Wellenlange abhängt, was unter anderem die Farbe des Himmelslichts erklärt. Die Berechnung der Streuwahrscheinlichkeit wird stark vereinfacht durch die Unabhängigkeit des Streuvorganges nur vom Einfallswinkel, nicht dagegen vom Azimutwinkel.

3.4   Mikroprozesse

Die Strahlungsübertragungsgleichung ist eine pauschale makroskopische Betrachtung des Strahlungsproblems. Die zugehörige mikroskopische Komponente behandelt die eigentliche Ursache von Absorption und Streuung sowie die Frage der Wellenlängenabhängigkeit. Das wird für die Molekülstreuung der solaren Strahlung durch die *Rayleigh-Theorie* geleistet und für das allgemeine Streuproblem (einschließlich der Aerosolstreuung) durch die *Mie-Theorie*; die Rayleigh-Theorie ist ein Spezialfall der elektrodynamischen Mie-Theorie.

Die quantenmechanische Analyse der Extinktion umfasst die Theorie des Absorptionsquerschnitts k^a und des Streuquerschnitts k^s sowie allgemein der *Bandenabsorption*. Dabei spielt die Zusammensetzung der Atmosphäre aus ihren gasförmigen Bestandteilen eine zentrale Rolle. Mit diesen Bemerkungen müssen wir uns hier begnügen.

4 Die Strahlung als Komponente der atmosphärischen Dynamik

4.1 Fernerkundung

Die Strahlungstheorie ist die Grundlage der modernen Fernerkundung durch die erdnahen Satelliten. Der grundsätzliche Ansatz besteht in der Umkehrung des Problems der SÜG: In der SÜG nimmt man die Zustandsgrößen der Atmosphäre (Druck, Temperatur, Konzentrationen der Partialgase als Funktion der Höhe) als gegeben an und berechnet daraus Strahldichtefeld und Strahlungsflussdichte. Bei der Fernerkundung dagegen beobachtet man, wie in der Astronomie, die aus dem Medium kommende wellenlängenabhängige Strahlung und berechnet rückwärts, durch *Entfaltung der Strahlungsübertragungsgleichung*, das Feld der Zustandsgrößen.

4.2 Das strahlungskonvektive Gleichgewicht der Atmosphäre

Im Energiehaushalt der globalen Atmosphäre (Abb. 4.1) wirken Gesamtstrahlungsbilanz RAD und Konvektionsfluss CON zusammen. Im weltweiten Klimamittel ist in jedem Niveau $RAD + CON = 0$.

Die solare Strahlung RAD_{sol} von der Sonne *konvergiert* in der Erdatmosphäre. Am oberen Rand der Atmosphäre kommen 342 W/m^2 an, von denen 107 W/m^2 vom Erdsystem reflektiert werden; d. h. die Zufuhr von solarer Strahlung beträgt 235 W/m^2. Wegen der Absorption gelangen nur 168 W/m^2 bis zum Boden.

Die terrestrische Strahlung RAD_{terr} von der Erdoberfläche *divergiert* in der Erdatmosphäre. Von der Erdoberfläche werden 390 W/m^2 abgestrahlt; jedoch werden 324 W/m^2 über den Treibhauseffekt wieder der Erdoberfläche zugeführt. Die Erdoberfläche gibt also netto nur 66 W/m^2 an terrestrischer Strahlung nach oben in die

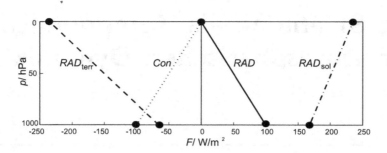

Abb. 4.1 Halbquantitative Bilanz der global gemittelten vertikalen Energieflüsse (positiv nach unten). Solare (RAD_{sol}) und terrestrische Strahlung (RAD_{terr}) addieren sich zur Nettostrahlung $RAD = RAD_{\mathrm{sol}} + RAD_{\mathrm{terr}}$. Der konvektive Energiefluss CON balanciert RAD. Zahlenwerte an der Ober- und der Untergrenze der Atmosphäre (dicke Punkte) beobachtet. Dazwischen wurde linear interpoliert, was eine grobe Idealisierung darstellt (vor allem in der Stratosphäre), im Mittel aber richtig ist.

Atmosphäre ab. Auf dem Weg nach oben erhöht sich die Flussdichte der terrestrischen Strahlung, bewirkt durch Emission (und Re-Absorption); durch den oberen Rand der Atmosphäre verlassen 235 W/m^2 an terrestrischer Strahlung das Erdsystem.

Die Gesamtstrahlungsbilanz $RAD = RAD_{\mathrm{sol}} + RAD_{\mathrm{terr}}$ ist also null am oberen Rand der Atmosphäre und 102 W/m^2 an der Erdoberfläche; diesen Energiefluss kann die Erdoberfläche nicht mehr durch Strahlung loswerden. Hier setzt der materiebedingte Fluss $CON = LH + SH$ von latenter und von fühlbarer Wärme ein. An der Erdoberfläche ($LH = 78$ W/m^2, $SH = 24$ W/m^2) ist er rein molekular und balanciert RAD. In der planetaren Grenzschicht wird er turbulent und geht in der freien Atmosphäre in Konvektion über. CON fällt bis zum oberen Rand der Atmosphäre auf null ab.

Dieses in Abb. 4.1 skizzierte Strahlungsgleichgewicht der globalen Atmosphäre wird in jeder lokalen atmosphärischen Säule im Klimasystem durch horizontale Energieflüsse modifiziert. Dieser Gesichtspunkt wird im Teil VII über die globalen Haushalte wieder aufgegriffen.

Teil II

Thermodynamik

Kurz und klar

Die wichtigsten Formeln der Thermodynamik

Zustandsgrößen: extensive: $E, V, M, M^*, \ldots$ intensive: $e, \alpha, \rho, T, p, \ldots$
$$\text{(II.1)}$$

Gasgleichung: $\quad p = R \rho T \quad \text{oder} \quad p \alpha = R T$ $\qquad$ (II.2)

Spezifische Feuchte: $\quad q = \rho_W / \rho$ $\qquad$ (II.3)

Virtuelle Temperatur: $\quad T_v = (1 + 0.6\, q)\, T, \quad p = R_L\, \rho\, T_v$ $\qquad$ (II.4)

Geopotenzial: $\quad \Phi = g\, z = g_0\, Z$ $\qquad$ (II.5)

Hydrostatische Gleichung: $\quad \mathrm{d}p = -g\, \rho\, \mathrm{d}z \quad \text{oder} \quad \mathrm{d}\Phi = -\alpha\, \mathrm{d}p$ $\qquad$ (II.6)

Relative Feuchte, Taupunkt: $\quad f = e/e_s, \quad e_s(T_d) = e$ $\qquad$ (II.7)

Gibbssche Form (extensiv): $\quad \mathrm{d}E = T\, \mathrm{d}S - p\, \mathrm{d}V + \mu\, \mathrm{d}M$ $\qquad$ (II.8)

Gibbssche Form (intensiv): $\quad \mathrm{d}u = T\, \mathrm{d}s - p\, \mathrm{d}\alpha$ $\qquad$ (II.9)

Enthalpie: $\quad h = u + p\,\alpha \quad \text{mit} \quad \mathrm{d}h = T\, \mathrm{d}s + \alpha\, \mathrm{d}p$ $\qquad$ (II.10)

Chem. Potenzial: $\quad \mu = h - T\, s \quad \text{mit} \quad \mathrm{d}\mu = -s\, \mathrm{d}T + \alpha\, \mathrm{d}p$ $\qquad$ (II.11)

Spez. Energie und Enthalpie: $\quad \mathrm{d}u = c_v\, \mathrm{d}T, \qquad \mathrm{d}h = c_p\, \mathrm{d}T$ $\qquad$ (II.12)

Spezifische Wärmekapazitäten: $\quad c_p - c_v = R$ $\qquad$ (II.13)

Potenzielle Temperatur: $\quad \Theta = T \left(\dfrac{p_0}{p} \right)^{\kappa}, \; \kappa = \dfrac{R}{c_p}$ $\qquad$ (II.14)

Entropiedifferenzial, Heizung: $\quad \mathrm{d}s = c_p\, \dfrac{\mathrm{d}\Theta}{\Theta}, \qquad Q = c_p\, \dfrac{T}{\Theta}\, \dfrac{\mathrm{d}\Theta}{\mathrm{d}t}$ $\qquad$ (II.15)

Isentropes Temp.-Gefälle: $\quad \Gamma_d = -(\partial T / \partial z)_{is} = \dfrac{g}{c_p}$ $\qquad$ (II.16)

Verdampfungsenthalpie: $\quad h^D - h^W = T \left(s^D - s^W \right) = L$ $\qquad$ (II.17)

Sättigungsdampfdruck: $\quad e_s(T) = e_s(T_0) \exp \left\{ \dfrac{L}{R_D} \left(\dfrac{1}{T_0} - \dfrac{1}{T} \right) \right\}$ $\qquad$ (II.18)

Feuchte Enthalpie: $\quad h = c_p\, T + L\, q$ $\qquad$ (II.19)

Äquivalentpotenzielle Temperatur: $\quad \Theta_e = \Theta \exp \dfrac{L\, q}{c_p\, T}$ $\qquad$ (II.20)

5 Hydrostatik von Geofluiden

Im Mittelpunkt dieses Kapitels steht die hydrostatische Gleichung. Für diese muss man vor allem den Druck und die Konzepte Zustandsgröße und Zustandsgleichung sowie das Geopotenzial kennen. Diese Anordnung ist teilweise Geschmacksache – man kann die Gasgleichung, statt wie hier in der Hydrostatik, mit dem gleichen Recht in der elementaren Thermodynamik behandeln, und ebenso das Geopotenzial in den Grundlagen der Hydrodynamik. Weil jedoch die hydrostatische Gleichung eine derart zentrale Stellung in den Geofluidwissenschaften (Meteorologie, Ozeanographie und Geophysik) einnimmt, wollen wir die grundlegenden Begriffe für die Anwendungen in der Meteorologie hier in der Hydrostatik darstellen. Die Stoffe Luft (die Atmosphäre) und Wasser (den Ozean) wollen wir als *Geofluide* bezeichnen. Darin kommt zum Ausdruck, dass wir theoretische Fluidphysik im Hinblick auf geophysikalische Anwendungen treiben wollen.

Wieso kann man Luft und Wasser gemeinsam behandeln? Der Ozean hat doch eine Oberfläche (eine Unstetigkeitsstelle der Dichte). Die gasförmige Atmosphäre dagegen hat keine, vor allem keine scharfe Grenze zum Weltraum hin. Erstaunlicherweise ist dieser Unterschied in den theoretischen Gleichungen am Ende ziemlich untergeordnet. Das wichtigste dynamische Modell, das im Teil IV dieses Buches behandelt wird, ist das barotrope; die dreidimensionale Atmosphäre wird mit der Barotropieannahme auf die horizontale Dimension reduziert und damit durch das so genannte Flachwassermodell darstellbar. So löst sich das Problem der Gasförmigkeit der Atmosphäre und ihrer nicht existierenden Oberfläche von selbst. Auch Eis (in diesem Buch sonst nicht weiter behandelt) ist ein Geofluid – man denke an das Fließen der Gletscher.

5.1   Zustandsgrößen

Als Zustandsgrößen werden alle Größen bezeichnet, die den Zustand eines physikalischen Systems quantifizieren; dazu zählen:

Name	Symbol	Einheit
Volumen	V	m^3
Masse	M	kg
Energie	E	J
Teilchenzahl	N	1
Stoffmenge	M^*	mol
Temperatur	T	K
Druck	p	$Pa = N/m^2$
Massendichte	$\rho = M/V$	kg/m^3
Teilchenzahldichte	$n = N/V$	$1/m^3$
Spezifisches Volumen	$\alpha = V/M$	m^3/kg
Spezifische Energie	$e = E/M$	$J/kg = m^2/s^2$
Mengendichte	$\rho^* = M^*/V$	mol/m^3
Molvolumen	$\alpha^* = V/M^*$	m^3/mol

Die Aufzählung ist nicht vollständig, denn es gibt viel mehr Zustandsgrößen. Wie bringt man Ordnung in diese Sammlung?

5.1.1   Masse, Menge, Teilchenzahl

Wir betrachten zuerst die mengenartigen Größen in der vorstehenden Tabelle. Sie sind nicht alle unabhängig voneinander, und man kann manche ineinander umrechnen.

Die Masse M (Einheit kg) erscheint dem Physiker als die natürlichste Größe, um einen Stoff zu quantifizieren. Für den Chemiker dagegen ist die natürlichste Größe die Menge M^* des Stoffes (Einheit mol). Wer hat Recht? Beide. Den Zusammenhang zwischen den Größen vermittelt die Molmasse m^* (auch *molare Masse* oder *spezifische Molmasse*, früher als „Molekulargewicht" bezeichnet):

$$M = m^* M^* \tag{5.1}$$

Für jeden Stoff ist m^* eine Konstante, aber für verschiedene Stoffe ist sie im allgemeinen unterschiedlich. Die Molmasse von molekularem Sauerstoff O_2 beispielsweise beträgt $m^*_{O_2} = 32$ kg/kmol. Auf die Frage, warum der Physiker die Masse, der Chemiker dagegen die Menge bevorzugt, kommen wir gleich zurück.

Man kann die Menge eines Stoffes statt durch M^* auch durch die Teilchenzahl N angeben. Den Zusammenhang vermittelt die Molteilchenzahl N_A:

$$N = N_A \, M^* \tag{5.2}$$

Die Größe $N_A = 6.022 \cdot 10^{23}$ mol^{-1}, also die Zahl der Teilchen pro Mol, ist eine für alle Stoffe gleiche Konstante. Darin liegt ihre außerordentliche Bedeutung. Sie heißt *Avogadro-Konstante* (früher *Loschmidtsche Zahl*).

Ein Quotient, in dessen Nenner das Volumen steht, wird vielfach als *Dichte* bezeichnet. Je nach dem Zähler unterscheidet man die Massendichte ρ, die Mengendichte ρ^* und die Teilchenzahldichte n (vgl. auch obige Tabelle):

$$\rho = \frac{M}{V} \qquad \rho^* = \frac{M^*}{V} \qquad n = \frac{N}{V} \tag{5.3}$$

Ein Quotient, in dessen Nenner die Masse oder die Menge steht, wird gewöhnlich als *spezifische* Größe bezeichnet. Beispiele sind das massenspezifische Volumen α und das mengenspezifische oder molare Volumen α^* (vgl. auch obige Tabelle):

$$\alpha = \frac{1}{\rho} \qquad \alpha^* = \frac{1}{\rho^*} \tag{5.4}$$

Man spricht hier auch von *bezogenen* Größen. Damit ist gemeint 'geteilt durch'. Z.B. ist $e = E/M$ die auf die Masse bezogene (oder auch massenspezifische) Energie. $e\,\rho$ ist die auf das Volumen bezogene (oder auch volumenspezifische) Energie.

5.1.2 Der Druck

Der Druck p ist als der Quotient der Kraft F und der Fläche A Definiert, auf die sie einwirkt. Dabei wird stillschweigend angenommen, dass F überall auf A senkrecht steht, so dass gilt:

$$p = \frac{F}{A} \qquad \text{also} \qquad p = \frac{g\,M_{Hg}}{A} = \frac{g\,\rho_{Hg}\,h\,A}{A} = g\,\rho_{Hg}\,h \tag{5.5}$$

Hierin ist (siehe Abb. 5.1) M_{Hg} die Masse des überstehenden Quecksilbers, h die Höhendifferenz der beiden Quecksilbersäulen, A die Querschnittsfläche des Rohres und ρ_{Hg} die Dichte des Quecksilbers.

Für die Herleitung des Partialdrucks betrachten wir in Abb. 5.2 einen Würfel mit der Kantenlänge L. Er enthalte unterschiedliche Moleküle oder Atome (z. B. Stickstoff, Sauerstoff und Argon), wir betrachten jedoch vorerst nur eine Sorte. Die Gesamtmasse M einer Teilchensorte ergibt sich aus der Teilchenzahl N und der Masse m eines einzelnen Moleküls:

$$M = N\,m \tag{5.6}$$

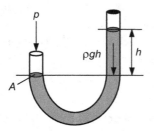

Abb. 5.1 Funktionsweise des Quecksilber-barometers. Der Atmosphärendruck p wirkt auf die offene Hälfte des Rohres (links). Der rechte Schenkel ist verschlossen, und oberhalb des Quecksilbers befindet sich Vakuum. Die Gewichtskraft der Atmosphäre auf das Quecksilber wird durch die Gewichtskraft der überstehenden Quecksilbersäule (rechts) ausgeglichen.

Wir fragen nun: Wie viele Teilchen prallen in der Zeitspanne t auf eine der 6 Wände des Würfels auf? Ein Teilchen mit der Geschwindigkeit v legt während t den Weg $v\,t$ zurück. Würden alle Teilchen in die gleiche Richtung fliegen, so wäre die Anzahl ΔN der Teilchen, die innerhalb t eine Wand erreichen, gegeben durch das Verhältnis

$$\frac{\Delta N}{N} = \frac{v\,t}{L} \tag{5.7}$$

Nun fliegen aber die Teilchen in alle Richtungen. Als einfache Näherung nehmen wir an, dass nur 6 Richtungen erlaubt sind: Je eine in positive und eine in negative Richtung, und das für jede der 3 Koordinatenrichtungen x, y, z. Die Anzahl der Teilchen, die innerhalb der Zeitspanne t eine der Wände des Würfels erreichen, ist also mit diesem schlichten Modell:

$$\Delta N = \frac{1}{6}\frac{v\,t}{L}\,N \tag{5.8}$$

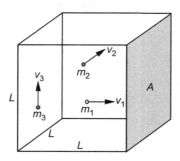

Abb. 5.2 Modellvorstellung zum Begriff des Partialdrucks mit drei Molekülsorten (Index i, Masse m_i, Teilchenzahl N_i). Jede Molekülsorte habe eine eigene Geschwindigkeitsverteilung v_i in jeder der 6 Richtungen parallel zu den Würfelkanten.

Jedes einzelne Molekül, das auf die Wand trifft, erteilt ihr den Impulszuwachs:

$$\Delta P = 2\,m\,v \tag{5.9}$$

Der Faktor 2 rührt daher, dass die Wand einerseits einen Impuls durch den Aufprall bekommt, andererseits den gleichen Impuls aufgrund der Reflexion an das in Gegenrichtung wegfliegende Teilchen zurück gibt. Jede der 6 Wände erhält also durch alle Teilchen in der Zeit t den Gesamtimpulszuwachs oder *Kraftstoß* (Kraft mal Zeit):

$$F\,t = \Delta N\,\Delta P \tag{5.10}$$

Das eingesetzt in (5.5) ergibt für den Druck:

$$p = \frac{F}{A} = \frac{\Delta N \, \Delta P}{A \, t} \tag{5.11}$$

Eliminieren von ΔN mithilfe von Gleichung (5.8) liefert

$$P = \frac{1}{6} \frac{v \, t \, N}{L} \frac{2 \, m \, v}{A \, t} = \frac{1}{3} v^2 \frac{N \, m}{V} = \frac{1}{3} m \, v^2 \, n. \tag{5.12}$$

Darin ist $V = L \, A$ das Volumen des Probewürfels. Formel (5.12) besagt, dass der Druck unserer Molekülsorte, abgesehen von v^2, nur von der Teilchenzahldichte n abhängt; er ist unabhängig von den erlaubten Geschwindigkeitsrichtungen. Lässt man alle Richtungen zu, also nicht nur die 6 hier betrachteten, so gelangt man zum gleichen Resultat, wie in der statistischen Physik gezeigt werden kann.

Die quadratische Geschwindigkeitsabhängigkeit in (5.12) entsteht dadurch, dass sowohl ΔN wie auch ΔP einen Geschwindigkeitsbeitrag liefern. Der Impuls $m \, v$ bewegt sich mit der Geschwindigkeit v fort. Ein Druck kann nur entstehen, wenn die Moleküle sich bewegen, d. h. wenn Impuls übertragen wird.

Wenn mehrere Molekülsorten mit dem Index i vorliegen (Abb. 5.2), so ist der eben gefundene Druck einer der Partialdrücke p_i. Der Gesamtdruck ist die Summe der Partialdrücke. Dies ist die Aussage des *Daltonschen Gesetzes*:

$$p = \sum_i p_i \tag{5.13}$$

Die Addition der Drücke entspricht der Addition der Kräfte.

5.1.3 Die Temperatur

Die dritte elementare Zustandsgröße nach Dichte und Druck ist die Temperatur. Um T zu definieren, formulieren wir das *Prinzip des thermischen Gleichgewichts*: Im thermodynamischen Gleichgewicht ist die kinetische Energie $m \, v^2 / 2$ der verschiedenen Molekülsorten für jede Sorte gleich. Durch diese kinetische Energie ist die jeweilige Temperatur T definiert:

$$\frac{3}{2} k \, T = \frac{1}{2} m \, v^2 \tag{5.14}$$

k ist die Boltzmann-Konstante, die uns schon oben bei der Planckschen Strahlungsformel begegnet ist.

Hat am Anfang, bevor sich das Gleichgewicht eingestellt hat, eine Teilchensorte überschüssige Energie, so gibt sie diese durch Stöße (Impulsübertragungen) mit den langsameren Nachbarn ab. Schwerere Moleküle mit größerem m haben eine entsprechend geringere Geschwindigkeit, wobei das Produkt $m \, v^2$ gleich bleibt; beispielsweise sind in Abb. 5.2 die Teilchen des Sauerstoffs wegen der unterschiedlichen Massen langsamer als die des Stickstoffs, jedoch schneller als die des Argons.

5.2 Die Zustandsgleichung idealer Gase

Mit den drei eben ermittelten Zustandsgrößen können wir jetzt ein Naturgesetz herleiten, das die Grundlage der Physik und der Chemie der Atmosphäre ist.

5.2.1 Die universelle Gasgleichung

Eliminieren von $m\,v^2$ mithilfe von (5.14) aus der Gleichung (5.12) ergibt

$$\boxed{p = k\,n\,T} \tag{5.15}$$

Das ist die *Zustandsgleichung des idealen Gases*. Multipliziert man beide Seiten mit V und erweitert im Zähler und Nenner mit N_A, so erhält man die *universelle Gasgleichung*:

$$p\,V = k\,N\,T = \underbrace{k\,N_A}_{R^*}\,\underbrace{\frac{N}{N_A}}_{M^*}\,T = R^*\,M^*\,T \tag{5.16}$$

Die Größe $k\,N_A$ ist die *universelle Gaskonstante*:

$$\boxed{R^* = 8.31\ \text{J mol}^{-1}\ \text{K}^{-1}} \tag{5.17}$$

Die ideale Gasgleichung gilt besonders gut für verdünnte Gase, beispielsweise für Luft unter allen atmosphärischen Bedingungen. Sie lässt sich aber auch auf verdünnte Lösungen, z. B. von Salz im Wasser, oder sogar auf das „Elektronengas" in Metallen anwenden.

Dividiert man Gleichung (5.16) durch das Volumen, so lautet die universelle Gasgleichung, wahlweise mit der Mengendichte ρ^* oder dem Molvolumen α^*:

$$p = R^*\,\rho^*\,T \qquad \text{bzw.} \qquad p\,\alpha^* = R^*\,T \tag{5.18}$$

Die obige Herleitung von Gleichung (5.12) für p beruht auf folgenden drastischen Vereinfachungen der wahren Verhältnisse: Es gibt nicht nur die drei in Abb. 5.2 skizzierten Richtungen, in denen sich die Moleküle bewegen können, sondern unendlich viele – alle dazwischen kommen auch vor. Außerdem gibt es nicht nur eine Geschwindigkeit v, sondern unendlich viele; man muss also über v^2 geeignet mitteln. Und schließlich gibt es nicht nur eine Molekülsorte mit der Masse m, sondern meist mehrere mit verschiedenen Teilchenmassen; also muss die v^2-Mittelung auch über m erstreckt werden.

Diese Vereinfachungen kompensieren sich gegenseitig, wie man in der statistischen Physik zeigen kann. Die beiden entscheidenden Schritte in unserer vereinfachten Ableitung der Gasgleichung sind: Man muss den Druck als Impulsübertragung begreifen; dadurch entsteht der Faktor $m\,v^2$ in Gleichung (5.12). Und man muss die Temperatur als kinetische Energie der Moleküle begreifen; dadurch entsteht erneut der Faktor $m\,v^2$ in Gleichung (5.14). Wenn man $m\,v^2$ eliminiert, stellt man die Kopplung von p und T her und erhält die Gasgleichung.

5.2.2   Individuelle Gasgleichungen

Mit der oben definierten Molmasse m^* lässt sich die (für alle Gase gleiche) universelle Gaskonstante auch individuell ausdrücken:

$$\frac{R^*}{m^*} = R \qquad (5.19)$$

Die individuelle Gaskonstante R ist für die einzelnen Gassorten unterschiedlich. Der oben gefundenen molaren Schreibweise der *universellen* Gasgleichung wird dadurch die äquivalente Massen-Schreibweise der *individuellen* Gasgleichung gegenübergestellt:

$$\boxed{p = R\rho T} \qquad \text{oder} \qquad \boxed{p\alpha = RT} \qquad (5.20)$$

Die Umschrift auf die Massen-Schreibweise hat zur Folge, dass der Vorteil der universellen Gaskonstanten zugunsten einer Vielzahl individueller Gaskonstanten aufgegeben wird. In der Fluiddynamik ist aber andererseits die massenspezifische Betrachtungsweise aus guten Gründen dominierend; da kann man mit mengenspezifischen Größen wie ρ^* oder α^* nichts anfangen. Vereinfacht gesagt: Die Chemiker bevorzugen die universelle Gasgleichung, die Fluidphysiker aber die individuelle Gasgleichung. Man sollte in jedem Einzelfall prüfen, welche der äquivalenten Formulierungen günstiger ist.

5.2.3   Gasgemische

Wir betrachten nun Gasgemische und setzen thermodynamisches Gleichgewicht voraus, d. h. alle Komponenten besitzen die gleiche Temperatur T. In Gasgemischen gehorcht jedes Partialgas (Index i) einzeln der Gasgleichung (links universelle, rechts individuelle Formulierung):

$$p_i = R^*\rho_i^* T \qquad p_i = R_i\rho_i T \qquad (5.21)$$

Die Summation über die Einzeldrücke gemäß dem Daltonschen Gesetz entspricht der Addition über alle Dichten:

$$p = \sum_i p_i = \sum_i R^* \rho_i^* T = R^* T \sum_i \rho_i^* = R^* \rho^* T \qquad (5.22)$$

was die mengenspezifische Schreibweise von Gleichung (5.18) reproduziert.

In der massenspezifischen Schreibweise geht das im Prinzip ebenso:

$$p = \sum_i p_i = \sum_i R_i \rho_i T = \frac{\sum_i R_i \rho_i}{\sum_i \rho_i} \sum_i \rho_i T = \overline{R} \rho T \qquad (5.23)$$

wobei $\overline{R}$ die massengemittelte Gaskonstante und $\sum_i \rho_i = \rho$ die Gesamtdichte ist, wie vorher. Der Unterschied zwischen beiden Formulierungen liegt darin, dass in (5.22) die universelle Gaskonstante R^* unverändert bleibt, während in (5.23) die „Konstante" $\overline{R}$ für jede atmosphärische Gaszusammensetzung neu bestimmt werden muss.

5.2.4   Die virtuelle Temperatur

Speziell betrachten wir das Gemisch Luft (Index L) und Wasserdampf (Index W). Für Luft gilt die Gasgleichung, für Wasserdampf setzen wir sie in der Meteorologie ebenfalls voraus (obwohl sie nicht exakt gilt, weil Wasserdampf kein ideales Gas ist)

$$p_{\mathrm{L}} = R_{\mathrm{L}} \, \rho_{\mathrm{L}} \, T \qquad \text{bzw.} \qquad p_{\mathrm{W}} = R_{\mathrm{W}} \, \rho_{\mathrm{W}} \, T \tag{5.24}$$

Die individuellen Gaskonstanten für diese beiden Stoffe haben die Werte

$$R_{\mathrm{L}} = 287 \, \frac{\mathrm{J}}{\mathrm{kg\,K}} \qquad \text{und} \qquad R_{\mathrm{W}} = 460 \, \frac{\mathrm{J}}{\mathrm{kg\,K}} \tag{5.25}$$

Das Daltonsche Gesetz liefert zusammen mit (5.24):

$$p = (R_{\mathrm{L}} \, \rho_{\mathrm{L}} + R_{\mathrm{W}} \, \rho_{\mathrm{W}}) \, T = \underbrace{\frac{R_{\mathrm{L}} \, \rho_{\mathrm{L}} + R_{\mathrm{W}} \, \rho_{\mathrm{W}}}{\rho_{\mathrm{L}} + \rho_{\mathrm{W}}}}_{R} \, \rho \, T \tag{5.26}$$

R ist die massengewichtete Gaskonstante. Sie lässt sich in die folgende Form bringen:

$$R = \frac{(R_{\mathrm{L}} \, \rho_{\mathrm{L}} + R_{\mathrm{L}} \, \rho_{\mathrm{W}}) + R_{\mathrm{W}} \, \rho_{\mathrm{W}} - R_{\mathrm{L}} \, \rho_{\mathrm{W}}}{\rho} = R_{\mathrm{L}} + (R_{\mathrm{W}} - R_{\mathrm{L}}) \, \frac{\rho_{\mathrm{W}}}{\rho} \tag{5.27}$$

Außerdem führen wir die *spezifische Feuchte* ein:

$$\boxed{q = \frac{\rho_{\mathrm{W}}}{\rho} = \frac{\rho_{\mathrm{W}}}{\rho_{\mathrm{W}} + \rho_{\mathrm{L}}}} \tag{5.28}$$

Damit ergibt sich für die mittlere Gaskonstante:

$$R = R_{\mathrm{L}} \left(1 + \frac{R_{\mathrm{W}} - R_{\mathrm{L}}}{R_{\mathrm{L}}} \, q \right) \qquad \text{mit} \qquad \frac{R_{\mathrm{W}} - R_{\mathrm{L}}}{R_{\mathrm{L}}} \approx 0.6 \tag{5.29}$$

Der Faktor $(1 + 0.6 \, q)$ gehört eigentlich zu R_{L}. Jedoch hat es sich eingebürgert, ihn stattdessen der Temperatur zuzuordnen. Das Ergebnis wird als *virtuelle Temperatur* bezeichnet:

$$\boxed{T_{\mathrm{v}} = (1 + 0.6 \, q) \, T} \tag{5.30}$$

Die ideale Gasgleichung (5.26) nimmt also die folgende, in der Meteorologie gebräuchliche Form an:

$$\boxed{p = R_{\mathrm{L}} \, \rho \, T_{\mathrm{v}}} \tag{5.31}$$

Mit dieser etwas künstlichen Methode berücksichtigt man quantitativ den Wasserdampfgehalt der Luft. Der einzige, allerdings ausschlaggebende Vorteil besteht darin, dass man die Massengrößen statt der Mengengrößen verwenden kann. Man kann auch weiterhin die Gaskonstante der trockenen Luft verwenden. Der Nachteil ist, dass man die Einfachheit der universellen Gasgleichung opfert. Bei zusätzlichen Komponenten (z. B. Kohlendioxid) in der Luft müssen weitere Faktoren zur virtuellen Temperatur hinzugezogen werden.

Feuchte Luft hat eine geringere Dichte als trockene Luft. Die virtuelle Temperatur ist diejenige höhere Temperatur, die trockene Luft haben müsste, um dieselbe Dichte zu haben wie feuchte Luft bei gleichem Druck.

5.3 Zustandsgleichung für Flüssigkeiten und Festkörper

Wenn man für einen beliebigen Stoff die Dichte (ohne Berücksichtigung des Drucks) als Funktion der Temperatur betrachtet, so kann man diese Abhängigkeit von den Referenzgrößen ρ_0 und T_0 als Taylorentwicklung in folgender Form schreiben:

$$\rho = \rho_0 \left[1 - \gamma\left(T\right)\left(T - T_0\right) \right] \tag{5.32}$$

Die Größe γ wird als *thermischer Ausdehnungskoeffizient* bezeichnet. Für die meisten Stoffe ist γ positiv (wichtige Ausnahme: Süßwasser unterhalb von +4 °C). Steigt also T, so nimmt ρ ab und umgekehrt.

Der Zusammenhang (5.32) wird gewöhnlich auf Flüssigkeiten und Festkörper angewandt. Aber (5.32) gilt natürlich auch für Gase. Im isobaren Spezialfall findet man mithilfe der Gasgleichung die Formel $\gamma(T) = 1/T$.

5.4 Das Geopotenzial

Nach dem Newtonschen Gesetz ist der Vektor $\boldsymbol{F}$ einer einen Körper beschleunigenden Kraft gleich dem Produkt aus der Masse M des beschleunigten Körpers und dem Vektor $\boldsymbol{a}$ der Beschleunigung: $\boldsymbol{F} = M \cdot \boldsymbol{a}$. Im Fall der Attraktionskraft eines Himmelkörpers wie der Erde ist $\boldsymbol{F}$ die *Anziehungskraft* und $\boldsymbol{a} = \boldsymbol{g}_{\mathrm{E}}$ die *Attraktionsbeschleunigung* oder massenspezifische Anziehungskraft.

Diese Kraft $\boldsymbol{F}$ bildet ein *konservatives* Kraftfeld und ist daher als Gradient eines skalaren Potenzials darstellbar. In der Meteorologie bevorzugt man die massenspezifische Kraft und stellt daher die Attraktionsbeschleunigung als Gradient des massenspezifischen Potenzials Φ_{E} dar:

$$\boldsymbol{g}_{\mathrm{E}} = -\boldsymbol{\nabla}\Phi_{\mathrm{E}} \tag{5.33}$$

Die Größe Φ_E ist die massenspezifische potenzielle Energie eines Körpers im Gravitationsfeld der Erde. Den Beitrag der Erdrotation haben wir zunächst nicht betrachtet; er ist in Φ_E nicht enthalten. Ferner sei betont, dass eine additive Konstante zu Φ_E hinzugefügt werden kann, ohne ihren geophysikalischen Gehalt zu ändern: Die Größen Φ_E und $\Phi_E + \Phi_0$ mit beliebiger (aber im gesamten Feld konstanter) Zusatzgröße Φ_0 haben also die gleiche geophysikalische Bedeutung. Man sagt, Φ_E ist nur bis auf eine (grundsätzlich beliebige) additive Konstante definiert.

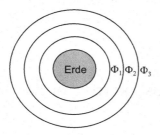

Abb. 5.3 Schema der potenziellen Energie eines Körpers im Schwerefeld der Erde. Punkte gleicher potenzieller Energie liegen auf einer Äquipotenzialfläche. Im einfachsten Fall sind es konzentrische Kugeloberflächen.

Das Potenzial oberhalb der Erdoberfläche ist im einfachsten Fall (z. B. bei der als kugelförmig angenommenen Erde mit überall konstanter Dichte, vgl. Abb. 5.3) umgekehrt proportional zum Abstand r zwischen Probekörper und Erdmittelpunkt:

$$\Phi_E = \Phi_0 - GM_E \, \frac{1}{r} \tag{5.34}$$

Hier ist G die Gravitationskonstante (Zahlenwert $6.67 \cdot 10^{-11}$ m^3 s^{-2} kg^{-1}), und M_E ist die Masse der Erde (Zahlenwert $6 \cdot 10^{24}$ kg) sowie r der Abstand der Masse M vom Erdmittelpunkt. Für den Gradienten der Abstandsfunktion erhält man zunächst

$$\nabla \frac{1}{r} = -\frac{1}{r^2} \, \nabla r \tag{5.35}$$

Der Gradient des Abstands r selbst ist ein Einheitsvektor:

$$\nabla r = \frac{\boldsymbol{r}}{r} \tag{5.36}$$

Zusammenfassen der Gleichungen (5.33) bis (5.36) liefert

$$\boldsymbol{g}_E = -G \frac{M_E}{r^2} \, \frac{\boldsymbol{r}}{r} \tag{5.37}$$

Der Vektor $\boldsymbol{r}$ zeigt vom Erdmittelpunkt zum Aufpunkt (dort befindet sich der Probekörper); $\boldsymbol{g}_E$ zeigt in die entgegen gesetzte Richtung. Die Formel (5.37) reproduziert das (massenspezifische) Newtonsche Gravitationsgesetz für den Spezialfall der Erdbeschleunigung in einfachster Form. Das Ergebnis ist von der Konstanten Φ_0 unabhängig.

Für den Betrag der Schwerebeschleunigung können wir schreiben:

$$g_E = G \frac{M_E}{(a+z)^2} = G \frac{M_E}{a^2 \, (1+z/a)^2} \tag{5.38}$$

Dabei ist a der (als konstant angenommene) Erdradius und z die Höhe über der Erdoberfläche. Mithilfe der Taylorentwicklung

$$(1 + \varepsilon)^n \approx 1 + n\,\varepsilon \tag{5.39}$$

ergibt sich aus Gleichung (5.38) mit $n = -2$:

$$g_E \approx G\,\frac{M_E}{a^2}\left(1 - 2\,\frac{z}{a}\right) \tag{5.40}$$

In den Anwendungen der Meteorologie wird gewöhnlich der Zusatzterm $2z/a$ in der Klammer als klein vernachlässigt. Für Höhen unter 30 km ist der so entstehende Fehler kleiner als 1 %. Der Wert von g_E beträgt an der Erdoberfläche 9.81 m/s².

In ähnlicher Weise, jedoch mit anderem Ergebnis, können wir in (5.34) die Funktion $1/r$ durch a und z ausdrücken und mittels der Taylorentwicklung (5.39) für $n = -1$ umformen:

$$\Phi_E = \Phi_0 - GM_E\,\frac{1}{a\,(1 + z/a)} \approx \Phi_0 - GM_E\,\frac{1}{a}\left(1 - \frac{z}{a}\right) \tag{5.41}$$

Wenn wir nun über die beliebige Konstante so verfügen, dass $\Phi_0 = GM_E/a$ ist, so folgt

$$\Phi_E \approx g\,z \qquad \text{mit} \qquad G = G\,M_E\,\frac{1}{a^2} \tag{5.42}$$

Diese Gleichung besagt, dass das Attraktionspotenzial in den begrenzten Höhen, die für die Meteorologie ausreichend sind, linear mit der Höhe z ansteigt.[1]

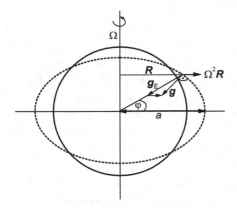

Abb. 5.4 Schwerebeschleunigung als Summe der Gravitations- und Der Zentrifugalbeschleunigung, Ursache der Erdabplattung (schematisch). Die resultierende Beschleunigung g steht genau senkrecht auf der Erdoberfläche und ist die Vektorsumme der Beschleunigung zum Erdmittelpunkt g_E hin und der Zentrifugalbeschleunigung $\Omega^2 R$ nach außen.

---

[1]Der Leser mag sich wundern, warum wir ein paar Zeilen zuvor den Term $2z/a$ vernachlässigt haben, während die gleiche Größe hier nicht vernachlässigt wird, sondern ein wichtiges Ergebnis darstellt. Dieses Problem zu lösen, sei dem Leser überlassen.

In der bisherigen Darstellung haben wir nur die Anziehungskraft berücksichtigt (daher der Ausdruck *Attraktionspotenzial*), aber die Rotation der Erde nicht beachtet. Das Potenzial wird jedoch auch durch die Erdrotation (mit dem Betrag Ω der Winkelgeschwindigkeit) beeinflusst. Die Nettobeschleunigung a an der Oberfläche der rotierenden Erde setzt sich aus zwei Komponenten zusammen (Abb. 5.4):

$$a = g_{\mathrm{E}} + \Omega^2 R = g \qquad (5.43)$$

Der zweite Term stammt von der senkrecht zur Rotationsachse (Vektor R) wirkenden *Zentrifugalkraft*. Die Beschleunigung g lässt sich in die Gradienten zweier Potenziale zerlegen:

$$g = -\nabla \Phi_{\mathrm{E}} - \nabla \Phi_{\mathrm{zentrifugal}} = -\nabla \Phi \qquad (5.44)$$

Attraktions- und Zentrifugalpotenzial werden im

$$\boxed{\text{Geopotenzial} \qquad \Phi = \Phi_{\mathrm{E}} + \Phi_{\mathrm{zentrifugal}} = g\,z} \qquad (5.45)$$

zu einem gemeinsamen Ausdruck zusammengefasst. Der Betrag von g, d. h. die skalare Erdbeschleunigung g, kann bei den meisten dynamischen Anwendungen in der Meteorologie (nicht in der Geophysik!) als konstant angesehen werden; für die exakte Analyse muss man zusätzlich die schwache Breitenabhängigkeit beachten (vgl. die Lehrbücher der allgemeinen Meteorologie). Die Funktion Φ lässt sich durch Äquipotenzialflächen parallel zur Oberfläche des Rotationsellipsoids der Erde darstellen. Dass g trotz der Zentrifugalkraft senkrecht zur Oberfläche steht, hängt damit zusammen, dass die Erde an den Polen abgeplattet ist bzw. am Äquator einen Wulst aufweist.

Die Einheit des Geopotenzials ist J/kg. In der synoptischen Meteorologie wird Φ gern in der Nicht-SI-Einheit *geopotenzielles Meter* angegeben:

$$1\ \mathrm{gpm} = 9.81\,\frac{\mathrm{m}^2}{\mathrm{s}^2} \qquad (5.46)$$

Das ist jene massenspezifische Energie, die man benötigt, um eine Masse von 1 kg an der Erdoberfläche um 1 m anzuheben. Das Rezept für die praktische Rechnung mit dieser Einheit (für den Anfänger bisweilen verwirrend) lautet: Man nehme die geometrische Höhe (sagen wir 5000 m) des Luftpakets. Dann beträgt dessen Geopotenzial in sehr guter Näherung $\Phi = 5000$ gpm. Und wenn man dieses Φ in der Einheit $\mathrm{m}^2/\mathrm{s}^2$ haben will (das will man häufig bei Energiebetrachtungen), so setzt man den Wert der Einheit gpm ein, hier also: $\Phi = 50970\ \mathrm{m}^2/\mathrm{s}^2$.

Am Ende noch eine vielgebrauchte Größe: Der Quotient aus Geopotenzial und Referenzwert der Schwerebeschleunigung wird als *geopotenzielle Höhe* bezeichnet:

$$\boxed{\frac{\Phi}{g_0} = Z} \qquad (5.47)$$

$g_0 = 9.81\ \mathrm{m/s}^2$ ist der weltweit konstante Referenzwert der Schwerebeschleunigung an der Erdoberfläche. Z ist numerisch im Rahmen der Messgenauigkeit gleich der geometrischen Höhe z über der Erdoberfläche. Dennoch ist $\Phi = g_0 Z$ exakt.

5.5   Die hydrostatische Gleichung

Wir betrachten zwei Experimente zum Druck. Das erste (in Abb. 5.5 links) ist das klassische Experiment des Archimedes. Der Druck an der Wasseroberfläche sei $p = 0$.

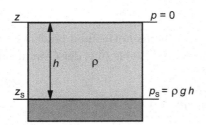 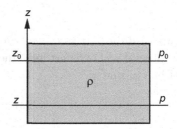

Abb. 5.5 Zum vertikalen Druckverlauf in einem inkompressiblen Geofluid mit der Dichte ρ. Links: Wasserschicht über der Erdoberfläche. Rechts: Druckdifferenz $p - p_0$ zwischen z_0 und z.

Wie lautet dann der Ausdruck für den Druck p_s am Grund (bei der Wassertiefe h)? Antwort: $p_s = \rho\, g\, h$.

Dieses verallgemeinern wir nun in einem ersten Schritt (Abb. 5.5 rechts), indem wir nach der Druckdifferenz zwischen den Niveaus z_0 und z fragen. Das Ergebnis lautet:

$$p - p_0 = \rho\, g\, (z_0 - z) \tag{5.48}$$

Es besagt: Die Druckdifferenz ist unabhängig davon, was sich oberhalb oder unterhalb der Schicht befindet. Mit $\Delta z = z - z_0$ und $\Delta p = p - p_0$ lässt sich dies auch so schreiben:

$$\Delta p = -\rho\, g\, \Delta z \tag{5.49}$$

Damit haben wir den zweiten Schritt vorbereitet, nämlich die Verallgemeinerung vom Differenzenquotienten zum Differenzialquotienten:

$$\mathrm{d}p = -\rho\, g\, \mathrm{d}z \tag{5.50}$$

Diese Formulierung ist die *hydrostatische Gleichung* (auch *statische Grundgleichung* genannt). Das Minuszeichen trägt der Tatsache Rechnung, dass p nach unten hin zunimmt, z jedoch nach oben. In der Formel (5.48) des Archimedes fällt dies gar nicht auf.

Obwohl die hydrostatische Gleichung zunächst für Wasser (ein imkompressibles Fluid) aufgestellt ist, gilt sie dennoch auch für die kompressible Luft. Sie ist die fundamentale Aussage für das ruhende Geofluid, Atmosphäre ebenso wie Ozean. Die hydrostatische Gleichung gilt darüber hinaus auch für die Druckzunahme im Erdreich unter der Erdoberfläche (beispielsweise in Bergwerken).

Wir betrachten folgende elementare Anwendungen der hydrostatischen Gleichung:

- Bestimmung des Druckfelds aus dem Dichtefeld durch vertikale Integration von Gleichung (5.50):

$$p(z) - \underbrace{p(z_s)}_{=p_s} = - \int\limits_{z'=z_s}^{z'=z} g\, \rho(z')\, \mathrm{d}z' = -g \int\limits_{z'=z_s}^{z'=z} \rho(z')\, \mathrm{d}z' \tag{5.51}$$

Damit wird die vertikale Änderung des Drucks in einem Geofluid beschrieben.

- Das Integral rechts liefert auch die Masse $M(z)$ des Fluids (mit der Grundfläche A) zwischen z_s und z:

$$M(z) = A \int\limits_{z'=z_s}^{z'=z} \rho(z')\, \mathrm{d}z' \tag{5.52}$$

Damit kann der Druck in (5.51) als Massenkoordinate interpretiert werden:

$$p_s - p(z) = g\, \frac{M(z)}{A} \tag{5.53}$$

- Am oberen Rand der Atmosphäre ($z = \infty$) ist $p(\infty) = 0$. Daher ist $M(\infty) = M$ die Masse der Luft in der Säule oberhalb der Grundfläche A. Also kann man mit (5.53) aus dem global gemittelten Bodendruck ($p_s \approx 1000$ hPa) und der Erdoberfläche ($A \approx 500$ Mio. km^2) die Masse der gesamten Atmosphäre bestimmen:

$$M = A\, \frac{p_s}{g} \approx 5 \cdot 10^{18}\ \mathrm{kg} \tag{5.54}$$

Diese Abschätzung ist recht genau, auch ohne Dezimalstellen.

- Gleichung (5.50) kann man auch mit dem Geopotenzial formulieren:

$$\mathrm{d}p = -\rho\, \mathrm{d}(g\, z) = -\rho\, \mathrm{d}\Phi \qquad \text{oder} \qquad \mathrm{d}\Phi = -\alpha\, \mathrm{d}p \tag{5.55}$$

- Die hydrostatische Gleichung lautet also, je nach Bedarf:

$$\boxed{\mathrm{d}p = -g\, \rho\, \mathrm{d}z \qquad \mathrm{d}p = -\rho\, \mathrm{d}\Phi \qquad \mathrm{d}\Phi = -\alpha\, \mathrm{d}p} \tag{5.56}$$

Die hydrostatische Gleichung in der diskutierten Form gilt zunächst nur in vertikaler Richtung; daher muss man die Formeln (5.56) als *hydrostatische Approximation* bezeichnen. Dennoch ist die Näherung (5.56) für alle praktischen Zwecke ausreichend.

5.6   Die barometrische Höhenformel

Aus der Gasgleichung und der hydrostatischen Gleichung kann man α eliminieren

$$\mathrm{d}\Phi = -R\, T\, \frac{\mathrm{d}p}{p} \tag{5.57}$$

und nach der relativen Druckänderung auflösen:

$$\frac{\mathrm{d}p}{p} = -\frac{\mathrm{d}\Phi}{RT} \tag{5.58}$$

Wir wenden diese Differenzialgleichungen auf die isotherme und die polytrope Atmosphäre an.

5.6.1 Isotherme Atmosphäre

Eine Atmosphäre mit höhenkonstanter Temperatur heißt *isotherm*. Für die Begriffsbildung ist es ohne Belang, wie diese Bedingung praktisch herbeizuführen wäre. Die

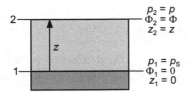

$p_2 = p$
$\Phi_2 = \Phi$
$z_2 = z$

$p_1 = p_s$
$\Phi_1 = 0$
$z_1 = 0$

Abb. 5.6 Definition von Parametern in zwei Niveaus z_1 (Boden) und z_2 in der Atmosphäre.

Isothermie der Atmosphäre ist für viele Zwecke eine gute Näherung und stellt theoretisch einen wichtigen Spezialfall dar. Durch Vertikalintegration der Gleichung (5.57) erhält man

$$\Phi_2 - \Phi_1 = -RT \log\left(\frac{p_2}{p_1}\right) \tag{5.59}$$

Die Bezeichnungen sind in Abb. 5.6 angegeben.

Interpretation 1: Die Skalenhöhe

Aus Gleichung (5.59) wird hierbei:

$$\Phi = RT \log\left(\frac{p_s}{p}\right) \tag{5.60}$$

Mit der geopotenziellen Höhe (5.47) und der Definition der *Skalenhöhe*

$$\boxed{H = \frac{RT}{g_0}} \tag{5.61}$$

nimmt (5.60) die Form an:

$$Z = H \log\left(\frac{p_s}{p}\right) \tag{5.62}$$

Die Skalenhöhe hat Werte um 8 km. Die Atmosphäre hätte die Höhe H, wenn überall die Dichte der Luft gleich der auf Meeresniveau wäre.

Interpretation 2: Die klassische Barometerformel

Einfache Umrechnung von Formel (5.62) ergibt die klassische *Barometerformel* für die

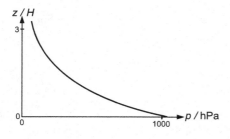

Abb. 5.7 Exponentielle Druckabnahme mit der Höhe gemäß Gleichung (5.63). Praktisch kann die geopotenzielle Höhe Z durch die geometrische Höhe z ersetzt werden.

Profile von Druck und Dichte:

$$\boxed{p(Z) = p_\mathrm{s}\, e^{-Z/H}; \qquad \rho(Z) = \rho_\mathrm{s}\, e^{-Z/H}} \qquad (5.63)$$

Das Dichteprofil folgt aus der Gasgleichung $p/\rho = p_\mathrm{s}/\rho_\mathrm{s}$ für den isothermen Fall.

In der Höhe $Z = H$ sind Druck und Dichte auf 37 % des Ausgangswerts am Boden abgefallen (Abb. 5.7):

$$\frac{\rho(Z{=}H)}{\rho_\mathrm{s}} = \frac{p(Z{=}H)}{p_\mathrm{s}} = \frac{1}{e} = 0.37 \qquad (5.64)$$

In etwa 3 Skalenhöhen (ca. 24 km) haben Druck und Dichte noch etwa 3 % des Bodenwerts, d. h. in dieser Höhe hat man den größten Teil der Atmosphäre unter sich.

Interpretation 3: Die Atmosphäre als Thermometer

Gleichung (5.59) lässt sich auch in der folgenden Form schreiben:

$$\Delta\Phi = \left(R \log \frac{p_1}{p_2} \right) T \qquad (5.65)$$

Wenn wir p_1 und p_2 konstant setzen, wird der Ausdruck in der Klammer konstant. Die Geopotenzialdifferenz $\Delta\Phi$ ist dann proportional zur Temperatur T zwischen den beiden Druckniveaus; dieses T ist ja nach der vorausgesetzten Isothermie eine Konstante. Die Größe $\Delta\Phi$ als Funktion der Horizontalkoordinaten x und y wird als *relative Topographie* der Druckflächen p_1 und p_2 bezeichnet.

5.6.2 Polytrope Atmosphäre

Ändert sich die Temperatur linear mit der Höhe, so spricht man von einer *polytropen* (vielseitigen, anpassungsfähigen) Atmosphäre. Das formulieren wir mit der geopotentiellen Höhe folgendermaßen:

$$T(z) = T_0 - \gamma\,(Z - Z_0) \qquad (5.66)$$

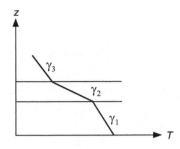

Abb. 5.8 Temperaturverlauf in einer polytropen Atmosphäre. Die Größen γ_i bezeichnen die einzelnen, in jeder Schicht konstanten Temperaturgradienten.

Das vertikale *Temperaturgefälle* werde definiert als:

$$\gamma = -\frac{\partial T}{\partial Z} \tag{5.67}$$

Ein typischer Wert von γ in der Troposphäre ist 6.5 K/km. Der Ansatz (5.66) liefert zusammen mit Gleichung (5.58) die Beziehung

$$\frac{\mathrm{d}p}{p} = -\frac{g_0}{R\,T_0} \frac{\mathrm{d}Z}{1 - \dfrac{\gamma}{T_0}(Z - Z_0)} \tag{5.68}$$

Den Nenner rechts bezeichnen wir als ζ und substituieren $\mathrm{d}Z = -T_0\,\mathrm{d}\zeta/\gamma$. Damit integrieren wir in (5.68) von ζ_0 bis ζ:

$$\log\left(\frac{p}{p_0}\right) = \frac{g_0}{R\,\gamma}\log\left(\frac{\zeta}{\zeta_0}\right) = \frac{g_0}{R\,\gamma}\log\left(1 - \frac{\gamma}{T_0}(Z - Z_0)\right) \tag{5.69}$$

Aufgelöst nach der Höhendifferenz lautet das:

$$Z - Z_0 = \frac{T_0}{\gamma}\left[1 - \left(\frac{p}{p_0}\right)^{R\,\gamma/g_0}\right] \tag{5.70}$$

Diese Formel für die polytrope Atmosphäre bildet die Grundlage für die Bestimmung der Höhe aus dem Außendruck unter Annahme einer Standardatmosphäre. Bei Isothermie kann man (5.70) offensichtlich nicht anwenden.

5.7 Zustandsgrößen des Wassers in der Atmosphäre

Die prozentuale Zusammensetzung der Luft mit ihren häufigsten Bestandteilen (Stickstoff, Sauerstoff, Edelgase, Kohlendioxid) ist weltweit und bis in große Höhen konstant (sog. *Homosphäre*). Dagegen ist der Anteil des energetisch und hydrologisch wichtigsten Spurengases Wasserdampf räumlich und zeitlich sehr variabel (weltweit 0.0026 Massenprozent, lokal bis zu einigen Prozent). Für den Wasserdampf sind daher spezielle Bezeichnungen üblich (Indizes W für Wasserdampf und L für trockene Luft, beide Gase werden als ideal behandelt):

- **Dichte der Luft** ρ (ohne Index), die Dichte der feuchten Luft:

$$\rho = \rho_W + \rho_L \tag{5.71}$$

- **Spezifische Feuchte** q, das Verhältnis der Dichte des Wasserdampfs zur Gesamtdichte, bereits in (5.28) definiert:

$$\boxed{q = \frac{\rho_W}{\rho_W + \rho_L} = \frac{\rho_W}{\rho}} \tag{5.72}$$

Die spezifische Feuchte nimmt Werte zwischen 0 und 30 g/kg an.

- **Mischungsverhältnis** m, das Verhältnis der Dichte des Wasserdampfs zu jener der trockenen Luft:

$$m = \frac{\rho_W}{\rho_L} \tag{5.73}$$

m und q lassen sich einfach ineinander umrechnen. Die Zahlenwerte beider Größen sind innerhalb der Messgenauigkeit in der Praxis gleich.

- **Virtuelle Temperatur** T_v (vgl. oben). Die Differenz zwischen virtueller und aktueller Temperatur wird als *Virtuellzuschlag* bezeichnet:

$$\Delta T = \frac{R_W - R_L}{R_L}\, q\, T \approx 0.6\, q\, T \tag{5.74}$$

Typische Werte von ΔT liegen zwischen 0 und 4 K.

- **Dampfdruck des Wassers** e. Für den Dampfdruck bzw. den Partialdruck des Wasserdampfs in der Atmosphäre setzt man an:

$$e = \rho_W\, R_W\, T \tag{5.75}$$

Dieser Beziehung liegt die Annahme zugrunde, dass man den in der Atmosphäre vorhandenen Wasserdampf als ideales Gas ansehen kann. Daraus folgt (mit dem Druck p_L der trockenen Luft) für den Luftdruck:

$$p = p_L + e \tag{5.76}$$

- **Sättigungsdampfdruck** e_s, der maximal mögliche Dampfdruck. Bei $e = e_s$ ist die Luft *gesättigt*. Der Wert von e_s hängt nur von T ab.

- **Relative Feuchte** f, das Dampfdruckverhältnis

$$\boxed{f = e/e_s} \tag{5.77}$$

In der Atmosphäre überschreitet f den Wert 1 kaum, aber im Labor sind mehrere hundert Prozent Übersättigung erzielbar.

- **Taupunkt** T_d, die Temperatur, bei welcher der Sättigungsdampfdruck dem aktuellen Dampfdruck entspricht:

$$\boxed{e_s(T_d) = e} \tag{5.78}$$

- **Spread**, die Differenz zwischen der aktuellen Temperatur T und dem Taupunkt T_d. Bei großem Spread ist die Luft trocken; wenn der Spread gegen 0 geht, nähert man sich der Sättigung.

6 Elementare Thermodynamik

Dieses Kapitel führt in die Grundlagen der theoretischen Thermodynamik ein. Hier steht das Energieprinzip im Mittelpunkt, insbesondere die Gibbssche Gleichung für die Energieumwandlungen. Damit werden beispielsweise Entropie und chemisches Potenzial behandelt. Bisweilen wird dieses klassische Gebiet nicht Thermodynamik, sondern Thermostatik genannt, jedenfalls solange die Energieumwandlungen reversibel verlaufen. Aus dieser Perspektive ist der Großteil dieses Kapitels als Thermostatik aufzufassen.

6.1 Das Energieprinzip

Die Energie ist eigentlich die wichtigste Zustandsgröße eines physikalischen Systems, denn sie erfüllt einen fundamentalen Erhaltungssatz. Wir formulieren bereits hier (Abb. 6.1) als allgemeines Energieprinzip die Aussage, dass die Energie eines Systems nur durch Zufluss oder Abfluss geändert werden kann. Ist das System (gleichgültig, wie klein oder groß) nach außen abgeschlossen, so ist seine Energie konstant.

Bei statischen Verhältnissen verharrt die Energie auf dem Wert, den sie gerade hat. Nur bei dynamischen Vorgängen wird sie verändert – sie wird transportiert, und sie wird in unterschiedliche Formen umgewandelt. Energie ist eine mengenartige, d. h. extensive Größe, die sich in verschiedenen Formen speichern lässt. Der Erhaltungssatz

Abb. 6.1 Physikalisches System mit Zustandsgrößen. Man stelle sich das Gas in einem Luftballon vor. Dieses System hat bestimmte Werte der Zustandsgrößen, u. a. von Druck p, Temperatur T, Volumen V, Masse M und Energie E. Energie kann beispielsweise in Form von Strahlung durch die Grenzflächen fließen. Wenn jeglicher Fluss unterbunden wird, kann sich E im Inneren nicht ändern: Die Energie ist eine konservative Größe.

der Energie gilt jedoch nur für die jeweils betrachtete Gesamtenergie, bei der also alle Energieformen gewissermaßen in einen Topf geworfen werden.

Man kann sich die betreffende Energiemenge anschaulich als das Wasser in einem Schwimmbecken vorstellen. Wenn Wasser in das Schwimmbecken hineinkommt, dann macht es zunächst einen Unterschied, ob dies mit dem Schlauch oder etwa durch einen Regenguss geschieht – diese Prozesse sind *Zustandsänderungen*, sie entsprechen den Energieumwandlungen. Wenn aber der Schlauch geschlossen ist bzw. der Regen aufgehört hat, so kann man dem Wasser im Becken nicht mehr ansehen, wie es da hinein gekommen ist; die *Zustandsgröße* Wasser (quantifiziert durch die Höhe des Wasserspiegels) erlaubt keine Unterscheidung in Schlauchwasser und Regenwasser. Eine andere Betrachtungsweise vergleicht die Energie mit dem Geld. Dem Guthaben auf dem Bankkonto kann man nicht ansehen, wie das Geld dorthin gekommen ist – das ist sozusagen die theoretische Grundlage der Geldwäsche.

6.2 Grundformen der Energie

Bevor das Energieprinzip mathematisch formuliert werden kann, sind einige Klärungen nötig. Zunächst wollen wir uns über die verschiedenen Formen der Energie Gedanken machen. Der einfachste Einstieg geht von der klassischen Vorstellung der Arbeit bzw. der potenziellen und der kinetischen Energie aus.

6.2.1 Mechanische Energie

Durch den Einfluss einer Kraft $\boldsymbol{F}$ werde ein Körper um den Weg $\mathrm{d}\boldsymbol{r}$ verschoben. Die Änderung der mechanischen Energie des Körpers ist dann definiert als

$$\mathrm{d}E = -\boldsymbol{F} \cdot \mathrm{d}\boldsymbol{r} \qquad (6.1)$$

Wenn $\boldsymbol{F}$ beispielsweise die Schwerkraft ist und der Körper sich im freien Fall in Richtung der Kraft bewegt, dann ist das Skalarprodukt $\boldsymbol{F} \cdot \mathrm{d}\boldsymbol{r}$ größer als null, und Gleichung (6.1) besagt, dass der Körper potenzielle Energie verliert.

Hebt man aber beispielsweise einen Körper mit einer Masse von 100 kg um 1 m an, so führt man die potenzielle Energie

$$\mathrm{d}E = g\,M\,\mathrm{d}z \approx 1000\,\frac{\mathrm{kg}\,\mathrm{m}^2}{\mathrm{s}^2} = 1000\,\mathrm{J} \qquad (6.2)$$

zu. Zum Vergleich: Die Sonnenstrahlung liefert pro Sekunde ungefähr diese Energie auf 1 m^2 der Erdoberfläche. Mit dem Geopotenzial gilt für den Energiezuwachs

$$\mathrm{d}E = g\,M\,\mathrm{d}z = M\,\mathrm{d}\Phi \qquad (6.3)$$

Das ist ein Spezialfall von (6.1): $\boldsymbol{F} = (0, 0, -gM)$; $\mathrm{d}\boldsymbol{r} = (0, 0, \mathrm{d}z)$. Wenn $\mathrm{d}z > 0$, liefern (6.1) und (6.3) einen Zuwachs von E, wenn $\mathrm{d}z < 0$, einen Verlust.

Auch die *Kompressionsenergie* zählt zu den mechanischen Energien. Man habe einen Kolben mit der Grundfläche A, mit dem ein Gasvolumen V mit dem Druck p kompri-

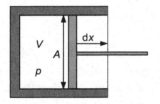

Abb. 6.2 Illustration der Kompressionsenergie. Wenn der Kolben den Weg $\mathrm{d}x$ zurücklegt, wird die Energie $p\,A\,\mathrm{d}x = p\,\mathrm{d}V$ zwischen Kolben und Gas ausgetauscht. Bei positivem $\mathrm{d}x$ expandiert das Gas, so dass sein Energieinhalt abnimmt, entsprechend dem negativen Vorzeichen in (6.4).

miert werden kann (Abb. 6.2). Die vom Gas ausgeübte Kraft ist $p\,A$; sie drückt den Kolben nach rechts. Das entspricht dem Spezialfall: $\boldsymbol{F} = (pA, 0, 0)$; $\mathrm{d}\boldsymbol{r} = (\mathrm{d}x, 0, 0)$. Eingesetzt in (6.1) ergibt das, zusammen mit $\mathrm{d}V = A\,\mathrm{d}x$, die Kompressionsenergie:

$$\boxed{\mathrm{d}E = -p\,A\,\mathrm{d}x = -p\,\mathrm{d}V} \qquad (6.4)$$

Wenn $\mathrm{d}x > 0$, liefert (6.4) eine Volumenvergrößerung ($\mathrm{d}V > 0$); das entspricht einer *Expansion*, bei der das Gas Energie verliert. Wenn $\mathrm{d}x < 0$, so verkleinert sich das Volumen ($\mathrm{d}V > 0$, *Kompression*), bei der dem Gas Energie zugeführt wird.

6.2.2 Chemische Energie

Eine weitere Möglichkeit, die Gesamtenergie eines physikalischen Systems zu erhöhen, besteht im Hinzufügen von Masse.

$$\boxed{\mathrm{d}E = \mu\,\mathrm{d}M} \qquad (6.5)$$

Die Materialkonstante μ heißt *chemisches Potenzial*. Bezieht man sie auf ein Mol des betreffenden Stoffes, so wird aus Gleichung (6.5) der Zusammenhang:

$$\mathrm{d}E = \mu^*\,\mathrm{d}M^* \qquad (6.6)$$

Die Einheit von μ^* ist J/kmol, die von μ hingegen J/kg. Verschiedene Stoffe haben naturgemäß unterschiedliche chemische Potenziale. Beispielsweise ist Knallgas energiereicher als Wasser, obwohl beide Stoffe letztlich aus gleichen Anteilen der gleichen Atome bestehen.

Die Energie eines Systems ist unabhängig davon, ob sie durch mechanischen Zuwachs oder durch Massenzuwachs verändert worden ist. Alles, was zählt, ist die Summe.

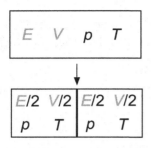

Abb. 6.3 Zur Unterscheidung zwischen *extensiven* Größen (mengenartigen, globalen oder integralen Größen, z. B. Energie und Volumen) und *intensiven* Größen (lokalen oder Feldgrößen, z. B. Druck und Temperatur). Teilt man ein Volumen in zwei Hälften, so bleiben die intensiven Größen in beiden Hälften gleich, die extensiven dagegen werden halbiert.

Wenn nun beide durch die Gleichungen (6.4) und (6.5) beschriebenen Mechanismen gemeinsam wirken, so gilt:

$$\mathrm{d}E = -p\,\mathrm{d}V + \mu\,\mathrm{d}M \tag{6.7}$$

Weil man hinterher nicht mehr unterscheiden kann, wodurch E zu- oder abgenommen hat, braucht man auch nicht zwischen der Energie und der „Gesamtenergie" zu unterscheiden (wie es vielfach geschieht). E ist nicht in unabhängige Partialenergien separierbar (eine wichtige Ausnahme hiervon besprechen wir weiter unten).

Die Energie ist eine *extensive* Größe (Abb. 6.3). Nach Gleichung (6.7) ist bei sonst unveränderten Bedingungen ihr Zuwachs die Summe der Zuwächse von zwei anderen extensiven Größen (Volumen und Masse); die Koeffizienten dieser Linearkombination dagegen sind *intensive* Größen (Druck, chemisches Potenzial).

Dieser Zusammenhang lässt sich formalisieren. Aus (6.7) folgt, dass E von V und M abhängen muss. Und aus $E = E(V, M)$ folgt nach Formel (27.2) im Anhang:

$$\mathrm{d}E(V, M) = \frac{\partial E(V, M)}{\partial V}\,\mathrm{d}V + \frac{\partial E(V, M)}{\partial M}\,\mathrm{d}M \tag{6.8}$$

Koeffizientenvergleich von (6.7), (6.8) ergibt:

$$\frac{\partial E(V, M)}{\partial V} = -p; \qquad \frac{\partial E(V, M)}{\partial M} = \mu \tag{6.9}$$

Zusammengehörige intensive und extensive Größen nennt man *konjugiert*: $-p$ ist zu V konjugiert, μ ist zu M konjugiert.

Lässt sich das verallgemeinern? Bei dieser Überlegung bemerken wir, dass wir E gemäß (6.7) nur durch mechanische oder chemische Energiezufuhr ändern können. Wie kommen wir zur Wärme, die doch wohl für die Thermodynamik die wichtigste Größe ist? Wo ist überhaupt die Temperatur geblieben? Wie können wir die wichtige intensive Größe T in (6.7) einbringen?

6.2.3 Der Übergang zur Thermodynamik: Wärme

Zum Einbringen der Temperatur T beschreiten wir folgenden Weg. Gemäß (6.7) und den vorstehenden Überlegungen muss E, außer von V und M, auch noch von einer anderen extensiven Größe abhängen, damit es die dazu konjugierte intensive Größe T geben kann. Diese neue extensive Größe nennen wir S, also: $E = E(V, M, S)$. Daher kann man mit dem Kalkül des totalen Differenzials schreiben:

$$\mathrm{d}E = \frac{\partial E}{\partial V}\,\mathrm{d}V + \frac{\partial E}{\partial M}\,\mathrm{d}M + \frac{\partial E}{\partial S}\,\mathrm{d}S \qquad (6.10)$$

Der Buchstabe S verkörpert die hier noch unbekannte, zur Temperatur T konjugierte extensive Variable. Analog zum Kompressionsexperiment und zum chemischen Experiment sollte die partielle Ableitung der Energie nach der Größe S die Temperatur sein: $\partial E/\partial S = T$. Damit haben wir folgende Energieformen:

- Kompressionsenergie: $-p\,\mathrm{d}V$
- Chemische Energie: $\mu\,\mathrm{d}M$
- Wärmeenergie: $T\,\mathrm{d}S$

Bei der Wärmeenergie haben wir einfach die intensive Größe Temperatur als Koeffizient gewählt. Der gesuchten extensiven Größe S geben wir jetzt den Namen *Entropie*. Die zugeführte Wärmemenge ist also:

$$\boxed{\mathrm{d}E = T\,\mathrm{d}S} \qquad (6.11)$$

Die Bedeutung der Entropie liegt darin, dass sie es ist, die beim Wärmeaustausch zwischen zwei Systemen übertragen wird – und nicht die Temperatur.

6.3 Das Prinzip der Energieumwandlungen

Die soeben angewandte axiomatische Methode fasst den in Jahrhunderten erworbenen Wissensumfang ungezählter thermodynamischer Experimente in kurzer Form zusammen. Wir verallgemeinern die vorstehende Überlegung und führen das *Prinzip der Energieumwandlungen* durch die folgende Forderung ein: Die Energieänderung soll als Linearkombination der Differenziale *extensiver Zustandsgrößen* dargestellt werden.

6.3.1 Die Gibbssche Form

Dazu betrachten wir die extensiven Zustandsgrößen X_i des in Frage stehenden Systems. In der Liste der X_i sind alle extensiven Größen zu berücksichtigen, die den Zustand des Systems beschreiben, und $\mathrm{d}E$ ist durch die $\mathrm{d}X_i$ darzustellen. Die Koeffizienten bei dieser Linearkombination sind die zugehörigen *intensiven Zustandsgrößen* x_i. Die

Größen X_i und x_i bezeichnet man als zueinander *konjugiert*. Dies liefert die hiermit axiomatisch eingeführte Differenzialgleichung

$$\mathrm{d}E = \sum_i x_i \, \mathrm{d}X_i \tag{6.12}$$

Der Index i bezieht sich auf die unterschiedlichen Energieformen. Diese Gleichung wird zu Ehren des amerikanischen Physikers WILLARD GIBBS als *Gibbssche Fundamentalgleichung* bzw. *Gibbssche Form* bezeichnet.[1] Die Energieänderung ist also eine Summe von Energieänderungen unterschiedlicher physikalischer Herkunft, wobei ggf. auch magnetische Energie, elektrische Energie, Rotationsenergie und weitere Energieformen berücksichtigt werden können.

Der für die Meteorologie (und überhaupt für den ganzen Bereich der Geofluide) wichtigste Spezialfall, der jedoch schon von großer Allgemeinheit ist, umfasst die Energieformen Wärme und Kompressionsenergie sowie die chemischen Energien der im System vertretenen Stoffe. Wir konkretisieren also Gleichung (6.12) zu:

$$\boxed{\mathrm{d}E_{\mathrm{intern}} = T \, \mathrm{d}S - p \, \mathrm{d}V + \sum_i \mu_i \, \mathrm{d}M_i} \tag{6.13}$$

Das ist die extensive Version, und überhaupt für uns der Prototyp, der Gibbsschen Form. Die Energie E_{intern} in dieser Differenzialgleichung ist die *innere Energie*. Sie ist eine Funktion der Entropie S, des Volumens V und der Massen M_i der verschiedenen im System enthaltenen Einzelstoffe, die wir durch den Index i unterscheiden.

Hier taucht die Frage auf: Wenn E_{intern} die innere Energie ist, gibt es dann auch eine *äußere Energie*? Die gibt es, und hier haben wir eine Ausnahme von der Regel der Nicht-Separierbarkeit der Energie in verschiedene Anteile: Die Energie des Systems besteht aus der Summe von *äußerer* und *innerer* Energie (mit dem Index extern bzw. intern):

$$E = E_{\mathrm{extern}} + E_{\mathrm{intern}} \tag{6.14}$$

Die äußere (oder *mechanische*) Energie ist die Summe von kinetischer und potenzieller Energie des Schwerpunkts, d. h. sie ist proportional zur Masse des Systems:

$$\mathrm{d}E_{\mathrm{extern}} = -\boldsymbol{F} \cdot \mathrm{d}\boldsymbol{r} + \boldsymbol{v} \cdot \mathrm{d}\boldsymbol{P} = M \left(g \, \mathrm{d}z + \boldsymbol{v} \cdot \mathrm{d}\boldsymbol{v} \right) = M \left(\mathrm{d}\Phi + \mathrm{d}k \right) \tag{6.15}$$

wobei $\boldsymbol{F}$, $\boldsymbol{r}$, $\boldsymbol{v}$ und $\boldsymbol{P}$ die Vektoren der Kraft, des Ortes, der Geschwindigkeit bzw. des Impulses bedeuten. Φ ist das Geopotenzial und k die kinetische Energie (beide bezogen auf die Masse M des Systems).

---

[1]In der theoretischen Algebra bezeichnet man eine Funktion von Differenzialen als *Form*.

Die Gibbssche Form für die innere Energie des Systems ist Gleichung (6.13). Die Summanden darin sind nicht separierbar. Dies ist eine der zentralen Aussagen der Thermodynamik und grundlegend für alle folgenden Ableitungen. Die Separierbarkeit der mechanischen von der inneren Energie ist sozusagen der einzige Kompromiss, den die Gibbssche Form zulässt. Sonst wird Separierbarkeit der thermodynamischen Variablen nie toleriert – intensive und extensive Größen sind als konjugierte Variablen in der Gibbsschen Form miteinander gekoppelt. Insbesondere gibt es keine separierbare Energieform *Wärme* (wohl aber Wärmezufuhr).

In diesem Kapitel interessiert uns die äußere Energie nicht, sondern nur die innere, die wir ab sofort einfach mit E bezeichnen wollen. Auf die äußere Energie kommen wir im Kapitel 11 zurück.

6.3.2 Prozesse und Zustandsänderungen

Bei Zustandsänderungen ändern sich die Zustandsgrößen des Systems. Durch welche Prozesse die Änderungen im einzelnen bewirkt worden sind, kann man der Zustandsgröße nach dem Eintreten der Zustandsänderung nicht mehr ansehen. Man muss also zwischen den Begriffen *Zustandsänderung* und *thermodynamischer Prozess* genau unterscheiden; dabei ist es klar, dass thermodynamische Prozesse in der Regel Zustandsänderungen bewirken, denn eben zu diesem Zweck führt man sie ja aus. Als Beispiele seien genannt:

$$\text{Zustandsänderung:} \quad \int_1^2 \mathrm{d}E = E_2 - E_1 \tag{6.16}$$

$$\text{Thermodynamischer Prozess:} \quad \int_1^2 \mathrm{d}E = \int_1^2 T\,\mathrm{d}S \tag{6.17}$$

Den Wert des ersten Integrals kann man sofort ermitteln. Diese Aussage ist einfach, aber nicht trivial. Man kann zwar die Änderung der Energie angeben, also die Zustandsänderung. Aber (6.16) enthält keine Angabe darüber, durch welchen Prozess die Zustandsänderung erfolgt ist.

Im zweiten Beispiel weiß man schon etwas mehr, denn (6.17) besagt, dass es sich um eine Wärmezufuhr handelt. Aber der Prozess ist noch nicht genau genug definiert, denn Wärmezufuhr kann durch verschiedene physikalische Prozesse geschehen (beispielsweise durch Strahlung oder Wärmefluss), und sie kann auf verschiedene Weise geschehen (beispielsweise reversibel oder irreversibel). Also erst wenn man $T = T(S)$ durch Festlegung der funktionalen Abhängigkeit spezifiziert hat, ist der thermodynamische Prozess definiert, und $E_2 - E_1$ wird berechenbar.

Der Wert dieser begrifflichen Unterscheidung liegt darin, dass man bei vielen Zustandsänderungen die Einzelheiten der Prozessrealisierung gar nicht kennen muss, um dennoch die Änderung der Zustandsgröße korrekt zu erfassen. Wenn man die betreffende Zustandsgröße am Ende und am Anfang kennt, so kennt man auch die Zustandsänderung, unabhängig davon, durch welchen Prozess sie realisiert wurde. Dies kann die Beschreibung wesentlich vereinfachen, denn vielfach lassen sich die gleichen Zustandsänderungen durch verschiedene Prozesse verwirklichen. Die Gleichungen (6.16) und (6.17) sind ein erstes Beispiel für diesen Sachverhalt; weiter unten folgen weitere Beispiele.

6.4 Homogene Systeme

Das Summationssymbol in der Gibbsschen Form (6.13) für die innere Energie irritiert den Anfänger, denn er fragt sich: Muss man wirklich ständig alle Komponenten der Luft (Stickstoff, Sauerstoff usw.) explizit mitführen?

Man muss es nicht. Wir befreien uns von dem Index i, indem wir das Konzept des *homogenen Systems* einführen (z. B. Luft oder Wasser). Dazu betrachten wir zunächst das Verhältnis zwischen extensiven und intensiven Größen.

6.4.1 Spezifische Größen

Stoffmenge und Masse, die wichtigsten elementaren Zustandsgrößen eines physikalischen Systems, haben Mengencharakter und sind zueinander proportional. Aber auch Energie und Entropie des Systems haben Mengencharakter, ebenso wie sein Volumen. Alle extensiven Zustandsgrößen sind zueinander proportional. Daher hat es Sinn, Verhältnisse extensiver Größen zu bilden und beispielsweise den Quotienten von Energie und Menge oder Energie und Masse zu betrachten:

$$\text{Mengenspezifische (\textit{molare}) innere Energie:}\quad u^\star = E/M^\star \qquad (6.18)$$

$$\text{Massenspezifische (\textit{spezifische}) innere Energie:}\quad u = E/M \qquad (6.19)$$

In der Fluiddynamik bevorzugt man u, in der Thermodynamik und der physikalischen Chemie $u^\star$. Da man (mithilfe der Molmasse bzw. der Dichte) spezifische Größen ineinander umrechnen kann, braucht man in den Anwendungen nur eine. Wir entscheiden uns in der Meteorologie[2] für die

$$
\begin{aligned}
\text{Spezifische innere Energie:} \quad & u = E/M \\
\text{Spezifische Entropie:} \quad & s = S/M \\
\text{Spezifisches Volumen:} \quad & \alpha = V/M
\end{aligned}
\qquad (6.20)
$$

---

[2]Zur Terminologie: Warum schreibt man nicht $E/M = e, S/M = s, V/M = v$? Das wäre logisch und leicht zu merken. Aber: Historisch hat sich nun einmal u als Buchstabe für die massenspezifische innere Energie eingebürgert. Und in der Meteorologie wird V/M seit jeher als α bezeichnet, weil v für die Meridionalkomponente des Windes reserviert ist.

Zu den extensiven Größen E, S und V gehören also die intensiven Größen u, s und α. Stillschweigend wird Unabhängigkeit der Quotienten von M angenommen. Wir unterstellen also, dass beispielsweise E/M die Abkürzung für die eigentlich vorzunehmende Grenzwertbildung

$$u = \lim_{\Delta M = 0} \frac{\Delta E}{\Delta M} \qquad (6.21)$$

ist. Dadurch werden u, s und α zu intensiven Größen, wie dies auch T und p sind (die ihrerseits jedoch nicht durch Grenzwertbildung aus extensiven Größen entstanden sind).

Ein erstes Ziel ist es, aus den chemischen Potenzialen aller beteiligten Stoffe ein gemeinsames, gemitteltes chemisches Potenzial zu ermitteln. Dazu werden die Massen M_i der einzelnen Komponenten mit einer festen Referenzmasse M_r verglichen:

$$c_i = M_i/M_r \qquad (6.22)$$

Nach Voraussetzung sind alle diese Mischungsverhältnisse konstant, d. h. invariant bei Zustandsänderungen. Das wird nun für chemische Energieumwandlungen ausgenutzt:

$$dE = \mu_r \, dM_r + \sum_{i \neq r} \mu_i \, c_i \, dM_r = \left(\mu_r + \sum_{i \neq r} \mu_i \, c_i \right) dM_r \qquad (6.23)$$

Wegen $M = \sum M_i$ gilt auch

$$dM = dM_r + \sum_{i \neq r} (c_i \, dM_r) \qquad (6.24)$$

Wenn man (6.23) mit (6.24) erweitert, so folgt

$$dE = \underbrace{\frac{\mu_r + \sum\limits_{i \neq r} \mu_i \, c_i}{1 + \sum\limits_{i} c_i}}_{\mu} \, dM \qquad (6.25)$$

Der unterklammerte Term stellt das chemische Potenzial für das Stoffgemisch dar. Wenn die Konzentrationen der Stoffe konstant sind, gilt also

$$\sum_{i} \mu_i \, dM_i = \mu \, dM \qquad (6.26)$$

Die Gibbssche Gleichung (6.13) nimmt damit für homogene Systeme die einfache Form an:

$$\boxed{dE = T \, dS - p \, dV + \mu \, dM} \qquad (6.27)$$

Bei Phasenübergängen ist die Voraussetzung der Homogenität nicht gegeben; dann gilt (6.27) natürlich nicht. Die Indizierung und die Summe in der Gibbsschen Gleichung können weggelassen werden, solange keine Phasenübergänge stattfinden.

6.4.2 Homogenität der Energie

Die Eigenschaft (6.22) eines homogenen Systems, dass die Mischungsverhältnisse bei Zustandsänderungen konstant bleiben, lässt sich mathematisch verschärfen. E heißt *homogen vom 1. Grad in den Variablen* S, V und M, wenn für ein beliebiges positives λ gilt:

$$\lambda E(S, V, M) = E(\lambda S, \lambda V, \lambda M) \tag{6.28}$$

Wenn man diese Gleichung links und rechts partiell nach λ differenziert, wobei E, S, V, M festgehalten werden, so folgt:

$$E(S, V, M) = \underbrace{\frac{\partial E(...)}{\partial(\lambda S)}}_{=T} \underbrace{\frac{\partial(\lambda S)}{\partial \lambda}}_{=S} + \underbrace{\frac{\partial E(...)}{\partial(\lambda V)}}_{=-p} \underbrace{\frac{\partial(\lambda V)}{\partial \lambda}}_{=V} + \underbrace{\frac{\partial E(...)}{\partial(\lambda M)}}_{=\mu} \underbrace{\frac{\partial(\lambda M)}{\partial \lambda}}_{=M} \tag{6.29}$$

Beim Differenzieren haben wir beachtet, dass für E auf der rechten Seite die Argumentliste gilt: $E(...) = E(\lambda S, \lambda V, \lambda M)$. Beim Differenzieren kann man jedes komplette Argument durch ein beliebiges anderes Symbol ersetzen, sagen wir: $\lambda S = x$, $\lambda V = y$ bzw. $\lambda M = z$. Dann gilt beispielsweise

$$\frac{\partial E(\lambda S, \lambda V, \lambda M)}{\partial(\lambda S)} = \frac{\partial E(x, y, z)}{\partial x} = \frac{\partial E(S, V, M)}{\partial S} = T \tag{6.30}$$

Das Ergebnis (6.29) lautet also:

$$E = T S - p V + \mu M \qquad \text{oder} \qquad u = T s - p \alpha + \mu \tag{6.31}$$

Die linke Gleichung ist die extensive und die rechte die intensive Version. Diese Zustandsgleichungen nennt man auch *Gibbs-Duhem-Beziehungen*.

Wenn man mit (6.20) die extensiven Größen in der Gibbsschen Gleichung (6.27) durch die intensiven ersetzt und auf der einen Seite die zu M und auf der anderen die zu dM proportionalen Terme sammelt, so erhält man

$$(du - T\,ds + p\,d\alpha)M = -(u - T\,s + p\,\alpha - \mu)\,dM \tag{6.32}$$

Wenn man weiter die intensive Version von (6.31) einsetzt, so verschwindet die rechte Seite von (6.32), also auch die linke. Da jedoch M im allgemeinen nicht verschwindet, so finden wir aus dem Verschwinden der linken Seite von (6.32) die *intensive Fassung der Gibbsschen Form für ein homogenes thermodynamisches System*:

$$\boxed{du = T\,ds - p\,d\alpha} \tag{6.33}$$

Man wird also die chemische Energie auf diese Weise scheinbar elegant los; das ist eine nicht zu unterschätzende Motivation für die Bevorzugung der spezifischen Größen in der Thermodynamik. Daraus ist jedoch nicht der unzutreffende Schluss zu ziehen, die chemische Energie sei irgendwie weniger wichtig als die anderen Energieformen.

Die vorstehende Ableitung gilt wörtlich auch für die molaren Größen; man hat lediglich die massenspezifischen durch die molaren Konstanten auszuwechseln. Diese Theorie ist also nicht auf die Geofluide beschränkt, sondern von großer Allgemeinheit.

6.5 Thermodynamische Funktionen

Die Zustandsgrößen hängen je nach Art der Zustandsänderung voneinander ab und können in diesem Sinne auch als thermodynamische Funktionen betrachtet werden. Dabei sind die unabhängigen Argumente frei vorzugeben, während die Funktion (das abhängige Argument) dadurch definiert wird, dass man eine Vorschrift angibt, wie die unabhängigen Argumente auf den Funktionswert abgebildet werden. Besonders typisch für die Thermodynamik ist der häufige Wechsel der Argumente und der damit einhergehende Wechsel der funktionalen Abhängigkeit. Für die Rechenregeln der Umformungen schlage man bei Bedarf Kapitel 27 im Anhang nach.

6.5.1 Die Enthalpie

Die Gibbssche Gleichung (6.33) für homogene Systeme enthält implizit die Aussage, dass u als Funktion von s und α behandelt wird; das erkennt man an den Differenzialen $\mathrm{d}s$ und $\mathrm{d}\alpha$. Statt der spezifischen Energie kann man nun eine andere energetisch wichtige Größe betrachten, die man als spezifische *Enthalpie* (oder *Wärmefunktion*) bezeichnet und die wie folgt definiert ist:

$$\boxed{h = u + p\,\alpha} \qquad \text{mit} \qquad \boxed{\mathrm{d}h = T\,\mathrm{d}s + \alpha\,\mathrm{d}p} \qquad (6.34)$$

Diese Differenzialgleichung ergibt sich durch Differenzieren des ersten Ausdrucks und Eliminieren von $\mathrm{d}u$ mit Gleichung (6.33). Das Ergebnis ist eine der Gibbsschen Gleichung äquivalente Form.

Die Gleichung für $\mathrm{d}h$ in (6.34) besagt, dass h eine Funktion von s und p ist. Wenn man nun, ohne Bezug auf (6.34), für h die Argumentliste $h(s,p)$ zugrunde legt, so folgt:

$$\mathrm{d}h = \frac{\partial h}{\partial s}\,\mathrm{d}s + \frac{\partial h}{\partial p}\,\mathrm{d}p \qquad (6.35)$$

Der Koeffizientenvergleich zwischen (6.35) und (6.34) ergibt:

$$\frac{\partial h(s,p)}{\partial s} = T \qquad \frac{\partial h(s,p)}{\partial p} = \alpha \qquad (6.36)$$

Diese Gleichungen sind eigentlich nur eine Interpretation der Gibbs-Gleichung (6.34), denn (6.36) ist natürlich implizit in (6.34) enthalten.

Mit (6.36) lässt sich jedoch der Umstand ausnutzen, dass die gemischten zweiten Ableitungen von h unabhängig von der Reihenfolge der Ableitungen sind. Damit folgt

$$\frac{\partial^2 h(s,p)}{\partial s\,\partial p} = \frac{\partial^2 h(s,p)}{\partial p\,\partial s} \qquad \text{und somit} \qquad \frac{\partial T(s,p)}{\partial p} = \frac{\partial \alpha(s,p)}{\partial s} \qquad (6.37)$$

Diese so genannten *Maxwell-Helmholtz-Beziehungen* kann man mit der gleichen Argumentation auch aus der Gibbsschen Gleichung für die innere Energie ableiten.

Wir deuten das Ergebnis dieses Abschnitts so: Die Einführung der Enthalpie induziert eine Transformation der unabhängigen Variablen. Dies kann man verallgemeinern.

6.5.2 Thermodynamische Potenziale

Die Transformation von der Energie auf die Enthalpie ist ein Spezialfall der viel allgemeineren *Legendre-Transformation*. Wir verschaffen uns damit zwei weitere in den homogenen Geofluiden wichtige thermodynamische Potenziale, sogleich mit zugehöriger Gibbsscher Form:

$$\text{Freie Energie:} \quad f = u - Ts \quad \text{mit} \quad \mathrm{d}f = -s\,\mathrm{d}T - p\,\mathrm{d}\alpha \tag{6.38}$$

$$\text{Freie Enthalpie:} \quad g = h - Ts \quad \text{mit} \quad \mathrm{d}g = -s\,\mathrm{d}T + \alpha\,\mathrm{d}p \tag{6.39}$$

Auch für die freie Energie und die freie Enthalpie erhalten wir Koeffizientenausdrücke und Maxwell-Helmholtz-Beziehungen, die wir hier einfach als Ergebnis angeben und die der Leser mit der vorstehenden Methode selbst überprüfen möge:

$$\frac{\partial u(s,\alpha)}{\partial s} = T \qquad \frac{\partial u(s,\alpha)}{\partial \alpha} = -p \qquad \frac{\partial T(s,\alpha)}{\partial \alpha} = -\frac{\partial p(s,\alpha)}{\partial s} \tag{6.40}$$

$$\frac{\partial h(s,p)}{\partial s} = T \qquad \frac{\partial h(s,p)}{\partial p} = \alpha \qquad \frac{\partial T(s,p)}{\partial p} = \frac{\partial \alpha(s,p)}{\partial s} \tag{6.41}$$

$$\frac{\partial f(T,\alpha)}{\partial T} = -s \qquad \frac{\partial f(T,\alpha)}{\partial \alpha} = -p \qquad \frac{\partial s(T,\alpha)}{\partial \alpha} = \frac{\partial p(T,\alpha)}{\partial T} \tag{6.42}$$

$$\frac{\partial g(T,p)}{\partial T} = -s \qquad \frac{\partial g(T,p)}{\partial p} = \alpha \qquad -\frac{\partial s(T,p)}{\partial p} = \frac{\partial \alpha(T,p)}{\partial T} \tag{6.43}$$

Was nützen diese formalen Zusammenhänge? Eine erste wichtige Anwendung ergibt sich durch Vergleich der Formel (6.39) mit der Gibbs-Duhem-Beziehung (6.31):

$$\boxed{g = \mu} \quad \text{mit} \quad \boxed{\mathrm{d}\mu = -s\,\mathrm{d}T + \alpha\,\mathrm{d}p} \tag{6.44}$$

Die freie Enthalpie ist identisch mit dem chemischen Potenzial! Also kann man für μ sogleich (6.43) verwenden. Weitere Aspekte ergeben sich, wenn wir die vorstehenden allgemeinen Formeln auf die Atmosphäre anwenden.

6.6 Spezifische Wärmekapazitäten von Gasen

Die Zustandsgrößen E und T sind besonders wichtig. Daher definiert man für den Zusammenhang ihrer Änderungen einen eigenen Koeffizienten

$$\mathrm{d}E = C\,\mathrm{d}T \tag{6.45}$$

und nennt C die *Wärmekapazität*. Gleichung (6.45) ist zunächst nichts als eine Definition. Sie ist auch nicht vollständig, denn es muss noch spezifiziert werden, welche Zustandsgrößen zusätzlich konstant zu halten sind; das werden wir sogleich tun. Seine Bedeutung gewinnt das Konzept der Wärmekapazität durch die Kopplung mit der Gibbsschen Gleichung.

Wenn Masse und Volumen konstant gehalten werden ($dM = 0$ und $dV = 0$), so vereinfachen sich die Gibbssche Gleichung (6.27) und die Definition (6.45) zu

$$dE = T \, dS = C_V \, dT, \tag{6.46}$$

Hierin ist C_V die *Wärmekapazität bei konstantem Volumen*. Wasser beispielsweise hat eine relativ hohe Wärmekapazität und kann dadurch viel Wärme speichern. Wenn man (6.46) durch die Masse M dividiert, ergibt sich für die Änderung der spezifischen inneren Energie

$$du = \frac{C_V}{M} \, dT = c_v \, dT \tag{6.47}$$

Die neue Größe c_v heißt *spezifische Wärmekapazität bei konstantem Volumen*. Auch hier handelt es sich um kein Naturgesetz, sondern zunächst nur um eine Definition.

6.6.1 Spezifische Wärmekapazität bei konstantem Volumen

Lassen wir für den Augenblick wieder Volumenänderungen zu und betrachten die allgemeine Gibbssche Gleichung (6.33) für Änderungen der spezifischen inneren Energie. Danach ist u eine Funktion von s und α. Von Gleichung (6.47) wissen wir, dass die erste partielle Ableitung gleich der spezifischen Wärmekapazität c_v ist:

$$du = \underbrace{\frac{\partial u(T,\alpha)}{\partial T}}_{c_v} \, dT + \frac{\partial u(T,\alpha)}{\partial \alpha} \, d\alpha \tag{6.48}$$

An dieser Stelle hat man c_v noch als Funktion von s und α anzusehen. Weiter unten erst wird sich herausstellen, dass dieser Koeffizient bei idealen Gasen eine Konstante ist.

Für den zweiten Term in (6.48) zeigen wir jetzt, dass der Koeffizient von $d\alpha$ verschwindet. Das besagt: Die spezifische Energie hängt bei isothermen Zustandsänderungen nicht vom spezifischen Volumen ab. Zum Beweis ziehen wir die oben definierte spezifische freie Energie f heran:

$$u(T,\alpha) = f(T,\alpha) + T \cdot s(T,\alpha) \tag{6.49}$$

Diese Funktion leiten wir partiell nach α ab:

$$\frac{\partial u(T,\alpha)}{\partial \alpha} = \frac{\partial f(T,\alpha)}{\partial \alpha} + T \, \frac{\partial s(T,\alpha)}{\partial \alpha} \tag{6.50}$$

Die erste Ableitung können wir aus Gleichung (6.42) übernehmen:

$$\frac{\partial f(T,\alpha)}{\partial \alpha} = -p \tag{6.51}$$

Für die Ableitung des zweiten Terms nutzen wir dieselbe Maxwell-Gleichung. Dies liefert mit der Gasgleichung:

$$T \, \frac{\partial s(T,\alpha)}{\partial \alpha} = T \, \frac{\partial p(T,\alpha)}{\partial T} = T \, \frac{R}{\alpha} = p \tag{6.52}$$

Wir setzen nun unsere Zwischenergebnisse (6.51) und (6.52) in Gleichung (6.50) ein:

$$\frac{\partial u(T,\alpha)}{\partial \alpha} = -p + T\,\frac{R}{\alpha} = 0 \tag{6.53}$$

Somit hängt die spezifische Energie des idealen Gases nur von der Temperatur ab:

$$\boxed{\mathrm{d}u = c_v\,\mathrm{d}T} \tag{6.54}$$

Dies gilt auch dann, wenn das Volumen nicht konstant ist, und beweist die Allgemeingültigkeit von Gleichung (6.54), die mit (6.47) identisch ist. Bei der Ableitung haben wir, auf dem Wege über die freie Energie und die Maxwell-Beziehungen, von der Gibbsschen Form Gebrauch gemacht, außerdem von der Gasgleichung.

6.6.2 Spezifische Wärmekapazität bei konstantem Druck

Anstatt die Enthalpie als Funktion von s und p zu betrachten, suchen wir nun eine Darstellung mit Abhängigkeit von T und p. Dabei gehen wir analog zum Übergang der Abhängigkeit der spezifischen Energie von α und s auf α und T vor.

$$\mathrm{d}h(T,p) = \underbrace{\frac{\partial h(T,p)}{\partial T}}_{c_p}\,\mathrm{d}T + \frac{\partial h(T,p)}{\partial p}\,\mathrm{d}p \tag{6.55}$$

Der Koeffizient von $\mathrm{d}T$ in dieser Gleichung wird als *spezifische Wärmekapazität bei konstantem Druck* bezeichnet. Als Nächstes zeigen wir, dass die partielle Ableitung der spezifischen Enthalpie nach dem Druck verschwindet, wodurch der zweite Term auf der rechten Seite von (6.55) null wird. Dazu verwenden wir die eben eingeführte freie Enthalpie g als Hilfsfunktion (wir haben schon gesehen, dass g mit dem chemischen Potenzial μ identisch ist). Aus dem Differenzial von g, vgl. (6.39), folgt in mehreren Schritten wie vorher unter Verwendung der entsprechenden Maxwell-Gleichungen:

$$\frac{\partial h(T,p)}{\partial p} = 0 \tag{6.56}$$

Somit gilt für ein ideales Gas, dass die spezifische Enthalpie h nur von der Temperatur abhängt:

$$\boxed{\mathrm{d}h = c_p\,\mathrm{d}T} \tag{6.57}$$

In der direkten Beziehung zwischen u und T gemäß Gleichung (6.54) bzw. zwischen h und T gemäß Gleichung (6.57) liegt die Bedeutung der spezifischen Wärmekapazitäten c_v und c_p.

6.6.3 Zusammenhang zwischen den Wärmekapazitäten

Mit den eben gefundenen Ergebnissen und der Gasgleichung gilt weiterhin

$$c_p\,\mathrm{d}T = \mathrm{d}h = \mathrm{d}(u + p\,\alpha) = c_v\,\mathrm{d}T + \mathrm{d}(R\,T) = (c_v + R)\,\mathrm{d}T \tag{6.58}$$

Daraus folgt die wichtige Formel

$$\boxed{c_p - c_v = R}$$ (6.59)

Die Zahlenwerte für Luft und für Wasserdampf sind in der für alle gleichen Einheit J kg^{-1} K^{-1}, die wir hier für den Augenblick mit [c] bezeichnen:

$$\text{Luft:} \qquad c_p = 1005 \, [c] \qquad c_v = 718 \, [c] \qquad R = 287 \, [c]$$ (6.60)

$$\text{Wasserdampf:} \qquad c_p = 1846 \, [c] \qquad c_v = 1389 \, [c] \qquad R = 462 \, [c]$$ (6.61)

Beim Wasserdampf stimmt (6.59) nur näherungsweise. Warum nicht exakt? Weil Wasserdampf kein ideales Gas ist.

Ein weiterer Aspekt ergibt sich, wenn wir nochmals die allgemeine Gibbssche Form betrachten. Wir können in der Formel (6.33) die Größen s und p als Funktionen von T und α ansetzen:

$$\mathrm{d}u = c_v \, \mathrm{d}T = T \, \mathrm{d}s(T, \alpha) - p(T, \alpha) \, \mathrm{d}\alpha$$ (6.62)

Weiterhin können wir $\mathrm{d}s(T, \alpha)$ nach Ableitungen von T und α entwickeln. Wenn man anschließend die Faktoren von $\mathrm{d}T$ und $\mathrm{d}\alpha$ zusammenfasst, liefert (6.62):

$$c_v \, \mathrm{d}T = T \, \frac{\partial s(T, \alpha)}{\partial T} \, \mathrm{d}T + \left(T \, \frac{\partial s(T, \alpha)}{\partial T \, \alpha} - p \right) \mathrm{d}\alpha$$ (6.63)

Der Koeffizientenvergleich zwischen beiden Seiten ergibt, dass der Faktor von $\mathrm{d}\alpha$ verschwinden muss – also auch der gesamte zweite Term in (6.63). Das bedeutet für die spezifische Wärmekapazität bei konstantem Volumen:

$$c_v = \frac{\partial e(T, \alpha)}{\partial T} = T \, \frac{\partial s(T, \alpha)}{\partial T}$$ (6.64)

Eine äquivalente Betrachtung, ausgehend von der Gibbsschen Form (6.34), liefert für die spezifische Wärmekapazität bei konstantem Druck

$$c_p = \frac{\partial h(T, p)}{\partial T} = T \, \frac{\partial s(T, p)}{\partial T}$$ (6.65)

Es ist bemerkenswert, dass die kompliziert aussehenden Formeln (6.64) und (6.65) mit einem Minimum von Voraussetzungen hergeleitet wurden, nämlich nur mit den Definitionen von u und h sowie der spezifischen Wärmekapazitäten, ferner mit den beiden zugehörigen Versionen der Gibbsschen Form. Insbesondere ist die Gasgleichung nicht verwendet worden, d. h. die Formeln gelten allgemein für homogene Systeme.

6.7   Zustandsänderungen von Gasen

Die Begriffsbildungen der Thermodynamik stammen zunächst aus der Laborphysik. Hier hat man es in der Regel mit *abgeschlossenen Systemen* zu tun, insbesondere solchen mit konstanter Masse. Ein Beispiel ist das weiter oben betrachtete Gas in einem Kolben. Dafür verwendet man naturgemäß die Gibbssche Gleichung in der extensiven Form.

Für meteorologische Anwendungen kann man zwar dabei nicht stehen bleiben, denn in der freien Atmosphäre hat man es mit *offenen Systemen* zu tun. Für solche sind die intensiven Parameter die angemessenen Zustandsgrößen. Solange aber M konstant ist, besteht zwischen den extensiven und den intensiven Gleichungen kein wirklicher Unterschied.

Wir betrachten daher in Abb. 6.4 die Änderungen der Zustandsgrößen in einem gasgefüllten Gefäß, das oben durch einen beweglichen Kolben verschlossen und auf allen

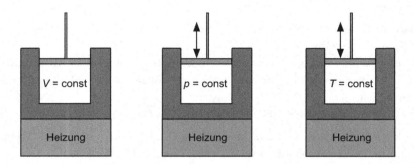

Abb. 6.4 Zustandsänderungen eines Gases in einem geheizten Kolben. Links: *Isochore* Zustandsänderung, realisiert durch das Festschrauben des Kolbens. Ein Beispiel für isochore Zustandsänderungen ist das Kochen mit einem Druckkochtopf. Mitte: *Isobare* Zustandsänderung bei freier Beweglichkeit des Kolbens. Der durch Wärmezufuhr verursachte Druckanstieg wird durch Vergrößerung des Volumens kompensiert. Rechts: *Isotherme* Zustandsänderung durch Heizen und kompensierende Nachführung des Kolbens. Hier wird der Kolben so gesteuert, dass die Temperatur durch das Wechselspiel von Druck und Volumen erhalten bleibt.

Seiten thermisch isoliert ist (Styropor-Wände oder Dewar-Gefäß). Durch den Kolben kann man mechanische Arbeit zu- oder abführen. Das Gefäß soll weiterhin über die Wände heizbar und kühlbar sein (elektrisch oder durch Wärmetauscher), d. h. man kann Wärmeenergie zu- oder abführen. Weil M konstant ist, genügt es, nur die intensiven Zustandsgrößen T, p und u, s und α (sowie evtl. weitere thermodynamische Funktionen) zu betrachten. Die Aufgabe bestehe darin, Gleichungen für die Differenziale dieser Zustandsgrößen anzugeben und zwischen einem Anfangszustand 1 und einem Endzustand 2 zu integrieren (d. h. zu lösen).

Isochore Zustandsänderung ($d\alpha = 0$)

Wenn auch das Volumen konstant ist (*isochore* Zustandsänderung), gilt:

$$d\alpha = 0 \qquad \int_1^2 d\alpha = 0 \qquad \alpha_2 - \alpha_1 = 0 \qquad (6.66)$$

Was bleibt dann noch übrig? $d\alpha = 0$ vereinfacht die Gibbssche Gleichung (6.33) zu

$$du = T\,ds \qquad u_2 - u_1 = \int\limits_1^2 T\,ds \qquad\qquad (6.67)$$

Bei konstantem Volumen gelten die folgenden Beziehungen für die innere Energie:

$$du = c_v\,dT \qquad du = T\,ds \qquad\qquad (6.68)$$

Auflösen nach der spezifischen Entropie führt zu

$$ds = c_v\,\frac{dT}{T} \qquad s_2 - s_1 = c_v\,\log\left(\frac{T_2}{T_1}\right) \qquad\qquad (6.69)$$

Durch die Heizung nimmt also die Entropie entsprechend zu. Das muss man so ausdrücken: Die Heizung führt dem Gas die extensive Größe Entropie zu, und das bewirkt eine Erhöhung der intensiven Größe Temperatur von T_1 auf T_2.

Isobare Zustandsänderung ($dp = 0$)

Lässt man den Kolben beweglich und heizt, so vergrößert sich das Volumen, wobei der Druck konstant gehalten wird, denn p ist dabei durch den Außendruck vorgegeben. Mit $dp = 0$ erhält man aus

$$dh = c_p\,dT = T\,ds + \alpha\,dp \qquad\qquad (6.70)$$

für die Änderung der spezifischen Entropie:

$$s_2 - s_1 = c_p\,\log\left(\frac{T_2}{T_1}\right) \qquad\qquad (6.71)$$

Die Entropiezunahme ist bei gleicher Temperaturzunahme größer als im isochoren Fall, denn c_p ist größer als c_v. Wie kommt das? Die Antwort lautet: Um die Temperatur von T_1 auf T_2 zu erhöhen, muss man bei isobarer Prozessführung zusätzlich das Volumen vergrößern, was eine höhere Entropiezufuhr erfordert.

Isotherme Zustandsänderung ($dT = 0$)

Die isotherme Zustandsänderung wird realisiert, indem geheizt wird und der Kolben auf Kosten von Druck und Volumen so bewegt wird, dass die Temperatur konstant bleibt. Dazu wird Gleichung (6.34) mit der Gasgleichung unter Berücksichtigung von $dT = 0$, also $dh = 0$, verknüpft:

$$0 = T\,ds + \alpha\,dp \qquad \text{oder} \qquad ds = -R\,\frac{dp}{p} \qquad\qquad (6.72)$$

Durch Integration erhält man die isotherme Änderung der spezifischen Entropie:

$$s_2 - s_1 = -R\,\log\left(\frac{p_2}{p_1}\right) \qquad\qquad (6.73)$$

Das besagt: Um die Temperatur konstant zu halten, gibt es zwei Möglichkeiten: Wenn der Druck vom Zustand 1 hin zum Zustand 2 *zunimmt*, muss man Entropie *abführen* (d.h. kühlen); wenn dagegen der Druck von 1 nach 2 *abnimmt*, muss man Entropie *zuführen* (d.h. heizen).

Ein merkwürdiges Ergebnis. Isotherme Zustandsänderung ist ein Beispiel dafür, dass man heizt (= Entropiezufuhr, $s_2 > s_1$), ohne dass es wärmer wird (isotherm, $T_2 = T_1$). Wir werden gleich den umgekehrten Fall kennen lernen, dass es wärmer wird ($T_2 > T_1$), ohne dass man heizt (isentrop, $s_2 = s_1$).

Wenn man bei den eben betrachteten Zustandsänderungen (isochor, isobar und isotherm in Abb. 6.4) die gleiche Heizung zuführt, so sind die Endtemperaturen T_2 dennoch in allen Fällen verschieden; man überzeuge sich davon, indem man die Gleichungen (6.69), (6.71) und (6.73) für die gleiche Entropiezufuhr $s_2 - s_1$ nach T_2 auflöst. Also: Gleiche Entropiezufuhr (d. h. gleiche Heizung) bedeutet noch lange nicht gleiche Temperaturzunahme.

6.8 Wärme und Entropie

Entropie zu- oder abzuführen bedeutet, Wärme zu- oder abzuführen. Zum Umgang mit der Wärme braucht der Meteorologe also die Entropie. Aber wie bekommt er diese so schwer fassbare Größe in der Praxis?

6.8.1 Die potenzielle Temperatur

Die Gibbssche Gleichung (6.34) lautet für ein ideales Gas mit (6.57):

$$\boxed{\boxed{c_p\, dT = T\, ds + \alpha\, dp}} \tag{6.74}$$

Dies lässt sich mit der zusätzlichen Abkürzung

$$\kappa = R/c_p = 2/7 \tag{6.75}$$

und mit der Gasgleichung nach ds auflösen:

$$ds = c_p \left(\frac{dT}{T} - \kappa\, \frac{dp}{p} \right) = c_p \left(\frac{d(T/T_0)}{T/T_0} - \kappa\, \frac{d(p/p_0)}{p/p_0} \right) \tag{6.76}$$

Darin sind T_0 und p_0 unspezifizierte Konstanten, deren Differenziale verschwinden und die daher die Gültigkeit von (6.76) nicht berühren; sie dienen dazu, T und p dimensionsfrei zu machen, damit man gleich den Logarithmus bilden kann (Logarithmen dimensionsbehafteter Größen wie T oder p kann man ja nicht bilden).

Gleichung (6.76) kann man mit den Rechenregeln für Logarithmen (vgl. Abschnitt über die relative Ableitung im Kapitel 27 im Anhang) in die Form bringen:

$$ds = c_p\, d \left[\log \frac{T}{T_0} - \log \left(\frac{p}{p_0} \right)^{\kappa} \right] = c_p\, d \log \left[\frac{1}{T_0}\, T \left(\frac{p_0}{p} \right)^{\kappa} \right] \tag{6.77}$$

Wenn man hier nun die

$$\boxed{\text{potenzielle Temperatur:} \quad \Theta = T \left(\frac{p_0}{p} \right)^{\kappa}} \tag{6.78}$$

einführt und $dT_0 = 0$ beachtet, so wird (6.77) zu

$$\boxed{ds = c_p \, \frac{d\Theta}{\Theta}} \tag{6.79}$$

Diese einfache und zugleich wichtigste Formel der meteorologischen Thermodynamik verknüpft die Entropieänderung mit der Änderung der potenziellen Temperatur.

Von den beiden Hilfsgrößen T_0 und p_0 sind wir T_0 sogleich wieder losgeworden. Aber p_0 in der Definition von Θ wird man nicht mehr los. Dies ist ein Referenzdruck, für den international der Wert $p_0 = 1000$ hPa vereinbart ist. Er lässt sich so interpretieren: Wenn ein Luftballen die aktuellen Anfangswerte T und p hat und isentrop auf den Druck p_0 gebracht wird, so nimmt er die aktuelle Temperatur $T = \Theta$ an.

Die spezifische Entropie s idealer Gase ist also durch die potenzielle Temperatur Θ darstellbar. Wenn der Meteorologe mit der potenziellen Temperatur arbeitet, so arbeitet er mit der Entropie, ob er das will oder nicht. Hat man Θ, so hat man auch s; will man s wissen, so braucht man nur Θ in die Hand zu nehmen. Darin liegt die meteorologische Bedeutung von Θ. Bei isentropen Zustandsänderungen bleibt Θ erhalten; das ist ein Sonderfall, der leicht überprüfbar ist und große praktische Bedeutung hat.

Die Zustandsänderung von 1 nach 2 wird durch das Integral von (6.79) beschrieben:

$$s_2 - s_1 = c_p \log \left(\frac{\Theta_2}{\Theta_1} \right) \tag{6.80}$$

Wärmezufuhr ist nur möglich bei Entropiezufuhr. Wärme- und Temperaturänderung sind zwei verschiedene und unabhängige Prozesse. Wärme und Temperatur dürfen nicht miteinander verwechselt werden.

6.8.2 Der Föhneffekt

Der Spezialfall der *isentropen* Zustandsänderung ($ds = 0$) ergänzt die Liste der oben betrachteten Sonderfälle (isochor, isobar und isotherm), und er ist gleichzeitig der meteorologisch bedeutsamste. Die linke Seite von (6.80) verschwindet in diesem Fall. Das besagt einfach, dass bei einer isentropen Zustandsänderung die potenzielle Temperatur konstant bleibt. Bei einer isentropen Zustandsänderung macht man die Luft wärmer oder kälter, ohne zu heizen oder zu kühlen, einfach durch Druckänderung.

Wir betrachten einen speziellen isentropen Prozess: Die potenzielle Temperatur Θ eines Luftballens sei konstant und damit bei allen Druckniveaus gleich. Hat der Luftballen beispielsweise bei 500 hPa eine Temperatur von $T = 246$ K, so beträgt seine potenzielle Temperatur

$$\Theta = 246 \text{ K} \left(\frac{1000}{500} \right)^{2/7} = T(p_0) = 300 \text{ K} \tag{6.81}$$

Die potenzielle Temperatur ist zugleich die aktuelle Temperatur beim Druckniveau p_0. Das bedeutet: Wenn man den Luftballen isentrop bis zur Erdoberfläche (Druckniveau p_0) absteigen lässt, so kommt er dort mit einer aktuellen Temperatur von 300 K an. Die Temperatur des Luftballens steigt also um 54 K, wenn er aus ca. 5 km Höhe (Druckniveau 500 hPa) auf Meeresniveau gebracht wird, ohne dabei erwärmt zu werden. Der Grund für diesen *Föhneffekt* ist die Zunahme des Luftdrucks beim Absinken und die dadurch bewirkte Kompression des Luftballens.

6.8.3   Die Poisson-Gleichung

Die Entdeckung der isentropen Zustandsänderungen ist eine der bleibenden Errungenschaften der klassischen Physik. Dieser Fall wurde früher nicht mit dem Konzept der potenziellen Temperatur formuliert, sondern mit der *Poisson-Gleichung*. Diese erhält man mit $\Theta_1 = \Theta_2$:

$$\frac{T_2}{T_1} = \left(\frac{p_2}{p_1} \right)^{\kappa} \tag{6.82}$$

Die Interpretation von (6.82) entspricht der Interpretation des Föhneffekts.

6.8.4   Isentroper Temperaturgradient

Wir haben oben im Abschnitt über die barometrische Höhenformel die isotherme und die polytrope Atmosphäre besprochen. Dabei wird die Temperaturabhängigkeit von der Höhe vorgegeben und daraus der Zusammenhang von Druck und Höhe berechnet. Im Fall isentroper Zustandsänderung liefert Gleichung (6.76)

$$\frac{\mathrm{d}T}{T} = \kappa \, \frac{\mathrm{d}p}{p} \tag{6.83}$$

Andererseits kann man die hydrostatische Gleichung in folgender Form schreiben:

$$\frac{\mathrm{d}p}{p} = -g \, \frac{\mathrm{d}z}{R\,T} \tag{6.84}$$

Wenn man aus diesen Gleichungen $\mathrm{d}p/p$ eliminiert, so folgt $\mathrm{d}T = -(\kappa\,g/R)\,\mathrm{d}z$ oder

$$\boxed{\left(\frac{\partial T}{\partial z} \right)_{\mathrm{is}} = -\frac{g}{c_p} = -9.8 \, \frac{\text{K}}{\text{km}}} \tag{6.85}$$

Das ist der vertikale *isentrope Temperaturgradient*. Er wird vielfach ungenau als „adiabatischer" Temperaturgradient bezeichnet, ein Brauch, dem wir uns nicht anschließen. Gern wird auch die Größe $\Gamma_{\mathrm{d}} = -(\partial T/\partial z)_{\mathrm{is}}$ verwendet; sie ist positiv und heißt *isentropes Temperaturgefälle*.

Γ_d ist eine wichtige und häufig verwendete Referenzgröße in der Theorie von Planetenatmosphären. Zur Herleitung braucht man nur die vertikale Konstanz der potenziellen Temperatur sowie die hydrostatische Gleichung und die Gasgleichung.

6.8.5 Zustandsänderungen idealer Gase

Wir fassen die wichtigsten Gleichungen der vorangegangenen Abschnitte zusammen:

$$\mathrm{d}u = T\,\mathrm{d}s - p\,\mathrm{d}\alpha \qquad \mathrm{d}u = c_v\,\mathrm{d}T \qquad (6.86)$$

$$\mathrm{d}h = T\,\mathrm{d}s + \alpha\,\mathrm{d}p \qquad \mathrm{d}h = c_p\,\mathrm{d}T \qquad (6.87)$$

$$h = u + p\,\alpha \qquad p\,\alpha = R\,T \qquad (6.88)$$

$$\Theta = T\left(\frac{p_0}{p}\right)^{\kappa} \qquad \mathrm{d}s = c_p\,\frac{\mathrm{d}\Theta}{\Theta} \qquad (6.89)$$

Zwei Variablen legen beim idealen Gas den thermodynamischen Zustand fest. Die folgende Tabelle gibt einen Überblick über die Änderungen von Druck, Entropie und Temperatur sowie die Wärmezufuhr bei isobaren, isentropen und isothermen Zustandsänderungen. Alle hier aufgeführten Beziehungen lassen sich aus obigen Gleichungen herleiten. Der Leser vervollständige zur Übung die Tabelle für die isochoren Zustandsänderungen (neue Spalte der Tabelle) sowie für die Änderungen des spezifischen Volumens (neue Zeile).

	isobar $\mathrm{d}p = 0$	isentrop $\mathrm{d}s = \mathrm{d}\Theta = 0$	isotherm $\mathrm{d}T = \mathrm{d}u = \mathrm{d}h = 0$
$p_2 - p_1$	0	$\dfrac{p_2}{p_1} = \left(\dfrac{T_2}{T_1}\right)^{1/\kappa}$	$\log\left(\dfrac{p_2}{p_1}\right) = -\dfrac{1}{R}(s_2 - s_1)$
$s_2 - s_1$	$c_p \log\left(\dfrac{T_2}{T_1}\right)$	0	$-R \log\left(\dfrac{p_2}{p_1}\right)$
$T_2 - T_1$	$\dfrac{\Theta_2 - \Theta_1}{\Theta_1}\,T_1$	$\dfrac{T_2}{T_1} = \left(\dfrac{p_2}{p_1}\right)^{\kappa}$	0
$Q = \int\limits_1^2 \mathrm{d}s$	$c_p\,(T_2 - T_1)$	0	$T(s_2 - s_1) = -RT \log\left(\dfrac{p_2}{p_1}\right)$
$W = -\int\limits_1^2 p\,\mathrm{d}\alpha$	$-R\,(T_2 - T_1)$	$c_v\,(T_2 - T_1)$	$-\int\limits_1^2 T\,\mathrm{d}s = -Q = RT \log\left(\dfrac{p_2}{p_1}\right)$

6.8.6 Entropiezufuhr beim Heizen

Wir haben bisher keine zahlenmäßigen Messungen der Entropie angegeben, sondern uns darauf beschränkt, die Bedeutung isentroper Zustandsänderungen hervorzuheben. Nun könnte der Leser denken, die Entropie sei eine so unzugängliche Größe, dass man sie lieber nicht angibt, weil man sie doch nicht messen kann, sondern immer nur sagt, sie sei konstant – dadurch vermeidet man, sie näher angeben zu müssen.

Um diesen Trugschluss zu beseitigen, erinnern wir uns an das oben formulierte Prinzip der Energieänderungen. Es besagt, dass eine Wärmezufuhr bei homogenen Systemen durch den Differenzialausdruck $T\,\mathrm{d}s$ beschrieben wird. Wir fragen also: Wie ändert sich s eines Systems durch eine Zustandsänderung, bei der die Temperatur von T_1 auf T_2 erhöht wird, wenn die Energieänderung ausschließlich durch Wärmezufuhr $T\,\mathrm{d}s$ erfolgt? Da bietet sich der isobare Spezialfall von Gleichung (6.74) an. Er beschreibt die Heizung bei konstantem Druck, also die gewöhnliche Situation im Wohnzimmer an einem Wintertag (die folgenden Gleichungen haben wir schon oben in Abb. 6.4 gefunden):

$$\mathrm{d}s = c_p\,\frac{\mathrm{d}\Theta}{\Theta} = c_p\,\frac{\mathrm{d}T}{T}\,,\qquad \text{integriert:}\qquad s_2 - s_1 = c_p \log\left(\frac{T_2}{T_1}\right) \tag{6.90}$$

Wenn man beispielsweise in einem Zimmer von 10 m $\times$ 20 m $\times$ 2.5 m Größe, in dem sich ungefähr $M = 500$ kg Luft befinden, die Temperatur von $T_1 = 283$ K auf $T_2 = 293$ K erhöhen will, so braucht man dafür eine Entropiezufuhr von

$$S_2 - S_1 = M c_p \log\frac{T_2}{T_1} \approx M c_p\,\frac{T_2 - T_1}{T_1} \approx (500\text{ kg})\,\frac{1000\text{ J}}{\text{kg K}}\,\frac{10}{283} \approx 1.8 \cdot 10^4\,\frac{\text{J}}{\text{K}} \tag{6.91}$$

Diese ist gleichbedeutend mit einer Heizung.

Wie stark ist nun aber die Heizung, d. h. wie groß ist die Energiezufuhr (denn die bezahlt man ja schließlich)? Die Energiezufuhr ist hier eine Enthalpiezufuhr, denn die Zustandsänderung ist isobar. Die Enthalpiezufuhr für die eben berechnete Entropiezufuhr beträgt

$$H_2 - H_1 = M\,c_p\,(T_2 - T_1) = (500\text{ kg}) \cdot \frac{1000\text{ J}}{\text{kg K}} \cdot (10\text{ K}) = 5 \cdot 10^6\text{ J} \tag{6.92}$$

Das entspricht einer elektrischen Energie von ungefähr 1.5 kWh.

6.8.7 Die Heizung der Atmosphäre

Oben haben wir gesagt, Wärmezufuhr sei nur möglich bei Entropiezufuhr. Das hört sich so an, als sei Entropie = Wärme? Das war der alte Traum der frühen Thermodynamiker, die Wärme als eigene Energieform isolieren zu können.

Das ist aber ein Trugschluss. Es gibt keine eigene Energieform Wärme, und die Zustandsgröße Entropie ist nicht die Wärme. Die zugeführte Wärme bei Entropiezufuhr $\mathrm{d}s$ ist $T\,\mathrm{d}s$. Man bezeichnet die Quellgröße

$$\boxed{Q = T\,\frac{\mathrm{d}s}{\mathrm{d}t} = c_p\,\frac{T}{\Theta}\,\frac{\mathrm{d}\Theta}{\mathrm{d}t}} \tag{6.93}$$

als *Heizung der Atmosphäre*. Q ist ein massenspezifischer Energiefluss und hat die Einheit W/kg. Die Heizung kann auf verschiedene Weise erfolgen. Die wichtigsten Prozesse sind Strahlung und Kondensation von Wasserdampf. Im eben betrachteten Beispiel der Heizung eines Zimmers wird die Wärme durch Verbrennung erzeugt, also durch Umwandlung chemischer Energie, oder auch durch Umwandlung elektrischer Energie. Mit (6.93) nimmt die Zustandsänderungsgleichung (6.74) die Form an:

$$\boxed{\frac{\mathrm{d}c_p T}{\mathrm{d}t} = Q + \alpha\,\frac{\mathrm{d}p}{\mathrm{d}t}} \qquad (6.94)$$

Das wird später in der globalen Energetik die Grundgleichung für die Heizung der Atmosphäre sein. Formel (6.93) haben wir bereits oben für die Strahlungsheizung benutzt.

6.8.8 Isentrop, adiabatisch, reversibel

Die Entropie kann durch zwei Prozesse zunehmen: einerseits durch Transport (Herbeischaffung von außerhalb des Systems, Advektion) und andererseits durch Erzeugung (Produktion innerhalb des Systems):

$$\mathrm{d}S = \mathrm{d}S_{\text{Transport}} + \mathrm{d}S_{\text{Erzeugung}} \qquad (6.95)$$

Bei $\mathrm{d}S = 0$ spricht man von einem *isentropen* Vorgang. Ist der Entropietransport unterbunden (d.h. ist $\mathrm{d}S_{\text{Transport}} = 0$), so nennt man diesen Prozess *adiabatisch* (andernfalls diabatisch). Ist dagegen die Erzeugung von Entropie unterbunden (d.h. ist $\mathrm{d}S_{\text{Erzeugung}} = 0$), dann ist der Prozess *reversibel* (andernfalls irreversibel).

In der Natur kommen zwei wichtige Grenzprozesse vor:

■ Reversibel und diabatisch: Advektion
■ Irreversibel, adiabatisch: Temperaturausgleich

Dem Anfänger, der sich in den Begriffen *isentrop, adiabatisch, reversibel* leicht verheddert, sei als einfachste Regel empfohlen, nur das Begriffspaar isentrop – nicht-isentrop zu verwenden. Dagegen sollte er die Attribute adiabatisch – nicht-adiabatisch und reversibel – irreversibel tunlichst vermeiden. Der Grund ist der folgende: Ob der Prozess tatsächlich adiabatisch oder reversibel abläuft, lässt sich für *offene* Systeme wie die Atmosphäre so gut wie nie feststellen.[3]

Was sich in der meteorologischen Praxis mit hoher Genauigkeit feststellen lässt, ist die Zustandsänderung, d.h. die Änderung der Entropie, und zwar anhand der Änderung der potenziellen Temperatur. Dabei gibt es nur zwei Möglichkeiten: *Entweder* Θ

---

[3]In der Laborphysik, wo man mit *abgeschlossenen* Systemen arbeitet und woher die Begriffe *adiabatisch* und *irrversibel* ursprünglich stammen, ist dies anders.

ist konstant, dann ist die Zustandsänderung isentrop; oder Θ ist nicht konstant, dann ist die Zustandsänderung nicht-isentrop.

Einfacher geht es nicht. Mit dieser Hygiene vermeidet man unnötige Aussagen über Adiabasie oder Irreversibilität, die man gewöhnlich weder benötigt noch überprüfen kann. Was man braucht, ist bei nicht isentropen Prozessen die Nettoheizung (d. h. die Änderung der Entropie), und diese lässt sich anhand der gemessenen Änderung von Θ unmittelbar angeben. Die Energiezufuhr bei der Nettoheizung muss man in der Atmosphäre gewöhnlich nicht kennen. Im Wohnzimmer ist dies umgekehrt: Da muss man die Energiezufuhr kennen, nicht aber die Entropiezufuhr.

Um dennoch das grundsätzlich (nicht praktisch) wichtige Prinzip der Irreversibilität zu erläutern, betrachten wir im folgenden ein einfaches Beispiel.

6.8.9 Entropiezunahme bei Temperaturausgleich

Im klassischen Gedankenexperiment von Abb. 6.5 geht es um den Temperaturausgleich zwischen zwei zu Beginn verschieden temperierten Kompartimenten eines Gefäßes. Es soll nur Temperaturausgleich und sonst nichts möglich sein, und das Gefäß sei nach außen ideal isoliert.

Die hochgestellten Indizes k und w bezeichnen die anfangs warme bzw. anfangs kalte Hälfte des Gefäßes, und die Ziffern 1 und 2 beziehen sich auf den Zeitpunkt vor bzw. nach der Zustandsänderung. Aus welchem Stoff die Medien bestehen (Gas,

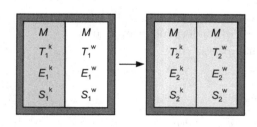

Abb. 6.5 Temperaturausgleich zwischen zwei Medien. Man habe ein Gefäß mit zwei Hälften jeweils gleicher Substanzmasse darin und gleichen Volumens, das nach außen isoliert ist und mit der Umgebung keine Wärmeenergie austauscht. Zu Beginn haben die beiden Hälften unterschiedliche Temperaturen, und am Ende sind die Temperaturen gleich. Energie und Entropie der beiden Hälften des Systems ändern sich und werden im Text berechnet.

Flüssigkeit, Festkörper) braucht nicht spezifiziert zu werden. Die Gesamtenergie setzt sich zu beiden Zeitpunkten aus den Energien der beiden Hälften zusammen:

$$E_1 = E_1^{\mathrm{k}} + E_1^{\mathrm{w}} \qquad E_2 = E_2^{\mathrm{k}} + E_2^{\mathrm{w}} \tag{6.96}$$

Ebenso setzt sich die Gesamtentropie zu beiden Zeitpunkten aus den Einzelentropien der beiden Hälften zusammen:

$$S_1 = S_1^{\mathrm{k}} + S_1^{\mathrm{w}} \qquad S_2 = S_2^{\mathrm{k}} + S_2^{\mathrm{w}} \tag{6.97}$$

Die Energieänderung bei konstantem Volumen lässt sich so schreiben:

$$\mathrm{d}E = M \,\mathrm{d}u = M \, c_v \,\mathrm{d}T \tag{6.98}$$

Die Abnahme der Energie in der anfangs wärmeren Hälfte muss gleich der Zunahme der Energie in der anfangs kälteren Hälfte sein:

$$\mathrm{d}E^{\mathrm{k}} = -\mathrm{d}E^{\mathrm{w}} \quad \Longrightarrow \quad E_2^{\mathrm{k}} - E_1^{\mathrm{k}} = -(E_2^{\mathrm{w}} - E_1^{\mathrm{w}}) \tag{6.99}$$

Wegen Gleichung (6.98) muss dies auch für die Temperaturen gelten. Die Temperaturzunahme im kalten Bereich muss der Temperaturabnahme im warmen Bereich entsprechen:

$$T_2^{\mathrm{k}} - T_1^{\mathrm{k}} = -(T_2^{\mathrm{w}} - T_1^{\mathrm{w}}) \tag{6.100}$$

Nach dem Ausgleich haben beide Hälften dieselbe Temperatur:

$$T_2^{\mathrm{k}} = T_2^{\mathrm{w}} = T \tag{6.101}$$

Für die Gleichgewichtstemperatur T und die Differenz zwischen den Ausgangswerten und der Gleichgewichtstemperatur ergeben sich folgende Beziehungen:

$$T = \frac{T_1^{\mathrm{w}} + T_1^{\mathrm{k}}}{2} \qquad \Delta T = \frac{T_1^{\mathrm{w}} - T_1^{\mathrm{k}}}{2} \tag{6.102}$$

$$T_1^{\mathrm{k}} = T - \Delta T \qquad T_1^{\mathrm{w}} = T + \Delta T \tag{6.103}$$

Wie groß ist die Entropieänderung bei diesem Temperaturausgleich? – Ändert sich die Entropie überhaupt? Energie wird ja keine verloren oder gewonnen, warum also Entropie? Oben wurde doch gesagt, dass Heizung nur durch Entropiezufuhr möglich ist. Warum sollte daher umgekehrt die Netto-Entropie zunehmen, wenn, wie hier, netto nicht geheizt wird?

Bei unserem Experiment ist ja das Volumen konstant; also ist der Temperaturausgleich eine isochore Zustandsänderung. Für die Zunahme der Entropie im anfangs kälteren Medium gilt daher nach Gleichung (6.69):

$$S_2^{\mathrm{k}} - S_1^{\mathrm{k}} = M \, c_v \log\left(\frac{T_2^{\mathrm{k}}}{T_1^{\mathrm{k}}}\right) \tag{6.104}$$

Die entsprechende Beziehung gilt für das anfangs wärmere Medium. Mit der Abkürzung

$$\tau = \frac{\Delta T}{T} \tag{6.105}$$

ergibt sich für die Entropieänderungen in beiden Hälften:

$$S_2^{\mathrm{k}} - S_1^{\mathrm{k}} = M \, c_v \log\left(\frac{1}{1 - \tau}\right) \qquad S_2^{\mathrm{w}} - S_1^{\mathrm{w}} = M \, c_v \log\left(\frac{1}{1 + \tau}\right) \tag{6.106}$$

Die Entropie im kalten Bereich hat sich vergrößert, jene im warmen Bereich verringert; das hört sich plausibel an, denn dadurch ist der warme Bereich abgekühlt und der kalte erwärmt worden. Aber wie steht es mit der Änderung der Gesamtentropie? Diese ist gleich der Summe der Änderungen der Einzelentropien:

$$S_2 - S_1 = M c_v \left[\log\left(\frac{1}{1 - \tau}\right) + \log\left(\frac{1}{1 + \tau}\right)\right] = M c_v \log\left(\frac{1}{1 - \tau^2}\right) \tag{6.107}$$

Da der Nenner im Bruch des letzten Logarithmus immer kleiner als der oder gleich dem zugehörigen Zähler ist, ist der Logarithmus und somit die Änderung der Gesamtentropie immer ≥ 0. Die Energie beim idealen Temperaturausgleich bleibt erhalten, aber *Entropie wird irreversibel erzeugt.*

Der Grund dafür ist, dass der ausgeglichene Zustand wahrscheinlicher ist und von der Natur angestrebt wird. Dies äußert sich darin, dass Entropie aus dem Nichts erzeugt wird. In auffälligem Unterschied zur Energie gehorcht also die Entropie keinem Erhaltungssatz (genauer, nach Falk und Ruppel (1976): Sie gehorcht nur einem „halben" Erhaltungssatz: Sie kann irreversibel erzeugt, aber nicht vernichtet werden).

Im Hinblick auf Gleichung (6.95) vergleichen wir die soeben berechnete *erzeugte* Entropie mit der von Warm nach Kalt *transportierten* Entropie $S_2^k - S_1^k \approx -(S_2^w - S_1^w)$:

$$\frac{\Delta S_{\text{Erzeugung}}}{\Delta S_{\text{Transport}}} = \frac{S_2 - S_1}{S_2^k - S_1^k} = \frac{M c_v \log\left(\frac{1}{1-\tau^2}\right)}{M c_v \log\left(\frac{1}{1-\tau}\right)} \approx \frac{\log\left(1 + \tau^2\right)}{\log\left(1 + \tau\right)} \approx \frac{\tau^2}{\tau} = \tau \qquad (6.108)$$

Hier wurden wegen der Kleinheit von τ die Taylorentwicklungen für den Binomialausdruck und den Logarithmus verwendet.

Das Ergebnis besagt: *Der irreversible Anteil ist sehr klein.* Bei einem Temperaturunterschied von 3 K und einer Temperatur von 300 K liegt τ bei 1 %. Relevant für den Entropiehaushalt ist also am Ende, trotz der ideal irreversiblen Prozessführung von Abb. 6.5, der Fluss der Entropie, nicht ihre Erzeugung.

6.9   Chemische Energie

Bei Änderungen der Masse des Systems (die ja nicht erzeugt werden kann) muss diese Masse dem System von außen zu- oder nach außen abgeführt werden. Dabei wird – nach Maßgabe des chemischen Potenzials – chemische Energie ausgetauscht, wie wir oben gesehen haben. Nun sind meteorologische Luftmassen immer offene Systeme, die ständig Masse miteinander austauschen. Müssen wir also nicht ständig auch den Austausch chemischer Energie berücksichtigen?

Bei homogenen Systemen, in denen keine Phasenübergänge stattfinden, müssen wir das nicht. Darin liegt die Bedeutung der Homogenität und der Tatsache, dass wir oben statt der Gleichungen für die absoluten thermodynamischen Größen (wie E, H oder S) solche für die massenspezifischen Größen (e, h oder s) hergeleitet und dabei gefunden haben, dass diese vom chemischen Potenzial unabhängig sind. Vorläufig brauchen wir also das Modell des homogenen Systems nicht aufzugeben. Das müssen wir erst im übernächsten Unterabschnitt tun, wenn es um Phasenübergänge geht.

6.9.1 Das chemische Potenzial

Das chemische Potenzial verdeutlichen wir nun durch die folgende Analogie zum Wärmeausgleich und zum Druckausgleich. Nach dieser Vorstellung gilt allgemein: Kommen zwei Partialsysteme, deren intensive Größen unterschiedlich sind, miteinander in Kontakt, so erfolgt ein Strom der jeweils konjugierten extensiven Größe, bis die intensiven Größen ausgeglichen sind.

Wir betrachten in Abb. 6.6 ein nach außen abgeschlossenes System aus zwei Komponenten. Die Indizes l und r bezeichnen die Komponenten links bzw. rechts von der Trennwand. Es gibt einen Fluss von Entropie (links), einen von Volumen (Mitte), und

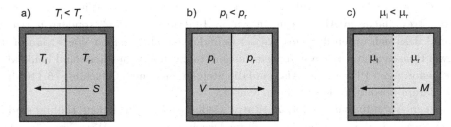

Abb. 6.6 Zum Ausgleich intensiver Größen durch Flüsse der konjugierten extensiven Größen. a) Wärmeaustausch: **Fluss von Entropie** durch eine massenundurchlässige Trennwand bei der Temperaturdifferenz $T_l < T_r$. Wärme (in Form von Entropie) fließt von rechts nach links, bis sich die Temperaturen ausgeglichen haben. b) Austausch mechanischer Energie: **Fluss von Volumen** durch eine verschiebbare Trennwand bei der Druckdifferenz $p_l < p_r$. Die Trennwand verschiebt sich von rechts nach links, bis auf beiden Seiten derselbe Druck herrscht; das entspricht einem Fluss von Volumen von links nach rechts. c) Austausch chemischer Energie: **Fluss von Masse** bei einer Differenz (hier $\mu_l < \mu_r$) der chemischen Potenziale. Wenn die Trennwand massendurchlässig ist, fließt Masse von rechts nach links, bis die chemischen Potenziale ausgeglichen sind.

einen von Masse (rechts). Allen drei Experimenten ist gemeinsam: Unterschiede in der intensiven Größe bedingen einen Fluss der konjugierten extensiven Größe, der so lange anhält, bis die intensive Größe auf beiden Seiten gleich geworden ist. Das bedeutet: Jedes der drei Experimente verdeutlicht einen der drei Summanden in der Gibbsschen Gleichung (6.27).

Unter welchen Bedingungen sind die chemischen Potenziale links und rechts in Teilbild c) von Abb. 6.6 eigentlich unterschiedlich? Das hängt von den Zustandsgrößen T und p ab. Wir müssen uns also die Abhängigkeit $\mu(T, p)$ ansehen. Dazu betrachten wir das linke und das rechte Kompartiment von Teilbild c) jeweils für sich als homogen.

Allgemein können wir wegen $\mu = g$ die Gleichungen für die freie Enthalpie, insbesondere (6.39), für das Differenzial des chemischen Potenzials nutzen:

$$\boxed{d\mu = -s \, dT + \alpha \, dp} \tag{6.109}$$

Demnach hängt μ auf natürliche Weise von T und p ab, und für die partiellen Ableitungen folgt

$$\frac{\partial\mu(T,p)}{\partial T} = -s \qquad \frac{\partial\mu(T,p)}{\partial p} = \alpha \qquad (6.110)$$

Beide Zustandsgrößen s und α sind positiv. Das bedeutet: μ fällt mit T ab und steigt mit p an.

Darin liegt nun der Unterschied zwischen den Kompartimenten in Teilbild c) von Abb. 6.6. Wenn sich ein Fluid in beiden Kompartimenten befindet, das aber verschiedenen Drücken ausgesetzt ist, so wird es einen Massenfluss vom Kompartiment mit höherem μ hin zu dem mit niedrigerem μ geben. Das Entsprechende geschieht, wenn die Kompartimente unterschiedlich temperiert ist.

Dieses Konzept lässt sich auf den Phasenübergang anwenden. Wir stellen uns vor, dass die Trennfläche in Abb. 6.6 nicht wie in Teilbild c) vertikal, sondern horizontal liegt und dass sich unten flüssiges Wasser befindet, darüber jedoch Wasserdampf. Bei den zwei Phasen sind s und α ganz verschieden: In der flüssigen Phase sind beide klein, in der gasförmigen Phase groß. Also sind die Steigungen gemäß Gleichung (6.110) beim Wasserdampf absolut größer als beim Wasser.

Das ist in Abbildung 6.7 halbquantitativ wiedergegeben. Im linken Teilbild sind die Temperaturabhängigkeiten bei konstantem Druck aufgetragen. Wenn man beachtet, dass die Entropie des Wasserdampfs größer ist als die des Wassers, werden die Kurven

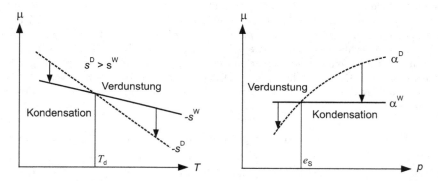

Abb. 6.7 Die Temperatur- und die Druckabhängigkeiten der chemischen Potenziale von Wasserdampf (gestrichelt) und von Wasser (durchgezogen). Links: $\mu(T,p)$ bei konstantem Druck; rechts: $\mu(T,p)$ bei konstanter Temperatur. Man beachte, dass p der Partialdruck des Wasserdampfs ist und nicht etwa der Luftdruck.

sofort verständlich. Liegt nun T über dem Taupunkt T_d, so ist das chemische Potenzial von Wasser größer, sodass Verdunstung einsetzt. Unterhalb von T_d hat Wasserdampf ein höheres chemisches Potenzial; das bewirkt Kondensation. Beim Taupunkt befinden sich beide Phasen im Gleichgewicht.

Das rechte Teilbild zeigt die Druckabhängigkeiten der chemischen Potenziale bei konstanter Temperatur. Auch hier ist der Anstieg der jeweiligen Kurve sofort verständlich, wenn man beachtet, dass das spezifische Volumen von Wasserdampf viel größer ist als das von Wasser. Also kommt es bei Übersättigung $p > e_\mathrm{s}$ zur Kondensation und bei $p < e_\mathrm{s}$ zur Verdunstung. Beim Sättigungsdampfdruck haben Wasser und Wasserdampf dasselbe chemische Potenzial.

Verdunstung und Kondensation von Wasser gehorchen also im Prinzip dem gleichen Grundgesetz, nach dem ein Stein zu Boden fällt: Das Wasser folgt dem Gefälle des chemischen Potenzials. Bei großem T und niedrigem p verdunstet es; bei kleinem T und großem p kondensiert es.

Zum Schluss wollen wir das chemische Potenzial allgemein für das ideale Gas angeben. Gemäß (6.31) gilt $\mu = h - Ts$ und daher für das ideale Gas

$$\mu = (c_p - s)\,T \tag{6.111}$$

Mit der potenziellen Temperatur Θ gilt für die Entropie

$$s - s_0 = c_p \log\left(\frac{\Theta}{\Theta_0}\right) \tag{6.112}$$

Damit lässt sich s aus (6.111) eliminieren, so dass folgt:

$$\mu = \left[c_p - s_0 - c_p \log\left(\frac{\Theta}{\Theta_0}\right)\right] T \tag{6.113}$$

Das ist der explizite Ausdruck für das chemische Potenzial μ der gasförmigen Bestandteile der Atmosphäre.

6.9.2 Phasenübergänge im Gleichgewicht: Die Verdampfungsenthalpie

Bei Energieumwandlungen durch den Austausch chemischer Energie treten Massenänderungen auf. Die vorstehende Betrachtung hat uns zwar gezeigt, in welche Richtung der Phasenübergang geht. Aber nun wollen wir diesen Prozess auch quantitativ beschreiben.

Zunächst ist beim Phasenübergang die oben diskutierte Annahme nicht mehr gültig, dass die Konzentrationen konstant sind; daher kann man nicht mit dem Modell des

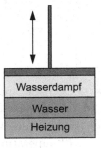

Abb. 6.8 Phasengleichgewicht zwischen Wasser und Wasserdampf ($\mu^\mathrm{W} = \mu^\mathrm{D}$) bei isobarer Verdampfung. Das Wasser wird von unten erhitzt, und über dem Dampf befindet sich ein frei beweglicher Kolben, damit sich der Wasserdampf nicht mit der Luft vermischt. Das System steht unter dem von außen gegebenen Atmosphärendruck (isobar); der Prozess verläuft isotherm.

homogenen Systems arbeiten: Keine der aus der Homogenitätsannahme folgenden Gesetzmäßigkeiten darf man verwenden, insbesondere nicht die sonst unsere Thermodynamik beherrschenden massenspezifischen Gibbsschen Gleichungen (6.33) und (6.34). Stattdessen muss man zur allgemeinen Gibbsschen Gleichung (6.27) zurück kehren.

Die korrekte Gibbssche Gleichung für die in Abb. 6.8 skizzierte Zustandsänderung lautet

$$dH = T\, dS + V\, dp + \mu^{\mathrm{W}}\, dM^{\mathrm{W}} + \mu^{\mathrm{D}}\, dM^{\mathrm{D}} \tag{6.114}$$

Die hochgestellten Indices bedeuten W = Wasser und D = Wasserdampf. Der Vorgang des Siedens ist isotherm (Wasser wird ja nicht auf über 100 °C erhitzt) und wegen des frei beweglichen Kolbens isobar. Die investierte Energie wird für den Phasenübergang verwendet, und sie produziert *Verdampfungsenthalpie*.

Warum verwenden wir in (6.114) eigentlich die Gleichung für die Enthalpie anstatt die für die Energie, und woher weiß man, welche man ansetzen muss? Die Antwort lautet: Man kann jede der beiden nehmen, denn beide gelten in gleicher Weise und beschreiben denselben physikalischen Sachverhalt. Aber der Vorgang ist isobar, und deswegen ist die Enthalpiegleichung besser geeignet, weil man dabei sofort $dp = 0$ setzen kann. Wie sollte man das in der Energiegleichung machen? Darin steht das Differenzial dV, aber das Volumen ist bei der isobaren Verdampfung nicht konstant.

Bei isobarer Verdampfung herrscht Gleichgewicht der chemischen Potenziale, also ist $\mu^{\mathrm{W}} = \mu^{\mathrm{D}}$; ferner ist die gesamte Masse $M^{\mathrm{W}} + M^{\mathrm{D}}$ konstant; daher muss auch $dM^{\mathrm{W}} + dM^{\mathrm{D}} = 0$ gelten. Aus (6.114) folgt also

$$dH = T\, dS + V\, dp + (\mu^{\mathrm{W}} - \mu^{\mathrm{D}})\, dM^{\mathrm{W}} = T\, dS \tag{6.115}$$

Die Vereinfachung ergibt sich aus $dp = 0$ und $\mu^{\mathrm{W}} - \mu^{\mathrm{D}} = 0$. Diese Gleichung lässt sich direkt integrieren, denn die Verdampfung verläuft isotherm:

$$H^{\mathrm{D}} - H^{\mathrm{W}} = T\, (S^{\mathrm{D}} - S^{\mathrm{W}}) \tag{6.116}$$

H^{D} und S^{D} sind die gesamte Enthalpie bzw. Entropie des Dampfes und H^{W} bzw. S^{W} entsprechend die des Wassers. Wir beziehen nun den Enthalpiezunahme, d. h. die Verdampfungsenthalpie, auf die Massenänderung des insgesamt verdampften Wassers:

$$\frac{H^{\mathrm{D}} - H^{\mathrm{W}}}{M^{\mathrm{D}} - M^{\mathrm{W}}} = T\, \frac{S^{\mathrm{D}} - S^{\mathrm{W}}}{M^{\mathrm{D}} - M^{\mathrm{W}}} = L \tag{6.117}$$

und bezeichnen L als *Phasenumwandlungswärme*. Diese Gleichung kann man mit den entsprechenden Differenzen der spezifischen Größen auch schreiben:

$$\boxed{h^{\mathrm{D}} - h^{\mathrm{W}} = T\left(s^{\mathrm{D}} - s^{\mathrm{W}}\right) = L} \tag{6.118}$$

$h^{\mathrm{D}} - h^{\mathrm{W}}$ ist die spezifische *Verdampfungsenthalpie*, $s^{\mathrm{D}} - s^{\mathrm{W}}$ die spezifische *Verdampfungsentropie*. Die Phasenumwandlungswärme L ist der Unterschied zwischen der (großen) spezifischen Enthalpie des Dampfs und der (kleinen) des Wassers. $L = 2.5 \cdot 10^{6}$ J/kg ist für alle praktischen Zwecke eine Konstante (Temperaturabhängigkeit $\pm 2\%$ zwischen -20°C und +20°C).

Das Wort *spezifisch* bezieht sich hier nur auf die Masse des Wasserdampfes; bei der ganzen Überlegung bis zur Definition von L ist ja die Luft nicht beteiligt. Aber die freiwerdende Phasenumwandlungswärme kommt natürlich der Luft zugute. Also bildet man $L\,q$ und nennt dieses Produkt die *latente Wärme* der Luft; das ist eine spezifische Energie (Einheit J/kg).

Schauen wir uns die Definitionen und auch die Beträge der Zahlenwerte (bei $T = 0\,°C$) der möglichen Phasenübergänge zwischen den drei Aggregatzuständen von Wasser an. Als (obere) Indizes verwenden wir g für *gaseous* (gasförmig), l für *liquid* (flüssig) und s für *solid* (fest):

- Verdampfen bzw. Kondensieren:

$$L^{\mathrm{gl}} = T\,(s^{\mathrm{g}} - s^{\mathrm{l}}) = 2.50 \cdot 10^6 \ \mathrm{J/kg} \qquad (6.119)$$

- Schmelzen bzw. Gefrieren:

$$L^{\mathrm{ls}} = T\,(s^{\mathrm{l}} - s^{\mathrm{s}}) = 0.33 \cdot 10^6 \ \mathrm{J/kg} \qquad (6.120)$$

- Sublimieren:

$$L^{\mathrm{gs}} = L^{\mathrm{gl}} + L^{\mathrm{ls}} = T\,(s^{\mathrm{g}} - s^{\mathrm{s}}) = 2.83 \cdot 10^6 \ \mathrm{J/kg} \qquad (6.121)$$

Beim isobaren Experiment von Abb. 6.8 beträgt die Temperatur 100 °C, und der Dampfdruck ist gleich dem äußeren Luftdruck. Bedeutet dies, dass Wasser nur bei 100 °C verdampft? Verdampft es nicht auch bei Zimmertemperatur? Dazu ändern wir das Experiment so ab, dass wir (z. B. in einer Unterdruckkammer) den atmosphärischen Luftdruck vermindern. Jetzt siedet das Wasser bei einer niedrigeren Temperatur. Die entsprechende experimentelle Anordnung nennt man *Siedebarometer*; mit ihm kann man über eine Temperaturmessung den Druck z. B. auf einem Berggipfel bestimmen. Auch die frühen Ballonfahrer arbeiteten mit Siedethermometern. Im Labor ermittelt man auf diese Weise die *Sättigungsdampfdruckkurve*. Diese wollen wir nunmehr durch eine theoretische Betrachtung berechnen.

6.9.3 Die Clausius-Clapeyronsche Gleichung

Wenn sich die flüssige und die gasförmige Phase im Gleichgewicht befinden, gilt für die chemischen Potenziale

$$\mu^{\mathrm{g}} - \mu^{\mathrm{l}} = 0 \qquad (6.122)$$

Die Gesamtheit der Änderungen der chemischen Potenziale im Gleichgewicht ist ebenfalls null:

$$\mathrm{d}(\mu^{\mathrm{g}} - \mu^{\mathrm{l}}) = 0 \qquad (6.123)$$

Daher gilt dies auch für das totale Differenzial:

$$\frac{\partial \mu^{\mathrm{g}}(T,p)}{\partial T}\,\mathrm{d}T + \frac{\partial \mu^{\mathrm{g}}(T,p)}{\partial p}\,\mathrm{d}p - \frac{\partial \mu^{\mathrm{l}}(T,p)}{\partial T}\,\mathrm{d}T - \frac{\partial \mu^{\mathrm{l}}(T,p)}{\partial p}\,\mathrm{d}p = 0 \qquad (6.124)$$

Aus den Gleichungen (6.110) folgt:

$$\frac{\partial \mu^g(T,p)}{\partial T} = -s^g \qquad \frac{\partial \mu^g(T,p)}{\partial p} = \alpha^g \tag{6.125}$$

$$\frac{\partial \mu^l(T,p)}{\partial T} = -s^l \qquad \frac{\partial \mu^l(T,p)}{\partial p} = \alpha^l \tag{6.126}$$

Durch Einsetzen dieser Beziehungen in Gleichung (6.124) erhält man die *Clausius-Clapeyronsche Gleichung*, die nicht nur für den hier betrachteten, sondern entsprechend für jeden Phasenübergang gilt:

$$\boxed{(\alpha^g - \alpha^l)\, \mathrm{d}p = (s^g - s^l)\, \mathrm{d}T} \tag{6.127}$$

Wir wollen diese Gleichung nun auf ein Wasserdampf-Wasser-Gemisch anwenden und nutzen dabei aus, dass $\alpha^l \ll \alpha^g$ ist; es ist ja $\alpha^l = (1\ \mathrm{m}^3)/(1000\ \mathrm{kg})$ und $\alpha^g = (1\ \mathrm{m}^3)/(1\ \mathrm{kg})$. Für das spezifische Volumen des Wasserdampfs verwenden wir die Gasgleichung:

$$(\alpha^g - \alpha^l) \approx \alpha^g = \frac{RT}{p} \tag{6.128}$$

Hierin ist p der Dampfdruck (d. h. der Druck des Wasserdampfs und damit gleichzeitig der Druck im Inneren des flüssigen Wassers) und R die individuelle Gaskonstante des Wasserdampfs. Der erste Faktor rechts in (6.127) kann wegen Gleichung (6.118) geschrieben werden als

$$(s^g - s^l) = \frac{L}{T} \tag{6.129}$$

Einsetzen in Gleichung (6.127) ergibt

$$R\,T\,\frac{\mathrm{d}p}{p} = \frac{L}{T}\,\mathrm{d}T \qquad \text{oder} \qquad \frac{\mathrm{d}p}{p} = \frac{L}{R}\,\frac{\mathrm{d}T}{T^2} \tag{6.130}$$

Die Integration dieser Differenzialgleichung (mit den Referenzwerten p_0 und T_0) liefert

$$\log\left(\frac{p}{p_0}\right) = \frac{L}{R}\left(\frac{1}{T_0} - \frac{1}{T}\right) \tag{6.131}$$

Aufgelöst nach der meteorologisch üblichen Bezeichnung $p = e_s$, dem *Sättigungsdampfdruck*, lautet (6.131) mit der Gaskonstanten R_D des Wasserdampfs:

$$\boxed{\boxed{e_s(T) = e_s(T_0)\exp\left\{\frac{L}{R_D}\left(\frac{1}{T_0} - \frac{1}{T}\right)\right\}}} \tag{6.132}$$

Beim Sättigungsdampfdruck haben Wasser und Wasserdampf dasselbe chemische Potenzial. e_s *hängt nur von der Temperatur ab* (vgl. Abb. 6.9).

Dieser funktionale Zusammenhang ist eingebettet in die Abhängigkeit des chemischen Potenzials von T und p. Die Funktion $\mu(T,p)$ lässt sich allgemein als Fläche in einem dreidimensionalen kartesischen Koordinatensystem darstellen; für jeden Wert von T und p gibt es einen Wert von μ. Graphisch interpretiert entspricht dies einer zweidimensionalen Oberfläche für Wasser und einer davon verschiedenen für Wasserdampf. Beide haben eine gemeinsame Schnittlinie, die eine Funktion des Dampfdrucks von der Temperatur darstellt. Diese Schnittlinie ist die Sättigungskurve in Abb. 6.9.

Jene Temperatur T_d, bei der Wasser und Wasserdampf dasselbe chemische Potenzial besitzen, wird als *Taupunkt* bezeichnet. T_d *hängt nur vom Druck ab* (vgl. Abb. 6.9).

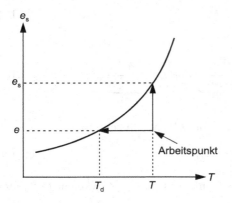

Abb. 6.9 Sättigungskurve des Wasserdampfs als Funktion der Temperatur. Bei aktuell gemessenen Werten von Dampfdruck e und Temperatur T *(Arbeitspunkt)* gibt es zwei Möglichkeiten, um Kondensation zu erreichen: Entweder man verringert T und gelangt vom Arbeitspunkt nach links zur Sättigungskurve (zum Taupunkt) oder man erhöht e und wandert dabei vom Arbeitspunkt nach oben zur Sättigungskurve (zum Sättigungsdampfdruck). Alle möglichen Zustände der Atmosphäre befinden sich „rechts" von der Sättigungskurve.

Im praktischen Wetterdienst gibt man gern die Differenz zwischen aktueller Temperatur T und Taupunkt T_d an und bezeichnet diese Größe als *Spread*. Analog dazu könnte man eine Differenz zwischen dem aktuellen Dampfdruck e und dem Sättigungsdampfdruck e_s angeben. Hier verwendet man aber lieber das Verhältnis beider Größen (die *relative Feuchte*).

6.10 Latente Wärme

Im vorhergehenden Abschnitt über die chemische Energie spielte die Luft keine Rolle, und wir haben nur den Zusammenhang zwischen flüssigem Wasser und Wasserdampf betrachtet. Wie wirkt sich aber der Phasenübergang des Wassers auf die Luft aus, in der sich das Wasser befindet? Das beschreibt Gleichung (6.117), in der die Phasenumwandlungswärme L definiert ist. Die spezifische Verdampfungsenthalpie, zunächst nur für den Wasserdampf allein definiert, kommt als *latente Wärme* $L\,q$ der Luft zugute und ändert ihre Enthalpie. Wir berechnen im nächsten Schritt die Enthalpie feuchter Luft.

6.10.1 Enthalpie feuchter Luft

Feuchte Luft ist eine Mischung aus Luft (oberer Index L) und Wasserdampf (oberer Index D). Den Anteil des kondensierten Wassers berücksichtigen wir nicht. Also ist nach der obigen Gleichung (6.117) die Enthalpie des reinen Wasserdampfs:

$$H^\mathrm{D} = L\,M^\mathrm{D} \tag{6.133}$$

Das ist identisch mit Gleichung (6.118) für den Fall, dass $h^W = 0$, weil schon alles Wasser verdampft ist; d. h. (6.118) lautet einfach $h^D = L$. Der Enthalpieanteil der trockenen Luft ist

$$H^L = c_p^L \, M^L \, T \tag{6.134}$$

Die spezifische Enthalpie des Gemischs ist

$$h = \frac{H^L + H^D}{M^L + M^D} = \underbrace{c_p^L \, \frac{M^L}{M^L + M^D}}_{=c_p} \, T + L \, \underbrace{\frac{M^D}{M^L + M^D}}_{=q} \tag{6.135}$$

c_p ist die spezifische Wärme der feuchten Luft; diese lässt sich schreiben

$$c_p = c_p^L \, (1 - q) \tag{6.136}$$

Der Zusatzterm ist so klein, dass man c_p gewöhnlich als c_p^L der trockenen Luft interpretiert.

Die exakte Form (6.135) ist nun die gesuchte Enthalpie der feuchten Luft, auch einfach als *feuchte Enthalpie* bezeichnet

$$\boxed{h = c_p \, T + L \, q} \tag{6.137}$$

im Unterschied zur *trockenen Enthalpie* $h = c_p \, T$.

Wie passt dieses Ergebnis zu der Konvention in der Meteorologie, feuchte Luft als ideales Gas zu behandeln? Die feuchte Enthalpie ist ja zunächst, wie die trockene, eine Funktion von Temperatur und Druck; aber wegen des Wassergehalts muss sie außerdem eine Funktion der Feuchte sein. Also muss allgemein gelten

$$dh(T, p, q) = \underbrace{\frac{\partial h}{\partial T}}_{=c_p} \, dT + \underbrace{\frac{\partial h}{\partial p}}_{=0} \, dp + \underbrace{\frac{\partial h}{\partial q}}_{=L} \, dq \tag{6.138}$$

Die ersten beiden unterklammerten Ausdrücke reproduzieren unser früheres Ergebnis, dass die Temperaturableitung der Enthalpie eines idealen Gases für isobare Zustandsänderungen gleich c_p ist und dass die Druckableitung für isotherme Zustandsänderungen verschwindet. Der dritte Faktor folgt aus (6.137). Wie man sieht, ist also die ganz andere Formel (6.138) mit dem Ergebnis (6.137) konsistent. Gleichzeitig ist (6.138) das Differential der feuchten Enthalpie, das wir später in den Energiegleichungen brauchen werden.

Wenn man c_p und L als konstant ansieht, was in beiden Fällen eine sehr gute Näherung ist, kann man schreiben:

$$dh(T, p, q) = c_p \left(dT + \frac{L}{c_p} \, dq \right) \approx c_p \, d\left[T \left(1 + \frac{L \, q}{c_p \, T} \right) \right] \tag{6.139}$$

Der Term in der eckigen Klammer wird als *Äquivalenttemperatur* $T_{\ddot{a}}$ bezeichnet. Der Faktor $L/(c_p T)$ hat ungefähr den Wert 10. Für eine typische spezifische Feuchte von 0.01 macht also der Zusatzterm die Äquivalenttemperatur um etwa 10 % größer als die aktuelle Temperatur. Das entspricht einer Änderung der Temperatur um 30°C und zeigt handgreiflich den starken Einfluss der latenten Wärme. Die latente Wärme $L q$ ist der zweite thermodynamische Energieträger der Atmosphäre; der erste ist die *fühlbare Wärme* $c_p T$, und beide sind gleich wichtig.

6.10.2 Die äquivalentpotenzielle Temperatur

Für das homogene System „trockene Luft" hatten wir oben in Gleichung (6.87) zwei Ausdrücke für das Enthalpiedifferenzial aufgestellt:

$$\mathrm{d}h = T\,\mathrm{d}s + \alpha\,\mathrm{d}p \qquad \mathrm{d}h = c_p\,\mathrm{d}T \tag{6.140}$$

Daraus hatten wir $\mathrm{d}h$ eliminiert und damit die potenzielle Temperatur gefunden.

Für das homogene System „feuchte Luft" haben wir jetzt die entsprechenden Gleichungen:

$$\mathrm{d}h = T\,\mathrm{d}s + \alpha\,\mathrm{d}p \qquad \mathrm{d}h = c_p\,\mathrm{d}T + L\,\mathrm{d}q \tag{6.141}$$

Natürlich sind h und s in (6.140) und (6.141) verschieden. Wie vorher eliminieren wir $\mathrm{d}h$ und lösen nach dem Entropiedifferenzial auf:

$$\mathrm{d}s = \underbrace{c_p\,\frac{\mathrm{d}T}{T} - \frac{\alpha}{T}\,\mathrm{d}p}_{=\,c_p\,\mathrm{d}\Theta/\Theta} + \frac{L}{T}\,\mathrm{d}q \tag{6.142}$$

Solange die Verdunstung isotherm abläuft, kann man die Temperatur in das Differenzial hineinziehen:

$$\mathrm{d}s \approx c_p\,\frac{\mathrm{d}\Theta}{\Theta} + c_p\,\mathrm{d}\left(\frac{L q}{c_p T}\right) \tag{6.143}$$

Das relative Ausmaß dieses Fehlers ist

$$\frac{\mathrm{d}\left(\dfrac{L q}{c_p T}\right)}{\dfrac{L q}{c_p T}} = \frac{\mathrm{d}q}{q} - \frac{\mathrm{d}T}{T} \tag{6.144}$$

Der Term $\mathrm{d}q/q$ kann Werte von 50 % annehmen, aber die Temperatur ändert sich nur sehr wenig, und $\mathrm{d}T/T$ beträgt maximal 1 %. Die Näherung von Gleichung (6.143) ist also gerechtfertigt, und deren Integration führt zu

$$s_2 - s_1 = c_p\log\Theta_2 - c_p\log\Theta_1 + c_p\,\frac{L q_2}{c_p T_2} - c_p\,\frac{L q_1}{c_p T_1} \tag{6.145}$$

oder

$$\exp\frac{s_2 - s_1}{c_p} = \frac{\Theta_2\exp\dfrac{L q_2}{c_p T_2}}{\Theta_1\exp\dfrac{L q_1}{c_p T_1}} \tag{6.146}$$

Damit definieren wir die *äquivalentpotenzielle Temperatur*:

$$\Theta_e = \Theta \, \exp \frac{L\,q}{c_p\,T} \qquad (6.147)$$

Man kann nun die Exponentialfunktion in eine Reihe nach x entwickeln ($e^x = 1 + \frac{x}{1!} + \frac{x^2}{2!} + \cdots$) und diese nach dem ersten Glied abbrechen, was für $x \ll 1$ eine gute Näherung ist. Der Exponent in (6.147) ist von der Größenordnung 0.1; also erhält man mit dieser Überlegung für die äquivalentpotenzielle Temperatur:

$$\Theta_e \approx \Theta \left(1 + \frac{L\,q}{c_p\,T} \right) \qquad (6.148)$$

Damit kann die spezifische Entropie auch für feuchte Luft durch eine potenzielle Temperatur wie folgt ausgedrückt werden:

$$\mathrm{d}s = c_p \, \frac{d\Theta_e}{\Theta_e} = \frac{\mathrm{d}\Theta}{\Theta} + c_p \, \mathrm{d} \left(\frac{L\,q}{c_p\,T} \right) \qquad (6.149)$$

Dies reproduziert die obige Gleichung (6.143). Das Ergebnis (6.149) besagt, dass bei feucht-isentropen Prozessen Θ_e konstant ist, da schon vor Eintreten der Kondensation die Feuchtigkeit entsprechend berücksichtigt wurde. Damit ist die Auswirkung der Feuchte auf die Entropie in einfacher Weise quantitativ erfasst.

Die äquivalentpotenzielle Temperatur ist nicht fühlbar. Θ_e wird verwendet, um aufsteigende kondensierende Luftmassen zu beschreiben. Obwohl sich bei der Kondensation T ändert, bleibt Θ_e konstant.

Teil III

Hydrodynamik

Kurz und klar

Die wichtigsten Formeln der Hydrodynamik

Navier-Stokessche Gleichung:
$$\frac{\mathrm{d}\boldsymbol{v}}{\mathrm{d}t} + \alpha\,\boldsymbol{\nabla}p - \nu\,\boldsymbol{\nabla}^2\boldsymbol{v} = 0 \qquad \text{(III.1)}$$

Eulersche Gleichung (mit Rotation):
$$\frac{\mathrm{d}\boldsymbol{v}}{\mathrm{d}t} + 2\,\boldsymbol{\Omega}\times\boldsymbol{v} + \alpha\,\boldsymbol{\nabla}\,p + \boldsymbol{\nabla}\,\Phi = 0 \qquad \text{(III.2)}$$

2D-Bewegungsgleichung (p-Koord.):
$$\frac{\mathrm{d}\boldsymbol{V}}{\mathrm{d}t} + f\,\boldsymbol{\kappa}\times\boldsymbol{V} + \nabla_p\,\Phi = 0 \qquad \text{(III.3)}$$

Coriolis-Parameter in Komponenten:
$$f = 2\,\Omega\,\sin\varphi, \quad f' = 2\,\Omega\cos\varphi \qquad \text{(III.4)}$$

Geostrophischer Wind (p-Koord.):
$$f\,\boldsymbol{\kappa}\times\boldsymbol{V}_g + \nabla_p\,\Phi = 0 \qquad \text{(III.5)}$$

2D-Winddivergenz:
$$\delta = \boldsymbol{\nabla}\cdot\boldsymbol{V} = \frac{\partial u}{\partial x} + \frac{\partial v}{\partial y} \qquad \text{(III.6)}$$

2D-Wind-Vorticity:
$$\zeta = \boldsymbol{\kappa}\cdot(\boldsymbol{\nabla}\times\boldsymbol{V}) = \frac{\partial v}{\partial x} - \frac{\partial u}{\partial y} \qquad \text{(III.7)}$$

Operator der total. Zeitableitung:
$$\frac{\mathrm{d}}{\mathrm{d}t} = \frac{\partial}{\partial t} + v_i\,\frac{\partial}{\partial x_i} = \frac{\partial}{\partial t} + \boldsymbol{v}\cdot\boldsymbol{\nabla} \qquad \text{(III.8)}$$

Fluiddynamische Kontinuitätsgleichung :
$$\frac{1}{D}\,\frac{\mathrm{d}D}{\mathrm{d}t} = \boldsymbol{\nabla}\cdot\boldsymbol{v} \qquad \text{(III.9)}$$

Massen-Kontinuitätsgleichung:
$$\frac{1}{\rho}\,\frac{\mathrm{d}\rho}{\mathrm{d}t} + \boldsymbol{\nabla}\cdot\boldsymbol{v} = 0 \qquad \text{(III.10)}$$

Massen-Kont.Gleichung (p-Koord.):
$$\frac{\partial u}{\partial x} + \frac{\partial(\cos\varphi\,v)}{\cos\varphi\,\partial y} + \frac{\partial\omega}{\partial p} = 0 \qquad \text{(III.11)}$$

Substanz. Ableitung (Flussform):
$$\rho\,\frac{\mathrm{d}q}{\mathrm{d}t} = \frac{\partial\,q\,\rho}{\partial t} + \frac{\partial\,q\,\rho\,v_j}{\partial x_j} \qquad \text{(III.12)}$$

Energiehaushalt ($e = k + \Phi + u$):
$$\rho\,\frac{\mathrm{d}e}{\mathrm{d}t} + \boldsymbol{\nabla}\cdot\boldsymbol{J} = 0 \qquad \text{(III.13)}$$

Heizung der Atmosphäre ($Q_q = \mathrm{d}q/\mathrm{d}t$):
$$\rho\,Q = -\boldsymbol{\nabla}\cdot\boldsymbol{r} - L\,\rho\,Q_q \qquad \text{(III.14)}$$

Euler-Lagrange-Gleichung:
$$\frac{\mathrm{d}}{\mathrm{d}t}\,\frac{\partial L}{\partial\dot{q}_j} - \frac{\partial L}{\partial q_j} + \alpha\,\frac{\partial p}{\partial q_j} = 0 \qquad \text{(III.15)}$$

x-Gleichung in hydrost. ζ-Koord.:
$$\frac{\mathrm{d}u}{\mathrm{d}t} - f^\star v + g\,\frac{\partial h}{\partial x} + \alpha\,\frac{\partial p}{\partial x} = 0 \qquad \text{(III.16)}$$

y-Gleichung in hydrost. ζ-Koord.:
$$\frac{\mathrm{d}v}{\mathrm{d}t} + f^\star v + g\,\frac{\partial h}{\partial y} + \alpha\,\frac{\partial p}{\partial y} = 0 \qquad \text{(III.17)}$$

z-Gleichung in hydrost. ζ-Koord.:
$$g\,\frac{\partial h}{\partial\zeta} + \alpha\,\frac{\partial p}{\partial\zeta} = 0 \qquad \text{(III.18)}$$

7 Erhaltung des Impulses

In diesem Hauptteil besprechen wir die Grundlagen der meteorologischen Hydrodyna-mik. Die eigentliche Hydrodynamik ist ein großes Gebiet der klassischen theoretischen Physik. Sie enthält Bereiche von grundsätzlicher theoretischer Bedeutung, aber auch solche, die weit in die Anwendungen hinein reichen (z. B. die Ozeanographie). Hier kon-zentrieren wir uns auf die Begriffe, die man in der theoretischen Meteorologie benötigt, mit dem Schwergewicht auf den elementaren Konzepten.

Die Hydrodynamik hat es mit der Bewegung von Fluiden zu tun. Grundlegend dafür ist der Begriff der *Geschwindigkeit* sowie deren zeitlicher Änderung, der *Beschleuni-gung*. Ein erster Schritt zur Quantifizierung kann also die Beschreibung des Geschwin-digkeitsfeldes sein – das ist die *Fluidkinematik*.

In die eigentliche Dynamik tritt man jedoch ein durch Betrachtung der *Kräfte*, welche die Beschleunigungen bewirken, die dann ihrerseits das Geschwindigkeitsfeld bestimmen. Wir beginnen daher mit den drei fundamentalen Kräften in Fluiden (Potenzialgradient-, Druckgradient- und Reibungskraft). Mit ihnen gelangt man zu den Erhaltungseigenschaften in Fluiden: Impulserhaltung (sie liefert die Bewegungs-gleichungen), mechanische Energiegleichung (sie liefert die Kopplung mit der Thermo-dynamik) und Massenerhaltung (sie liefert den Zusammenhang mit der Kontinuitäts-gleichung).

7.1   Die Kraft als Ursache der Bewegung

Wir betrachten ein Fluidteilchen von kleiner, jedoch endlicher Größe. In der theoreti-schen Mechanik kann man zeigen, dass die Position des Teilchens durch die Koordina-ten seines Schwerpunkts eindeutig festzulegen ist. So kommt man zu dem Modell des

Massenpunkts, der keine näher spezifizierte Ausdehnung hat. Er hat aber eine endliche Masse m und eine wohl definierte Position im Raum.

Diese Position legen wir durch den Ortsvektor $\boldsymbol{x}$ fest. Dann ist $\mathrm{d}\boldsymbol{x}/\mathrm{d}t = \boldsymbol{v}$ der zugehörige Geschwindigkeitsvektor und $\mathrm{d}\boldsymbol{v}/\mathrm{d}t = \boldsymbol{a}$ der Beschleunigungsvektor. Der Vektor $m\,\boldsymbol{v}$ heißt in der heutigen Physik *Impuls*; in seinem Werk *Philosophiae Naturalis Principia Mathematica* (1687) nannte Newton ihn „Bewegungsgröße" (*quantity of motion*). Die zeitliche Änderung des Impulses ist gleich der auf den Massenpunkt wirkenden Kraft $\boldsymbol{F}$. Da in der klassischen Physik die Masse unveränderlich ist, lautet damit das zweite Newtonsche Gesetz:

$$\boldsymbol{F} = \frac{\mathrm{d}}{\mathrm{d}t}\,(m\,\boldsymbol{v}) = m\,\frac{\mathrm{d}\boldsymbol{v}}{\mathrm{d}t} = m\,\boldsymbol{a} \qquad \text{oder} \qquad \boldsymbol{a} = \frac{\mathrm{d}\boldsymbol{v}}{\mathrm{d}t} \tag{7.1}$$

Dazu sind einige Bemerkungen angebracht:

- In der Fluiddynamik bevorzugt man die zweite Schreibweise.
- Die Beschleunigung kann durch mehrere Kräfte bewirkt sein, die auch in verschiedene Richtungen weisen können. Dann ist $\boldsymbol{a} = \sum_i \boldsymbol{a}_i$.
- Die Addition der Partialkräfte gehorcht den Regeln der Vektoraddition.
- Die Vektoren in (7.1) müssen in allen drei Komponenten übereinstimmen. Das zweite Newtonsche Gesetz gilt also für jede einzelne Komponente (das ist bei der praktischen Arbeit wichtig):

$$a_x = \frac{\mathrm{d}v_x}{\mathrm{d}t} \qquad a_y = \frac{\mathrm{d}v_y}{\mathrm{d}t} \qquad a_z = \frac{\mathrm{d}v_z}{\mathrm{d}t} \tag{7.2}$$

Die Indizes bezeichnen die kartesischen Komponenten der Vektoren $\boldsymbol{a}$ und $\boldsymbol{v}$.

Auf dieser Grundlage besprechen wir nun die wichtigsten drei Partialkräfte in einem Fluid.

7.2   Der Geopotenzialgradient

Dieses Thema ist bereits im Kapitel über die Hydrostatik von Geofluiden behandelt worden. Dort benötigten wir die Kraft des Geopotenzialgradienten für das Kräftegleichgewicht der ruhenden Atmosphäre. Hier ist ein eigener Abschnitt gerechtfertigt, denn diese Kraft ist für die Physik der ruhenden ebenso wie der bewegten Atmosphäre grundlegend. Die massenspezifische Kraft auf einen Körper im Schwerefeld der Erde liefert folgenden Beitrag zur Gesamtbeschleunigung:

$$\boxed{\boldsymbol{a} = -\boldsymbol{\nabla}\Phi_{\mathrm{E}}} \tag{7.3}$$

Das Feld Φ_{E} ist das Attraktionspotenzial der Erde. Um zum Geopotenzial zu kommen, muss man zusätzlich die Zentrifugalkraft durch die Erdrotation berücksichtigen, was die Definition von Φ_{E} leicht abändert. Wir verschieben diesen Aspekt bis zur Diskussion der beschleunigten Koordinatensysteme.

7.3 Der Druckgradient

Dazu betrachten wir einen Probequader (Abb. 7.1). Dieser sei hinreichend klein und habe feste, aber masselose Kanten (ausgerichtet entlang der kartesischen Koordinatenrichtungen); die Flächen seien ebenfalls masselos. Der Quader ist also nicht schwerer

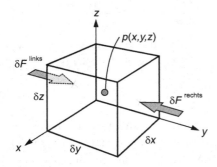

Abb. 7.1 Schema zur Ableitung der Kraft des Druckgradienten. $\delta V = \delta x \, \delta y \, \delta z =$ Volumen, $\delta m =$ Masse des Quaders.

und nicht leichter als das Fluid. Seine Begrenzungen dienen nur dazu, ein Innen und ein Außen um seinen Mittelpunkt festzulegen. Der Mittelpunkt sei gleichzeitig der Schwerpunkt. Wir wollen auf den Quader das Konzept des Massenpunkts anwenden und die Kraftwirkung auf ihn studieren.

Im Mittelpunkt des Quaders (Koordinaten x, y, z) herrsche der Druck p. An einer anderen, um $\mathrm{d}x, \mathrm{d}y, \mathrm{d}z$ verschobenen, Position herrscht dann der Druck $p + \mathrm{d}p$. Für das Druckdifferenzial gilt dabei

$$\mathrm{d}p = \frac{\partial p}{\partial x} \, \mathrm{d}x + \frac{\partial p}{\partial y} \, \mathrm{d}y + \frac{\partial p}{\partial z} \, \mathrm{d}z \tag{7.4}$$

Angewandt auf die linke und die rechte Fläche des Quaders liefert das die Drücke:

$$p^{\text{links}} = p - \frac{\partial p}{\partial y} \frac{\delta y}{2} \qquad p^{\text{rechts}} = p + \frac{\partial p}{\partial y} \frac{\delta y}{2} \tag{7.5}$$

Hier haben wir in Gleichung (7.4) $\mathrm{d}x = 0$ und $\mathrm{d}z = 0$ gesetzt; an der linken Fläche haben wir $\mathrm{d}y = -\delta y/2$ und an der rechten Fläche $\mathrm{d}y = +\delta y/2$ gesetzt.

Der Druck hat ja keine Richtung. Aber wie steht es mit den Kräften? Über die linke Fläche drückt das umgebende Fluid auf den Quader mit der Kraft δF^{links} in positive y-Richtung; über die rechte Fläche drückt es mit δF^{rechts} in negative y-Richtung. Für die Kraftanteile gilt also (weil Kraft = Druck mal Fläche ist):

$$\delta F^{\text{links}} = p^{\text{links}} \cdot \delta x \, \delta z \qquad \delta F^{\text{rechts}} = -p^{\text{rechts}} \cdot \delta x \, \delta z \tag{7.6}$$

Wesentlich ist hier der Unterschied in den Vorzeichen. Die gesamte Kraftkomponente in y-Richtung ist also

$$\delta F_y = \delta F^{\text{links}} + \delta F^{\text{rechts}} = \left(p - \frac{\partial p}{\partial y} \frac{\delta y}{2} - p - \frac{\partial p}{\partial y} \frac{\delta y}{2} \right) \delta x \, \delta z = -\frac{\partial p}{\partial y} \underbrace{\delta x \, \delta y \, \delta z}_{\delta V} \tag{7.7}$$

Dies ist der Staubsaugereffekt des Druckgradienten: Solange die Drücke links und rechts gleich sind, erfährt der Probequader keine Kraft. Wenn aber der Staubsauger beispielsweise einen Unterdruck rechts erzeugt ($\partial p / \partial y < 0$), wird der Probequader von links her in die positive y-Richtung gedrückt.

Das Ergebnis (7.7) kombinieren wir nun mit Gleichung (7.1):

$$\delta F_y = \delta M \, \frac{\mathrm{d}v_y}{\mathrm{d}t} = -\frac{\partial p}{\partial y} \, \delta V \qquad \Longrightarrow \qquad \frac{\delta F_y}{\delta M} = \frac{\mathrm{d}v_y}{\mathrm{d}t} = -\frac{\delta V}{\delta M} \, \frac{\partial p}{\partial y} \qquad (7.8)$$

Der Quotient aus dem Volumen und der Masse des kleinen Probequaders ist das spezifische Volumen des Fluids im Probequader bzw. der Kehrwert der Dichte:

$$\frac{\delta V}{\delta M} \approx \alpha \approx \frac{1}{\rho} \qquad (7.9)$$

Das Symbol $\approx$ (statt $=$) soll andeuten, dass man streng genommen noch einen Grenzübergang $\delta V \to 0$ auszuführen hat. Dadurch wird übrigens auch klar, warum wir für die Kraftanteile in y-Richtung nicht F_y, sondern δF_y geschrieben haben. Den Quotienten $\delta F_y / \delta M$ muss man ebenfalls dem Grenzübergang unterziehen.

Am Ende sieht man, dass das Ergebnis (7.8) von den Delta-Größen unabhängig wird. Unsere Betrachtung, hier in y-Richtung ausgeführt, gilt entsprechend auch in den beiden anderen Richtungen. So finden wir für die Komponenten der Beschleunigung durch den Gradienten des Druckfeldes:

$$a_x = -\alpha \, \frac{\partial p}{\partial x} \qquad a_y = -\alpha \, \frac{\partial p}{\partial y} \qquad a_z = -\alpha \, \frac{\partial p}{\partial z} \qquad (7.10)$$

Das lässt sich mit dem Nabla-Operator kompakter schreiben:

$$\boxed{\boldsymbol{a} = -\alpha \, \boldsymbol{\nabla} p} \qquad (7.11)$$

Dies ist der Anteil an der Beschleunigung, der durch das statische Druckfeld auf jedes Fluidelement ausgeübt wird.

7.4   Reibungskräfte

Druck, einschließlich der durch die Kraft des Druckgradienten, gibt es bereits im ruhenden Fluid. Wenn sich nun das Fluid bewegt, so werden durch die Gradienten der Geschwindigkeitskomponenten zusätzliche Kräfte hervorgerufen. Der erste Typ dieser weiteren Kräfte entsteht durch die *Scherung*, der andere durch die *Divergenz* des Geschwindigkeitsfeldes. Wir beginnen mit dem ersten Typ.

7.4.1   Scherungskräfte

Zur Orientierung betrachten wir in Abb. 7.2 a ein Brett, das durch sein Gewicht (also durch die Kraft F_n) in eine Schaumgummimatte hineingedrückt wird und dabei den

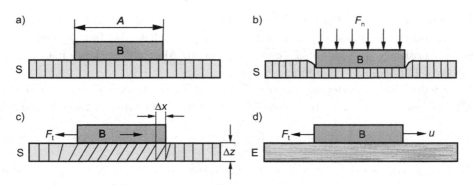

Abb. 7.2 Modellexperiment zur Begriffsbildung des Normal- und des Tangentialdrucks (nach Raethjen, 1970, sowie Reuter et al., 2001, modifiziert). B: Brett, A: Fläche von B, S: Schaumgummimatte, E: Eisoberfläche. F: Druckkraft (Index n für die Normal- und t für die Tangentialkraft). $\Delta x > 0$: Horizontalverschiebung. $\Delta z > 0$: Dicke von S. a) Versuchsanordnung; b) Normaldruck; c) Tangentialdruck (B festgeklebt); d) Tangentialdruck (B gleitet).

Normaldruck $p = F_\mathrm{n}/A$ ausübt (Teilbild b). In Teilbild c ist B festgeklebt und um Δx nach rechts verschoben; durch die Spannung im Schaumgummi wird eine tangentiale Kraft F_t auf B ausgeübt. Experimentell findet man:

$$F_\mathrm{t} = -\lambda A \frac{\Delta x}{\Delta z} \qquad (7.12)$$

Hierin ist λ ein *statischer Schubmodul*. Dass F_t zur Fläche A und zur Auslenkung Δx proportional sein muss, leuchtet ein. Dass die Dicke Δz der Matte mit umgekehrter Proportionalität eingeht, folgt aus der Überlegung, dass zur Erzielung der gleichen Tangentialkraft F_t die Auslenkung Δx um so größer sein muss, je dicker die Matte ist. Das Minuszeichen in Teilbild c ergibt sich daraus, dass wir F_t als rücktreibend verstehen, weshalb diese Kraft im Bild nach links gerichtet ist.

Der *Tangentialdruck* (auch *Flächendruck*) wird nun analog zum Normaldruck ebenfalls durch den Quotienten Kraft/Fläche eingeführt:

$$\pi_x = \frac{F_\mathrm{t}}{A} \qquad (7.13)$$

Er hat die gleiche Dimension wie der Normaldruck (mit der Einheit $1\,\mathrm{Pa} = 1\,\mathrm{N/m^2}$), ebenso wie die Konstante λ in (7.12). Zusätzlich hat er den Index x, denn es gibt auch einen Tangentialdruck π_y in y-Richtung.

Im nächsten Experiment (Teilbild d) gleitet das Brett über den Boden; diesen stellen wir uns anschaulich als Eisoberfläche vor. Kombination von (7.12) und (7.13) ergibt

$$\pi_x = -\lambda\,\Delta t\,\frac{\Delta x/\Delta t}{\Delta z} = -\lambda\,\Delta t\,\frac{u}{\Delta z} \qquad (7.14)$$

Wir haben mit der Zeitspanne Δt erweitert, die das Brett benötigt, um Δx zurückzulegen. Damit ist der Tangentialdruck proportional zur Geschwindigkeitsdifferenz u zwischen Brett und Fußboden (*Newtonsches Reibungsgesetz*). Das Brett gibt durch die Reibung Impuls an den Boden ab; dieser Impuls fließt nach unten, konsistent mit dem Vorzeichen.

Hier fragt der Leser vielleicht: Wenn das Brett nicht, wie in Abb. 7.2, nach rechts gleitet, sondern nach links, also in negative x-Richtung, fließt der Impuls dann nach oben? Ja, positiver u-Impuls fließt dann nach oben. Aber ebenso kann man sagen: Negativer u-Impuls fließt nach unten.

Wir wenden diese Überlegung auf den Fall an, dass Spielkarten mit der Dicke Δz parallel aneinander vorbei gleiten (Abb. 7.3). Dann wirkt auf jede der Tangentialdruck

$$\pi_x = -\eta \, \frac{\Delta u}{\Delta z} \tag{7.15}$$

Dies folgt aus Gleichung (7.14) mit $\eta = \lambda \, \Delta t$ und $\Delta u = u_2 - u_1$, $\Delta z = z_2 - z_1$. Wir können nun in einem letzten Schritt die Spielkarten in Abb. 7.3 als Fluidschichten

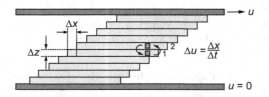

Abb. 7.3 Der Tangentialdruck im Spielkartenmodell eines Fluids. u: horizontale Geschwindigkeitskomponente, z: vertikale Richtung. Der molekulare Impulsfluss ist nach unten gerichtet.

interpretieren, die horizontal aneinander vorbei gleiten. (7.15) wird dann mit $u = v_x$ zu

$$\boxed{\pi_{xz} = -\eta \, \frac{\partial v_x}{\partial z}} \tag{7.16}$$

Die Intensität der Scherung *in einer bestimmten Richtung* (hier x) ist also der Tangentialdruck, der über die Fläche ausgeübt wird, die *parallel* zu dieser Richtung liegt; sie ist gegeben durch den Geschwindigkeitsgradienten *senkrecht* zu dieser Richtung (hier z). Deshalb erhält π in (7.16) zwei Indizes. Der Koeffizient η hat jetzt die Bedeutung eines dynamischen *Reibungskoeffizienten* (auch als *Scherungsviskosität* bezeichnet).

Die doppelt indizierte Größe π besteht aus 9 verschiedenen Komponenten, anders als der Normaldruck p, der ja in allen Richtungen gleich ist. Der Flächendruck ist daher kein Vektor, sondern ein Tensor zweiter Stufe. Während p nur positiv oder Null ist, können die Komponenten dieses Tensors positiv oder negativ sein, je nach dem Vorzeichen des Geschwindigkeitsgradienten.

Wie p übt π im Inneren eines Fluids noch nicht unbedingt eine Nettokraft aus. Wenn π in Abb. 7.3 vertikal konstant ist, dann wird beispielsweise auf die Spielkarte 1 eine Kraft nach rechts durch Spielkarte 2 ausgeübt; aber ebenso wird auf 1 die gleiche Kraft nach links durch die unterhalb von 1 gleitende Spielkarte ausgeübt. Dadurch erfährt die Spielkarte 1 in x-Richtung die Nettokraft null. Wenn die Geschwindigkeit im Inneren des Spielkartenpackens linear zunimmt, so dass π_{xz} vertikal konstant ist, gibt es trotz dieser dynamischen Scherungssituation im Inneren zwar einen vertikalen Impulsfluss, eben π_{xz} selbst, der im Fall $\partial u/\partial z > 0$ nach unten gerichtet ist; aber es gibt in diesem Fall keine Reibungskraft – auf den ersten Blick ein verblüffender Sachverhalt. Die Situation ist äquivalent zum Normaldruck, bei dem ja auch trotz hoher Druckwerte (z. B. bei einem Fisch in der Tiefsee) Nettokräftefreiheit vorliegen kann.

Wie beim Normaldruck ist es das Gefälle, das auch beim Flächendruck eine Kraftwirkung ausübt. Zur Herleitung dieser eigentlichen *Reibungskraft* betrachten wir analog zu Abb. 7.1 einen Fluidballen in Form eines Probequaders (Abb. 7.4). Die Geschwin-

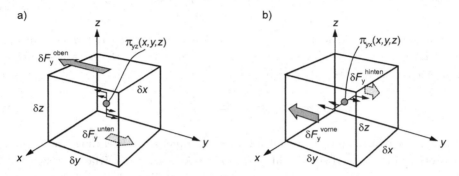

Abb. 7.4 Die Kraft durch innere Reibung im Fluid auf einen Probequader. a) Beitrag der *oberen* und der *unteren* Fläche durch Gradienten der Tangentialdruckkomponente $\pi_{yz} = -\eta\,\partial v_y/\partial z$; das zugehörige Geschwindigkeitsprofil $v_y(z)$ ist in der Mitte skizziert, $\partial v_y/\partial z < 0$. b) Beitrag der *vorderen* und *hinten* Fläche durch den Gradienten der Tangentialdruckkomponente $\pi_{yx} = -\eta\,\partial v_y/\partial x$; Geschwindigkeitsprofil $v_y(x)$ in der Mitte skizziert, $\partial v_y/\partial x < 0$.

digkeitskomponente v_y habe einen Gradienten in z-Richtung (Teilbild a, der Gradient ist bewusst negativ gewählt, um durch diese Komplikation die Unabhängigkeit des Ergebnisses zu demonstrieren). Dadurch wird, analog zu (7.16), die Tangentialdruckkomponente definiert:

$$\pi_{yz} = -\eta\,\frac{\partial v_y}{\partial z} \tag{7.17}$$

Diese Größe ist selbst eine Funktion von x, y, z und hat daher das Differenzial

$$\mathrm{d}\pi_{yz} = \frac{\partial \pi_{yz}}{\partial x}\,\mathrm{d}x + \frac{\partial \pi_{yz}}{\partial y}\,\mathrm{d}y + \frac{\partial \pi_{yz}}{\partial z}\,\mathrm{d}z \tag{7.18}$$

Mit $\mathrm{d}x = 0$, $\mathrm{d}y = 0$, $\mathrm{d}z = \delta z/2$ finden wir also für den Tangentialdruck an der unteren und an der oberen Fläche:

$$\pi_{yz}^{\text{unten}} = \pi_{yz} - \frac{\partial \pi_{yz}}{\partial z}\,\frac{\delta z}{2} \qquad \pi_{yz}^{\text{oben}} = \pi_{yz} + \frac{\partial \pi_{yz}}{\partial z}\,\frac{\delta z}{2} \tag{7.19}$$

Der Probequader erfährt an seiner unteren Begrenzungsfläche eine mitschleppende Tangentialkraft, und an seiner oberen Begrenzungsfläche eine bremsende Tangentialkraft:

$$\delta F_y^{\text{unten}} = \pi_{yz}^{\text{unten}} \cdot \delta x\,\delta y \qquad \delta F_y^{\text{oben}} = -\pi_{yz}^{\text{oben}} \cdot \delta x\,\delta y \tag{7.20}$$

Insgesamt wird also durch den Unterschied der Flächendrücke an der Ober- und der Untergrenze des Quaders die Kraft in y-Richtung ausgeübt (man addiere beide Kraftanteile in (7.20) und beachte (7.19)):

$$\delta F_y = -\frac{\partial \pi_{yz}}{\partial z}\,\underbrace{\delta x\,\delta y\,\delta z}_{\delta V} \tag{7.21}$$

Die analoge Argumentation gilt für den Kraftanteil, ebenfalls in y-Richtung, der durch die hintere und die vordere Fläche des Quaders ausgeübt wird (Abb. 7.4 b; auch hier ist die Scherung von v_y in x-Richtung absichtlich negativ gewählt). Dieser Anteil ist zu (7.21) zu addieren und liefert die gesamte Reibungskraft in y-Richtung:

$$\delta F_y = -\left(\frac{\partial \pi_{yz}}{\partial z} + \frac{\partial \pi_{yx}}{\partial x}\right)\delta V \tag{7.22}$$

Die Beschleunigung in y-Richtung, bewirkt durch die Scherkräfte und analog zur mittleren Gleichung von (7.10), folgt aus (7.22), indem man durch die Masse δM des Probequaders teilt und $\delta V/\delta M = \alpha$ beachtet:

$$a_y = -\alpha\left(\frac{\partial \pi_{yz}}{\partial z} + \frac{\partial \pi_{yx}}{\partial x}\right) \tag{7.23}$$

Die Längen der Kraftpfeile δF_y an den 4 Flächen parallel zur y-Richtung (Indizes oben, unten, vorne, hinten) sind so gewählt, dass beide Anteile in der Klammer von (7.23) positiv werden, was eine negative Beschleunigung a_y ergibt; d.h. der Probequader im Beispiel von Abb. 7.4 erfährt eine Kraft in negative y-Richtung.

Gleichungen, die (7.23) entsprechen, gelten auch in x- und in z-Richtung:

$$a_x = -\alpha\left(\frac{\partial \pi_{xy}}{\partial y} + \frac{\partial \pi_{xz}}{\partial z}\right) \qquad a_z = -\alpha\left(\frac{\partial \pi_{zx}}{\partial x} + \frac{\partial \pi_{zy}}{\partial y}\right) \tag{7.24}$$

Wie können wir sicher sein, dass wir uns beim Kraftansatz (7.20) nicht im Vorzeichen vertan haben? Warum ist beispielsweise für $\delta F_y^{\text{unten}}$ das positive Vorzeichen zu wählen? Könnte das durch den Spezialfall des Geschwindigkeitsprofils $v_y(z)$ bedingt sein? Die Antwort lautet: Wenn v_y in beiden Teilbildern von Abb. 7.4 einen positiven Gradienten hat, dann ändern alle skizzierten Kraftpfeile ihre Richtung und der Probequader erfährt gemäß Formel (7.23) eine Kraft in positive y-Richtung; aber am Kraftansatz (7.20) ändert sich nichts.

7.4.2 Normalkräfte

Der aufmerksame Leser wird bemerkt haben, dass es 6 Tangentialdrücke gibt: $\pi_{xy}, \pi_{xz}, \pi_{yz}, \pi_{yx}, \pi_{zx}, \pi_{zy}$. Aber oben wurde doch behauptet, dass es 9 Komponenten im Reibungstensor gibt. Außerdem scheint es keine Tangentialdrücke des Typs π_{xx} etc. zu geben. Ist das nicht widersprüchlich?

Das mit den 9 Komponenten war tatsächlich vorschnell, denn es gibt wirklich nur 6 Tangentialdrücke. Aber: Das Geschwindigkeitsfeld produziert nicht nur Tangentialdrücke, sondern auch einen zusätzlichen Normaldruck, der zum statischen Druck hinzukommt, und das in jeder der drei Koordinatenrichtungen; das liefert die fehlenden 3 Komponenten.

Abb. 7.5 illustriert diesen zusätzlichen Normaldruck. Wenn beispielsweise die Geschwindigkeit v_y in y-Richtung zunimmt, so ist dies dadurch repräsentiert, dass die

Pfeile rechts vom Mittelpunkt den Wert $+1$ und links davon -1 haben (die Einheit ist hier nebensächlich). Das entspricht einem Beitrag $\partial v_y/\partial y$ zur Divergenz. Also gilt

$$\pi_{yy} = -\zeta \, \frac{\partial v_y}{\partial y} < 0 \tag{7.25}$$

Das vermindert hier den statischen Druck; ζ ist wie η ein dynamischer *Reibungskoeffizient* (auch als *Volumenviskosität* bezeichnet). Durch den positiven Divergenzanteil

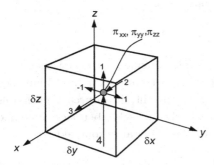

Abb. 7.5 Illustration des Normaldrucks durch Geschwindigkeitsdivergenz. Länge der Pfeile proportional zur Geschwindigkeit. Zur näheren Erläuterung siehe Text.

$\partial v_y/\partial y$ in y-Richtung (im Bild proportional zu $1-(-1)=2$ Einheiten) wird ein zusätzlicher Unterdruck erzeugt (Staubsaugereffekt), aber nur in y-Richtung. Statt p hat man also in Abb. 7.1

$$p + \pi_{yy} \tag{7.26}$$

anzusetzen. Ebenso wird in x-Richtung ein zusätzlicher Unterdruck π_{xx} (im Bild proportional zu $3-2=1$ Einheit) erzeugt und in z-Richtung ein Überdruck π_{zz} (proportional zu $1-4=-3$ Einheiten). π_{xx}, π_{zz} wären entsprechend (7.26) in den beiden anderen Koordinatenrichtungen jeweils zu p hinzuzufügen. Die Summe dieser Normaldrücke ist übrigens in Abb. 7.5 willkürlich gleich null gewählt (das Geschwindigkeitsfeld ist als divergenzfrei angenommen).

Während der statische Normaldruck p also in allen Richtungen gleich (*isotrop*) ist, sind die geschwindigkeitsbedingten Normaldrücke $\pi_{xx}, \pi_{yy}, \pi_{zz}$ anisotrop. Das bedeutet, dass man in Gleichung (7.11) für jede Koordinatenrichtung einen eigenen Zusatzdruck zu p hinzuzufügen hat. Die so bewirkte Beschleunigung in y-Richtung lautet:

$$a_y = -\alpha \, \frac{\partial \pi_{yy}}{\partial y} \tag{7.27}$$

Sie kommt zur Beschleunigung (7.23) hinzu.

7.4.3   Gesamte Reibungskraft

So finden wir, analog zu (7.10), durch Zusammenfassung der Scher- und Normalbeschleunigungen (7.23) und (7.27) für die 3 Komponenten des Beschleunigungsvektors:

$$a_x = -\alpha \left(\frac{\partial \pi_{xx}}{\partial x} + \frac{\partial \pi_{xy}}{\partial y} + \frac{\partial \pi_{xz}}{\partial z} \right)$$

$$a_y = -\alpha \left(\frac{\partial \pi_{yx}}{\partial x} + \frac{\partial \pi_{yy}}{\partial y} + \frac{\partial \pi_{yz}}{\partial z} \right) \tag{7.28}$$

$$a_z = -\alpha \left(\frac{\partial \pi_{zx}}{\partial x} + \frac{\partial \pi_{zy}}{\partial y} + \frac{\partial \pi_{zz}}{\partial z} \right)$$

Die 9 Größen π_{xx}, π_{xy} etc. bilden einen Tensor, jedoch keinen symmetrischen. Einen solchen, bezeichnet als $\underline{\underline{\Pi}}$ mit den 9 Komponenten π_{ij}, bekommt man durch eine lineare Transformation (bei der insbesondere das Argument eingeht, dass durch die Reibungskräfte kein Drehmoment im Fluid entstehen darf). Damit schreiben sich, äquivalent zu (7.11), die Beschleunigungen (7.28) mit dem Nabla-Operator kompakt so:

$$\boxed{\boldsymbol{a} = -\alpha\, \boldsymbol{\nabla} \cdot \underline{\underline{\Pi}} \qquad \text{mit} \qquad \underline{\underline{\Pi}} = (\pi_{ij})} \tag{7.29}$$

Die Rechenregel für die Divergenz des Tensors lautet hier: Jede Zeile von $\underline{\underline{\Pi}}$ (die ja aus 3 Komponenten besteht) ist als Vektor aufzufassen, und davon ist die Divergenz zu bilden. Jede solche Partialdivergenz ist eine Komponente des Beschleunigungsvektors (7.29). Die Komponenten des symmetrischen Tensors $\underline{\underline{\Pi}}$ lauten in kartesischen Koordinaten x_i ($i = 1, 2, 3$):

$$\pi_{ij} = -\eta \left(\frac{\partial v_i}{\partial x_j} + \frac{\partial v_j}{\partial x_i} - \frac{2}{3}\delta_{ij}\, \boldsymbol{\nabla} \cdot \boldsymbol{v} \right) - \zeta\, \delta_{ij}\, \boldsymbol{\nabla} \cdot \boldsymbol{v} \tag{7.30}$$

Die phänomenologischen Koeffizienten η, ζ werden in der statistischen Thermodynamik abgeleitet. (7.30) ist der allgemeine *Navier-Stokessche Reibungsansatz*.

Unser Ergebnis ist so zu interpretieren: Während (7.11) die Beschleunigung angibt, die durch den *hydrostatischen* Druck auf die Oberfläche des Fluidelementes ausgeübt wird, beschreibt (7.29) die Beschleunigung, die das Feld von $\boldsymbol{v}$ durch den *dynamischen* Druck (Normal- und Flächendruck) auf die Oberfläche des Fluidelementes ausübt.

Die physikalische Substanz des Tensors $\underline{\underline{\Pi}}$ lässt sich so zusammenfassen: Seine 9 Komponenten π_{ij} sind molekulare Impulsflüsse in der jeweiligen Koordinatenrichtung. $\underline{\underline{\Pi}}$ ist der *Tensor der molekularen Impulsflussdichte*.

Eine andere, viel gebrauchte Terminologie bezeichnet die Größe $\sigma_{ij} = -\pi_{ij}$ als *Schubspannungen*; beide Definitionen unterscheiden sich nur durch das Vorzeichen. Der suggestive Begriff der Schubspannung betont den Spannungszustand, der durch die Wirkung der Scherungskräfte im Kontinuum hervorgerufen wird.

Das ist besonders sachgerecht in der dynamischen Theorie von Festkörpern; da gibt es kein Geschwindigkeitsfeld, also auch keinen molekularen Impulstransport durch innere Reibung, sehr wohl aber Schubspannungen. Im Modellexperiment von Abb. 7.2 kann man das im Teilbild c dadurch implementieren, dass man das Vorzeichen der

Tangentialkraft umdreht; damit wird F_t nicht als rücktreibende Kraft nach links auffasst, welche die Schaumgummimatte auf das Brett ausübt, sondern als die Kraft, die
das Brett nach rechts zieht und damit die Auslenkung bewirkt. In dieser Interpretation
wird durch F_t im Schaumgummi eine Schubspannung aufgebaut. Im fluiden Kontinuum dagegen wird der Spannungszustand durch die innere Reibung bewirkt, und dieser
ist ein molekularer Impulstransport.

Welches Vorzeichen von F_t ist richtig in Formel (7.12): Das negative oder das positive? Beide sind richtig. In der Festkörperphysik scheint der Schubspannungsaspekt
besonders angemessen zu sein (positives Vorzeichen), in der Fluidphysik dagegen der
Aspekt des Impulstransports (negatives Vorzeichen). Das ist der Grund, weshalb wir
die π-Schreibweise bevorzugen.

7.5 Gesamte Kraftwirkung: Bewegungsgleichungen

Die Gravitationskraft ist eine so genannte *Volumenkraft*, weil sie an jedem Punkt
eines materiellen Volumens angreift. Sie wirkt unabhängig vom Bewegungszustand des
Fluids. Die Druckkräfte dagegen greifen an der Oberfläche des Volumens an und heißen
daher *Oberflächenkräfte*. Sie wirken verformend auf das Volumen und haben statische
sowie vom Bewegungszustand des Fluids bewirkte Anteile. *Scheinkräfte* sind Kräfte,
die durch den Bewegungszustand des Koordinatensystems entstehen; diese werden wir
weiter unten behandeln.

Wenn wir jetzt die bisher besprochenen Kräfte in die Newtonschen Gleichungen
einsetzen, erhalten wir die Bilanz des Impulses, d. h. seine Änderung als Summe der
wirkenden Kräfte. Diese Impulserhaltungsgleichungen heißen Bewegungsgleichungen.

7.5.1 Die Eulersche Gleichung

Die Schwerkraft und die Kraft des Druckgradienten sind die fundamentalen Kräfte für
die Bewegungen der Atmosphäre. Durch Kombination des Newtonschen Gesetzes (7.1)
mit den Beschleunigungen (7.3) und (7.29) entsteht

$$\frac{\mathrm{d}\boldsymbol{v}}{\mathrm{d}t} + \alpha\,\boldsymbol{\nabla}p + \boldsymbol{\nabla}\Phi_{\mathrm{E}} = 0 \tag{7.31}$$

Diese elementare Bewegungsgleichung heißt *Eulersche Gleichung*. Reibung, Erdrotation und Kugelgestalt der Erde sind darin nicht berücksichtigt. Mit Φ_{E} ist zunächst
das reine Attraktionspotenzial gemeint, jedoch wird damit auch vielfach das Geopotenzial identifiziert. (7.31) ist die Bewegungsgleichung für *ideale Fluide* (d.h. Fluide
ohne innere Reibung).

7.5.2 Die Navier-Stokessche Gleichung

Die formale Verallgemeinerung der Eulerschen Gleichung für *reale Fluide* besteht darin, die reibungsbedingte Beschleunigung (7.29) hinzuzufügen:

$$\frac{\mathrm{d}\boldsymbol{v}}{\mathrm{d}t} + \alpha\,\boldsymbol{\nabla}p + \alpha\,\boldsymbol{\nabla}\cdot\underline{\underline{\boldsymbol{\Pi}}} + \boldsymbol{\nabla}\Phi_{\mathrm{E}} = 0 \qquad (7.32)$$

Die Komponenten des Vektors $\boldsymbol{\nabla}\cdot\underline{\underline{\boldsymbol{\Pi}}}$ sind $\partial\pi_{ij}/\partial x_j$, wobei die π_{ij} durch den allgemeinen Reibungsansatz (7.30) gegeben sind. Als einfachste Kopplung zwischen dem Reibungstensor und dem Geschwindigkeitsfeld nimmt man stattdessen vielfach

$$\pi_{ij} = -\eta\left(\frac{\partial v_i}{\partial x_j} + \frac{\partial v_j}{\partial x_i}\right) \qquad (7.33)$$

Dies entspricht der Vernachlässigung von $\boldsymbol{\nabla}\cdot\boldsymbol{v}$ in (7.30). Eingesetzt in (7.29) liefert (7.33) die Beschleunigung (in Index- und in Vektorschreibweise)

$$a_i = \alpha\eta\,\frac{\partial^2 v_i}{\partial x_j^2} \qquad \text{oder} \qquad \boldsymbol{a} = \alpha\eta\,\boldsymbol{\nabla}^2\boldsymbol{v} \qquad (7.34)$$

η bezeichnet die *dynamische Zähigkeit*, $\alpha\,\eta = \nu$ die *kinematische Zähigkeit*. Typische Zahlenwerte sind:

- $\eta_{\mathrm{Luft}} = 0.18\cdot 10^{-4}\ \mathrm{kg/(m\,s)}$ \qquad $\nu_{\mathrm{Luft}} = 0.15\cdot 10^{-4}\ \mathrm{m^2/s}$
- $\eta_{\mathrm{H_2O}} = 10\cdot 10^{-4}\ \mathrm{kg/(m\,s)}$ \qquad $\nu_{\mathrm{H_2O}} = 0.01\cdot 10^{-4}\ \mathrm{m^2/s}$

Mit (7.34) lautet die *Navier-Stokessche Gleichung*

$$\boxed{\frac{\mathrm{d}\boldsymbol{v}}{\mathrm{d}t} + \alpha\,\boldsymbol{\nabla}p - \nu\,\boldsymbol{\nabla}^2\boldsymbol{v} = 0} \qquad (7.35)$$

Sie steht in der Strömungstheorie im Mittelpunkt, dort gewöhnlich ohne den Potenzialterm, den wir daher in (7.35) einfach fortgelassen haben. Wir werden beim Energiehaushalt der realen Fluide in Kapitel 11 erneut auf diese Gleichung zurück kommen. Die Navier-Stokessche Gleichung in der Form (7.32) oder (7.35), mit oder ohne Potenzial, hat also eine sehr wichtige grundsätzliche und in der Strömungstheorie auch praktische Bedeutung, vor allem bei Stoffen mit großem ν.

In der Meteorologie hat sie jedoch keine besondere praktische Bedeutung, denn atmosphärische Vorgänge, vor allem die großräumigen Prozesse auf der synoptischen Skala, werden durch die molekularen Reibungskräfte so gut wie nicht beeinflusst. Man bevorzugt also die Eulersche anstatt der Navier-Stokesschen Gleichung. Stattdessen muss man die Scheinreibung berücksichtigen. Dieser Mechanismus wird weiter unten im Kapitel 18 über die Grenzschicht besprochen.

8 Fluidkinematik

In diesem Kapitel besprechen wir einige grundlegende Methoden zur Beschreibung des Bewegungsfeldes. Im Mittelpunkt steht die Darstellung des horizontalen Geschwindigkeitsvektors bei Rotation des Koordinatensystems, insbesondere als stationärer geostrophischer sowie als Gradientwind. Erhaltungsaussagen gehören hier noch nicht zum Thema.

8.1   Trajektorien und Stromlinien

Es gibt beim Geschwindigkeitsvektor zwei Betrachtungsweisen. Definiert ist die Geschwindigkeit zunächst als die Ableitung des Ortsvektors nach der Zeit. Dies ist nur sinnvoll bei einem einzigen Fluidpartikel, dessen Identität sich bei der Zeitableitung nicht ändert:

$$\text{Lagrangesche Perspektive} \qquad \boxed{\frac{\mathrm{d}\boldsymbol{x}(t)}{\mathrm{d}t} = \boldsymbol{v}(t)} \tag{8.1}$$

Hier konzentriert man sich auf ein und dasselbe Fluidpartikel und fragt nach seinem Ort ($\boldsymbol{x}$) im Raum als Funktion der Zeit. Daraus kann man dann seine Geschwindigkeit ($\boldsymbol{v}$) berechnen, ebenfalls als Funktion der Zeit.

Man kann jedoch die Geschwindigkeit auch anders sehen, nämlich als das Feld der Geschwindigkeiten aller Fluidpartikel:

$$\text{Eulersche Perspektive} \qquad \boxed{\boldsymbol{v} = \boldsymbol{v}(\boldsymbol{x})} \tag{8.2}$$

Hier hält man ein und denselben Zeitpunkt fest und fragt nach dem Geschwindigkeits-vektor v als Funktion des Ortsvektors x. Damit wird das Aussehen des Strömungsfelds zum gerade betrachteten Zeitpunkt sichtbar gemacht.

Beide Betrachtungsweisen werden in der Theorie ständig verwendet, und der Theoretiker wechselt öfter zwischen den Perspektiven hin und her. Für ein wirkliches Verständnis ist es notwendig, ihren Unterschied zu kennen und vor allem zu wissen, welche der beiden gerade angewendet wird. Viele Missverständnisse in der Fluidphysik verschwinden, wenn man hier genau unterscheidet.

Man kann die Lagrangesche Perspektive auf beliebig viele Partikel ausdehnen, wobei die einzelnen durch die *Numerierungskoordinaten* unterschieden werden (beispielsweise einen Vektor a); dann betrachtet man das Geschwindigkeitsfeld als Funktion $v = v(a, t)$ der Partikelkoordinaten und der Zeit. Ebenso kann man die Eulersche Perspektive auf beliebig viele Zeitpunkte ausdehnen; dann betrachtet man das Geschwindigkeitsfeld als Funktion $v = v(x, t)$ des Raumes und der Zeit.

Als *Trajektorie* bezeichnet man die Bahn, die der individuelle Luftballen zurücklegt; das entspricht der Lagrangeschen Perspektive. Die Trajektorie verläuft überall parallel

Abb. 8.1 Eine Trajektorie (durchgehende Kurve) enthält Informationen für eine Abfolge von Zeitpunkten (hier t_1, t_2, t_3). Die Trajektorie verläuft tangential zu den zu diesen Zeitpunkten vorhandenen Stromlinien (kurze Kurven) bzw. zu den zugehörigen Geschwindigkeitsfeldern.

zum aktuellen Geschwindigkeitsfeld. Die mathematische Beschreibung dieses Sachverhalts besteht darin, den als bekannt angenommenen Windvektor über das gewünschte Zeitintervall zu integrieren:

$$\boxed{\mathrm{d}x = v\,\mathrm{d}t} \quad \Longrightarrow \quad x(t) - x(0) = \int_{t'=0}^{t'=t} v(t')\,\mathrm{d}t' \tag{8.3}$$

Die Trajektorie ist die resultierende Bahnkurve $x(t)$ als Funktion der Zeit. Sie enthält somit die Informationen über das Geschwindigkeitsfeld an den Orten, an denen der Luftballen zu den einzelnen Zeitpunkten war (Abb. 8.1). Trajektorien können sich daher schneiden, allerdings können zwei Luftballen nicht gleichzeitig durch denselben Raumpunkt gehen.

Die nächste Definition ist die der *Stromlinie*; sie entspricht der Eulerschen Perspektive. Darunter versteht man an allen Orten zu einem festen Zeitpunkt die Tangenten von $v(x, t)$. Formal beschreiben lässt sich dieser Sachverhalt wahlweise in Tensordarstellung:

$$\boxed{v \times \mathrm{d}x = 0} \quad \text{oder} \quad \epsilon_{ijk}\, v_i\, \mathrm{d}x_j\, e_k = 0 \tag{8.4}$$

oder mit Determinanten/Matrix-Schreibweise:

$$\boldsymbol{v} \times \mathrm{d}\boldsymbol{x} = \begin{vmatrix} \boldsymbol{i} & \boldsymbol{j} & \boldsymbol{k} \\ u & v & w \\ \mathrm{d}x & \mathrm{d}y & \mathrm{d}z \end{vmatrix} = \begin{pmatrix} v\,\mathrm{d}z - w\,\mathrm{d}y \\ w\,\mathrm{d}x - u\,\mathrm{d}z \\ u\,\mathrm{d}y - v\,\mathrm{d}x \end{pmatrix} = 0 \tag{8.5}$$

Im zweidimensionalen Fall vereinfacht sich dies zu

$$u\,\mathrm{d}y - v\,\mathrm{d}x = 0 \qquad \text{oder} \qquad \boxed{\frac{\mathrm{d}y}{\mathrm{d}x} = \frac{v}{u}} \tag{8.6}$$

Die Gleichungen (8.4) bis (8.6) drücken die Selbstverständlichkeit aus, dass das Vektorprodukt von $\boldsymbol{v}$ und $\mathrm{d}\boldsymbol{x}$ verschwindet, weil die beiden Vektoren definitionsgemäß parallel sind. Zu jedem Zeitpunkt gibt es ein Stromlinienfeld (Abb. 8.2). Die Linien haben jeweils eine Richtung, die an jeder Stelle gleich der von $\boldsymbol{v}$ ist. Stromlinien können sich nicht schneiden; sie sind stetige, differenzierbare und eindeutig definierte Linien.

Die *Stromlinie* ist etwas anderes als die *Stromfunktion*. Wegen der Helmholtz-Zerlegung (28.74) hat das horizontale Windfeld $\boldsymbol{V}$ im allgemeinen sowohl eine Stromfunktion ψ wie auch ein Geschwindigkeitspotenzial χ. Für eine rein *rotierende* (divergenzfreie)

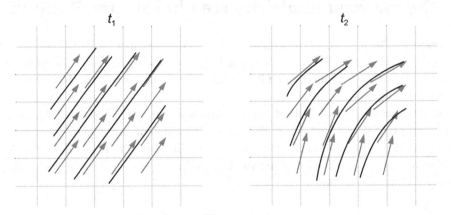

Abb. 8.2 Geschwindigkeitsvektoren (Pfeile) und Stromlinien (durchgezogen) zu zwei Zeitpunkten t_1 und t_2. Die Stromlinien verlaufen überall parallel zum Geschwindigkeitsvektor.

Strömung (Abb. 8.3 a) verlaufen die Geschwindigkeitsvektoren $\boldsymbol{V}$ *tangential* zu den Linien konstanter Stromfunktion ψ. Je enger zwei Isolinien beieinander liegen, desto größer ist die Geschwindigkeit des Fluids. In Strömungsrichtung gesehen liegt die Stromfunktion mit dem größeren Wert rechts. Für eine rein *divergente* (rotationsfreie) Strömung (Abb. 8.3 b) verlaufen die Geschwindigkeitsvektoren $\boldsymbol{V}$ *normal* zu den Linien konstanten Geschwindigkeitspotenzials χ, und die Strömung fließt hin zum Potenzial χ mit dem größeren Wert.

Für beide Spezialfälle von Abb. 8.3 gibt es das Stromlinienfeld. Im Fall a) sind Stromlinien und Stromfunktion identisch, im Allgemeinen jedoch nicht. Im Fall b) gibt es gar keine Stromfunktion, aber das Stromlinienfeld (im Bild nicht dargestellt) ist wohldefiniert.

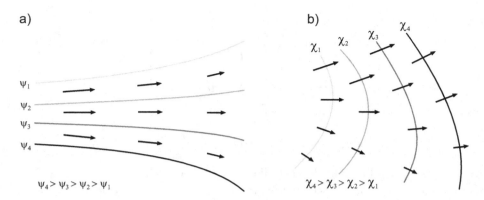

Abb. 8.3 Horizontales Geschwindigkeitsfeld V (Pfeile) für zwei Spezialfälle. a) Divergenzfreie Strömung; V ist dargestellt als Rotation der Stromfunktion ψ, und das Fluid fließt *parallel* zu den Isolinien der Stromfunktion. b) Rotationsfreie Strömung; V ist dargestellt als Gradient des Geschwindigkeitspotenzials χ, und das Fluid fließt *senkrecht* zu den Isolinien des Geschwindigkeitspotenzials.

8.2 Die Bewegungsgleichungen bei starrer Rotation

Die Eulerschen Gleichungen (7.31) enthalten keine Aussage über die Erddrehung. Sie müssen also in Bezug zum Fixsternhimmel gelten; dieser wird als ruhend unterstellt. Ändern sich eigentlich die Eulerschen Gleichungen, wenn das kartesische Koordinatensystem rotiert?

Zuerst bemerken wir, dass die Drehung des Koordinatensystems keinen Einfluss auf den Gradientoperator ∇ haben kann, denn dieser betrifft nur räumliche Änderungen, aber keine zeitlichen. Doch auf die Beschleunigung, also auf die Trägheitskräfte, hat die Erddrehung einen gewichtigen Einfluss. Das bedeutet: Wir haben die Eulerschen Gleichungen (7.31) in der Form

$$\left(\frac{\mathrm{d}\boldsymbol{v}}{\mathrm{d}t}\right)^{*} + \alpha\,\boldsymbol{\nabla}p + \boldsymbol{\nabla}\Phi_{\mathrm{E}} = 0 \tag{8.7}$$

zu interpretieren. Die Drehung des Koordinatensystems wirkt sich nur im ersten Term aus, was wir durch den hochgestellten Stern zum Ausdruck gebracht haben.

Methodisch gehen wir so vor, dass wir das Problem an der *Drehung der Einheitsvektoren* festmachen. Diese haben wir ja in unseren obigen Darstellungen immer als strikt konstant vorausgesetzt. Beim rotierenden Koordinatensystem sind aber die Einheitsvektoren zeitlich variabel. Diese Drehung müssen wir berücksichtigen. Das wird dann genügen, um die Drehung aller anderen Vektoren zu beherrschen.

8.2.1 Transformation der Zeitableitung bei starrer Rotation

Die einzige Größe in den Eulerschen Gleichungen, die sich bei starrer Rotation verändert, ist die Zeitableitung.

Die Winkelgeschwindigkeit des Koordinatensystems

Wir betrachten drei Einheitsvektoren $\boldsymbol{\sigma}, \boldsymbol{\nu}, \boldsymbol{\kappa}$. Diese sollen zueinander orthogonal sein, d. h. es soll gelten:

$$\boldsymbol{\sigma} \times \boldsymbol{\nu} = \boldsymbol{\kappa} \qquad \boldsymbol{\kappa} \times \boldsymbol{\sigma} = \boldsymbol{\nu} \qquad \boldsymbol{\nu} \times \boldsymbol{\kappa} = \boldsymbol{\sigma} \qquad (8.8)$$

Dabei soll $\boldsymbol{\kappa}$ immer nach oben in Richtung des Rotationsvektors $\boldsymbol{\Omega} = \Omega\,\boldsymbol{\kappa}$ zeigen; dieser sei konstant (starre Rotation). Die horizontalen Vektoren $\boldsymbol{\sigma}$ und $\boldsymbol{\nu}$ bleiben Einheits-

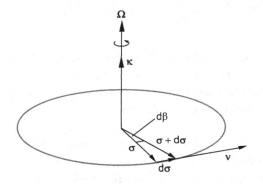

Abb. 8.4 Zur Führungsgeschwindigkeit im rotierenden Koordinatensystem. Hier sind $\boldsymbol{\sigma}, \boldsymbol{\nu}, \boldsymbol{\kappa}$ paarweise zueinander orthogonale Einheitsvektoren. Das System rotiert mit der Winkelgeschwindigkeit $\boldsymbol{\Omega} = \boldsymbol{\kappa}\,\mathrm{d}\beta\,\mathrm{d}t$.

vektoren, ändern aber ständig ihre Richtung. Für den kleinen Winkel $\mathrm{d}\beta$, um den sich die Richtung von $\boldsymbol{\sigma}$ beim Übergang zu $\boldsymbol{\sigma} + \mathrm{d}\boldsymbol{\sigma}$ ändert, gilt:

$$\frac{\mathrm{d}\boldsymbol{\sigma}}{|\boldsymbol{\sigma}|} = \mathrm{d}\boldsymbol{\sigma} = \mathrm{d}\beta\,\boldsymbol{\nu} \qquad \text{und daher} \qquad \frac{\mathrm{d}\boldsymbol{\sigma}}{\mathrm{d}t} = \frac{\mathrm{d}\beta}{\mathrm{d}t}\,\boldsymbol{\nu} = \Omega\,\boldsymbol{\nu} \qquad (8.9)$$

Andererseits zeigt das Vektorprodukt von $\boldsymbol{\Omega}$ und $\boldsymbol{\sigma}$ in Richtung von $\boldsymbol{\nu}$:

$$\boldsymbol{\Omega} \times \boldsymbol{\sigma} = (\Omega\,\boldsymbol{\kappa}) \times \boldsymbol{\sigma} = \Omega\,(\boldsymbol{\kappa} \times \boldsymbol{\sigma}) = \Omega\,\boldsymbol{\nu} \qquad (8.10)$$

Gleichsetzen der rechten Seiten von (8.9) und (8.10) liefert:

$$\boxed{\frac{\mathrm{d}\boldsymbol{\sigma}}{\mathrm{d}t} = \boldsymbol{\Omega} \times \boldsymbol{\sigma}} \qquad (8.11)$$

Es ist nun offenbar nicht nötig, dass $\boldsymbol{\sigma}$ orthogonal zu $\boldsymbol{\Omega}$ ist (wie in Abb. 8.4 gezeichnet). Wenn man beispielsweise $\boldsymbol{\kappa}$ statt $\boldsymbol{\sigma}$ in (8.11) einsetzt, so kommt unmittelbar null heraus, weil das Vektorprodukt von $\boldsymbol{\Omega}$ und $\boldsymbol{\kappa}$ verschwindet; dies beschreibt die anschauliche Selbstverständlichkeit, dass der Achsenvektor der Rotation sich zeitlich nicht ändert.

Daraus ergibt sich: $\boldsymbol{\sigma}$ in (8.11) gilt nicht nur für den in Abb. 8.4 skizzierten, sondern für jeden Einheitsvektor. Formel (8.11) beschreibt also die zeitliche Änderung des beliebigen Einheitsvektors $\boldsymbol{\sigma}$ bei starrer Rotation.

Die Führungsgeschwindigkeit

Wir betrachten jetzt einen beliebigen Vektor $\boldsymbol{A}$, den wir in zwei verschiedenen kartesischen Koordinatensystemen darstellen:

$$\boldsymbol{A} = A_i^*(t)\,\boldsymbol{e}_i^* = A_j(t)\,\boldsymbol{e}_j(t) \qquad (8.12)$$

Im ersten Fall handle es sich um eine Darstellung mit konstanten Einheitsvektoren $\boldsymbol{e}_i^*$ im Inertialsystem des Fixsternhimmels, im zweiten Fall um eine mit rotierenden Einheitsvektoren $\boldsymbol{e}_j(t)$ im Relativsystem der Erde. Die Komponenten $A_i^*(t)$ und $A_j(t)$ in beiden verschiedenen Darstellungen sind im Allgemeinen zeitabhängig und außerdem natürlich verschieden, obwohl es sich um ein und denselben Vektor $\boldsymbol{A}$ handelt. Die zeitliche Ableitung von $\boldsymbol{A}$ ist im Sinne von (8.7) gegeben durch

$$\left(\frac{\mathrm{d}\boldsymbol{A}}{\mathrm{d}t}\right)^* = \frac{\mathrm{d}\boldsymbol{A}}{\mathrm{d}t} = \frac{\mathrm{d}A_i^*}{\mathrm{d}t}\,\boldsymbol{e}_i^* + A_i^*\,\underbrace{\frac{\mathrm{d}\boldsymbol{e}_i^*}{\mathrm{d}t}}_{=0} = \frac{\mathrm{d}A_j}{\mathrm{d}t}\,\boldsymbol{e}_j + A_j\,\underbrace{\frac{\mathrm{d}\boldsymbol{e}_j}{\mathrm{d}t}}_{\boldsymbol{\Omega}\times\boldsymbol{e}_j} = \frac{\mathrm{d}A_j}{\mathrm{d}t}\,\boldsymbol{e}_j + \boldsymbol{\Omega}\times\boldsymbol{A} \quad (8.13)$$

Der erste Term ganz rechts ist die gewöhnliche zeitliche Änderung des Vektors $\boldsymbol{A}$ aufgrund der Änderung seiner Komponenten. Der zweite Term wird als *Führungsgeschwindigkeit* bezeichnet. Er beschreibt die zeitliche Änderung von $\boldsymbol{A}$, die rein durch die Mitführung des rotierenden Koordinatensystems entsteht, ohne dass der Vektor $\boldsymbol{A}$ dabei seinen Betrag ändert.

Bis hier haben wir kein Bezeichnungsproblem, und wir bekommen solange keines, wie wir strikt bei (8.13) bleiben. Wir wollen aber die Ableitung beispielsweise des Geschwindigkeitsvektors $\boldsymbol{v}$ in unserem irdischen Koordinatensystem schreiben dürfen:

$$\frac{\mathrm{d}\boldsymbol{v}}{\mathrm{d}t} = \frac{\mathrm{d}v_j}{\mathrm{d}t}\,\boldsymbol{e}_j \qquad (8.14)$$

Wir wollen also die zeitliche Ableitung im Relativsystem bilden dürfen, in dem ja die Einheitsvektoren $\boldsymbol{e}_j$ als zeitlich konstant angesehen werden (weil man gefühlsmäßig nicht merkt, das sie sich drehen). Den Operator $\mathrm{d}/\mathrm{d}t$ wollen wir am liebsten so verstehen, dass er nur auf die Komponenten des Vektors $A_j(t)\,\boldsymbol{e}_j(t)$ wirken darf, jedoch nicht auf die Einheitsvektoren $\boldsymbol{e}_j(t)$.

Das zwingt uns dazu, für die Ableitung im Inertialsystem eine eigene Bezeichnung einzuführen: $\mathrm{d}^*/\mathrm{d}t$; der hochgestellte Index * soll auf den Fixsternhimmel hinweisen. Mit dieser Konvention lautet Gleichung (8.13):

$$\frac{\mathrm{d}^*\boldsymbol{A}}{\mathrm{d}t} = \frac{\mathrm{d}\boldsymbol{A}}{\mathrm{d}t} + \boldsymbol{\Omega}\times\boldsymbol{A} \qquad \text{und daher} \qquad \frac{\mathrm{d}^*}{\mathrm{d}t} = \frac{\mathrm{d}}{\mathrm{d}t} + \boldsymbol{\Omega}\times \qquad (8.15)$$

Rechts haben wir auch noch den Vektor $\boldsymbol{A}$ weglassen. Diese Operatorgleichung ist nur für einen Vektor definiert, nicht für einen Skalar. Die Zeitableitung $\mathrm{d}/\mathrm{d}t$ wirkt nur auf die Komponenten des Vektors, auf den man Gleichung (8.13) anwendet. Damit können wir jetzt das rotierende System der Erde in den Eulerschen Gleichungen berücksichtigen.

Die Scheinbeschleunigung

Gleichung (8.15) gilt insbesondere für den Ortsvektor $\boldsymbol{x}$:

$$\frac{\mathrm{d}^*\boldsymbol{x}}{\mathrm{d}t} = \boldsymbol{v}^* = \frac{\mathrm{d}\boldsymbol{x}}{\mathrm{d}t} + \boldsymbol{\Omega} \times \boldsymbol{x} = \boldsymbol{v} + \boldsymbol{\Omega} \times \boldsymbol{x} \tag{8.16}$$

Die linke Seite ist die Änderung des Ortes $\boldsymbol{x}$ im Inertialsystem, also die wahre (oder absolute) Geschwindigkeit $\boldsymbol{v}^*$ in Bezug zum Fixsternhimmel. Der erste Term rechts ist die Änderung des Ortes $\boldsymbol{x}$ im Relativsystem, also die ebenfalls wahre (aber relative) Geschwindigkeit $\boldsymbol{v}$ in Bezug zur Erde. Die Kopplung wird durch die Führungsgeschwindigkeit hergestellt. Man kann sich nun zwei Spezialfälle vorstellen:

- Keine Geschwindigkeit in Bezug zum Fixsternhimmel: $\mathrm{d}^*\boldsymbol{x}/\mathrm{d}t = 0$. Das ist z. B. dann der Fall, wenn man mit dem Flugzeug entgegen der Erddrehung entlang eines Breitengrads so schnell fliegt, dass man in einem Tag die Erde umrundet; relativ zum Fixsternhimmel steht das Flugzeug dabei praktisch still.
- Keine Geschwindigkeit relativ zur Erdoberfläche: $\boldsymbol{v} = 0$. Ruht man auf der Erdoberfläche, so bewegt man sich allein aufgrund der Erddrehung meist mit einer beachtlichen Geschwindigkeit (am Äquator mehr als 1600 km/h).

Als Nächstes betrachten wir die Beschleunigung, also die zeitliche Änderung der Geschwindigkeit. Dazu wenden wir den Operator (8.15) erneut auf den absoluten Geschwindigkeitsvektor (8.16) an:

$$\begin{aligned}
\frac{\mathrm{d}^*\boldsymbol{v}^*}{\mathrm{d}t} = \frac{\mathrm{d}^*}{\mathrm{d}t}\left(\frac{\mathrm{d}^*\boldsymbol{x}}{\mathrm{d}t}\right) &= \left(\frac{\mathrm{d}}{\mathrm{d}t} + \boldsymbol{\Omega}\times\right)(\boldsymbol{v} + \boldsymbol{\Omega} \times \boldsymbol{x}) \\
&= \frac{\mathrm{d}\boldsymbol{v}}{\mathrm{d}t} + \boldsymbol{\Omega} \times \boldsymbol{v} + \frac{\mathrm{d}}{\mathrm{d}t}(\boldsymbol{\Omega} \times \boldsymbol{x}) + \boldsymbol{\Omega} \times (\boldsymbol{\Omega} \times \boldsymbol{x}) \\
&= \frac{\mathrm{d}\boldsymbol{v}}{\mathrm{d}t} + \boldsymbol{\Omega} \times \boldsymbol{v} + \boldsymbol{\Omega} \times \left(\frac{\mathrm{d}\boldsymbol{x}}{\mathrm{d}t}\right) + \boldsymbol{\Omega} \times (\boldsymbol{\Omega} \times \boldsymbol{x}) \\
&= \frac{\mathrm{d}\boldsymbol{v}}{\mathrm{d}t} + 2\boldsymbol{\Omega} \times \boldsymbol{v} + \boldsymbol{\Omega} \times (\boldsymbol{\Omega} \times \boldsymbol{x}) \tag{8.17}
\end{aligned}$$

Der gesamte Ausdruck ist der Beschleunigungsvektor im Inertialsystem. Er setzt sich zusammen aus der Beschleunigung $\mathrm{d}\boldsymbol{v}/\mathrm{d}t$ relativ zur Erde, der *Coriolis-Beschleunigung* $2\boldsymbol{\Omega} \times \boldsymbol{v}$, und der *Zentripetalbeschleunigung* $\boldsymbol{\Omega} \times (\boldsymbol{\Omega} \times \boldsymbol{v})$.

8.2.2 Die Eulerschen Gleichungen im starr rotierenden System

Setzt man Gleichung (8.17) in Gleichung (8.7) ein, so ergibt sich:

$$\frac{\mathrm{d}\boldsymbol{v}}{\mathrm{d}t} + 2\boldsymbol{\Omega} \times \boldsymbol{v} + \boldsymbol{\Omega} \times (\boldsymbol{\Omega} \times \boldsymbol{x}) + \alpha\,\boldsymbol{\nabla} p + \boldsymbol{\nabla}\,\Phi_{\mathrm{E}} = 0 \tag{8.18}$$

Den dritten Term kann man als Gradienten des *Zentrifugalpotenzials* schreiben – siehe dazu Gleichung (12.23) – und ihn mit dem fünften Term (dem Gradienten des Attraktionspotenzials Φ_E) zum Gradienten $\nabla\Phi$ des *Geopotenzials* $\Phi = g\,z$ zusammenfassen. Dann wird (8.18) zu

$$\frac{\mathrm{d}\boldsymbol{v}}{\mathrm{d}t} + 2\,\boldsymbol{\Omega} \times \boldsymbol{v} + \alpha\,\nabla p + \nabla\Phi = 0 \tag{8.19}$$

Das sind die Bewegungsgleichungen bei reibungsfreien Bedingungen in einem starr rotierenden, mit der Erde fest verbundenen kartesischen Koordinatensystem.

Komponenten der Coriolis-Beschleunigung

Wir interpretieren jetzt die Einheitsvektoren von Abb. 8.4 anders. Die neuen Einheitsvektoren $\boldsymbol{\sigma}, \boldsymbol{\nu}, \boldsymbol{\kappa}$ seien gemäß Abb. 8.5 an der lokalen Position (geographischen Breite φ) festgemacht, an der sich der Beobachter gerade befindet:

$$\boldsymbol{\sigma}\text{ zeigt nach Osten}\qquad\boldsymbol{\nu}\text{ zeigt nach Norden}\qquad\boldsymbol{\kappa}\text{ zeigt nach oben}\tag{8.20}$$

Der Vektor $\boldsymbol{\Omega}$ der Erdrotation bleibe derselbe. Seine Komponenten im lokalen ortho-

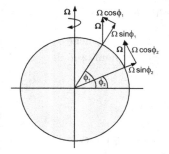

Abb. 8.5 Der parallel zur Erdachse ausgerichtete Vektor $\boldsymbol{\Omega}$ der Winkelgeschwindigkeit der Erde lässt sich, relativ zur Tangentialebene des betrachteten Punktes auf der Erdoberfläche, in eine horizontale Komponente $\Omega\cos\phi$ und eine vertikale Komponente $\Omega\sin\phi$ zerlegen.

gonalen Koordinatensystem, das jetzt durch $\boldsymbol{\sigma}, \boldsymbol{\nu}, \boldsymbol{\kappa}$ definiert ist, gewinnt man durch Projektion von $\boldsymbol{\Omega}$ auf eben diese Einheitsvektoren (wir betrachten sogleich $2\,\boldsymbol{\Omega}$):

$$2\,\boldsymbol{\Omega}\cdot\boldsymbol{\sigma} = 0 \qquad 2\,\boldsymbol{\Omega}\cdot\boldsymbol{\nu} = 2\,\Omega\cos\varphi = f' \qquad 2\,\boldsymbol{\Omega}\cdot\boldsymbol{\kappa} = 2\,\Omega\sin\varphi = f \tag{8.21}$$

Mit f, f' schreibt sich das Vektorprodukt der Coriolis-Beschleunigung (Entwicklung in Matrixschreibweise oder mit Permutationstensor unter Einsetzen von (8.21)):

$$2\,\boldsymbol{\Omega}\times\boldsymbol{v} = (-f\,v + f'\,w)\,\boldsymbol{\sigma} + (f\,u)\,\boldsymbol{\nu} - (f'\,u)\,\boldsymbol{\kappa} \tag{8.22}$$

Hier haben wir $\boldsymbol{v} = (u, v, w)$ verwendet. Man sieht, dass die Coriolis-Kraft sich in unsymmetrischer Weise auf die Komponenten auswirkt.

Die Eulerschen Gleichungen in Komponenten

Explizit lauten nun die kartesischen Komponenten der Bewegungsgleichungen:

$$\frac{\mathrm{d}u}{\mathrm{d}t} - f\,v \underline{+f'\,w} + \alpha\frac{\partial p}{\partial x} + \frac{\partial \Phi}{\partial x} = 0$$

$$\frac{\mathrm{d}v}{\mathrm{d}t} + f\,u \qquad + \alpha\frac{\partial p}{\partial y} + \frac{\partial \Phi}{\partial y} = 0 \qquad (8.23)$$

$$\underline{\frac{\mathrm{d}w}{\mathrm{d}t}} \qquad \underline{-f'\,u} + \alpha\frac{\partial p}{\partial z} + \frac{\partial \Phi}{\partial z} = 0$$

Hier ist $\partial\Phi/\partial x = 0$ und $\partial\Phi/\partial y = 0$ sowie $\partial\Phi/\partial z = g$.

8.3 Die hydrostatischen Bewegungsgleichungen

Die Atmosphäre ist ein *Flachgeofluid*: Ihre vertikale Erstreckung (10 km) ist etwa zwei Größenordnungen kleiner als die horizontale Skala typischer synoptischer Gebilde (1000 km). Daher haben die horizontalen Bewegungen von Flachgeofluiden eine andere Dynamik als die vertikalen. Die beiden unterstrichenen Größen in der dritten Bewegungsgleichung von (8.23) sind absolut viel kleiner als die beiden anderen. Wir schreiben daher:

$$\boxed{\alpha\frac{\partial p}{\partial z} + g = 0} \qquad (8.24)$$

Das repräsentiert die uns schon wohlbekannte hydrostatische Balance.

8.3.1 2D-Bewegungsgleichungen in z-Koordinaten

Mit der Filterannahme (8.24) unterbindet man auch die Wechselwirkung mit der x-Gleichung über den von w abhängigen Coriolis-Term, d. h. auch der unterstrichene Term in der ersten Gleichung von (8.23) entfällt. Damit lauten die horizontalen Eulerschen Gleichungen:

$$\boxed{\frac{\mathrm{d}u}{\mathrm{d}t} - f\,v + \alpha\frac{\partial p}{\partial x} = 0 \qquad \frac{\mathrm{d}v}{\mathrm{d}t} + f\,u + \alpha\frac{\partial p}{\partial y} = 0} \qquad (8.25)$$

Diese Vereinfachung mag plausibel klingen, ist an dieser Stelle aber nicht mehr als eine Hauruckmethode. Die Schritte, die von (8.19) bzw. (8.23) zu (8.24) bzw. (8.25) führen, werden in den späteren Abschnitten 11.5 und 11.6 konsistent begründet. Dort wird sich auch die Transformation auf generalisierte Koordinaten ergeben.

Vorher setzen wir aber den soeben eingeschlagenen Weg weiter fort. Zunächst lautet (8.25) in Vektorschreibweise:

$$\boxed{\frac{\mathrm{d}\boldsymbol{V}}{\mathrm{d}t} + f\,\boldsymbol{\kappa} \times \boldsymbol{V} + \alpha\nabla_z p = 0} \qquad (8.26)$$

Das ist die horizontale Komponente der Eulerschen Gleichung (8.19), wobei außerdem f' fortgelassen ist (Hauruckmethode). V ist der horizontale Windvektor, und der Index z am Nabla-Operator weist auf die Selbstverständlichkeit hin, dass bei der Ableitung in horizontaler Richtung die Vertikalkoordinate konstant sein muss (kartesische Kordinaten).

Der aufmerksame Leser bemerkt, dass wir plötzlich den Nabla-Operator ∇ benutzen statt wie bisher ∇. Ist das ein Druckfehler? Nein, beide 3D-Operatoren sind in der Tat verschieden. Das entspricht dem Unterschied der 3D-Windvektoren v und V. Die Symbole V und ∇ sind die Horizontalkomponenten ihrer dreidimensionalen Originale v und ∇. Anders gesagt: V und ∇ sind weiterhin dreidimensional, aber sie haben die Vertikalkomponente Null.

Die kartesischen Koordinaten sind nun in der Meteorologie nicht das letzte Wort. Vielmehr haben Druckkoordinaten besonders große praktische Bedeutung. Andererseits ist die allgemeine Transformation auf generalisierte Koordinaten, die wir weiter unten angehen wollen, für den Anfänger manchmal undurchsichtig, vor allem was das Vorzeichen betrifft. Daher lohnt es sich, im Folgenden zwei verschiedene unabhängige Ableitungen der Drucktransformation zu bringen – im Vorgriff auf den systematischen Transformationskalkül in den Kapiteln 9 und 12

8.3.2   Vorgriff: Transformation auf Druckkoordinaten

In p-Koordinaten ist der geostrophische Wind unmittelbar durch den *Gradienten des Geopotenzials* gegeben; d. h. er wird aus *einer* Funktion gewonnen. In z-Koordinaten dagegen ist er durch den *Gradienten des Drucks* gegeben, sodass zusätzlich die Dichte benötigt wird; man braucht also *zwei* unabhängige thermodynamische Funktionen. Dies ist ein dramatischer Vorteil von p-Koordinaten, der ihre breite Verwendung in der Geofluiddynamik begründet. Allerdings beruht die Anwendbarkeit dieses Konzepts auf der Gültigkeit der hydrostatischen Näherung.

Transformation der Druckbeschleunigung durch explizite Limesbildung

Wir betrachten in der x-z-Ebene den Schnitt durch eine schräg liegende Druckfläche (Abb. 8.6). Der horizontale Druckgradient in x-Richtung ist durch den Grenzwert des Differenzenquotienten wie folgt definiert:

$$\frac{\partial p}{\partial x} = \lim_{x_1 \to x_2} \frac{p_2 - p_1}{x_2 - x_1} = \lim_{x_1 \to x_2} \frac{p_2 - p_1}{z_3 - z_1} \frac{z_3 - z_1}{x_2 - x_1} \tag{8.27}$$

Die Erweiterung der Brüche durch den Ausdruck $z_3 - z_1$ ändert an der Gültigkeit der Limesbildung natürlich nichts. Nun beachten wir, dass die Werte der Variablen x, z und p an jeweils zwei der im Bild gezeichneten Punkte gleich sind:

$$z_1 = z_2 \qquad\qquad x_2 = x_3 \qquad\qquad p_3 = p_1 \tag{8.28}$$

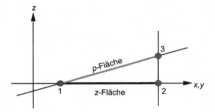

Abb. 8.6 Schema zur Transformation der Beschleunigung des Druckgradienten von z- auf p-Koordinaten. Nähere Erläuterung im Text.

Man kann also auf der rechten Seite unserer Limesformel p_1 durch p_3, ferner z_1 durch z_2 (nur im Nenner) sowie x_2 durch x_3 (auch im Limes) ersetzen. Damit lautet (8.27):

$$\frac{\partial p}{\partial x} = \lim_{x_1 \to x_3} \frac{p_2 - p_3}{z_3 - z_2} \frac{z_3 - z_1}{x_3 - x_1} \tag{8.29}$$

Der erste Faktor rechts entspricht dem Differenzenquotienten für den vertikalen Gradienten von p (wobei man noch das Vorzeichen umkehren muss), der zweite Faktor dagegen ist der Differenzenquotient für den Gradienten von z auf der p-Fläche:

$$\frac{\partial p}{\partial x} = -\lim_{x_1 \to x_3} \frac{p_3 - p_2}{z_3 - z_2} \frac{z_3 - z_1}{x_3 - x_1} = -\frac{\partial p}{\partial z} \frac{\partial z}{\partial x} \tag{8.30}$$

Das ist bereits die gesuchte Transformationsformel für den Druckgradienten.

Ihren eigentlichen Wert gewinnt diese Formel, wenn wir sie links und rechts mit α multiplizieren und rechts den vertikalen Druckgradienten mit der hydrostatischen Gleichung eliminieren, was das Vorzeichen erneut umkehrt:

$$\boxed{\alpha \frac{\partial p}{\partial x} = +g \frac{\partial z}{\partial x} = \frac{\partial \Phi}{\partial x}} \tag{8.31}$$

Das ist die Transformation der Druckbeschleunigung in der x-Komponente der Bewegungsgleichung. Eine entsprechende Formel gilt für die y-Komponente. Man sagt, dass *der Geopotenzialgradient auf der p-Fläche gebildet* wird.

Damit lauten die vereinfachten Eulerschen Gleichungen (8.25) in Druckkoordinaten

$$\boxed{\frac{\mathrm{d}u}{\mathrm{d}t} - f\,v + \frac{\partial \Phi}{\partial x} = 0 \qquad \frac{\mathrm{d}v}{\mathrm{d}t} + f\,u + \frac{\partial \Phi}{\partial y} = 0} \tag{8.32}$$

Transformation durch Anwendung einer Differenzialformel

Auf ganz anderem Wege gewinnt man unsere Transformation durch die folgende (für den Anfänger bisweilen verblüffende) Formel der Analysis:

$$\frac{\partial a(b,c)}{\partial b} \frac{\partial b(c,a)}{\partial c} \frac{\partial c(a,b)}{\partial a} = -1 \tag{8.33}$$

Hier ist a eine stetige und differenzierbare Funktion von b und c. Dann kann man aber auch b als Funktion von a und c, und ebenso c als Funktion von a und b ausdrücken. Die Formel (8.33) lässt sich einfach beweisen, und eine Anwendung hat sie bei der Gasgleichung.

Zur Transformation des Druckgradienten setzen wir $a = p$, $b = x$ sowie $c = z$ und finden:

$$\frac{\partial p(x,z)}{\partial x} = -\frac{1}{\partial z(p,x)/\partial p} \frac{1}{\partial x(z,p)/\partial z} \tag{8.34}$$

Im ersten Bruch rechts ziehen wir den Nenner des Nenners in den Zähler:

$$\frac{1}{\partial z(p,x)/\partial p} = \frac{\partial p(x,z)}{\partial z} \tag{8.35}$$

Das funktioniert wegen der Konstanz von x auf beiden Seiten, sodass man x überhaupt weglassen kann. Dann liegt aber eigentlich keine partielle, sondern nur eine gewöhnliche Ableitung vor, d. h. (8.35) lautet mit gewöhnlichen Differenzialquotienten:

$$\frac{1}{\mathrm{d}z/\mathrm{d}p} = \frac{\mathrm{d}p}{\mathrm{d}z} \tag{8.36}$$

Diese schlichte Umrechnung der elementaren Analysis beweist (8.35).

Mit der gleichen Argumentation findet man für den letzten Bruch in (8.34):

$$\frac{1}{\partial x(z,p)/\partial z} = \frac{\partial z(x,p)}{\partial x} \tag{8.37}$$

Wenn man alles zusammenfasst, liefert (8.34) schließlich:

$$\frac{\partial p(x,z)}{\partial x} = -\frac{\partial p(x,z)}{\partial z} \frac{\partial z(x,p)}{\partial x} \tag{8.38}$$

Das ist die obige Gleichung (8.30). Man sieht, dass die hier gegebene Herleitung von der sorgfältigen Behandlung der Argumentlisten lebt.[1]

8.3.3   2D-Bewegungsgleichungen in p-Koordinaten

Wir betrachten die Bewegungsgleichungen (8.32) für den horizontalen Windvektor $\boldsymbol{V}$. Als Koordinatensystem verwenden wir wieder die Einheitsvektoren aus Abb. 8.4 mit der Orthogonalitätseigenschaft (8.8). Im Unterschied zu dort soll jedoch $\boldsymbol{\kappa}$ nicht mehr parallel zum Vektor der Erdrotation verlaufen, sondern ein konstanter Einheitsvektor in vertikaler Richtung sein. Wie vorher sollen aber die beiden anderen Vektoren $\boldsymbol{\sigma}, \boldsymbol{\nu}$, die ja in der lokal horizontalen Ebene liegen, zeitlich variabel sein.

---

[1]Gelegentlich wird die hier gegebene Argumentation wie folgt verkürzt: Man „erweitert" den Ausdruck für die Beschleunigung des Druckgradienten mit ∂z und findet:

$$\alpha \frac{\partial p}{\partial x} = \alpha \frac{\partial p}{\partial z} \frac{\partial z}{\partial x} = \frac{\partial \Phi}{\partial x} \tag{8.39}$$

Wer so argumentiert, kann nicht erklären, warum die Vorzeichenumkehr durch die hydrostatische Näherung plötzlich keine Rolle spielen soll. Wo steckt der Fehler in dieser falschen „Ableitung"?

Mit dieser Verabredung lässt sich (8.32) als Vektorgleichung schreiben:

$$\boxed{\frac{\mathrm{d}\boldsymbol{V}}{\mathrm{d}t} + f\,\boldsymbol{\kappa}\times\boldsymbol{V} + \nabla_p\Phi = 0} \tag{8.40}$$

Der Index p am Nabla-Operator mag daran erinnern, dass die Gradientbildung auf der Druckfläche zu erfolgen hat. Dies ist im Grunde überflüssig, denn es gilt $\nabla\Phi = 0$, falls man den Gradienten auf der z-Fläche zu bilden versucht. Der erfahrene Theoretiker lässt daher den Index p auch schnell wieder weg.

8.3.4 Natürliche Horizontalkoordinaten

Der Grundgedanke der natürlichen Koordinaten besteht nun darin, die Geschwindigkeit $\boldsymbol{V}$ als Produkt des Betrag V und des Einheitsvektors $\boldsymbol{\sigma}$ zu schreiben:

$$\boldsymbol{V} = V\,\boldsymbol{\sigma} \tag{8.41}$$

Hier ist nicht nur $V = V(t)$, sondern auch $\boldsymbol{\sigma} = \boldsymbol{\sigma}(t)$. Die zeitliche Änderung von $\boldsymbol{\sigma}$ ändert aber nichts daran, dass $\boldsymbol{\sigma}$ ein Einheitsvektor ist und bleibt. Daher kommen für

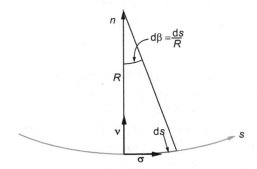

Abb. 8.7 Zweidimensionales natürliches Koordinatensystem mit den Einheitsvektoren $\boldsymbol{\sigma}$ (in Wegrichtung s) und $\boldsymbol{\nu}$ (normal zur Bewegungsrichtung). Die Trajektorie wird durch einen Krümmungskreis mit dem Radius R angenähert. Zwischen zwei Zeitpunkten bewegt sich der Fluidballen auf der Trajektorie um den Weg $\mathrm{d}s = R\,\mathrm{d}\beta$ weiter. Die Änderungen $\mathrm{d}\boldsymbol{\sigma}$ und $\mathrm{d}\boldsymbol{\nu}$ sind proportional zu den Einheitsvektoren $\boldsymbol{\nu}$ und $\boldsymbol{\sigma}$.

$\boldsymbol{\sigma}$ keine Längenänderungen in Betracht, sondern nur Drehungen. Dies geht einher mit einer Krümmung der Bahnkurve. Dazu passt der zur Bewegungsrichtung senkrechte Normalenvektor $\boldsymbol{\nu} = \boldsymbol{\nu}(t)$, der immer in Richtung zum Krümmungsmittelpunkt zeigt.

Mit dieser Definition der Einheitsvektoren $\boldsymbol{\sigma}$ und $\boldsymbol{\nu}$ lauten die Horizontalkomponente der Coriolis-Beschleunigung und der horizontale ∇-Operator in natürlichen Koordinaten:

$$f\,\boldsymbol{\kappa}\times\boldsymbol{V} = f\,V\,\boldsymbol{\nu} \qquad \nabla = \boldsymbol{\sigma}\,\frac{\partial}{\partial s} + \boldsymbol{\nu}\,\frac{\partial}{\partial n} \tag{8.42}$$

Die krummlinige Koordinate s wächst in Richtung von $\boldsymbol{\sigma}$ und die Koordinate n in die durch $\boldsymbol{\nu}$ definierte Normalenrichtung. Der Leser überzeuge sich davon, dass Abb. 8.4 und 8.7 miteinander konsistent sind (man verschiebe die zueinander orthogonalen Einheitsvektoren $\boldsymbol{\sigma}$ und $\boldsymbol{\nu}$ von Abb. 8.7 gemeinsam so, dass $\boldsymbol{\nu}$ in Abb. 8.4 zum Mittelpunkt der Drehachse zeigt).

Durch (8.42) haben wir das zweite und das dritte Glied in der Bewegungsgleichung (8.40) gewonnen. Jetzt fehlt noch das erste.

8.3.5 2D-Bewegungsgleichungen in natürlichen Koordinaten

Die Beschleunigung ist die zeitliche Ableitung des Geschwindigkeitsvektors:

$$\frac{\mathrm{d}\boldsymbol{V}}{\mathrm{d}t} = \frac{\mathrm{d}}{\mathrm{d}t}(V\,\boldsymbol{\sigma}) = \frac{\mathrm{d}V}{\mathrm{d}t}\,\boldsymbol{\sigma} + V\,\frac{\mathrm{d}\boldsymbol{\sigma}}{\mathrm{d}t} \tag{8.43}$$

Dafür gilt (mit $\mathrm{d}\beta = \mathrm{d}s/R$ und $\mathrm{d}s/\mathrm{d}t = V$) weiter:

$$\frac{\mathrm{d}\boldsymbol{\sigma}}{|\boldsymbol{\sigma}|} = \mathrm{d}\boldsymbol{\sigma} = \mathrm{d}\beta\,\boldsymbol{\nu}, \qquad \text{und daher} \qquad \frac{\mathrm{d}\boldsymbol{\sigma}}{\mathrm{d}t} = \frac{\mathrm{d}\beta}{\mathrm{d}t}\,\boldsymbol{\nu} = \frac{1}{R}\,\frac{\mathrm{d}s}{\mathrm{d}t}\,\boldsymbol{\nu} = \frac{V}{R}\,\boldsymbol{\nu} \tag{8.44}$$

Im letzten Term erkennt man die Zentripetalbeschleunigung. Wenn man das in (8.40) einsetzt, so ergibt sich mit (8.41) bis (8.43):

$$\boxed{\frac{\mathrm{d}V}{\mathrm{d}t}\,\boldsymbol{\sigma} + \frac{V^2}{R}\,\boldsymbol{\nu} + f\,V\boldsymbol{\nu} + \frac{\partial\Phi}{\partial s}\,\boldsymbol{\sigma} + \frac{\partial\Phi}{\partial n}\,\boldsymbol{\nu} = 0} \tag{8.45}$$

Das ist die 2D-Bewegungsgleichung in natürlichen Koordinaten in Vektorschreibweise. In Komponenten lautet sie für die beiden natürlichen Richtungen:

$$\boxed{\frac{\mathrm{d}V}{\mathrm{d}t} + \frac{\partial\Phi}{\partial s} = 0 \qquad \frac{V^2}{R} + f\,V + \frac{\partial\Phi}{\partial n} = 0} \tag{8.46}$$

Man sieht daran, dass der Betrag des Windvektors nur dann beschleunigt werden kann, wenn es einen Gradienten des Geopotenzials in Bewegungsrichtung gibt. Eine Richtungsänderung dagegen kann nur durch einen Potenzialgradienten senkrecht zur Bewegungsrichtung bewirkt werden.

Funktionieren die Bewegungsgleichungen in natürlichen Koordinaten eigentlich nur auf der Druckfläche? Denn für die Ableitung von (8.45) oder (8.46) haben wir die Gleichung (8.40) zugrunde gelegt, und die gilt für p-Koordinaten. Die Antwort lautet: Die natürlichen Koordinaten sind horizontale Koordinaten, und die funktionieren auch auf der z-Fläche. Dazu hat man Gleichung (8.26) statt (8.40) zugrunde zu legen; in (8.45) hat man $\partial\Phi/\partial s$ durch $\alpha\,\partial p/\partial s$ und $\partial\Phi/\partial n$ durch $\alpha\,\partial p/\partial n$ zu ersetzen.

Welche Schreibweise soll man wählen? Wir bevorzugen für die weitere Betrachtung die natürlichen Koordinaten auf der Druckfläche.

Das Gleichungssystem (8.45) oder (8.46) lässt sich nun für den vollständig unbeschleunigten Fall spezialisieren (geostrophischer Wind), aber auch für den etwas allgemeineren Fall, dass der Wind nur die Richtung, jedoch nicht den Betrag ändert (Gradientwind).

8.4 Der geostrophische Wind

Der wichtigste Spezialfall von Gleichung (8.40) ist der beschleunigungsfreie Fall. Dabei besteht ein Gleichgewicht zwischen der Coriolis- und der Druckgradientkraft. Vernachlässigen von $\mathrm{d}\boldsymbol{V}/\mathrm{d}t$ liefert

$$\boxed{f\,\boldsymbol{\kappa} \times \boldsymbol{V}_g + \nabla_p\Phi = 0} \tag{8.47}$$

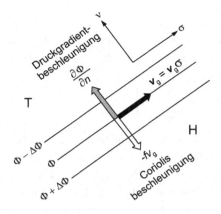

Abb. 8.8 Geostrophischer Wind in natürlichen Koordinaten auf einer Druckfläche mit den Einheitsvektoren $\boldsymbol{\sigma}$ tangential zur Bewegungsrichtung und $\boldsymbol{\nu}$ normal dazu. Die zum Hoch (höheres Geopotenzial Φ) gerichtete Coriolis-Beschleunigung balanciert die zum Tief (geringeres Geopotenzial Φ) wirkende Druckgradientbeschleunigung.

Diese Vektorgleichung für den geostrophischen Wind $\boldsymbol{V_g}$ lautet für die zugehörigen kartesischen Komponenten u_g, v_g:

$$-f\,v_g + \frac{\partial \Phi}{\partial x} = 0 \qquad f\,u_g + \frac{\partial \Phi}{\partial y} = 0 \tag{8.48}$$

Das kann man auch in natürlichen Komponenten schreiben. Wendet man $\boldsymbol{\kappa} \times$ auf Gleichung (8.47) an, so ergibt sich mit $\boldsymbol{V_g} = V_g\,\boldsymbol{\sigma}$ und mit der Identität $\boldsymbol{\kappa} \times (\boldsymbol{\kappa} \times \boldsymbol{\sigma}) = -\boldsymbol{\sigma}$:

$$f\,\boldsymbol{\kappa} \times (\boldsymbol{\kappa} \times \boldsymbol{V_g}) + \boldsymbol{\kappa} \times \boldsymbol{\nabla}_p \Phi = 0$$
$$-f\,\boldsymbol{V_g} + \boldsymbol{\kappa} \times \left(\frac{\partial \Phi}{\partial s}\,\boldsymbol{\sigma} + \frac{\partial \Phi}{\partial n}\,\boldsymbol{\nu} \right) = 0 \tag{8.49}$$
$$-f\,V_g\,\boldsymbol{\sigma} + \frac{\partial \Phi}{\partial s}\,\boldsymbol{\nu} - \frac{\partial \Phi}{\partial n}\,\boldsymbol{\sigma} = 0$$

Der Leser übe sich im schnellen Umrechnen dieser horizontalen Vektoren. Vielleicht ist das aber gar zu vertrackt? Und vielleicht findet der Leser, dass die natürlichen Koordinaten weniger natürlich sind als die kartesischen. Wer das denkt, schreibe (8.49) in Komponentenform gemäß den Einheitsvektoren $\boldsymbol{\sigma}$ und $\boldsymbol{\nu}$:

$$\frac{\partial \Phi}{\partial s} = 0 \qquad f\,V_g + \frac{\partial \Phi}{\partial n} = 0 \tag{8.50}$$

Das ist einfacher als die kartesische Schreibweise (8.48), wenn auch dafür unsymmetrisch. In natürlichen Koordinaten wird der Windvektor nicht in Komponenten zerlegt, sondern bleibt ganz. Das ist in Abb. 8.8 illustriert: In Windrichtung $\boldsymbol{\sigma}$ ist der Potenzialgradient null. Der Potenzialgradient ist senkrecht zur Windrichtung (Vektor $\boldsymbol{\nu}$) gerichtet, und zwar nach links auf der Nordhalbkugel ($f > 0$) und nach rechts auf der Südhalbkugel ($f < 0$).

8.5   Der Gradientwind

Die natürlichen Koordinaten sind für den Gradientwind wie gemacht. Hier wird zwar weiterhin die Tangentialbeschleunigung, nicht aber die Normalbeschleunigung vernachlässigt:

$$\frac{\partial \Phi}{\partial s} = 0 \qquad \frac{V^2}{R} + fV + \frac{\partial \Phi}{\partial n} = 0 \qquad\qquad (8.51)$$

Luftpartikel können sich also wie bei Tornados auf Kreisbahnen bewegen. An dieser Stelle ist eine Bemerkung zu den Begriffen *Zentrifugalbeschleunigung* und *Zentripetalbeschleunigung* angebracht, die gern verwechselt werden. Beides sind *Normalbeschleunigungen*, also senkrecht zum Geschwindigkeitsvektor; sie treten nur bei gekrümmter Bahnkurve auf und sind einander entgegengesetzt. Die Zentrifugalkraft versucht, das Fluidelement auf der geraden Bahn zu halten, beschleunigt es also vom Mittelpunkt des Krümmungskreises weg nach außen; die Zentripetalkraft dagegen versucht, das Fluidelement auf der Kreisbahn zu halten, beschleunigt es also zum Mittelpunkt des Krümmungskreises hin nach innen.

Wir führen nun die Rossby-Zahl *Ro* ein. Sie vergleicht die Normalbeschleunigung V^2/R mit derjenigen aufgrund der Rotation der Erde, ausgedrückt durch fV:

$$\frac{V}{fR} = Ro \qquad\qquad (8.52)$$

Typische Werte für die Rossby-Zahl liegen bei 0.1. Bei kleinen Krümmungen hat man es mit größeren Rossby-Zahlen zu tun. Zwischen dem Gradientwind V und der geostrophischen Näherung V_g besteht also der Zusammenhang:

$$\frac{V^2}{R} + fV - fV_g = 0 \qquad\qquad (8.53)$$

Das lässt sich mithilfe der Rossby-Zahl ausdrücken:

$$\frac{V_g}{V} = 1 + Ro \qquad\qquad (8.54)$$

Der reale Wind ist größtenteils der Gradientwind V. Je nach Art der Abweichung vom geostrophischen Wind spricht man vom *subgeostrophischen* Wind ($V < V_g$) bzw. vom *supergeostrophischen* Wind ($V > V_g$).

8.6   Kinematische Größen des Strömungsfelds

Jede der Komponenten des horizontalen Geschwindigkeitsvektors kann man *in Richtung* dieser Komponente und *normal zur Richtung* dieser Komponente differenzieren. Beides liefert kinematisch verschiedene Größen, die man außerdem noch unterschiedlich kombinieren kann. Als relevant stellen sich dabei Divergenz, Rotation, Scherung und

Streckung heraus. Die beiden ersten sind die wichtigsten; sie sind gegen Koordinatentransformationen invariant. Diese behandeln wir zuerst, zusätzlich im Zusammenhang mit den für sie geltenden Integralsätzen.

Eine erste Übersicht über die Rolle der Integralsätze ergibt sich aus folgender Überlegung: Es gibt Kurvenintegrale, Flächenintegrale und Volumenintegrale. Der *Gaußsche Integralsatz* vermittelt zwischen einem geeignet formulierten Volumenintegral und einem Flächenintegral. Entsprechend vermittelt der *Stokessche Integralsatz* zwischen einem geeignet formulierten Flächenintegral und einem Linienintegral.

8.6.1   Die Divergenz

Die allgemeine Definition der Divergenz $\nabla \cdot \boldsymbol{F}$ eines Vektors $\boldsymbol{F}$ wird im Anhang gegeben. Hier interessieren wir uns für den Spezialfall der horizontalen Divergenz des Windvektors.

Die Winddivergenz in verschiedenen Koordinatensystemen

Die Divergenz des horizontalen Windvektors $\boldsymbol{V}$ lautet in kartesischen Koordinaten:

$$\boxed{\delta = \nabla \cdot \boldsymbol{V} = \frac{\partial u}{\partial x} + \frac{\partial v}{\partial y}} \tag{8.55}$$

und in natürlichen Koordinaten (vgl. Abb. 8.7):

$$\nabla \cdot \boldsymbol{V} = \delta = \left(\boldsymbol{\sigma} \, \frac{\partial}{\partial s} + \boldsymbol{\nu} \, \frac{\partial}{\partial n} \right) \cdot (V \, \boldsymbol{\sigma}) = \frac{\partial V}{\partial s} + V \, \frac{\partial \beta}{\partial n} \tag{8.56}$$

Der erste Term rechts wird als *Geschwindigkeitsdivergenz*, der zweite als *Richtungsdivergenz* bezeichnet.

Die Divergenz in generalisierten Koordinaten wird im nächsten Kapitel im Zusammenhang mit der Kontinuitätsgleichung behandelt.

Der Gaußsche Integralsatz

Dieser Satz verknüpft das Volumenintegral über die Divergenz eines Vektorfeldes $\boldsymbol{F}$ mit dem Oberflächenintegral von $\boldsymbol{F}$. Dazu betrachten wir in Abb. 8.9 ein von $\boldsymbol{F}$ durchdrungenes Kontrollvolumen V. Die Projektion des Vektorfeldes auf die Normalvektoren der Oberfläche des Volumens, integriert über die gesamte Oberfläche Σ, stellt den Fluss B des Vektors $\boldsymbol{F}$ aus dem Volumen heraus dar:

$$\boxed{B = \int_{\Sigma} \boldsymbol{F} \cdot \boldsymbol{n} \, \mathrm{d}\Sigma} \tag{8.57}$$

Das Vorzeichen von B (positiv nach außen) wird durch die Konvention festgelegt, dass der Normalenvektor auf der Oberfläche des abgeschlossenen Volumens nach außen

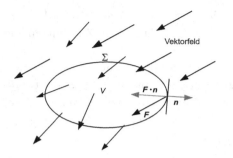

Abb. 8.9 Ein Volumen V mit der Oberfläche Σ werde von einem Vektorfeld $\boldsymbol{F}$ durchdrungen. An jedem Punkt von Σ lässt sich der nach außen zeigende Normalenvektor $\boldsymbol{n}$ definieren. Man bildet nun die Projektion von $\boldsymbol{F}$ auf $\boldsymbol{n}$. Der Fluss B ist definiert als das Flächenintegral dieser Projektion über die gesamte Oberfläche.

positiv gerechnet werden soll. Das Integral in Gleichung (8.57) ist über die gesamte *abgeschlossene* Oberfläche des Kontrollvolumens zu erstrecken; nur so ist ja die Definition eines Gesamtausflusses sinnvoll. Dieses Oberflächenintegral ist nun gleich dem Volumenintegral über die Divergenz des Vektorfeldes $\boldsymbol{F}$:

$$\int_{\Sigma} \boldsymbol{F} \cdot \boldsymbol{n} \, \mathrm{d}\Sigma = \int_{V} \boldsymbol{\nabla} \cdot \boldsymbol{F} \, \mathrm{d}V \tag{8.58}$$

Das ist der *Gaußsche Integralsatz*, der in der Vektoranalysis bewiesen wird. In der theoretischen Meteorologie und Klimatologie benötigt man den Gaußschen Satz vor allem bei den Haushalten, d. h. bei den Bilanzen der Erhaltungsgrößen (Masse, Energie, Impuls).

8.6.2 Die Vorticity

Die allgemeine Definition der Rotation $\boldsymbol{\zeta} = \boldsymbol{\nabla} \times \boldsymbol{v}$ des Windvektors $\boldsymbol{v}$ ist im Anhang gegeben. Hier interessieren wir uns für den Spezialfall der Vorticity des horizontalen Windvektors; das ist die Projektion von $\boldsymbol{\zeta}$ auf die lokale Senkrechte.

Die Windvorticity in verschiedenen Koordinatensystemen

Die *Vorticity* des horizontalen Windvektors $\boldsymbol{V}$ ist die Projektion des dreidimensionalen Rotationsvektors $\boldsymbol{\nabla} \times \boldsymbol{v}$ auf die lokale Vertikale. Sie lautet in kartesischen Koordinaten:

$$\zeta = \boldsymbol{\kappa} \cdot (\boldsymbol{\nabla} \times \boldsymbol{v}) = \boldsymbol{\kappa} \cdot (\nabla \times \boldsymbol{V}) = \frac{\partial v}{\partial x} - \frac{\partial u}{\partial y} \tag{8.59}$$

und in natürlichen Koordinaten:

$$\zeta = \boldsymbol{\kappa} \cdot \boldsymbol{\zeta} = \boldsymbol{\kappa} \cdot (\nabla \times \boldsymbol{V}) = \boldsymbol{\kappa} \cdot \left(\boldsymbol{\sigma} \frac{\partial}{\partial s} + \boldsymbol{\nu} \frac{\partial}{\partial n} \right) \times (V \, \boldsymbol{\sigma}) = V \frac{\partial \beta}{\partial s} - \frac{\partial V}{\partial n} \tag{8.60}$$

Der erste Term rechts wird als *Krümmungs-Vorticity*, der zweite als *Scherungs-Vorticity* bezeichnet.

Der Stokessche Integralsatz

Dieser Satz verknüpft das Oberflächenintegral über die Rotation eines Vektorfeldes $\boldsymbol{F}$ mit dem Linienintegral von $\boldsymbol{F}$. Wir interessieren uns für den Spezialfall, dass es sich

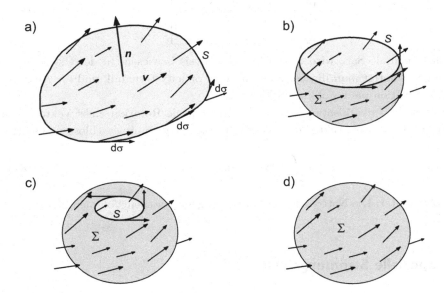

Abb. 8.10 a) Nach dem Satz von Stokes ist das Linienintegral rings um eine Fläche Σ über das Skalarprodukt eines Vektorfeldes v mit den Linienelementen σ gleich dem Integral des Rotors $\nabla \times v$ dieses Vektorfeldes, skalar multipliziert mit dem Einheitsvektor n über die gesamte eingeschlossene Fläche Σ. b) Die Form der eingeschlossenen Fläche ist beliebig, also kann man sie auch als Halbkugel unterhalb des Integrationsrings annehmen. c) Nun kann man sich auch vorstellen, wie sich diese Fläche immer weiter krümmt, bis man es mit einer Kugeloberfläche zu tun hat, wobei die ursprüngliche Berandungslinie zum Rand eines Loches in der Kugel wird. d) Gleichung (8.62) gilt auch dann noch, wenn das Integrationsgebiet zugleich mit dem Loch verschwindet und das Integral über die geschlossene Linie damit ebenfalls verschwindet. Dies bedeutet zugleich, dass der Fluss der Zirkulation bzw. Vorticity durch die Oberfläche verschwindet bzw. im Volumen erhalten bleibt.

bei $\boldsymbol{F}$ um den Windvektor $\boldsymbol{v}$ handelt. Dazu betrachten wir die *Zirkulation* Z. Das ist die über eine geschlossene Kurve $\mathrm{d}s$ integrierte Projektion von $\boldsymbol{v}$ auf diese Kurve:

$$Z = \oint \boldsymbol{v} \cdot \mathrm{d}\boldsymbol{\sigma} = \oint \boldsymbol{v} \cdot \boldsymbol{\sigma}\, \mathrm{d}s = \oint v_\sigma\, \mathrm{d}s \qquad (8.61)$$

Man kann nun in diese geschlossene Kurve eine Fläche einspannen, von der man nur fordert, dass sie überall stetig und differenzierbar sein soll. Eine einfache Modellvorstellung dazu ist ein Schmetterlingsnetz: Der offene Rahmen ist die geschlossene Kurve, und das Netz ist die Fläche (siehe Abb. 8.10 b).

Weiterhin kann man die Projektion der Vorticity auf den Normalvektor der Fläche n über die gesamte Oberfläche bis zum Rand integrieren. Man erhält damit den Fluss der Vorticity durch die Oberfläche Σ. Der *Stokessche Integralsatz* besagt nun:

$$Z = \int\limits_{\Sigma} (\boldsymbol{\nabla} \times \boldsymbol{v}) \cdot \boldsymbol{n} \, \mathrm{d}\Sigma \qquad (8.62)$$

Dieser fundamentale Satz wird in der Vektoranalysis bewiesen. In der theoretischen Meteorologie benötigt man ihn vor allem in der Vorticity-Dynamik und für Aussagen über die Zirkulation bei barokliner Schichtung.

Der Stokessche Integralsatz besagt insbesondere: Die Rotation eines Vektorfeldes, projiziert auf den Normalvektor und integriert über die gesamte geschlossene Oberfläche, verschwindet:

$$\int\limits_{\Sigma} (\boldsymbol{\nabla} \times \boldsymbol{v}) \cdot \boldsymbol{n} \, \mathrm{d}\Sigma = 0 \qquad (8.63)$$

Daraus folgt weiter: Die Netto-Vorticity in einem geschlossenen Volumen bleibt erhalten.

8.6.3 Spezielle Strömungsfelder

In den Abbildungen 8.11 und 8.12 sind Spezialfälle von Strömungsfeldern dargestellt, um Begriffe wie Streckung, Scherung, Divergenz, Konvergenz und Rotation bzw. Vorticity zu veranschaulichen.

Abb. 8.11 a zeigt den Fall einer Streckung (Dilatation) bzw. Divergenz, jedoch ohne Scherung und Rotation. Das Teilbild b) demonstriert ein zur Stauchung (Kontraktion) bzw. Konvergenz führendes Strömungsfeld, auch wieder ohne Scherung und Rotation. Ein Fluid im Strömungsfeld c) erfährt eine Scherung und eine damit einhergehende negative Vorticity, jedoch keine Streckung bzw. Divergenz. Eine positive Vorticity aufgrund einer Scherung ist im Strömungsfeld d) dargestellt; wiederum liegt keine Divergenz vor. Ob die Vorticity positiv oder negativ ist, erkennt man am Umdrehungssinn eines in die Strömung gebrachten Körpers. Die Indizes x und y an den Geschwindigkeitskomponenten u und v stehen für die jeweilige Koordinate, nach der abgeleitet wird.

Abb. 8.12 ist eine Kombination der Spezialfälle aus Abb. 8.11. Teilbild a) zeigt *reine Streckung*: Also Streckung in x-Richtung und Stauchung in y-Richtung; Scherung, Rotation und Divergenz ist in dieser Strömung nicht vorhanden. Eine Deformation durch *reine Scherung* in beiden Koordinatenrichtungen erfährt ein Fluid im Strömungsfeld b); in diesem Feld gibt es weder Streckung noch Rotation noch Divergenz. Im Fall c) hat das Fluid *reine Vorticity*, und zwar positive Krümmungs-Vorticity (Fall starrer Rotation); das Fluid wird weder durch Streckung noch durch Scherung deformiert, und es ist ebenso wenig divergent. Fall d) zeigt *reine Divergenz*: Das Strömungsfeld zieht das Fluid auseinander; Scherung, Rotation und Streckung liegen nicht vor.

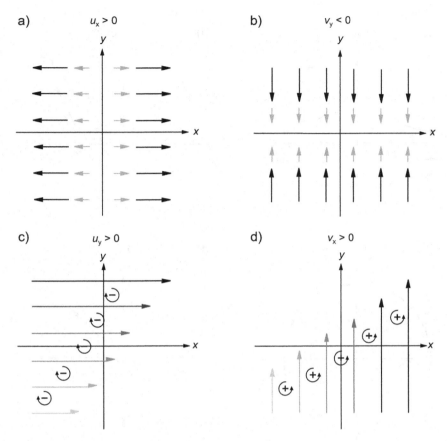

Abb. 8.11 Spezialfälle von Strömungsfeldern. a) Streckung bzw. Divergenz. b) Stauchung bzw. Konvergenz. c) Negative Scherung bzw. Vorticity. d) Positive Scherung bzw. Vorticity.

8.7 f-Ebene und β-Ebene

Die Erdrotation ist die Grundlage für den Coriolis-Parameter $f = 2\,\Omega\,\sin\varphi$. Dieser ist die Projektion des Vektors Ω der Winkelgeschwindigkeit der Erde auf die lokale Senkrechte. Die Größe f ist wegen der Rolle des geostrophischen Windes ganz zentral für die Dynamik atmosphärischer Vorgänge.

Für viele Fragen kann man f als konstant ansehen. Man nennt diese Vereinfachung das *Modell der f-Ebene*. Anschaulich kann man es sich durch eine kegelförmige Erde vorstellen, bei der die Erdachse durch die Spitze des Kegels verläuft. Auf einer solchen Erde ist die Projektion von Ω auf die lokale Senkrechte überall gleich, f also konstant.

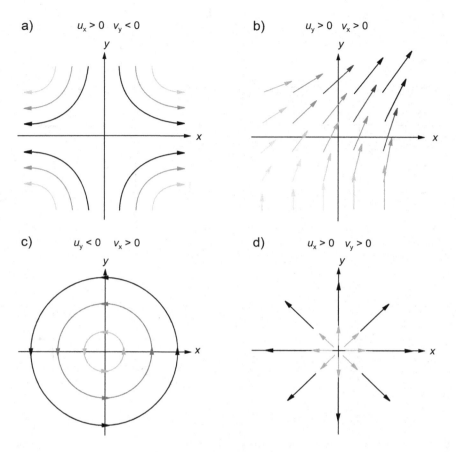

Abb. 8.12 Spezialfälle von Strömungsfeldern. a) Reine Streckung/Stauchung. b) Reine Scherung. c) Reine Krümmungs-Vorticity. d) Reine Divergenz.

Wenn man die Breitenabhängigkeit von f berücksichtigen will, so ist die erste Näherung die lineare. Diese verschafft man sich durch die Taylorentwicklung von f in meridionaler Richtung, speziell bei der Koordinate y_0:

$$f(\varphi) = \underbrace{f(y_0)}_{f_0} + \underbrace{\frac{\mathrm{d}f}{\mathrm{d}y}}_{\beta}(y - y_0) = f_0 + \beta\,(y - y_0) \tag{8.64}$$

Die Konstante f_0, das erste Glied der Entwicklung, ist bei weitem der größte Anteil. Mit dem Betrag $\Omega = 2\pi/(24\,\mathrm{h})$ der Winkelgeschwindigkeit kommt man in der geographischen Breite 43° auf einen Coriolis-Parameter von $f = 1.0 \cdot 10^{-4}\ \mathrm{s}^{-1}$. Dieser Zahlenwert wird für viele Abschätzungen in mittleren Breiten verwendet.

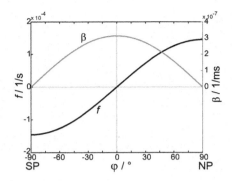

Abb. 8.13 Coriolis-parameter f (durchge-zogen) und dessen meridionale Änderung β, der Beta-Parameter (gestrichelt), als Funktion der geographischen Breite.

Die Ableitung von f nach y ist der so genannte *Beta-Parameter*, der die Dynamik der Rossby-Wellen beherrscht. Für ihn gilt (wobei a der Erdradius ist):

$$\beta = \frac{2\,\Omega\,\cos\varphi}{a} \approx (2.28 \cdot 10^{-11}\,\cos\varphi)\,\mathrm{m}^{-1}\mathrm{s}^{-1} \tag{8.65}$$

Auch für tiefer gehende Fragen der dynamischen Meteorologie kann man β gewöhnlich in einer gar nicht so kleinen Umgebung von y_0 (mehrere tausend Kilometer) als konstant ansehen. Man nennt diese Vereinfachung das *Modell der β-Ebene*. Das Wort „Ebene" ist hier jedoch mit Vorsicht zu interpretieren. Im Unterschied zur f-Ebene darf man sich die β-Ebene nicht als Tangentialebene an die Erdoberfläche an jenem Punkt vorstellen, an dem man die Taylorentwicklung durchführt.

Die Kurven von f und β sind in Abb. 8.13 aufgetragen. Der Wert von f ist auf der Südhalbkugel negativ und auf der Nordhalbkugel positiv; am Äquator verschwindet f. Dagegen ist β nirgends negativ, am Äquator maximal und an den Polen gleich null.

9 Die Kontinuitätsgleichung

Wir beginnen mit Vorbetrachtungen zur Erhaltung der Anzahl von Autos in einer Autoschlange oder der Anzahl driftender Kugeln. Dabei zeigt sich, dass man dazu die Kontinuitätsgleichung benötigt.

9.1   Die Kontinuitätsgleichung

Die Kontinuumshypothese besagt, dass ein Fluidpaket beliebig oft teilbar ist, so dass die hier anschließend besprochenen Grenzübergänge mathematisch durchführbar sind. Angesichts der „Körnigkeit" der Materie (die in der Atom- und der Quantenphysik eine Rolle spielt) kann diese Hypothese nicht richtig sein, sondern muss bei Größenordnungen wie dem von Atomdurchmessern versagen. Zur Lösung dieses Problems übernehmen wir das Denkmodell von Bachelor (1967), das im Wesentlichen folgendes besagt: Die Limesbildungen werden bis in eine Größenordnung geführt, in der die Differenzenquotienten, also die angestrebten Grenzwerte, ausreichend unabhängig von der Verkleinerung des Volumens sind. Sogar in einem Luftvolumen von beispielsweise $(10^{-2}$ mm$)^3$ befinden sich unter Normalbedingungen noch etwa $3 \cdot 10^{10}$ Moleküle. Das ist mehr als genug, damit der Mittelwert der Lufteigenschaften unabhängig von ihrer Anzahl ist. In diesem submikroskopischen Bereich ist das über mehrere Größenordnungen hinweg der Fall. Und dort hören wir auf und fragen nicht danach, ob in einem noch kleineren Bereich nicht am Ende neue Probleme auftreten.

9.1.1 Fluidvolumen und Divergenz

Dem wichtigen, schon im Strahlungskapitel betrachteten Divergenzbegriff nähern wir uns zunächst vom eindimensionalen Fall her und weiten ihn dann auf zwei und drei Dimensionen aus.

1D-Modell: Autoschlange

Wir beginnen mit dem Beispiel einer Autoschlange (Abb. 9.1). Dazu stellen wir uns vor, dass die Autos auf einer Einbahnstraße alle hintereinander fahren und jedes eine Nummer a hat. Der Abstand auf der Straße sei die Koordinate x, und das Auto mit der Nummer a befinde sich zum Zeitpunkt t daher an der Stelle $x(a,t)$. Wir fassen jetzt die Parameter der beiden schwarzen Autos im Bild zu den Zeitpunkten 1 und 2 ins Auge und notieren beispielsweise die folgenden Werte:

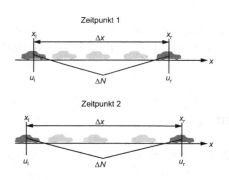

Abb. 9.1 Das Autoschlangenmodell. Zwischen zwei (schwarz gezeichneten) Fahrzeugen bei x_l und bei x_r mit dem Abstand Δx voneinander mögen sich ΔN weitere Fahrzeuge befinden. Während sich ΔN im Laufe der Zeit nicht ändern kann, kann sich Δx sehr wohl ändern. Vom Zeitpunkt t_1 bis zum Zeitpunkt t_2 hat sich beispielsweise Δx vergrößert, was einer Divergenz des Geschwindigkeitsfeldes und einer Abnahme der Fahrzeugdichte entspricht.

$$\text{Zeitpunkt 1:} \quad a_l = 17 \quad a_r = 22 \quad x_l = 15.0 \text{ km} \quad x_r = 15.9 \text{ km} \tag{9.1}$$

$$\text{Zeitpunkt 2:} \quad a_l = 17 \quad a_r = 22 \quad x_l = 16.8 \text{ km} \quad x_r = 17.9 \text{ km} \tag{9.2}$$

Der Zeitpunkt 2 liege gerade 1 Minute später als der Zeitpunkt 1. Für die Geschwindigkeiten u_l und u_r der Autos gilt dann

$$\text{Linkes Auto:} \quad \frac{x(17,2) - x(17,1)}{1 \text{ min}} = \frac{1.8 \text{ km}}{\text{min}} = \frac{108 \text{ km}}{\text{h}} = u_l \tag{9.3}$$

$$\text{Rechtes Auto:} \quad \frac{x(22,2) - x(22,1)}{1 \text{ min}} = \frac{2.0 \text{ km}}{\text{min}} = \frac{120 \text{ km}}{\text{h}} = u_r \tag{9.4}$$

Der Abstand zwischen den Autos ist $x_r - x_l = \Delta x$, sodass sich folgende Werte ergeben:

$$\text{Zum Zeitpunkt 1:} \quad \Delta x = 0.9 \text{ km} \quad \text{Zum Zeitpunkt 2:} \quad \Delta x = 1.1 \text{ km} \tag{9.5}$$

Die relative Änderung dieses Abstands mit der Zeit ist

$$\frac{1}{\Delta x} \frac{\Delta x_r - \Delta x_l}{\Delta t} = \frac{1}{\Delta x} \left(\frac{\Delta x_r}{\Delta t} - \frac{\Delta x_l}{\Delta t} \right) = \frac{u_r - u_l}{x_r - x_l} = \frac{12 \text{ km/h}}{\text{km}} = 3.3 \cdot 10^{-3} \text{ s}^{-1} \tag{9.6}$$

Wenn man den Abstand der Autos gegen null gehen lässt, so ergibt sich der Grenzwert dieses Differenzenquotienten:

$$L_x = \lim_{\Delta x \to 0} \frac{1}{\Delta x} \frac{\partial \Delta x}{\partial t} = \frac{\partial u(x,t)}{\partial x} \tag{9.7}$$

Darin ist L_x die *relative zeitliche Abstandsänderung*. Die Geschwindigkeit u als zeitliche Ableitung von x haben wir mit den partiellen Symbolen geschrieben ($\partial/\partial t$), weil die sich ändernden Koordinaten x_l und x_r ja auch noch von den Nummern der Autos abhängen, und diese bleiben bei der Zeitableitung konstant. Der letzte Ausdruck rechts ist die (hier eindimensionale) *Divergenz des Geschwindigkeitsfeldes*. Im numerischen Beispiel in Gleichung (9.6) ist $\Delta u/\Delta x$ positiv, was einer wirklichen Divergenz (wörtlich: einem „Auseinandergehen") entspricht und dazu passt, dass das rechte Auto etwas schneller fährt als das linke, wodurch sich die Kolonne auseinander zieht. Wenn die Autos, vor einer Ampel oder im Stau, enger zusammenrücken, liegt eine *Konvergenz* vor, wobei $\partial u(x,t)/\partial x$ negativ ist.

Auch für die *Anzahl* der Autos im Intervall Δx können wir diese Überlegung durchführen. Aber diese Anzahl ändert sich natürlich nicht, obwohl sich der Abstand der Autos ändert. Auf diesen wesentlichen Unterschied kommen wir erst im nächsten Kapitel zurück, wenn es um die Erhaltung der Teilchenzahl und der Masse geht.

2D-Modell: Schwimmende Bälle

Als Nächstes betrachten wir die Änderung der durch die Koordinaten x und y gegebenen Fläche A in einem Schwimmbecken. Wir stellen uns vor, dass sich Bälle in einem Rechteck befinden, welches auf der Wasseroberfläche durch schwimmende Absperrbänder in x- und in y-Richtung markiert ist. Die Bälle haben Nummern, aber nicht als durchgezählte Zahlen, sondern mit einem zweiteiligen Index (a, b), der eine zweidimensionale Verallgemeinerung der obigen Autokoordinate a ist: Die erste Nummer a sei hier die x-Koordinate und die zweite Nummer b die y-Koordinate zu Beginn des Experiments. Durch die Nummerierung halten wir die Identität der Bälle fest, denn die Identität müssen wir garantieren, weil wir sonst die Geschwindigkeit der Bälle nicht feststellen können. Die Ränder links und rechts seien x_l, x_r in x-Richtung; die Ränder

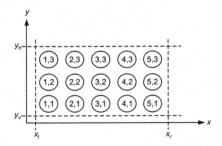

Abb. 9.2 Bälle auf der Wasseroberfläche eines Schwimmbeckens, zur Identifizierung mit je zwei Indizes versehen.

vorne und hinten seien y_v, y_h in y-Richtung. Die Fläche des Rechtecks ist dann gegeben durch

$$\Delta A = \Delta x \, \Delta y = (x_r - x_l)(y_h - y_v) \tag{9.8}$$

Die zugehörigen Geschwindigkeitskomponenten seien u_l, u_r und v_v, v_h. Wenn die Bälle durch die Schwimmbewegungen auseinander driften, gehen die Absperrbänder mit, wodurch sich ΔA vergrößert. Auseinander fließende Wolkengebilde bieten, von Satelliten aus gesehen, vielfach solche Vorgänge in großem Maßstab. Wesentlich für unsere Überlegungen ist hier, dass die Bälle den Bereich der Fläche ΔA nicht verlassen, auch wenn sich die Fläche (die *materielle Fläche*) verändert.

Für die relative Änderung dieser Fläche mit der Zeit gilt

$$\frac{1}{\Delta A} \frac{\partial \Delta A}{\partial t} = \frac{1}{\Delta x \, \Delta y} \frac{\partial (\Delta x \, \Delta y)}{\partial t} = \frac{1}{\Delta x} \frac{\partial \Delta x}{\partial t} + \frac{1}{\Delta y} \frac{\partial \Delta y}{\partial t} = \frac{u_r - u_l}{x_r - x_l} + \frac{v_h - v_v}{y_h - y_v} \tag{9.9}$$

Die Limesbildung ergibt die *Divergenz des 2D-Geschwindigkeitsfeldes*:

$$L_A = \lim_{\Delta A \to 0} \left(\frac{1}{\Delta A} \frac{\partial \Delta A}{\partial t} \right) = \frac{\partial u}{\partial x} + \frac{\partial v}{\partial y} \tag{9.10}$$

Darin ist L_A die *relative zeitliche Flächenänderung*.

3D-Modell: Lottokugeln

Zum Zweck der dreidimensionalen Verallgemeinerung betrachten wir die große Plexiglaskugel, in der die Lottokugeln durchmischt werden. Bei der wöchentlichen Ziehung der Lottozahlen liegen die Kugeln zu Beginn geordnet auf einem Brett. Wir stellen uns vor, dass die Kugeln nicht wie gewöhnlich linear durchnummeriert, sondern mit einem dreidimensionalen Index (a, b, c) gekennzeichnet sind. Sie befinden sich in einem *materiellen Volumen*, das sich zeitlich ändern kann, ganz so, wie sich die von den Bällen eingenommene Fläche auf der Wasseroberfläche ändern kann. Das drücken wir dadurch aus, dass wir zusätzlich die Vertikalkoordinate z mit den begrenzenden Werten z_o und z_u (oben bzw. unten) und die zugehörigen Geschwindigkeitskomponenten w_o, w_u einführen:

$$\Delta V = \Delta x \, \Delta y \, \Delta z = (x_r - x_l)(y_h - y_v)(z_o - z_u) \tag{9.11}$$

Für die zeitliche relative Änderung dieses Volumens gilt analog zu vorher:

$$\frac{1}{\Delta V} \frac{\partial \Delta V}{\partial t} = \frac{1}{\Delta x} \frac{\partial \Delta x}{\partial t} + \frac{1}{\Delta y} \frac{\partial \Delta y}{\partial t} + \frac{1}{\Delta z} \frac{\partial \Delta z}{\partial t} = \frac{u_r - u_l}{x_r - x_l} + \frac{v_h - v_v}{y_h - y_v} + \frac{w_o - w_u}{z_o - z_u} \tag{9.12}$$

Durch Limesbildung erhalten wir aus der relativen Volumenänderung die *Divergenz des 3D-Geschwindigkeitsfeldes*:

$$L_V = \lim_{\Delta V \to 0} \left(\frac{1}{\Delta V} \frac{\partial \Delta V}{\partial t} \right) = \frac{\partial u}{\partial x} + \frac{\partial v}{\partial y} + \frac{\partial w}{\partial z} \tag{9.13}$$

Darin ist L_V die *relative zeitliche Volumenänderung*.

9.1.2 Die Funktionaldeterminante

In den bisherigen drei Beispielen haben wir die Autos, Bälle und Lottokugeln sorgfältig nummeriert. Diese Identifizierbarkeit unserer Objekte wollen wir jetzt ausnutzen. Der eindimensionale Fall lässt bereits das Wesentliche erkennen.

1D-Funktionaldeterminante

Die Position x eines Objekts in Abb. 9.1 hängt ab davon, um welches Auto es sich handelt (Identifizierungskoordinate a) sowie davon, wann die Position eingenommen wird (Zeitkoordinate t). Also liegt die funktionale Abhängigkeit mit den beiden möglichen Ableitungen vor:

$$x = x(a,t); \qquad \frac{\partial x}{\partial a} = D(a,t) \qquad \frac{\partial x}{\partial t} = u(a,t) \qquad (9.14)$$

Hier nennen wir D die *Funktionaldeterminante* der Transformation von a auf x. Das entspricht der Vorstellung, dass von der Identifizierungskoordinate a eines Autos auf dessen Positionskoordinate x transformiert wird. Im Eindimensionalen klingt das etwas übertrieben; jedoch wird sich diese Bezeichnung im mehr als Eindimensionalen sogleich als zweckmäßig erweisen. Die andere Ableitung u ist natürlich die Geschwindigkeit.

Wir machen jetzt ernst mit der Transformation und nehmen an, dass wir bei u nicht wissen wollen, um welches Auto es sich handelt. Wir wollen also nicht $u = u(a,t)$ kennen, sondern wissen, wie schnell an der Stelle x gefahren wird, gleichgültig von welchem Auto; dazu müssen wir $u = u(x,t)$ betrachten.

Wovon hängt denn u nun eigentlich ab, von a und t oder von x und t? Die Antwort lautet: Von der Vorliebe des Betrachters. Wer die Geschwindigkeit eines Autos mit einer bestimmten Nummer zu jedem Zeitpunkt wissen will, der betrachtet $u(a,t)$. Wer dagegen zu jedem Zeitpunkt wissen will, wie schnell an einer bestimmten Stelle gefahren wird, der untersucht $u(x,t)$. Auf das Fluid übertragen: Die erste Betrachtungsweise ist die des Ballonfahrers, der mit der Luftströmung mitdriftet und wissen will, wie schnell sein Ballon vorankommt. Die zweite Betrachtungsweise ist die des messenden Meteorologen, der wissen will, wie stark der Wind an seinem Instrument vorbei weht. Beide Betrachtungsweisen sind legitim und sinnvoll.

Nun erhebt sich aber eine weitere Frage: Wenn ich $u = u(x,t)$ verwende, darf ich dann trotzdem die Ableitung $\partial u/\partial a$ bilden, obwohl u von a gar nicht mehr abzuhängen scheint? Natürlich – ich muss nur die Kettenregel beachten:

$$\frac{\partial u}{\partial a} = \frac{\partial}{\partial a} u[x(a,t),t] = \frac{\partial u}{\partial x} \underbrace{\frac{\partial x}{\partial a}}_{=D} \qquad (9.15)$$

Andererseits kann ich die Ableitung $\partial u/\partial a$ auch ohne Verwendung der x-Koordinate bilden:

$$\frac{\partial u}{\partial a} = \frac{\partial}{\partial a} u(a,t) = \frac{\partial}{\partial a} \frac{\partial x}{\partial t} = \frac{\partial}{\partial t} \underbrace{\frac{\partial x}{\partial a}}_{=D} = \frac{\partial D}{\partial t} \qquad (9.16)$$

Dabei habe ich ausgenutzt, dass ich die partiellen Ableitungen nach a und nach t vertauschen darf, solange es sich um stetig differenzierbare Funktionen handelt. Diese Annahme ist das Grundaxiom der Kontinuumsphysik, das als gültig angesehen und nicht hinterfragt wird. Gleichsetzen von (9.15) und (9.16) sowie Dividieren durch D ergibt

$$\boxed{\frac{1}{D}\frac{\partial D}{\partial t} = \frac{\partial u}{\partial x}} \tag{9.17}$$

Links steht die relative Zeitableitung der Funktionaldeterminante, rechts die Divergenz des Geschwindigkeitsfeldes. Gleichung (9.17) ist der Prototyp der *fluiddynamischen Kontinuitätsgleichung*.

Warum so ein großes Wort? Eigentlich sieht doch (9.17) nicht sehr aufregend aus. Und wozu dient der Umweg über (9.15)? Hätte man die Zeitableitung von D nicht direkt bilden können? Natürlich, jedoch reproduziert man damit nur (9.16). Um zu (9.17) zu kommen, muss man die Transformation $x(a,t)$ explizit in die Argumentliste von u einbringen, d.h. man muss (9.15) bilden – das ist gar kein Umweg.

Bevor wir die Aussage über die fluiddynamische Kontinuitätsgleichung weiter vertiefen, verallgemeinern wir Gleichung (9.17) auf mehr Dimensionen.

2D-Funktionaldeterminante

Die Sache wird spannend (und arbeitsintensiv), wenn wir ein zweidimensionales Problem vor uns haben, mit folgenden Transformationsformeln:

$$x = x(a,b,t) \qquad y = y(a,b,t) \tag{9.18}$$

Für die Geschwindigkeiten liegen dann diese beiden möglichen Abhängigkeiten vor:

$$\frac{\partial x}{\partial t} = u(a,b,t) = u(x,y,t) \qquad \frac{\partial y}{\partial t} = v(a,b,t) = v(x,y,t) \tag{9.19}$$

Wenn wir jetzt u, v als Funktionen von x, y, t betrachten, aber anschließend nach a, b, t ableiten wollen, müssen wir in der Argumentliste (x, y, t) bei x und y die Transformationsformeln (9.18) beachten – eigentlich eine reine Selbstverständlichkeit. Die Quintessenz von (9.18) ist konzentriert in der zweidimensionalen Form der Funktionaldeterminante:[1]

$$\begin{vmatrix} \partial_a x & \partial_b x \\ \partial_a y & \partial_b y \end{vmatrix} = \partial_a x\,\partial_b y - \partial_b x\,\partial_a y = D(a,b,t) \tag{9.20}$$

---

[1]Ab hier benutzen wir eine selbsterklärende Kurzschreibweise für die partiellen Ableitungen: Hinter dem Symbol ∂ für die partielle Ableitung steht auf der gleiche Höhe das Symbol der Funktion, *welche* abgeleitet wird; und als Index an ∂ hängt das Symbol des Arguments, *nach welchem* abgeleitet wird.

Nun bilden wir einmal umständlich die Zeitableitung von D, unter Beachtung der Produktregel und der Kettenregel sowie der Vertauschbarkeit der partiellen Ableitungen:

$$
\begin{aligned}
\partial_t D &= (\partial_t\,\partial_a x)\,\partial_b y + \partial_a x\,(\partial_t\,\partial_b y) - (\partial_t\,\partial_b x)\,\partial_a y - \partial_b x\,(\partial_t\,\partial_a y) = \\
&= (\partial_a\,\underbrace{\partial_t x}_{=u})\,\partial_b y + \partial_a x\,(\partial_b\,\underbrace{\partial_t y}_{=v}) - (\partial_b\,\underbrace{\partial_t x}_{=u})\,\partial_a y - \partial_b x\,(\partial_a\,\underbrace{\partial_t y}_{=v}) = \\
&= (\partial_x u\,\partial_a x + \underbrace{\partial_y u\,\partial_a y}_{(*)})\,\partial_b y + \partial_a x\,(\underbrace{\partial_x v\,\partial_b x}_{(**)} + \partial_y v\,\partial_b y) \\
&\quad - (\partial_x u\,\partial_b x + \underbrace{\partial_y u\,\partial_b y}_{(*)})\,\partial_a y - \partial_b x\,(\underbrace{\partial_x v\,\partial_a x}_{(**)} + \partial_y v\,\partial_a y) \\
&= (\partial_x u + \partial_y v)\,(\partial_a x\,\partial_b y - \partial_b x\,\partial_a y) = (\partial_x u + \partial_y v)\,D
\end{aligned} \tag{9.21}
$$

In der vorletzten Formelzeile dieser Umrechnung heben sich die mit (*) und die mit (**) bezeichneten Größen gegenseitig auf. Am Ende erscheint wieder die Transformationsdeterminante. Dividieren durch D ergibt

$$
\boxed{\frac{1}{D}\frac{\partial D}{\partial t} = \frac{\partial u}{\partial x} + \frac{\partial v}{\partial y}} \tag{9.22}
$$

Links steht erneut die relative Zeitableitung der Funktionaldeterminante, rechts die Divergenz des Geschwindigkeitsfeldes, jetzt jedoch für den zweidimensionalen Fall.

3D-Funktionaldeterminante

Die Verallgemeinerung auf drei Dimensionen mit den Transformationsformeln

$$
x = x(a, b, c, t) \qquad y = y(a, b, c, t) \qquad z = z(a, b, c, t) \tag{9.23}
$$

liefert die Funktionaldeterminante

$$
\begin{vmatrix} \partial_a x & \partial_b x & \partial_c x \\ \partial_a y & \partial_b y & \partial_c y \\ \partial_a z & \partial_b z & \partial_c z \end{vmatrix} = D(a, b, c, t) \tag{9.24}
$$

Die zeitliche Ableitung von D, jetzt unter Beachtung von (9.23), geschieht analog zum zweidimensionalen Fall. Mit reiner, aber sehr aufwendiger Schreibarbeit ergibt sich letztlich:

$$
\boxed{\frac{1}{D}\frac{\partial D}{\partial t} = \frac{\partial u}{\partial x} + \frac{\partial v}{\partial y} + \frac{\partial w}{\partial z}} \tag{9.25}
$$

Das ist die 3D-Version der fluiddynamischen Kontinuitätsgleichung (9.17) bzw. (9.22). Die partielle Zeitableitung der Funktionaldeterminante ist unter Beachtung der Argumentliste (9.24) zu bilden. Dieser Hinweis ist hier eine Selbstverständlichkeit; seine Bedeutung wird im gleich folgenden Abschnitt über den Operator der totalen Zeitableitung noch klarer werden.

Die Funktionaldeterminante als Elementarvolumen

Was hat das Lottokugel-Modell (9.13) mit Gleichung (9.25) gemeinsam? Die Divergenz auf der rechten Seite. Also müssen auch die linken Seiten gleich sein:

$$\frac{1}{D}\frac{\partial D}{\partial t} = \lim_{\Delta V \to 0}\left(\frac{1}{\Delta V}\frac{\partial \Delta V}{\partial t}\right) \qquad (9.26)$$

Beides sind relative Zeitableitungen. Wegen dieser dynamischen Gleichheit bezeichnet man die Funktionaldeterminante als *Elementarvolumen*, obwohl D natürlich kein kartesisches Volumen ΔV ist. Es sei allerdings betont, dass Gleichung (9.13) zur Ableitung von (9.25) nicht benötigt wurde.

Schreibweisen für die Divergenz

Die Divergenz ist ein zentrales Kennzeichen des Geschwindigkeitsfeldes. Wir haben sie schon oben in der Fluidkinematik eingeführt, sind aber hier wieder mehrfach (und nicht zum letzen Mal) darauf gestoßen. Für die Divergenz des dreidimensionalen Geschwindigkeitsvektors gibt es (mindestens) sieben Schreibweisen, außerdem verschiedene Versionen für die 2D-Divergenz:

$$\text{Komponentenschreibweise:}\quad \frac{\partial u}{\partial x} + \frac{\partial v}{\partial y} + \frac{\partial w}{\partial z} \qquad (9.27)$$

$$\text{Komponentenschreibweise (verkürzt):}\quad \partial_x u + \partial_y v + \partial_z w \qquad (9.28)$$

$$\text{Tensorschreibweise:}\quad \frac{\partial v_i}{\partial x_i} = \frac{\partial v_j}{\partial x_j} = \frac{\partial v_k}{\partial x_k} = \ldots \qquad (9.29)$$

$$\text{Tensorschreibweise (verkürzt):}\quad \partial_i v_i \qquad (9.30)$$

$$\text{Schreibweise der Physiker:}\quad \frac{\partial \dot{x}_i}{\partial x_i} \qquad (9.31)$$

$$\text{Vektorschreibweise 1:}\quad \boldsymbol{\nabla} \cdot \boldsymbol{v} \qquad (\boldsymbol{\nabla} \text{ und } \boldsymbol{v} \text{ sind 3D-Vektoren}) \qquad (9.32)$$

$$\text{Vektorschreibweise 2:}\quad \operatorname{div} \boldsymbol{v} \qquad (9.33)$$

$$\text{2D-Divergenz, Bezeichnung:}\quad \delta = \frac{\partial u}{\partial x} + \frac{\partial v}{\partial y} \qquad (9.34)$$

$$\text{2D-Vektorschreibweise 1:}\quad \nabla \cdot \boldsymbol{V} \qquad (\nabla \text{ und } \boldsymbol{V} \text{ sind 2D-Vektoren}) \qquad (9.35)$$

$$\text{2D-Vektorschreibweise 2:}\quad \operatorname{Div} \boldsymbol{V} \qquad (9.36)$$

Die Vielzahl dieser Möglichkeiten, die Divergenz zu schreiben, unterstreicht ihre Bedeutung. Wir werden künftig ohne weitere Erklärung jeweils die zweckmäßigste Schreibweise verwenden.

Eine Bemerkung zur Tensorschreibweise (9.29): Die verschiedenen Ausdrücke in dieser Formel sollen darauf aufmerksam machen, dass beim zweimaligen Auftreten des gleichen Index über diesen zu summieren ist (sog. *gebundener Index* der Summationskonvention). Das bedeutet: Einen gebundenen Index darf man durch einen beliebigen anderen ersetzen, ohne dass die Formel sich ändert. Das kann sehr vorteilhaft bei der

Umformung von Tensorausdrücken sein und gilt natürlich ebenso für die Versionen
(9.30) und (9.31).

9.2 Generalisierte Koordinaten

Die *kartesischen Koordinaten* sind die begriffliche Grundlage der Fluiddynamik. Aber
wir haben jetzt ausführlich Nummerierungskoordinaten a, b, c benötigt, und die sind
nicht kartesisch. Außerdem: Kartesische Koordinaten auf der gekrümmten Erdoberfläche wirken künstlich. Es erhebt sich also die Frage: Welches sind die am besten
geeigneten Koordinaten, und wie transformiert man allgemein zwischen verschiedenen
Koordinatensystemen?

9.2.1 Einführung in die generalisierten Koordinaten

Die natürlichen Koordinaten auf der Erdoberfläche sind geographische Länge und Breite. Das sind keine Abstände, sondern Winkel. Zusammen mit dem Radius r bilden sie

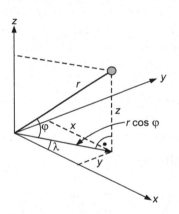

Abb. 9.3 Transformation von kartesischen
Koordinaten auf Kugelkoordinaten (λ:
geographische Länge, φ: geographische
Breite, r: Abstand vom Erdmittelpunkt):
$x = r \cos\varphi \cos\lambda$; $y = r \cos\varphi \sin\lambda$;
$z = r \sin\varphi$.

die *sphärischen Polarkoordinaten* oder *Kugelkoordinaten*. Wenn man mit kartesischen
Koordinaten x, y, z am Erdmittelpunkt startet, so kann man beide ineinander umre-
chen (Abb. 9.3).

Nun sind die Kugelkoordinaten offenbar nicht die einzigen alternativen Koordinaten
zur Beschreibung eines Geofluids. Wir denken uns daher die kartesischen Koordinaten in der kompakten Form des Ortsvektors (x_i) gegeben und verschaffen uns den
funktionalen Zusammenhang zu *generalisierten Koordinaten* (q_j) wie folgt:

$$x_1 = x_1(q_1, q_2, q_3, t) \qquad x_2 = x_2(q_1, q_2, q_3, t) \qquad x_3 = x_3(q_1, q_2, q_3, t) \qquad (9.37)$$

oder in unmittelbar verständlicher Kurzschreibweise:

$$x_i = x_i(q_j, t) \qquad (9.38)$$

Die Umrechnung der q_j auf die x_i geschieht wie vorher mit der Transformationsdeterminante (auch: *Jacobi-Determinante*), in der alle Ableitungen der x_i nach den q_j zusammengestellt sind. Andererseits hatten wir oben bereits die Identifizierungskoordinaten a, b, c, die man allgemein als *Lagrangesche Koordinaten a_l* bezeichnet. Damit kennen wir nun drei Umrechnungen zwischen kartesischem, generalisiertem und Lagrangeschem Koordinatensystem:

$$\left|\frac{\partial x_i}{\partial a_l}\right| = D_a^x \qquad \left|\frac{\partial x_i}{\partial q_j}\right| = D_q^x \qquad \left|\frac{\partial q_j}{\partial a_l}\right| = D_a^q \tag{9.39}$$

Wir unterscheiden sie durch die rechts angebrachten Indizes bzw. Exponenten. Die Transformation D_a^x zwischen den kartesischen und den Lagrangeschen Koordinaten ist unsere obige Determinante D.

Es ist nun ein glücklicher Umstand, dass die erste Determinante in (9.39) gleich dem Produkt der beiden anderen ist:

$$\boxed{D_a^x = D_q^x\, D_a^q} \tag{9.40}$$

Man kann also, statt von den x_i direkt zu den a_l zu transformieren, den Umweg über die q_j nehmen und dann von diesen zu den a_l weitergehen. Der Grund dafür ist der in (9.40) ausgedrückte *Determinantenmultiplikationssatz*, der eine Art Verallgemeinerung der Kettenregel der Differenziation ist. Der Leser überzeuge sich davon für den zweidimensionalen Spezialfall, bei dem der Rechenaufwand noch moderat ist. Dabei erkennt man, dass unsere Interpretation der x_i, q_j und a_l als kartesisch, generalisiert und Lagrangesch für die allgemeine Gültigkeit von (9.40) ohne jede Bedeutung ist. Wegen dieses Produktgesetzes kann man (9.40) beliebig um weitere dazwischen geschaltete Determinanten verlängern.

9.2.2 Das Differenzial und die Zeitableitung

Wie soll man die zeitliche Änderung einer Größe auffassen, wenn das Medium selbst strömt? Dies kann ein großes begriffliches Problem beim Einstieg in die Fluiddynamik sein. Um hier einen Zugang zu finden, betrachten wir eine beliebige Größe F, etwa die Temperatur oder den Geschwindigkeitsvektor. Die Änderung von F wollen wir uns näher ansehen.

Wir haben oben betont, dass es nur von der Vorliebe des Betrachters abhängt, wovon F abhängen soll. Daher können wir mit den drei eben definierten Koordinaten das Differenzial von F auf drei verschiedene Weisen schreiben:

$$\text{kartesisch} \quad F(x_i, t) \quad \Longrightarrow \quad \mathrm{d}F = \frac{\partial F}{\partial x_i}\,\mathrm{d}x_i + \frac{\partial F}{\partial t}\,\mathrm{d}t \tag{9.41}$$

$$\text{generalisiert} \quad F(q_j, t) \quad \Longrightarrow \quad \mathrm{d}F = \frac{\partial F}{\partial q_j}\,\mathrm{d}q_j + \frac{\partial F}{\partial t}\,\mathrm{d}t \tag{9.42}$$

$$\text{Lagrange} \quad F(a_l, t) \quad \Longrightarrow \quad \mathrm{d}F = \frac{\partial F}{\partial a_l}\,\mathrm{d}a_l + \frac{\partial F}{\partial t}\,\mathrm{d}t \tag{9.43}$$

An dieser Stelle sind die drei Systeme noch vollständig gleichberechtigt[2].

Das ändert sich aber, wenn wir für F den Ortsvektor $\boldsymbol{x}$ wählen. Die Änderung beispielsweise seiner ersten Komponente x haben wir oben im Bild des Autos so verstanden, dass dabei die Identität des bewegten Fluidpartikels erhalten bleiben soll. Das bedeutet, dass in (9.43) alle $\mathrm{d}a_l$ gleich null sein müssen. Wenn man jetzt durch $\mathrm{d}t$ dividiert, lautet (9.43) für $F = x$ im eindimensionalen Autoschlangenmodell (dort war $a_1 = a$ und $a_2 = a_3 = 0$):

$$x = x(a,t) \quad \Longrightarrow \quad \frac{\mathrm{d}x}{\mathrm{d}t} = \frac{\partial x}{\partial a} \underbrace{\frac{\mathrm{d}a}{\mathrm{d}t}}_{=0} + \frac{\partial x}{\partial t} = \frac{\partial x}{\partial t} = u(a,t) \tag{9.44}$$

Das ist die Betrachtungsweise von Abb. 9.1. Etwas anderes als $\mathrm{d}a_l/\mathrm{d}t = 0$ ergibt bei der Bildung des Geschwindigkeitsvektors $\boldsymbol{v}$ offenbar keinen Sinn, denn nur unter der Bedingung, dass die Identität des bewegten Fluidpartikels erhalten bleibt, kann dieser Vektor überhaupt definiert werden. Für die Komponenten x_i von $\boldsymbol{x}$ folgt

$$\frac{\mathrm{d}x_i(a_l,t)}{\mathrm{d}t} = \frac{\partial x_i(a_l,t)}{\partial a_l} \underbrace{\frac{\mathrm{d}a_l}{\mathrm{d}t}}_{=0} + \frac{\partial x_i(a_l,t)}{\partial t} = \frac{\partial x_i(a_l,t)}{\partial t} \tag{9.45}$$

Diese Überlegung hat in der Fluiddynamik weit reichende Folgen. Die totalen Differenziale in den obigen Gleichungen (9.41), (9.42) und (9.43) sind immer so zu verstehen, dass die Identität der bewegten Partikel gewahrt bleibt, d. h. formal $\mathrm{d}a_l = 0$ ist. Daraus ergeben sich (Division durch $\mathrm{d}t$) die beiden möglichen Schreibweisen für die stets gleiche Zeitableitung:

$$\text{kartesisch} \qquad F(x_i,t) \quad \Longrightarrow \quad \frac{\mathrm{d}F}{\mathrm{d}t} = \frac{\partial F}{\partial x_i}\frac{\mathrm{d}x_i}{\mathrm{d}t} + \frac{\partial F}{\partial t} \tag{9.46}$$

$$\text{generalisiert} \qquad F(q_j,t) \quad \Longrightarrow \quad \frac{\mathrm{d}F}{\mathrm{d}t} = \frac{\partial F}{\partial q_j}\frac{\mathrm{d}q_j}{\mathrm{d}t} + \frac{\partial F}{\partial t} \tag{9.47}$$

$$\text{Lagrange} \qquad F(a_l,t) \quad \Longrightarrow \quad \frac{\mathrm{d}F}{\mathrm{d}t} = \frac{\partial F}{\partial t} \tag{9.48}$$

Wieso zwei Schreibweisen, das sind doch drei?

Nein, es sind zwei, im Grunde genommen sogar nur eine. (9.47) ist die allgemeine, immer gültige Schreibweise, wenn die q_j die unabhängigen Argumente für die Festlegung des Fluidpartikels bezeichnen. Das können generalisierte Raumargumente q_j sein, siehe Gleichung (9.47). Das können kartesische Raumargumente x_i sein, siehe Gleichung (9.46), ein Spezialfall von (9.47). Das können Lagrangesche Argumente a_l sein, siehe Gleichung (9.48); nur muss man eben, wenn man die a_l wählt, der Identität der Fluidpartikel durch Beachtung von $\mathrm{d}a_l = 0$ Rechnung tragen.

---

[2]Der Leser vergesse nicht die Summationskonvention: In (9.41) ist über den gebundenen Index i zu summieren, in (9.42) über den gebundenen Index j und in (9.43) über den gebundenen Index l. In den Argumentlisten von F sind die Indizes natürlich anders gemeint: Beispielsweise ist $F(x_i,t)$ eine Kurzschreibweise für $F(x_1, x_2, x_3, t)$.

Die Stimmigkeit dieser Konstruktion erkennt man beispielsweise an dem Ausdruck dx_i/dt in (9.46). Das ist ja die Geschwindigkeitskomponente in x_i-Richtung. Insbesondere darf man $F = x_i$ wählen und in (9.48) einsetzen. Das liefert

$$v_i(a_1, t) = \frac{dx_i(a_1, t)}{dt} = \frac{\partial x_i(a_1, t)}{\partial t}, \tag{9.49}$$

und das ist die i-te Komponente des Geschwindigkeitsvektors in (9.45).

9.2.3   Der Operator der totalen Zeitableitung

Nun machen wir uns noch frei von der Funktion F und definieren die totale Zeitableitung als invarianten Operator:

$$\text{kartesisch, Argumentliste } (x_i, t): \qquad \frac{d}{dt} = \frac{\partial}{\partial t} + \dot{x}_i \frac{\partial}{\partial x_i} \tag{9.50}$$

$$\text{generalisiert, Argumentliste } (q_j, t): \qquad \frac{d}{dt} = \frac{\partial}{\partial t} + \dot{q}_j \frac{\partial}{\partial q_j} \tag{9.51}$$

$$\text{Lagrange, Argumentliste } (a_1, t): \qquad \frac{d}{dt} = \frac{\partial}{\partial t} \tag{9.52}$$

In diesen Definitionen kommen zwei verschiedene Zeitableitungen vor. Die erste ist der totale Operator d/dt auf den linken Seiten; dieser ist überall gleich und wird als *totalzeitliche, materielle, individuelle* oder *Lagrangesche* Ableitung bezeichnet. Die zweite ist der partielle Operator $\partial/\partial t$ auf den rechten Seiten; dieser ist überall verschieden und wird als als *lokalzeitliche, partielle* oder *Eulersche* Ableitung bezeichnet.

Für d/dt hat sich in der theoretischen Physik eine Kurzschreibweise eingebürgert, die wir für dieses und das nächste Kapitel übernehmen und in (9.50), (9.51) bereits verwendet haben: der darüber gesetzte Punkt. Damit schreiben wir insbesondere

$$\boxed{\frac{dx_i}{dt} = \dot{x}_i \qquad \frac{dq_j}{dt} = \dot{q}_j} \tag{9.53}$$

Zum Spaß kann man einmal die Lagrange-Koordinaten totalzeitlich ableiten. Ergebnis: $\dot{a}_1 = 0$, konsistent mit (9.52).

Wieso sind die $\partial/\partial t$ überall verschieden? Wegen der verschiedenen Argumentlisten. Warum wirkt sich das in d/dt nicht aus? Weil bei der Bildung von d/dt bei jeder Argumentliste, die von (a_1, t) abweicht, die Konstanz der a_1 dennoch implizit berücksichtigt wird. Wie kann man dessen sicher sein? Wieso kommt beispielsweise bei der Bildung von (9.46) dasselbe heraus wie bei (9.47), obwohl F in beiden Fällen verschiedene Argumentlisten hat, sodass die Ausdrücke rechts in beiden Gleichungen ganz verschieden sind, insbesondere $\partial F/\partial t$ in beiden verschieden ist?

Das garantiert der Differenzialkül. In der Analysis wird gezeigt (Theorem über implizite Funktionen), dass das totale Differenzial einer Funktion invariant ist, auch wenn man innerhalb der Argumentliste Koordinatentransformationen durchführt. Auf die Gleichheit von (9.46), (9.47) ist also unbedingt Verlass (natürlich darf man keinen Rechenfehler machen).

Noch eine Bemerkung zur Terminologie. Die Schreibweise (9.50) wird bisweilen „Eulersche Zerlegung", der Operator d/dt immer wieder „Euler-Operator" genannt. Das ist verwirrend, wenn wir gleichzeitig d/dt als Lagrangesche und $\partial/\partial t$ als Eulersche Zeitableitung bezeichnen. Wir empfehlen daher, die Ausdrücke „Eulersche Zerlegung" und „Euler-Operator" zu vermeiden.

Die Lagrangesche Ableitung wird bisweilen auch als „substantielle" Ableitung bezeichnet. Diesen Terminus wollen wir hier für die mit der Dichte multiplizierte totale Ableitung reservieren, vgl. Formel (10.20) weiter unten.

9.2.4 Die advektive Zeitableitung

In den überwiegend verwendeten kartesischen Koordinaten wird die Operatorgleichung (9.50) gewöhnlich in einer der beiden Formen geschrieben:

$$\boxed{\frac{d}{dt} = \frac{\partial}{\partial t} + v_i \frac{\partial}{\partial x_i} = \frac{\partial}{\partial t} + \boldsymbol{v} \cdot \boldsymbol{\nabla}} \tag{9.54}$$

Wenn man das nach dem lokalzeitlichen Glied auflöst, so entsteht die in Vorhersagemodellen viel benutzte Form dieser Umrechnung, hier angewandt auf eine beliebige skalare Funktion F:

$$\boxed{\frac{\partial F}{\partial t} = -\boldsymbol{v} \cdot \boldsymbol{\nabla} F + \frac{dF}{dt}} \tag{9.55}$$

Den ersten Term rechts bezeichnet man als *advektive* Zeitableitung von F. Den zweiten Term dF/dt schreibt man meist nicht aus, sondern eliminiert ihn durch eine anderweitig definierte Quellfunktion,

9.3 Die fluiddynamische Kontinuitätsgleichung

Die fundamentale Aussage der oben aufgestellten Formel (9.25) besteht in der Beziehung zwischen Elementarvolumen und Geschwindigkeitsfeld. Das macht (9.25) zur Grundgleichung der Analysis des Kontinuums, auf dem die gesamte Fluidphysik aufsetzt.

Wir haben diesen Zusammenhang als *fluiddynamische Kontinuitätsgleichung* bezeichnet, weil sie die Stetigkeit (Kontinuität) der beiden Felder miteinander verknüpft. Mit Ausnahme der Forderung, dass Transformationsdeterminante und Geschwindigkeitsfeld stetig differenzierbar sein sollen, wurden keine Voraussetzungen gemacht. Der wichtigste Gedanke bei der obigen Ableitung besteht in der Bedingung, *dass die Identität der strömenden Partikel gewahrt bleibt*. Irgendwelche Erhaltungseigenschaften (der

Teilchenzahl oder der Masse) sind in (9.25) nicht enthalten. Die fluiddynamische Kontinuitätsgleichung (9.25) lautet mit dem Operator der totalzeitlichen Ableitung:

$$\frac{1}{D}\frac{\mathrm{d}D}{\mathrm{d}t} = \boldsymbol{\nabla}\cdot\boldsymbol{v} \tag{9.56}$$

Die totale Zeitableitung links in (9.56) ist unabhängig von den gewählten Koordinaten; für $\mathrm{d}/\mathrm{d}t$ nimmt man die Form des Operators, die den gewählten Koordinaten entspricht. Auch die Divergenz des Geschwindigkeitsvektors rechts ist unabhängig von den Koordinaten (zumindest wird das in der Mathematik so bewiesen).

Aber $D = D_a^x$, vgl. (9.39), ist doch nur für kartesische Koordinaten definiert. Ist das nicht ein Widerspruch? Natürlich nicht. Um das zu erkennen, schreiben wir (9.56) umständlich in kartesischen Koordinaten:

$$\frac{1}{D_a^x}\frac{\mathrm{d}D_a^x}{\mathrm{d}t} = \frac{\partial\dot{x}_i}{\partial x_i} \tag{9.57}$$

Nun vergegenwärtige sich der Leser die oben durchgeführte Ableitung von (9.57): Wo haben wir da die besondere Eigenschaft der x_i ausgenutzt, kartesisch zu sein, insbesondere ihre Orthogonalität? – Überhaupt nicht. Wir haben uns die x_i als Funktionen der a_l vorgegeben. Dasselbe könnten wir mit den q_j machen. Wir können also in der obigen Ableitung von (9.25) bedenkenlos x_i durch q_j ersetzen. Das Ergebnis lautet:

$$\frac{1}{D_a^q}\frac{\mathrm{d}D_a^q}{\mathrm{d}t} = \frac{\partial\dot{q}_j}{\partial q_j} \tag{9.58}$$

Den Ausdruck rechts können wir als *generalisierte Divergenz* bezeichnen. Formel (9.58) ist die ultimative Form der fluiddynamischen Kontinuitätsgleichung. Sie besagt, *dass die relative zeitliche Änderung der Funktionaldeterminante gleich der Divergenz ist, alles in generalisierten Koordinaten*, ohne jeden Bezug auf die kartesischen Koordinaten. Dabei muss nur eine Bedingung streng eingehalten werden: Die Identität der Fluidpartikel muss gewahrt sein.

Mit dem Begriff der generalisierten Divergenz muss man dennoch vorsichtig umgehen. Die eigentliche vektoranalytische Divergenz ist die kartesische. Das Ergebnis (9.58) ist in erster Linie eine Aussage über die Kontinuität des Fluids.

Nach diesen Vorbereitungen fällt uns die Transformation der Divergenz von kartesischen auf generalisierte Koordinaten in den Schoß: Wir ersetzen D_a^x auf der linken Seite von (9.57) durch das Produkt $D_q^x\,D_a^q$ gemäß Formel (9.40) und bilden die relative Ableitung unter Verwendung der Formel (27.12) im Anhang:

$$\operatorname{div}\boldsymbol{v} = \underbrace{\frac{1}{D_a^x}\frac{\mathrm{d}D_a^x}{\mathrm{d}t}}_{=\frac{\partial\dot{x}_i}{\partial x_i}} = \frac{1}{D_q^x}\frac{\mathrm{d}D_q^x}{\mathrm{d}t} + \underbrace{\frac{1}{D_a^q}\frac{\mathrm{d}D_a^q}{\mathrm{d}t}}_{\frac{\partial\dot{q}_j}{\partial q_j}} \tag{9.59}$$

Die Divergenz unseres Geschwindigkeitsvektors ist zwar koordinatenunabhängig, aber kartesische Divergenz und generalisierte Divergenz sind verschieden – das ist kein Widerspruch. Den Zusammenhang vermittelt die relative zeitliche Ableitung der Transformationsdeterminante D_q^x von den x_i auf die q_j.

9.4 Die Divergenz in verschiedenen Koordinatensystemen

Formel (9.59) bietet die einfachste Möglichkeit, die Divergenz von kartesischen Koordinaten auf beliebige generalisierte Koordinaten zu transformieren. Dazu berechnen wir die Determinante D_q^x und anschließend ihre relative Zeitableitung. Das ist der einzige Ausdruck, den man transformieren muss; der letzte Term in (9.59) ist schon fertig. Die Transformation bewerkstelligen wir stückweise: zuerst auf raumfeste Kugelkoordinaten, dann auf rotierende, dann auf Geofluidkoordinaten, dann auf meteorologische – so oft wir wollen. Das Rezept besteht darin, die alten Koordinaten durch die neuen auszudrücken.

9.4.1 Kugelkoordinaten

Im ersten Schritt gehen wir also von kartesischen Koordinaten auf Kugelkoordinaten $q_1 = \Lambda^\star$, $q_2 = \phi^\star$, $q_3 = R^\star$ über. Diese wurden bereits oben definiert (Abb. 9.3); hier verwenden wir Großbuchstaben und einen oberen Index *:

$$
\begin{aligned}
x(\Lambda^\star, \phi^\star, R^\star, t) &= R^\star \cos\phi^\star \cos\Lambda^\star \\
y(\Lambda^\star, \phi^\star, R^\star, t) &= R^\star \cos\phi^\star \sin\Lambda^\star \\
z(\Lambda^\star, \phi^\star, R^\star, t) &= R^\star \sin\phi^\star
\end{aligned}
\tag{9.60}
$$

Die Transformationsdeterminante ist gegeben durch:

$$
D_q^x = \begin{vmatrix}
-R^\star \cos\phi^\star \sin\Lambda^\star & -R^\star \sin\phi^\star \cos\Lambda^\star & \cos\phi^\star \cos\Lambda^\star \\
R^\star \cos\phi^\star \cos\Lambda^\star & -R^\star \sin\phi^\star \sin\Lambda^\star & \cos\phi^\star \sin\Lambda^\star \\
0 & R^\star \cos\phi^\star & \sin\phi^\star
\end{vmatrix}
\tag{9.61}
$$

Die explizite Berechnung der Determinante liefert ein einfaches Ergebnis:

$$
D_q^x = R^{\star 2} \cos\phi^\star
\tag{9.62}
$$

Für ihre relative zeitliche Ableitung gilt (wir verwenden für generalisierte Geschwindigkeiten den darüber gesetzten Punkt):

$$
\frac{1}{D_q^x} \frac{\mathrm{d}D_q^x}{\mathrm{d}t} = 2\frac{1}{R^\star}\frac{\mathrm{d}R^\star}{\mathrm{d}t} + \frac{1}{\cos\phi^\star}\frac{\mathrm{d}\cos\phi^\star}{\mathrm{d}t} = 2\frac{\dot{R}^\star}{R^\star} - \frac{\sin\phi^\star \, \dot{\phi}^\star}{\cos\phi^\star}
\tag{9.63}
$$

Einsetzen in Gleichung (9.59) bringt uns zu

$$\operatorname{div} \boldsymbol{v} = 2\,\frac{\dot{R}^\star}{R^\star} - \frac{\sin\phi^\star \dot{\phi}^\star}{\cos\phi^\star} + \frac{\partial\dot{\Lambda}^\star}{\partial\Lambda^\star} + \frac{\partial\dot{\phi}^\star}{\partial\phi^\star} + \frac{\partial\dot{R}^\star}{\partial R^\star} \tag{9.64}$$

Die Terme mit $\phi^\star$ können zusammengefasst werden, ebenso jene mit $R^\star$, womit folgt:

$$\operatorname{div} \boldsymbol{v} = \frac{\partial\dot{\Lambda}^\star}{\partial\Lambda^\star} + \frac{\partial(\cos\phi^\star\,\dot{\phi}^\star)}{\cos\phi^\star\,\partial\phi^\star} + \frac{\partial(R^{\star 2}\,\dot{R}^\star)}{R^{\star 2}\,\partial R^\star} \tag{9.65}$$

Das ist die Divergenz in Kugelkoordinaten.

Die Kugelkoordinaten haben die Eigenschaft, dass die zugehörigen Koordinatenlinien an jeder Stelle orthogonal zueinander sind. Daher kann man die folgenden Abkürzungen als *kartesische Geschwindigkeitskomponenten* auffassen:

$$R^\star \cos\phi^\star\,\dot{\Lambda}^\star = U^\star \qquad R^\star\dot{\phi}^\star = V^\star \qquad \dot{R}^\star = W^\star \tag{9.66}$$

Dazu definieren wir die folgenden Abkürzungen als *Pseudodifferenzialquotienten*:

$$\frac{\partial}{R^\star \cos\phi^\star\,\partial\Lambda^\star} = \frac{\partial}{\partial X^\star} \qquad \frac{\partial}{R^\star\,\partial\phi^\star} = \frac{\partial}{\partial Y^\star} \qquad \frac{\partial}{\partial R^\star} = \frac{\partial}{\partial Z^\star} \tag{9.67}$$

Mit (9.66) und (9.67) können wir (9.65) folgendermaßen schreiben:

$$\operatorname{div} \boldsymbol{v} = \frac{\partial U^\star}{\partial X^\star} + \frac{\partial(\cos\phi^\star\,V^\star)}{\cos\phi^\star\,\partial Y^\star} + \frac{\partial(R^{\star 2}\,W^\star)}{R^{\star 2}\,\partial Z^\star} \tag{9.68}$$

Der Vorteil dieser Schreibweise liegt in der Ähnlichkeit zur kartesischen Divergenz. Im ersten Term haben die Größen $R^\star$ und $\cos\phi^\star$ keine Wirkung, denn sie kürzen sich heraus; sie stehen nur dort, weil man $\partial\dot{\Lambda}^\star/\partial\Lambda^\star$ lieber in der „kartesischen" Form $\partial U^\star/\partial X^\star$ schreiben will. Im zweiten Term dagegen beschreibt $\cos\phi^\star$ die *Meridiankonvergenz*, und im dritten Term beschreibt $R^{\star 2}$ die *Radiendivergenz*. Bewegen sich nämlich zwei verschiedene Luftpakete entlang zweier Längengrade polwärts, so nähern sie sich einander. Bewegen sich umgekehrt zwei Luftpakete senkrecht zur Erdoberfläche nach oben, so entfernen sie sich voneinander.

9.4.2 Rotierende Kugelkoordinaten

Wir berücksichtigen nun, dass sich die Erde dreht, und gehen von den raumfesten Kugelkoordinaten $\Lambda^\star, \phi^\star, R^\star$ (gemeinsam $q^\star$) über auf die rotierenden Kugelkoordinaten Λ, ϕ, R (gemeinsam q). Der Zusammenhang lautet

$$\Lambda^\star = \Lambda + \Omega\,t \qquad \phi^\star = \phi \qquad R^\star = R \tag{9.69}$$

Λ ist erdfest, der Term $\Omega\,t$ beschreibt die Erddrehung ($\Omega = $ Winkelgeschwindigkeit der Rotation). Für die Jacobi-Determinanten ergibt sich

$$D_q^x = D_{q^\star}^x \cdot D_q^{q^\star} \qquad \text{mit} \qquad D_q^{q^\star} = \begin{vmatrix} 1 & 0 & 0 \\ 0 & 1 & 0 \\ 0 & 0 & 1 \end{vmatrix} = 1 \tag{9.70}$$

Die letzte Determinante hängt nicht von der Zeit ab; d. h. die Divergenz wird durch die Erdrotation nicht beeinflusst – ein anschaulich einleuchtendes Ergebnis. Die Divergenz lautet daher wie vorher, nur dass man den Stern an den Koordinaten und Geschwindigkeiten wegzulassen hat:

$$\text{div}\,\boldsymbol{v} = \frac{\partial \dot{\Lambda}}{\partial \Lambda} + \frac{\partial(\cos\phi\,\dot{\phi})}{\cos\phi\,\partial\phi} + \frac{\partial(R^2\,\dot{R})}{R^2\,\partial R} \tag{9.71}$$

Das ist die Divergenz in rotierenden Kugelkoordinaten. Geschrieben mit Pseudogeschwindigkeiten U, V, W, entsprechend zu (9.66), und Pseudokoordinaten X, Y, Z, entsprechend zu (9.67), lautet das Ergebnis wie (9.68), nur ohne Sterne:

$$\text{div}\,\boldsymbol{v} = \frac{\partial U}{\partial X} + \frac{\partial(\cos\phi\,V)}{\cos\phi\,\partial Y} + \frac{\partial(R^2\,W)}{R^2\,\partial Z} \tag{9.72}$$

Das ist die Divergenz in Pseudo-Kugelkoordinaten.

Warum eigentlich *Pseudo* – offenbar sind X, Y, Z und U, V, W keine *„richtigen"* Größen, aber was soll das heißen? Schließlich sind doch die U, V, W lokal orthogonal zueinander und geben die Geschwindigkeitskomponente in der jeweiligen Richtung exakt wieder. Stimmt. Aber die U, V, W sind Zeitableitungen der zugehörigen Koordinaten nur in einem sehr eingeschränkten Sinne. Die X, Y, Z ändern sich nur, wenn sich entweder Λ oder ϕ oder R ändert. Wenn beispielsweise $X = R\cos\phi\,\Lambda$ eine *„richtige"* Koordinate wäre, würde sie sich mit allen Variablen ändern:

$$\frac{\mathrm{d}X}{\mathrm{d}t} = \dot{R}\cos\phi\,\Lambda - R\sin\phi\,\dot{\phi}\,\Lambda + \underbrace{R\cos\phi\,\dot{\Lambda}}_{U} \tag{9.73}$$

Nur der letzte Term ist die Zonalgeschwindigkeit. Das bedeutet: Die Pseudogeschwindigkeiten sind zwar *„richtige"* Geschwindigkeiten, aber sie sind nicht die zeitlichen Ableitungen der Pseudokoordinaten:

$$\frac{\mathrm{d}X}{\mathrm{d}t} \neq U \tag{9.74}$$

Wenn man dies beachtet, gibt es beim Arbeiten mit den praktischen Pseudogrößen keine Probleme.

9.4.3 Geofluidkoordinaten

Eine weitere Vereinfachung gewinnen wir (Abb. 9.4), indem wir die Koordinate R durch den konstanten Erdradius a und den stets sehr viel kleineren Abstand h über der Erdoberfläche darstellen. Der Zusammenhang der so definierten *Geofluidkoordinaten* mit den eben besprochenen Kugelkoordinaten lautet

$$\Lambda = \lambda \qquad \phi = \varphi \qquad R = a + h \tag{9.75}$$

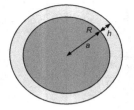

Abb. 9.4 Aufspaltung der Koordinate R in a und h. Von den rotierenden, aber erdfesten Koordinaten gehen wir auf die *Geofluidkoordinaten* (λ, φ, h) über, um letztendlich die Radiendivergenz zu vernachlässigen.

Für die Jacobi-Determinante $D^{x,y,z}_{\lambda,\varphi,h}$ ergibt sich wegen $D^{\Lambda,\phi,R}_{\lambda,\varphi,h} = 1$:

$$D^{x,y,z}_{\lambda,\varphi,h} = D^{x,y,z}_{\Lambda,\phi,R}\, D^{\Lambda,\phi,R}_{\lambda,\varphi,h} = R^2 \cos\phi = a^2 \underbrace{\left(1 + \frac{h}{a}\right)^2}_{\approx 1} \cos\phi \approx a^2 \cos\varphi \qquad (9.76)$$

Durch die Näherung $h/a \ll 1$ wird die Radiendivergenz vernachlässigt (die Vertikalgeschwindigkeit $\dot{h}$ bleibt jedoch erhalten); man spricht dann von einem *Flachgeofluid*. Die Divergenz lautet somit

$$\operatorname{div} \boldsymbol{v} = -\frac{\sin\varphi\,\dot\varphi}{\cos\varphi} + \frac{\partial\dot\lambda}{\partial\lambda} + \frac{\partial\dot\varphi}{\partial\varphi} + \frac{\partial\dot h}{\partial h} \qquad (9.77)$$

Das entspricht Gleichung (9.64), nur der erste Term (die Radiendivergenz) ist verschwunden. In Pseudokoordinaten mit den Geschwindigkeiten

$$a\cos\varphi\,\dot\lambda = u \qquad a\,\dot\varphi = v \qquad \dot h = w \qquad (9.78)$$

und Pseudodifferenzialquotienten

$$\frac{\partial}{a\cos\varphi\,\partial\lambda} = \frac{\partial}{\partial x} \qquad \frac{\partial}{a\,\partial\varphi} = \frac{\partial}{\partial y} \qquad \frac{\partial}{\partial h} = \frac{\partial}{\partial z} \qquad (9.79)$$

schreibt sich das so:

$$\operatorname{div} \boldsymbol{v} = \frac{\partial u}{\partial x} + \frac{\partial(\cos\varphi\, v)}{\cos\varphi\,\partial y} + \frac{\partial w}{\partial z}, \qquad (9.80)$$

was einer starken Vereinfachung in Bezug auf die Vertikale entspricht. Man erkennt die Ähnlichkeit mit der Divergenz in kartesischen Koordinaten, und einzig die Meridiankonvergenz bleibt erhalten. Der Einfachheit zuliebe haben wir hier für Geschwindigkeiten u, v, w und Pseudokoordinaten x, y, z die gleichen Buchstaben gebraucht, mit denen wir aus den kartesischen Koordinaten gemäß Abb. 9.3 ursprünglich gestartet sind. Nach einiger Übung gibt es hier keine Verwechselung.

9.4.4 Hydrostatische Vertikalkoordinaten

Mit den Geofluidkoordinaten λ, φ, h sind die Möglichkeiten, die Divergenz durch metrische Vereinfachungen umzuformen, im wesentlichen erschöpft. In einem letzten Schritt lässt sich nun noch die hydrostatische Näherung heranziehen, um damit generalisierte Koordinaten ζ in der Vertikalen zu definieren. Da es sich bei ζ beispielsweise um den Druck oder die potentielle Temperatur handelt, bezeichnet man diese bisweilen als *physikalische* oder auch als *meteorologische Koordinaten.*

Die Transformation von den Geofluidkoordinaten auf die hydrostatischen generalisierten Koordinaten λ, φ, ζ geschieht, wie schon bisher, durch die Befolgung des Rezeptes, die jeweils alten Koordinaten durch die neuen auszudrücken. Das sind hier die Beziehungen

$$\lambda = \lambda \qquad \varphi = \varphi \qquad h = h(\lambda, \varphi, \zeta, t) \tag{9.81}$$

Die ersten beiden Identitäten besagen, dass sich die horizontalen Koordinaten nicht verändert haben. Mit der dritten Beziehung trägt man der Abweichung der ζ-Fläche von der Erdoberfläche Rechnung (z.B. $\zeta = p$ in Abb. 9.5). Für die Jacobi-Determinante erhält man hier

$$D_{\lambda,\varphi,\zeta}^{x,y,z} = D_{\lambda,\varphi,h}^{x,y,z} \, D_{\lambda,\varphi,\zeta}^{\lambda,\varphi,h} \tag{9.82}$$

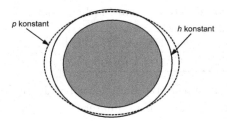

Abb. 9.5 Flächen konstanten Drucks p (gestrichelt) und konstanter Höhe (durchgezogen). Die Höhe einer Druckfläche ist von der geographischen Lage sowie von der Zeit abhängig (Druckflächen am Äquator liegen wegen der höheren Temperatur im allgemeinen weiter auseinander).

Die x, y, z sind zunächst wieder die kartesischen Koordinaten von Abb. 9.3. Die erste Determinante rechts wurde bereits berechnet und ist gleich $a^2 \cos \varphi$. Die zweite lautet

$$D_{\lambda,\varphi,\zeta}^{\lambda,\varphi,h} = \begin{vmatrix} 1 & 0 & 0 \\ 0 & 1 & 0 \\ \dfrac{\partial h}{\partial \lambda} & \dfrac{\partial h}{\partial \varphi} & \dfrac{\partial h}{\partial \zeta} \end{vmatrix} = \frac{\partial h}{\partial \zeta} \tag{9.83}$$

Die rechte Seite lässt sich nun mit $p = p(\lambda, \varphi, \zeta, t)$ und mit der hydrostatischen Näherung schreiben:

$$\frac{\partial h(\lambda, \varphi, p[\lambda, \varphi, \zeta, t], t)}{\partial \zeta} = \frac{\partial h}{\partial p} \frac{\partial p}{\partial \zeta} = \left(-\frac{1}{g\,\rho}\right) \frac{\partial p}{\partial \zeta} = \left(-\frac{1}{g}\right) \alpha \frac{\partial p}{\partial \zeta} \tag{9.84}$$

Damit lautet Formel (9.59) hier (man beachte, dass die Konstante $-1/g$ beim logarithmischen Differenzieren fortfällt):

$$\text{div } \boldsymbol{v} = \underbrace{-\frac{\sin\varphi\,\dot\varphi}{\cos\varphi}} + \frac{1}{\alpha}\frac{d\alpha}{dt} + \frac{1}{\partial p/\partial\zeta}\frac{d(\partial p/\partial\zeta)}{dt} + \frac{\partial\dot\lambda}{\partial\lambda} + \underbrace{\frac{\partial\dot\varphi}{\partial\varphi}} + \frac{\partial\dot\zeta}{\partial\zeta} \qquad (9.85)$$

Die unterklammerten Terme können wie vorher zusammengefasst werden zu

$$-\frac{\sin\varphi\,\dot\varphi}{\cos\varphi} + \frac{\partial\dot\varphi}{\partial\varphi} = \frac{\partial(\cos\varphi\,\dot\varphi)}{\cos\varphi\,\partial\varphi} \qquad (9.86)$$

Außerdem führen wir wieder Pseudokoordinaten ein, diesmal jedoch nur in horizontaler Richtung, also

$$a\cos\varphi\,\dot\lambda = u \qquad a\,\dot\varphi = v \qquad (9.87)$$

und

$$\frac{\partial}{a\cos\varphi\,\partial\lambda} = \frac{\partial}{\partial x} \qquad \frac{\partial}{a\,\partial\varphi} = \frac{\partial}{\partial y} \qquad (9.88)$$

Die Komponenten u und v sind die gleichen wie in (9.78). Die Pseudokoordinaten x und y unterscheiden sich darin, dass in (9.79) auf der h-Fläche abgeleitet wird, in (9.88) dagegen auf der ζ-Fläche – für den aufmerksamen Leser inzwischen eine Selbstverständlichkeit.

Mit diesen Umformungen lautet nun (9.85), also die 3D-Divergenz des Windvektors $\boldsymbol{v}$ in hydrostatischen generalisierten Vertikalkoordinaten für ein Flachgeofluid:

$$\boxed{\text{div }\boldsymbol{v} = \frac{1}{\alpha}\frac{d\alpha}{dt} + \frac{1}{\partial p/\partial\zeta}\frac{d(\partial p/\partial\zeta)}{dt} + \frac{\partial u}{\partial x} + \frac{\partial(\cos\varphi\,v)}{\cos\varphi\,\partial y} + \frac{\partial\dot\zeta}{\partial\zeta}} \qquad (9.89)$$

Die beiden wesentlichen Näherungen, die darin umgesetzt sind, betreffen das Flachgeofluid und die Hydrostasie. Für die meteorologischen Koordinaten λ, φ, ζ sind gebräuchlich:

- $\zeta = p$ (*Druckkoordinaten*)
- $\zeta = \log p$ (die Höhe z sinkt linear mit der Zunahme von $\log p$)
- $\zeta = \sigma = \dfrac{p - p_0}{p_s - p_0}$ (auf den Bodendruck p_s normierte, vielfach gebrauchte Vertikalkoordinaten)
- $\zeta = \Theta$ (*isentrope Koordinaten*)

Diese Liste ist nicht erschöpfend.

Für sich genommen wird die Divergenzformel (9.89) so gut wie nicht gebraucht. Ihre wirkliche Bedeutung und praktische Anwendbarkeit gewinnt (9.89) erst in Verbindung mit der Massenerhaltungsgleichung, der wir uns jetzt zuwenden.

10 Erhaltung der Masse

Die Massenerhaltungsgleichung ist der Prototyp einer Erhaltungsgleichung. Da es im Bereich der Meteorologie keine Erzeugung und keine Vernichtung von Masse gibt, ist der Grundgedanke von großer Einfachheit.

10.1   Globale Massenerhaltung

Wir nehmen an, dass die Verteilung der Massendichte ρ in einem Fluid gegeben sei. Wir betrachten nun ein zeitlich festes Volumen V. Die darin befindliche Masse lässt sich dann so schreiben:

$$M = \int\limits_{M} \mathrm{d}M = \int\limits_{V} \rho \, \mathrm{d}V \qquad (10.1)$$

Der globale Wert der Masse ist natürlich die Summe über alle Massenelemente $\mathrm{d}M$ und damit über die lokale Dichteverteilung. Dabei haben wir die Beziehung $\mathrm{d}M = \rho \mathrm{d}V$ verwendet. M ist ferner eine Funktion der Zeit, und ihre Änderung daher die Summe aller lokalen Dichteänderungen im Innern von V:

$$\frac{\mathrm{d}M(t)}{\mathrm{d}t} = \int\limits_{V} \frac{\partial \rho}{\partial t} \, \mathrm{d}V \qquad (10.2)$$

Wodurch kann sich M zeitlich ändern? Nur durch einen Ausfluss B über die Grenzen des Volumens:

$$\frac{\mathrm{d}M(t)}{\mathrm{d}t} + B = 0 \qquad (10.3)$$

Ist B positiv (Ausfluss), so nimmt M ab; ist B negativ (Einfluss), nimmt M zu. B kommt zustande durch das Feld des Massenflusses $\boldsymbol{M}$; wir nehmen an, dass der

Flussvektor M überall definiert sei. Gemäß der früheren Gleichung (8.57) ist dann B die Projektion von M auf die Normale der Oberfläche, integriert über die geschlossene Oberfläche von V:

$$B = \int_{\Sigma} M \cdot n \, d\Sigma \tag{10.4}$$

Andererseits gilt nach dem Gaußschen Integralsatz (8.58):

$$\int_{\Sigma} M \cdot n \, d\Sigma = \int_{V} \nabla \cdot M \, dV \tag{10.5}$$

Wenn man dies zusammenfasst, lautet (10.3):

$$\int_{V} \frac{\partial \rho}{\partial t} \, dV + \int_{V} \nabla \cdot M \, dV = 0 \tag{10.6}$$

Da V beliebig ist, muss dies auch ohne den Integraloperator gelten:

$$\boxed{\frac{\partial \rho}{\partial t} + \nabla \cdot M = 0} \tag{10.7}$$

Für den Massenfluss M werden wir sogleich einen anderen Ausdruck finden.

10.2 Massenerhaltung aus lokaler Sicht

Im Kapitel über die Kontinuitätsgleichung stand die Identität der betrachteten Objekte im Vordergrund. Jetzt fassen wir die Maße der Objekte ins Auge; das kann die Anzahl sein oder (bei kontinuierlicher Verteilung) auch die Masse. Dies lässt sich nun mathematisch einfach ausdrücken. Wir betrachten dazu wiederum ein endliches Volumen, in dem sich unsere Objekte befinden. Da wir aber hier die lokale Perspektive einnehmen und anschließend einen Grenzübergang machen wollen, nennen wir das Volumen jetzt nicht V (dieses war als zeitlich konstant angenommen), sondern wie im vorigen Kapitel ΔV (dieses ist im allgemeinen zeitlich veränderlich).

10.2.1 Die Erhaltung von Autos, Bällen und Kugeln

In Beispiel von Abb. 9.1 ist die Anzahl ΔN der Autos eine Erhaltungsgröße, so dass gilt:

$$\frac{\partial \Delta N}{\partial t} = 0 \qquad \text{oder} \qquad \frac{1}{\Delta N} \frac{\partial \Delta N}{\partial t} = 0 \tag{10.8}$$

Das kann man auf den zwei- und den dreidimensionalen Fall übertragen: Auch die relative zeitliche Änderung der Bälle im Schwimmbecken oder der Lottokugeln ist null. Daran ändert sich auch bei der Grenzwertbildung von $\Delta N \to 0$ nichts:

$$L_N = \lim_{\Delta N \to 0} \frac{1}{\Delta N} \frac{\partial \Delta N}{\partial t} = 0 \tag{10.9}$$

Diese Aussage verkörpert die Teilchenzahlerhaltung; in der partiellen Schreibweise der Zeitableitung bringen wir dies explizit zum Ausdruck. Implizit ist darin die Annahme der beliebigen Teilbarkeit der Lottokugeln enthalten (*Kontinuumshypothese*), die wir stillschweigend als richtig akzeptieren.

Mit (10.9) allein lässt sich aber nicht viel anfangen. Bedeutung gewinnt dieser Erhaltungssatz erst durch die Kombination mit dem sich ändernden Volumen. Wir springen dazu sogleich in das obige 3D-Modell und interpretieren ΔN als Gesamtzahl der Lottokugeln im Volumen ΔV. Die Differenz von L_N in (10.9) und L_V in (9.13) ist

$$L_N - L_V = \lim_{\Delta V \to 0} \left(\frac{1}{\Delta N} \frac{\partial \Delta N}{\partial t} - \frac{1}{\Delta V} \frac{\partial \Delta V}{\partial t} \right) = - \left(\frac{\partial u}{\partial x} + \frac{\partial v}{\partial y} + \frac{\partial w}{\partial z} \right) \qquad (10.10)$$

Es ist klar, dass die Limesbildung $\Delta V \to 0$ die Limesbildung $\Delta N \to 0$ einschließt. Die beiden Zeitableitungen unter dem Limeszeichen können wir mit der Definition

$$\boxed{\lim_{\Delta V \to 0} \frac{\Delta N}{\Delta V} = n(a, b, c, t)} \qquad (10.11)$$

zusammenfassen. n ist die *Teilchenzahldichte*. Für sie gilt (man vertausche zeitliche Ableitung und Limesbildung):

$$\lim_{\Delta V \to 0} \left(\frac{1}{\Delta N} \frac{\partial \Delta N}{\partial t} - \frac{1}{\Delta V} \frac{\partial \Delta V}{\partial t} \right) = \lim_{\Delta V \to 0} \left(\frac{\Delta V}{\Delta N} \frac{\partial}{\partial t} \frac{\Delta N}{\Delta V} \right) = \frac{1}{n} \frac{\partial n}{\partial t} \qquad (10.12)$$

Die Kombination der letzten Gleichung mit (10.10) ergibt weiterhin

$$\frac{1}{n} \frac{\partial n}{\partial t} + \frac{\partial u}{\partial x} + \frac{\partial v}{\partial y} + \frac{\partial w}{\partial z} = 0 \qquad \text{bzw.} \qquad \boxed{\frac{1}{n} \frac{dn}{dt} + \frac{\partial u}{\partial x} + \frac{\partial v}{\partial y} + \frac{\partial w}{\partial z} = 0} \qquad (10.13)$$

Die relative zeitliche Änderung der Teilchenzahldichte ist gegeben durch die Divergenz des Geschwindigkeitsfeldes. Beide Schreibweisen der vorstehenden Gleichung bedeuten gemäß der Definition (9.52) des Operators der totalen Ableitung dasselbe; bei der linken muss man gemäß (10.11) die Argumentliste explizit dazu schreiben, weil die zeitliche Ableitung eben so gebildet werden muss, dass dabei die Fluidpartikel ihre Identität beibehalten. In der rechten Schreibweise ist dies durch die Konvention des Operators der totalen Zeitableitung von selbst gegeben, weshalb wir auch die rechte Schreibweise bevorzugen.

10.2.2 Die Massenkontinuitätsgleichung

Wenn man oben statt der Teilchenzahl ΔN die Masse ΔM im Volumen ΔV nimmt, so bleibt die Argumentation wörtlich gleich. Wir definieren also die *Massendichte*:

$$\boxed{\lim_{\Delta V \to 0} \frac{\Delta M}{\Delta V} = \rho(a, b, c, t)} \qquad (10.14)$$

Für sie gilt analog zu (10.13):

$$\boxed{\frac{1}{\rho}\frac{\mathrm{d}\rho}{\mathrm{d}t} + \boldsymbol{\nabla}\cdot\boldsymbol{v} = 0} \qquad \text{`} \tag{10.15}$$

Die relative zeitliche Änderung der Massendichte (unter Beibehaltung der Identität der Fluidpartikel) ist gegeben durch die Divergenz des Geschwindigkeitsfeldes. Das ist die Aussage der *Massenerhaltung* in differenzieller Form.

Gleichung (10.15) ist eine der fundamentalen Aussagen der theoretischen Fluiddynamik. Sie wird in den meisten Darstellungen einfach als Kontinuitätsgleichung bezeichnet. In Wahrheit ist sie eine Kombination von Massenerhaltung und fluiddynamischer Stetigkeitsaussage. Um hier keine Verwirrung zu stiften, andererseits aber den korrekten Begriff der Kontinuitätsgleichung für ihre fluiddynamische Form (9.56) oder (9.57) frei zu halten, helfen wir uns damit, dass wir die Aussage (10.15) als *Massenkontinuitätsgleichung* bezeichnen – das sollte Missverständnisse ausschließen.

Wenn wir aus der fluiddynamischen Kontinuitätsgleichung (9.56) und der Massenkontinuitätsgleichung (10.15) die Divergenz eliminieren, ergibt sich:

$$\boxed{\frac{1}{\rho}\frac{\mathrm{d}\rho}{\mathrm{d}t} + \frac{1}{D}\frac{\mathrm{d}D}{\mathrm{d}t} = 0} \quad \text{oder} \quad \boxed{\frac{1}{\rho D}\frac{\mathrm{d}(\rho D)}{\mathrm{d}t} = 0} \tag{10.16}$$

Diese divergenzfreie Version ist die Massenkontinuitätsgleichung in ihrer reinsten Form. Sie spricht den Zusammenhang aus zwischen der Massendichte ρ und der Determinante $D = D_a^x$ der Transformation von den kartesischen auf die Lagrange-Koordinaten.

10.3 Die Massenflussdichte

Der Geschwindigkeitsvektor ist der Transporteur der Masse. Um das zu erkennen, multiplizieren wir (10.15) mit der Dichte und erhalten

$$\frac{\mathrm{d}\rho}{\mathrm{d}t} + \rho\,\frac{\partial v_j}{\partial x_j} = 0 \qquad \text{bzw.} \qquad \frac{\partial\rho}{\partial t} + v_j\,\frac{\partial\rho}{\partial x_j} + \rho\,\frac{\partial v_j}{\partial x_j} = 0 \tag{10.17}$$

Hier haben wir für den Summationsindex den Buchstaben j statt wie bisher i gewählt. Die letzten beiden Glieder lassen sich mit der Produktregel zusammenfassen:

$$\boxed{\frac{\partial\rho}{\partial t} + \frac{\partial\rho\,v_j}{\partial x_j} = 0} \tag{10.18}$$

Das ist die *Flussform der Massenkontinuitätsgleichung*. Der erste Term ist die Euler-sche Zeitableitung der Dichte. Der zweite[1] ist die Divergenz des Vektors $(\rho\, v_j)$ der Massenflussdichte. Er ist identisch mit dem oben definierten Massenflussvektor

$$\boxed{M = \rho\, v} \tag{10.19}$$

Das besagt: Unsere Ableitung der Massenkontinuitätsgleichung einerseits aus dem glo-balen Prinzip der Massenerhaltung gemäß Formel (10.7) und andererseits aus der Kom-bination mit dem lokalen Prinzip der fluiddynamischen Kontinuitätsgleichung gemäß Formel (10.18) liefert dasselbe Ergebnis. Das zeigt die innere Konsistenz dieser beiden zueinander komplementären Betrachtungsweisen.

Welche Schreibweise der Massenkontinuitätsgleichung ist besser: (10.15) oder (10.18)? Keine ist besser, beide sind gleich wichtig, beide zeigen unterschiedliche, einander ergänzende, Aspekte der Massenerhaltung. Die Lagrangesche Form (10.15) drückt die Balance zwischen der relativen Dichteänderung und der Winddivergenz aus. Die Eulersche Flussform (10.18) dagegen stellt die Balance zwischen der lokalen Dichteänderung und der Divergenz des Massenflussvektors dar.

Die äquivalente Schreibweise (10.16) schließlich ist theoretisch grundsätzlich wichtig und interessant, aber in der Praxis ungebräuchlich, weil man lieber mit der Divergenz statt mit der Fundamentaldeterminate arbeitet.

Substantielle Zeitableitung

In der Lagrangeschen Ableitung $d\rho/dt$ wirkt der Operator d/dt auf die Massendichte, also auf eine *volumenspezifische* Größe. In den atmosphärischen Haushaltsgleichungen hat man es jedoch gewöhnlich mit *massenspezifischen* Größen zu tun; wir denken etwa an die spezifische Feuchte q. Hier tritt nun dq/dt bevorzugt in der Kombination mit ρ auf. Dafür wollen wir ab jetzt den noch unverbrauchten Namen

$$\boxed{\text{Substantielle Zeitableitung von } q: \quad \rho\, \frac{dq}{dt}} \tag{10.20}$$

reservieren; einen eigenen Buchstaben führen wir dafür nicht ein.

Massenspezifische Größe q und volumenspezifische Größe ρ_D (das ist die Wasser-dampfdichte) lassen sich mit $\rho_D = q\,\rho$ ineinander umrechnen. Wenn man das und Formel (10.15) benutzt, so lautet die substantielle Ableitung von q

$$\rho\, \frac{dq}{dt} = \rho_D \left(\frac{1}{q}\frac{dq}{dt} \right) = \rho_D \left(\frac{1}{\rho_D}\frac{d\rho_D}{dt} - \frac{1}{\rho}\frac{d\rho}{dt} \right) = \rho_D \left(\frac{1}{\rho_D}\frac{d\rho_D}{dt} + \boldsymbol{\nabla}\cdot\boldsymbol{v} \right) \tag{10.21}$$

---

[1] Formal korrekt sollte man diesen Term mit Klammern, also in der Form $\partial(\rho\, v_j)/\partial x_j$ schreiben, um zum Ausdruck zu bringen, dass der Operator der partiellen Ableitung auf das gesamte Produkt $\rho\, v_j$ wirkt – eben dies ist hier (wie auch im folgenden stets) gemeint. Wenn also Missverständnisse nicht zu erwarten sind, verwenden wir die einfache Schreibweise und sparen uns die Klammern.

Diese Umrechnungen sind gelegentlich nützlich. Der Klammerausdruck ganz rechts ist äquivalent zur linken Seite von (10.15).

Flussform der Zeitableitung

Für die substantielle Ableitung von q gilt nun mit der Umrechnung (9.54):

$$\rho \frac{\mathrm{d}q}{\mathrm{d}t} = \rho \frac{\partial q}{\partial t} + \rho v_j \frac{\partial q}{\partial x_j} \tag{10.22}$$

Wenn man die mit q multiplizierte Massenkontinuitätsgleichung (10.18) dazu addiert, so bekommt man mit der Produktregel die wichtige Umrechnung

$$\boxed{\rho \frac{\mathrm{d}q}{\mathrm{d}t} = \frac{\partial q \rho}{\partial t} + \frac{\partial q \rho v_j}{\partial x_j}} \tag{10.23}$$

Man bezeichnet die rechte Seite als *Flussform* der individuellen Zeitableitung von q. (10.23) besagt also: *Die Flussform der Zeitableitung ist gleich der substantiellen Zeitableitung.* Statt q kann man jede andere intensive Feldgröße in (10.23) einsetzen (insbesondere andere spezifische Größen wie e oder h, jedoch auch T oder p). Der zweite Term in (10.23) ist die Divergenz des Vektors $(q \rho v_j)$ der Flussdichte von q. Wir werden beide Versionen von (10.23) ständig benutzen.

Auch der Wind ist eine intensive Feldgröße. Man kann also statt q auch die Komponenten v_i des Vektors v in (10.23) einsetzen und erhält:

$$\rho \frac{\mathrm{d}v_i}{\mathrm{d}t} = \frac{\partial v_i \rho}{\partial t} + \frac{\partial v_i \rho v_j}{\partial x_j} \tag{10.24}$$

Das zweite Glied rechts ist die Divergenz des Tensors $(v_i \rho v_j)$ der Impulsflussdichte. Das liefert die *Impulsstromform* der Bewegungsgleichungen (7.31). Sie spielt eine wichtige Rolle bei allen Bilanzaussagen, in denen der Wind vorkommt.

10.4   Die generalisierte Massenkontinuitätsgleichung

Die Massenkontinuitätsgleichung in generalisierten Koordinaten gewinnt man durch Transformation der Divergenz. Für diese gilt nach (9.59):

$$\nabla \cdot v = \frac{\partial \dot{x}_i}{\partial x_i} = \frac{1}{D_q^x} \frac{\mathrm{d}D_q^x}{\mathrm{d}t} + \frac{\partial \dot{q}_j}{\partial q_j} \tag{10.25}$$

Damit lässt sich die kartesische Divergenz in (10.15) durch die generalisierte Divergenz ausdrücken:

$$\boxed{\frac{1}{\rho} \frac{\mathrm{d}\rho}{\mathrm{d}t} + \frac{1}{D_q^x} \frac{\mathrm{d}D_q^x}{\mathrm{d}t} + \frac{\partial \dot{q}_j}{\partial q_j} = 0} \tag{10.26}$$

Die beiden relativen zeitlichen Ableitungen kann man zusammenfassen:

$$\boxed{\frac{1}{\rho D_q^x}\frac{\mathrm{d}(\rho D_q^x)}{\mathrm{d}t} + \frac{\partial \dot{q}_j}{\partial q_j} = 0} \tag{10.27}$$

Das ist die Massenkontinuitätsgleichung in generalisierten Koordinaten. Der nahe liegende Konsistenztest, als generalisierte Koordinaten speziell kartesische Koordinaten zu wählen, führt wegen $D_x^x = 1$ automatisch zu (10.15) zurück.

Warum sind wir eigentlich die kartesischen Koordinaten in der Massenkontinuitätsgleichung (10.27) doch nicht so recht los geworden, im Unterschied zur fluiddynamischen Kontinuitätsgleichung (9.58), die frei ist von den x_i? Denn in der Determinante D_q^x kann man die x_i ja deutlich erkennen. Der Grund ist die Dichte in (10.27), die das ausgleicht, denn in dieser stehen ja die x_i heimlich auch drin; das kartesische Volumen $\mathrm{d}x_1\,\mathrm{d}x_2\,\mathrm{d}x_3$ ist gewissermaßen das richtige Volumen zur Bildung von ρ, nicht das generalisierte $\mathrm{d}q_1\,\mathrm{d}q_2\,\mathrm{d}q_3$. Dadurch wird die Größe $\rho\,D_q^x$ unabhängig von den x_i.

Für die Transformation der Massenkontinuitätsgleichung auf spezielle generalisierte Koordinaten benutzen wir nicht die allgemeine Formel (10.27), sondern eliminieren in (10.15) die kartesische Divergenz mit (9.65) oder (9.68) für Kugelkoordinaten, mit (9.71) oder (9.72) für rotierende Kugelkoordinaten, und mit (9.77) oder (9.80) für Geofluidkoordinaten.

10.5 Die Massenkontinuitätsgleichung für hydrostatische Koordinaten

In hydrostatischen Koordinaten eliminieren wir in (10.15) die Divergenz mit Formel (9.89). Hier lässt sich nun die relative Dichteänderung mit der relativen Volumenänderung aus der Divergenz kombinieren. Wegen

$$\frac{\dot{\rho}}{\rho} + \frac{\dot{\alpha}}{\alpha} = 0 \tag{10.28}$$

haben sich beide Terme gegenseitig weg. Hier sind nun die beiden folgenden Spezialfälle von besonderer Bedeutung.

Druckkoordinaten

In Druckkoordinaten $\zeta = p$ ist $\partial p/\partial \zeta$ eine Konstante, d.h. der zweite Term rechts in (9.89) ist Null. Der erste wird durch die relative Dichteänderung kompensiert. Ergebnis:

$$\boxed{\frac{\partial u}{\partial x} + \frac{\partial(\cos\varphi\, v)}{\cos\varphi\,\partial y} + \frac{\partial \omega}{\partial p} = 0} \qquad \text{mit} \qquad \frac{\mathrm{d}p}{\mathrm{d}t} = \omega \tag{10.29}$$

ω ist die generalisierte Vertikalgeschwindigkeit in p-Koordinaten. Formel (10.29) ist eine besonders einfache Massenkontinuitätsgleichung, denn sie enthält keinen Tendenzterm. Kurz: In p-Koordinaten wird das Geofluid scheinbar inkompressibel. Diese Einfachheit ist einer der Gründe, weshalb Druckkoordinaten in den meteorologischen Anwendungen stark bevorzugt werden (der andere unabhängige Grund ist die Vereinfachung des geostrophischen Windes). Natürlich endet die Anwendbarkeit von (10.29) da, wo die hydrostatische Näherung nicht mehr gilt, also bei kleinskaligen und insbesondere bei konvektiven Vorgängen.

Isentrope Koordinaten

Verwendet man $\zeta = \Theta$, so ergibt sich

$$\rho\,\frac{\partial h}{\partial \Theta} = \rho\,\frac{\partial h}{\partial p}\,\frac{\partial p}{\partial \Theta} = \frac{1}{g}\left(-\frac{\partial p}{\partial \Theta}\right) \qquad (10.30)$$

Man bezeichnet den Parameter $-\partial\Theta/\partial p = s$ als *statische Stabilität* der Atmosphäre; vgl. dazu die entsprechende Definition von σ im baroklinen Modell, Gleichung (22.41). Damit folgt für die Massenkontinuitätsgleichung in Θ-Koordinaten:

$$-\frac{\dot{s}}{s} + \frac{\partial u}{\partial x} + \frac{\partial(\cos\varphi\,v)}{\cos\varphi\,\partial y} + \frac{\partial\dot{\Theta}}{\partial\Theta} = 0 \qquad (10.31)$$

Bei isentropen Vorgängen ist $\dot{\Theta} = 0$, und auch $\dot{s}$ kann häufig vernachlässigt werden. Übrig bleibt dann:

$$\boxed{\frac{\partial u}{\partial x} + \frac{\partial(\cos\varphi\,v)}{\cos\varphi\,\partial y} = 0} \qquad (10.32)$$

Das Geofluid bewegt sich auf Θ-Flächen; die Divergenz des 2D-Geschwindigkeitsvektors auf dieser Fläche verschwindet. Gleichung (10.32) ist die einfachste Massenkontinuitätsgleichung der dynamischen Meteorologie und daher bei Theoretikern entsprechend beliebt.

Auf eine mögliche Verständnisschwierigkeit sei zum Abschluss hingewiesen: In beiden Gleichungen (10.29) und (10.32) tritt die scheinbar gleich lautende 2D-Divergenz des horizontalen Windvektors auf. Das liegt daran, dass wir für p- und für Θ-Koordinaten die gleichen Bezeichnungen x, y für die Pseudokoordinaten und die gleichen Bezeichnungen u, v für die zugehörigen Geschwindigkeiten verwendet haben, und diese sind tatsächlich gleich. Was nicht gleich ist, sind in beiden Fällen die horizontalen Gradienten. Denn die Verschiedenheit der Koordinatenflächen hat naturgemäß zur Folge, dass die entsprechenden Ableitungen im allgemeinen verschieden sind. Daher sind auch die beiden gleich lautenden Divergenzen in beiden Gleichungen im allgemeinen verschieden.

11 Erhaltung der Energie

Übersicht

Im Kapitel über die Thermodynamik haben wir das Energieprinzip eingeführt, wonach die Energie einem Erhaltungssatz gehorcht. Anschließend haben wir gesagt, dass es verschiedene Arten des Energieaustauschs gibt, jedoch keine verschiedenen Zustandsgrößen der Energie. Die beiden einzigen Energieformen, die voneinander separiert werden können, sind die *innere Energie* E_{intern} und die *äußere Energie* E_{extern}.

Wegen dieser Separierbarkeit der inneren Energie haben wir die thermodynamischen Formen von E_{intern} zuerst besprochen. Dabei stellte es sich als wesentlich heraus, dass innerhalb von E_{intern} keine Separation möglich ist; beispielsweise kann man keine isolierte Wärmeenergie und keine isolierte Kompressionsenergie konstruieren.

Nun wollen wir das Energieprinzip als Gleichung formulieren. Dabei gehen wir den gleichen Weg wie bei der Masse: Zuerst kommt der globale Erhaltungssatz, und anschließend werden die Flüsse aus den lokalen Gleichungen bestimmt.

11.1 Globale Energieerhaltung

Wir betrachten wie in Abschnitt 10.1 einen Fluidballen in einem zeitlich festen Volumen V. Die darin befindliche Energie sei E (Einheit J). Die Energie E ist eine extensive (globale) Größe. Ihr intensives (lokales) Äquivalent, definiert in Gleichung (6.21), ist die *massenspezifische* Energie e (Einheit J/kg).

Dafür gilt, entsprechend Gleichung (10.1):

$$E = \int_E \mathrm{d}E = \int_M e \, \mathrm{d}M = \int_V e \, \rho \, \mathrm{d}V \qquad (11.1)$$

Der globale Wert der Energie ist also die Summe über die lokale Verteilung der Energiedichte. Außerdem haben wir die Beziehungen $dE = e\,dM$ und $dM = \rho\,dV$ verwendet.

Wie bei der Masse sagen wir, dass Energie nicht im Inneren von V erzeugt werden, sondern nur über die Berandung von V hinein transportiert werden kann. Daraus ergibt sich die (10.6) entsprechende globale Aussage

$$\int\limits_V \frac{\partial e\rho}{\partial t}\,dV + \int\limits_V \boldsymbol{\nabla} \cdot \boldsymbol{F}\,dV = 0 \tag{11.2}$$

Da V beliebig ist, muss dies auch ohne den Integraloperator gelten:

$$\boxed{\frac{\partial e\rho}{\partial t} + \boldsymbol{\nabla} \cdot \boldsymbol{F} = 0} \tag{11.3}$$

Unsere nächste Aufgabe ist es, den Vektor $\boldsymbol{F}$ des Energieflusses zu spezifizieren. Dazu müssen wir die Haushalte der beteiligten Partialenergien studieren.

Vorweg eine Bemerkung zur Terminologie. Die Gleichungen (11.2), (11.3) sprechen den Erhaltungssatz der Energie in globaler und lokaler Form aus. Es sind Spezialfälle des allgemeinen Transporttheorems. Wir wollen diese Gleichungen einheitlich als *Haushaltsgleichungen* bezeichnen. Sie werden auch als *Budgetgleichungen* oder *Bilanzgleichungen* oder *Balancegleichungen* bezeichnet. Der ebenfalls dafür verwendete Begriff *Erhaltungsgleichung* bezieht sich auf den Spezialfall der quellenfreien Haushaltsgleichung. Die Energiehaushaltsgleichung ist eine Erhaltungsgleichung, ebenso wie die Massenhaushaltsgleichung. Die lokale Massenhaushaltsgleichung ist identisch mit der Massenkontinuitätsgleichung.

11.2 Ideale Fluide (mit Potenzial)

Wir nehmen zunächst an, dass unser Fluid reibungsfrei ist (alle Tangentialdrücke null, nur Normaldrücke erlaubt) und das die Prozesse isentrop (mit $ds = 0$) verlaufen. In der Atmosphäre verlaufen viele wichtige Prozesse in guter Näherung isentrop. Ein solches Fluid nennt man *ideal*. Auch die Erdrotation spielt vorläufig keine Rolle; der Nullpunkt des ruhenden Koordinatensystems befindet sich im Schwerpunkt (= Mittelpunkt) der Erde. Für ein ideales Fluid wollen wir die kinetische und die potenzielle Energie sowie deren Zusammenhang bestimmen.

Dazu starten wir mit der oben gefundenen Eulerschen Bewegungsgleichung (7.31); diese lautet in Tensorschreibweise

$$\frac{dv_i}{dt} + \alpha\,\frac{\partial p}{\partial x_i} + \frac{\partial \Phi}{\partial x_i} = 0 \tag{11.4}$$

Daraus wollen wir den Zusammenhang zwischen Φ und k gewinnen.

11.2.1 Die Gleichung für die mechanische Energie

Die äußere Energie E_{extern} des Systems ist einfach die Energie des Schwerpunkts. Stellen wir uns den betrachteten Fluidballen im Volumen V wie einen Luftballon vor (die sprachliche Ähnlichkeit der beiden Worte ist gewollt), so hat sein Schwerpunkt eine potenzielle Energie und eine kinetische Energie. Den Schwerpunkt des Fluidballens betrachten wir im System der kartesischen Koordinaten x_i; die zugehörigen Einheitsvektoren sollen im Erdmittelpunkt relativ zum Fixsternhimmel ruhen. Nun definieren wir seine kinetische und potenzielle Energie (Koordinaten des Schwerpunkts: $\boldsymbol{x} = (x_i)$, Geschwindigkeit: $\boldsymbol{v} = \mathrm{d}\boldsymbol{x}/\mathrm{d}t = (\dot{x}_i) = (v_i)$, Masse des Fluidballens: M, Masse der Erde: M_{E}):

$$\text{Potenzielle Energie} \;=\; M \underbrace{\left(\Phi_0^\star - \gamma\, M_{\text{E}}\, \frac{1}{\sqrt{x_i{}^2}} \right)}_{\Phi = \Phi(x_i)} \tag{11.5}$$

$$\text{Kinetische Energie} \;=\; M \underbrace{\left(\dot{x}_i{}^2 \right)}_{k = k(\dot{x}_i)} \tag{11.6}$$

Hierin ist $\Phi_0^\star$ eine Integrationskonstante und γ die universelle Gravitationskonstante. Ferner sind Φ und k die massenspezifische potenzielle bzw. kinetische Energie (Einheit $\mathrm{m}^2/\mathrm{s}^2$). Die Definitionen (11.5) und (11.6) sind so gemeint, dass der Fluidballen sich als Ganzes bewegen darf (repräsentiert durch seinen Schwerpunkt); sein Größe muss hinreichend klein gewählt sein, sodass die Punktdefinition der Dichte sinnvoll ist.

Die Bewegung des Fluidballens führt zu einer zeitlichen Änderung des Ortes und damit einer Änderung der mechanischen Energieformen. Durch skalare Multiplikation der Beschleunigung mit der Geschwindigkeit ergibt sich die Zeitableitung von k:

$$v_i\, \frac{\mathrm{d}v_i}{\mathrm{d}t} = \frac{\mathrm{d}}{\mathrm{d}t} \frac{v_i^2}{2} = \frac{\mathrm{d}k}{\mathrm{d}t} \tag{11.7}$$

Die Zeitableitung von Φ bilden wir durch Anwendung des Operators der totalen Zeitableitung:

$$\frac{\mathrm{d}\Phi}{\mathrm{d}t} = \underbrace{\frac{\partial \Phi}{\partial t}}_{= 0} + v_i\, \frac{\partial \Phi}{\partial x_i} = v_i\, \frac{\partial \Phi}{\partial x_i} \tag{11.8}$$

Dabei haben wir berücksichtigt, dass sich in kartesischen Koordinaten das Geopotenzial lokalzeitlich nicht ändern kann. Durch Vormultiplikation der Bewegungsgleichung (11.4) mit $\rho\, v_i$ unter Beachtung von $\rho\, \alpha = 1$ folgt nun

$$\rho\, \frac{\mathrm{d}k}{\mathrm{d}t} + v_i\, \frac{\partial p}{\partial x_i} + \rho\, v_i\, \frac{\partial \Phi}{\partial x_i} = 0 \tag{11.9}$$

Setzt man Gleichung (11.8) in (11.9) ein, so ergibt sich

$$\boxed{\; \rho\, \frac{\mathrm{d}(k + \Phi)}{\mathrm{d}t} + v_i\, \frac{\partial p}{\partial x_i} = 0 \;} \tag{11.10}$$

Das ist die Gleichung für die mechanische Energie $k + \Phi$. Mit der Masse M und dem Volumen V des Fluidballens lautet der Zusammenhang zwischen k, Φ und E_{extern}:

$$k + \Phi = \frac{E_{\text{extern}}}{M} \qquad \text{oder} \qquad \rho(k + \Phi) = \frac{E_{\text{extern}}}{V} \qquad (11.11)$$

Hier haben wir $M/V = \rho$ gesetzt. Gleichung (11.10) besagt, dass die zeitliche Änderung der mechanischen Energie eines Fluidballens gegeben ist durch die Advektion des Drucks.

11.2.2   Die Gleichung für die innere Energie

Der Druck kommt nun aber auch in der Thermodynamik vor. Dadurch bietet sich die Chance, die Energien E_{extern} und E_{intern} miteinander zu verknüpfen.

Die Zeitableitung der spezifischen inneren Energie u folgt aus der Gibbs-Gleichung (6.33) für ein homogenes isentropes thermodynamisches System (für das $ds = 0$ gilt):

$$\frac{du}{dt} + p\,\frac{d\alpha}{dt} = 0 \qquad (11.12)$$

Analog zu Gleichung (11.11) lautet der Zusammenhang zwischen u und der inneren Energie E_{intern} des Fluidballens:

$$u = \frac{E_{\text{intern}}}{M} \qquad \text{bzw.} \qquad \rho\,u = \frac{E_{\text{intern}}}{V} \qquad (11.13)$$

Eine Erinnerung zur Schreibweise: Wir haben in der Thermodynamik die innere Energie E_{intern} einfach E genannt, weil dort E_{extern} keine Rolle spielte; hier dagegen müssen wir beide Energieformen E_{intern}, E_{extern} genau unterscheiden. Und zur Konsistenz der Buchstaben: Wir haben in der Thermodynamik innere Energie E und Enthalpie H mit Großbuchstaben geschrieben, ihre massenspezifischen Entsprechungen dagegen mit den Buchstaben u und h.

Wir bringen nun die Massenkontinuitätsgleichung in der Form $\dot\alpha/\alpha = \partial v_i/\partial x_i$ ins Spiel. Eingesetzt in (11.12) liefert das die Gleichung für die *innere Energie idealer Fluide*:

$$\boxed{\rho\,\frac{du}{dt} + p\,\frac{\partial v_i}{\partial x_i} = 0} \qquad (11.14)$$

Dieses Ergebnis wollen wir mit Gleichung (11.10) für die mechanische Energie verknüpfen.

11.2.3 Austausch zwischen mechanischer und innerer Energie

Dazu schreiben wir (11.14) und (11.10) getrennt untereinander, wobei wir im letzten Term von der Produktregel Gebrauch gemacht haben und vom gebundenen Index i zu j wechseln:

$$\rho \, \frac{du}{dt} + \frac{\partial p \, v_j}{\partial x_j} - v_j \, \frac{\partial p}{\partial x_j} = 0 \qquad (11.15)$$

$$\rho \, \frac{d}{dt}(k + \Phi) \qquad + v_j \, \frac{\partial p}{\partial x_j} = 0 \qquad (11.16)$$

Hier scheint der Austausch zwischen u und $k + \Phi$ durch Druckadvektion zu erfolgen: Was die innere Energie verliert, kommt der mechanischen Energie zugute und umgekehrt. Alternativ kann man jedoch auch schreiben:

$$\rho \, \frac{du}{dt} + \qquad + p \, \frac{\partial v_j}{\partial x_j} = 0 \qquad (11.17)$$

$$\rho \, \frac{d}{dt}(k + \Phi) + \frac{\partial p \, v_j}{\partial x_j} - p \, \frac{\partial v_j}{\partial x_j} = 0 \qquad (11.18)$$

Da fragt sich der Leser wohl: Wer bewirkt denn nun den Austausch zwischen u und $k + \Phi$: die Größe $p \, \partial v_j / \partial x_j$ oder die Größe $v_j \, \partial p / \partial x_j$? Diese Frage ist nicht entscheidbar, letzten Endes deswegen, weil die Energieformen nicht wirklich separierbar sind.

11.2.4 Der lokale Energiesatz für ideale Fluide

Das Problem kommt vom Tisch, wenn man die Summe der Gleichungen (11.10) und (11.14), oder die Summe der Gleichungen (11.15) und (11.16), oder die Summe der Gleichungen (11.17) und (11.18) bildet – das liefert die lokale Energiegleichung:

$$\boxed{\rho \, \frac{de}{dt} + \frac{\partial p \, v_j}{\partial x_j} = 0 \qquad \text{mit} \qquad e = k + \Phi + u} \qquad (11.19)$$

Dabei ist e die massenspezifische und $e \, \rho$ die volumenspezifische Energie[1], die wir in den obigen Haushaltsgleichungen (11.2) und (11.3) bereits eingeführt haben.

Mit der allgemeinen Formel (10.23) lautet die Energiegleichung in Flussform

$$\boxed{\frac{\partial e \, \rho}{\partial t} + \frac{\partial e \, \rho \, v_j}{\partial x_j} + \frac{\partial p \, v_j}{\partial x_j} = 0} \qquad (11.20)$$

---

[1] e wird oft der größeren Klarheit halber auch als „Gesamtenergie" bezeichnet. Bei strengen Theoretikern ist das Wort verpönt, weil sie sagen: Wegen der Nicht-Separierbarkeit der Energieformen gibt es keine Partialenergien, sondern nur eine einzige Energie, die man daher auch schlicht „Energie" und nicht anders nennen sollte.

Die Flüsse in den beiden Divergenzausdrücken kann man verschieden zusammenfassen:

$$F_j = e\,\rho\,v_j + p\,v_j = ([k+\Phi] + [u+p\alpha])\,\rho\,v_j = (k+\Phi+h)\,\rho\,v_j \tag{11.21}$$

Hier haben wir die thermodynamische Formel $h = u + p\,\alpha$ für die Enthalpie benutzt. Obwohl also die Energiegleichung die Erhaltung der mechanischen plus inneren Energie zum Ausdruck bringt, wird nicht diese Energie transportiert, sondern stattdessen mechanische plus Enthalpie. Im Energiesatz (11.19) für das ideale Fluid sind daher folgende Einzelaussagen enthalten, die wir jetzt in Vektorschreibweise erläutern:

- Die Energie hat keine Quelle und keine Senke. Sie kann weder erzeugt noch vernichtet werden, denn sie ist eine Erhaltungsgröße, ebenso wie die Masse.

- Die Energie kann sich lokalzeitlich nur durch die Divergenz eines Flusses ändern. Das ist der oben in (11.2), (11.3) definierte Vektor $\boldsymbol{F}$. Seine Komponenten sind für das ideale Fluid durch (11.21) gegeben.

- Der Vektor $\boldsymbol{F} = e\,\rho\,\boldsymbol{v} + \boldsymbol{J}$ besteht aus zwei Anteilen. Der erste ist der Fluss $e\,\rho\,\boldsymbol{v}$ der Energie. Er wird in der Meteorologie als *advektiver* Fluss bezeichnet[2].

- Der zweite Anteil von $\boldsymbol{F}$ ist der Fluss $\boldsymbol{J} = p\,\boldsymbol{v}$. Dieser zusätzliche Fluss ist auch ein Energiefluss; beim idealen Fluid ist er ebenfalls rein advektiv. Jedoch kommen bei realen Fluiden weitere nicht advektive Anteile zu $\boldsymbol{J}$ hinzu (was wir erst später sehen werden). Diese werden *konduktiver* Natur sein. Wir wollen daher $\boldsymbol{J}$ neutral als *zusätzlichen Energiefluss* bezeichnen.

- Die alternative Zerlegung rechts in (11.21) besagt: $\boldsymbol{F}$ ist der Fluss von mechanischer Energie plus Enthalpie.

11.3   Reale Fluide

Wir wollen nun von den idealen Fluiden auf die realen Fluide übergehen; der Unterschied liegt in der Verallgemeinerung des Druckes beispielsweise durch die Flächendrücke. Wir gehen wieder von der Eulerschen Gleichung aus, schreiben diese aber sogleich in Flussform:

$$\frac{\partial v_i\rho}{\partial t} + \frac{\partial v_i\rho\,v_j}{\partial x_j} + \frac{\partial p}{\partial x_i} + \rho\,\frac{\partial \Phi}{\partial x_i} = 0 \tag{11.22}$$

Die beiden mittleren Glieder kann man zusammenfassen, wenn man den Druckterm mit dem Kronecker-Delta schreibt:

$$\frac{\partial v_i\rho}{\partial t} + \frac{\partial}{\partial x_j}\left(\underline{v_i\rho\,v_j + \delta_{ij}\,p}\right) + \rho\,\frac{\partial \Phi}{\partial x_i} = 0 \tag{11.23}$$

---

[2]Die Physiker nennen Flüsse des Typs $e\,\rho\,\boldsymbol{v}$ gewöhnlich konvektiv. In der Meteorologie bezeichnet man diese Flüsse, wenn sie skalig sind, als *advektiv* und reserviert *konvektiv* für die subskaligen Vertikalflüsse.

Beide eingeklammerten Terme sind Tensoren. Die Schreibweise (11.23) gibt uns die Möglichkeit, die Bewegungsgleichung für ideale Fluide auf einfache Weise für reale Fluide zu verallgemeinern.

11.3.1 Innere Reibung

Der unterstrichene Term in (11.23) ist die advektive Impulsflussdichte; aus Dimensionsgründen muss es sich daher auch beim Druck p um eine Impulsflussdichte handeln, jedoch um eine solche auf molekularer Ebene. Diese Deutung entspricht der oben diskutierten Interpretation des Drucks (vgl. Abschnitt 7.4).

Der Druck entsprach dort einer Kraft, die senkrecht zu der die Kraft aufnehmenden Fläche (*Normaldruck*) oder parallel zu dieser Fläche wirkt (*Tangentialdruck*). Damit ist in Gleichung (11.23) der Impulsfluss durch Advektion und Normalkräfte um den molekularen Reibungstensor π_{ij} zu ergänzen:

$$\boxed{\frac{\partial v_i \rho}{\partial t} + \frac{\partial}{\partial x_j}\left(v_i \rho\, v_j + \delta_{ij}\, p + \pi_{ij}\right) + \rho\,\frac{\partial \Phi}{\partial x_i} = 0} \tag{11.24}$$

π_{ij} entsteht durch die Geschwindigkeitsgradienten im bewegten Fluid. In (11.24) sind alle durch gewöhnliche Advektion sowie durch Oberflächenkräfte bedingten Flüsse im gesamten *Impulsflussdichtetensor* zusammengefasst:

$$\rho\begin{pmatrix} v_1\,v_1 & v_1\,v_2 & v_3\,v_1 \\ v_2\,v_1 & v_2\,v_2 & v_3\,v_2 \\ v_3\,v_1 & v_3\,v_2 & v_3\,v_3 \end{pmatrix} + \begin{pmatrix} p & 0 & 0 \\ 0 & p & 0 \\ 0 & 0 & p \end{pmatrix} + \begin{pmatrix} \pi_{11} & \pi_{12} & \pi_{13} \\ \pi_{21} & \pi_{22} & \pi_{23} \\ \pi_{31} & \pi_{32} & \pi_{33} \end{pmatrix} \tag{11.25}$$

Die alternative Schreibweise der Gleichung (11.24) mit dem Operator der totalen Zeitableitung lautet:

$$\boxed{\rho\,\frac{\mathrm{d}v_i}{\mathrm{d}t} + \frac{\partial(\delta_{ij}\,p + \pi_{ij})}{\partial x_j} + \rho\,\frac{\partial \Phi}{\partial x_i} = 0} \tag{11.26}$$

Das entspricht der mit ρ multiplizierten Eulerschen Gleichung (11.4), ergänzt um den Reibungstensor π_{ij}. Damit sollte (11.26) mit (7.32) übereinstimmen, was auch der Fall ist (multipliziere (7.32) mit ρ, ersetze $\partial p/\partial x_i$ durch $\partial(\delta_{ij}p)/\partial x_j$, ersetze $\nabla\cdot\underline{\underline{\Pi}}$ durch $\partial\pi_{ij}/\partial x_j$, ersetze Φ_E durch Φ). Das kann man so ausdrücken: Die Impulserhaltungsgleichung für reale Fluide, die wir in der Form (7.32) bereits hatten, haben wir hier in der Form (11.26) erneut abgeleitet.

Gleichung (11.26) ist nun besonders zweckmäßig zur Herleitung der mechanischen Energiegleichung für das reale Fluid.

11.3.2 Der lokale Energiesatz für reale Fluide

Die innere Reibung in Fluiden führt zur Dissipation. Mit diesem Begriff wird die Umwandlung von kinetischer Energie in Reibungswärme (innere Energie) bezeichnet. Um hier einen Zugang zu finden, bringen wir eine Gegenüberstellung der idealen und der realen Fluide im Hinblick auf Bewegungsgleichung, mechanische Energie, innere Energie und Gesamtenergie. Die dabei auftretende Redundanz ist angesichts des schwierigen Themas beabsichtigt.

Die Euler-Gleichungen für ideale wie für reale Fluide lauten

$$\frac{\mathrm{d}v_i}{\mathrm{d}t} + \alpha \, \frac{\partial p}{\partial x_i} + \qquad\quad + \frac{\partial \Phi}{\partial x_i} \;=\; 0 \qquad \text{(ideale Fluide)} \qquad (11.27)$$

$$\frac{\mathrm{d}v_i}{\mathrm{d}t} + \alpha \, \frac{\partial p}{\partial x_i} + \alpha \, \frac{\partial \pi_{ij}}{\partial x_j} + \frac{\partial \Phi}{\partial x_i} \;=\; 0 \qquad \text{(reale Fluide)} \qquad (11.28)$$

Die Gleichungen für die mechanische Energie lauten für beide Fluide

$$\rho \, \frac{\mathrm{d}(k + \Phi)}{\mathrm{d}t} + \; v_i \, \frac{\partial p}{\partial x_i} \qquad\qquad\quad =\; 0 \qquad \text{(ideale Fluide)} \qquad (11.29)$$

$$\rho \, \frac{\mathrm{d}(k + \Phi)}{\mathrm{d}t} + \; v_i \, \frac{\partial p}{\partial x_i} + v_i \, \frac{\partial \pi_{ij}}{\partial x_j} \;=\; 0 \qquad \text{(reale Fluide)} \qquad (11.30)$$

Mit der Produktregel der Differenziation kann man dies auch so schreiben:

$$\rho \, \frac{\mathrm{d}(k + \Phi)}{\mathrm{d}t} + \frac{\partial p \, v_j}{\partial x_j} - p \, \frac{\partial v_j}{\partial x_j} \qquad\qquad =\; 0 \qquad \text{(ideale Fluide)} \quad (11.31)$$

$$\rho \, \frac{\mathrm{d}(k + \Phi)}{\mathrm{d}t} + \frac{\partial p \, v_j}{\partial x_j} - p \, \frac{\partial v_j}{\partial x_j} + \frac{\partial \pi_{ij} \, v_i}{\partial x_j} \;=\; \pi_{ij} \, \frac{\partial v_i}{\partial x_j} \qquad \text{(reale Fluide)} \quad (11.32)$$

Die mechanische Energie tauscht mit der inneren Energie aus. Für reale Fluide haben wir dabei die allgemeine Gibbssche Form (6.33) mit $\mathrm{d}u + p\,\mathrm{d}\alpha = T\,\mathrm{d}s$ zu verwenden:

$$\rho \, \frac{\mathrm{d}u}{\mathrm{d}t} + p \, \frac{\partial v_i}{\partial x_i} \;=\; 0 \qquad \text{(ideale Fluide)} \qquad (11.33)$$

$$\rho \, \frac{\mathrm{d}u}{\mathrm{d}t} + p \, \frac{\partial v_i}{\partial x_i} \;=\; \rho \, T \, \frac{\mathrm{d}s}{\mathrm{d}t} \qquad \text{(reale Fluide)} \qquad (11.34)$$

Durch Addition erhält man die Gleichungen für die Energie $k + \Phi + u = e$:

$$\rho \, \frac{\mathrm{d}e}{\mathrm{d}t} + \frac{\partial p \, v_j}{\partial x_j} \qquad\qquad =\; 0 \qquad \text{(ideale Fluide)} \qquad (11.35)$$

$$\rho \, \frac{\mathrm{d}e}{\mathrm{d}t} + \frac{\partial p \, v_j}{\partial x_j} + \frac{\partial \pi_{ij} \, v_i}{\partial x_j} \;=\; \pi_{ij} \, \frac{\partial v_i}{\partial x_j} + \rho \, T \, \frac{\mathrm{d}s}{\mathrm{d}t} \qquad \text{(reale Fluide)} \qquad (11.36)$$

Beim idealen Fluid steht auf der rechten Seite von selbst Null, und dadurch ist (11.35) automatisch mit dem Energiesatz (11.3) in Übereinstimmung.

Beim realen Fluid ist die Übereinstimmung mit dem Energiesatz auf der linken Seite von (11.36) zunächst auch gegeben. Wir haben wieder den Energieflussvektor $\boldsymbol{F} = e \, \rho \, \boldsymbol{v} + \boldsymbol{J}$. Der zusätzliche (noch immer rein advektive) Anteil $\boldsymbol{J}$ hat jetzt die Komponenten:

$$J_j = p v_j + \pi_{ij} v_i \qquad (11.37)$$

Aber auf der rechten Seite von (11.36) stehen zwei Glieder, die beide nicht als Flussdivergenzen geschrieben werden können. Wie stellt man nun Kompatibilität mit (11.3) her?

Das ist einfach: Das Prinzip des Energiesatzes, wonach die Energie quellenfrei ist, gilt auch für reale Fluide in aller Strenge. Danach muss die rechte Seite von Gleichung (11.36) verschwinden. Das liefert den Energiesatz für reale Fluide:

$$\rho \, \frac{\mathrm{d}e}{\mathrm{d}t} + \frac{\partial p \, v_j}{\partial x_j} + \frac{\partial \pi_{ij} \, v_i}{\partial x_j} = 0 \tag{11.38}$$

Hierin ist nur die Reibung berücksichtigt (kein Wärmefluss etc.).

11.4   Erzeugung von Entropie

Die Forderung der Quellenfreiheit der Energie liefert indirekt die Haushaltsgleichung der Entropie, die also auf diese Weise aus dem Energiesatz gewonnen wird. Die Konsequenzen wollen wir für zwei fundamentale Prozesse betrachten: die reibungsbedingte Dissipation und anschließend den Wärmefluss.

11.4.1   Dissipation

Das Verschwinden der rechten Seite von (11.36) liefert mit der neuen Bezeichnung

$$- \pi_{ij} \, \frac{\partial v_i}{\partial x_j} = \rho \, \varepsilon \tag{11.39}$$

die Haushaltsgleichung der Entropie für diesen einfachsten Fall eines realen Fluids:

$$\rho \, T \, \frac{\mathrm{d}s}{\mathrm{d}t} = \rho \, \varepsilon \tag{11.40}$$

Um die Größe ε zu berechnen, deren Bedeutung wir sogleich erkennen werden, setzen wir für π_{ij} den Navier-Stokesschen Reibungsansatz ein:

$$\pi_{ij} \, \frac{\partial v_i}{\partial x_j} = -\eta \left(\frac{\partial v_i}{\partial x_j} + \frac{\partial v_j}{\partial x_i} \right) \frac{\partial v_i}{\partial x_j} \tag{11.41}$$

Diese Darstellung ist zur folgenden äquivalent, bei der lediglich die Indizes i und j vertauscht sind:

$$\pi_{ij} \, \frac{\partial v_i}{\partial x_j} = -\eta \left(\frac{\partial v_j}{\partial x_i} + \frac{\partial v_i}{\partial x_j} \right) \frac{\partial v_j}{\partial x_i} = -\eta \left(\frac{\partial v_i}{\partial x_j} + \frac{\partial v_j}{\partial x_i} \right) \frac{\partial v_j}{\partial x_i} \tag{11.42}$$

Da die linken Seiten der Gleichungen (11.41) und (11.42) übereinstimmen, müssen auch die rechten Seiten übereinstimmen. Dies kann man so ausdrücken:

$$x = A = B \quad \Longrightarrow \quad x = \frac{A + B}{2} \tag{11.43}$$

Mit dieser einfachen Symmetrisierungsmethode lassen sich (11.41) und (11.42) zusammenfassen. Das ergibt für ε:

$$\rho\,\varepsilon = \frac{\eta}{2}\left(\frac{\partial v_i}{\partial x_j} + \frac{\partial v_j}{\partial x_i}\right)\left(\frac{\partial v_i}{\partial x_j} + \frac{\partial v_j}{\partial x_i}\right) = \frac{\eta}{2}\left(\frac{\partial v_i}{\partial x_j} + \frac{\partial v_j}{\partial x_i}\right)^2 \qquad (11.44)$$

Der quadratische Ausdruck in der Klammer kann nicht negativ werden. Daraus folgt für die Entropiequelle:

$$\rho\,T\,\frac{\mathrm{d}s}{\mathrm{d}t} = \rho\,\varepsilon \geq 0 \qquad (11.45)$$

Die Größe ε wird als die *Dissipation* bezeichnet. Die Dissipation ist eine positiv definite Größe; sie beschreibt einen irreversiblen Prozess. Durch Reibung nimmt die Entropie zu; dies ist die Kernaussage von Gleichung (11.45).

Die Rolle der Dissipation sieht man deutlich an der Gegenüberstellung der Gleichungen für die mechanische und innere Energie beim realen Fluid. Mit J und ϵ schreiben sich (11.32) und (11.34):

$$\rho\,\frac{\mathrm{d}(k+\Phi)}{\mathrm{d}t} + \frac{\partial J_j}{\partial x_j} - p\,\frac{\partial v_j}{\partial x_j} = -\rho\epsilon \qquad (11.46)$$

$$\rho\,\frac{\mathrm{d}u}{\mathrm{d}t} \qquad\qquad + p\,\frac{\partial v_j}{\partial x_j} = \rho\epsilon \qquad (11.47)$$

Der jeweils letzte Term links ist der *reversible Austausch* zwischen $k + \Phi$ und u. Die Dissipation rechts ist dagegen der *irreversible Austausch*. Und zwar führt der Fluss der Energie durch das positiv definite ϵ stets zu einer Abnahme der mechanischen und einer Zunahme der inneren Energie. Hier kann man also die Erzeugung von Reibungswärme unmittelbar anfassen.

11.4.2 Wärmeleitung

Den Vorgang reiner Wärmeleitung ohne Reibung beschreiben wir durch den Vektor w mit den Komponenten w_j; dieser Prozess fehlt in (11.36). Wir machen das einfach dadurch, dass wir $\pi_{ij}\,v_i$ im Energiesatz (11.38) durch w_j ersetzen:

$$\rho\,\frac{\mathrm{d}e}{\mathrm{d}t} + \frac{\partial(p\,v_j + w_j)}{\partial x_j} = 0 \qquad \text{oder} \qquad \rho\,\frac{\mathrm{d}e}{\mathrm{d}t} + \boldsymbol{\nabla}\cdot\boldsymbol{J} = 0 \qquad (11.48)$$

Der konduktive Fluss $\boldsymbol{J} = p\,\boldsymbol{v} + \boldsymbol{w}$ enthält diesmal nicht die Reibung, sondern stattdessen den *Wärmeleitungsfluss* $\boldsymbol{w}$, und dieser ist wirklich ein konduktiver Fluss, der nicht durch Advektion entsteht. Die reibungsfreie Gleichung (11.10) für die mechanische Energie subtrahieren wir von (11.48), das ergibt die Gleichung für die innere Energie:

$$\rho\,\frac{\mathrm{d}u}{\mathrm{d}t} + \frac{\partial w_j}{\partial x_j} + p\,\boldsymbol{\nabla}\cdot\boldsymbol{v} = 0 \qquad (11.49)$$

Jetzt benutzen wir die Gibbssche Gleichung in der Form:

$$\frac{\mathrm{d}u}{\mathrm{d}t} = T\frac{\mathrm{d}s}{\mathrm{d}t} - p\alpha\,\boldsymbol{\nabla}\cdot\boldsymbol{v} \tag{11.50}$$

und eliminieren damit die innere Energie aus (11.49), wodurch die Entropiegleichung entsteht:

$$\rho T\frac{\mathrm{d}s}{\mathrm{d}t} + \frac{\partial w_j}{\partial x_j} = 0 \tag{11.51}$$

Die einfachste Annahme für die Wärmeleitung ist der Fouriersche Gradientansatz:

$$w_j = -\kappa\frac{\partial T}{\partial x_j} \tag{11.52}$$

Einsetzen in (11.51) und Dividieren durch T ergibt

$$\rho\frac{\mathrm{d}s}{\mathrm{d}t} = \frac{1}{T}\frac{\partial}{\partial x_j}\,\kappa\,\frac{\partial T}{\partial x_j} = \frac{\partial}{\partial x_j}\left(\frac{\kappa}{T}\,\frac{\partial T}{\partial x_j}\right) - \kappa\,\frac{\partial T}{\partial x_j}\,\frac{\partial}{\partial x_j}\left(\frac{1}{T}\right) \tag{11.53}$$

Im ersten Term der rechten Seite gehen wir mit (11.52) vom Temperaturgradienten zum Wärmefluss zurück und bringen den Ausdruck nach links. Der verbleibende zweite Term rechts lässt sich durch Anwendung der Quotientenregel der Differenziation nochmals umformen. Das Ergebnis lautet:

$$\boxed{\rho\frac{\mathrm{d}s}{\mathrm{d}t} + \frac{\partial}{\partial x_j}\left(\frac{w_j}{T}\right) = \frac{\kappa}{T^2}\left(\frac{\partial T}{\partial x_j}\right)^2} \tag{11.54}$$

Auf der linken Seite steht jetzt, wie es sich für eine ordentliche Haushaltsgleichung gehört, die substantielle Zeitableitung $\rho\,\mathrm{d}s/\mathrm{d}t$ der Entropie (diese kann man bei Bedarf in Flussform umschreiben). Außerdem steht auf der linken Seite die Divergenz eines Flusses, hier $\boldsymbol{w}/T$.

Auf der rechten Seite aber steht wieder ein Ausdruck, den man nicht in die Divegenz eines Flusses umformen kann, sondern eine positiv definite Größe. Das bedeutet: Durch Wärmeleitung, ebenso wie durch Dissipation, nimmt die Entropie irreversibel zu. Dieses Ergebnis ist konsistent mit dem Gedankenexperiment zum Temperaturausgleich, das wir oben in Abschnitt 6.8.9 besprochen haben.

11.5 Haushaltsgleichungen von Energie und Entropie

Die eben für den Wärmefluss gewonnene Entropiegleichung (11.51) können wir auch dadurch gewinnen, dass wir im Energiesatz (11.36) für reale Fluide auf beiden Seiten die Wärmeflussdivergenz addieren. Eine weitere Verallgemeinerung wollen wir sogleich durch Mitnahme der Strahlung berücksichtigen, repräsentiert durch den Strahlungsflussdichtevektor $(r_j) = \boldsymbol{r}$ (diesen haben wir im Kapitel 1 mit dem Symbol $\boldsymbol{F}$ eingeführt). Hier ist auf beiden Seiten die Strahlungsflussdivergenz $\nabla \cdot \boldsymbol{r} = \partial r_j / \partial x_j$ zu addieren. Das ergibt:

$$\rho \frac{\mathrm{d}e}{\mathrm{d}t} + \frac{\partial p\,v_j}{\partial x_j} + \frac{\partial \pi_{ij}\,v_i}{\partial x_j} + \frac{\partial w_j}{\partial x_j} + \frac{\partial r_j}{\partial x_j} = \pi_{ij}\,\frac{\partial v_i}{\partial x_j} + \frac{\partial w_j}{\partial x_j} + \frac{\partial r_j}{\partial x_j} + \rho\,T\,\frac{\mathrm{d}s}{\mathrm{d}t} \quad (11.55)$$

Durch Nullsetzen der linken Seite gemäß dem Energieprinzip entsteht die Haushaltsgleichung der Energie, durch Nullsetzen der rechten Seite die Haushaltsgleichung der Entropie. Im reibungs- und strahlungsfreien Fall reproduzieren wir damit die eben diskutierte Entropiegleichung (11.51).

Im allgemeinen Fall finden wir durch das Rezept, die linke Seite Null zu setzen, zunächst den Energiesatz. Er lautet in Flussform und in Vektorschreibweise:

$$\boxed{\frac{\partial e\,\rho}{\partial t} + \frac{\partial e\,\rho\,v_j}{\partial x_j} + \frac{\partial J_j}{\partial x_j} = 0} \quad \text{bzw.} \quad \boxed{\rho\,\frac{\mathrm{d}e}{\mathrm{d}t} + \nabla \cdot \boldsymbol{J} = 0} \quad (11.56)$$

mit der Energie als Summe von mechanischer und innerer Energie

$$\boxed{e = k + \Phi + u} \quad (11.57)$$

k ist die massenspezifische kinetische, Φ die potentielle und u die innere Energie. Der gesamte Energiefluss lautet in Komponenten- und in Vektorform:

$$\boxed{F_j = e\,\rho\,v_j + J_j} \quad \text{bzw.} \quad \boxed{\boldsymbol{F} = e\,\rho\,\boldsymbol{v} + \boldsymbol{J}} \quad (11.58)$$

Der erste Anteil von $\boldsymbol{F}$ ist der *rein advektive Fluss* $e\,\rho\,\boldsymbol{v}$ der Energie e; er ist in der substanziellen Ableitung $\rho\mathrm{d}e/\mathrm{d}t$ versteckt. Der zweite Anteil ist der *zusätzliche Fluss* $\boldsymbol{J}$; er hat advektive und *konduktive* Anteile und lautet in Komponentenschreibweise

$$\boxed{J_j = p\,v_j + \pi_{ij}\,v_i + w_j + r_j} \quad (11.59)$$

$\boldsymbol{J}$ ist weder rein advektiv noch rein konduktiv, sondern umfasst beide Mechanismen. *Advektiv* in $\boldsymbol{J}$ ist der Fluss $p\,v_j$, der durch den statischen Druck entsteht sowie der Fluss $\pi_{ij}\,v_i$, der vom dynamischen Druck durch innere Reibung des Fluids bestimmt wird. *Konduktiv* in $\boldsymbol{J}$ ist der Wärmefluss w_j und der Strahlungsfluss r_j. Falls weitere Energieflüsse auftreten (z.B. durch Diffusion), so sind entsprechende Terme hinzuzufügen.

Das Energieprinzip besagt, dass der Energiesatz (11.56) keine Quelle hat; das ist eine Größe, die man nicht als Divergenz eines Flusses darstellen kann. Die Divergenz von $\boldsymbol{F}$ ist der einzige Prozess, durch den die volumenspezifische Energie $e\,\rho$ zu- oder abnehmen kann. Wegen des Gaußschen Satzes entspricht das einem Fluss von $\boldsymbol{F}$ über den Rand des Gebietes, für das die äquivalente globale Form des Energiesatzes gilt.

Aus der Gültigkeit des Energieprinzips haben wir die Haushaltsgleichung der Entropie gewonnen:

$$\rho\,\frac{\mathrm{d}s}{\mathrm{d}t} + \frac{\partial(w_j/T)}{\partial x_j} = \frac{\rho\,\epsilon}{T} + \frac{\kappa}{T^2}\left(\frac{\partial T}{\partial x_j}\right)^2 - \frac{1}{T}\frac{\partial r_j}{\partial x_j} \quad (11.60)$$

Die ersten beiden Terme rechts sind positiv definit und beschreiben eine irreversible Erzeugung von Entropie. Auch der dritte Term rechts hat irreversible Anteile. Die Entropieerzeugung durch das Strahlungsfeld geht jedoch über den Bereich dieser Einführung hinaus, sodass wir diesen Punkt hier nicht weiter verfolgen; dasselbe gilt für Diffusionsprozesse. Bei diesen muss man verschiedene Teilchensorten berücksichtigen und bekommt für jede eine eigene Massenkontinuitätsgleichung; auch diese Anwendung lassen wir auf sich beruhen.

Zusammenfassend sieht das Rezept für die Energie- und Entropiegleichung so aus:

- Stelle die Gleichung für die Energie e auf. Berücksichtige alle advektiven und konduktiven Energieflüsse und alle Quellen.
- Schreibe die substantielle Zeitableitung von e und alle zusätzlichen Flussdivergenzen auf die linke und alle Quellen auf die rechte Seite.
- Nullsetzen der linken Seite gemäß dem Energieprinzip liefert die Haushaltsgleichung für e.
- Nullsetzen der rechten Seite liefert die Haushaltsgleichung für s.

Wie schon oben in Abschnitt 6.8.9 betont wurde, spielen in der realen Atmosphäre die irreversiblen Prozesse quantitativ nur eine untergeordnete Rolle, verglichen mit den anderen wirkenden Kräften; in vielen praktischen Anwendungen, insbesondere in der Synoptik, sind sie ohne Belang. Warum haben wir uns dann die Mühe gemacht, sie so ausführlich zu behandeln und wozu brauchen wir eigentlich die Haushaltsgleichung der Entropie?

Diese Mühe müssen wir uns machen, wenn wir das Konzept der Irreversibilität verstehen wollen, was gerade bei den Fällen von einfacher Reibung und Wärmeleitung recht gut geht. Diese Prozesse, obwohl numerisch klein, werden in der Wolken- und Niederschlagsphysik heute wieder verstärkt aufgegriffen. Sie sind grundsätzlich bedeutsam und eines der Zukunftsfelder in der modernen Klimaforschung. Der Bereich der Wolkendynamik enthält hier noch viele ungelöste Fragen, bei denen die Irreversibilität eine zentrale Rolle spielt.

Was die Haushaltsgleichung der Entropie angeht, so erinnern wir daran, dass $T\,\mathrm{d}s$ die zugeführte Wärme und $Q = T\,\mathrm{d}s/\mathrm{d}t$ die Heizung der Atmposphäre ist. Nach Formel (6.93) ist die Heizung die Quelle für die Temperaturänderung in der Atmosphäre.

11.6   Energie- und Entropiehaushalt feuchter Luft

Wenn die Sonne scheint, verdunstet Wasser. Das braucht Energie, die aus der Strahlung kommt und wirkt sich dadurch aus, dass der Feuchtehaushalt mit dem Energiehaushalt koppelt. Um also jetzt den Energiehaushalt für feuchte Luft zu gewinnen, verfolgen wir die vorstehende Strategie zur Aufstellung der Gleichung der inneren Energie und demonstrieren dabei deren Zweckmäßigkeit. Für den Wasserdampf setzen wir die Haushaltsgleichung an:

$$\frac{dq}{dt} = Q_q \tag{11.61}$$

Q_q ist die Umwandlungsrate von kondensiertem Wasser in Dampf, also die Verdunstung im Kontrollvolumen. Wenn die Quelle Q_q positiv ist, nimmt die spezifische Feuchte q zu (Verdunstung), sonst ab (Kondensation). Nicht enthalten in diesem Ansatz ist die Diffusion von Wasserdampf, ein Prozess, den wir hier als klein vernachlässigen.

$L\,q$ ist die latente Wärme. Um sie ist der Energieinhalt feuchter Luft größer als derjenige trockene Luft. Wir nehmen also die Energiegleichung (11.55) ohne Reibung ($\pi_{ij} \equiv 0$) und ohne Wärmeleitung ($w_i \equiv 0$) und addieren dazu die mit ρL multiplizierte Gleichung (11.61):

$$\rho\,\frac{de}{dt} + \rho\,\frac{dLq}{dt} + \frac{\partial p v_j}{\partial x_j} + \frac{\partial r_j}{\partial x_j} = \frac{\partial r_j}{\partial x_j} + L\rho Q_q + \rho Q \tag{11.62}$$

Nullsetzen der linken Seite ergibt die Gleichung für die innere Energie der feuchten Luft. Diese schreiben wir in Flussform, nachdem wir e in seine Teile zerlegt und $u = c_v T$ sowie $h = c_p T$ beachtet haben:

$$\boxed{\frac{\partial \rho(k + \Phi + c_v T + Lq)}{\partial t} + \frac{\partial \rho(k + \Phi)v_j}{\partial x_j} + \frac{\partial[\rho(c_p T + Lq)v_j + r_j]}{\partial x_j} = 0} \tag{11.63}$$

Im dritten Term dieser Gleichung erscheint die Divergenz der *Flüsse von fühlbarer Wärme, latenter Wärme und Strahlung.* Die Bilanz dieser drei Flüsse spielt beispielsweise in der Grenzschichttheorie eine gewichtige Rolle und wir werden dort darauf zurückkommen.

Nullsetzen der rechten Seite von (11.62) ergibt in beiden Schreibweisen:

$$\boxed{\rho Q = -\frac{\partial r_j}{\partial x_j} - L\rho Q_q = -\boldsymbol{\nabla} \cdot \boldsymbol{r} - L\rho Q_q} \tag{11.64}$$

Dieses Ergebnis besagt: *Die Heizung der Atmosphäre ist Strahlungsheizung plus Kondensationsheizung.* Die Strahlungsheizung (erster Term) ist die Konvergenz des Vektors $\boldsymbol{r}$ der Strahlungsflussdichte, die Kondensationsheizung (zweiter Term) die latente Wärme, die durch die Kondensationsrate Q_q von Wasserdampf frei wird. (11.64) ist die Entropiegleichung in der Form, in der sie jeder Meteorologe verwendet. Welcher Anteil bei der Energieumwandlung (11.64) reversibel und welcher irreversibel ist, wird durch die Gleichung nicht ausgesagt und ist beispielsweise in der Synoptik ohne Belang. Die obige Frage nach der praktischen Verwendbarkeit der Haushaltsgleichung der Entropie beantwortet sich dadurch von selbst.

12 Transformation der Bewegungsgleichungen

Im Kapitel über die Massenerhaltung haben wir generalisierte Koordinaten eingeführt und zur Transformation der Divergenz genutzt. Hier wollen wir die generalisierten Koordinaten für die Aussagen der Impulserhaltung nutzen, insbesondere für die Transformation der Bewegungsgleichungen.

Warum braucht man eigentlich generalisierte Koordinaten? Die Geschwindigkeit ist ja die zeitliche Änderung des Ortes, an dem sich ein Massenpunkt befindet. Diesen Ort kann man als einen Vektor im dreidimensionalen Raum darstellen; im einfachsten Fall wird dieser Vektor durch seine Komponenten im kartesischen Koordinatensystem spezifiziert. Die Transformation der Bewegungsgleichungen ins rotierende kartesische Koordinatensystem haben wir oben im Kapitel 8 bereits vorweggenommen.

Wenn man jedoch versucht, Orte auf der Erdkugel in kartesischen Koordinaten anzugeben, erkennt man, dass dies unzweckmäßig ist – hier sind geographische Breite und Länge angemessen, und das sind Winkelkoordinaten. Man muss also auf verallgemeinerte Koordinaten transformieren und die Position des Massenpunkts sowie den daraus folgenden Geschwindigkeits- und den Beschleunigungsvektor durch *generalisierte Koordinaten* ausdrücken können. Diesen Kalkül der konsistenten Transformation der Impulserhaltungsgleichung auf beliebige meteorologische Koordinatensysteme wollen wir nun entwickeln.

Als Bewegungsgleichungen legen wir die Eulerschen Gleichungen für reibungsfreie Bedingungen zugrunde. Sie lauten in Tensorschreibweise

$$\frac{\mathrm{d}v_i}{\mathrm{d}t} + \alpha\,\frac{\partial p}{\partial x_i} + \frac{\partial \Phi_{\mathrm{E}}}{\partial x_i} = 0 \tag{12.1}$$

Die v_i sind die totalzeitlichen Ableitungen der x_i. Für Bewegung sorgen also der Druck- und der Potenzialgradient, und die Coriolis-Kraft tritt vorerst nicht auf, denn das Koordinatensystem ruht ja. Das Attraktionspotenzial Φ_E haben wir oben mithilfe von Gleichung (11.5) definiert.

Unsere Aufgabe, die Bewegungsgleichungen auf generalisierte Koordinaten zu transformieren, wird durch die Euler-Lagrange-Gleichungen (siehe nächsten Abschnitt) im Prinzip gelöst. In den anschließenden Abschnitten wollen wir dann die Bewegungsgleichungen für spezielle meteorologische Koordinaten angeben.

12.1 Die Euler-Lagrange-Gleichungen

Für die kinetische Energie $K^\star$ gilt[1]

$$K^\star = \frac{1}{2}\,\dot{x}_i^2 \tag{12.2}$$

Wenn wir die x_i als Funktionen der generalisierten Koordinaten q_j und der Zeit t betrachten, so gilt für die Geschwindigkeiten

$$\dot{x}_i = \frac{\partial x_i}{\partial q_j}\,\dot{q}_j + \frac{\partial x_i}{\partial t} \tag{12.3}$$

Die $\dot{x}_i$ hängen also explizit von den $\dot{q}_j$ und von den Ableitungen von x_i nach q_j und t ab, außerdem implizit (jedoch nicht explizit) von q_j und t. Insbesondere gilt

$$\frac{\partial \dot{x}_i(\dot{q}_j, q_j, t)}{\partial \dot{q}_j} = \frac{\partial x_i}{\partial q_j} \tag{12.4}$$

Das sind die Elemente der Funktionaldeterminante. Diese Gleichung gilt natürlich ebenso, wenn wir überall den Index j durch einen anderen Index ersetzen, beispielsweise l (nur nicht i, der ist schon vergeben). Wir bilden nun die zweimalige Ableitung der kinetischen Energie nach den generalisierten Geschwindigkeiten:

$$\frac{\partial^2 K^\star}{\partial \dot{q}_l\,\partial \dot{q}_j} = \frac{\partial}{\partial \dot{q}_l}\left[\dot{x}_i\,\frac{\partial x_i}{\partial q_j}\right] = \frac{\partial x_i}{\partial q_l}\,\frac{\partial x_i}{\partial q_j} \tag{12.5}$$

Die zugehörige Determinante ist

$$\left|\frac{\partial^2 K^\star}{\partial \dot{q}_l\,\partial \dot{q}_j}\right| = \left|\frac{\partial x_i}{\partial q_l}\,\frac{\partial x_i}{\partial q_j}\right| = \left(D_q^x\right)^2 \tag{12.6}$$

Die Metrik (repräsentiert durch die Determinante D_q^x) ist in der kinetischen Energie verborgen, wenn man $K^\star = K^\star(\dot{q}_j, q_j, t)$ als Funktion der generalisierten Koordinaten und Geschwindigkeiten betrachtet. $K^\star$ enthält insbesondere die Krümmung der Koordinaten.

---

[1]In diesem Kapitel schreiben wir die kinetische Energie mit großen Buchstaben.

Nun führen wir die so genannte *Lagrange-Funktion* ein:

$$\boxed{L = K^{\star} - \Phi_{\mathrm{E}} = L(\dot{x}_i, x_i)} \tag{12.7}$$

Diese Funktion, auch als *kinetisches Potenzial* bezeichnet, spielt eine bedeutende Rolle in der klassischen theoretischen Physik. Die kinetische Energie ist hier mit einem * indiziert, weil sie im Absolutsystem relativ zum Fixsternhimmel gilt. Die nicht indizierten Größen K und Φ wollen wir anschließend für modifizierte Versionen von $K^{\star}$ und Φ_{E} zur Verfügung haben. L hängt durch $K^{\star}$ von $\dot{x}_i$ und durch Φ_{E} von x_i ab.

Wir bilden nun mit der Lagrange-Funktion die Ableitung nach $\dot{x}_i$ und leiten anschließend nach der Zeit ab. Das liefert die *Euler-Lagrange-Gleichung*

$$\frac{\mathrm{d}}{\mathrm{d}t} \frac{\partial L}{\partial \dot{x}_i} - \frac{\partial L}{\partial x_i} + \alpha \frac{\partial p}{\partial x_i} = 0 \tag{12.8}$$

Sie ist der obigen Eulerschen Gleichung und damit den Newtonschen Bewegungsgleichungen äquivalent. Man überzeuge sich davon, indem man die Ableitungen explizit bildet; damit kommt man zu den Ausgangsgleichungen (12.1) zurück.

Im nächsten Schritt führen wir die Transformation von den kartesischen x_i auf die generalisierten Koordinaten q_j aus. Dann gilt Gleichung (12.8) unverändert, nur sind die x_i durch die q_j ersetzt:

$$\boxed{\boxed{\frac{\mathrm{d}}{\mathrm{d}t} \frac{\partial L}{\partial \dot{q}_j} - \frac{\partial L}{\partial q_j} + \alpha \frac{\partial p}{\partial q_j} = 0}} \tag{12.9}$$

Auch hier überzeuge man sich durch explizites Ausrechnen von der Richtigkeit. Dazu multipliziert man (12.8) mit $\partial x_i / \partial q_j$ und beachtet die Ketten- und die Produktregel der Differenziation. Um zu der endgültigen Form (12.9) zu gelangen, benötigt man die folgende selbstverständliche, wenn auch etwas vertrackte Umrechnung:

$$\frac{\mathrm{d}}{\mathrm{d}t} \left(\frac{\partial x_i}{\partial q_j} \right) = \frac{\partial}{\partial t} \left(\frac{\partial x_i}{\partial q_j} \right) + \frac{\partial}{\partial q_j} \left(\frac{\partial x_i}{\partial q_j} \right) \dot{q}_j = \frac{\partial}{\partial q_j} \left(\frac{\partial x_i}{\partial t} + \frac{\partial x_i}{\partial q_j} \dot{q}_j \right) = \frac{\partial \dot{x}_i}{\partial q_j} \tag{12.10}$$

Hier haben wir beachtet, dass $\dot{q}_j$ nicht explizit von q_j abhängt.

Die Bedeutung der allgemeinen Formel (12.9) ist außerordentlich. Sie bietet zwei Gestaltungsmöglichkeiten. Erstens gestattet sie, einfach durch Aufschreiben der Koordinatentransformation $x_i = x_i(q_j, t)$, die Bewegungsgleichungen in beliebigen generalisierten Koordinaten herzuleiten. Zweitens aber, und das ist praktisch ebenso wichtig, kann man vorher noch Näherungen an L, also an der kinetischen Energie und am Potenzial anbringen; dies werden wir sogleich ausnutzen. Die aus der entsprechend modifizierten Lagrange-Funktion $L(\dot{q}_j, q_j, t)$ abgeleiteten Bewegungsgleichungen sind im Hinblick auf die Energie dann automatisch konsistent.

Wie kommt man eigentlich auf die Idee, die ursprüngliche Eulersche Gleichung (12.1), die ja die kinetische Energie gar nicht enthält, mittels der Lagrange-Funktion in Form der Gleichung (12.8) oder (12.9) zu schreiben? Es ist ja sehr schön, dass die Euler-Lagrange-Gleichung dann invariant gegenüber der Transformation auf generalisierte Koordinaten ist – aber woher soll man das wissen? Diese Frage wird in der theoretischen Physik axiomatisch beantwortet, und zwar durch Variation des Wirkungsintegrals. Das geht über den Stoff unserer Darstellung hier hinaus. Wir begnügen uns damit, die Stimmigkeit von (12.9) gezeigt zu haben.

Zum Schluss noch eine Anmerkung: Das Wesentliche der Euler-Lagrange-Gleichung ist ihre Invarianz gegen die Transformation von den x_i zu den q_j. Die ursprüngliche Euler-Gleichung (12.1) hat diese Invarianz nicht. Es wäre ein Kunstfehler, wollte man versuchen, in (12.1) alle x_i durch q_j zu ersetzen, also auch $\dot{x}_i$ durch $\dot{q}_j$. Die Bewegungsgleichungen in generalisierten Koordinaten haben im allgemeinen nicht die Form von (12.1).

12.2 Kugelkoordinaten $\Lambda^\star$, $\phi^\star$, $R^\star$

Kugelkoordinaten haben wir oben bereits oben in (9.60) eingeführt. Für sie brauchen wir nun die Ableitungen nach der Zeit, nach den generalisierten Koordinaten und nach den generalisierten Geschwindigkeiten. Zuerst bilden wir die kartesischen Geschwindigkeiten:

$$\dot{x}_1 = \dot{R}^\star \cos\phi^\star \cos\Lambda^\star - R^\star \sin\phi^\star \dot{\phi}^\star \cos\Lambda^\star - R^\star \cos\phi^\star \sin\Lambda^\star \dot{\Lambda}^\star \quad (12.11)$$

$$\dot{x}_2 = \dot{R}^\star \cos\phi^\star \sin\Lambda^\star - R^\star \sin\phi^\star \dot{\phi}^\star \sin\Lambda^\star + R^\star \cos\phi^\star \cos\Lambda^\star \dot{\Lambda}^\star \quad (12.12)$$

$$\dot{x}_3 = \dot{R}^\star \sin\phi^\star + R^\star \cos\phi^\star \dot{\phi}^\star \quad (12.13)$$

Deren Quadrate lauten (wir beachten diese Reihenfolge: zuerst die generalisierten Koordinaten $\Lambda^\star, \phi^\star, R^\star$ und danach die generalisierten Geschwindigkeiten $\dot{\Lambda}^\star, \dot{\phi}^\star, \dot{R}^\star$):

$$\dot{x}_1^2 = \underbrace{\sin^2\Lambda^\star \cos^2\phi^\star R^{\star 2}(\dot{\Lambda}^\star)^2}_{1-\mathrm{I}} + \underbrace{\cos^2\Lambda^\star \sin^2\phi^\star R^{\star 2}(\dot{\phi}^\star)^2}_{1-\mathrm{II}} + \underbrace{\cos^2\Lambda^\star \cos^2\phi^\star (\dot{R}^\star)^2}_{1-\mathrm{III}}$$

$$+ \underbrace{2\sin\Lambda^\star \cos\Lambda^\star \cos\phi^\star \sin\phi^\star R^{\star 2}\dot{\Lambda}^\star\dot{\phi}^\star}_{1-\mathrm{IV}} - \underbrace{2\cos^2\Lambda^\star \sin\phi^\star \cos\phi^\star R^\star\dot{\phi}^\star\dot{R}^\star}_{1-\mathrm{V}}$$

$$- \underbrace{2\cos\Lambda^\star \sin\Lambda^\star \cos^2\phi^\star R^\star\dot{\Lambda}^\star\dot{R}^\star}_{1-\mathrm{VI}} \quad (12.14)$$

$$\dot{x}_2^2 = \underbrace{\cos^2\Lambda^\star \cos^2\phi^\star R^{\star 2}(\dot{\Lambda}^\star)^2}_{2-\mathrm{I}} + \underbrace{\sin^2\Lambda^\star \sin^2\phi^\star R^{\star 2}(\dot{\phi}^\star)^2}_{2-\mathrm{II}} + \underbrace{\sin^2\Lambda^\star \cos^2\phi^\star (\dot{R}^\star)^2}_{2-\mathrm{III}}$$

$$- \underbrace{2\cos\Lambda^\star \sin\Lambda^\star \cos\phi^\star \sin\phi^\star R^{\star 2}\dot{\Lambda}^\star\dot{\phi}^\star}_{2-\mathrm{IV}} - \underbrace{2\sin^2\Lambda^\star \sin\phi^\star \cos\phi^\star R^\star\dot{\phi}^\star\dot{R}^\star}_{2-\mathrm{V}}$$

$$+ \underbrace{2\sin\Lambda^\star \cos\Lambda^\star \cos^2\phi^\star R^\star\dot{\Lambda}^\star\dot{R}^\star}_{2-\mathrm{VI}} \quad (12.15)$$

$$\dot{x}_3^2 = \underbrace{\cos^2\phi^\star R^{\star 2}(\dot{\phi}^\star)^2}_{3-\mathrm{II}} + \underbrace{\sin^2\phi^\star (\dot{R}^\star)^2}_{3-\mathrm{III}} + \underbrace{2\sin\phi^\star \cos\phi^\star R^\star\dot{\phi}^\star\dot{R}^\star}_{3-\mathrm{V}} \quad (12.16)$$

Folgende Terme heben sich bei der Addition auf: 1–IV mit 2–IV, sowie 1–VI mit 2–VI, ferner 1–V, 2–V und 3–V. Damit sind alle gemischten Glieder verschwunden. Die rein quadratischen kann man mit der Identität $\cos^2 \phi + \sin^2 \phi = 1$ ebenfalls zusammen fassen. 1–I und 2–I liefern $\cos^2 \phi^\star R^{\star 2} (\dot{\Lambda}^\star)^2$. Weiterhin: 1–II, 2–II und 3–II liefern $R^{\star 2} (\dot{\phi}^\star)^2$; und 1–III, 2–III und 3–III liefern $(\dot{R}^\star)^2$. Das Ergebnis lautet

$$K^\star = \frac{1}{2} \left[\left(R^\star \cos \phi^\star \dot{\Lambda}^\star \right)^2 + \left(R^\star \dot{\phi}^\star \right)^2 + \dot{R}^{\star 2} \right] \tag{12.17}$$

Mit den bereits oben in Formel (9.66) eingeführten Komponenten der Pseudogeschwindigkeit schreibt sich das so:

$$K^\star = \frac{1}{2} \left(U^{\star 2} + V^{\star 2} + W^{\star 2} \right) \tag{12.18}$$

Weil die Kugelkoordinaten lokal orthogonal sind, ist es möglich, ihre Geschwindigkeitskomponenten in den lokalen Koordinatenrichtungen als kartesische Komponenten darzustellen. Die kinetische Energie behält dadurch ihre einfache Form.

Nachdem wir uns $K^\star$ verschafft haben, steht auch die Lagrange-Funktion $L = K^\star - \Phi_E$ zur Verfügung. Als nächste Aufgabe hätten wir aus L durch Einsetzen in (12.9) die Bewegungsgleichungen abzuleiten; das sind die Gleichungen für die generalisierten Beschleunigungen $d\dot{\Lambda}^\star/dt$, $d\dot{\phi}^\star/dt$ und $d\dot{R}^\star/dt$. Wir sparen uns hier diesen Schritt und gehen sogleich zu rotierenden Kugelkoordinaten über, weil wir Bewegungsgleichungen auf der ruhenden Erde sowieso nicht benötigen.

12.3   Rotierende Kugelkoordinaten

Dazu definieren wir wie vorher den Übergang von den raumfesten zu den rotierenden Kugelkoordinaten:

$$\Lambda^\star = \Lambda + \Omega\, t \qquad \phi^\star = \phi \qquad R^\star = R \tag{12.19}$$

Die rotierenden Kugelkoordinaten Λ, ϕ und R sind erdfest. Die einzige Änderung bei den generalisierten Geschwindigkeiten ist

$$\dot{\Lambda}^\star = \dot{\Lambda} + \Omega \tag{12.20}$$

Die kinetische Energie (12.17) nimmt damit die folgende Form an:

$$K^\star = \frac{1}{2} \left[\left(R \cos \phi\, (\dot{\Lambda} + \Omega) \right)^2 + \left(R\, \dot{\phi} \right)^2 + \dot{R}^2 \right] \tag{12.21}$$

Die Arbeit also, die wir oben in die Berechnung von $K^\star$ für die raumfesten Koordinaten gesteckt haben, war nicht umsonst, denn wir haben sie sogleich für die rotierenden Koordinaten genutzt. Die Glieder in (12.21) ordnen wir etwas um:

$$K^\star = \underbrace{\frac{1}{2} \left(R^2 \cos^2 \phi\, \dot{\Lambda}^2 + R^2\, \dot{\phi}^2 + \dot{R}^2 \right)}_{K} + \underbrace{(R\,\Omega \cos \phi)^2 \frac{\dot{\Lambda}}{\Omega}}_{C} + \underbrace{\frac{1}{2} (R\,\Omega \cos \phi)^2}_{Z^\star} \tag{12.22}$$

$K^\star$ ist die kinetische Energie im Absolutsystem und K die im Relativsystem. Den mittleren Term wollen wir *Coriolis-Potenzial* nennen; C hängt von den Winkelgeschwindigkeiten Ω und $\dot{\Lambda}$ ab und ist verantwortlich für die gleich auftretende *Coriolis-Kraft*. Der letzte Term ist das *Zentrifugalpotenzial*; $Z^\star$ hängt auch von Ω, jedoch nicht von den generalisierten Geschwindigkeiten ab, diese kommen nur in K vor. Wir fügen $Z^\star$ zum Attraktionspotenzial hinzu und gewinnen damit die Lagrange-Funktion in der neuen Anordnung:

$$L(\dot{\Lambda}, \dot{\phi}, \dot{R}; \Lambda, \phi, R) = K^\star - \Phi_\mathrm{E} = \underbrace{(K^\star - C - Z^\star)}_{K} + C - \underbrace{(\Phi_\mathrm{E} - Z^\star)}_{\Phi} \qquad (12.23)$$

Attraktions- und Zentrifugalpotenzial bilden gemeinsam das *Geopotenzial* (vgl. Abb. 5.4). Die Zentrifugalkraft auf der Erde ist nicht gerade klein (und um den Faktor $\Omega/2\dot{\Lambda}$ größer als die Coriolis-Kraft). Am Äquator beträgt die Umfangsgeschwindigkeit eines Punktes der Erdoberfläche etwa 1670 km/h; die zugehörige kinetische Energie $Z^\star$ entspricht der potenziellen Energie eines Körpers, der sich mehr als 10 km oberhalb der Erdoberfläche befindet. Die Erdoberfläche hat sich jedoch durch die Erdabplattung längst auf diesen Mechanismus eingestellt und liegt überall orthogonal zur gemeinsamen Wirkung aus Attraktions- und Zentrifugalpotenzial, also zum Geopotenzial Φ. Für unsere Zwecke genügt dazu wie vorher die Näherung

$$\Phi \approx g\,(R - a) = gz \qquad (12.24)$$

wobei a der Radius der als kugelförmig angenommenen Erde ist; er entspricht dem Abstand der Erdoberfläche vom Erdmittelpunkt. Dadurch wird dem Geofluidphysiker die (sehr große) Zentrifugalkraft praktisch nicht bewusst, und er hat es immer nur mit der (viel kleineren) Coriolis-Kraft zu tun.[2]

Nun machen wir uns an die Arbeit, um aus L, definiert in (12.23), die Bewegungsgleichungen zu gewinnen.

12.3.1 Zonale Bewegungsgleichung

Mit $L = K + C - \Phi$ lautet die Euler-Lagrange-Gleichung für die Λ-Komponente:

$$\frac{\mathrm{d}}{\mathrm{d}t} \frac{\partial L}{\partial \dot{\Lambda}} - \frac{\partial L}{\partial \Lambda} + \alpha\, \frac{\partial p}{\partial \Lambda} = 0 \qquad (12.25)$$

---

[2]Wir sprechen hier recht ungenau von *Kräften* (Coriolis-Kraft, Gravitationskraft, Zentrifugalkraft), wobei wir eigentlich massenspezifische Kräfte meinen, also *Beschleunigungen*.

Der erste Term darin sieht mit Gleichung (12.22) folgendermaßen aus (nur $K + C$ hängt von $\dot{\Lambda}$ ab, aber Φ nicht):

$$\frac{\mathrm{d}}{\mathrm{d}t} \frac{\partial (K + C)}{\partial \dot{\Lambda}} = \frac{\mathrm{d}}{\mathrm{d}t} \left(R \cos\phi \underbrace{(R \cos\phi \,\dot{\Lambda})}_{U} + R^2 \cos^2\phi \,\Omega \right)$$

$$= \dot{R} \cos\phi \, U - R \sin\phi \,\dot{\phi}\, U + R \cos\phi \, \frac{\mathrm{d}U}{\mathrm{d}t}$$

$$+ 2\, R\, \dot{R} \cos^2\phi \,\Omega - 2\, R^2 \cos\phi \sin\phi \,\dot{\phi}\, \Omega \qquad (12.26)$$

Dividiert man die rechte Seite durch $R \cos\phi$, so erhält man

$$\frac{\mathrm{d}U}{\mathrm{d}t} + \frac{U}{R} \,\dot{R} - \tan\phi \,\dot{\phi}\, U + 2\,\Omega \cos\phi \,\dot{R} - 2\,\Omega \sin\phi \, R\,\dot{\phi} \qquad (12.27)$$

Darin ist die Pseudogeschwindigkeit U die zonale Geschwindigkeitskomponente relativ zur Erde (das war $U^{\star}$ vorher auch, aber die Erde dreht sich jetzt, sodass U und $U^{\star}$ verschieden sind). Nun lautet die vollständige, durch $R \cos\phi$ dividierte Gleichung (12.25),

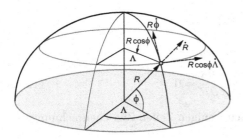

Abb. 12.1 Geometrie der Kugelkoordinaten Λ, ϕ, R und der Pseudogeschwindigkeiten. $U = R \cos\phi \,\dot{\Lambda}$ ist die Geschwindigkeitskomponente auf dem aktuellen Breitenkreis, $V = R\,\dot{\phi}$ die auf dem aktuellen Längenkreis und $W = \dot{R}$ die in radialer Richtung.

wenn wir zusätzlich $V = R\,\dot{\phi}$ und $W = \dot{R}$ einführen (diese haben sich gegenüber den vorigen Größen $V^{\star}$ und $W^{\star}$ nicht verändert):

$$\frac{\mathrm{d}U}{\mathrm{d}t} + \frac{UW}{R} - \tan\phi \frac{UV}{R} + \underbrace{2\,\Omega \cos\phi}_{f'}\, W - \underbrace{2\,\Omega \sin\phi}_{f}\, V + \underbrace{\frac{\partial\Phi}{R \cos\phi \,\partial\Lambda}}_{=0} + \alpha \,\frac{\partial p}{R \cos\phi \,\partial\Lambda} = 0$$

$$(12.28)$$

Wenn wir im vorigen Abschnitt die Mühe nicht gescheut, sondern die Euler-Lagrange-Gleichungen ausgerechnet hätten, so wäre das Gleiche wie (12.28) herausgekommen, nur die beiden Terme mit Ω hätten gefehlt; wir bezeichnen sie als f und f' (vgl. dazu Abb. 8.5).

12.3.2   Meridionale Bewegungsgleichung

Die Euler-Lagrange-Gleichung für die ϕ-Komponente lautet analog zu (12.25):

$$\frac{\mathrm{d}}{\mathrm{d}t} \frac{\partial L}{\partial \dot{\phi}} - \frac{\partial L}{\partial \phi} + \alpha \,\frac{\partial p}{\partial \phi} = 0 \qquad (12.29)$$

Das erste Glied sieht folgendermaßen aus (nur K hängt von $\dot\phi$ ab, aber C und Φ nicht):

$$\frac{\mathrm{d}}{\mathrm{d}t}\left(\frac{\partial K}{\partial\dot\phi}\right) = \frac{\mathrm{d}}{\mathrm{d}t}\left(R^2\,\dot\phi\right) = \frac{\mathrm{d}}{\mathrm{d}t}(RV) = WV + R\,\frac{\mathrm{d}V}{\mathrm{d}t} \qquad (12.30)$$

Der zweite Term in (12.29) ist jetzt komplizierter als vorher. Sein geschwindigkeitsabhängiger Anteil lautet

$$\frac{\partial(K+C)}{\partial\phi} = -R^2\cos\phi\,\sin\phi\,(\dot\Lambda^2 + 2\,\Omega\,\dot\Lambda)$$

$$= -\frac{1}{\cos\phi}\underbrace{(R\cos\phi\,\dot\Lambda)^2}_{U^2}\sin\phi - \underbrace{2\,\Omega\sin\phi}_{f}\underbrace{R\cos\phi\,\dot\Lambda}_{U}\,R \qquad (12.31)$$

Die vollständige, durch R dividierte Gleichung (12.29) lautet damit

$$\frac{\mathrm{d}V}{\mathrm{d}t} + \frac{V\,W}{R} + \tan\phi\,\frac{U^2}{R} + f\,U + \underbrace{\frac{\partial\Phi}{R\,\partial\phi}}_{=0} + \alpha\,\frac{\partial p}{R\,\partial\phi} = 0 \qquad (12.32)$$

12.3.3   Vertikale Bewegungsgleichung

Die Euler-Lagrange-Gleichung für die R-Komponente lautet

$$\frac{\mathrm{d}}{\mathrm{d}t}\frac{\partial L}{\partial\dot R} - \frac{\partial L}{\partial R} + \alpha\,\frac{\partial p}{\partial R} = 0 \qquad (12.33)$$

Wir haben jetzt schon Übung und finden nach wenigen Zeilen Zwischenrechnung:

$$\frac{\mathrm{d}W}{\mathrm{d}t} - \frac{U^2}{R} - \frac{V^2}{R} - f'\,U + \underbrace{\frac{\partial\Phi}{\partial R}}_{=g} + \alpha\,\frac{\partial p}{\partial R} = 0 \qquad (12.34)$$

Hier haben wir auch gleich die Abkürzungen für U, V, W und f' eingebracht.

12.3.4   Die Bewegungsgleichungen in Kugelkoordinaten

Fassen wir die Gleichungen (12.28), (12.32) und (12.34) zusammen, so erhalten wir mit den bereits definierten Pseudogeschwindigkeiten (siehe Abb. 12.1)

$$R\cos\phi\,\dot\Lambda = U \qquad R\dot\phi = V \qquad \dot R = W \qquad (12.35)$$

und mit den Pseudodifferenzialquotienten

$$\frac{\partial}{R\cos\phi\,\partial\Lambda} = \frac{\partial}{\partial X} \qquad \frac{\partial}{R\,\partial\phi} = \frac{\partial}{\partial Y} \qquad \frac{\partial}{\partial R} = \frac{\partial}{\partial Z} \qquad (12.36)$$

sowie mit der vertikalen und der horizontalen Komponente des Coriolis-Parameters (siehe Abb. 8.5)

$$2\,\Omega\sin\phi = f \qquad 2\,\Omega\cos\phi = f' \qquad (12.37)$$

schließlich die Bewegungsgleichungen in rotierenden Kugelkoordinaten:

$$\frac{dU}{dt} - \tan\phi \, \frac{UV}{R} + \frac{UW}{R} - fV + f'W \quad + \alpha \, \frac{\partial p}{\partial X} = 0 \qquad (12.38)$$

$$\frac{dV}{dt} + \tan\phi \, \frac{U^2}{R} + \frac{VW}{R} + fU \quad + \alpha \, \frac{\partial p}{\partial Y} = 0 \qquad (12.39)$$

$$\frac{dW}{dt} \quad - \frac{U^2 + V^2}{R} \quad - f'U + g + \alpha \, \frac{\partial p}{\partial Z} = 0 \qquad (12.40)$$

Zu Beginn stehen die Beschleunigungen, danach kommen die metrischen Terme, gefolgt von den Coriolis-Termen. Bei den metrischen Termen wirkt sich die *Meridiankonvergenz* durch den Faktor $\tan\phi$ und die *Radiendivergenz* durch $1/R$ aus; Ursache für beide ist die Krümmung der Erdoberfläche. Die Coriolis-Terme mit f und f' dagegen entstehen durch die Rotation der Erde; wie stark sie ins Gewicht fallen, hängt (außer von der Geschwindigkeit des Fluids) von der geographischen Breite ab. Die metrischen Terme sind nichtlinear in den Geschwindigkeiten, die Coriolis-Terme linear.

Die Schreibweise in (12.36) und (12.35) mit den Pseudoableitungen und Pseudogeschwindigkeiten ist nur eine Abkürzung zum leichteren Behalten. Die korrekten Koordinaten und Geschwindigkeiten sind Λ, ϕ, R und $\dot\Lambda, \dot\phi, \dot R$.

Trotz dieser Einschränkung ist die Schreibweise mit den Pseudogrößen sehr anschaulich und, bei entsprechender Vorsicht, gut handhabbar. Ihr Wert liegt unter anderem darin, dass sich mit ihnen zwei zentrale dynamische Größen genauso wie in den ursprünglichen kartesischen Koordinaten ausdrücken lassen. Die erste ist der Operator der totalen Zeitableitung:

$$\frac{d}{dt} = \frac{\partial}{\partial t} + \dot\Lambda \, \frac{\partial}{\partial\Lambda} + \dot\phi \, \frac{\partial}{\partial\phi} + \dot R \, \frac{\partial}{\partial R} \quad \text{bzw.} \quad \frac{d}{dt} = \frac{\partial}{\partial t} + U \, \frac{\partial}{\partial X} + V \, \frac{\partial}{\partial Y} + W \, \frac{\partial}{\partial Z} \qquad (12.41)$$

Nur die linke Fassung ist gewissermaßen die *„richtige"*, denn die rechte enthält ja die Ausdrücke $R\cos\phi \, \partial\Lambda = \partial X$ und $R \, \partial\cos\phi = \partial Y$, die gar keine *„ordentlichen"* partiellen Ableitungen sind. Aber das stört nicht, weil sich die überschüssigen Faktoren $R\cos\phi$ bzw. R wieder heraus kürzen. Man benötigt das beispielsweise bei den Zeitableitungen in (12.38), (12.39) und (12.40).

12.4 Was sind Scheinkräfte?

Die zweite dynamische Größe, bei der sich die Anwendung der Pseudoschreibweise lohnt, ist die kinetische Energie. Dabei ist die Ausgangsgröße $K^\star$ gewissermaßen die *„richtige"* kinetische Energie, nämlich die im Absolutsystem. Die Abspaltung des Coriolis- und des Zentrifugalpotenzials innerhalb von L haben wir oben deshalb vorgenommen, um die in (12.22) definierte kinetische Energie K im Relativsystem zu isolieren.

Nun interessiert uns die zeitliche Änderung von K. Wir multiplizieren die Bewegungsgleichungen (12.38), (12.39) und (12.40) zunächst mit U, V und W:

$$U\,\frac{\mathrm{d}U}{\mathrm{d}t} - \tan\phi\,\frac{U^2 V}{R} + \frac{U^2 W}{R} - fUV + f'UW \qquad\quad + U\,\alpha\,\frac{\partial p}{\partial X} = 0 \qquad (12.42)$$

$$V\,\frac{\mathrm{d}V}{\mathrm{d}t} + \tan\phi\,\frac{VU^2}{R} + \frac{V^2 W}{R} + fVU \qquad\qquad\quad + V\,\alpha\,\frac{\partial p}{\partial Y} = 0 \qquad (12.43)$$

$$W\,\frac{\mathrm{d}W}{\mathrm{d}t} \qquad\quad - W\,\frac{U^2 + V^2}{R} \qquad - f'WU + gW + W\,\alpha\,\frac{\partial p}{\partial Z} = 0 \qquad (12.44)$$

Addiert man alle drei, so heben sich die metrischen Terme und die Coriolis-Terme gegenseitig gerade auf:

$$\underbrace{U\,\frac{\mathrm{d}U}{\mathrm{d}t} + V\,\frac{\mathrm{d}V}{\mathrm{d}t} + W\,\frac{\mathrm{d}W}{\mathrm{d}t}}_{=\,\mathrm{d}K/\mathrm{d}t} + gW + \alpha\left(U\,\frac{\partial p}{\partial X} + V\,\frac{\partial p}{\partial Y} + W\,\frac{\partial p}{\partial Z}\right) = 0 \qquad (12.45)$$

K ändert sich also nur durch die Advektion von Geopotenzial und Druck; die Änderung ist von der Erdrotation unabhängig. Gleichung (12.45) lautet in Kugelkoordinaten

$$\frac{\mathrm{d}K}{\mathrm{d}t} + g\,\dot{R} + \alpha\left(\dot{\Lambda}\,\frac{\partial p}{\partial \Lambda} + \dot{\phi}\,\frac{\partial p}{\partial \phi} + \dot{R}\,\frac{\partial p}{\partial R}\right) = 0 \qquad (12.46)$$

Die metrischen und die Coriolis-Beschleunigungen bewirken keine Änderung der Beträge der Geschwindigkeiten, sondern nur von deren Richtungen, und das hat keinen Einfluss auf die kinetische Energie. Deshalb bezeichnet man sie als Scheinkräfte.

Zum Schluss sei gesagt: Der größte Teil der vorstehenden Diskussion (Zerlegung von L in $K, C, Z^\star$ und Einführung der Pseudokoordinaten) dient nur der Erläuterung und ist für die Ableitung der Bewegungsgleichungen entbehrlich.

12.5 Flachgeofluide

Die Höhe der Erdatmosphäre beträgt weniger als 1 % des Erdradius. In der kinetischen Energie und im Coriolis-Potenzial (nicht jedoch im Geopotenzial) kann man daher die vertikale Koordinate R durch den konstanten Erdradius a ersetzen; vertikale Geschwindigkeiten $\dot{R}$ in der kinetischen Energie sind jedoch zunächst noch möglich. Für die Lagrange-Funktion erhält man dadurch

$$L = \underbrace{\frac{1}{2}\left(a^2\cos^2\phi\,\dot{\Lambda}^2 + a^2\,\dot{\phi}^2 + \dot{R}^2\right)}_{K} + \underbrace{(a\,\Omega\cos\phi)^2\,\frac{\dot{\Lambda}}{\Omega}}_{C} - \underbrace{(\Phi_{\mathrm{E}} - Z^\star)}_{\Phi\,=\,g\,(R-a)} \qquad (12.47)$$

Nun führen wir wieder die Geofluidkoordinaten λ, φ und h ein:

$$\Lambda = \lambda \qquad \phi = \varphi \qquad R = a + h \qquad\qquad (12.48)$$

Damit lauten unsere drei Summanden in der Lagrange-Funktion

$$K = \frac{1}{2} \left(\underbrace{a^2 \cos^2 \varphi \, \dot{\lambda}^2}_{u^2} + \underbrace{a^2 \, \dot{\varphi}^2}_{v^2} + \underbrace{\dot{h}^2}_{w^2} \right) \qquad C = (a \, \Omega \, \cos \varphi)^2 \, \frac{\dot{\lambda}}{\Omega} \qquad \Phi = g \, h \quad (12.49)$$

Zu den Pseudogeschwindigkeiten u, v, w gehören hier die Pseudokoordinaten x, y, z mit

$$\frac{\partial}{a \cos \varphi \, \partial \lambda} = \frac{\partial}{\partial x} \qquad \frac{\partial}{a \, \partial \varphi} = \frac{\partial}{\partial y} \qquad \frac{\partial}{\partial h} = \frac{\partial}{\partial z} \qquad (12.50)$$

sowie der Operator der totalen Zeitableitung

$$\frac{\mathrm{d}}{\mathrm{d}t} = \frac{\partial}{\partial t} + \dot{\lambda} \frac{\partial}{\partial \lambda} + \dot{\varphi} \frac{\partial}{\partial \varphi} + \dot{h} \frac{\partial}{\partial h} \quad \text{bzw.} \quad \frac{\mathrm{d}}{\mathrm{d}t} = \frac{\partial}{\partial t} + u \frac{\partial}{\partial x} + v \frac{\partial}{\partial y} + w \frac{\partial}{\partial z} \quad (12.51)$$

Damit lauten die Bewegungsgleichungen für *Flachgeofluide*

$$\frac{\mathrm{d}u}{\mathrm{d}t} - \tan \varphi \, \frac{u \, v}{a} - f \, v \quad + \alpha \, \frac{\partial p}{\partial x} = 0 \qquad (12.52)$$

$$\frac{\mathrm{d}v}{\mathrm{d}t} + \tan \varphi \, \frac{u^2}{a} + f \, u \quad + \alpha \, \frac{\partial p}{\partial y} = 0 \qquad (12.53)$$

$$\frac{\mathrm{d}w}{\mathrm{d}t} \qquad\qquad + g + \alpha \, \frac{\partial p}{\partial z} = 0 \qquad (12.54)$$

Durch die Näherung der Metrik in K ist die Radiendivergenz verschwunden; übrig geblieben ist die Meridiankonvergenz. Und durch die Näherung von C sind die Terme mit der horizontalen Komponente f' des Coriolis-Parameters verschwunden; übrig geblieben sind die mit der vertikalen Komponente f. Diese dramatische Vereinfachung der Bewegungsgleichungen für Flachgeofluide haben wir nur durch die Annahme eines konstanten a erreicht.

12.6   Hydrostatische Koordinaten

Die Vertikalgeschwindigkeit ist der nächste Kandidat beim Vereinfachen. Verglichen mit u und v ist w für synoptische Bewegungen mehr als 2 Größenordnungen kleiner. Also ist der entsprechende Term in K mehr als 4 Größenordnungen kleiner als die Anteile aufgrund der Horizontalgeschwindigkeit. Das rechtfertigt die Vernachlässigung von w^2 in K. Dieses Argument finden wir in den Bewegungsgleichungen wieder. Außer in kleinskaliger heftiger Turbulenz und im Inneren konvektiver Zellen ist die vertikale Beschleunigung, also der erste Term in (12.54), klein gegen g.

Damit definieren wir hydrostatische Koordinaten λ, φ, ζ durch Vernachlässigung von $\dot{h}^2$ in der kinetischen Energie. Die Transformationsgleichungen lauten wie vorher

$$\lambda = \lambda \qquad \varphi = \varphi \qquad h = h(\lambda, \varphi, \zeta, t) \qquad (12.55)$$

Die horizontalen Koordinaten bleiben gleich. Die spezielle Wahl der generalisierten Vertikalkoordinate ζ lassen wir für den Augenblick noch offen. Die drei Summanden in der Lagrange-Funktion lauten:

$$K = \frac{1}{2} \left(\underbrace{a^2 \cos^2 \varphi \, \dot{\lambda}^2}_{u^2} + \underbrace{a^2 \dot{\varphi}^2}_{v^2} \right) \qquad C = (a\,\Omega\,\cos\varphi)^2 \frac{\dot{\lambda}}{\Omega} \qquad \Phi = g\,h \qquad (12.56)$$

Eine Vertikalbeschleunigung gibt es in hydrostatischen Koordinaten nicht (eine Vertikalgeschwindigkeit dagegen sehr wohl). In horizontaler Richtung haben wir als Pseudodifferenzialquotienten:

$$\frac{\partial}{a \cos\phi \, \partial\lambda} = \frac{\partial}{\partial x} \qquad \frac{\partial}{a \, \partial\varphi} = \frac{\partial}{\partial y} \qquad (12.57)$$

Damit lauten die Bewegungsgleichungen für *hydrostatische* Koordinaten

$$\frac{du}{dt} - \tan\varphi \, \frac{u\,v}{a} - f\,v + g\,\frac{\partial h}{\partial x} + \alpha\,\frac{\partial p}{\partial x} = 0 \qquad (12.58)$$

$$\frac{dv}{dt} + \tan\varphi \, \frac{u^2}{a} + f\,u + g\,\frac{\partial h}{\partial y} + \alpha\,\frac{\partial p}{\partial y} = 0 \qquad (12.59)$$

$$g\,\frac{\partial h}{\partial \zeta} + \alpha\,\frac{\partial p}{\partial \zeta} = 0 \qquad (12.60)$$

Warum taucht hier plötzlich wieder der Gradient des Geopotenzials in horizontaler Richtung auf? Den waren wir doch schon in den rotierenden Kugelkoordinaten los geworden. Das liegt daran, dass die generalisierten Koordinaten hier λ, φ, ζ sind (und nicht etwa λ, φ, h). Der Operator der totalen Zeitableitung lautet

$$\frac{d}{dt} = \frac{\partial}{\partial t} + \dot{\lambda}\,\frac{\partial}{\partial \lambda} + \dot{\varphi}\,\frac{\partial}{\partial \varphi} + \dot{\zeta}\,\frac{\partial}{\partial \zeta} \qquad \text{oder} \qquad \frac{d}{dt} = \frac{\partial}{\partial t} + u\,\frac{\partial}{\partial x} + v\,\frac{\partial}{\partial y} + \dot{\zeta}\,\frac{\partial}{\partial \zeta} \qquad (12.61)$$

Wie man sieht, enthält er eine Vertikalgeschwindigkeit $\dot{\zeta}$. Damit kann man sich beispielsweise dh/dt verschaffen oder auch die zeitliche Änderung der kinetischen Energie im Relativsystem. Für Letztere ergibt sich aus (12.58) und (12.59) durch Vormultiplikation mit u und v sowie Addieren:

$$\underbrace{u\,\frac{du}{dt} + v\,\frac{dv}{dt}}_{=\,dK/dt} + g\left(u\,\frac{\partial h}{\partial x} + v\,\frac{\partial h}{\partial y} \right) + \alpha\left(u\,\frac{\partial p}{\partial x} + v\,\frac{\partial p}{\partial y} \right) = 0 \qquad (12.62)$$

Die dritte Bewegungsgleichung (12.60) ist die statische Grundgleichung; sie leistet keinen Beitrag zu (12.62), weil sie keine Beschleunigung enthält und daher die kinetische Energie nicht ändern kann. Hier zeigt sich die Anisotropie der Atmosphäre, der wir durch Vernachlässigung von w^2 oben Rechnung getragen haben: Nur der Horizontalwind trägt zur Dynamik der kinetischen Energie bei.

12.6.1   Die Metrik in hydrostatischen Koordinaten

Die jeweils zweiten und dritten Terme in den horizontalen hydrostatischen Gleichungen kann man zusammenfassen. Dazu definieren wir den modifizierten Coriolis-Parameter:

$$f^\star = f + \tan\varphi\,\frac{u}{a} = f\left(1 + \frac{u}{2\,a\,\Omega\,\cos\varphi}\right) \tag{12.63}$$

Der zweite Term in der Klammer hat in 50° geographischer Breite bei einem typischen Zonalwind von 10 m/s den Wert 0.016. Mit Ausnahme von sehr starkem Wind sowie außerhalb der Polarzone ist der Zusatzterm vernachlässigbar. Die hydrostatischen Bewegungsgleichungen lauten nun endgültig:

$$\frac{du}{dt} - f^\star v + g\,\frac{\partial h}{\partial x} + \alpha\,\frac{\partial p}{\partial x} = 0 \tag{12.64}$$

$$\frac{dv}{dt} + f^\star u + g\,\frac{\partial h}{\partial y} + \alpha\,\frac{\partial p}{\partial y} = 0 \tag{12.65}$$

$$+ g\,\frac{\partial h}{\partial \zeta} + \alpha\,\frac{\partial p}{\partial \zeta} = 0 \tag{12.66}$$

Wir können diese Vereinfachung auch so ausdrücken: Die Metrik, d. h. die Krümmung der kugelförmigen Erde, hat nur einen sehr geringen, im Prozentbereich liegenden, Einfluss auf die Dynamik der Bewegungsgleichungen; der wesentliche Einfluss der Erde ist ihre Rotation, repräsentiert durch f. Für numerisch exakte Rechnungen muss man $f^\star$ verwenden. Aber für viele Zwecke der dynamischen Meteorologie können wir einfach $f^\star$ durch f ersetzen.

12.6.2   Spezialfall: Kartesische Koordinaten

Mit $\zeta = z$ gewinnen wir hydrostatische kartesische Koordinaten λ, φ, z. Die Transformationsgleichungen (12.55) lauten

$$\lambda = \lambda \qquad \varphi = \varphi \qquad h = h(\lambda, \varphi, z, t) = z \tag{12.67}$$

Daraus folgt der Operator der totalen Zeitableitung (12.61) mit $\zeta = z$ und $\dot{\zeta} = w$. Die Bewegungsgleichungen mit $\Phi = g\,z$ vereinfachen sich zu

$$\frac{du}{dt} - f^\star v \quad + \alpha\,\frac{\partial p}{\partial x} = 0 \tag{12.68}$$

$$\frac{dv}{dt} + f^\star u \quad + \alpha\,\frac{\partial p}{\partial y} = 0 \tag{12.69}$$

$$g + \alpha\,\frac{\partial p}{\partial z} = 0 \tag{12.70}$$

Die horizontalen Ableitungen des Geopotenzials sind verschwunden, und die dritte Gleichung ist unsere alte hydrostatische Grundgleichung.

12.6.3   Spezialfall: Druckkoordinaten

Mit $\zeta = p$ gewinnen wir hydrostatische isobare oder einfach *Druckkoordinaten* λ, φ, p.
Die Gleichungen (12.55) lauten

$$\lambda = \lambda \qquad \varphi = \varphi \qquad h = h(\lambda, \varphi, p, t) \tag{12.71}$$

Wir führen zusätzlich die *Druckgeschwindigkeit* $dp/dt = \omega$ ein, mit der sich der Operator der totalen Zeitableitung (12.61) so schreibt:

$$\frac{d}{dt} = \frac{\partial}{\partial t} + \dot\lambda\,\frac{\partial}{\partial\lambda} + \dot\varphi\,\frac{\partial}{\partial\varphi} + \omega\,\frac{\partial}{\partial p} \quad \text{bzw.} \quad \frac{d}{dt} = \frac{\partial}{\partial t} + u\,\frac{\partial}{\partial x} + v\,\frac{\partial}{\partial y} + \omega\,\frac{\partial}{\partial p} \tag{12.72}$$

Die Bewegungsgleichungen mit $\Phi = g\,h$ vereinfachen sich damit zu

$$\frac{du}{dt} - f^\star v + \frac{\partial\Phi}{\partial x} \quad = \; 0 \tag{12.73}$$

$$\frac{dv}{dt} + f^\star u + \frac{\partial\Phi}{\partial y} \quad = \; 0 \tag{12.74}$$

$$\frac{\partial\Phi}{\partial p} + \alpha \;=\; 0 \tag{12.75}$$

Der Druckgradient ist verschwunden, dafür ist der Geopotenzialgradient wieder aufgetaucht. Wie bei z als meteorologischer Koordinate in horizontaler Richtung der Druckgradient erhalten bleibt, so bleibt bei p als meteorologischer Koordinate der Geopotenzialgradient erhalten. Der Grund dafür ist die Neigung der Flächen konstanten Drucks gegenüber der Horizontale. Die dritte Gleichung in (12.75) ist die hydrostatische Gleichung in Druckkoordinaten.

12.6.4   Spezialfall: Isentrope Koordinaten

Mit $\zeta = \Theta$ definieren wir isentrope Koordinaten λ, φ, Θ. Die Gleichungen (12.55) lauten jetzt

$$\lambda = \lambda \qquad \varphi = \varphi \qquad h = h(\lambda, \varphi, \Theta, t) \tag{12.76}$$

Daraus folgt der Operator der totalen Zeitableitung (12.61) mit $\zeta = \Theta$ und $\dot\zeta = \dot\Theta$.
  Nun bringen wir die Gibbs-Gleichung ins Spiel:

$$\alpha\,dp = c_p\,dT - T\,\underbrace{c_p\,\frac{d\Theta}{\Theta}}_{ds} \tag{12.77}$$

Mit ihr lautet der Druckgradient

$$\alpha\,\frac{\partial p(\lambda, \varphi, \Theta)}{\partial\lambda} \;=\; c_p\,\frac{\partial T(\lambda, \varphi, \Theta)}{\partial\lambda} \tag{12.78}$$

$$\alpha\,\frac{\partial p(\lambda, \varphi, \Theta)}{\partial\varphi} \;=\; c_p\,\frac{\partial T(\lambda, \varphi, \Theta)}{\partial\varphi} \tag{12.79}$$

$$\alpha\,\frac{\partial p(\lambda, \varphi, \Theta)}{\partial\Theta} \;=\; c_p\,\frac{\partial T(\lambda, \varphi, \Theta)}{\partial\Theta} - T\,c_p\,\frac{1}{\Theta}\,\underbrace{\frac{\partial\Theta}{\partial\Theta}}_{=1} \tag{12.80}$$

Außerdem führen wir das

$$\text{Montgomery-Potenzial} \qquad M = \Phi + c_p\, T \qquad\qquad (12.81)$$

ein. Damit ergibt sich für die Bewegungsgleichungen in Θ-Koordinaten

$$\frac{\mathrm{d}u}{\mathrm{d}t} - f^\star v + \frac{\partial M}{\partial x} \qquad = 0 \qquad\qquad (12.82)$$

$$\frac{\mathrm{d}v}{\mathrm{d}t} + f^\star u + \frac{\partial M}{\partial y} \qquad = 0 \qquad\qquad (12.83)$$

$$\frac{\partial M}{\partial \Theta} - c_p\, \frac{T}{\Theta} \; = 0 \qquad\qquad (12.84)$$

Das Montgomery-Potenzial übernimmt in isentropen Koordinaten die Rolle des Geopotenzials. Die meisten Prozesse in der Atmosphären verlaufen in guter Näherung isentrop, also ohne Änderung von Θ. Das vereinfacht den Operator der totalen Zeitableitung: Der letzte Summand $\partial\dot\Theta/\partial\Theta$ fällt weg. Man drückt dies dadurch aus, dass man sagt: Die Luftpakete bewegen sich auf isentropen Flächen. Daher sind isentrope Koordinaten in einem gewissen Sinne noch einfacher als kartesische oder Druckkoordinaten und für viele Zwecke der dynamischen Meteorologie die erste Wahl.

12.6.5 Wahl der Gleichungen

Welche Gleichungen soll man verwenden, welche sind am besten? Pauschal kann man sagen:

- für kleinskalige Bewegungen die Eulerschen Gleichungen in nicht rotierenden kartesischen Koordinaten,
- für die Dynamik der Kurzfristvorhersage die Gleichungen in rotierenden isentropen Koordinaten,
- für die großskalige Dynamik des quasigeostrophischen Modells die Gleichungen in rotierenden Druckkoordinaten.

Hier spielt auch die meteorologische Erfahrung eine große Rolle.

Teil IV

Barotrope Prozesse

Kurz und klar

Die wichtigsten Formeln des barotropen Modells

Auftrieb b, Auftriebsfrequenz N: $\quad b = -\dfrac{\rho'}{\rho}\, g; \quad N^2 = g\,\dfrac{\gamma_d - \gamma}{T}$ $\qquad$ (IV.1)

Harmonische Welle, Phase: $\quad \Psi(\varphi) = \Psi_0\, e^{i\,\varphi}; \quad \varphi(x,t) = \boldsymbol{\kappa} \cdot \boldsymbol{x} + \omega\, t$ $\qquad$ (IV.2)

Wellengleichung: $\quad \dfrac{\partial^2 \Psi}{\partial t^2} - c^2\, \boldsymbol{\nabla}^2 \Psi = 0$ $\qquad$ (IV.3)

1D-Phasengeschwindigkeit: $\quad c = -\omega/\kappa; \quad c_r = c - \overline{u}$ $\qquad$ (IV.4)

Externe Schwerewellen: $\quad c_r = c_0 = \pm\sqrt{gH}$ $\qquad$ (IV.5)

Grundzustand bei Wellen im FWM: $\quad \overline{\Phi} = c_0^2 \quad \text{und} \quad \dfrac{\mathrm{d}\overline{\Phi}}{\mathrm{d}y} = -f\,\overline{u}$ $\qquad$ (IV.6)

Rossby-Wellen (Kanal): $\quad c_r = -\dfrac{\beta}{\alpha^2 + \kappa^2}$ $\qquad$ (IV.7)

Poincaré-Wellen: $\quad c_r = \pm\sqrt{g\,H + f^2/\kappa^2}$ $\qquad$ (IV.8)

Rossby-Zahl, Rossby-Radius: $\quad Ro = U/(f\,L) \qquad R = c_0/f_0$ $\qquad$ (IV.9)

Baroklinitätsvektor: $\quad \boldsymbol{N} = \boldsymbol{\nabla}p \times \boldsymbol{\nabla}\alpha; \quad$ Barotropie: $\quad \boldsymbol{N} \equiv 0$ $\qquad$ (IV.10)

FWM: $\quad \dfrac{\mathrm{D}\boldsymbol{V}}{\mathrm{D}t} + f\,\boldsymbol{k} \times \boldsymbol{V} + \nabla\Phi_s = 0; \quad \dfrac{\mathrm{D}\Phi}{\mathrm{D}t} + \Phi\,\boldsymbol{\nabla}\cdot\boldsymbol{V} = 0$ $\qquad$ (IV.11)

Absolute Vorticity-Gleichung: $\quad \dfrac{\mathrm{D}\eta}{\mathrm{D}t} + \eta\,\boldsymbol{\nabla}\cdot\boldsymbol{V} = 0$ $\qquad$ (IV.12)

Vorticity-Gleichung, divergenzfrei: $\quad \dfrac{\partial\zeta}{\partial t} + \boldsymbol{J}\,(\psi, \zeta + f) = 0$ $\qquad$ (IV.13)

Potenzielle Vorticity-Gleichung: $\quad \dfrac{\mathrm{D}Q}{\mathrm{D}t} = 0 \quad \text{für} \quad Q = \dfrac{\zeta + f}{g\,H}$ $\qquad$ (IV.14)

Dynamisch vereinfachte Beta-Ebene: $\quad f(y) = f_0 + \beta\,y$ $\qquad$ (IV.15)

Geostrophie: $\quad u_g = -\dfrac{1}{f_0}\,\dfrac{\partial\phi}{\partial y}, \quad v_g = \dfrac{1}{f_0}\,\dfrac{\partial\phi}{\partial x}, \quad \zeta_g = \dfrac{1}{f_0}\,\boldsymbol{\nabla}^2\phi$ $\qquad$ (IV.16)

qgFWM, Impuls: $\quad \dfrac{\mathrm{D}_g \boldsymbol{V}_g}{\mathrm{D}t} + f_0\,\boldsymbol{k} \times \boldsymbol{V}_a + \beta\,y\,\boldsymbol{k} \times \boldsymbol{V}_g = 0$ $\qquad$ (IV.17)

qgFWM, Masse: $\quad \dfrac{\mathrm{D}_g \phi}{\mathrm{D}t} + \Phi_0\,\boldsymbol{\nabla}\cdot\boldsymbol{V}_a = 0$ $\qquad$ (IV.18)

qg abs. Vorticity-Gleichung: $\quad \dfrac{\mathrm{D}_g \eta_g}{\mathrm{D}t} + f_0\,\boldsymbol{\nabla}\cdot\boldsymbol{V}_a = 0, \quad \eta_g = \zeta_g + \beta\,y$ $\qquad$ (IV.19)

qg pot. Vorticity-Gleichung: $\quad \dfrac{\mathrm{D}_g Q_g}{\mathrm{D}t} = 0, \quad Q_g = \eta_g - f_0\,\dfrac{\phi}{\Phi_0}$ $\qquad$ (IV.20)

13 Elementare Wellentheorie

Übersicht

Die atmosphärischen Größen können als Funktionen von Raum und Zeit betrachtet werden. Die Gleichungen, die ihren Zusammenhang beschreiben, sind im Allgemeinen nichtlineare partielle Differenzialgleichungen. Für viele Zwecke genügt es jedoch, die linearen Näherungen dieser Gleichungen zu behandeln; für sie findet man Wellen als Lösungen. Diese bilden eine wichtige Klasse atmosphärischer Vorgänge, und ihnen wenden wir uns nun zu. Dabei beginnen wir mit dem einfachsten, rein zeitabhängigen Fall, den Schwingungen; als Prototyp behandeln wir im Folgenden die Auftriebsschwingung. Wenn eine räumliche Abhängigkeit hinzu tritt, so gelangen wir zu den fortschreitenden Wellen; als Prototyp beschreiben wir anschließend die Schwerewelle.

13.1 Schwingungen der ruhenden Atmosphäre

Physikalische Grundlage sind die zeit*unabhängigen* Gesetze für die ruhende Atmosphäre, die im Kapitel „Hydrostatik von Geofluiden" beschrieben werden. Wir bringen daher hier zunächst eine Ergänzung zur potenziellen Temperatur sowie anschließend das zeit*abhängige* Verhalten der ruhenden Atmosphäre, das zum Begriff der statischen Stabilität führt. Wie kann sich eine ruhende Atmosphäre zeitabhängig verhalten? Mit „ruhend" ist „windfrei" gemeint. Eine windfreie Atmosphäre kann zeitabhängige Schwingungen um ihren Ruhezustand herum ausführen.

13.1.1 Potenzielle Temperatur und potenzielle Dichte

Das Differenzial der spezifischen Entropie lautet gemäß Gleichung (6.76):

$$\mathrm{d}s = c_p \left(\frac{\mathrm{d}T}{T} - \kappa \, \frac{\mathrm{d}p}{p} \right) = -c_p \left(\frac{\mathrm{d}\rho}{\rho} - (1 - \kappa) \, \frac{\mathrm{d}p}{p} \right) \tag{13.1}$$

Andererseits gilt mit der potenziellen Temperatur Θ, die wir für den Augenblick mit dem ungewohnten Namen T^{pot} bezeichnen wollen:

$$\mathrm{d}s = c_p \, \frac{\mathrm{d}T^{\mathrm{pot}}}{T^{\mathrm{pot}}} \tag{13.2}$$

Äquivalent zum Quotienten

$$\frac{T^{\mathrm{pot}}}{T} = \left(\frac{p_0}{p} \right)^{\kappa} \tag{13.3}$$

aus potenzieller und aktueller Temperatur kann man auch eine *potenzielle Dichte* ρ^{pot} einführen, und der entsprechende Quotient ist

$$\frac{\rho^{\mathrm{pot}}}{\rho} = \left(\frac{p_0}{p} \right)^{1-\kappa} \tag{13.4}$$

Damit lautet das Differenzial der spezifischen Entropie

$$\mathrm{d}s = -c_p \, \frac{\mathrm{d}\rho^{\mathrm{pot}}}{\rho^{\mathrm{pot}}} \tag{13.5}$$

Durch Vergleich der Beziehungen (13.1), (13.2) und (13.5) erhält man daher für die potenzielle Temperatur bzw. die potenzielle Dichte folgenden Zusammenhang:

$$\frac{\mathrm{d}T^{\mathrm{pot}}}{T^{\mathrm{pot}}} + \frac{\mathrm{d}\rho^{\mathrm{pot}}}{\rho^{\mathrm{pot}}} = 0 \qquad \text{bzw.} \qquad \frac{\mathrm{d}\rho^{\mathrm{pot}}}{\rho^{\mathrm{pot}}} = \frac{\mathrm{d}\rho}{\rho} - (1-\kappa) \, \frac{\mathrm{d}p}{p} \tag{13.6}$$

Die letzte Gleichung kann man alternativ durch logarithmische Ableitung von (13.4) erhalten.

Die potenzielle Dichte wird von einem Luftpaket angenommen, wenn es von einer bestimmten Höhe bzw. Druckfläche isentrop auf die Druckfläche 1000 hPa gebracht wird, beispielsweise bei Föhn. Für die Gasgleichung gilt mit dieser Begriffsbildung

$$p_0 = R \, T^{\mathrm{pot}} \, \rho^{\mathrm{pot}} \qquad \text{und} \qquad p = R \, T \, \rho \tag{13.7}$$

Die potenzielle Dichte ist äquivalent zur potenziellen Temperatur. Man benötigt daher von beiden Begriffen nur einen. International hat sich die Beschreibungsweise $T^{\mathrm{pot}} = \Theta$ durchgesetzt. Es gibt jedoch Anwendungen, bei denen ρ^{pot} eine bessere Anschaulichkeit bietet, so bei der Ableitung der statischen Stabilität (nächster Abschnitt) oder beim Konzept der verfügbaren potenziellen Energie.

13.1.2   Auftriebsschwingungen und statische Stabilität

Wir betrachten in Abb. 13.1 das Vertikalprofil $\rho_\mathrm{o}(z)$ der Dichte in einer ruhenden Atmosphäre (Index UM, gestrichelte Zustandskurve). Ein Luftballen (Index LB) in dieser Umgebung werde durch eine kleine Störung isentrop aus seiner Ruhelage ausgelenkt. Der Luftballen starte im Niveau 1 und gelange ins Niveau 2 (durchgezogene Zustandskurve). Der Abstand der beiden Niveaus sei $\delta z = z_2 - z_1$, die Vertikalgeschwindigkeit des Luftballens also $\mathrm{d}\delta z/\mathrm{d}t = w$. Dafür gilt die Bewegungsgleichung

$$\frac{\mathrm{d}w}{\mathrm{d}t} + \frac{1}{\rho}\,\frac{\partial p}{\partial z} + g = 0 \qquad (13.8)$$

Die Geschwindigkeit der Umgebung ist naturgemäß gleich null. Für die Umgebung nimmt daher Gleichung (13.8) diese Form an:

$$\frac{1}{\rho_\mathrm{o}}\,\frac{\partial p_\mathrm{o}}{\partial z} + g = 0 \qquad (13.9)$$

Die Werte p_o und ρ_o werden z. B. mit Radiosonden gemessen.

Wir nehmen weiter an, dass der Druck im Luftballen stets gleich dem der Umgebung ist; der Luftballen ist gewissermaßen zu klein, als dass er einen anderen Druck haben könnte als die ihn umgebende Luft. Aber die Temperatur des Luftballens und auch seine Dichte können sich von denen in der Umgebung unterscheiden. Die Abweichung der Dichte des Luftballens von derjenigen der Umgebung werde mit ρ' bezeichnet. Damit gilt

$$p^\mathrm{LB}(t,z) = p_\mathrm{o}(z) \qquad \rho^\mathrm{LB}(t,z) = \rho_\mathrm{o}(z) + \rho'(t,z) \qquad (13.10)$$

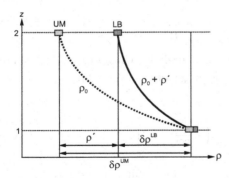

Abb. 13.1 Dichte eines isentrop aufsteigenden Luftballens (Index LB, durchgezogene Kurve) und der ruhenden Umgebung (Index UM, gestrichelt) als Funktion der Höhe z. Dichte der Umgebung: $\rho_\mathrm{o}(z)$, jene des Luftballens: $\rho = \rho_\mathrm{o}(z) + \rho'$. Der Dichteunterschied zwischen den Niveaus 1 und 2 ist $\delta\rho$, jeweils unterschiedlich für Umgebung und Luftballen.

Dadurch wird Gleichung (13.8) für den Luftballen zu

$$\frac{\mathrm{d}w}{\mathrm{d}t} + \frac{1}{\rho_\mathrm{o} + \rho'}\,\frac{\partial p_\mathrm{o}}{\partial z} + g = 0 \qquad (13.11)$$

Wir eliminieren mithilfe von (13.9) den vertikalen Druckgradienten und erhalten

$$\frac{\mathrm{d}w}{\mathrm{d}t} - \left(\frac{\rho_0}{\rho_0 + \rho'} - 1\right) g = 0 \qquad \text{bzw.} \qquad \frac{\mathrm{d}w}{\mathrm{d}t} - \left(-\frac{\rho'}{\rho_0 + \rho'}\right) g = 0 \qquad (13.12)$$

Nun führen wir als neue Größe den

$$\boxed{\text{Auftrieb} \qquad b = -\frac{\rho'}{\rho_0} g} \qquad (13.13)$$

ein. Der Auftrieb (angelsächsisch *buoyancy*) ist eine sehr gute Näherung für den zweiten Summanden in (13.12). Die Gleichung lautet damit

$$\frac{\mathrm{d}w}{\mathrm{d}t} - b = 0 \qquad (13.14)$$

Die Dichtestörung ρ' kann man nun auch, scheinbar unnötig kompliziert, durch die Differenz der vertikalen Dichteänderungen im Luftballen und in der Umgebung wie folgt ausdrücken (vgl. Abb. 13.1):

$$\rho' = \underbrace{(\rho_0 + \rho' - \rho_1)}_{\delta\rho^{\mathrm{LB}}} - \underbrace{(\rho_0 - \rho_1)}_{\delta\rho^{\mathrm{UM}}} \qquad (13.15)$$

Damit gilt für den Auftrieb

$$b = -\frac{g}{\rho_0}\left(\delta\rho^{\mathrm{LB}} - \delta\rho^{\mathrm{UM}}\right) \qquad (13.16)$$

Mittels Gleichung (13.6) kann man näherungsweise die relativen Dichteänderungen durch die relativen Änderungen der potenziellen Dichte und des Drucks ersetzen:

$$\frac{\delta\rho}{\rho_0} \approx \frac{\mathrm{d}\rho^{\mathrm{pot}}}{\rho^{\mathrm{pot}}} + (1 - \kappa)\frac{\mathrm{d}p}{p} \qquad (13.17)$$

Setzt man nun (13.17) jeweils für den Luftballen und die Umgebung in Gleichung (13.16) ein, so heben sich – entsprechend der oben getroffenen Annahme – die Druckterme auf, und es gilt

$$b = -g\left[\left(\frac{\mathrm{d}\rho^{\mathrm{pot}}}{\rho^{\mathrm{pot}}}\right)^{\mathrm{LB}} - \left(\frac{\mathrm{d}\rho^{\mathrm{pot}}}{\rho^{\mathrm{pot}}}\right)^{\mathrm{UM}}\right] \qquad (13.18)$$

Der Auf- oder Abstieg des Luftballens erfolgt isentrop, wofür der erste Term in den eckigen Klammern verschwindet. Im zweiten Term ersetzen wir die potenzielle Dichte wieder durch die potenzielle Temperatur, lassen den Index UM weg und erweitern mit δz:

$$b = -g\left(\frac{\mathrm{d}\Theta}{\Theta}\right)^{\mathrm{UM}} = -\underbrace{g\frac{1}{\Theta}\frac{\partial\Theta}{\partial z}}_{N^2}\delta z \qquad (13.19)$$

Die letzte Umformung rechtfertigt sich durch die stillschweigend getroffene Annahme, dass in einer ruhenden Atmosphäre Θ praktisch nur von z abhängt, weil der Gradient von Θ in horizontaler Richtung hinreichend klein ist.

Gleichung (13.19) koppelt nun den Auftrieb b mit der vertikalen Auslenkung δz; das ist sehr vernünftig, denn je stärker die vertikale Auslenkung ist, desto stärker ist die Auftriebskraft. Das Vorzeichen ist so zu interpretieren: Wenn der Luftballen auf ein Niveau unterhalb der Gleichgewichtslage ausgelenkt wird ($\delta z < 0$), so wird $b > 0$, wobei er in die Gleichgewichtslage nach oben hin beschleunigt wird. Das Umgekehrte geschieht im Fall $\delta z > 0$: Er wird zurück nach unten beschleunigt.

Andererseits ist aber die Vertikalgeschwindigkeit unseres Luftballens gerade die zeitliche Änderung dieser vertikalen Auslenkung: $w = \mathrm{d}\delta z/\mathrm{d}t$. Damit ergibt sich durch Kombination der Gleichungen (13.14) und (13.19) für δz folgende Differenzialgleichung:

$$\boxed{\frac{\mathrm{d}^2 \delta z}{\mathrm{d}t^2} + N^2\,\delta z = 0} \tag{13.20}$$

Die Lösung ist eine harmonische Schwingung:

$$\delta z(t) = \delta z_0 \cos\left(N\,t\right) \tag{13.21}$$

mit der Amplitude δz_0 und der Frequenz N.

Der ausschlaggebende Parameter der Schwingung steckt in der neuen Bezeichnung N^2. Man nennt N die *Auftriebsfrequenz* (früher auch *Brunt-Väisälä-Frequenz* genannt, engl. *buoyancy frequency*). Im Ausdruck (13.19) für N^2 kann man Θ durch T und p ersetzen:

$$N^2 = g\left(\frac{1}{T}\frac{\partial T}{\partial z} - \kappa\,\frac{1}{p}\frac{\partial p}{\partial z}\right) \tag{13.22}$$

Mit dem vertikalen Temperaturgefälle $\gamma = -\mathrm{d}T/\mathrm{d}z$ sowie der hydrostatischen Gleichung und der Gasgleichung wird das zu

$$\boxed{\boxed{N^2 = g\left[-\frac{\gamma}{T} - \left(-\frac{R}{c_p}\,g\,\frac{1}{p}\,\rho_\circ\right)\right] = g\left(-\frac{\gamma}{T} + \frac{g/c_p}{T}\right) = g\,\frac{\gamma_d - \gamma}{T}}} \tag{13.23}$$

Hier ist $\gamma_d = g/c_p$ das *trocken-isentrope Temperaturgefälle*. Typische Größen sind $\gamma \approx 6.5$ K/km und $\gamma_d \approx 9.8$ K/km.

Solange $N^2 > 0$, also $\gamma_d > \gamma$ ist, beschreibt (13.21) eine echte Schwingung; das ist der Normalfall. Wenn jedoch der Fall $N^2 < 0$ eintritt, so wird $N = \pm i\,|N|$, d. h. das Argument der Cosinus-Funktion wird imaginär, und (13.21) ist keine reelle Lösung mehr; hier spricht man von statischer Instabilität (mehr dazu weiter unten).

13.2 Darstellung harmonischer Wellen

Für die periodische Abhängigkeit einer Zustandsgröße Ψ von Raum und Zeit gibt es folgende Möglichkeiten:

- Wenn die Größe nur eine Funktion der Zeit ist (wie im gerade behandelten Beispiel), so spricht man von einer *harmonischen Schwingung*:

$$\Psi(t) = \Psi_0 \cos(\omega\, t + \varphi_0) \tag{13.24}$$

- Ist Ψ hingegen nur eine Funktion des Ortes, so spricht man von einer *räumlichen Wellenstruktur*:

$$\Psi(x) = \Psi_0 \cos(\kappa\, x + \varphi_0) \tag{13.25}$$

- Für eine echte *harmonische Welle* (auch *fortschreitende* oder *wandernde* Welle genannt) muss die Abhängigkeit von Raum *und* Zeit gegeben sein:

$$\boxed{\Psi(x,t) = \Psi_0 \cos(\kappa\, x + \omega\, t + \varphi_0)} \tag{13.26}$$

- Eine *stehende Welle* ist die multiplikative Kombination einer räumlichen Wellenstruktur mit einer Schwingung, beispielsweise:

$$\Psi(x,t) = \Psi_0 \cos(\kappa\, x) \cos(\omega\, t) \tag{13.27}$$

Sie ist nicht als Spezialfall von (13.26) darstellbar.

13.2.1 Parameter einer harmonischen Welle

Die *Frequenz* ω der Schwingung oder allgemein der Welle hängt mit der *Schwingungsdauer* oder *Periode* T über $\omega = 2\pi/T$ zusammen. Die *Wellenzahl* κ hängt mit der *Wellenlänge* L über $\kappa = 2\pi/L$ zusammen. Im einfachsten Fall sind ω und κ Kon-

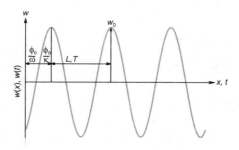

Abb. 13.2 Stehende Welle bzw. harmonische Welle als Funktion des Ortes x bzw. der Zeit t. Eingetragen sind auch die Abstände zwischen zwei Wellenbergen (Wellenlänge L bzw. Periodendauer T) sowie die durch κ bzw. ω dividierte Phasenverschiebung φ_0.

stanten des Wellenprozesses. Das Argument der harmonischen Funktion wird bei einer Schwingung und allgemein bei einer fortschreitenden Welle als *Phase* φ bezeichnet:

$$\boxed{\varphi = \kappa\, x + \omega\, t + \varphi_0} \tag{13.28}$$

Den konstanten Nullwert φ_0 nennt man *Phasenverschiebung*. Der Wellenvorgang besteht darin, dass Zustände konstanter Phase sich im Raum ausbreiten. Die Geschwindigkeit dieser Ausbreitung bezeichnet man als *Phasengeschwindigkeit*. Man gewinnt sie, indem man das Differenzial der Phase gleich null setzt und nach dem Quotienten des räumlichen und des zeitlichen Differenzials auflöst:

$$\mathrm{d}\varphi = 0 \quad \Longrightarrow \quad \kappa \mathrm{d}x + \omega \mathrm{d}t = 0 \quad \Longrightarrow \quad \boxed{c = \frac{\mathrm{d}x}{\mathrm{d}t} = -\frac{\omega}{\kappa}} \tag{13.29}$$

13.2.2 Die eindimensionale Wellengleichung

Der Prototyp für die Wellengleichung ist die oben besprochene Differenzialgleichung (13.20) der rein zeitlich abhängigen *harmonischen Schwingung*; bei ihr gibt es keine räumliche Ableitung. Wenn sich der Vorgang jedoch in den Raum hinein ausbreitet, entsteht eine Welle. In einer Raumdimension lautet die Wellengleichung

$$\boxed{\frac{\partial^2 \Psi}{\partial t^2} - c^2 \frac{\partial^2 \Psi}{\partial x^2} = 0} \tag{13.30}$$

mit der Lösung (13.26); sie ist auch harmonisch, jedoch zusätzlich raumabhängig. In (13.20) ist die schwingende Größe $\delta z(t)$, also eine reine Zeitfunktion. Die Wellenfunktion $\Psi(x, t)$ dagegen schwingt nicht nur, sie wandert auch. Wenn δz die Vertikalauslenkung des schwingenden Teilchens ist, was ist dann Ψ? Im einfachsten Fall die Wasseroberfläche. Was aber in horizontaler Richtung wandert, ist nicht die Wasseroberfläche selbst, sondern ihr Zustand.

13.2.3 Die räumliche Welle

Die Gleichung für die räumliche Welle lässt sich durch Verallgemeinerung von (13.30) auf drei Dimensionen gewinnen:

$$\boxed{\frac{\partial^2 \Psi}{\partial t^2} - c^2 \left(\frac{\partial^2 \Psi}{\partial x^2} + \frac{\partial^2 \Psi}{\partial y^2} + \frac{\partial^2 \Psi}{\partial z^2} \right) = 0} \tag{13.31}$$

Hier kann man Ψ nicht mehr einfach als Wasseroberfläche interpretieren, sondern beispielsweise als 3D-Druck- oder -Dichtewelle.

Für räumliche Wellen führt man statt der Wellenzahl κ den *Wellenzahlvektor* $\boldsymbol{\kappa} = (\kappa_x, \kappa_y, \kappa_z)$ ein; für die Phase gilt daher in Verallgemeinerung von (13.28):

$$\boxed{\varphi(\boldsymbol{x}, t) = \boldsymbol{\kappa} \cdot \boldsymbol{x} + \omega\,t + \varphi_0 = \boldsymbol{\kappa} \cdot \left(\boldsymbol{x} + \frac{1}{|\boldsymbol{\kappa}|} \frac{\boldsymbol{\kappa}}{|\boldsymbol{\kappa}|} \omega\,t \right) + \varphi_0} \tag{13.32}$$

Die Phasengeschwindigkeit gewinnt man wie vorher mit dem Phasendifferenzial:

$$\mathrm{d}\varphi = 0 \quad \Longrightarrow \quad \mathrm{d}\boldsymbol{x} + \frac{1}{|\boldsymbol{\kappa}|} \frac{\boldsymbol{\kappa}}{|\boldsymbol{\kappa}|} \omega\,\mathrm{d}t = 0 \quad \Longrightarrow \quad \boxed{\boldsymbol{c} = \frac{\mathrm{d}\boldsymbol{x}}{\mathrm{d}t} = -\frac{\omega}{|\boldsymbol{\kappa}|} \frac{\boldsymbol{\kappa}}{|\boldsymbol{\kappa}|}} \tag{13.33}$$

Die Phasengeschwindigkeit ist jetzt ein Vektor. c zeigt entgegengesetzt zur Richtung des Wellenzahlvektors κ. Man verwechsle den hier definierten Wellenzahlvektor nicht mit dem oben verwendeten Einheitsvektor κ.

Die Phase ist das Argument der harmonischen Funktion. Diese und damit das Wellenkonzept lassen sich auf die komplexe Schreibweise verallgemeinern. Damit lautet die Lösung der räumlichen Wellengleichung

$$\Psi(\boldsymbol{x}, t) = \Psi_0 \exp\left[i\left(\boldsymbol{\kappa}\cdot\boldsymbol{x} + \omega\, t\right)\right] \tag{13.34}$$

Hier haben wir die Phasenverschiebung φ_0 sogleich in die komplexe Amplitude Ψ_0 hinein gezogen. Das Argument der Exponentialfunktion ist rein imaginär und dadurch der Exponentialfaktor dem Betrag nach gleich eins. Die Zeitabhängigkeit des Exponentialfaktors stellt eine harmonische Funktion der reellen Phase $\varphi = \boldsymbol{\kappa}\cdot\boldsymbol{x} + \omega\, t$ dar.

13.2.4 Instabilität

In der Phase $\varphi = \boldsymbol{\kappa}\cdot\boldsymbol{x} + \omega\, t$ ist das Produkt des Wellenzahlvektors mit dem Ortsvektor immer reell. Ist nun ω ebenfalls reell, dann ist auch φ rein reell und $i\,\varphi$ rein imaginär. Die komplexe Zahl $e^{i\,\varphi}$ hat den Betrag 1 und wandert in der Gaußschen Zahlenebene gegen den Uhrzeigersinn am Einheitskreis.

Sobald ω komplex wird, also $\omega = \omega_r + i\,\omega_i$ gilt, wird auch die Phase komplex, d. h. φ erhält einen imaginären Anteil, und dieser ändert die Amplitude der Welle, denn der Exponent ist jetzt reell, und das macht die Amplitude zeitabhängig:

$$\exp\left[i\left(\boldsymbol{\kappa}\cdot\boldsymbol{x} + \omega_r\, t + i\,\omega_i\, t\right)\right] = \exp\left(-\omega_i\, t\right)\exp\left[i\left(\boldsymbol{\kappa}\cdot\boldsymbol{x} + \omega_r\, t\right)\right] \tag{13.35}$$

Je nach dem Vorzeichen des Imaginärteils der Frequenz kommt es zu einem exponentiellen Wachstum (Instabilität) bzw. zu einer exponentiellen Dämpfung der Amplitude der Welle.

Ein Beispiel dafür ist der obige Mechanismus der Auftriebsschwingung. Die Lösung der Differenzialgleichung (13.20) kann man auch komplex schreiben:

$$\delta z(t) = \delta\, z_0\, e^{i\,N\,t} \tag{13.36}$$

Bei statischer Instabilität lautet der Exponent $i\,N\,t = \pm|N|\,t$. Das positive Vorzeichen liefert eine exponentiell anwachsende Lösung, d. h. es kommt zu einer beschleunigten Bewegung. Je höher das Luftpaket aufsteigt, desto schneller wird es. Diesen Fall bezeichnet man als labil oder instabil. Das kommt nach Gleichung (13.23) dann vor, wenn das aktuelle Temperaturgefälle γ größer ist als das isentrope Gefälle γ_d.

13.2.5 Dispersion

Wenn die Phasengeschwindigkeit c eine Funktion der Wellenzahl κ ist, so spricht man von *Dispersion*. Schallwellen sind praktisch nicht dispersiv; andernfalls wären Gespräche unmöglich, da sich unterschiedliche Frequenzen verschieden schnell fortpflanzen würden. Auch die im folgenden Abschnitt behandelten Oberflächenwellen zeigen keine Dispersion. Im Unterschied dazu sind die großräumigen Rossby-Wellen, die in der Praxis der meteorologischen Vorhersage im Vordergrund stehen, in hohem Maße dispersiv.

13.3   Oberflächenwellen

Die Geofluide verfügen über viele Mechanismen zur Wellenbildung. Als einfachsten Prototyp betrachten wir lineare Wellen an der Wasseroberfläche. Dazu nehmen wir eine konstante Dichte des Wassers an, was Inkompressibilität bedeutet und Schallwellen ausschließt. Ferner denken wir uns die Wellen als lang gegen die Wassertiefe, was in den Gleichungen die Linearisierungsannahme rechtfertigt. Wir werden gleich feststellen, dass die Phasengeschwindigkeit abhängig ist von der Schwerebeschleunigung. Daher nennt man diesen Wellentyp auch *externe Schwerewellen*.

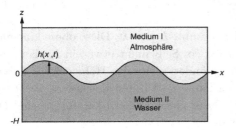

Abb. 13.3 Grenzfläche zwischen zwei Medien wie beispielsweise Atmosphäre (oben, Index I) und Ozean (unten, Index II) im Vertikalschnitt. Die Auslenkung h der Oberfläche aus der Ruhelage hängt von der Horizontalkoordinate x und von der Zeit t ab.

13.3.1   Gleichungen im Vertikalschnitt

Die Annahme konstanter Dichte führt in der Massenerhaltungsgleichung dazu, dass die Divergenz verschwindet:

$$\frac{\dot{\rho}}{\rho} + \nabla \cdot v = 0 \qquad \text{wird zu} \qquad \nabla \cdot v = 0 \tag{13.37}$$

Im Vertikalschnitt (Abb. 13.3), d. h. in zwei räumlichen Dimensionen, gilt dann

$$\frac{\partial u}{\partial x} + \frac{\partial w}{\partial z} = 0 \tag{13.38}$$

Die Bewegungsgleichung in horizontaler x-Richtung lautet in z-Koordinaten

$$\frac{\mathrm{d}u}{\mathrm{d}t} + \alpha\, \frac{\partial p}{\partial x} = 0 \tag{13.39}$$

Wir haben also zwei Gleichungen für die drei Unbekannten u, w und p. Somit ist das Problem zunächst noch unterbestimmt. Die notwendige Schließung wird dadurch geschehen, dass wir den Druck durch die Höhe h des Wasserspiegels und die Vertikalgeschwindigkeit durch seine Änderung ausdrücken. Dadurch werden die beiden Unbekannten p und w durch eine Unbekannte, nämlich h, ersetzt.

13.3.2 Randbedingungen

Die Integration von Differenzialgleichungen erfordert die Spezifikation von Randbedingungen. Diese sind für den Charakter der Lösung ebenso wichtig wie die Differenzialgleichungen selbst.

Kinematische Randbedingung

An der Wasseroberfläche lässt sich die zeitliche Änderung der Höhe einer Welle mit dem Operator der totalen Zeitableitung angeben als

$$w_h = \frac{\mathrm{d}h(t,x)}{\mathrm{d}t} = \frac{\partial h}{\partial t} + \frac{\partial h}{\partial x}\frac{\mathrm{d}x}{\mathrm{d}t} = \frac{\partial h}{\partial t} + u_h\,\frac{\partial h}{\partial x} \qquad (13.40)$$

Dadurch wird die Unbekannte w durch die Unbekannte h ersetzt. Diese obere kinematische Randbedingung (13.40) interpretieren wir so: Schwimmt etwa ein Korken auf einer bewegten Wasseroberfläche mit Wellen, so ändert sich seine Höhe erstens durch die Auf-und-Ab-Bewegung der Wellen am gleichen Ort (d. h. für gleiches x), zweitens durch das horizontale Gleiten in die Wellentäler zur gleichen Zeit (d. h. für gleiches t).

Die untere kinematische Randbedingung lautet

$$w_{(-H)} = 0 \qquad (13.41)$$

Sie drückt die Selbstverständlichkeit aus, dass der Massenfluss senkrecht zu einer festen Grenzfläche (hier zum Meeresgrund) verschwinden muss.

Dynamische Randbedingung

Der Druck muss an beiden Seiten der Grenzfläche gleich sein, und im Grenzfall gilt

$$\lim_{z \to h}\left[p^{\mathrm{II}}(t,x,z) - p^{\mathrm{I}}(t,x,z)\right] = 0 \qquad (13.42)$$

Für das obere (dünnere) Medium denken wir uns Luft bzw. Vakuum, und das untere (dichtere) Medium sei Wasser. Die Limesbildung kann man sich so vorstellen, dass z im Medium II von unten her gegen h strebt, aber im Medium I von oben.

Die dynamische Randbedingung wird im einfachsten Fall dadurch erfüllt, dass man in der gesamten vertikalen Wassersäule hydrostatische Verhältnisse annimmt:

$$\frac{\partial p(t,x,z)}{\partial z} = -g\,\rho \qquad (13.43)$$

Wenn man das vertikal zwischen der Meeresoberfläche $z = h$ (Untergrenze der Integration) und dem allgemeinen Niveau z (Obergrenze) integriert, so ergibt sich

$$p(t, x, z) = p_h - g\,\rho \int\limits_{\zeta=h}^{\zeta=z} \mathrm{d}\zeta = p_h + g\,\rho\,[h(t, x) - z] \qquad (13.44)$$

Durch diese Formel wird (13.42) erfüllt. Die Abhängigkeit des Integrals von t und x steckt in der „unteren" Grenze h (die räumlich höher liegt als die „obere" Grenze z).

Für den Druck p_h an der Wasseroberfläche nimmt man im einfachsten Fall an, dass er bezüglich x konstant ist. Dann folgt

$$\frac{\partial p(t, x, z)}{\partial x} = g\,\rho\,\frac{\partial h(t, x)}{\partial x} \qquad (13.45)$$

Der horizontale Druckgradient setzt sich also von der Wasseroberfläche ohne Zeitverzögerung durch die gesamte Wassersäule bis zum Meeresboden hin durch. Diese Annahme ist gerechtfertigt, wenn die Horizontalskala der Störungen der Meeresoberfläche (d. h. die Wellenlänge) groß ist gegen die Meerestiefe. Das wird im *Flachwassermodell* vorausgesetzt und begründet den Namen dieser wichtigen Näherung. Die Bewegungsgleichung (13.39) lautet mit (13.45):

$$\frac{\mathrm{d}u}{\mathrm{d}t} + g\,\frac{\partial h(t, x)}{\partial x} = 0 \qquad (13.46)$$

13.3.3 Der horizontale Druckgradient

Die Konstanz von ρ in (13.43) hat zur Folge, dass der horizontale Druckgradient in allen Tiefen bis zum Meeresboden gleich ist. Der zweite Term in (13.46) hängt dadurch nicht von z ab, also auch nicht der erste, d. h. die horizontale Geschwindigkeit ist vertikal konstant. Es gibt keine vertikale Scherung der Strömungsgeschwindigkeit, und die gesamte Wassersäule schwingt an einem Stück horizontal hin und her. Dadurch wird der Wellenprozess im Vertikalschnitt zu einem eindimensionalen Vorgang. Weiter folgt, dass auch die horizontale Divergenz von u vertikal konstant ist. Wenn man also die Massenerhaltungsgleichung (13.38) mit den Koordinaten x und z über die gesamte Meerestiefe von $-H$ bis h nach z integriert und die Randbedingung (13.41) beachtet, so ergibt sich

$$H\left(1 + \frac{h}{H}\right)\frac{\partial u}{\partial x} + w_h = 0 \qquad (13.47)$$

Den Zusatzterm h/H vernachlässigen wir, weil die Wellenhöhe im Vergleich zur Wassertiefe sehr gering ist.

13.3.4   Linearisierung

Die Bewegungsgleichung (13.47) und die Massenkontinuitätsgleichung (13.46) lauten nun

$$\frac{\partial u}{\partial t}\left(1 + \frac{u\,\partial u/\partial x}{\partial u/\partial t}\right) + g\,\frac{\partial h}{\partial x} \;=\; 0 \tag{13.48}$$

$$\frac{\partial h}{\partial t}\left(1 + \frac{u\,\partial h/\partial x}{\partial h/\partial t}\right) + H\,\frac{\partial u}{\partial x} \;=\; 0 \tag{13.49}$$

Hier haben wir die lokalzeitliche Änderung ausgeklammert und die advektive Komponente durch einen Zusatzterm berücksichtigt.

Bei Wellenvorgängen spielt die advektive Komponente im Operator der totalen Zeitableitung eine untergeordnete Rolle. Um das zu begründen, formulieren wir den Zusatzterm:

$$\frac{u\,\partial u/\partial x}{\partial u/\partial t} \approx \frac{u\,\Delta u/\Delta x}{\Delta u/\Delta t} \approx \frac{u\,\Delta u/L}{\Delta u/T} \tag{13.50}$$

Hier haben wir für die Skala der räumlichen und der zeitlichen Änderung von u die Wellenlänge $\Delta x \approx L$ bzw. die Wellendauer $\Delta t \approx T$ genommen. Dadurch wird Δu im Zähler und Nenner etwa gleich und kann gekürzt werden:

$$\frac{u\,\partial u/\partial x}{\partial u/\partial t} \approx \frac{u}{L/T} \approx \frac{\delta x/\delta t}{L/T} \approx \frac{\delta x}{L} \tag{13.51}$$

Dabei haben wir für die Zeitskala der fluktuierenden Geschwindigkeit $u \approx \delta x/\delta t$ angenommen, dass sie gleich der Zeitskala der Welle ist: $\delta t \approx \Delta t \approx T$.

Aber δx ist die Horizontalskala, um welche die Fluidpartikel aus ihrer Gleichgewichtslage ausgelenkt werden; diese liegt im Bereich von 100 m. Dagegen ist L die Wellenlänge, die im Bereich von 100 km und mehr liegt. Daher ist δx viel kleiner als L, so dass der Quotient rechts in (13.51) sehr klein gegen 1 ist und der Zusatzterm in der ersten Klammer von (13.48) vernachlässigt werden kann. Mit dem gleichen Argument kann der entsprechende Zusatzterm in (13.49) vernachlässigt werden.

Die Gleichungen (13.48) und (13.49) vereinfachen sich damit zu

$$\frac{\partial u}{\partial t} + g\,\frac{\partial h}{\partial x} = 0 \qquad \text{bzw.} \qquad \frac{\partial h}{\partial t} + H\,\frac{\partial u}{\partial x} = 0 \tag{13.52}$$

Jetzt sind alle Vorbereitungen getroffen, um den Wellenvorgang darzustellen.

13.3.5   Die Phasengeschwindigkeit von Oberflächenwellen

Aus (13.52) können wir u oder h eliminieren. Wir entscheiden uns für die Elimination von u. Dazu multiplizieren wir die erste Gleichung mit H und leiten nach x ab; die zweite Gleichung dagegen leiten wir nach t ab:

$$H\,\frac{\partial}{\partial x}\,\frac{\partial u}{\partial t} + g\,H\,\frac{\partial^2 h}{\partial x^2} = 0 \qquad \text{bzw.} \qquad H\,\frac{\partial}{\partial t}\,\frac{\partial u}{\partial x} + \frac{\partial^2 h}{\partial t^2} = 0 \tag{13.53}$$

Durch Subtrahieren beider wird u eliminiert. Das Ergebnis lautet

$$\frac{\partial^2 h}{\partial t^2} - g\,H\,\frac{\partial^2 h}{\partial x^2} = 0 \qquad (13.54)$$

Das ist wieder eine Wellengleichung. Für die Wellenhöhe h setzen wir eine harmonische Lösung mit konstanten Parametern κ und ω an:

$$h(x,t) = h_0 \cos\left(\kappa\,x + \omega\,t\right) \qquad (13.55)$$

Die zweite Ableitung dieser Funktion nach der Zeit ist

$$\frac{\partial^2 h}{\partial t^2} = -h_0\,\omega^2 \cos\left(\kappa\,x + \omega\,t\right) = -\omega^2 h \qquad (13.56)$$

Analog dazu erhält man für die zweite Ableitung nach der Variablen x:

$$\frac{\partial^2 h}{\partial x^2} = -\kappa^2\,h \qquad (13.57)$$

Setzt man dies in (13.54) ein, so folgt

$$-\omega^2 h + g\,H\,\kappa^2 h = 0 \qquad (13.58)$$

Außer für den trivialen Fall, dass h identisch verschwindet, kann man durch h dividieren, d. h. (13.58) ist von h unabhängig. Das liefert die Phasengeschwindigkeit der Schwerewellen:

$$\left(\frac{\omega}{\kappa}\right)^2 = g\,H \qquad \text{und damit} \qquad \boxed{c = \pm\sqrt{g\,H}} \qquad (13.59)$$

Der Umstand, dass beide Vorzeichen vorkommen, zeigt, dass es keine Vorzugsrichtung für die Ausbreitung der Schwerewellen gibt.

Tsunamis sind externe Schwerewellen und gehorchen der Wellengleichung (13.54). In einem Ozean mit der Tiefe $H = 4000$ m würde man demnach eine Phasengeschwindigkeit der Schwerewellen von $c = 200$ m/s erhalten. Weiß man, dass der zeitliche Abstand zwischen zwei Wellenbergen (die Periodendauer) $T \approx 10^4$ s beträgt, so kommt man mit der Beziehung $L = c\,T$ auf eine Wellenlänge von $L = 2000$ km.

13.4 Interne Wellen

Warum werden die Oberflächenwellen eigentlich als *externe* Wellen bezeichnet? Der nächstkomplizierte Typ sind die *internen* Wellen. Diese sind gewissermaßen eine Kombination der Auftriebsschwingungen mit einem horizontal fortschreitenden Wellenvorgang. Der entscheidende Punkt ist die Eigenschaft der Auftriebsschwingungen, nicht exakt hydrostatisch zu sein. Die kleine Abweichung von der Hydrostasie zusammen mit der horizontalen Strömungskomponente (die ja bei den Auftriebsschwingungen gar nicht beteiligt ist) ergibt den Typ der internen Wellen.

Ein möglicher Zugang zu diesem reichen Feld ist die oben für den Auftrieb gefundene Gleichung (13.13). Um ein Grundverständnis zu gewinnen, verfolgen wir diesen Weg ein kurzes Stück weit. (13.13) lässt sich so schreiben:

$$b = -\frac{\rho'}{\rho_0}\,g = \frac{\alpha'}{\alpha_0}\,g \qquad (13.60)$$

Das folgt aus $d\rho/\rho + d\alpha/\alpha = 0$. Für die vollständige Bewegungsgleichung in z-Richtung setzen wir nun eine Linearisierung an, indem wir p und α analog zum Ansatz (13.10) in Mittelwert plus Abweichung entwickeln:

$$\frac{dw}{dt} + g + \alpha\,\frac{\partial p}{\partial z} \approx \frac{dw}{dt} + \underbrace{g + \alpha_0\,\frac{\partial p_0}{\partial z}}_{=0} + \alpha_0\,\frac{\partial p'}{\partial z} + \underbrace{\alpha'\,\frac{\partial p_0}{\partial z}}_{=-b} = 0 \qquad (13.61)$$

Die erste unterklammerte Vereinfachung ergibt sich aus der mittleren hydrostatischen Gleichung, die zweite aus Gleichung (13.60). Außerdem hatten wir oben mithilfe von Gleichung (13.19) gefunden:

$$\frac{db}{dt} + N^2 w = 0 \qquad (13.62)$$

Und schließlich wollen wir die Fortpflanzung in horizontaler Richtung zulassen, betrachten also die ebenfalls linearisierte Bewegungsgleichung in x-Richtung (diesmal ohne Coriolis-Beschleunigung):

$$\frac{du}{dt} + \alpha_0\,\frac{\partial p'}{\partial x} = 0 \qquad (13.63)$$

sowie die Massenerhaltungsgleichung für den inkompressiblen Fall:

$$\frac{\partial u}{\partial x} + \frac{\partial w}{\partial z} = 0 \qquad (13.64)$$

(13.61) bis (13.64) sind 4 Gleichungen für die Unbekannten p', b, u und w. Diese betrachten wir als Funktionen von t, x und z. Da es sich um lineare Wellenvorgänge handeln soll, ersetzen wir in diesen Gleichungen überall d/dt durch $\partial/\partial t$. So entsteht ein lineares Gleichungssystem für die 4 Unbekannten, von denen wir durch Differenzieren nacheinander p', b und u eliminieren. Das Ergebnis lautet

$$\left\{ \frac{\partial^2}{\partial t^2}\left(\frac{\partial^2}{\partial x^2} + \frac{\partial^2}{\partial z^2} \right) + N^2\,\frac{\partial^2}{\partial x^2} \right\} w(t, x, z) = 0 \qquad (13.65)$$

Das ist eine Differenzialgleichung 4. Ordnung für die Vertikalgeschwindigkeit; sie beschreibt wandernde interne Wellen.

Damit haben wir die Grenze zur Baroklinität überschritten – die Dichteschichtung interner Wellen ist im Allgemeinen baroklin. Wir begnügen uns daher hier mit diesem Hinweis und betrachten in diesem Kapitel zunächst nur die Dynamik barotroper Vorgänge.

14 Das Flachwassermodell (FWM)

Übersicht

In diesem Kapitel behandeln wir den wichtigen Spezialfall des barotropen Modells, und zwar in seiner einfachsten Form für ein inkompressibles Fluid. Das denken wir uns verwirklicht durch eine Wasserschicht konstanter Dichte. Daher müssen wir zuerst zeigen, ob dies ein brauchbares Modell für die gasförmige kompressible Atmosphäre ist. Für Massen- und Impulserhaltung verwenden wir die hydrostatischen Beziehungen für Flachgeofluide, hier zunächst für kartesische Koordinaten, also die Gleichungen (12.52), (12.53) und (12.54). Für den modifizierten Coriolis-Parameter setzen wir $f^* = f$.

14.1 Barotropie

Mit der Zustandsgleichung wird in einem Geofluid ein Zusammenhang zwischen mehreren Zustandsgrößen hergestellt. In der Atmosphäre ist dies die Gasgleichung $p\,\alpha = RT$. Mit ihr kann man durch zwei Variablen die dritte festlegen. Das formuliert man etwa durch Angabe der funktionalen Abhängigkeit in der Form $\alpha = \alpha(p, T)$. Wenn dieser allgemeine Fall uneingeschränkt gilt, so spricht man von *Baroklinität*; sie ist gewissermaßen der Normalfall. Wenn dagegen der Sonderfall vorliegt, dass die Temperatur kein unabhängiges Argument ist, sondern selbst nur vom Druck abhängt, spricht man von *Barotropie*. Das ist zwar in den Geofluiden bestenfalls näherungsweise verwirklicht. Dennoch lohnt es sich, zunächst einmal barotrope Prozesse näher zu studieren, bevor man Abweichungen davon, d. h. den allgemeinen baroklinen Fall, betrachtet.

Weil Baroklinität der Normalfall ist, würde sich eine eigene Bezeichnung dafür eigentlich erübrigen. Es hat sich aber eingebürgert, die barokline Schichtung als eine Verallgemeinerung der barotropen Schichtung aufzufassen, sodass die Baroklinität geradezu als Maß der Abweichung von der Barotropie empfunden wird. Das ist verständlich, denn die Winkel, unter denen p- und α-Linien sich schneiden, sind in der Praxis sehr klein.

Der Fall, dass Druck- und Dichteflächen parallel zueinander verlaufen, ist im linken Diagramm von Abb. 14.1 skizziert. Wie drückt man dies mathematisch aus? Dazu beachten wir, dass der Gradient eines skalaren Feldes ein Vektor ist, der in Richtung

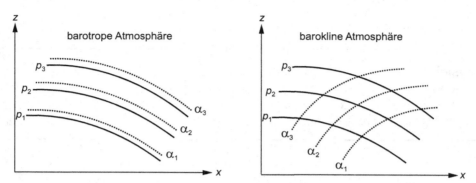

Abb. 14.1 Bei einer barotropen Atmosphäre sind die Flächen konstanten Drucks (durchgezogene Linien) und konstanten spezifischen Volumens (bzw. konstanter Dichte, gestrichelte Linien) parallel zueinander orientiert, während sich diese bei einer baroklinen Atmosphäre schneiden. Die barokline Schichtung stellt den allgemeinen Fall dar.

des stärksten Anstiegs der Funktion zeigt. Das bedeutet: $\boldsymbol{\nabla} p$ zeigt senkrecht zu die isobaren Flächen, und $\boldsymbol{\nabla}\alpha$ zeigt senkrecht zu den isosteren Flächen. Also ist die Parallelität der isobaren und der isosteren Flächen äquivalent zur Parallelität der beiden Gradientenvektoren. Wir definieren nun den *Baroklinitätsvektor*:

$$\boldsymbol{N} = \boldsymbol{\nabla} p \times \boldsymbol{\nabla}\alpha = \begin{pmatrix} \partial_y p\ \partial_z \alpha - \partial_z p\ \partial_y \alpha \\ \partial_z p\ \partial_x \alpha - \partial_x p\ \partial_z \alpha \\ \partial_x p\ \partial_y \alpha - \partial_y p\ \partial_x \alpha \end{pmatrix} \tag{14.1}$$

Wenn $\boldsymbol{N}$ verschwindet, so bedeutet dies Parallelität der beiden Flächenscharen, also barotrope Schichtung. Im allgemeinen Fall verschwindet der Baroklinitätsvektor nicht, und dann liegt echte Baroklinität vor.

Nützt diese Definition etwas? Wir zeigen jetzt, dass die Eigenschaft der Barotropie einen tief greifenden Einfluss auf die horizontalen Bewegungsgleichungen hat.

14.1.1 Vertikale Konstanz der horizontalen Druckbeschleunigung

Im obigen Abschnitt 13.3 über die externen Schwerewellen haben wir die Beschleunigung durch den horizontalen Druckgradienten im x, z-Vertikalschnitt betrachtet:

$$\alpha \frac{\partial p}{\partial x} = g\ \frac{\partial h(t, x)}{\partial x} \tag{14.2}$$

Die rechte Seite haben wir gewonnen durch Vertikalintegration der hydrostatischen Gleichung, die sich wegen der angenommenen Konstanz von ρ auf den Gradienten der Wasseroberfläche h zurückführen lässt. Dadurch wird die rechte Seite unabhängig von z. Also ist dies auch die linke Seite, d. h. die Beschleunigung durch den horizontalen Druckgradienten ist vertikal konstant.

Dieses Ergebnis können wir auch ohne Bezug auf die Wasseroberfläche gewinnen, indem wir die vertikale Ableitung bilden:

$$\frac{\partial}{\partial z}\left(\alpha\,\frac{\partial p(t,x,y,z)}{\partial x}\right) = \alpha\,\frac{\partial}{\partial z}\,\frac{\partial p}{\partial x} = \alpha\,\frac{\partial}{\partial x}\,\frac{\partial p}{\partial z} = \alpha\,\frac{\partial}{\partial x}(-g\,\rho) = \alpha\,\rho\,\frac{\partial}{\partial x}(-g) = 0 \quad (14.3)$$

Rechts haben wir die hydrostatische Gleichung verwendet. Ausschlaggebend für diese Umrechnung und damit für das Verschwinden der vertikalen Ableitung ist jedoch die Konstanz von ρ (und damit die von α). Weiter ist klar, dass dieses für die x-Richtung erzielte Ergebnis in gleicher Weise für die y-Richtung gilt. Also: In einem hydrostatischen Fluid konstanter Dichte ist die horizontale Druckbeschleunigung vertikal konstant.

14.1.2 Vertikale Konstanz des Horizontalwindes

Aus der vertikalen Konstanz der Druckbeschleunigung folgt die Höhenunabhängigkeit des Horizontalwindes. Leitet man nämlich die x-Bewegungsgleichung

$$\frac{\partial u}{\partial t} + u\,\frac{\partial u}{\partial x} + v\,\frac{\partial u}{\partial y} + w\,\frac{\partial u}{\partial z} - f\,v + \alpha\,\frac{\partial p}{\partial x} = 0 \quad (14.4)$$

nach z ab, so folgt mit (14.3):

$$\frac{\partial}{\partial t}\,\frac{\partial u}{\partial z} + \frac{\partial}{\partial z}\left(u\,\frac{\partial u}{\partial x} + v\,\frac{\partial u}{\partial y} + w\,\frac{\partial u}{\partial z} - f\,v\right) = 0 \quad (14.5)$$

Wenn also der Wind $\boldsymbol{V} = (u,v)$ auch nur zu irgendeinem Zeitpunkt von z unabhängig ist, so verschwindet die z-Ableitung der runden Klammer. Also verschwindet auch das erste Glied links in (14.5), d. h. $\boldsymbol{V}$ bleibt von z unabhängig, und zwar für alle Zeiten. Anders gesagt: In einem barotropen Fluid kann sich $\boldsymbol{V}$ nur in allen Höhen gleichartig ändern.

Aus $\partial\boldsymbol{V}/\partial z = 0$ folgt weiter $\partial\boldsymbol{V}/\partial p = 0$ und $\partial\boldsymbol{V}_g/\partial p = 0$. Leitet man also den geostrophischen Wind in Druckkoordinaten nach p ab, so ergibt sich

$$f\,\frac{\partial u_g}{\partial p} + \frac{\partial}{\partial y}\,\frac{\partial\Phi}{\partial p} = 0 \quad (14.6)$$

Der erste Term ist null, also auch der zweite. Der zweite lässt sich mit der hydrostatischen Gleichung und der Gasgleichung so ausdrücken:

$$\frac{\partial}{\partial y}\,\frac{\partial\Phi}{\partial p} = -\frac{R}{p}\,\frac{\partial T}{\partial y} = 0 \quad (14.7)$$

Die gleiche Argumentation gilt für v_g und besagt, dass der horizontale Temperaturgradient verschwindet. Das kann man auch so ausdrücken: Auf der Druckfläche herrscht unter den getroffenen Annahmen Isothermie.

14.1.3   Isotherme und isentrope Atmosphäre

Die bisherige Herleitung beruhte auf der Annahme, dass unser Fluid inkompressibel ist. Das scheint aber kein gutes Modell für die Atmosphäre zu sein, denn die Luft ist ein Gas, und Gase sind kompressibel. Versuchen wir es also mit einem besseren Modell: der isothermen Atmosphäre. Wenn man das spezifische Volumen durch die Gasgleichung ausdrückt, so gilt bei Isothermie

$$\alpha \, \frac{\partial p}{\partial x} = \frac{RT}{p} \, \frac{\partial p}{\partial x} = R \, T \, \frac{\partial (\log p)}{\partial x} \tag{14.8}$$

und daher

$$\frac{\partial}{\partial z} \left(\alpha \, \frac{\partial p}{\partial x} \right) = RT \frac{\partial}{\partial z} \frac{\partial \log p}{\partial x} = RT \frac{\partial}{\partial x} \frac{\partial \log p}{\partial z} = \frac{\partial}{\partial x} \left(\frac{R \, T}{p} \, \frac{\partial p}{\partial z} \right) = \frac{\partial}{\partial x}(-g) = 0 \tag{14.9}$$

Also gilt auch für die isotherme hydrostatische Atmosphäre die vertikale Unabhängigkeit der horizontalen Druckbeschleunigung und damit die des Strömungsfelds.

Mit der isothermen Atmosphäre wird mancher immer noch nicht zufrieden sein. Das gleiche Ergebnis wie vorher erhält man für die isentrope Atmosphäre, wenn man α durch p und θ ausdrückt und θ konstant setzt. Der isentrope Spezialfall ist aber schon ein sehr gutes Modell für die reale Atmosphäre.

Die hier gefundene Unabhängigkeit der horizontalen Druckbeschleunigung und des Horizontalwindes von der Vertikalen kann man noch anders ausdrücken: Die Bewegungsgleichungen sind für die isochore, die isotherme und die isentrope Atmosphäre bei Hydrostasie höhenunabhängig, d. h. das eigentlich dreidimensionale dynamische Problem wird ein zweidimensionales Problem. Das ist eine wertvolle Vereinfachung.

14.1.4   Barotropie und Zweidimensionalität

Was haben die vorstehenden Spezialfälle gemeinsam? Offenbar die Eigenschaft des horizontalen Druckgradienten, dass man in den beiden Ausdrücken

$$\frac{\partial}{\partial z} \left(\alpha \, \frac{\partial p}{\partial x} \right) \qquad \text{und} \qquad \frac{\partial}{\partial x} \left(\alpha \, \frac{\partial p}{\partial z} \right) \tag{14.10}$$

die Argumente x und z vertauschen darf. Dann werden beide Ausdrücke gleich. Darüber hinaus wird der rechte Ausdruck in (14.10) bei Hydrostasie gleich null; man beachte $\alpha \rho = 1$, unabhängig davon, ob das Fluid inkompressibel ist oder nicht. Das garantiert die vertikale Konstanz des Druckbeschleunigung, und daraus folgt schließlich die Zweidimensionalität der Strömung.

Im Allgemeinen ist die Vertauschung in (14.10) natürlich verboten. Es bedarf einer besonderen Eigenschaft von α, dass die Vertauschung der Argumente erlaubt ist. Diese Eigenschaft ist nun gerade die *Barotropie*. Um das zu erkennen, betrachten wir Druck und spezifisches Volumen als Raumfunktionen: $p = p(x, y, z)$ und $\alpha = \alpha(x, y, z)$. Damit bilden wir die beiden Ausdrücke in Gleichung (14.10):

$$\frac{\partial}{\partial z} \left(\alpha \, \frac{\partial p}{\partial x} \right) = \alpha \, \frac{\partial^2 p}{\partial z \, \partial x} + \frac{\partial \alpha}{\partial z} \, \frac{\partial p}{\partial x} \qquad \frac{\partial}{\partial x} \left(\alpha \, \frac{\partial p}{\partial z} \right) = \alpha \, \frac{\partial^2 p}{\partial x \, \partial z} + \frac{\partial \alpha}{\partial x} \, \frac{\partial p}{\partial z} \tag{14.11}$$

Die ersten beiden Terme rechts sind jeweils gleich. In ihnen darf man x und z ohne weiteres vertauschen, in den beiden zweiten aber nicht.

Nun nehmen wir an, dass die Schichtung barotrop, also der Baroklinitätsvektor (14.1) gleich null ist. Das Verschwinden der zweiten Komponente von $\boldsymbol{N}$ macht nun offenbar die beiden zweiten Terme in (14.11) einander gleich. Das entsprechende Ergebnis findet man, wenn man x in (14.11) durch y ersetzt; hier nutzt man das Verschwinden der ersten Komponente von $\boldsymbol{N}$. Daraus folgt:

$$\boxed{\boldsymbol{N} \equiv 0 \qquad \text{entspricht} \qquad \frac{\partial}{\partial z}\left(\alpha\,\nabla p\right) = 0} \qquad (14.12)$$

In Worten: *Bei Barotropie ist die Beschleunigung durch den horizontalen Druckgradienten vertikal konstant.* Unsere Ableitung hier enthält übrigens die Konsequenz, dass auf einer Druckfläche α und T überall denselben Wert haben.

14.2 Das barotrope FWM

Das einfachste barotrope Modell ist ein inkompressibles Fluid mit konstanter Dichte: Wasser. Doch Wasser hat eine Oberfläche, aber die Atmosphäre hat keine, denn sie ist ein Gas. Kann ein Modellozean konstanter Dichte ein brauchbares Modell der Atmosphäre sein? Dieses Problem wird durch die Barotropie gelöst, die ja eine Zweidimensionalität der Gleichungen zur Folge hat: Räumlich hängen die Bewegungsgleichungen nur von x und y ab, und vertikal sind sie alle gleich. Im inkompressiblen Ozean ist die Druckbeschleunigung gegeben durch den horizontalen Gradienten der Wasseroberfläche. In der Atmosphäre entspricht das dem horizontalen Gradienten einer Druckfläche. Die Druckflächen in der Atmosphäre übernehmen die Rolle der Wasseroberfläche im Ozean.

Da fragt sich der Leser wohl: Welche der unendlich vielen atmosphärischen Druckflächen soll diese Rolle übernehmen? Die Antwort ist: Alle parallel übereinander liegenden Druckflächen sind gleichberechtigt, sie liefern denselben Gradienten. Auch im Wasser ist das so, denn darin liegen die Druckflächen ebenfalls parallel übereinander und sind alle gleichberechtigt. Der Unterschied ist, dass es im Wasser eine ausgezeichnete Fläche dieser Art gibt, eben die Wasseroberfläche, in der Atmosphäre aber keine. Und daher ist das FWM ein so anschauliches Modell für die Atmosphäre. Die Wasseroberfläche im barotropen FWM repräsentiert jede der unendlich vielen Druckflächen in der barotropen Modellatmosphäre. Da sie aber alle gleichberechtigt sind, nimmt man die einfachste, nämlich die oberste.

Wir führen nun für unseren Modellozean (Abb. 14.2) eine Wassersäule ein. Ihre Parameter sind: die Höhe $z_\text{s}(t,x,y)$ des Meeresspiegels, die Höhe $z_\text{B}(x,y)$ des Meeresbodens, das Kontrollniveau z, die Wassertiefe $h(t,x,y,z)$ und die Meerestiefe $H(t,x,y)$.

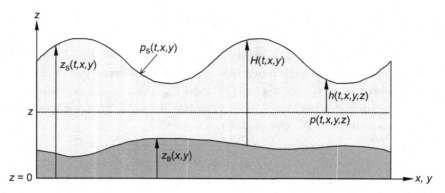

Abb. 14.2 Nomenklatur des Flachwassermodells. Die Bedeutungen der Symbole sind folgende: z: Kontrollniveaus; $z_s(t,x,y)$: Meeresspiegel; $z_B(x,y)$: Meeresboden; $h(t,x,y,z) = z_s - z$: Wassertiefe; $H(t,x,y) = z_s - z_B$: Meerestiefe; $p_s(t,x,y)$: Druck an der Meeresoberfläche.

14.2.1 Hydrostasie

Das hydrostatische Gleichgewicht in unserem inkompressiblen ($\rho \equiv$const.) Modellfluid setzen wir wie vorher in vertikal integrierter Form an:

$$\int\limits_{z'=z}^{z'=z_s} \frac{\partial p(t,x,y,z')}{\partial z'}\, \mathrm{d}z' = -\int\limits_{z'=z}^{z'=z_s} g\,\rho\,\mathrm{d}z' \tag{14.13}$$

Wenn man das ausrechnet und umordnet, so erhält man für den Druck

$$p(t,x,y,z) = p(t,x,y,z_s) + g\,\rho\,[z_s(t,x,y) - z] \tag{14.14}$$

Das ist die gleiche Formel wie (13.44). Die Rolle des Meeresspiegels h in Abb. 13.3 wird hier durch z_s übernommen, und $h = z_s - z$ in Abb. 14.2 bezeichnet die Wassertiefe. Der Oberflächendruck $p(t,x,y,z_s) = p_s(t,x,y)$ sei wie vorher zeitlich und horizontal konstant; d. h. p_s wirkt sich auf die Verhältnisse im Inneren des Fluids nicht aus.

14.2.2 Horizontale Druckbeschleunigung

Aus Gleichung (14.14) folgt damit in kartesischen Koordinaten

$$\alpha\,\nabla p = \alpha\,\underbrace{\nabla p_s}_{=0} + \underbrace{g\,\nabla z_s}_{=\nabla\Phi_s} - \underbrace{g\,\nabla z}_{=0} = \nabla\Phi_s \tag{14.15}$$

Der Vektor der horizontalen Druckbeschleunigung (d. h. auch der geostrophische Wind) lässt sich also auf den horizontalen Gradienten der Oberfläche des Modellozeans zurückführen. Dieser Beschleunigungsvektor ist in allen Tiefen derselbe. Die Barotropiebedingung wird im FWM einfach durch die Konstanz der Dichte gewährleistet.

14.2.3   Horizontale Bewegungsgleichungen

Die x-Komponente der Bewegungsgleichungen (8.32) lautet nun

$$\underbrace{\frac{\partial u}{\partial t} + \boldsymbol{V} \cdot \nabla u}_{\mathrm{D}u/\mathrm{D}t} + \underbrace{w\,\frac{\partial u}{\partial z}}_{=\,0} - f\,v + \frac{\partial \Phi_{\mathrm{s}}}{\partial x} = 0 \tag{14.16}$$

Hier haben wir d/dt in zwei Teile zerlegt. Der erste ist der horizontale Operator D/Dt, für den im übrigen dieselben Rechenregeln gelten wie für d/dt. Der zweite ist die Vertikaladvektion, die sich aber nicht auswirkt, denn u und v in (14.16) sind ja unabhängig von z. Damit folgt für die horizontalen Bewegungsgleichungen

$$\frac{\mathrm{D}u}{\mathrm{D}t} - f\,v + \frac{\partial \Phi_{\mathrm{s}}}{\partial x} = 0 \qquad \text{bzw.} \qquad \frac{\mathrm{D}v}{\mathrm{D}t} + f\,u + \frac{\partial \Phi_{\mathrm{s}}}{\partial y} = 0 \tag{14.17}$$

Sie sehen ganz ähnlich aus wie die horizontalen Bewegungsgleichungen (12.73) und (12.74) in Druckkoordinaten, die wir bereits hergeleitet haben, die jedoch von allen drei Raumkoordinaten x, y, p abhängen. Hier beim barotropen FWM bleibt in (14.17) nur die Abhängigkeit von x und y bestehen. Auch die vertikale Advektion wirkt sich nicht aus, obwohl wir über die Vertikalgeschwindigkeit gar keine Annahme getroffen haben (und im Allgemeinen auch $w \neq 0$ gilt).

14.2.4   Massenerhaltung

Außer der Impulserhaltung (14.17) benötigen wir auch eine Aussage über die Massenerhaltung. Dazu verwenden wir die kartesische Massenkontinuitätsgleichung (10.15) für den inkompressiblen Fall. Wir integrieren die dreidimensionale Divergenz in vertikaler Richtung zwischen Meeresboden und Meeresspiegel und beachten die Konstanz von $\boldsymbol{V}$ sowie $w_{\mathrm{s}} = \mathrm{D}z_{\mathrm{s}}/\mathrm{D}t$ und $w_{\mathrm{B}} = \mathrm{D}z_{\mathrm{B}}/\mathrm{D}t$. Damit und mit $z_{\mathrm{s}} - z_{\mathrm{B}} = H$ ergibt sich

$$0 = \int\limits_{z=z_{\mathrm{B}}}^{z=z_{\mathrm{s}}} \left(\nabla \cdot \boldsymbol{V} + \frac{\partial w}{\partial z} \right)\, \mathrm{d}z = (\nabla \cdot \boldsymbol{V})\,H + \frac{\mathrm{D}H}{\mathrm{D}t} \tag{14.18}$$

Diese Gleichung verknüpft die zeitliche Änderung der Meerestiefe H mit der horizontalen Divergenz. Das undifferenziert auftretende H als Faktor der horizontalen Divergenz repräsentiert die absolute Fluidmasse.

14.2.5   Die Gleichungen für das FWM

Die Gleichungen für das FWM lauten nun in Vektorschreibweise

$$\boxed{\frac{\mathrm{D}\boldsymbol{V}}{\mathrm{D}t} + f\boldsymbol{k} \times \boldsymbol{V} + \nabla\Phi_{\mathrm{s}} = 0 \qquad \frac{\mathrm{D}\Phi}{\mathrm{D}t} + \Phi\nabla \cdot \boldsymbol{V} = 0} \tag{14.19}$$

und in Komponentenschreibweise:

$$\frac{Du}{Dt} - f v + \frac{\partial \Phi_s}{\partial x} = 0 \tag{14.20}$$

$$\frac{Dv}{Dt} + f u + \frac{\partial \Phi_s}{\partial y} = 0 \tag{14.21}$$

$$\frac{D\Phi}{Dt} + \Phi \left(\frac{\partial u}{\partial x} + \frac{\partial v}{\partial y} \right) = 0 \tag{14.22}$$

In der Massenerhaltungsgleichung (14.18) haben wir H durch $\Phi = g H$ ersetzt; das ist die Differenz zwischen dem Geopotenzial $\Phi_s = g z_s$ der Meeresoberfläche und dem zeitlich konstanten (und extern zu spezifizierenden) Geopotenzial $\Phi_B = g z_B$ des Meeresbodens:

$$\boxed{\Phi = \Phi_s - \Phi_B} \tag{14.23}$$

Die Bewegungsgleichungen hängen also nur vom Geopotenzial der Meeresoberfläche; der Massenhaushalt (14.22) dagegen hängt von der Meerestiefe ab.

Die Gleichungen (14.19) bzw. (14.20), (14.21), (14.22) bilden ein gekoppeltes System aus drei skalaren Differenzialgleichungen. Die unbekannten Funktionen sind

$$u = u(t, x, y) \qquad v = v(t, x, y) \qquad \Phi_s = \Phi_s(t, x, y) \tag{14.24}$$

Der zweidimensionale Operator der totalen Zeitableitung ist so definiert:

$$\boxed{\boxed{\frac{D}{Dt} = \frac{\partial}{\partial t} + u \frac{\partial}{\partial x} + v \frac{\partial}{\partial y}}} \tag{14.25}$$

Obere Randbedingung ist der Druck p_s an der Meeresoberfläche; diesen haben wir zuvor bereits als konstant angenommen, sodass er in den Gleichungen des FWM gar nicht auftritt. Untere Randbedingung ist Φ_B. Wir werden im Folgenden meist annehmen, dass der Meeresboden horizontal verläuft, so dass Φ_s in den Bewegungsgleichungen (14.20) und (14.21) durch Φ ersetzt werden kann (mit Ausnahme des Problems der Überströmung der Rocky Mountains; siehe weiter unten).

Eine thermodynamische Energiegleichung gibt es im FWM nicht. Für die weiter unten vorzunehmende Klassifikation der Wellenvorgänge wird es einen wichtigen Unterschied bedeuten, ob das Fluid divergenzfrei ist ($\nabla \cdot V = 0$) oder nicht.

Die Flachwassergleichungen sind reibungsfrei. Das bedeutet: Man darf sie nur anwenden, wenn das Wasser genügend tief ist (Faustformel: mindestens 100 m); sonst muss man noch die von Reibung beeinflussten Grenzschichten an Ober- und Untergrenze der Wasserschicht berücksichtigen (typisch 10 m dick). Das bedeutet paradoxerweise: In flachen Binnenseen gelten die Flachwassergleichungen gar nicht. Ein Beispiel ist der Neusiedler See an der österreichisch/ungarischen Grenze (mittlere Wassertiefe 2 m); in ihm kann man das FWM nicht anwenden, die Strömung ist überwiegend reibungsbedingt.

14.3 Die Vorticity-Gleichungen

Als nächstes betrachten wir die Vorticity in ihren verschiedenen Versionen:

$$\text{Erd-Vorticity (= Coriolis-Parameter)} \qquad f = 2\,\Omega\,\sin\varphi \qquad (14.26)$$

$$\text{relative Vorticity} \qquad \zeta = \frac{\partial v}{\partial x} - \frac{\partial u}{\partial y} \qquad (14.27)$$

$$\text{absolute Vorticity} \qquad \eta = \zeta + f \qquad (14.28)$$

$$\text{potenzielle Vorticity} \qquad Q = \frac{\eta}{\Phi} \qquad (14.29)$$

Für die Vorticities gibt es im Wesentlichen nur eine Gleichung, die man jedoch recht verschieden schreiben kann.

14.3.1 Die dynamisch äquivalente Beta-Ebene

Für die lineare Entwicklung des Coriolisparameters hatten wir in (8.64) den Referenzwert von y_{o} in der Breite gewählt, die zu $f_{\mathrm{o}} = 0$ gehört, entsprechend der Vorgabe der Taylor-Entwicklung. Es zeigt sich nun, dass dieser Referenzwert in den zu entwickelnden dynamischen Gleichungen lediglich eine Verschiebung des Nullpunkts bewirkt. Einfach gesagt, y_{o} hat keine dynamische Bedeutung. Daher hat es sich eingebürgert, ihn einfach fortzulassen, wodurch sich die Schreibweise entsprechend vereinfacht. Wir werden also ab sofort die lineare Näherung der Beta-Ebene statt in der vollständigen Form (8.64) in der dynamisch äquivalenten vereinfachten Form:

$$\boxed{f(y) = f_{\mathrm{o}} + \beta\,y} \qquad (14.30)$$

verwenden.

14.3.2 Die Gleichung für die absolute Vorticity

Die Vorticity-Gleichung gewinnt man durch Rotationsbildung der Bewegungsgleichungen (auch *Kreuzdifferenziation*). Man kann dies in Vektorschreibweise oder in Komponentenschreibweise tun. Wir verwenden die Vektorschreibweise nur für die Advektion im horizontalen Operator der totalen Zeitableitng, sonst hier die Komponentenschreibweise: $\mathrm{D}/\mathrm{D}t = \partial/\partial t + \boldsymbol{V} \cdot \nabla$. Dazu leiten wir (14.20) nach y und (14.21) nach x ab:

$$\frac{\partial}{\partial y}\left(\frac{\partial u}{\partial t} + \boldsymbol{V}\cdot\nabla u - f\,v + \frac{\partial\Phi_{\mathrm{s}}}{\partial x}\right) = 0 \qquad (14.31)$$

$$\frac{\partial}{\partial x}\left(\frac{\partial v}{\partial t} + \boldsymbol{V}\cdot\nabla v + f\,u + \frac{\partial\Phi_{\mathrm{s}}}{\partial y}\right) = 0 \qquad (14.32)$$

Durch Subtraktion der ersten Gleichung von der zweiten (unter Beachtung der Produktregel beim jeweils zweiten und dritten Summanden in den Klammern) und anschließendes Zusammenfassen wird zunächst das Geopotenzial eliminiert:

$$\frac{\partial \zeta}{\partial t} + \boldsymbol{V} \cdot \nabla \zeta + \underbrace{\frac{\partial \boldsymbol{V}}{\partial x} \cdot \nabla v - \frac{\partial \boldsymbol{V}}{\partial y} \cdot \nabla u}_{= \zeta\, \nabla \cdot \boldsymbol{V}} + \boldsymbol{V} \cdot \nabla f + f\, \nabla \cdot \boldsymbol{V} = 0 \qquad (14.33)$$

Den dritten und den vierten Term haben wir als Produkt von Vorticity und Divergenz geschrieben. Wenn man zudem $\partial f / \partial t = 0$ addiert und $\zeta + f$ ausklammert, so nimmt Gleichung (14.33) folgende Form an:

$$\frac{\partial (\zeta + f)}{\partial t} + \boldsymbol{V} \cdot \nabla (\zeta + f) + (\zeta + f)\, \nabla \cdot \boldsymbol{V} = 0 \qquad (14.34)$$

Nun kehren wir zum Operator D/Dt zurück und finden für $\eta = \zeta + f$:

$$\boxed{\frac{\mathrm{D}\eta}{\mathrm{D}t} + \eta\, \nabla \cdot \boldsymbol{V} = 0} \qquad (14.35)$$

Das ist die Gleichung für die absolute Vorticity.

14.3.3   Die divergenzfreie Vorticity-Gleichung

Gemäß Gleichung (28.74) im Anhang lässt sich der horizontale Geschwindigkeitsvektor $\boldsymbol{V}$ stets durch das *Geschwindigkeitspotenzial* χ und die *Stromfunktion* ψ ausdrücken. Weiter besagt Gleichung (28.75), dass die Divergenz von $\boldsymbol{V}$ durch χ bestimmt ist, die Vorticity dagegen durch ψ. Hinreichend für Divergenzfreiheit ist also $\chi \equiv 0$. Damit gilt in diesem Fall einfach

$$\boldsymbol{V} = (u, v) = \left(-\frac{\partial \psi}{\partial y}, \frac{\partial \psi}{\partial x} \right) \qquad \zeta = \nabla^2 \psi \qquad (14.36)$$

∇^2 wird als 2D-*Laplace-Operator* bezeichnet.

Die Tendenz der Vorticity gemäß der divergenzfreien Vorticity-Gleichung (14.35) nimmt mit (14.36) diese Form an:

$$\frac{\mathrm{D}\eta}{\mathrm{D}t} = \frac{\partial \zeta}{\partial t} - \frac{\partial \psi}{\partial y} \frac{\partial (\zeta + f)}{\partial x} + \frac{\partial \psi}{\partial x} \frac{\partial (\zeta + f)}{\partial y} = 0 \qquad (14.37)$$

Für den zweiten und den dritten Term verwendet man gern den *Jacobi-Operator*:

$$\boldsymbol{J}(A, B) = \frac{\partial A}{\partial x} \frac{\partial B}{\partial y} - \frac{\partial A}{\partial y} \frac{\partial B}{\partial x} \qquad (14.38)$$

Das ist die Funktionaldeterminante einer zweidimensionalen Transformation. Damit lässt sich durch Identifikation von A mit ψ und von B mit $\zeta + f$ wie folgt schreiben:

$$\boxed{\frac{\partial \zeta}{\partial t} + \boldsymbol{J}(\psi, \zeta + f) = 0} \qquad (14.39)$$

ζ ist gemäß (14.36) durch die Stromfunktion gegeben, d. h. (14.39) ist in Wirklichkeit eine Gleichung nur für ψ und lautet in dieser Form:

$$\frac{\partial \nabla^2 \psi}{\partial t} + J(\psi, \nabla^2 \psi) + \beta \, \frac{\partial \psi}{\partial x} = 0 \qquad (14.40)$$

Beim Umrechnen haben wir beachtet, dass sich f weder lokalzeitlich noch durch Advektion in Ost-West-Richtung ändert, wohl aber durch Advektion in Nord-Süd-Richtung. Zum *Rossby-Parameter* $\beta = \partial f / \partial y$ vgl. die obigen Gleichungen (8.64) und (8.65).

Mit der divergenzfreien Vorticity-Gleichung (14.40) wurde 1950 erstmals eine erfolgreiche numerische Wettervorhersage durchgeführt.

14.3.4 Der Beta-Effekt als Voraussetzung von Rossby-Wellen

Die divergenzfreie Version der Vorticity-Gleichung ist im FWM der einfachste und gleichzeitig wichtigste Spezialfall. Gleichung (14.35) ohne den letzten Term lautet

$$\frac{\mathrm{d}\eta}{\mathrm{d}t} = \frac{\mathrm{d}\zeta}{\mathrm{d}t} + \frac{\mathrm{d}f}{\mathrm{d}t} = \frac{\mathrm{d}\zeta}{\mathrm{d}t} + \beta \, v = 0 \qquad (14.41)$$

Diese Gleichung besagt, dass die absolute Vorticity im divergenzfreien Fall eine Erhaltungsgröße der Bewegung ist. Für die relative Vorticity einer Luftmasse bedeutet das: Die totalzeitliche Änderung von ζ wird bewirkt durch Advektion von f.

Dies ist in Abb. 14.3 illustriert. Strömt ein Geofluid mit einer anfänglichen relativen Vorticity $\zeta = 0$ auf der Nordhalbkugel nach Norden ($v > 0$), so gelangt es in Regionen

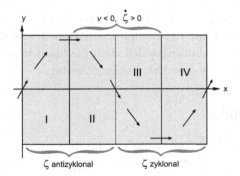

Abb. 14.3 Wirkung des β-Effekts. Das Geofluid befinde sich in einem zonalen Grundstrom von West nach Ost. Zusätzlich habe es eine Anfangsgeschwindigkeit in meridionaler Richtung (beispielsweise nach Norden). Dann vollführt es gemäß Gleichung (14.41) eine Schwingung um den Grundstrom.

mit größerer Erd-Vorticity f. Dadurch muss ζ gemäß Formel (14.41) negativ werden ($\mathrm{D}\zeta/\mathrm{D}t < 0$, Bereich I), d. h. die Strömung wird antizyklonal (nach rechts gekrümmt). Das Fluid bewegt sich nun auf einer antizyklonalen Bahn. Am nördlichsten Punkt kehrt es um, die Geschwindigkeit bekommt eine südwärts gerichtete Komponente, dadurch nimmt f ab; also muss ζ wieder positiver werden ($\mathrm{D}\zeta/\mathrm{D}t > 0$, Bereich II). Wenn das Geofluid mit $v < 0$ die anfängliche Breite nach Süden hin überschreitet, wird ζ überhaupt positiv (d.h. die antizyklonale Krümmung wird zyklonal, Bereich III). Das Fluid bewegt sich nun auf einer zyklonalen Bahn; ab dem südlichen Umkehrpunkt ist v erneut nach Norden gerichtet und ζ wird wieder negativer (Bereich IV). Am Ende kommt die Luftmasse in einer geographischen Breite an, in der die zwischenzeitlich gewonnene Zyklonalität abgebaut und ζ wieder Null ist.

Während also das Fluid mit dem Grundstrom nach Osten driftet, vollführt es nach einmaliger meridionaler Auslenkung eine anhaltende Nord-Süd-Schwingung. Dieser Mechanismus heißt *Beta-Effekt*; er ist die Grundlage der *Rossby-Wellen*.

14.3.5 Die Gleichung für die potenzielle Vorticity

Die Vorticity-Gleichung (14.35) und die Massenerhaltungsgleichung (14.22) sind strukturell gleich gebaut. Das sieht man, wenn man sie nebeneinander notiert:

$$\frac{1}{\eta}\frac{\mathrm{D}\eta}{\mathrm{D}t} + \nabla \cdot \boldsymbol{V} = 0 \qquad \frac{1}{\Phi}\frac{\mathrm{D}\Phi}{\mathrm{D}t} + \nabla \cdot \boldsymbol{V} = 0 \tag{14.42}$$

Elimination von $\nabla \cdot \boldsymbol{V}$ ergibt

$$\boxed{\frac{1}{\eta}\frac{\mathrm{D}\eta}{\mathrm{D}t} - \frac{1}{\Phi}\frac{\mathrm{D}\Phi}{\mathrm{D}t} = 0} \tag{14.43}$$

Hier kommt nun die oben definierte potenzielle Vorticity $Q = \eta/\Phi = (\zeta + f)/\Phi$ wie gerufen. Mit ihr lautet (14.43):

$$\frac{1}{Q}\frac{\mathrm{D}Q}{\mathrm{D}t} = 0 \qquad \text{oder einfach} \qquad \boxed{\frac{\mathrm{D}Q}{\mathrm{D}t} = 0} \tag{14.44}$$

Die potenzielle Vorticity stellt also im barotropen FWM eine Erhaltungsgröße dar. Das ist ein fundamentales Ergebnis, das wir im quasigeostrophischen Modell wieder finden werden. Auch in dem viel mächtigeren baroklinen Modell stellt die (dann etwas allgemeiner zu formulierende) potenzielle Vorticity eine Erhaltungsgröße dar.

14.3.6 Der orographische Beta-Effekt

Einen wichtigen Einfluss auf die potenzielle Vorticity im FWM hat die Orographie der Untergrenze (der „Meeresboden" z_B in Abb. 14.2). Dies zeigt sich beispielsweise bei der Überströmung der Rocky Mountains von West nach Ost (Abb. 14.4). Gleichung (14.44) besagt hier:

$$\frac{\zeta + f}{H} = \text{const.} \tag{14.45}$$

Wenn also, bei angenommener konstanter Obergrenze z_s der Fluidschicht (Höhe des „Meeresspiegels"), die Untergrenze der Schicht nach oben ansteigt und H dadurch verkleinert, so muss auch die absolute Vorticity kleiner und ζ daher negativ (antizyklonal) werden. Diese antizyklonale Vorticity über dem Gebirgskamm führt zur Ablenkung nach Süden. Weiter im Osten, zurück zu normal großem H, wird f durch die südwärtige Strömung kleiner, und ζ muss wieder positiver (sprich: zyklonaler) werden: Die

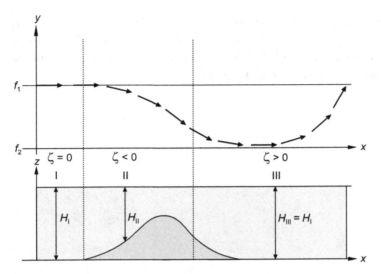

Abb. 14.4 Orographische Anregung von Rossby-Wellen. Oben (Aufsicht, x,y-Ebene): Das Geofluid kommt mit $\zeta = 0$ und $f = f_1$ an und wird nach Süden bis $f = f_2$ abgelenkt. Unten (Vertikalschnitt, x,z-Ebene): Das Geofluid erfährt durch die Rocky Mountains (idealisierte Glockenkurve) eine Abnahme von ζ.

Strömung kehrt nach Norden zurück. Das Ergebnis ist die Anregung einer stehenden Rossby-Welle, die durch das Gebirge orographisch fixiert wird.

Bemerkenswert ist, dass das Fluid nicht nach *oben* ausweicht, wie Wasser über ein Hindernis, sondern in *horizontaler* Richtung: Die „Wasser"oberfläche selbst bleibt horizontal, aber die Strömung weicht nach Süden aus. Nach Überschreitung der Rocky Mountains ist H konstant, d.h. es gilt wieder die Konstanz der absoluten Vorticity, und wir haben den Fall von Abb. 14.3.

Warum heißt das Ganze eigentlich „orographischer Beta-Effekt" (in der Ozeanographie auch „äquivalenter Beta-Effekt")? Die Bergüberströmung ist doch eine rein orographische Ursache – warum dann „Beta-Effekt"?

Der Grund liegt in der dynamischen Parallele zwischen der Erd-Vorticity und der Orographie des Untergrunds. Das sieht man an der vollständigen Gleichberechtigung der absoluten Vorticity η mit dem Geopotenzial Φ in Gleichung (14.43). Es scheint also zunächst, als könne man beide Effekte sozusagen rein verwirklichen.

Das kann man aber nicht. Der reine Beta-Effekt wird durch den räumlichen Gradienten von f verursacht. Er ist auf der Erde möglich, solange $\overline{\Phi}$ konstant ist. Der reine orographische Effekt wird durch den räumlichen Gradienten von $\overline{\Phi}$ verursacht. Er ist auf der Erde nicht möglich, denn dazu müsste f konstant sein, d.h. die Erdoberfläche dürfte nicht gekrümmt sein (oder die Erde dürfte nicht rotieren). Das bedeutet: Der durch $\overline{\Phi}$ bedingte orographische Effekt kann auf der wahren Erde immer nur mit dem reinen durch f bedingten Beta-Effekt gemeinsam auftreten. Durch diese Vermischung gibt es keinen ausschließlich orographisch bedingten Effekt dieser Art.

Bei großräumigen atmosphärischen Bewegungen spielt der orographische Beta-Effekt meist eine untergeordnete Rolle (außer in den markanten Fällen der Überströmung von Rocky Mountains, Anden und Himalaya). Weiter unten beim Grundstrom der linearen Wellen werden wir das durch ein Beispiel belegen.

15 Lineare Wellen im Flachwassermodell (FWM)

Die obigen Gleichungen (14.20) bis (14.22) für das FWM wollen wir im Hinblick auf Wellenlösungen studieren. Der Meeresboden sei horizontal ($\nabla \Phi_B = 0$); dann kann man in den beiden Bewegungsgleichungen Φ_s durch Φ ersetzen:

$$\frac{\mathrm{D}u}{\mathrm{D}t} - fv + \frac{\partial \Phi}{\partial x} = 0 \tag{15.1}$$

$$\frac{\mathrm{D}v}{\mathrm{D}t} + fu + \frac{\partial \Phi}{\partial y} = 0 \tag{15.2}$$

$$\frac{\mathrm{D}\Phi}{\mathrm{D}t} + \Phi \left(\frac{\partial u}{\partial x} + \frac{\partial v}{\partial y} \right) = 0 \tag{15.3}$$

Dies ist ein nichtlineares Gleichungssystem für die Unbekannten u, v und Φ. Für Wellenlösungen müssen aber die Gleichungen linear sein. Warum eigentlich? Wenn zwei verschiedene Funktionen Lösungen einer Differenzialgleichung sind, so ist auch jede Linearkombination eine Lösung derselben Gleichung. Dies ist das *Superpositionsprinzip*. Es besagt, dass Wellen verschiedener Wellenlängen, die sich im Fluid fortpflanzen, sich gegenseitig nicht stören. Wenn man also einen Wellentyp untersucht hat, so ist für diesen die Arbeit erledigt, gleichgültig, ob sich auch noch andere Wellen im Fluid fortpflanzen. Es liegt auf der Hand, wie wichtig dieses Prinzip in der Praxis ist: Nur bei Gültigkeit des Superpositionsprinzips kann man einzelne Wellenvorgänge unabhängig voneinander untersuchen.

Das Superpositionsprinzip wird nun durch den Operator $\mathrm{D}/\mathrm{D}t$ in den Gleichungen (15.1) bis (15.3) verletzt. Um das zu zeigen, genügt ein Gegenbeispiel. Wir betrachten dazu das Funktionentripel $\boldsymbol{F}(t,x,y) = \{u(t,x,y),\ v(t,x,y),\ \Phi(t,x,y)\}$. Es sei Lösung der obigen Gleichungen, so dass gilt:

$$\frac{\partial u}{\partial t} + u\,\frac{\partial u}{\partial x} + v\,\frac{\partial u}{\partial y} - f\,v + \frac{\partial \Phi}{\partial x} = 0 \tag{15.4}$$

Eine besonders einfache Linearkombination zweier Lösungen ist nun die Verdopplung der Lösung, also das Funktionentripel $2\,\boldsymbol{F}(t,x,y)$. Wenn man dies in (15.4) einsetzt, so lautet die linke Seite nach Division durch 2:

$$\frac{\partial u}{\partial t} + 2\,u\,\frac{\partial u}{\partial x} + 2\,v\,\frac{\partial u}{\partial y} - f\,v + \frac{\partial \Phi}{\partial x} \tag{15.5}$$

Dieser Ausdruck ist im Allgemeinen nicht null, selbst wenn (15.4) gültig ist. Ursache ist die Advektion (zweiter und dritter Term), die den nichtlinearen Anteil der Gleichung darstellt.

Andererseits sind, absolut gesehen, die nichtlinearen Terme in den atmosphärischen Gleichungen gewöhnlich klein. Für viele Zwecke kann man sie einfach weglassen.

Diese Hauruck-Methode wollen wir nun durch ein allgemeineres Verfahren verbessern. Weil das Superpositionsprinzip für die Behandlung von Wellen essentiell ist, braucht man ein theoretisch gut begründetes Prinzip, um seine Gültigkeit abzusichern. Zu diesem Zweck entwickeln wir das Konzept der *Linearisierung eines nichtlinearen Gleichungssystems* anhand der Flachwassergleichungen.

15.1 Grundzustand

Wir definieren mit unserem meteorologischen Vorwissen eine spezielle Lösung, gekennzeichnet durch einen Mittelungsstrich über den Funktionssymbolen. Dazu geben wir uns einen konstanten Westwind $\bar{u}$ als Grundstrom vor; für das Geopotenzial nutzen wir einen linearen Ansatz $\overline{\Phi}(y)$. Die Konstante Φ_o in dieser Entwicklung repräsentiert das mittlere Geopotenzial, auf dem der temperaturbedingte meridionale Gradient $\mathrm{d}\overline{\Phi}(y)/\mathrm{d}y$ aufsitzt. Einen Grundstrom in Nord-Süd-Richtung lassen wir nicht zu; das bedeutet $\bar{v} = 0$, also auch $\mathrm{D}\bar{v}/\mathrm{D}t = 0$. Gleichung (15.2) wird damit zu

$$\boxed{\ f\,\bar{u} + \frac{\mathrm{d}\overline{\Phi}}{\mathrm{d}y} = 0\ } \tag{15.6}$$

Die partielle y-Ableitung ist hier gleich der totalen Ableitung.

Die Lösung (15.6) drückt das *geostrophische Gleichgewicht* aus zwischen dem zonalen Grundstrom $\bar{u}$ und der meridionalen Neigung des Geopotenzials $\overline{\Phi}(y)$ der Meeresoberfläche. Diese typische Neigung schätzen wir folgendermaßen ab (siehe Abb. 15.1):

$$-\frac{\Delta\overline{\Phi}}{\Delta y} \approx \frac{500\ \mathrm{gpm}}{2500\ \mathrm{km}} \approx \frac{5000\ \mathrm{m^2/s^2}}{2.5 \cdot 10^6\ \mathrm{m}} = 2 \cdot 10^{-3}\ \mathrm{m/s^2} \tag{15.7}$$

Daraus ergibt sich mit $f = 10^{-4}$ s^{-1} für den Zonalwind

$$\overline{u} \approx -\frac{1}{f_o} \frac{\Delta\overline{\Phi}}{\Delta y} = \frac{2 \cdot 10^{-3} \text{ m/s}^2}{10^{-4} \text{ s}^{-1}} = 20 \text{ m/s} \qquad (15.8)$$

Das entspricht etwa der Geschwindigkeit des Strahlstroms mittlerer Breiten (und ist für mittlere Verhältnisse schon eher eine Überschätzung). Unsere vollständige Lösung der FWM-Gleichungen im Grundzustand lautet also

$$u(t,x,y) = \overline{u} \qquad v(t,x,y) = 0 \qquad \Phi(t,x,y) = \Phi_0 + \frac{d\overline{\Phi}(y)}{dy}(y - y_0) = \overline{\Phi}(y) \quad (15.9)$$

Man überzeuge sich davon, dass diese Funktionen nicht nur die zweite Gleichung des FWM erfüllen, wie soeben demonstriert, sondern alle drei Gleichungen (15.1) bis (15.3). Mit anderen Worten: Der Strömungszustand des Fluids im Grundzustand ist eine exakte (wenn auch ziemlich einfache) Lösung der FWM-Gleichungen.

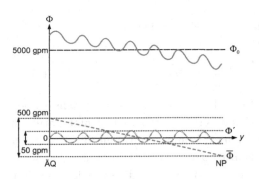

Abb. 15.1 Komponenten des Geopotenzials (durchgezogene abfallende Welle) als Funktion der y-Koordinate zwischen Äquator (ÄQ) und Nordpol (NP). Φ setzt sich zusammen aus einem konstanten Anteil (Φ_0, lang gestrichelte horizontale Gerade), einem linearen Abfall in Richtung der Pole ($\overline{\Phi}$, kurz gestrichelte Gerade) und einer zeit- und ortsabhängigen Störung Φ' (strichpunktierte Welle). Die Größenordnungen der Komponenten sind nur angedeutet, also nicht maßstabsgetreu.

15.2 Die Störungsgleichungen

Auf dieser Lösung bauen wir nun auf. Dem Grundzustand werden kleine Störungen überlagert (durch Strichgrößen definiert):

$$u(t,x,y) = \overline{u} + u'(t,x,y) \quad v(t,x,y) = v'(t,x,y) \quad \Phi(x,y,t) = \overline{\Phi}(y) + \Phi'(t,x,y)$$
$$(15.10)$$

Der Sachverhalt beim Geopotenzial ist in Abb. 15.1 veranschaulicht. Die Linearisierung besteht in der Annahme, dass die Störgrößen, verglichen mit den Grundzuständen, klein sind

$$|u'| \ll |\overline{u}| \qquad |v'| \ll |\overline{u}| \qquad |\Phi'| \ll \overline{\Phi} \qquad (15.11)$$

Typische Werte der Geopotenzialkomponenten sind

$$\Phi_o \approx 5000 \text{ gpm} \qquad \frac{d\overline{\Phi}(y)}{dy}(y - y_o) \approx 500 \text{ gpm} \qquad \Phi' \approx 50 \text{ gpm} \qquad (15.12)$$

Mit dem Störungsansatz lautet die zonale Gleichung (15.1):

$$\frac{\partial \overline{u}}{\partial t} + \frac{\partial u'}{\partial t} + \overline{u}\frac{\partial \overline{u}}{\partial x} + \overline{u}\frac{\partial u'}{\partial x} + u'\frac{\partial \overline{u}}{\partial x} + u'\frac{\partial u'}{\partial x} + v'\frac{\partial \overline{u}}{\partial y} + v'\frac{\partial u'}{\partial y} - f\,v' + \frac{\partial \Phi'}{\partial x} = 0 \quad (15.13)$$

Daraus wird unter Berücksichtigung der Abhängigkeit $\overline{u} = \overline{u}(y)$ des Grundzustands:

$$\frac{\partial u'}{\partial t} + \overline{u}\frac{\partial u'}{\partial x} + \underbrace{u'\frac{\partial u'}{\partial x} + v'\frac{\partial u'}{\partial y}}_{\text{klein}} - \left(f - \frac{\mathrm{d}\overline{u}}{\mathrm{d}y}\right)v' + \frac{\partial \Phi'}{\partial x} = 0 \qquad (15.14)$$

Betrachten wir zunächst den Term $\mathrm{d}\overline{u}/\mathrm{d}y$. Man fragt sich, warum er überhaupt auftritt – war nicht der zonale Grundstrom konstant angesetzt? Aber in (15.6) konstant angesetzt war der Gradient von $\overline{\Phi}(y)$; dadurch ist $\overline{u}$ wegen der Breitenabhängigkeit von f nicht exakt konstant.

Man kann aber leicht zeigen, dass $\mathrm{d}\overline{u}/\mathrm{d}y$ für typische meridionale Gradienten von $\overline{u}$ im Prozentbereich von f liegt und am Ende doch vernachlässigbar ist. Damit bleibt f in (15.14) allein stehen.

Nun zur eigentlichen Linearisierungsannahme. Die unterklammerten nichtlinearen Terme sind klein gegen die linearen Terme:

$$u'\frac{\partial u'}{\partial x} \ll \overline{u}\frac{\partial u'}{\partial x} \qquad v'\frac{\partial u'}{\partial y} \ll \overline{u}\frac{\partial u'}{\partial x} \qquad (15.15)$$

Das ist nicht einfach eine Annahme, denn (15.15) kann beliebig genau gemacht werden, indem man den Störungsvektor $\boldsymbol{V}'$ hinreichend verkleinert. Das bedeutet natürlich, dass man immer einen Partner in den Gleichungen braucht, mit dem die zu vernachlässigenden Terme verglichen werden, der selbst aber die Linearisierung unbeschadet übersteht. Anders gesagt: Auch nach der Vernachlässigung sind die weggelassenen Terme natürlich nicht null.

Damit vereinfacht sich (15.14) nunmehr zu

$$\boxed{\frac{\overline{\mathrm{D}}u'}{\mathrm{D}t} - f\,v' + \frac{\partial \Phi'}{\partial x} = 0} \qquad (15.16)$$

wobei wir den mittleren Operator $\overline{\mathrm{D}}/\mathrm{D}t$ für die totale 2D-Zeitableitung eingeführt haben:

$$\frac{\overline{\mathrm{D}}}{\mathrm{D}t} = \frac{\partial}{\partial t} + \overline{u}\frac{\partial}{\partial x} \qquad (15.17)$$

Hier ist $\overline{\mathrm{D}}/\mathrm{D}t$ durch die Wechselwirkungsfreiheit des Grundstroms mit den Störungen sowie durch die Linearisierung ausnahmsweise ein linearer Operator. Gleichung (15.16) ist jetzt linear in den Störtermen: Linearkombinationen zweier beliebiger Lösungen u'_1, v'_1, Φ'_1 und u'_2, v'_2, Φ'_2 sind ebenfalls eine Lösung, d. h. das Superpositionsprinzip gilt.

Als Nächstes wird die meridionale Bewegungsgleichung (15.2) ebenso linearisiert:

$$\boxed{\frac{\overline{\mathrm{D}}v'}{\mathrm{D}t} + f\,u' + \underbrace{f\,\overline{u} + \frac{\mathrm{d}\overline{\Phi}}{\mathrm{d}y}}_{=\,0} + \frac{\partial \Phi'}{\partial y} = 0} \qquad (15.18)$$

Die beiden unterklammerten Terme repräsentieren gemäß Gleichung (15.6) den Grundzustand; sie heben sich gegenseitig auf.

Die Massenerhaltungsgleichung (15.3) wird also zu

$$\frac{\partial \Phi'}{\partial t} + (\overline{u} + u')\,\frac{\partial \Phi'}{\partial x} + v'\,\frac{\partial \overline{\Phi}}{\partial y} + v'\,\frac{\partial \Phi'}{\partial y} + (\overline{\Phi} + \Phi')\,\nabla \cdot (\overline{V} + V') = 0 \qquad (15.19)$$

Aber $\overline{V}$ wirkt sich nicht aus, denn dieser Vektor ist divergenzfrei. Nachdem alle Produkte mit zwei Störgrößen gegenüber den entsprechenden linearen Termen vernachlässigt worden sind, vereinfacht sich Gleichung (15.19) zu

$$\boxed{\frac{\overline{D}\Phi'}{Dt} + v'\,\frac{d\overline{\Phi}}{dy} + \overline{\Phi}\,\nabla \cdot V' = 0} \qquad (15.20)$$

Dabei haben wir erneut den Operator $\overline{D}/Dt$ verwendet.

Wir wollen nun zwei Spezialfälle unterscheiden: Den divergenzfreien und den allgemeinen divergenten Fall. Dazu führen wir den Marker „$\triangle$" ein, der im divergenzfreien Fall gleich null ist (die Wasseroberfläche wirft keine Wellen) und andernfalls gleich eins, also einfach weggelassen wird (Wellenbildung an der Oberfläche). Somit wird Gleichung (15.20) zu

$$\triangle\left(\frac{\overline{D}\Phi'}{Dt} + \frac{d\overline{\Phi}}{dy}\,v'\right) + \overline{\Phi}\,\nabla \cdot V' = 0 \qquad (15.21)$$

Damit lauten die linearisierten FWM-Gleichungen (15.16), (15.18) und (15.21) in kombinierter Matrix- und Operatorschreibweise:

$$\begin{pmatrix} \overline{D}/Dt & -f & \partial/\partial x \\ f & \overline{D}/Dt & \partial/\partial y \\ \overline{\Phi}\,\partial/\partial x & \overline{\Phi}\,\partial/\partial y + \triangle\,d\overline{\Phi}/dy & \triangle\,\overline{D}/Dt \end{pmatrix} \begin{pmatrix} u' \\ v' \\ \Phi' \end{pmatrix} = 0 \qquad (15.22)$$

Man nennt diesen linearisierten Gleichungssatz auch *Störungsgleichungen*. Die unbekannten, zu ermittelnden Größen sind die Störfunktionen $u'(t,x,y)$, $v'(t,x,y)$ und $\Phi'(t,x,y)$. Der *Grundzustand im FWM* ist durch

$$\boxed{\overline{\Phi} = c_o^2 \qquad \text{und} \qquad \frac{d\overline{\Phi}}{dy} = -f\,\overline{u}} \qquad (15.23)$$

festgelegt. Oben in Formel (13.59) hatten wir für die Phasengeschwindigkeit der externen Schwerewellen $c = \sqrt{g\,H}$ gefunden. Dies ist eine wichtige Referenzgeschwindigkeit, die wir im Folgenden als c_0 bezeichnen wollen. c_0 repräsentiert den mittleren Grundzustand, d. h. die mittlere Tiefe des barotropen Modellfluids.

Der Marker $\triangle$ in Gleichung (15.22) hat den Wert 1 oder 0, je nachdem, ob man die Divergenz $\nabla \cdot V' = \partial u'/\partial x + \partial v'/\partial y$ als aktiv oder als verschwindend annimmt. Schwerewellen funktionieren nur mit Divergenz, Rossby-Wellen auch ohne Divergenz.

15.3   Der orographische Effekt des Grundstroms

Ein Schönheitsfehler der linearisierten Gleichungen besteht darin, dass man einen zonalen Grundstrom vorgeben und gleichzeitig Divergenzfreiheit von V' annehmen kann. Das ist aber eigentlich inkonsistent, denn wenn sich das barotrope Fluid bei nicht verschwindendem Gefälle von $\overline{\Phi}$ in meridionaler Richtung bewegt, so muss wegen der Änderung der Wassertiefe eine horizontale Divergenz auftreten. Wie bringen wir diesen Schönheitsfehler weg?

Wir haben oben bei der potenziellen Vorticity gesagt, dass Beta-Effekt (durch den räumlich vorgegebenen Gradienten von f) und orographischer Effekt (durch den Gradienten von $\overline{\Phi}$) dynamisch an sich gleichberechtigt sind. Dennoch wirkt sich ein $\overline{\Phi}$-Feld, das für die geostrophische Balance des Grundstroms $\overline{u}$ notwendig ist, viel weniger auf den Vorticity-Haushalt in der Atmosphäre aus als das durch die Erdrotation vorgegebene $f(y)$-Feld.

Um das zu erkennen, spezialisieren wir (14.43) für eine *rigid-lid*-Konfiguration mit meridionalem Gradienten von $\overline{\Phi}$ (jedoch ohne Φ-Störungen):

$$\frac{D\eta}{Dt} - \frac{\eta}{\overline{\Phi}} \frac{D\overline{\Phi}}{Dt} = \frac{D\zeta}{Dt} + \beta\, v - \frac{\eta}{\overline{\Phi}} \frac{d\overline{\Phi}}{dy}\, v = 0 \qquad (15.24)$$

Die Faktoren von v im zweiten und im dritten Summanden rechts repräsentieren die beiden Effekte. Der Beta-Effekt ist gleich β selbst:

$$\beta \approx 2 \cdot 10^{-11} \ \text{m}^{-1}\, \text{s}^{-1} \qquad (15.25)$$

Aber für den orographischen Effekt mit $\eta = 10^{-4}\ \text{s}^{-1}$ sowie $\overline{\Phi}$ mit $\Phi_0 = 5000$ gpm wie in Abb. 15.1 und in Gleichung (15.7) ergibt sich

$$\frac{\eta}{\overline{\Phi}} \frac{d\overline{\Phi}}{dy} \approx \frac{10^{-4} \cdot (500\ \text{gpm})}{(1\ \text{s}) \cdot (5000\ \text{gpm}) \cdot (2500\ \text{km})} = 4 \cdot 10^{-12}\ \text{m}^{-1}\, \text{s}^{-1} \qquad (15.26)$$

Der orographische Effekt beträgt also nur etwa ein Fünftel von β. Wenn man noch bedenkt, dass der hier gewählte Gradient $d\overline{\Phi}/dy \approx (500/2500)$ gpm/km eher an der Obergrenze des mittleren Grundstroms einer barotropen Atmosphäre liegt, so wird klar: Der orographische Effekt ist wesentlich kleiner als der reine Beta-Effekt. Wir vernachlässigen ihn im Folgenden.

In der theoretischen Ozeanographie mit der teilweise sehr starken Orographie des Meeresbodens sieht die obige Abschätzung etwas anders aus und ändert sich zugunsten des orographischen Effekts.

15.4   Klassifikation der linearisierten Gleichungen

Wir betrachten nun einige wichtige Spezialfälle von Gleichung (15.22). Die Funktionen u', v' und Φ' sollen zunächst zeitlich periodisch sein; das entspricht der Vorstellung, dass sich die Störungen nach Ablauf einer gewissen Zeit wiederholen (im Tages- oder Jahresrhythmus). Sie sollen auch in x-Richtung periodisch sein; dadurch kommt zum Ausdruck, dass nach Durchlaufen des Breitenkreisumfangs in West-Ost-Richtung die Funktion ihren alten Wert annehmen muss. Die genaue Länge der zeitlichen (t-) und der räumlichen (x-)Periode wird im Folgenden nicht weiter spezifiziert, weil dies für den Mechanismus der Wellen unwichtig ist.

Diese Periodizitätsannahme ist für alle im Folgenden betrachteten Wellen gleich. Der Unterschied in den Wellen liegt in der unterschiedlichen Behandlung der Meridionalkoordinate y. Ferner unterscheiden sich die Wellen durch den Wert des Markers $\triangle$ und durch verschiedene Näherungen der Coriolis-Beschleunigung. Das lässt sich wie folgt klassifizieren:

- Festlegung der räumlichen Randbedingungen
  - *Freie Wellen*: Keine Randbedingung in N-S-Richtung; alle Gradienten in y-Richtung null setzen. Das ist die simpelste Implementierung der Anisotropie der Geofluide auf der Erdkugel.
  - *Kanalmodell*: $v = 0$ am Nord- und am Südrand. Dies trägt der Anisotropie etwas besser Rechnung: In E-W-Richtung gibt es Periodizität, in N-S-Richtung dagegen eine natürliche Grenze nach Süden zu den Tropen hin (wegen $f = 0$ am Äquator) und nach Norden (ausgedrückt in der Meridiankonvergenz) zum Pol hin.

- Festlegung der Divergenz
  - Divergenzfrei, $\triangle = 0$ (d. h. die Vorhersagegleichung für Φ' entfällt).
  - Divergent, $\triangle = 1$.

- Festlegung der Parameter der Erdrotation
  - $f = 0$. Hier gibt es entweder gar keine Wellenlösungen (für $\triangle = 0$) oder nur Schwerewellen (für $\triangle = 1$).
  - $f = f_0$ mit konstantem f_0. Hier gibt es Trägheitsschwingungen (für $\triangle = 0$) und Trägheitsschwerewellen (für $\triangle = 1$).
  - $f = f_0 + \beta(y - y_0)$. Der β-Parameter ermöglicht Rossby-Wellen, auch bei $\triangle = 0$. Für $\triangle = 1$, d. h. im allgemeinen Fall, gibt es gemischte Wellen.

Diese drei Parametergruppen kann man nicht beliebig zusammensetzen. Wir betrachten einige sinnvolle Kombinationen (ohne Anspruch auf Vollständigkeit).

15.4.1 Freie Wellen (ohne Randbedingungen)

Die Störungen u', v' und Φ' werden als Wellen in zonaler Richtung angesetzt. Sie haben keine meridionale Abhängigkeit (d. h. die Amplituden u°, v° und Φ° der Wellen sind komplexe Konstanten):

$$\frac{\partial}{\partial y} \begin{pmatrix} u' \\ v' \\ \Phi' \end{pmatrix} = 0 \quad \Longrightarrow \quad \begin{pmatrix} u' \\ v' \\ \Phi' \end{pmatrix} = \begin{pmatrix} u^\circ \\ v^\circ \\ \Phi^\circ \end{pmatrix} e^{i\,(\kappa\,x + \omega\,t)} \tag{15.27}$$

Daraus ergeben sich die folgenden Schwingungen und Wellen:

	$\Delta = 0$	$\Delta = 1$
$f = 0$	–	Schwerewellen (1D)
$f = f_\circ$	Trägheitsschwingungen (0D)	Poincaré-Wellen (1D)
$f = f_\circ + \beta\,y$	Rossby-Wellen (1D)	*

Tab. 15.1 *Freie Wellen* (d. h. Wellen mit konstanten Amplituden und ohne Rand im Norden und Süden), geordnet nach Divergenz und Coriolis-Parameter. *: Diese Wellen gibt es ebenfalls (hier nicht diskutiert).

Warum setzt man eigentlich Wellen nur in x-Richtung an und nicht auch in y-Richtung? Wie schon bemerkt, ist dies die simpelste Berücksichtigung der Anisotropie der Geofluide. In x-Richtung können sich die Geofluide frei bewegen und ständig ungestört um die Erde herum laufen. In y-Richtung geht das nicht: Da stoßen sie gewissermaßen im Süden auf den Äquator (das Modell der f-Ebene bricht zusammen) und im Norden auf den Pol (da kann die Luft nicht weiter). Es ist also am einfachsten, in y-Richtung von vornherein keine Wellen zuzulassen. Diese Annahme ist angemessen für großräumige Prozesse wie insbesondere die Rossby-Wellen. Bei kleinskaligen Vorgängen (z. B. kurze Schwerewellen) liegt diese Anisotropie nicht vor, wofür keine Sonderbehandlung der y-Richtung notwendig ist.

15.4.2   Wellen mit Randbedingungen in y-Richtung

Das Kanalmodell berücksichtigt die Anisotropie der Geofluide durch die y-Abhängigkeit der Wellenamplituden – also jetzt $u^\circ(y)$, $v^\circ(y)$ und $\Phi^\circ(y)$ – und durch die ihnen am Nord- und am Südrand auferlegten Randbedingungen. Das ist realistischer als die Annahme freier Wellen und ergibt durchweg zweidimensionale Wellen. Diese Annahmen werden im Ansatz (15.27) implementiert. Tabelle 15.2 zeigt die hier behandelten Kombinationen.

	$\Delta = 0$	$\Delta = 1$
$f = 0$	–	*
$f = f_\circ$	*	Kelvin-Wellen (2D)
$f = f_\circ + \beta y$	Rossby-Wellen (2D)	*

Tab. 15.2 *Wellen im Kanal* (d. h. Wellen mit y-abhängigen Amplituden und mit undurchdringlichem Rand im Norden und Süden), geordnet nach Divergenz und Coriolis-Parameter. *: Diese Wellen gibt es ebenfalls (hier nicht diskutiert).

15.5 Freie Wellen, divergenzfrei

Nach der eben vereinbarten Terminologie ist der Gradient der Störungen in y-Richtung gleich null, die Wellenamplituden sind konstant, und es gibt keine N-S-Randbedingungen. Außerdem haben wir $\Delta = 0$; also entfällt die Gleichung für Φ', was bei Bedarf durch $\Phi' \equiv 0$ berücksichtigt wird. Die weitere Untergliederung geschieht mit dem Coriolis-Parameter: Bei $f = 0$ (die Erde ruht) gibt es nur die Null-Lösung, bei $f \equiv f_\circ$ (in der f-Ebene) gibt es Trägheitsschwingungen, und bei $f = f_\circ + \beta y$ (in der β-Ebene) liegt der einfachste Fall von Rossby-Wellen vor.

15.5.1 Trägheitsschwingungen

Ein Grundstrom ist für die Dynamik der Trägheitsschwingungen nicht erforderlich, also ist $\overline{u} = 0$. Die horizontalen Bewegungsgleichungen (15.16) und (15.18) vereinfachen sich damit zu

$$\frac{\partial u'}{\partial t} - f_\circ v' = 0 \qquad \text{bzw.} \qquad \frac{\partial v'}{\partial t} + f_\circ u' = 0 \tag{15.28}$$

Wenn man die erste Gleichung partiell nach der Zeit t ableitet und mithilfe der zweiten Gleichung v' eliminiert, so erhält man eine Gleichung für u'. Durch analoges Vorgehen gewinnt man die entsprechende Differenzialgleichung für v':

$$\frac{\partial^2 u'}{\partial t^2} + f_\circ^2 u' = 0 \qquad \text{bzw.} \qquad \frac{\partial^2 v'}{\partial t^2} + f_\circ^2 v' = 0 \tag{15.29}$$

Als Lösungsansatz verwenden wir eine harmonische Schwingung der Form

$$\begin{pmatrix} u' \\ v' \end{pmatrix} = \begin{pmatrix} u^\circ \\ v^\circ \end{pmatrix} e^{i \omega t} \tag{15.30}$$

Hier ist also noch nicht einmal die x-Abhängigkeit nötig (sie würde auch nichts bewirken, denn wenn man sie ansetzt, fällt sie automatisch wieder heraus). Durch Einsetzen in die Gleichungen (15.29) erhalten wir

$$(i\,\omega)^2 + f_o^2 = 0 \qquad \text{und damit} \qquad \omega = \pm f_o \qquad (15.31)$$

Das Fluid umläuft dabei mit der Frequenz f_o einen Trägheitskreis mit dem Radius $R = [(u^o)^2 + (v^o)^2]^{1/2}/f_o$ und der Schwingungsdauer $T = 2\pi/f_o$.

Der Trägheitskreis ist ein periodisches Phänomen. Wegen der Entartung der x-Abhängigkeit ist er aber keine fortschreitende Welle, sondern eine Schwingung. Ein überlagerter Grundstrom führt zu einer Zykloide als Trajektorie.

15.5.2   1D-Rossby-Wellen

Wir bilden die Vorticity-Gleichung für ζ', indem wir die erste horizontale Bewegungsgleichung von (15.22) nach y und die zweite nach x ableiten:

$$\frac{\partial}{\partial y}\left(\frac{\overline{D}u'}{Dt} - f\,v' + \frac{\partial\Phi'}{\partial x}\right) = 0 \qquad \text{bzw.} \qquad \frac{\partial}{\partial x}\left(\frac{\overline{D}v'}{Dt} + f\,u' + \frac{\partial\Phi'}{\partial y}\right) = 0 \qquad (15.32)$$

Die Differenz beider Gleichungen ergibt mit $\partial u'/\partial y = 0$, also $\zeta' = \partial v'/\partial x$, sowie unter Beachtung der Divergenzfreiheit mit dem Operator $\overline{D}/Dt$:

$$\boxed{\frac{\overline{D}\zeta'}{Dt} + \beta\,v' = 0} \qquad \text{oder auch} \qquad \frac{\partial}{\partial t}\frac{\partial v'}{\partial x} + \overline{u}\,\frac{\partial^2 v'}{\partial x^2} + \beta\,v' = 0 \qquad (15.33)$$

Das ist eine partielle Differenzialgleichung für $v'(t,x)$, die aber nur von der räumlichen Richtung x abhängt. Die harmonische Schwingung ist auf die Meridionalkomponente v' beschränkt; es gibt keine Schwingung in der Zonalkomponente u'. Ohne dass wir explizit $u' = 0$ gefordert hätten, verschwindet u' dennoch überall. Übrigens: Das gleiche Ergebnis würde man durch Linearisierung der absoluten Vorticity-Gleichung (14.41) erhalten.

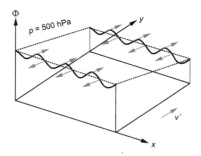

Abb. 15.2 Schema einer eindimensionalen Rossby-Welle. Pfeile in Nord-Süd-Richtung: meridionale Geschwindigkeitsstörung v'. Die Wasseroberfläche darf man sich für die Anwendung in der Atmosphäre als die 500-hPa-Fläche vorstellen. Bei den Wellenbergen und den Wellentälern der Wasseroberfläche ist $v' = 0$. Die Welle der Geschwindigkeitsstörungen v' wandert relativ zum Grundstrom $\overline{u}$ nach Westen.

Wir verwenden für die Störung v' wieder einen Wellenansatz der Form (15.27). Dies setzen wir zusammen mit den partiellen Ableitungen nach t und x ein:

$$\frac{\partial v'}{\partial x} = i\,\kappa\,v°\,\mathrm{e}^{i\,(\kappa\,x+\omega\,t)} = i\,\kappa\,v' \qquad \frac{\partial v'}{\partial t} = i\,\omega\,v°\,\mathrm{e}^{i\,(\kappa\,x+\omega\,t)} = i\,\omega\,v' \qquad (15.34)$$

$$\frac{\partial^2 v'}{\partial x^2} = i\,\kappa\,\frac{\partial v'}{\partial x} = -\kappa^2\,v' \qquad \frac{\partial^2 v'}{\partial t\,\partial x} = i\,\kappa\,\frac{\partial v'}{\partial t} = -\kappa\,\omega\,v' \qquad (15.35)$$

in (15.33) ein, so ergibt sich nach Kürzen von v'

$$-\kappa\,\omega - \overline{u}\,\kappa^2 + \beta = 0 \qquad (15.36)$$

sowie daraus die Phasengeschwindigkeit

$$\boxed{c = -\frac{\omega}{\kappa} = \overline{u} - \frac{\beta}{\kappa^2}} \qquad (15.37)$$

Zur Abkürzung der Schreibweise definieren wir die *relative Phasengeschwindigkeit* c_r und die *relative Frequenz* ω_r:

$$c_r = c - \overline{u} = -\frac{\beta}{\kappa^2} \qquad \omega_r = \omega + \overline{u}\,\kappa \qquad (15.38)$$

Die Phasengeschwindigkeit ist dem Grundstrom entgegengesetzt, und relativ dazu bewegt sich die Welle zurück, also von Ost nach West. Der gesamte Strömungsvektor $\boldsymbol{V}'$ zeigt also im Allgemeinen von West nach Ost, er wendet sich periodisch abwechselnd nach Norden und nach Süden (Abb. 15.3). Wir schätzen die relative Phasengeschwindigkeit c_r der Rossby-Wellen ab, indem wir für $\kappa = 2\pi/(3000\text{ km})$ einsetzen, woraus eine Geschwindigkeit von etwa 2 bis 3 m/s resultiert. Der Grundstrom dominiert also. Er nimmt die meridionalen Schwankungen von West nach Ost mit, d.h. durch die Wirkung des Grundstroms wandern die Rossby-Wellen scheinbar von West nach Ost.

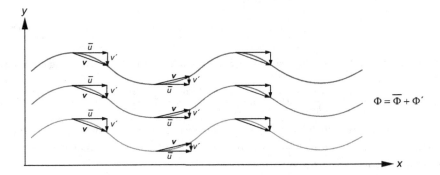

Abb. 15.3 Bewegung einer Rossby-Welle in der x-y-Ebene. Die in x-Richtung periodischen meridionalen Auslenkungen v' pflanzen sich relativ zum Grundstrom $\overline{u}$ von Ost nach West fort.

Bei der Interpretation dieses simpelsten Modells der Rossby-Wellen ist etwas Vorsicht geboten. Die Wellengleichung (15.33) enthält nur die erste, aber nicht die zweite

Ableitung nach t, wie es sich für eine ordentliche Wellengleichung nach Art von (13.30) gehört; man sagt, Gleichung (15.33) ist *degeneriert*. Die dadurch beschriebenen 1D-Wellen sind nur durch die Funktion v' verwirklicht, und u' verschwindet identisch. Das bedeutet, dass v' keinen Partner hat, mit dem es austauschen könnte; die Vorticity-Störung ζ' ist überall nur eine reine Scherungs-Vorticity. Das passt zu der unrealistischen Annahme (Abb. 15.2), dass sich die Störung nach Norden und nach Süden gleichmäßig ohne Grenze fortsetzt.

Die Degeneriertheit hindert unseren Spezialfall jedoch nicht, die wichtige Rossbysche Dispersionsformel (15.37) korrekt zu liefern. Wegen dieses glücklichen Umstands und wegen seiner Einfachheit erfreut sich das Modell (15.33) auch großer Beliebtheit. Die Verallgemeinerung wird weiter unten besprochen.

15.6   Freie Wellen, divergent

Als nächstes lassen wir Divergenz zu (rechte Spalte von Tab. 15.1); sie wird durch $\triangle = 1$ angeschaltet. Auch weiterhin soll der Gradient der Störungen in y-Richtung gleich null sein, d. h. das Fluid wird in meridionaler Richtung als unendlich ausgedehnt angesehen, und es gibt keine N-S-Randbedingungen. Die weitere Untergliederung geschieht wieder mit dem Coriolis-Parameter. Für $f = 0$ gibt es hier die einfachsten Schwerewellen, für $f \equiv f_0$ (in der f-Ebene) Trägheitsschwerewellen. Die Verallgemeinerung für die β-Ebene liefert keine neuen, sondern gemischte Rossby-Schwerewellen; diesen Fall werden wir nicht weiter betrachten.

15.6.1   Schwerewellen (Flachwasserwellen)

Die Parameter für diesen Fall lauten also

$$\triangle = 1 \qquad \frac{\partial}{\partial y} = 0 \qquad f \equiv 0 \tag{15.39}$$

Damit nehmen die erste und die dritte der Störungsgleichungen (15.22) folgende Form an:

$$\frac{\overline{D}u'}{Dt} + \frac{\partial \Phi'}{\partial x} = 0 \qquad \text{bzw.} \qquad \frac{\overline{D}\Phi'}{Dt} + \Phi_0 \frac{\partial u'}{\partial x} = 0 \tag{15.40}$$

Wegen $\partial/\partial y = 0$ wirkt sich im Faktor $\overline{\Phi}$ der Divergenz nur der konstante Mittelwert Φ_0 aus. Um u' zu eliminieren, leiten wir die erste Gleichung von (15.40) partiell nach x und die zweite total nach t ab:

$$\frac{\partial}{\partial x} \frac{\overline{D}u'}{Dt} + \frac{\partial^2 \Phi'}{\partial x^2} = 0 \qquad \text{bzw.} \qquad \frac{\overline{D}^2 \Phi'}{Dt^2} + \Phi_0 \frac{\overline{D}}{Dt} \frac{\partial u'}{\partial x} = 0 \tag{15.41}$$

Dann multiplizieren wir die erste mit Φ_0 und subtrahieren beide voneinander. Der Operator $\overline{D}/Dt$ ist linear, also kann man die totale Ableitung nach t mit der partiellen nach x vertauschen. Das eliminiert eine der Unbekannten und liefert beispielsweise

$$\boxed{\frac{\overline{D}^2 \Phi'}{Dt^2} - \Phi_0 \frac{\partial^2 \Phi'}{\partial x^2} = 0} \tag{15.42}$$

Diese Differenzialgleichung unterscheidet sich strukturell nicht von der Wellengleichung (13.54). Also müssen auch die Lösungen strukturell gleich sein. Für den Operator der Zeitableitung verwenden wir wie vorher den komplexen Wellenansatz (15.27):

$$\frac{\overline{D}}{Dt} = i\,(\omega + \overline{u}\,\kappa) = i\,\omega_r \tag{15.43}$$

Gleichung (15.42) liefert damit

$$-\,\omega_r^2 + \Phi_0\,\kappa^2 = 0 \tag{15.44}$$

Für die Phasengeschwindigkeiten folgt

$$c_r^2 = \left(-\frac{\omega_r}{\kappa}\right)^2 = \Phi_0 \qquad c = \overline{u} \pm \sqrt{\Phi_0} \tag{15.45}$$

Dieses Ergebnis stimmt mit (13.59) überein.

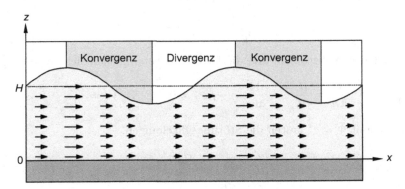

Abb. 15.4 Schema einer nach rechts wandernden Schwerewelle mit überlagertem konstantem Grundstrom (ebenfalls nach rechts). Zonen von Konvergenz und Divergenz wechseln miteinander ab. Wo die Geschwindigkeit konvergiert, steigt der Wasserspiegel, und wo sie divergiert, sinkt er. Die Darstellung ist nicht maßstabsgetreu: Die Wellenamplitude ist stark überhöht und die Wellenlänge stark verkleinert; ferner ist der Abstand zweier Wellenberge in der Realität etwa 100-mal größer als H).

Die Phasengeschwindigkeit hängt nicht von der Wellenzahl κ ab, d. h. Schwerewellen sind dispersionsfreie Wellen. Als typischen Wert für die Schwerewelle erhält man mit einer mittleren Höhe bzw. Tiefe des Mediums von $\Phi_0 \approx 4000$ gpm:

$$c_r = \sqrt{g\,H} \approx \sqrt{(10 \text{ m/s}^2)\,(4000 \text{ m})} = 200 \text{ m/s} \tag{15.46}$$

Eine Schwerewelle ist also, anders als eine Rossby-Welle, im Allgemeinen um ein Vielfaches schneller als der Grundstrom, d. h. der Grundstrom ist für die Dynamik der Schwerewelle fast bedeutungslos. Er verändert lediglich die wahrgenommene Frequenz der Welle und repräsentiert den *Doppler-Effekt*.

Wie erhält man die Pfeile in Abb. 15.4? Dazu setzt man den Wellenansatz (15.27) in eine der Gleichungen (15.40) ein und verschafft sich damit die Beziehung der beiden Amplituden (die ja komplex sind):

$$u^\circ = \frac{1}{c_r} \, \Phi^\circ \qquad (15.47)$$

Bei positivem c_r, wie in Abb. 15.4 angenommen, haben also u° und Φ° die gleiche Phase (bei negativem c_r sind sie um 180° phasenverschoben). Das bedeutet, u' hat sein Maximum am Ort des Wellenbergs von Φ' und sein Minimum am Ort des Wellentals. Dazu kommt der überall gleiche Grundstrom, der hier den gleichen Wert wie u° hat; dadurch ist in der Abbildung u' am Wellenberg maximal und am Wellental gleich null.

15.6.2   Poincaré-Wellen

Als Nächstes untersuchen wir die auch als *Poincaré-Wellen* bezeichneten Trägheits-Schwerewellen. Dazu lassen wir den Grundstrom weg, gestatten jedoch konstante Erdrotation. Die Parameter für diesen Fall lauten

$$\triangle = 1 \qquad \frac{\partial}{\partial y} = 0 \qquad \overline{u} = 0 \qquad f = f_\circ \qquad (15.48)$$

Die verschiedenen Ableitungen und die Divergenz vereinfachen sich zu

$$\frac{\overline{D}}{Dt} = \frac{\partial}{\partial t} \qquad \frac{d\overline{\Phi}}{dy} = -f_\circ \, \overline{u} = 0 \qquad \nabla \cdot \boldsymbol{V}' = \frac{\partial u'}{\partial x} \qquad (15.49)$$

Dadurch und mit $\overline{\Phi} = c_\circ^2$ lauten die Störungsgleichungen

$$\frac{\partial u'}{\partial t} - f_\circ \, v' + \frac{\partial \Phi'}{\partial x} = 0 \qquad (15.50)$$

$$\frac{\partial v'}{\partial t} + f_\circ \, u' = 0 \qquad (15.51)$$

$$\frac{\partial \Phi'}{\partial t} + c_\circ^2 \, \frac{\partial u'}{\partial x} = 0 \qquad (15.52)$$

Wir eliminieren v', indem wir (15.50) partiell nach t ableiten und für das so entstandene $\partial v'/\partial t$ die Gleichung (15.51) einsetzen:

$$\frac{\partial^2 u'}{\partial t^2} - f_\circ \, (-f_\circ \, u') + \frac{\partial}{\partial t} \, \frac{\partial \Phi'}{\partial x} = 0 \qquad (15.53)$$

Für $\partial \Phi'/\partial x$ wird die nach x differenzierte Gleichung (15.52) eingesetzt:

$$\frac{\partial^2 u'}{\partial t^2} + f_\circ^2 \, u' - c_\circ^2 \, \frac{\partial^2 u'}{\partial x^2} = 0 \qquad (15.54)$$

Der letzte Term repräsentiert die Divergenz; ohne ihn kommt man zu den reinen Trägheitsschwingungen zurück. Setzt man hingegen $f_o = 0$, so ergeben sich die reinen Schwerewellen. Bleiben beide Terme erhalten, so nennt man diese gemischten Trägheits-Schwerewellen *(inertio gravity waves)* auch *Poincaré-Wellen.* Mit dem Wellenansatz (15.27) für u' folgt aus der Wellengleichung (15.54):

$$-\omega^2 + f_o^2 + c_o^2\,\kappa^2 = 0 \qquad \text{bzw.} \qquad c^2 = c_o^2 + \frac{f_o^2}{\kappa^2} \tag{15.55}$$

Die Phasengeschwindigkeit der Trägheits-Schwerewellen setzt sich also zusammen aus einem Beitrag der Schwerewellen und der Erdrotation.

Ein äquivalentes Eliminationsverfahren ist das Einbringen des harmonischen Ansatzes (15.27) in die Gleichungen (15.50) bis (15.52):

$$i\,\omega\,u' - f_o\,v' + i\,\kappa\,\Phi' = 0 \tag{15.56}$$

$$i\,\omega\,v' + f_o\,u' = 0 \tag{15.57}$$

$$i\,\omega\,\Phi' + i\,\kappa\,c_o^2\,u' = 0 \tag{15.58}$$

Die vollständigen Störfunktionen kann man durch ihre Amplituden ersetzen, weil der Exponentialfaktor in den Gleichungen heraus fällt. Das liefert

$$\begin{pmatrix} i\,\omega & -f_o & i\,\kappa \\ f_o & i\,\omega & 0 \\ i\,\kappa\,c_o^2 & 0 & i\,\omega \end{pmatrix} \begin{pmatrix} u^o \\ v^o \\ \Phi^o \end{pmatrix} = 0 \tag{15.59}$$

Man bezeichnet das als *Algebraisierung der Differenzialgleichungen.* Die Amplituden sind im Allgemeinen komplex, wodurch sich eine Phasenverschiebung zwischen den Störfunktionen ergibt. Beispielsweise sind u' und v' um 90° phasenverschoben. Damit nicht die triviale Lösung der Form $u^o = v^o = \Phi^o = 0$ die einzige Lösung ist, muss die Determinante dieser Matrix verschwinden. Entwickelt man die Determinante nach der zweiten Zeile, so gelangt man zu

$$-f_o \begin{vmatrix} -f_o & i\,\kappa \\ 0 & i\,\omega \end{vmatrix} + i\,\omega \begin{vmatrix} i\,\omega & i\,\kappa \\ c_o^2\,i\,\kappa & i\,\omega \end{vmatrix} = 0 \tag{15.60}$$

Die weitere Auswertung ergibt

$$i\,\omega\,f_o^2 + i\,\omega\,(-\omega^2 + \kappa^2\,c_o^2) = 0 \qquad \text{bzw.} \qquad \boxed{c^2 = c_o^2 + \frac{f_o^2}{\kappa^2}} \tag{15.61}$$

Das ist identisch mit dem Ergebnis (15.55). Mit nicht verschwindendem Grundstrom tritt an die Stelle von c die relative Phasengeschwindigkeit $c_r = -\omega_r/\kappa$.

Das Ergebnis (15.61) lässt sich auch so schreiben:

$$\boxed{c = c_o \sqrt{1 + \frac{1}{\kappa^2 R^2}} \qquad \text{mit} \qquad R = \frac{c_o}{f_o}} \tag{15.62}$$

Hier haben wir R eingeführt, den Quotienten aus c_o und f_o. Dieser wichtige dynamische Parameter wird als *Rossbyscher Deformationsradius* bezeichnet. Er hat im barotropen Fall einen typischen Wert von

$$R \approx \frac{200 \text{ m/s}}{10^{-4} \text{ s}^{-1}} = 2000 \text{ km} \tag{15.63}$$

Bei den Poincaré-Wellen sind folgende Punkte von Bedeutung:

- Ihre Phasengeschwindigkeit ist näherungsweise proportional zur Rotationsgeschwindigkeit der Erde. Im rotationsfreien Fall (entspricht sehr großem R) ist die Phasengeschwindigkeit minimal, also $c_{min} = c_o$ und somit mit jener der reinen Schwerewellen identisch.
- Ebenso sind die ganz kurzen Wellen (große Wellenzahl κ) praktisch reine Schwerewellen.
- Je größer die Wellenlänge wird, desto mehr spielt die Erdrotation eine Rolle (zu kurze Wellen „sehen" die Erdrotation nicht).
- Bei echten Poincaré-Wellen sind beide Terme unter dem Wurzelausdruck in (15.62) etwa gleichberechtigt.
- Poincaré-Wellen entstehen in Frontensystemen und in Gewittern; sie transportieren die kinetische Energie aus dem System nach außen fort. Diese Schwerewellen sind lang genug, um die Erdrotation zu „sehen" (und damit von ihr beeinflusst zu werden).
- Von Bedeutung sind diese Wellen auch im Ozean, da R bei geringerer Geschwindigkeit c_o kleinere Werte annimmt (wegen der geringeren Wassertiefe).

15.7   Das Kanalmodell

Auf der Oberfläche der rotierenden Erde können sich Wellen in zonaler Richtung relativ unbehelligt ausbreiten, falls nicht Gebirgszüge oder Küstenlinien dem im Wege stehen. Doch in meridionaler Richtung wird die Ausbreitung auch ohne orographische Barrieren durch die Anisotropie der Erdkugel behindert. Ein einfaches und aussagekräftiges Modell zur Berücksichtigung dieses Umstands stellt das *Kanalmodell* dar. Es geht von einem erdumspannenden, in sich geschlossenen Korridor aus, wie etwa dem Gebiet zwischen zwei Breitenkreisen. Dabei wird die Meridionalkonvergenz vernachlässigt, was ihren rein geometrischen Aspekt angeht; jedoch wird als wichtiger dynamischer Parameter die Breitenabhängigkeit der Vorticity sowie die des Coriolis-Parameters berücksichtigt (Modell der β-*Ebene*).

Die Breitenabhängigkeit der Vorticity steht im Zusammenhang mit dem oben betrachteten Spezialfall der 1D-Rossby-Wellen. Ihre Berücksichtigung durch die jetzt notwendigen Randbedingungen am Nord- und am Südrand des Kanals hat zur Folge, dass in $\zeta' = \partial v'/\partial x - \partial u'/\partial y$ der zweite Summand nicht mehr vernachlässigt werden darf, was die Degeneriertheit des obigen 1D-Modells beseitigt.

Die Geometrie eines solchen Kanals ist in Abb. 15.5 dargestellt. Den Nullpunkt des Koordinatensystems setzen wir in die südwestliche Ecke des Kanals. Die Länge L in zonaler Richtung hat eine Größenordnung von 10 000 bis 30 000 km, die Breite Y in meridionaler Richtung von 1000 bis 4000 km. Als Randbedingungen fordern wir einerseits das Verschwinden der zu den nördlichen und südlichen Rändern senkrechten Geschwindigkeitskomponente:

$$v'(t, x, Y) = 0 \qquad v'(t, x, 0) = 0 \tag{15.64}$$

und andererseits die Gleichheit aller Störungen an beiden meridionalen Rändern:

$$u'(t, 0, y) = u'(t, L, y) \quad v'(t, 0, y) = v'(t, L, y) \quad \Phi'(t, 0, y) = \Phi'(t, L, y) \tag{15.65}$$

Diese *zyklischen Randbedingungen* folgen ganz natürlich aus der Geschlossenheit des Kanals.

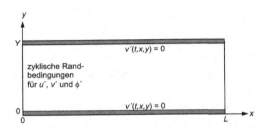

Abb. 15.5 Geometrie des ringförmig geschlossenen Kanalmodells mit Erstreckung von L in x-Richtung und Y in y-Richtung. Die Geschwindigkeit v' ist null am Nord- und am Südrand; zyklische Randbedingungen liegen am Ost- und am Westrand vor.

Die Randbedingungen (15.64) im Norden und im Süden erfordern jetzt, dass die Amplituden der Störungen Funktionen von y sind. Das ergibt

$$\begin{pmatrix} \mathbf{V}' \\ \Phi' \end{pmatrix} = \begin{pmatrix} \mathbf{V}^\circ(y) \\ \Phi^\circ(y) \end{pmatrix} \mathrm{e}^{i(\kappa x + \omega t)} \tag{15.66}$$

Die Abhängigkeit von y steckt also in der Amplitude, während die Abhängigkeit von x und t weiterhin in der Phase bleibt. Während man für x und t einen harmonischen Ansatz verwenden kann, ist dies für y nicht möglich. Diese Aufspaltung der unbekannten Störgrößen in das Produkt von Funktionen, von denen jede nur von einer unabhängigen Variablen abhängt, bezeichnet man als *Separationsansatz*, der in allgemeiner Form folgendermaßen lautet:

$$F(t, x, y) = T(t) \, X(x) \, Y(y) \tag{15.67}$$

Wenn man die Exponentialformel $\mathrm{e}^{a+b} = \mathrm{e}^a \cdot \mathrm{e}^b$ beachtet, so sieht man, dass (15.66) tatsächlich ein Separationsansatz der Form (15.67) ist.

Für die meridionale Änderung von $\mathbf{V}'$ und Φ' ergibt sich aus (15.66):

$$\frac{\partial}{\partial y} \begin{pmatrix} \mathbf{V}' \\ \Phi' \end{pmatrix} = \begin{pmatrix} \mathrm{d}\mathbf{V}^\circ(y)/\mathrm{d}y \\ \mathrm{d}\Phi^\circ(y)/\mathrm{d}y \end{pmatrix} \mathrm{e}^{i(\kappa x + \omega t)} \tag{15.68}$$

Für die Ableitungen nach x und t kann man wie bisher die Operatorschreibweise verwenden. Damit lauten die linearisierten Flachwassergleichungen (15.22) unter Weglassen der Exponentialfaktoren in kombinierter Matrix- und Operatorschreibweise:

$$\begin{pmatrix} i\,\omega_r & -f & i\,\kappa \\ f & i\,\omega_r & \mathrm{d}/\mathrm{d}y \\ i\,\kappa\,c_\mathrm{o}^2 & c_\mathrm{o}^2\,\mathrm{d}/\mathrm{d}y - \triangle f_\mathrm{o}\,\overline{u} & \triangle\,i\,\omega_r \end{pmatrix} \begin{pmatrix} u^\mathrm{o}(y) \\ v^\mathrm{o}(y) \\ \Phi^\mathrm{o}(y) \end{pmatrix} = 0 \qquad (15.69)$$

In Form eines expliziten Gleichungssystems lautet Gleichung (15.69) wie folgt:

$$i\,\omega_r\,u^\mathrm{o}(y) - f\,v^\mathrm{o}(y) + i\,\kappa\,\Phi^\mathrm{o}(y) \;=\; 0 \qquad (15.70)$$

$$f\,u^\mathrm{o}(y) + i\,\omega_r\,v^\mathrm{o}(y) + \frac{\mathrm{d}\Phi^\mathrm{o}(y)}{\mathrm{d}y} \;=\; 0 \qquad (15.71)$$

$$i\,\kappa\,c_\mathrm{o}^2\,u^\mathrm{o}(y) + c_\mathrm{o}^2\,\frac{\mathrm{d}v^\mathrm{o}(y)}{\mathrm{d}y} - \triangle f_\mathrm{o}\,\overline{u}\,v^\mathrm{o}(y) + \triangle\,i\,\omega_r\,\Phi^\mathrm{o}(y) \;=\; 0 \qquad (15.72)$$

Das sind drei gewöhnliche Differenzialgleichungen in y. Die Ableitungen nach x und t sind durch algebraische Ausdrücke ersetzt, die aus der inneren Ableitung der Exponentialfunktion stammen.

Unser Ziel ist es, durch Elimination zweier unbekannter Funktionen aus dem Gleichungssystem (15.70) bis (15.72) eine einzige Differenzialgleichung für nur eine Funktion zu machen. Die unbekannte Funktion sollte $v^\mathrm{o}(y)$ sein, denn dafür sind Randbedingungen im Norden und im Süden des Kanals zu beachten, d. h. wir sollten u^o und Φ^o eliminieren. Ab sofort lassen wir das Argument y bei den Funktionen u^o, v^o und Φ^o weg.

Wir beginnen mit der Elimination von Φ_o. Dazu schreiben wir mit Gleichung (15.70):

$$\Phi^\mathrm{o} = \frac{f\,v^\mathrm{o} - i\,\omega_r\,u^\mathrm{o}}{i\,\kappa} \qquad (15.73)$$

und setzen diesen Ausdruck zunächst in (15.71) ein. Durch die Ableitung nach y wird der Rossby-Parameter β erzeugt:

$$\boxed{\left[(\beta - \omega_r\,\kappa)v^\mathrm{o} - i\,\omega_r\,\frac{\mathrm{d}u^\mathrm{o}}{\mathrm{d}y} \right] + f_\mathrm{o}\left(i\,\kappa\,u^\mathrm{o} + \frac{\mathrm{d}v^\mathrm{o}}{\mathrm{d}y} \right) = 0} \qquad (15.74)$$

Nachdem die Ableitung von f nach y erfolgt ist, wird $f = f_\mathrm{o}$ gesetzt. Als Nächstes setzen wir (15.73) in (15.72) ein, was eine rein algebraische Elimination ist:

$$\boxed{c_\mathrm{o}^2\left(i\,\kappa\,u^\mathrm{o} + \frac{\mathrm{d}v^\mathrm{o}}{\mathrm{d}y} \right) + \triangle\left[\frac{\omega_r}{\kappa}\left(f_\mathrm{o}\,v^\mathrm{o} - i\,\omega_r\,u^\mathrm{o} \right) - f_\mathrm{o}\,\overline{u}\,v^\mathrm{o} \right] = 0} \qquad (15.75)$$

Die Parameter c_o, κ, f_o, ω_r und $\overline{u}$ sind räumlich und zeitlich konstant.

Die Gleichungen (15.74) und (15.75) stellen ein lineares System gekoppelter, gewöhnlicher Differenzialgleichungen für u^o und v^o dar; sie bilden die Grundlage für die weitere Analyse. Man kann nun entweder daraus sofort durch Eliminieren von u^o eine Differenzialgleichung für v^o gewinnen, oder man nimmt zuerst die folgenden Spezialisierungen vor und eliminiert u^o anschließend. Wir wählen hier den zweiten Weg.

15.7.1 2D-Rossby-Wellen

Hier nehmen wir Divergenzfreiheit $\triangle = 0$ an und erhalten

$$i\,\kappa\,u^o + \frac{\mathrm{d}v^o}{\mathrm{d}y} = 0 \tag{15.76}$$

$$(\beta - \omega_r\,\kappa)\,v^o - i\,\omega_r\,\frac{\mathrm{d}u^o}{\mathrm{d}y} = 0 \tag{15.77}$$

Gleichung (15.76) folgt aus (15.75) und Gleichung (15.77) durch Einsetzen von (15.76) in (15.74). Nun eliminieren wir u^o und gewinnen die gesuchte Differenzialgleichung zweiter Ordnung für v^o:

$$\frac{\mathrm{d}^2 v^o}{\mathrm{d}y^2} + \frac{\beta - \omega_r\,\kappa}{\omega_r}\,\kappa\,v^o = 0 \tag{15.78}$$

Als Lösung verwenden wir mit konstantem $\widehat{v^o}$ den Ansatz:

$$v^o(y) = \widehat{v^o}\,\sin(\alpha\,y) \quad \text{mit} \quad \alpha = \sqrt{\frac{\beta - \omega_r\,\kappa}{\omega_r}\,\kappa} \tag{15.79}$$

Daraus folgen die relative Frequenz und die Phasengeschwindigkeit:

$$\omega_r = \frac{\beta}{\alpha^2 + \kappa^2}\,\kappa \qquad \boxed{c_r = -\frac{\beta}{\alpha^2 + \kappa^2}} \tag{15.80}$$

Wegen der Randbedingungen $v^o(0) = v^o(Y) = 0$ sind nicht alle Werte für α erlaubt, sondern nur

$$\alpha = \frac{\pi}{Y}\,n \quad \text{mit} \quad n = 0, \pm 1, \pm 2, \ldots \tag{15.81}$$

Auch für κ existiert eine Quantelung. Sie entsteht aus der Zyklizitätsbedingung in zonaler Richtung: Wenn man x um L vergrößert, darf sich das Argument κx der periodischen Funktion nur um ein ganzzahliges Vielfaches von 2π verändern. Das liefert

$$\kappa = \frac{2\pi}{L}\,l \quad \text{mit} \quad l = 0, \pm 1, \pm 2, \ldots \tag{15.82}$$

Die Bedingungen (15.81) und (15.82) stellen die Eigenwerte unseres Differenzialgleichungssystems (15.74) und (15.75) für den divergenzfreien Fall dar. Durch die Kombination von n und l ergibt sich eine unendliche abzählbare Menge möglicher Rossby-Wellen. Die einfachste von ihnen ist diejenige mit $n = 1$ und $l = 1$, also $\kappa = \alpha$. Eine Momentaufnahme einer solchen Rossby-Welle ist in Abb. 15.6 gezeigt.

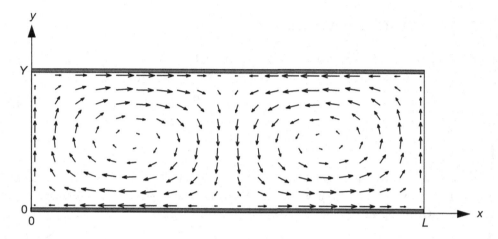

Abb. 15.6 Momentaufnahme einer Rossby-Welle in einem Kanal mit $n = l = 1$. Die Pfeile symbolisieren den horizontalen Geschwindigkeitsvektor V' an den einzelnen Gitterpunkten. In Form einer Animation könnte man die Bewegung der Pfeilspitzen auf Ellipsenbahnen erkennen.

Der Vergleich der gleich aufgebauten Formeln (15.38) und (15.80) zeigt, wie sich die Phasengeschwindigkeit freier Rossby-Wellen verändert, wenn die Wellen im Kanalmodell durch zonale Ränder eingespannt sind: Sie werden langsamer.

Die Divergenzfreiheit hat zur Folge, dass die Fluidoberfläche überall horizontal ist (abgesehen von der Neigung in Nord-Süd-Richtung, die den Grundstrom balanciert). Wie kann sich hier trotzdem eine Welle bilden? – Durch den Austausch zwischen relativer Vorticity und Erd-Vorticity bei der Nord-Süd-Bewegung der Fluidschichten. Wenn das Fluid nach Norden strömt, so kommt es in den Bereich größerer positiver Erd-Vorticity; dadurch wird seine relative Vorticity weniger positiv. Das Umgekehrte geschieht, wenn das Fluid nach Süden strömt.

Das Fluid erhält also bei nordwärtiger Strömung einen Zuwachs an antizyklonaler Vorticity und bei südwärtiger Strömung einen solchen an zyklonaler Vorticity. Meridionale und zonale Strömungskomponente sind die Partner bei diesem Prozess. Beide sind an dem Wellenvorgang beteiligt, die oben geschilderte Degeneriertheit ist beseitigt, und was entsteht, ist einer der wichtigsten Wellenvorgänge der Geofluidphysik: die horizontal-transversale Rossby-Welle.

15.7.2 Die Kelvin-Welle

Welche Auswirkung haben die Randbedingungen im Kanalmodell auf die Schwerewellen? Im Fall $f \equiv 0$ keine, der Spezialfall $v' \equiv 0$ lässt die zweite Bewegungsgleichung kollabieren, die y-Abhängigkeit der verbleibenden Funktionen u' und Φ' entfällt von selbst, und die oben abgeleiteten Schwerewellen reproduzieren sich.

Im Fall $f \equiv f_0$ jedoch gibt es einen unerwarteten neuen Typ einer Trägheits-Schwerewelle. Die Randbedingungen am Nord- und am Südrand des Kanals berücksichtigen wir durch Beschränkung auf den Spezialfall $v' \equiv 0$, also $v^{\circ}(y) \equiv 0$. Die Divergenz wird mit $\triangle = 1$ angeschaltet. Ferner vernachlässigen wir von vornherein den Grundstrom, weil er viel kleiner ist als die Geschwindigkeit der Schwerewellen und auf ihre Dynamik keinen Einfluss hat; also ist $\omega_r = \omega$. Damit erhalten wir aus den Gleichungen (15.74) und (15.75)

$$-i\,\omega\,\frac{\mathrm{d}u^{\circ}}{\mathrm{d}y} + i\,\kappa\,f_0\,u^{\circ} \;=\; 0 \tag{15.83}$$

$$c_0^2\,i\,\kappa\,u^{\circ} - i\,\frac{\omega^2}{\kappa}\,u^{\circ} \;=\; 0 \tag{15.84}$$

Während wir bei den Rossby-Wellen zwei Gleichungen für zwei Unbekannte erhalten haben, liegen in diesem Fall zwei Gleichungen für eine einzelne Komponente u° vor. Die beiden Gleichungen müssen somit kompatibel sein. Aus (15.84) folgt

$$c_0^2 = \left(\frac{\omega}{\kappa}\right)^2 = c^2 \quad \text{und damit} \quad c = \pm c_0 \tag{15.85}$$

Das ist die Phasengeschwindigkeit einer gewöhnlichen Schwerewelle. Aus Gleichung (15.83) folgt mit dem Rossby-Radius R (den wir grundsätzlich als positiv annehmen):

$$\frac{\mathrm{d}u^{\circ}}{\mathrm{d}y} - \frac{f_0}{\omega/\kappa}\,u_0 = \frac{\mathrm{d}u^{\circ}}{\mathrm{d}y} + \frac{c_0}{c}\,\frac{f_0}{c_0}\,u^{\circ} = 0 \quad \text{oder} \quad \frac{\mathrm{d}u^{\circ}}{\mathrm{d}(y/R)} + \frac{c_0}{c}\,u^{\circ} = 0 \tag{15.86}$$

Diese Differenzialgleichung hat die Lösung

$$u^{\circ} = \widehat{u}^{\circ}\,\exp\left(-\frac{c_0}{c}\,\frac{y}{R}\right) \tag{15.87}$$

Damit die Amplitude nicht unbeschränkt wachsen kann, muss der Exponent negativ sein. Das Vorzeichen von c (d. h. die Bewegungsrichtung der Welle) hängt von der Hemisphäre und davon ab, ob die Berandung (= Küstenlinie) im Norden oder im Süden liegt. Den Nullpunkt von y legen wir an die Stelle der zonal verlaufenden Küstenlinie. Liegt die Küste im Süden, so gilt für das Fluid $y > 0$. Liegt sie im Norden, so folgt $y < 0$. Aber gleichgültig, wie die Küste liegt: Die Amplitude der Welle muss von der Küste aus ins Fluid (d. h. ins offene Meer) hinein exponentiell abnehmen. Das ergibt folgende Möglichkeiten:

- Nordhalbkugel: $c_o/R = f_o > 0$

  - Küste im Süden: $y > 0$. Daraus folgt:
    Phasengeschwindigkeit $c > 0$, Welle bewegt sich von West nach Ost.
  - Küste im Norden: $y < 0$. Daraus folgt:
    Phasengeschwindigkeit $c < 0$, Welle bewegt sich von Ost nach West.
    Dieser Fall ist in Abb. 15.7 dargestellt.

- Südhalbkugel: $c_o/R = f_o < 0$

  - Küste im Süden: $y > 0$. Daraus folgt:
    Phasengeschwindigkeit $c < 0$, Welle bewegt sich von Ost nach West.
  - Küste im Norden: $y < 0$. Daraus folgt:
    Phasengeschwindigkeit $c > 0$, Welle bewegt sich von West nach Ost.

Das ist ein einfaches Ergebnis und besagt: Die Kelvin-Welle wandert auf der Nordhalbkugel so, dass die Küste rechts von ihr liegt, aber auf der Südhalbkugel so, dass die Küste links liegt.

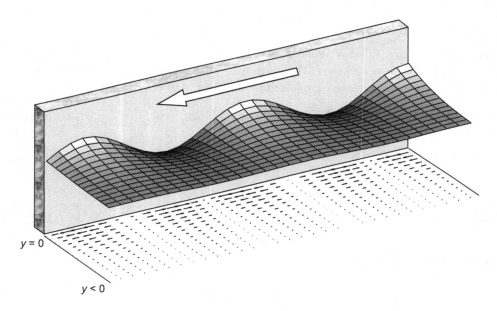

Abb. 15.7 Momentaufnahme einer Kelvin-Welle auf der Nordhemisphäre mit der Küste im Norden. Die Welle bewegt sich von rechts nach links. Die Pfeile am Meeresboden zeigen die Komponente u', also die jeweilige Geschwindigkeit an den einzelnen Gitterpunkten.

Diese Betrachtung scheint zunächst nur eine Bedeutung für die Ozeanographie zu haben. Das Meer wird ja tatsächlich durch Küsten berandet, nicht aber die Atmosphäre. Wenn man jedoch eine nordhemisphärische Kelvin-Welle (die Küste denken wir uns am Äquator, südlich davon sei Land) und eine südhemisphärische Kelvin-Welle (die Küste liege wieder am Äquator, jedoch sei das Land jetzt nördlich davon gelegen) am

Äquator gewissermaßen zusammenklebt, so kann man die Küste vollständig weglassen und erhält eine atmosphärische Kelvin-Welle mit maximaler Amplitude am Äquator, die entlang des Äquators von West nach Ost wandert.

Dieses qualitative Ergebnis kann man jetzt quantitativ verbessern. Dazu ersetzen wir in der unmittelbaren Umgebung des Äquators f_o durch f, mit $f = \beta y$. Die Differenzialgleichung (15.86) modifiziert sich zu

$$\frac{du_o}{dy} + \frac{\beta y}{c}\, u^o = 0 \qquad \text{bzw.} \qquad \frac{du^o}{y\, dy} + \frac{\beta}{c}\, u^o = 0 \tag{15.88}$$

Das lässt sich so schreiben:

$$\frac{du^o}{d(y^2/2)} + \frac{\beta}{c}\, u^o = 0 \tag{15.89}$$

und hat die Lösung

$$u^o = \widehat{u}^o \, \exp\left(-\frac{\beta}{c}\, \frac{y^2}{2}\right) \tag{15.90}$$

Damit der Exponent negativ ist, kommt nur $c > 0$ in Frage. Das bedeutet: Die gesamte Doppelwelle wandert von West nach Ost. Diese *äquatoriale Kelvin-Welle* hat große Bedeutung für das klimatisch wichtige ENSO-Phänomen im Pazifik.

Atmosphärische Kelvin-Wellen kommen nicht nur am Äquator vor, sondern auch fernab vom Äquator in der unteren Atmosphäre am Rand von Gebirgen. Im Ozean sind Kelvin-Wellen weit verbreitet. Für beide Geofluide gilt: Kelvin-Wellen sind Schwerewellen, die einen Führungsrand brauchen.

16 Die Skalenanalyse

Um einzelne Phänomene in den gekoppelten Vorgängen der Atmosphäre zu isolieren, kann man unter gewissen Voraussetzungen Vernachlässigungen in den Gleichungen vornehmen. Ein objektives Verfahren dafür ist das Instrument der Skalenanalyse.

16.1 Vorbetrachtung

Wir betrachten die vertikale Bewegungsgleichung:

$$\frac{\partial w}{\partial t} + \alpha \, \frac{\partial p}{\partial z} + \frac{\partial \Phi}{\partial z} = 0 \tag{16.1}$$

und schätzen die Größenordnungen der einzelnen Terme grob ab:

- Vertikalbeschleunigung bei verschiedenen Phänomenen:

$$\text{Gewitterkonvektion:} \quad \frac{\partial w}{\partial t} \approx \frac{10 \text{ m/s}}{1 \text{ s}} = 10 \text{ m/s}^2 \tag{16.2}$$

$$\text{Bergüberströmung:} \quad \frac{\partial w}{\partial t} \approx \frac{10 \text{ m/s}}{100 \text{ s}} = 10^{-1} \text{ m/s}^2 \tag{16.3}$$

$$\text{Globale Zirkulation:} \quad \frac{\partial w}{\partial t} \approx \frac{1 \text{ m/s}}{10^5 \text{ s}} = 10^{-5} \text{ m/s}^2 \tag{16.4}$$

- Vertikale Druckgradientbeschleunigung:

$$\alpha \, \frac{\partial p}{\partial z} \approx \frac{1 \text{ m}^3}{1 \text{ kg}} \, \frac{1000 \text{ hPa}}{10 \text{ km}} = \frac{10^5 \text{ m/s}^2}{10^4} = 10 \text{ m/s}^2 \tag{16.5}$$

- Schwerebeschleunigung:

$$\frac{\partial \Phi}{\partial z} \equiv g \approx 10 \text{ m/s}^2 \tag{16.6}$$

In (16.5) wurde α als konstant angenommen und die Höhe der Atmosphäre gleich 10 km gesetzt (Konzept der Skalenhöhe).

Diese Abschätzung zeigt: Die Beschleunigungen (16.5) und (16.6) balancieren sich mit hoher Genauigkeit. In heftigen Gewittern kann das Residuum $\partial w/\partial t$, lokal eng begrenzt, einmal recht groß werden, aber schon bei Bergwellen ist es klein, und für hinreichend großräumige Vorgänge ist – verglichen mit der Erdbeschleunigung – die Netto-Vertikalbeschleunigung extrem klein.

16.2   Entdimensionierung

Um diese Überlegung zu verallgemeinern, betrachten wir die Gleichung

$$B_1 + B_2 + B_3 = 0 \tag{16.7}$$

Die Terme B_i lassen sich aufspalten in die so genannte *Magnitude* $\mathrm{magn}(B_i) = M_i$ und den *Zahlenwert* B_i^*:

$$B_i = M_i B_i^* \tag{16.8}$$

M_i sei konstant und enthalte die Größenordnung sowie die physikalische Einheit von B_i; dann ist B_i^* variabel und von der Ordnung $O(1)$. So ergibt sich aus einer Größengleichung des Typs (16.7) durch Aufspaltung in Magnitude und Zahlenwert:

$$M_1 B_1^* + M_2 B_2^* + M_3 B_3^* = 0 \tag{16.9}$$

Alle M_i haben dieselbe physikalische Dimension, und alle B_i^* sind dimensionslos und haben die Magnitude 1. Durch Normieren von Gleichung (16.9) mit M_1 folgt weiterhin

$$B_1^* + \underbrace{\frac{M_2}{M_1}}_{M_{21}} B_2^* + \underbrace{\frac{M_3}{M_1}}_{M_{31}} B_3^* = 0 \tag{16.10}$$

Die Normierung könnte man auch mit M_2 oder M_3 machen. Aber jedenfalls sind die M_{ij} dimensionslose Zahlen und speziell sind $M_{ii} = 1$. Wenn die Normierung in (16.10) gerade mit dem größten der drei M_i gemacht wurde, sind die M_{ij} kleiner als eins.

Ab wann kann man einzelne Terme vernachlässigen? Als grobe Grundregel gilt: Diejenigen kann man vernachlässigen, deren M_{ij} klein ist verglichen mit 1. Natürlich kommt es nicht nur auf die absoluten Größen an, sondern auch auf die dynamische Relevanz des betrachteten Phänomens, vor allem dann, wenn es mehrere Terme mit ähnlichen Größenordnungen gibt.

16.3 Dimensionslose Zahlen

Wir wenden dieses Konzept wieder auf die Bewegungsgleichungen an, und zwar diesmal auf die erste Navier-Stokes-Gleichung mit Advektion nur in x-Richtung:

$$\frac{\partial u}{\partial t} + u\,\frac{\partial u}{\partial x} + \alpha\,\frac{\partial p}{\partial x} - \nu\,\frac{\partial^2 u}{\partial x^2} = 0 \tag{16.11}$$

Der letzte Term in dieser Gleichung lautet vollständig: $-\nu\,\boldsymbol{\nabla}^2 u$. Die Annahme, dass (16.11) nur von x abhängen soll, wirkt sich so aus, dass die zweiten Ableitungen nach y und z ohne Einfluss auf diesen Term bleiben.

Die Magnituden bezeichnen wir wieder mit M_1 bis M_4, und aus der Division von Gleichung (16.11) durch M_2 folgt

$$\frac{M_1}{M_2}\left(\frac{\partial u}{\partial t}\right)^* + \left(u\,\frac{\partial u}{\partial x}\right)^* + \frac{M_3}{M_2}\left(\alpha\,\frac{\partial p}{\partial x}\right)^* - \frac{M_4}{M_2}\left(\frac{\partial^2 u}{\partial x^2}\right)^* \tag{16.12}$$

Der Parameter ν im letzten Term ist in der Magnitude M_4 untergebracht.

Wir interessieren uns für das Verhältnis M_4/M_2. Für die Größenordnungen von u und $\partial u/\partial x$ sowie $\partial^2 u/\partial x^2$ führen wir die folgenden Bezeichnungen ein:

$$\mathrm{magn}\,(u) = U \qquad \mathrm{magn}\left(\frac{\partial u}{\partial x}\right) = \frac{U}{L} \qquad \mathrm{magn}\left(\frac{\partial^2 u}{\partial x^2}\right) = \frac{U}{L^2} \tag{16.13}$$

Mit $L \approx 100$ km, $U \approx 10$ m/s und $\nu \approx 10^{-5}$ m^2/s erhalten wir

$$\frac{1}{Re} = \frac{M_4}{M_2} = \frac{\nu}{LU} \approx 10^{-11} \tag{16.14}$$

Die Größe Re ist die berühmte *Reynolds-Zahl*. Unser Magnitudenverhältnis, der Kehrwert von Re, gibt den Quotienten aus Reibungs- und Trägheitskraft an. Beide Kräfte sind um viele Größenordnungen verschieden, und die molekulare Reibungskraft, obwohl grundsätzlich bedeutsam, ist in der Bewegungsgleichung vernachlässigbar.

Diese Methode, dimensionslose Zahlen zu erzeugen und damit die Struktur der Gleichungen zu analysieren, hat sich als fruchtbar erwiesen. Durch den Vergleich von Trägheitskraft und Coriolis-Kraft fU (die in der hier betrachteten Navier-Stokes-Gleichung nicht vorkommt) erhält man die *Rossby-Zahl*:

$$\boxed{\frac{U^2/L}{fU} = \frac{U}{fL} = Ro} \tag{16.15}$$

Die Rossby-Zahl kann je nach Längenskala des betrachteten Phänomens um viele Größenordnungen differieren. Als Beispiele seien genannt ($U = 10\,\mathrm{m\,s^{-1}}, f = 10^{-4}\,\mathrm{s^{-1}}$):

- Rossby-Zahl eines Tiefdruckgebiets ($L = 1000$ km): $Ro \approx 10^{-1}$
- Rossby-Zahl eines Staubteufels ($L = 100$ m): $Ro \approx 10^3$
- Rossby-Zahl in der Prandtl-Schicht ($L = z_0 = 1$ cm): $Ro \approx 10^7$

Für kleine Werte von Ro ist die Corioliskraft wichtig (so in der großräumigen Dynamik); für große Werte von Ro ist sie vernachlässigbar (so in der bodennahen Grenzschicht).

Weitere dimensionslose Zahlen sind die *Euler-Zahl* (Verhältnis der Trägheitsbeschleunigung zur Druckgradientbeschleunigung, relevant in der Grenzschicht) und die *Froude-Zahl* (Verhältnis der Trägheitsbeschleunigung zur Geopotenzialgradient-Beschleunigung, relevant z. B. bei Gebirgsüberströmungen).

16.4   Skalenanalyse des Flachwassermodells

Als Ausgangspunkt der folgenden Betrachtungen wählen wir die Bewegungsgleichungen (14.20) bis (14.22) des Flachwassermodells. Die Entdimensionierung der Länge mit $L = 10^6$ m sowie der Geschwindigkeit mit $U = 10$ m/s und der Zeit mit $T = 10^5$ s (das entspricht etwa einem Tag) führt zu

$$(x,y) = L\left(x^*, y^*\right) \quad \boldsymbol{V} = (u,v) = U\left(u^*, v^*\right) = U\,\boldsymbol{V}^* \quad t = T\,t^* = \frac{L}{U}\,t^* \quad (16.16)$$

Den Coriolis-Parameter entwickeln wir wie üblich in eine Taylor-Reihe, die wir nach dem linearen Glied abbrechen:

$$f = f_\mathrm{o} + \beta\left(y - y_\mathrm{o}\right) \tag{16.17}$$

Das lässt sich auch wie folgt schreiben:

$$f = f_\mathrm{o}\left(1 + \frac{L}{a}f^*\right) \quad \text{mit} \quad f^* = \frac{\cos\varphi_\mathrm{o}}{\sin\varphi_\mathrm{o}}\left(y^* - y_\mathrm{o}^*\right) \tag{16.18}$$

Der dimensionsfreie Coriolis-Parameter f^* ist eine Funktion der Ordnung 1.

Für die Entdimensionierung des Geopotenzials brauchen wir zwei verschiedene Höhenskalen: Eine gesamte Skalenhöhe H (typisch 5 bis 10 km) und eine Amplitude S für die Schiefstellung der Druckflächen (typisch 50 bis 500 m). Wir vergleichen das mit Abb. 15.1, in der Φ in drei Summanden zerlegt ist. Hier setzen wir

$$\Phi = \Phi_\mathrm{o} + \phi = g\,H + g\,S\,\phi^* \tag{16.19}$$

Die hier gewählte Zerlegung der Funktion Φ entspricht den Gleichungen (15.10) und (15.9), jedoch in anderer Kombination. Die Größe ϕ (bzw. ϕ^*) enthält die gesamte Varianz des Geopotenzialfelds, insbesondere den meridionalen Gradienten des Grundstroms.

Der Ansatz (16.19) liest sich nun so: In undifferenzierter Form ist $\Phi = \Phi_\mathrm{o}$ zu setzen; das benötigt man für die Massenerhaltungsgleichung (14.22). Für die Komponenten des Horizontalgradienten von Φ ist dagegen zu setzen:

$$\frac{\partial\Phi}{\partial x} = \frac{g\,S}{L}\,\frac{\partial\phi^*}{\partial x^*} \quad \text{und} \quad \frac{\partial\Phi}{\partial y} = \frac{g\,S}{L}\,\frac{\partial\phi^*}{\partial y^*} \tag{16.20}$$

Das benötigt man für die horizontalen Bewegungsgleichungen (14.20) und (14.21).

Nach diesen Vorbereitungen führen wir die Entdimensionierung der Gleichungen des FWM durch. Wir starten mit der Aufspaltung von Du/Dt in lokale plus advektive Zeitableitung:

$$\frac{\partial u}{\partial t} + u\,\frac{\partial u}{\partial x} + v\,\frac{\partial u}{\partial y} - f\,v + \frac{\partial \phi}{\partial x} = 0 \qquad (16.21)$$

In dimensionsfreier Form wird das zu

$$\frac{U^2}{L}\left(\frac{\partial u^*}{\partial t^*} + u^*\,\frac{\partial u^*}{\partial x^*} + v^*\,\frac{\partial u^*}{\partial y^*}\right) - f_0\,U\left(1 + \frac{L}{a}\,f^*\right)v^* + \frac{g\,S}{L}\,\frac{\partial \phi^*}{\partial x^*} = 0 \qquad (16.22)$$

Nun dividieren wir (16.22) durch $f_0 U$, was die Rossby-Zahl ins Spiel bringt:

$$Ro\left(\frac{\partial u^*}{\partial t^*} + u^*\,\frac{\partial u^*}{\partial x^*} + v^*\,\frac{\partial u^*}{\partial y^*}\right) - \left(1 + \frac{L}{a}\,f^*\right)v^* + \frac{g\,S/L}{f_0\,U}\,\frac{\partial \phi^*}{\partial x*} = 0 \qquad (16.23)$$

Die horizontalen Bewegungsgleichungen des FWM hängen also nicht von der absoluten Wassertiefe H ab, sondern nur von der Schrägstellung des Wasserspiegels. Dieses wichtige Ergebnis tritt hier besonders deutlich in Erscheinung, obwohl man es natürlich auch den nicht dimensionierten Gleichungen ansehen kann. Für die Magnitude des letzten Terms ergibt sich mit den bisherigen Parametern ($S = 100$ m, $L = 1000$ km und $U = 10$ m/s) die Abschätzung

$$\frac{g\,S/L}{f_0\,U} \approx 1 \qquad (16.24)$$

Damit lauten die horizontalen Bewegungsgleichungen des FWM in dimensionsfreier Form:

$$Ro\,\frac{D^* u^*}{Dt^*} - \left(1 + \frac{L}{a}\,f^*\right)v^* + \frac{\partial \phi^*}{\partial x^*} = 0 \qquad (16.25)$$

$$Ro\,\frac{D^* v^*}{Dt^*} + \left(1 + \frac{L}{a}\,f^*\right)u^* + \frac{\partial \phi^*}{\partial y^*} = 0 \qquad (16.26)$$

Hier haben wir für den Klammerausdruck im ersten Term von (16.23), also für den dimensionsfreien Operator der totalen horizontalen Zeitableitung, die Abkürzung verwendet:

$$\frac{\partial}{\partial t^*} + u^*\,\frac{\partial}{\partial x^*} + v^*\,\frac{\partial}{\partial y^*} = \frac{\partial}{\partial t^*} + \boldsymbol{V}^* \cdot \nabla^* = \frac{D^*}{Dt^*} \qquad (16.27)$$

Jetzt fehlt noch die Entdimensionierung der Massenerhaltungsgleichung. Einsetzen von (16.19) in (14.22) sowie geeignetes Kürzen und die Verwendung der Konvention (16.27) liefern:

$$\frac{S}{H}\,\frac{D^* \phi^*}{Dt^*} + \left(1 + \frac{S}{H}\,\phi^*\right)\nabla^* \cdot \boldsymbol{V}^* = 0 \qquad (16.28)$$

Die Massenerhaltungsgleichung hängt also nicht von der Rossby-Zahl ab, sondern von der *Aspektzahl* S/H. Sie gibt das Verhältnis der Schwankungen der Wasserhöhe zur gesamten Wassertiefe an. Auch der Quotient L/a im Coriolis-Parameter ist eine Aspektzahl. Sie beschreibt das Verhältnis der Horizontalskala des Flachwasserphänomens zum Erdradius.

Mit den Beziehungen (16.25), (16.26) und (16.28) haben wir jetzt ein System von 3 Differenzialgleichungen in t^*, x^*, y^* für die dimensionsfreien unbekannten Funktionen u^*, v^* und ϕ^* gewonnen. Dieses Gleichungssystem hängt von den dimensionsfreien Parametern Ro, S/H und L/a ab.

Die Skalenanalyse zeigt also, welche Parameter die Gleichungen kontrollieren. Durch die Wahl der Skalen werden die Lösungen und die von ihnen beschriebenen Phänomene festgelegt. Beispielsweise hat ein langsam rotierender Planet eine große und ein schnell rotierender eine kleine Rossby-Zahl – das ergibt unterschiedliche Zirkulationsmuster.

16.5   Reihenentwicklung nach dem Rossbyparameter

Bei den atmosphärischen Prozessen in mittleren Breiten sind die drei eben gefundenen dimensionslosen Zahlen alle kleiner als 1. Wenn man die oben und in Abb. 15.1 verwendeten Skalen für u, L, S und H zugrunde legt, so ergibt sich etwa folgende Anordnung:

$$\frac{S}{H} \leq Ro \leq \frac{L}{a} \tag{16.29}$$

Im einfachsten Fall nehmen wir an, dass beide Aspektzahlen gleich der Rossby-Zahl sind. Eine solche Konfiguration ist in der Realität möglich. Für sie lauten die dimensionsfreien Gleichungen des FWM:

$$Ro\,\frac{\mathrm{D}^* u^*}{\mathrm{D}t^*} - \left(1 + Ro\, f^*\right) v^* + \frac{\partial \phi^*}{\partial x^*} = 0 \tag{16.30}$$

$$Ro\,\frac{\mathrm{D}^* v^*}{\mathrm{D}t^*} + \left(1 + Ro\, f^*\right) u^* + \frac{\partial \phi^*}{\partial y^*} = 0 \tag{16.31}$$

$$Ro\,\frac{\mathrm{D}^* \phi^*}{\mathrm{D}t^*} + \left(1 + Ro\, \phi^*\right) \nabla^* \cdot \boldsymbol{V}^* = 0 \tag{16.32}$$

Diesen Gleichungssatz kann man als *Prototyp der Quasigeostrophie* betrachten.

Die Lösungen hängen nun, außer von den unabhängigen Argumenten t^*, x^*, y^*, auch vom (zahlenmäßig kleinen) Rossby-Parameter ab. Dies berechtigt uns, eine Taylor-Reihen-Entwicklung in Ro vorzunehmen, die gelegentlich als *Phillipssche Reihe* bezeichnet wird:

$$u^*(t^*, x^*, y^*, Ro) = u_o^*(t^*, x^*, y^*) + u_1^* (t^*, x^*, y^*)\, Ro + \dots \tag{16.33}$$

$$v^*(t^*, x^*, y^*, Ro) = v_o^*(t^*, x^*, y^*) + v_1^* (t^*, x^*, y^*)\, Ro + \dots \tag{16.34}$$

Die Auslassungspunkte bezeichnen die weggelassene Fortsetzung der Reihe mit höheren Potenzen von Ro. Die Funktionen u_o^*, u_1^*, v_o^*, v_1^* und die weiteren hier nicht explizit aufgeführten sind alle von der Ordnung 1; jedoch werden durch höhere Potenzen von Ro die gesamten Zusatzterme schnell beliebig klein. Also beschreibt bei einer typischen Größenordnung von $Ro \approx 0.1$ der jeweils erste Term in (16.33) und (16.34) bereits 90 % der Reihenentwicklung.

Diese Reihenansätze bringen wir in die zonale Gleichung (16.31) des FWM ein:

$$Ro \left[\frac{\partial(u_o^* + Ro\, u_1^*)}{\partial t^*} + (u_o^* + Ro\, u_1^*)\frac{\partial(u_o^* + Ro\, u_1^*)}{\partial x^*} + (v_o^* + Ro\, v_1^*)\frac{\partial(u_o^* + Ro\, u_1^*)}{\partial y^*} \right]$$

$$- (1 + Ro\, f^*)\,(v_o^* + Ro\, v_1^*) + \frac{\partial\phi^*}{\partial x^*} = 0 \quad (16.35)$$

Für das Geopotenzial kann man ebenfalls einen Reihenansatz ausführen, der aber am Ergebnis nichts ändert. Ausmultiplizieren der Klammern in Gleichung (16.35) und Sortieren nach den Potenzen von Ro führt zu

$$- v_o^* + \frac{\partial\phi^*}{\partial x^*} + Ro \left[\frac{\partial u_o^*}{\partial t^*} + u_o^*\,\frac{\partial u_o^*}{\partial t^*} + v_o^*\,\frac{\partial u_o^*}{\partial y^*} - v_o^* f^* - v_1^* \right] + Ro^2\,(\ldots) = 0 \quad (16.36)$$

16.5.1 Die nullte Näherung

In der nullten Näherung $(Ro^0 = 1)$ nimmt man nur alle Terme mit, in denen die Rossby-Zahl nicht vorkommt. Das ergibt

$$- v_o^* + \frac{\partial\phi^*}{\partial x^*} = 0 \qquad u_o^* + \frac{\partial\phi^*}{\partial y^*} = 0 \qquad \nabla^* \cdot \boldsymbol{V}_o^* = 0 \quad (16.37)$$

Die ersten beiden sind die Bewegungsgleichungen. Sie enthalten die Aussage, dass der Wind der nullten Näherung divergenzfrei ist; das ist mit der dritten Gleichung von (16.37) konsistent. Wir interpretieren das als eine Reproduktion derselben Eigenschaft für den geostrophischen Wind. Gleichzeitig kommt darin zum Ausdruck, dass die dritte Gleichung von (16.37) redundant ist. Für die entdimensionierte Vorticity der nullten Näherung ergibt sich

$$\frac{\partial v_o^*}{\partial x^*} - \frac{\partial u_o^*}{\partial y^*} = \zeta_o^* = \nabla^{*2}\phi^* \quad (16.38)$$

Das Gleichungssystem (16.37) ist nicht von der Zeit abhängig. Die Gleichungen der nullten Näherung werden daher *diagnostisch* genannt, sie beschreiben den aktuellen Zustand und lassen im Gegensatz zu den *prognostischen* Gleichungen keine zeitliche Entwicklung erkennen. Der geostrophische Wind ist gewissermaßen *entartet*, er ist stationär und entwickelt sich nicht.

16.5.2   Die erste Näherung

Für die erste Näherung werden auch Terme aus Gleichung (16.36) und den anderen beiden Flachwassergleichungen hinzugenommen, die zu $Ro^1 = Ro$ proportional sind (und damit um eine Ordnung kleiner sind als die der ersten Näherung):

$$-v_{\mathrm{o}}^* + \frac{\partial \phi^*}{\partial x^*} + Ro \left[\frac{\partial u_{\mathrm{o}}^*}{\partial t^*} + u_{\mathrm{o}}^* \frac{\partial u_{\mathrm{o}}^*}{\partial t^*} + v_{\mathrm{o}}^* \frac{\partial u_{\mathrm{o}}^*}{\partial y^*} - f^* v_{\mathrm{o}}^* - v_1^* \right] = 0 \qquad (16.39)$$

$$u_{\mathrm{o}}^* + \frac{\partial \phi^*}{\partial y^*} + Ro \left[\frac{\partial v_{\mathrm{o}}^*}{\partial t^*} + u_{\mathrm{o}}^* \frac{\partial v_{\mathrm{o}}^*}{\partial t^*} + v_{\mathrm{o}}^* \frac{\partial v_{\mathrm{o}}^*}{\partial y^*} + f^* u_{\mathrm{o}}^* + u_1^* \right] = 0 \qquad (16.40)$$

$$[1 + Ro]\ \phi^*\ \nabla^* \cdot \boldsymbol{V}_{\mathrm{o}}^* + Ro \left[\frac{\partial \phi^*}{\partial t} + u_{\mathrm{o}} \frac{\partial \phi^*}{\partial x^*} + v_{\mathrm{o}} \frac{\partial \phi^*}{\partial y^*} + \nabla^* \cdot \boldsymbol{V}_1^* \right] = 0 \qquad (16.41)$$

Unter Berücksichtigung der nullten Näherung (16.37) bleiben in diesen drei Gleichungen nur die Ausdrücke in den eckigen Klammern übrig:

$$\frac{\mathrm{D}_{\mathrm{o}}^* u_{\mathrm{o}}^*}{\mathrm{D}t^*} - f^* v_{\mathrm{o}}^* - v_1^* = 0; \quad \frac{\mathrm{D}_{\mathrm{o}}^* v_{\mathrm{o}}^*}{\mathrm{D}t^*} + f^* u_{\mathrm{o}}^* + u_1^* = 0; \quad \frac{\mathrm{D}_{\mathrm{o}}^* \phi^*}{\mathrm{D}t^*} + \nabla^* \cdot \boldsymbol{V}_1^* = 0 \quad (16.42)$$

Darin ist $\mathrm{D}_{\mathrm{o}}^*/\mathrm{D}t^*$ der dimensionsfreie Operator der totalzeitlichen horizontalen Ableitung in der nullten Näherung.

Die Gleichungen (16.42) besagen: Der Vektor $\boldsymbol{V}_1^*$ der ersten Näherung steuert die Dynamik der nullten Näherung. Das lässt sich wie folgt interpretieren:

- Die ageostrophische Windkomponente steuert die zeitliche Entwicklung des geostrophischen Windes.
- Die Divergenz der ageostrophischen Windkomponente steuert die zeitliche Entwicklung des Geopotenzials.
- Die Entwicklung von ϕ^* in eine Reihe würde lediglich bewirken, dass in den vorstehenden Gleichungen ϕ^* durch ϕ_{o}^* zu ersetzen ist, was jedoch auf Struktur und Interpretation des Gleichungssystem keinen Einfluss hat.

Man könnte nun fortfahren, Gleichungen für die zeitliche Entwicklung der ersten Näherung etc. aufzustellen. Jedoch ist der Sinn der Phillipsschen Reihe beim Abbrechen nach der zeitlichen Entwicklung der nullten Näherung bereits im Wesentlichen erfüllt.

Eine historische Bemerkung zur Namensgebung. Der eigentliche Ansatz der *Hesselberg-Philippsschen Reihe* besteht darin, die horizontale Bewegungsgleichung schrittweise zeitlich abzuleiten und das Ergebnis rekursiv wieder in die Bewegungsgleichung einzusetzen; das ist nicht identisch mit der obigen Entwicklung nach einem kleinen Parameter. Die erste Approximation der vollständigen Entwicklung bezeichnet man heute als *semigeostrophische Approximation*. Die quasigeostrophische Approximation ist davon ein Spezialfall. Eine weitere Verfolgung dieser Frage führt über den Rahmen unseres Lehrbuchs hinaus.

17 Das quasigeostrophische Flachwassermodell (qgFWM)

Übersicht

Die im vorigen Kapitel erarbeiteten Aussagen für das FWM wurden in Form der Gleichungen (14.20) bis (14.22) in Komponentenschreibweise angegeben. Diese kann man verwenden für die Analyse des Strömungszustands, für die Beschreibung von Wellen, für die Skalenanalyse oder auch für die numerische Vorhersage. Wir wollen hier das Ergebnis der Skalenanalyse dazu verwenden, um daraus die zugehörige quasigeostrophische Näherung zu erhalten.

17.1 Die Näherungen im qgFWM

Ausgangspunkt ist wieder das Flachwassermodell in Form der Gleichungen (15.1) bis (15.3). Ferner setzen wir, wie in den Gleichungen (16.17) und (16.19), Folgendes an:

$$f(y) = f_0 + \beta y \qquad \Phi(t,x,y) = \Phi_0 + \phi(t,x,y) \qquad (17.1)$$

Der untere Rand des Modells sei strikt horizontal; Φ_0 ist eine Konstante, und schließlich sei $|\phi| \ll \Phi_0$.

Die nullte Näherung der Skalenanalyse interpretieren wir als geostrophische Strömung, die also wie folgt definiert ist:

$$u_g = -\frac{1}{f_0}\frac{\partial \phi}{\partial y} \qquad v_g = \frac{1}{f_0}\frac{\partial \phi}{\partial x} \qquad (17.2)$$

Der gesamte 2D-Strömungsvektor ist $\boldsymbol{V} = \boldsymbol{V}_\mathrm{g} + \boldsymbol{V}_\mathrm{a}$ oder in Komponenten:

$$u = u_\mathrm{g} + u_\mathrm{a} \qquad v = v_\mathrm{g} + v_\mathrm{a} \qquad (17.3)$$

Die ageostrophischen Komponenten sind nach der Skalenanalyse eine Ordnung kleiner als die geostrophischen. Die Vorticity ist aus der nullten Näherung zu gewinnen und damit selbst von nullter Ordnung; der Beitrag der ersten Näherung zur Vorticity ist null:

$$\zeta = \frac{\partial v}{\partial x} - \frac{\partial u}{\partial y} \approx \underbrace{\frac{\partial v_g}{\partial x} - \frac{\partial u_g}{\partial y}}_{\text{0. Näherung}} + \underbrace{\frac{\partial v_a}{\partial x} - \frac{\partial u_a}{\partial y}}_{=0} = \frac{1}{f_0} \, \nabla^2 \phi = \zeta_g \qquad (17.4)$$

Die quasigeostrophische (qg) Vorticity ζ_g in der qg-Version des FWM enthält also die gesamte Vorticity des Strömungsfelds. Einfacher gesagt: Die Vorticity des Strömungsfelds im qg^{FW}M ist rein geostrophisch.

Doch die Divergenz ist rein ageostrophisch:

$$\delta = \frac{\partial u}{\partial x} + \frac{\partial v}{\partial y} = \underbrace{\frac{\partial u_g}{\partial x} + \frac{\partial v_g}{\partial y}}_{=0} + \underbrace{\frac{\partial u_a}{\partial x} + \frac{\partial v_a}{\partial y}}_{\text{1. Näherung}} = \delta_a \qquad (17.5)$$

Hier ist die nullte Näherung selbst gleich null, und das erste nicht verschwindende Glied in der Reihenentwicklung ist die erste Näherung. Daher ist δ bei realen Strömungsfeldern etwa eine Größenordnung kleiner als ζ.

Diese Aufteilung ist konsistent mit der Helmholtzschen Zerlegung eines Vektors in rotierende und divergente Komponente (vgl. die entsprechenden Formeln im Anhang). Man kann dies so ausdrücken: Die wichtigste Komponente großräumiger geophysikalischer Strömungsfelder ist die rotierende Komponente des Vektorpotenzials (repräsentiert durch $\zeta = \zeta_g$). Die divergente Komponente des skalaren Potenzials (repräsentiert durch $\delta = \delta_a$) ist demgegenüber eine Ordnung kleiner und spielt im barotropen Modell auch keine große Rolle. Im baroklinen Modell ändert sich das jedoch (obwohl δ_a dort ebenfalls klein ist).

17.2   Die primitiven Gleichungen des qgFWM

Die erste Bewegungsgleichung im FWM lautet zunächst in vollständiger Form:

$$\underbrace{\frac{Du_g}{Dt}}_{O(1)} + \underbrace{\frac{Du_a}{Dt}}_{O(2)} - \underbrace{f_0 \, v_g}_{O(0)} - \underbrace{f_0 \, v_a}_{O(1)} - \underbrace{\beta \, y \, v_g}_{O(1)} - \underbrace{\beta \, y \, v_a}_{O(2)} + \underbrace{\frac{\partial \Phi}{\partial x}}_{O(0)} = 0 \qquad (17.6)$$

Die Ordnung des betreffenden Terms ergibt sich aus der Skalenanalyse: Beispielsweise ist der erste Term von der Ordnung eins, weil er in der Skalenanalyse mit der Rossby-Zahl Ro^1 erscheint. Der vorletzte Term in (17.6) ist von der Ordnung zwei; denn ein Faktor Ro^1 entsteht durch die Entwicklung des Coriolis-Parameters (der Ausdruck $\beta \, (y - y_0)$ ist eine Ordnung kleiner als f_0), und der zweite Faktor Ro^1 entsteht durch v_a; aber es ist $Ro^1 \cdot Ro^1 = Ro^2$, also von zweiter Ordnung.

Der dritte Term in der Gleichung erscheint mit der Rossby-Zahl Ro^0 und ist daher von nullter Ordnung. Wegen Gleichung (17.2) balancieren sich die Terme der Ordnung null exakt, d. h. der dritte und der letzte Term in (17.6) fallen weg (obwohl sie die beiden größten sind). Es mag etwas verwirrend klingen, wenn man „große" Terme solche „nullter Ordnung" und „kleine Terme" demgegenüber solche „erster Ordnung" nennt, aber das hat sich durch die Skalenanalyse nun einmal so eingebürgert.

Was übrig bleibt, ist die erste Näherung, also nur die drei Terme der Ordnung eins:

$$\boxed{\frac{D_g u_g}{Dt} - f_0\, v_a - \beta\, y\, v_g = 0} \tag{17.7}$$

Die beiden Terme der zweiten Näherung werden vernachlässigt. Hier haben wir zusätzlich im Operator D/Dt die vollständige Strömung (u, v) durch die geostrophische Näherung (u_g, v_g) ersetzt.

Die Näherung (17.7) ist die erste Impulserhaltungsgleichung des quasigeostrophischen Modells. Die zweite lautet

$$\boxed{\frac{D_g v_g}{Dt} + f_0\, u_a + \beta\, y\, u_g = 0} \tag{17.8}$$

Die Näherung der Massenerhaltungsgleichung lautet (das möge der Leser selbst herleiten):

$$\boxed{\frac{D_g \phi}{Dt} + \Phi_0 \left(\frac{\partial u_a}{\partial x} + \frac{\partial v_a}{\partial y} \right) = 0} \tag{17.9}$$

Die Gleichungen (17.7) bis (17.9) sind die quasigeostrophischen Näherungen der vollständigen Gleichungen (14.20) bis (14.22), die wir oben für das FWM abgeleitet haben. Sie werden, im Unterschied zu den abgeleiteten Gleichungen, bisweilen auch als primitive Gleichungen bezeichnet. In Vektorschreibweise, die manchmal auch nützlich ist, lauten sie:

$$\boxed{\frac{D_g \boldsymbol{V}_g}{Dt} + f_0\, \boldsymbol{k} \times \boldsymbol{V}_a + \beta\, y\, \boldsymbol{k} \times \boldsymbol{V}_g = 0 \qquad \frac{D_g \phi}{Dt} + \Phi_0\, \nabla \cdot \boldsymbol{V}_a = 0} \tag{17.10}$$

In der Zerlegung (17.3) ist übrigens zu beachten, dass ϕ den Grundstrom $\bar{u}$ enthält (falls man einen solchen definieren will), jedoch auch die Störungen. Im Fall der Linearisierung des qg^{FW}M hat man also $\phi = \bar{\phi} + \phi'$ anzusetzen, außerdem das Entsprechende für u_g und v_g.

17.3 Die Gleichung der qg Vorticity

Diese kann man vektoranalytisch elegant herleiten. Ohne das Hilfsmittel der Vektoranalyse macht man es so: Man leitet (17.8) nach x und (17.7) nach y ab und bildet die Differenz. Wegen der Produktregel muss im Operator D_g/Dt der advehierende geostrophische Vektor ebenfalls differenziert werden. Nach einigen Zeilen elementarer Umformungen findet man

$$\frac{D_g}{Dt}(\beta y + \zeta_g) + f_0\,\delta_a = 0 \qquad (17.11)$$

Wegen $D_g f_0/Dt = 0$ kann man dies entweder so schreiben:

$$\frac{D_g}{Dt}(f + \zeta_g) + f_0\,\delta_a = 0 \qquad (17.12)$$

oder anders, indem man in (17.11) die quasigeostrophische absolute Vorticity η_g einführt:

$$\frac{D_g \eta_g}{Dt} + f_0\,\delta_a = 0 \qquad (17.13)$$

oder wieder anders, indem man in (17.11) den Coriolis-Parameter ausdifferenziert:

$$\frac{D_g \zeta_g}{Dt} + \beta\,v_g + f_0\,\delta_a = 0 \qquad (17.14)$$

oder erneut anders, indem man ζ_g durch ϕ ersetzt:

$$\frac{D_g}{Dt}\left(f + \frac{1}{f_0}\,\nabla^2\phi\right) + f_0\,\delta_a = 0 \qquad (17.15)$$

oder noch einmal anders, indem man δ_a durch die Divergenz der ageostrophischen Strömungskomponente ersetzt:

$$\frac{D_g}{Dt}(f + \zeta_g) + f_0\left(\frac{\partial u_a}{\partial x} + \frac{\partial v_a}{\partial y}\right) = 0 \qquad (17.16)$$

Hier kann man schließlich die ageostrophische Divergenz auch mit den Vektorsymbolen formulieren:

$$\boxed{\frac{D_g}{Dt}(f + \zeta_g) + f_0\,\nabla \cdot \boldsymbol{V}_a = 0} \qquad (17.17)$$

Für f ist stets die lineare Entwicklung (17.1) zu verwenden.

Man übe das Hin- und Herrechnen zwischen diesen verschiedenen Versionen von immer derselben Vorticity-Gleichung (VG). In jeder Darstellung der Geofluiddynamik wird die Vorticity-Gleichung anders notiert, je nach Verwendung und auch abhängig von der Vorliebe des Autors. Der Umstand, dass die Vorticity-Gleichung in so vielen verschiedenen Versionen präsentiert werden kann, unterstreicht ihre Bedeutung.

Wenn man die Vorticity-Gleichung (qgVG), etwa in der Form von (17.17), mit der vollständigen Vorticity-Gleichung (14.35) vergleicht, so erkennt man, wo die qg-Näherung ansetzt.

17.4   Die Gleichung der qg-potenziellen Vorticity

Beim Vergleich von (17.16) und (17.9) sieht man weiter, dass in beiden die Divergenz δ_a der ageostrophischen Strömung vorkommt. Diese eliminiert man und erhält

$$\frac{D_g}{Dt}\left(\frac{f+\zeta_g}{f_0}-\frac{\phi}{\Phi_0}\right)=0 \tag{17.18}$$

Mit der Abkürzung

$$\boxed{\frac{\eta_g}{f_0}-\frac{\phi}{\Phi_0}=Q_g} \tag{17.19}$$

für die *quasigeostrophische potenzielle Vorticity* (qg pV) lautet dies

$$\boxed{\frac{D_g Q_g}{Dt}=0} \tag{17.20}$$

Einfacher geht es nicht. Dies ist die quasigeostrophische Näherung der vollständigen Gleichung (14.44). Wegen der Konstanz von f_0 kann man die dimensionsfreie potentielle Vorticity Q_g in (17.20) durch die dimensionierte Größe $f_0 Q_g$ ersetzen (vgl. dazu die unten stehende Ergänzung).

Worin liegt die Vereinfachung der Näherungsgleichung (17.20) der potenziellen Vorticity (pV) gegenüber der vollständigen Gleichung (14.44) oder gegenüber den Gleichungen (17.11) bis (17.17) für die gewöhnliche Vorticity? In dem Umstand, dass u_a in der Gleichung nicht vorkommt, d. h. dass (17.20) eine Beziehung nur für eine unbekannte Funktion ist, nämlich für das Geopotenzial ϕ. Man überzeuge sich davon, dass dies für die anderen Gleichungen nicht gilt.

Zum Schluss dieses Abschnitts, sozusagen zur Auflockerung, eine kleine *Übungsaufgabe*:

Man gewinne Gleichung (17.20) aus (14.44) durch Entwicklung nach ϕ/Φ_0. (*Hinweis*: Es ist $\phi/\Phi_0 \ll 1$.)

Lösung: Wegen $\Phi = \Phi_0 + \phi$ gemäß (17.1) gilt

$$\frac{1}{\Phi}=\frac{1}{\Phi_0}\frac{1}{1+\phi/\Phi_0}\approx\frac{1}{\Phi_0}\left(1-\frac{\phi}{\Phi_0}\right) \tag{17.21}$$

Weiterhin ist

$$\frac{\eta}{\Phi}\approx\frac{\eta_g}{\Phi}\approx\frac{f_0}{\Phi_0}\frac{1+\beta y/f_0+\zeta_g/f_0}{1+\phi/\Phi_0} \tag{17.22}$$

und mit (17.21) ergibt sich

$$\frac{\eta}{\Phi}\approx\frac{f_0}{\Phi_0}\left(1+\frac{\beta y}{f_0}+\frac{\zeta_g}{f_0}\right)\left(1-\frac{\phi}{\Phi_0}\right) \tag{17.23}$$

Alle drei Quotienten in den Klammern sind klein (von der Ordnung Ro). Beim Ausmultiplizieren wird das Produkt kleiner Größen vernachlässigt, und man erhält schließlich

$$\frac{\eta}{\Phi} \approx \frac{f_0}{\Phi_0}\left(1 + \frac{\beta\, y}{f_0} + \frac{\zeta_g}{f_0} - \frac{\phi}{\Phi_0}\right) = \frac{f_0}{\Phi_0}\left(\frac{\eta_g}{f_0} - \frac{\phi}{\Phi_0}\right) \qquad (17.24)$$

Der Klammerausdruck ganz rechts ist gleich Q_g.

17.5 Ergänzung: drei Versionen der qgpV

Wegen der Konstanz von f_0 und Φ_0 ist es im qg^{FW}M gleichgültig, wie man die qgpV skaliert. Dazu gibt es drei Möglichkeiten:

$$Q_1 = \frac{\eta_g}{\Phi_0} - \frac{f_0}{\Phi_0}\frac{\phi}{\Phi_0} \qquad \dim(Q_1) = \frac{\text{s}}{\text{m}^2} \qquad (17.25)$$

$$Q_2 = \frac{\eta_g}{f_0} - \frac{\phi}{\Phi_0} \qquad \dim(Q_2) = 1 \qquad (17.26)$$

$$Q_3 = \eta_g - f_0\,\frac{\phi}{\Phi_0} \qquad \dim(Q_3) = \frac{1}{\text{s}} \qquad (17.27)$$

Alle drei Versionen der qgpV im FWM sind zueinander proportional. Gleichung (17.25) ist eine Wiederholung von (17.24); diese Version passt zu (14.44). Gleichung (17.26) ist eine Wiederholung von (17.19); diese Version ist dimensionsfrei, der erste Summand ist von der Ordnung 1, der zweite von der Ordnung Ro. Und Gleichung (17.27) ist die dimensionierte Fassung von (17.26); diese Version ist eine echte Vorticity. Welche dieser Fassungen man bevorzugt, hängt von der Anwendung wie auch von der Vorliebe des Autors ab.

Teil V

Turbulenz und Grenzschicht

Kurz und klar

Die wichtigsten Formeln aus Turbulenz und Grenzschicht

Korrelation ($u = \overline{u} + u', w = \overline{w} + w'$): $\qquad \overline{uw} = \overline{u}\,\overline{w} + \overline{u'w'}$ $\qquad$ (V.1)

Reynoldsscher Tensor: $\qquad \boldsymbol{\tau} = -\rho\,\overline{\boldsymbol{V}'w'} = -\rho\,(\overline{u'w'},\,\overline{v'w'})$ $\qquad$ (V.2)

Austauschparametrisierung (K-$Ansatz$): $\qquad \boldsymbol{\tau} = K\,\dfrac{\partial \overline{\boldsymbol{V}}}{\partial z}$ $\qquad$ (V.3)

Schubspannungsgeschwindigkeit: $\qquad \overline{u'w'} = -(u_*)^2$ $\qquad$ (V.4)

Logarithmisches Windprofil: $\qquad z\,\dfrac{\partial \overline{u}}{\partial z} = \dfrac{u_*}{\kappa}, \qquad \overline{u}(z) = \dfrac{u_*}{\kappa}\,\log\dfrac{z}{z_\mathrm{o}}$ $\qquad$ (V.5)

Rauigkeitshöhe, Oberflächen-Rossby-Zahl: $\qquad z_\mathrm{o}, \qquad Ro = \dfrac{V_\mathrm{g}}{f\,z_\mathrm{o}}$ $\qquad$ (V.6)

Komplexe Ekman-Gleichung: $\qquad i\,V_\mathrm{a} - \dfrac{1}{2}\,D_\mathrm{E}^2\,V_\mathrm{a}'' = 0$ $\qquad$ (V.7)

Ekman-Höhe: $\qquad D_\mathrm{E} = \sqrt{\dfrac{2\,\nu}{f}}$ $\qquad$ (V.8)

Ekman-Spirale x-Komponente: $\qquad u(z) = U_\mathrm{g}\left[1 - \exp\left(-\dfrac{z}{D_\mathrm{E}}\right)\cos\dfrac{z}{D_\mathrm{E}}\right]$

$\qquad$ (V.9)

Ekman-Spirale y-Komponente: $\qquad v(z) = U_\mathrm{g}\exp\left(-\dfrac{z}{D_\mathrm{E}}\right)\sin\dfrac{z}{D_\mathrm{E}}$ $\qquad$ (V.10)

Dynamische Erzeugung von TKE: $\qquad R = -\overline{\boldsymbol{V}'w'}\,\dfrac{\partial \overline{\boldsymbol{V}}}{\partial z}$ $\qquad$ (V.11)

Thermische Erzeugung von TKE: $\qquad C = -g\,\overline{\alpha}\,\overline{\rho'w'}$ $\qquad$ (V.12)

Energiebilanz Erdoberfläche, Gl. (20.32): $\qquad R + LH + SH = B$ $\qquad$ (V.13)

18 Turbulenz

Turbulenz ist charakteristisch für die Bewegungsvorgänge von Fluiden im Bereich hoher Reynolds-Zahlen. Wir verschaffen uns hier einen einfachen Zugang zu diesem Phänomen anhand des praktischen Problems der grundsätzlichen Grenze eines Messvorgangs. Diese Grenze liegt darin, dass es keine Augenblicksmessung einer physikalischen Größe gibt. Kein Messinstrument der Welt kann einen instantanen Messwert für den Wind zu einem mathematisch eindeutig fixierten Zeitpunkt liefern. Diese Unmöglichkeit ist unabhängig von der Frage, ob der Windvektor überhaupt als stetige Feldgröße definierbar ist (wie er ja in den Differenzialgleichungen der Theorie behandelt wird). Ein Messinstrument liefert stets ein Zeitmittel der Messgröße (beispielsweise des Windes) über eine mehr oder weniger lange Zeitspanne. Wenn man dem in der Theorie Rechnung tragen will, muss man die entsprechenden Feldgleichungen zeitlich mitteln (und aus dem gleichen Grund auch räumlich). Das ändert den Charakter dieser Gleichungen. Die nichtlinearen Terme in diesen Gleichungen produzieren durch die Mittelung zusätzliche Korrelationsausdrücke, die sich als *Scheinreibung, turbulente Flüsse, Austauschgrößen* oder *Eddy-Transporte* auswirken.

18.1 Der turbulente Impulstransport

In den Abschnitten 7.4 und 11.3 über die realen Fluide haben wir die *innere Reibung* durch den molekularen Impulsfluss beschrieben, der durch das Geschwindigkeitsfeld induziert wird. Diesen Prozess kann man auf einen Tangentialdruck oder eine molekulare Schubspannung zurückführen. Wir haben gesagt, dass man die zugehörigen Reibungsansätze mithilfe der statistischen Thermodynamik begründen kann.

Wir führen jetzt die *turbulente Reibung* ebenfalls über den Impulsfluss als nichtlineare Größe ein. Dazu betrachten wir für ein inkompressibles Fluid ($\rho \equiv$ const.) die

Divergenz des Impulsflussdichtetensors $v_i \rho\, v_j + \delta_{ij}\, p + \pi_{ij}$ in Gleichung (11.24). Die x-Komponente der Divergenz dieses Tensors lautet

$$\left(\frac{\partial \rho u^2}{\partial x} + \frac{\partial \rho u v}{\partial y} + \frac{\partial \rho u w}{\partial z}\right) + \frac{\partial p}{\partial x} + \left(\frac{\partial \pi_{xx}}{\partial x} + \frac{\partial \pi_{xy}}{\partial y} + \frac{\partial \pi_{xz}}{\partial z}\right) \qquad (18.1)$$

Bei Reibungsfreiheit tritt die zweite Klammer nicht auf.

In der ersten Klammer berücksichtigen wir nun die in der Realität gegebene Datenlage. Sie besteht darin, dass u, v, w nicht als Augenblickswerte, sondern messtechnisch nur als Mittelwerte $\overline{u}, \overline{v}, \overline{w}$ verfügbar sind. Um das zu erfassen, schreiben wir beispielsweise:

$$u(t) = \overline{u} + u'(t) \qquad (18.2)$$

Diese Aufteilung bezeichnet man als *Reynoldssche Mittelung*; sie zerlegt den zeitabhängigen Augenblickswert einer Größe in die Summe von *Mittelwert* (Querstrich) und *Abweichung* (Apostroph).

Die Länge des Mittelungsintervalls lassen wir vorläufig unspezifiziert. Innerhalb dieser Zeitskala ist der Mittelwert $\overline{u}$ dann eine Konstante; bei wesentlich längeren Zeitspannen kann $\overline{u}$ erneut zeitabhängig sein. Die zeitliche Variabilität von u ist in u' enthalten. Der Mittelungsoperator hat für u bzw. für ein Produkt aus zwei zeitabhängigen Größen u und beispielsweise w zunächst die folgenden Eigenschaften:

$$\boxed{\overline{\overline{u}} = \overline{u} \qquad \overline{u'} = 0 \qquad \overline{u w} = \overline{u}\,\overline{w} + \overline{u' w'}} \qquad (18.3)$$

Außerdem ist die Mittelung ein linearer Operator und daher mit den ebenfalls linearen Operatoren $\partial/\partial x$ etc. vertauschbar. Ferner wirkt die Mittelung nicht auf das als konstant angenommene ρ. Daher ist beispielsweise

$$\overline{\left(\frac{\partial \rho u w}{\partial x}\right)} = \frac{\partial \rho \overline{u w}}{\partial x} = \frac{\partial}{\partial x}\left[\rho\left(\overline{u}\,\overline{w} + \overline{u' w'}\right)\right] \qquad (18.4)$$

Wenn man nun in dem Ausdruck (18.1) alle π_{ij} fortlässt, das Ergebnis der Reynoldsschen Mittelung unterzieht und dabei den „Knigge" der Formeln (18.3) und (18.4) beachtet, so ergibt sich

$$\left(\frac{\partial \rho \overline{u}^2}{\partial x} + \frac{\partial \rho \overline{u}\,\overline{v}}{\partial y} + \frac{\partial \rho \overline{u}\,\overline{w}}{\partial z}\right) + \frac{\partial \overline{p}}{\partial x} + \left(\frac{\partial \rho \overline{u'^2}}{\partial x} + \frac{\partial \rho \overline{u' v'}}{\partial y} + \frac{\partial \rho \overline{u' w'}}{\partial z}\right) \qquad (18.5)$$

Die Glieder in der ersten Klammer sind von gleicher Form wie die Glieder in (18.1), auch der statische Druckgradient ist weiterhin vorhanden, nur dass die aktuellen Größen durch die gemittelten ersetzt sind. Das ist keine große Überraschung.

Überraschender ist es schon, dass die zweite Klammer, die wir gerade vernachlässigt hatten, plötzlich wieder da ist, wenn auch in anderem Gewand. Die zweite Klammer enthält Korrelationsflüsse. Das ist etwas Neues und bedeutet: Auch wenn *molekulare Impulsflüsse*, die durch innere Reibung bedingt sind, wegen ihrer Kleinheit vernachlässigbar sind, so gibt es analoge *turbulente Impulsflüsse*, die durch die Fluktuationen der Windkomponenten und durch die damit notwendige zeitliche Mittelung bedingt sind; diese sind um Größenordnungen größer als die molekularen und im allgemeinen nicht vernachlässigbar.

Die Korrelationsflüsse werden bei der Mittelung des Flussvektors von v durch die Nichtlinearität der Advektionsglieder erzeugt und sind die Divergenz $\nabla \cdot \overline{u'v'}$ eines turbulenten Flusses von u-Impuls. Aber auch v-Impuls und w-Impuls haben einen turbulenten Flussanteil. Zusammen bilden sie den *Reynoldsschen Impulsflussdichtetensor* $\rho\,\overline{v'v'}$. Er ist das turbulente Gegenstück zum molekularen Impulsflussdichtetensor π_{ij}. Beides sind Impulsflüsse. Aber der Impuls ist selbst ein Vektor. Dadurch ist der Fluss des Impulses gewissermaßen mehr als ein Vektor, eben ein Tensor. Seine Komponenten $\rho\,\overline{v'v'}$ nennt man auch *Eddy-Impulsflüsse*.

In der praktischen Anwendung verwendet man vom vollständigen Reynoldsschen Impulsflussdichtetensor nur die beiden Komponenten, die den Vertikalfluss des Horizontalimpulses betreffen:

$$\boxed{\boldsymbol{\tau} = -\rho\,\overline{\boldsymbol{V}'w'} = -\rho(\overline{u'w'},\,\overline{v'w'})} \tag{18.6}$$

Diese beiden repräsentieren den Großteil der turbulenten Reibung in der atmosphärischen Grenzschicht und werden dargestellt durch den horizontalen Vektor $\boldsymbol{\tau}$. Er ist am wichtigsten in unmittelbarer Nähe der Erdoberfläche und heißt dort *Oberflächenschubspannung* (engl. *surface stress*). Die Komponenten von $\boldsymbol{\tau}$ sind positiv nach unten, bedingt durch das Minuszeichen in (18.6). Wenn beispielsweise $\overline{u'w'} < 0$, so ist dies ein nach unten gerichteter Eddyfluss von positivem u-Impuls; daher ist das Vorzeichen der x-Komponente von $\boldsymbol{\tau}$, also der Größe $-\rho(\overline{u'w'})$, positiv nach unten.

Die Größe $\boldsymbol{\tau}$ ist der Träger des Impulsaustauschs zwischen Atmosphäre und Erde und insbesondere der Antrieb für die Meeresströmungen.

18.2 Verallgemeinerung: Korrelationsflüsse

Der Mechanismus der *Korrelation* entsteht durch die *Kovarianz* der beteiligten turbulenten Felder; er ist nicht auf die Reynoldsschen Schubspannungen beschränkt. Wir übertragen und verallgemeinern ihn nun auf ein anderes, ebenso wichtiges Beispiel: den vertikalen Feuchtefluss $q\,w$. Hier ist q die spezifische Feuchte und w die vertikale Windgeschwindigkeit. Beide Funktionen q und w mögen von einem unabhängigen Argument ξ abhängen. Dieses kann beispielsweise die Zeit sein, jedoch muss die Natur von ξ nicht spezifiziert werden, wodurch die Allgemeinheit des abzuleitenden Ergebnisses deutlich wird. Der Mittelwert einer der beiden Funktionen, beispielsweise q, sei nun wie folgt definiert:

$$\{q\} = \frac{\int q(\xi)\,\mathrm{d}\xi}{\int \mathrm{d}\xi} \tag{18.7}$$

Die Integralgrenzen sollen fest sein, und auch sie lassen wir unspezifiziert. Die Größe q selbst ist darstellbar als die Summe von *Mittelwert* (geschweifte Klammern) und *Abweichung* (hochgestellter Index e):

$$q(\xi) = \{q\} + q^{e}(\xi) \tag{18.8}$$

Der Mittelwert ist eine Konstante, und die ξ-Abhängigkeit wird durch die Abweichung repräsentiert. Konsistent mit dieser Aufteilung ist das Verschwinden der mittleren Abweichung:

$$\{q^e\} = 0 \qquad (18.9)$$

Die gleiche Darstellung erhalten wir für w. Für das Produkt $q\,w$ liefert dieser Kalkül:

$$\{q\,w\} = \{(\{q\}+q^e)(\{w\}+w^e)\} = \{\{q\}\{w\}\} + \{q^e\{w\}\} + \{\{q\}\,w^e\} + \{q^e\,w^e\} \qquad (18.10)$$

Im ersten Term rechts ist die Mittelung von Mittelwerten eine überflüssige Operation und ändert nichts, d. h. die äußere Mittelungsoperation kann entfallen. Aus den beiden mittleren Termen lassen sich die Mittelwerte aus den Mittelungsklammern herausziehen:

$$\{q\,w\} = \{q\}\{w\} + \underbrace{\{q^e\}}_{=\,0}\{w\} + \{q\}\underbrace{\{w^e\}}_{=\,0} + \{q^e\,w^e\} \qquad (18.11)$$

Das Verschwinden der beiden mittleren Terme folgt aus Gleichung (18.9). Das Ergebnis lautet

$$\boxed{\{q\,w\} = \{q\}\{w\} + \{q^e\,w^e\}} \qquad (18.12)$$

Der erste Term beschreibt den Transport der mittleren spezifischen Feuchte mit dem mittleren vertikalen Wind. Der zweite Term wird durch die *Eddy-Kovarianz* bewirkt und stellt den *Korrelationsfluss* dar. Die obige zeitliche Mittelung (18.3) ist im Ergebnis (18.12) als Spezialfall enthalten.

Verantwortlich für den Korrelationsfluss ist der Umstand, dass über die Variable ξ gemittelt wurde. Die Entstehung dieser Größe hängt weder vom Typ der Funktionen q und w noch davon ab, um welche unabhängige Variable ξ es sich handelt. Die wahre Ursache ist vielmehr die Nichtlinearität des Flusses, der zwei separat fluktuierende Felder (hier die transportierte Größe q und die transportierende Größe w) durch die Mittelung miteinander koppelt. Ein Korrelationsfluss tritt auf, wenn beide Größen sozusagen zur gleichen Zeit das Gleiche tun (dann ist der Fluss positiv) oder zur gleichen Zeit das Entgegengesetzte (dann ist er negativ).

18.3   Das Schließungsproblem

Der in (18.6) definierte turbulente Impulsfluss τ hat zum mittleren Windfeld keine eindeutige Beziehung. Dadurch wird die zusätzliche Unbekannte $\overline{V'w'}$ in die zeitlich gemittelte Bewegungsgleichung eingeführt. Für diese Unbekannte gibt es aber zunächst keine physikalisch irgendwie begründete Gleichung, insbesondere keine Erhaltungsgleichung, wie sie uns beim Impuls, bei der Masse und bei der Energie inzwischen zur Selbstverständlichkeit geworden ist. Das gleiche gilt allgemein für Korrelationsausdrücke des Typs $\{q^e\,w^e\}$ in Formel (18.12). Diesen Umstand nennt man das *Schließungsproblem* der Grenzschichttheorie.

Zur Lösung des Schließungsproblems sind viele Möglichkeiten erarbeitet worden, die sich grob wie folgt charakterisieren lassen:

- **K-Ansatz:** Hier wird der turbulente Fluss proportional zum Gradienten der mittleren transportierten Größe gesetzt. Beim Impulsfluss ist dies der mittlere Horizontalwind, beim Feuchtefluss die mittlere Feuchte und beim Wärmefluss die mittlere Temperatur. Dies ist eine physikalisch anschaulich begründete Hauruck-Methode, die sich jedoch erstaunlich gut bewährt hat. Der Grundgedanke wird als *Parametrisierung* bezeichnet. Wir erläutern ihn im nächsten Abschnitt.
- **Explizite Berechnung:** Hier wird für den turbulenten Fluss eine eigene Vorhersagegleichung aufgestellt. Dies ist grundsätzlich möglich, und man kann sogar für jedes Korrelationsprodukt auf Grundlage der Erhaltungsgleichungen neue Vorhersagegleichungen aufstellen. Jedoch stellt man fest, dass beispielsweise die Prognosegleichung für $\overline{u'w'}$ Korrelationsmomente des Typs $\overline{u'^2 w'}$ enthält. Wenn man weiter versucht, diese durch eine höhere Vorhersagegleichung zu berechnen, erzeugt man Korrelationsausdrücke mit 4 Störungsgliedern etc., und diese Büchse der Pandora hat kein Ende.
- **TKE-Schließung** Hier führt man die Theorie bis zur Gleichung für die turbulente kinetische Energie und definiert anschließend geeignete Schließungen. Dafür gibt es eine Reihe physikalisch gut begründeter und durch eine große Zahl von Messungen abgesicherter Annahmen, mit denen man sich helfen kann. An der Aufgabe der Schließung selbst kommt man am Ende jedoch nicht vorbei.

Wir erläutern den Gedanken des K-Ansatzes im nächsten Abschnitt für den vertikalen Impulsfluss. Die Methode „explizite Berechnung" lassen wir vorläufig auf sich beruhen. Das dritte Verfahren („TKE-Schließung") verwendet als wichtigstes Instrument die Gleichung für die turbulente kinetische Energie, und diese behandeln wir im übernächsten Kapitel. Darin werden am Ende auch die Grundideen genannt, die man für die „explizite Berechnung" benötigt.

18.4 Die Austauschparametrisierung

Hier versucht man, das Schließungsproblem dadurch zu lösen, dass man $\overline{V'w'}$ mit dem zeitlich gemittelten Windfeld $\overline{V}$ verknüpft. Die klassische Parametrisierung dieser Art wurde von *Wilhelm Schmidt* entwickelt. Nach seinen Vorstellungen bewirkt die Turbulenz einen vertikalen *Austausch* von Impuls, der dem Gradienten des mittleren Horizontalwindes entgegen gerichtet ist:

$$\boxed{\rho\,\overline{V'w'} = -K\,\frac{\partial \overline{V}}{\partial z}} \tag{18.13}$$

Die Größe K wird als *Austauschkoeffizient* bezeichnet. Der Ansatz (18.13) ist durch das analoge molekulare Gesetz (7.33) bei der Navier-Stokes-Gleichung inspiriert. K

ist das turbulente Gegenstück zur molekularen *dynamischen Zähigkeit* η, jedoch um Größenordnungen größer als η.

Für die Divergenz der x-Komponente von (18.13) ergibt sich im einfachsten Fall mit der Annahme, dass $K/\rho = \nu$ vertikal konstant ist:

$$\boxed{\frac{\partial \overline{u'w'}}{\partial z} = -\nu\, \frac{\partial^2 \overline{u}}{\partial z^2}} \qquad (18.14)$$

Der Koeffizient ν (mit der Einheit m^2/s) ist das turbulente Gegenstück zur molekularen *kinematischen Zähigkeit*, jedoch um Größenordnungen größer.

Die Wirkung der Parametrisierung ist in Abb. 18.1 illustriert. Das Vertikalprofil von $\overline{u}$ ist negativ gekrümmt. Dadurch wird die Divergenz des vertikalen Impulsflusses

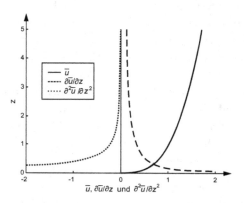

Abb. 18.1 Zur Richtung des turbulenten Korrelationsflusses. Die durchgezogene Kurve stellt das mittlere Windprofil, die gestrichelte die erste und die punktierte Kurve die zweite Ableitung nach der Höhe dar. Dabei ist $\partial^2 \overline{u}/\partial z^2 < 0$ (d. h. *negative Krümmung*) und wegen Gleichung (18.14) daher $\partial \overline{u'w'}/\partial z > 0$. Einheiten willkürlich.

positiv (das ist ein Beispiel für die Unanschaulichkeit der Divergenz eines Flussvektors). Der Eddy-Impulsfluss $\overline{u'w'}$ ist in der Grenzschicht nach unten gerichtet, also negativ, aber seine Divergenz ist positiv. Auf dem Weg nach unten wird zwar der mittlere Wind $\overline{u}$ immer kleiner, aber $\overline{u'w'}$ wird immer größer, also immer stärker negativ, und das ist der Grund für die positive Divergenz.

Die Auswirkung dieser Größe auf die Tendenz des Windes sieht man, wenn man in Gleichung (11.24) alle Glieder mit $p, \pi ij, \Phi$ weglässt, das Ergebnis zeitlich mittelt und nur den vertikalen Korrelationsfluss berücksichtigt. Mit (18.14) ergibt sich

$$\frac{\partial \overline{u}}{\partial t} = -\frac{\partial \overline{u'w'}}{\partial z} = +\nu\, \frac{\partial^2 \overline{u}}{\partial z^2} \qquad (18.15)$$

Die rechte Seite dieser vereinfachten Impulsgleichung ist negativ (punktierte Kurve in Abb. 18.1). Das bedeutet: Die negative Krümmung des mittleren Windprofils in Bodennähe führt zu einer Bremsung des mittleren Windes. Das entspricht der Vorstellung von *turbulenter Reibung*.

19 Die atmosphärische Grenzschicht

Als Grenzschicht der Atmosphäre bezeichnet man die Schicht, in der die turbulente Reibung einen maßgebenden Einfluss auf die Dynamik der Vorgänge ausübt. Dieser Bereich betrifft etwa 10 % der gesamten Atmosphäre in der Vertikalen. Danach ist die Grenzschicht etwa 1 km dick in kartesischen Koordinaten und 100 hPa in Druckkoordinaten. Im nächsten Abschnitt geben wir eine kurze Übersicht über den Vertikalaufbau der Grenzschicht.

Die Grenzschichtmeteorologie ist ein großer und wichtiger Teilbereich unseres Faches. Aus der umfangreichen Literatur sei als einziges Beispiel das einführende Werk von H. Kraus (2008) zitiert, in dem sich der Zugang zu vertiefender Analyse findet.

19.1   Vertikalaufbau der Grenzschicht

Wir gliedern den Vertikalaufbau der Atmosphäre aus der Perspektive der Grenzschichtmeteorologie gemäß der schematischen Darstellung in Abb. 19.1. Die Schichten unterscheiden wir in stark vereinfachender Weise von oben nach unten wie folgt:

■ **Freie Atmosphäre, ca. 90 % der gesamten Atmosphäre:** In diesem Bereich beeinflusst die turbulente Reibung die Vorgänge so wenig, dass ihre Vernachlässigung die Beschreibung der Dynamik so gut wie nicht verfälscht. Die hier wirkenden Kräfte sind gegeben durch das Druckgradientenfeld (in p-Koordinaten dargestellt durch das Geopotenzialfeld) sowie die ablenkende Kraft der Erdrotation (Coriolis-Kraft). Der Hinweis auf den Vertikalaustausch durch subgitterskalige Flüsse im Bild bezieht sich auf numerische Modelle mit begrenzter Auflösung.

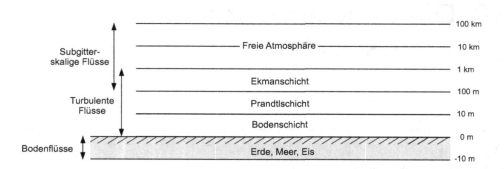

Abb. 19.1 Schematischer Vertikalaufbau der atmosphärischen Grenzschicht.

- **Ekman-Schicht, ca. 10 % der gesamten Atmosphäre:** Hier kommen die turbulenten Reibungskräfte zu den Kräften der freien Atmosphäre hinzu. Im einfachsten Fall sind Druckgradient-, Coriolis- und Reibungskraft im Gleichgewicht.
- **Prandtl-Schicht, ca. 1 % der Atmosphäre:** Diese ist im Wesentlichen identisch mit der Schicht, in welcher der vertikale turbulente Impulsfluss näherungsweise konstant in der Vertikalen ist (*constant flux layer*). Am unteren Rand ist dies der Bereich der ursprünglich von Geiger so genannten *bodennahen Luftschicht*. Ihr Unterteil ist die Vegetationsschicht (1 bis 2 m bei niedriger Vegetation und Feldern, 10 m bei mittlerer Vegetation, einige 100 m bei Wald). Für den Energiehaushalt ist die Obergrenze der Vegetation (*canopy*) ausschlaggebend (Vegetationsschicht ≈ *canopy layer*).
- **Bodennahe Schicht, cm bis mm:** Der Oberteil der Bodenschicht reicht in die Geigersche Schicht hinein. Ihr unterster Teil (die so genannte *skin layer*) ist der Übergangsbereich, in dem molekularer Wärme- und Feuchtetransport die Rolle des turbulenten Vertikaltransports übernehmen.
- **Erdoberfläche (*soil layer*), cm bis einige m:** Das ist der oberste Teil des Erdbodens, in dem keine turbulenten Flüsse möglich sind, sondern nur molekulare (am wichtigsten ist der molekulare Wärmefluss). Aber: Die Erdoberfläche besteht auch aus Schnee/Eis, dort kann Strahlung eindringen. Schließlich besteht die Erdoberfläche zu ca. 70 % aus Meer. Also gibt es hier außer Strahlung auch turbulente Vertikalflüsse im Wasser, die ebenfalls in der Grenzschichttheorie zu behandeln sind.

19.2 Die Prandtl-Schicht

Den im vorigen Kapitel behandelten Austauschansatz nennt man auch *K-Ansatz*; wir haben ihn zunächst für den turbulenten Impulstransport diskutiert. Auch für andere turbulente Transporte, insbesondere Feuchte- und Wärmetransport, sind K-Ansätze geeignet und üblich. Der dahinter stehende Gedanke, den turbulenten Fluss durch den negativen Gradienten der mittleren Größe darzustellen, geht beim Wärmefluss bereits auf Newton zurück.

In diesem Abschnitt wollen wir den K-Ansatz etwas vertiefter durch die Theorie der Mischungslänge begründen. Diese Theorie geht auf Ludwig Prandtl zurück, der im frühen 20. Jahrhundert die Grenzschichttheorie aus der Strömungslehre auf die Atmosphäre übertragen hat. Ihm zu Ehren wird im deutschsprachigen Raum der unterste Teil der atmosphärischen Grenzschicht (einige Dekameter, die Obergrenze ist naturgemäß nicht scharf) als Prandtl-Schicht bezeichnet. Sie ist im Wesentlichen gleich der Schicht, in der man den vertikalen Impulsfluss als ungefähr konstant annehmen kann.

19.2.1 Die *constant flux layer*

Die vertikale Konstanz von ν in der Parametrisierung (18.14) ist in Bodennähe keine gute Näherung. In den untersten 10 bis 100 m der Atmosphäre ist es realistischer, den Fluss näherungsweise als vertikal konstant anzusetzen. Das ist das Modell der *constant flux layer*.

Die Gleichung (18.13) beschreibt den vertikalen Eddy-Fluss des horizontalen Windvektors $\boldsymbol{V}$. Man betrachtet jedoch in der Grenzschichttheorie gern nur die x-Komponente und dreht dazu, falls nötig, $\boldsymbol{V}$ durch eine orthogonale Transformation in x-Richtung. Für den einzigen dabei verbleibenden turbulenten vertikalen Impulstransport schreibt man

$$\boxed{\overline{u'w'} = -(u_*)^2}\tag{19.1}$$

und bezeichnet u_* als *Schubspannungsgeschwindigkeit* oder *Reibungsgeschwindigkeit* (in der internationalen Literatur *friction velocity*). Das Vorzeichen berücksichtigt, dass $\overline{u'w'}$ nahe der Erdoberfläche nach unten gerichtet ist.

19.2.2 Das Konzept der Mischungslänge

Hier nimmt man an, dass die Störungskomponenten proportional zum vertikalen Gradienten von $\overline{u}$ sind:

$$u' = -\frac{\partial \overline{u}}{\partial z}\, z' \qquad w' = \kappa^2\, \frac{\partial \overline{u}}{\partial z}\, z'\tag{19.2}$$

Die verschiedenen Vorzeichen von u' und w', zusammen mit der positiven Konstanten $\kappa \approx 0.4$, tragen der Anisotropie der Turbulenz nahe der Erdoberfläche Rechnung. Schließlich setzt man $z'^2 = z^2$. Der Ansatz (19.2) entspricht zusammen mit Gleichung (19.1) einem linear nach oben zunehmenden Austauschkoeffizienten. Dadurch wird berücksichtigt, dass die Größe der Eddies nach oben hin zunimmt, wodurch auch ihre Effizienz zunimmt, Impuls vertikal zu transportieren (übrigens nicht nur Impuls, sondern auch andere Eigenschaften, vornehmlich Feuchte und Wärme).

19.2.3   Das logarithmische Windprofil

Einsetzen von u' und w' in (19.1) ergibt die Gleichung für das *logarithmische Windprofil*:

$$\boxed{\; z\,\frac{\partial \overline{u}}{\partial z} = \frac{u_*}{\kappa} \qquad \text{bzw.} \qquad \overline{u}(z) = \frac{u_*}{\kappa}\,\log\frac{z}{z_\mathrm{o}} \;}$$ (19.3)

Die Integrationskonstante z_o heißt *Rauigkeitshöhe*; $\kappa = 0.4$. Schubspannungsgeschwindigkeit und Rauigkeitshöhe werden aus dem gemessenen Vertikalprofil des Windes gewonnen. Das Ergebnis (19.3) stellt ein fundamentales Ähnlichkeitsgesetz für das vertikale Windprofil dar, das für einen weiten Parameterbereich mit den Messungen in der Atmosphäre übereinstimmt.

Die Arbeit mit Gleichung (19.3) vollzieht sich im einfachsten Fall so, dass man aus zwei Messwerten $u_1(z_1)$ und $u_2(z_2)$ in zwei verschiedenen Höhen die Parameter u_* und z_o abschätzt:

$$u_* = \kappa\,\frac{u_2 - u_1}{\log(z_2/z_1)} \qquad z_\mathrm{o} = z_1\,\exp\!\left(-\kappa\,\frac{u_1}{u_*}\right) = z_2\,\exp\!\left(-\kappa\,\frac{u_2}{u_*}\right)$$ (19.4)

Liegen mehr als zwei Messwerte vor, so kann man die Kurve ausgleichen und die Schätzung dadurch verbessern, beispielsweise indem man den Nullpunkt um z_o verschiebt und bei $z = 0$ eine Randgeschwindigkeit $u_\mathrm{o} \neq 0$ anpasst. Da die Reibung nicht zu einer Beschleunigung führen kann, muss das Geschwindigkeitsprofil in der Grenzschicht negativ gekrümmt sein. Das logarithmische Windprofil erfüllt diese Bedingung ebenso wie der beobachtete Wind (schematisch in Abb. 18.1).

Einen vertieften Zugang zur Grenzschichtdynamik gewinnt man mit *Ähnlichkeitsbetrachtungen*. Durch die Dimensionsanalyse zeigt man, dass die Flussprofile nur von wenigen dimensionsfreien Zahlen abhängen. Eine solche ist die *Oberflächen-Rossby-Zahl*

$$\boxed{\; Ro = \frac{V_\mathrm{g}}{f\,z_\mathrm{o}} \;}$$ (19.5)

V_g ist der Betrag des geostrophischen Windes. Verglichen mit den Rossbyzahlen im quasigeostrophischen Modell (typische Werte dort $Ro = 0.1$) sind die Werte der Oberflächen-Rossby-Zahl sehr groß ($10^5..10^9$). Das liegt an der Kleinheit des Rauigkeitsparameters z_o.

Man kann nun vielfach die Windprofile in der Grenzschicht für verschiedene Situationen durch jeweils gleiche Werte von Ro charakterisieren, falls die meteorologische Lage rein dynamisch bedingt ist (neutrale Grenzschicht). Dafür lautet das Verhältnis von u_* zu V_g (universelles Widerstandsgesetz, hier Näherungsformel nach Kraus 2008, auf natürlichen Logarithmus log umgerechnet):

$$\frac{u_*}{V_\mathrm{g}} = \frac{1}{2.00\,\log\,(Ro)}$$ (19.6)

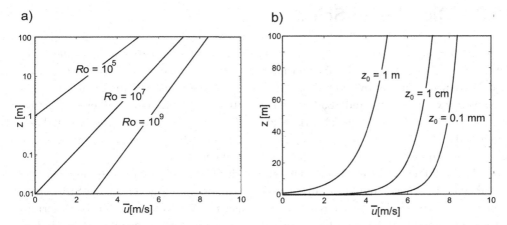

Abb. 19.2 Logarithmische Windprofile in der neutralen Prandtlschicht, berechnet nach (19.3). Schubspannungsgeschwindigkeit u_* aus Formel (19.6) für $V_g = 10\,\text{m/s}$ und verschiedene Werte von Ro. Rauigkeitshöhe z_0 aus Formel (19.5) für $f = 10^{-4}\,\text{s}^{-1}$. Teilbild a) Kurven geplottet gegen $\log(z/z_0)$, Beschriftung mit dem Scharparameter $Ro = 10^5, 10^7, 10^9$. Teilbild b) Kurven geplottet gegen z, Beschriftung mit dem zu Ro gehörenden Wert von z_0.

Das bedeutet: Für einen gegebenen geostrophischen Wind und gegebene Rossby-Zahl liefern Gleichungen (19.5), (19.6) die Parameter u_*, z_0, die man für das logarithmische Windprofil braucht. Auf diese Weise sind die Kurven in Abb. 19.2 berechnet. Man sieht den linearen Anstieg in der logarithmischen und den gekrümmten in der linearen Darstellung. Die Rauigkeitshöhe z_0 ist klein bei glatten Oberflächen (0.1 mm für ruhige Wasseroberflächen) und groß bei gestörten Oberflächen (1 m bei Wald, je nach Höhe).

19.2.4 Verallgemeinerungen

Wenn man das gemessene Windprofil gegen den Logarithmus der Höhe aufträgt, sollte sich gemäß Formel (19.3) eine Gerade ergeben. Gemessene Daten weichen davon mehr oder weniger stark ab. Man unterscheidet zwischen *stabiler* und *labiler* Schichtung. Grundlegendes Stabilitätsmaß ist der *Auftriebsfluss*, also die Korrelation zwischen dem Auftrieb b (der *buoyancy*), definiert in (13.13), und der Eddy-Vertikalgeschwindigkeit w':

$$C = \overline{b'\,w'} = -g\,\overline{\alpha}\,\overline{\rho'\,w'} \tag{19.7}$$

Bei positivem Auftriebsfluss spricht man von labiler, bei negativem von stabiler Schichtung. Das hier abgeleitete logarithmische Windprofil gilt für neutrale Schichtung.

19.3   Die Ekman-Schicht

Als Ekman-Schicht bezeichnet man in einem Geofluid den Grenzbereich zwischen reibungsfreiem Fluid und Erdoberfläche (das kann auch die Ozeanoberfläche sein). Walfried Ekman hat im Jahre 1902 als Erster die auf der Fram-Drift im Polarmeer von F. Nansen zwischen 1893 und 1896 beobachtete Rechtsablenkung der Meeresströmungen durch die hier referierte Theorie erklärt. Ihm zu Ehren bezeichnet man diese Schicht, die den Großteil der atmosphärischen Grenzschicht ausmacht, mit seinem Namen. In neuerer Zeit wird sie auch *Spiralschicht* genannt.

Die Ekman-Theorie liefert keine Darstellung der Grenzschicht für die meteorologische Praxis. Das liegt einmal daran, dass die Ekman-Lösung gegen kleine Störungen nicht stabil ist; außerdem ist die reale Grenzschicht instationär. Trotz der Idealisierungen stellt dennoch die Ekman-Theorie ein bleibend wichtiges konzeptionelles Modell dar, mit dem der Mechanismus der Grenzschichten von Geofluiden im Ansatz richtig beschrieben wird. Daher lohnt es sich, sie im folgenden gerafft darzustellen.

19.3.1   Kräftegleichgewicht in der Ekman-Schicht

Wir starten mit den horizontalen Bewegungsgleichungen in z-Koordinaten unter Einschluss der turbulenten Reibung. Sie lauten für ein inkompressibles Fluid konstanter Dichte

$$\frac{\mathrm{d}u}{\mathrm{d}t} - f(v - v_\mathrm{g}) - \nu \frac{\partial^2 u}{\partial z^2} = 0 \qquad \frac{\mathrm{d}v}{\mathrm{d}t} + f(u - u_\mathrm{g}) - \nu \frac{\partial^2 v}{\partial z^2} = 0 \qquad (19.8)$$

Der Vektor $(u_\mathrm{g}, v_\mathrm{g}) = (U_\mathrm{g}, 0)$ des geostrophischen Windes wird in positive x-Richtung gelegt und repräsentiert den horizontalen Druckgradienten. Dieser und damit U_g wird als gegeben sowie unabhängig von z betrachtet.

Der einfachste Fall ist eine Lösung, die nur von z abhängt. Wenn man dies annimmt, liefert die Massenkontinuitätsgleichung:

$$\frac{\partial u}{\partial x} + \frac{\partial v}{\partial y} + \frac{\partial w}{\partial z} = 0 \qquad \text{und} \qquad \frac{\partial w}{\partial z} = 0 \qquad \text{sowie} \qquad w \equiv 0 \qquad (19.9)$$

Daraus folgt unmittelbar $\mathrm{d}u/\mathrm{d}t \equiv 0$ und $\mathrm{d}v/\mathrm{d}t \equiv 0$. Damit werden die Bewegungsgleichungen strikt stationär. Das Kräftegleichgewicht in (19.8) besteht also zwischen der Coriolis-Kraft, dem Druckgradienten und der Reibungskraft. Wenn man bedenkt, dass der geostrophische Wind nicht von z abhängt, kann man (19.8) auch so schreiben:

$$-f(v - v_\mathrm{g}) - \nu \frac{\partial^2 (u - u_\mathrm{g})}{\partial z^2} = 0 \qquad \text{und} \qquad + f(u - u_\mathrm{g}) - \nu \frac{\partial^2 (v - v_\mathrm{g})}{\partial z^2} = 0 \qquad (19.10)$$

Die jeweils eine Komponente des ageostrophischen Windes wird also von der zweiten Ableitung der anderen Komponente balanciert.

19.3.2   Die Ekman-Spirale

Die berühmte *Ekman-Spirale* ist die Lösung der stationären Bewegungsgleichungen
(19.10) als Funktion der Höhe. Die Gleichungen (19.10) lauten mit dem ageostrophischen Wind $u_a = u - u_g, v_a = v - v_g$:

$$- f v_a - \nu u_a'' = 0 \qquad f u_a - \nu v_a'' = 0 \tag{19.11}$$

Dabei bezeichnet der Doppelstrich die zweite Ableitung in z-Richtung. Wenn man die
zweite Gleichung von (19.11) mit der imaginären Einheit i durchmultipliziert und zur
ersten addiert, erhält man mit der Definition

$$u_a(z) + i \, v_a(z) = V_a(z) \tag{19.12}$$

in komplexer Schreibweise:

$$i f V_a - \nu \, V_a'' = 0 \tag{19.13}$$

Das schreiben wir in folgender Form:

$$\boxed{i \, V_a - \frac{1}{2} \, D_E^2 \, V_a'' = 0 \quad \text{mit} \quad D_E = \sqrt{\frac{2 \, \nu}{f}}} \tag{19.14}$$

Diese gewöhnliche Differenzialgleichung für den komplexen Windvektor V_a hat die
allgemeine Lösung

$$V_a(z) = V_{a,0} \, e^{\pm (1+i) z / D_E} \tag{19.15}$$

Als Randbedingung zur Festlegung des Vorzeichens im Exponenten fordert man, dass
$V_a(z)$ für große z gegen null geht; dann kommt nur das Minuszeichen in Frage. Zur

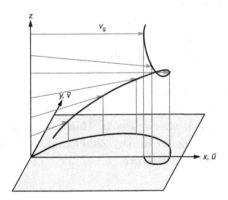

Abb. 19.3 Illustration der Ekman-Spirale
bei einem in x-Richtung vorgegebenen
geostrophischen Wind V_g. Eingezeichnet
sind der horizontale Windvektor $(\overline{u}, \overline{v})$
als Funktion der Höhe (dünne schwar-
ze Pfeile), ferner die Verbindungslinie
der Endpunkte der Pfeile (so genanntes
Hodogramm, graue Linie) sowie die Projektion der Endpunkte der Pfeile auf die
Erdoberfläche (fett gezeichnete schwarze
Spirale).

Festlegung der komplexen Integrationskonstanten $V_{a,0}$ fordert man, dass $u = v = 0$
bei $z = 0$ gilt. Das liefert $V_{a,0} = -U_g$, also $V_a(z) = -U_g \exp[-(1 + i) z / D_E]$. Zurück
zum ageostrophischen und zum aktuellen Wind liefert das in Komponenten:

$$\boxed{u(z) = U_g \left[1 - \exp\left(- \frac{z}{D_E} \right) \cos \frac{z}{D_E} \right] \qquad v(z) = U_g \exp\left(- \frac{z}{D_E} \right) \sin \frac{z}{D_E}} \tag{19.16}$$

Der Parameter D_E heißt Dicke der Ekman-Schicht oder *Ekman-Höhe*. Er skaliert das Vertikalprofil der Spirale nach Maßgabe der Größe f und des turbulenten Austauschparameters ν. Letzterer ist hier als konstant angenommen. Nach Durchlaufen der Höhe $z = D_E$ hat sich der Windvektor um 180° gedreht; gleichzeitig hat sich die ageostrophische Komponente um den Faktor $\exp(z/D_E)$ abgeschwächt.

19.3.3 Pumpen der Ekman-Schicht

Die Vorticity des geostrophischen Windes liefert einen wichtigen Zusammenhang mit der Vertikalgeschwindigkeit am oberen Rand der Ekman-Schicht. Dazu bilden wir mit der eben gefundenen Lösung (19.16) die horizontale Divergenz; dabei beachten wir, dass $U_g = U_g(y)$ ist, und erhalten:

$$\frac{\partial u}{\partial x} + \frac{\partial v}{\partial y} + \frac{\partial w}{\partial z} = 0 \qquad \text{also} \qquad \frac{\partial w}{\partial z} = -\frac{\partial v}{\partial y} = \underbrace{-\frac{\partial U_g}{\partial y}}_{=\zeta_g} \exp\left(-\frac{z}{D_E}\right) \sin\frac{z}{D_E} \qquad (19.17)$$

Diesen Ausdruck kann man vertikal integrieren. Mit der Randbedingung $w_{(z=0)} = 0$ ergibt das

$$w(z) = \frac{1}{2}\,\zeta_g\,D_E\left[1 - \exp\left(-\frac{z}{D_E}\right)\left(\cos\frac{z}{D_E} + \sin\frac{z}{D_E}\right)\right] \qquad (19.18)$$

Bei großen Werten von z wird der Inhalt der eckigen Klammern gleich 1. Dies bedeutet: Die Vertikalgeschwindigkeit, die durch die Divergenz des ageostrophischen Windes in der Ekman-Schicht aufgebaut wird, entsteht in Wirklichkeit durch die Vorticity des antreibenden geostrophischen Windfeldes. Bei zyklonaler Vorticity ist die horizontale Strömung in der Ekman-Schicht konvergent, was zu positivem w, also zur Aufwärtsgeschwindigkeit führt. Klimatologisch unterstützen also Tiefdruckgebiete die Aufwärtsbewegung und damit Wolkenbildung, während Hochdruckgebiete mit negativer Vorticity das Absinken unterstützen. Der Effekt (angegeben in cm/s) ist nicht stark, aber klimatologisch von Bedeutung.

Der aufmerksame Leser wird beobachtet haben, dass die in (19.17) verwendete y-Abhängigkeit der oben unterstellten reinen z-Abhängigkeit des Windprofils widerspricht. Der Zusatzeffekt ist in der Tat vorhanden, aber schwach. Man kann mit der Skalenanalyse zeigen, dass er von der Größenordnung der Rossby-Zahl ist, also um eine Ordnung kleiner als die anderen Terme in der Ekman-Balance.

20 Der Energiehaushalt der Grenzschicht

Der Energiehaushalt der Grenzschicht ist grundsätzlich nicht anders organisiert als im reibungsfreien Bereich der Atmosphäre. Jedoch bringt die Reibung derart wichtige zusätzliche Besonderheiten mit sich, dass dies ein eigenes Kapitel rechtfertigt. Zur Einstimmung beginnen wir mit dem Energiehaushalt der Ekman-Schicht, bei dem keine Korrelationsausdrücke vorkommen, sondern nur der horizontale mittlere Windvektor, was die Rechnung entsprechend einfach macht.

20.1   Energiehaushalt der Ekman-Schicht

Wir verallgemeinern den horizontalen Windvektor der Ekman-Schicht um das zeitliche Argument zu $\boldsymbol{V}(t, z)$. Dadurch treten in den Bewegungsgleichungen (19.8) lokalzeitliche Ableitungen auf. Wenn wir die erste Gleichung mit u und die zweite mit v multiplizieren und addieren, so ergibt sich für $\boldsymbol{V} = (u, v)$:

$$\frac{\partial}{\partial t} \frac{\boldsymbol{V}^2}{2} - f \left(v \, u_{\mathrm{g}} - u \, v_{\mathrm{g}} \right) - \nu \left(u \, \frac{\partial}{\partial z} \frac{\partial u}{\partial z} + v \, \frac{\partial}{\partial z} \frac{\partial v}{\partial z} \right) = 0 \qquad (20.1)$$

Diese Gleichung wird nun vertikal über z von 0 bis D integriert, wobei D verglichen mit D_{E} groß ist. Das liefert für die gesamte horizontale kinetische Energie der Schicht von 0 bis D:

$$K = \int\limits_0^D \rho \, \frac{\boldsymbol{V}^2}{2} \, \mathrm{d}z \approx \rho \, \frac{U_{\mathrm{g}}^2}{2} \, D \qquad (20.2)$$

Der zweite Term liefert nach gleicher Vertikalintegration mit $u_\mathrm{g} = U_\mathrm{g}$ und $v_\mathrm{g} = 0$:

$$\int\limits_0^D \rho\, f\, v\, U_\mathrm{g}\, \mathrm{d}z \approx \rho\, f\, \frac{U_\mathrm{g}^2}{2}\, D_\mathrm{E} \tag{20.3}$$

Der dritte Term macht etwas Mühe, und wir erhalten

$$\int\limits_0^D \rho\, \nu \left(u\, \frac{\partial}{\partial z}\, \frac{\partial u}{\partial z} + v\, \frac{\partial}{\partial z}\, \frac{\partial v}{\partial z} \right) \mathrm{d}z = -\rho\, \nu\, \frac{U_\mathrm{g}^2}{D_\mathrm{E}} \tag{20.4}$$

Damit lautet der Haushalt der kinetischen Energie der Ekman-Schicht:

$$\boxed{\frac{\partial K}{\partial t} = \rho\, f\, \frac{U_\mathrm{g}^2}{2}\, D_\mathrm{E} - \rho\, \nu\, \frac{U_\mathrm{g}^2}{D_\mathrm{E}}} \tag{20.5}$$

Kann dieses Feld stationär sein? Ja – wenn die rechte Seite verschwindet. Die Bedingung dafür ist der schon oben gefundene Zusammenhang

$$D_\mathrm{E}^2 = \frac{2\,\nu}{f} \tag{20.6}$$

Der erste Term rechts ist ein Erzeugungsterm; er überträgt Energie aus dem geostrophischen Wind. Dazu muss U_g ständig aufrechterhalten werden. Wenn man D_E aus dem ersten Term von (20.5) eliminiert, so erkennt man, dass die Rate, mit der kinetische Energie aus der freien Atmosphäre in die Ekman-Schicht fließt, proportional ist zu $\sqrt{\nu f}$; das ist eine Geschwindigkeit. Sie wird maximiert durch hohe Turbulenz und starke Corioliskraft, beides passt in unsere Vorstellung. Die Corioliskraft ist eine Scheinkraft und daher kein Antrieb, sondern einfach ein Energieübertrag.

   Der zweite Term rechts in (20.5) ist dagegen ein Verlustglied. Die turbulente Reibung holt Energie aus dem geostrophischen Wind heraus und „vernichtet" sie in der Ekman-Schicht; dies geschieht in Wirklichkeit durch Überführung in innere Energie und anschließende Dissipation.

20.2   Die Gleichung für die kinetische Energie

Beim Energiehaushalt in der Grenzschicht sind zwei verschiedene Probleme zu beachten. Einmal haben wir uns im Kapitel über die realen Fluide auf die Gleichung für die gesamte mechanische Energie (kinetische plus potenzielle) beschränkt; hier jedoch benötigen wir die Gleichung für die kinetische Energie separat, um den turbulenten Austausch zwischen kinetischer und potenzieller Energie beschreiben zu können. Zweitens besteht wegen der Nichtlinearität dieser Größe die mittlere kinetische Energie aus zwei Komponenten:

$$\overline{k} = \frac{1}{2}\,\overline{v_i^2} = \frac{1}{2}\,\overline{v_i}^2 + \frac{1}{2}\,\overline{v_i'^2} = k_\mathrm{m} + k_\mathrm{e} \tag{20.7}$$

Man bezeichnet $\overline{k}$ als *totale*, k_m als *mittlere* und k_e als *turbulente kinetische Energie* TKE (oder „eddy-kinetische Energie"). Diese Ausdrucksweise ist nicht streng logisch, denn natürlich sind alle drei Größen in Wirklichkeit mittlere kinetische Energien.

Um die Gleichung für die kinetische Energie zu gewinnen, müssen wir bei den ungemittelten Erhaltungsgleichungen beginnen.

20.2.1 Erhaltungsgleichungen für Masse und Impuls

Die Impulsgleichung für reale Fluide lautet nach Formel (11.24) in elementarer Tensorschreibweise:

$$\frac{\partial \rho v_i}{\partial t} + \frac{\partial \rho v_i v_j}{\partial x_j} + \frac{\partial p}{\partial x_i} + \frac{\partial \pi_{ij}}{\partial x_j} + \rho \frac{\partial \Phi}{\partial x_i} = 0 \qquad (20.8)$$

Die Größen v_i sind die Komponenten des Geschwindigkeitsvektors v in kartesischen Koordinaten. Die Coriolis-Kraft lassen wir einfach weg, weil sie als Scheinkraft bei Bildung der Energiegleichung verschwindet (man überzeuge sich selbst davon). Die Massenkontinuitätsgleichung verwenden wir in Flussform:

$$\frac{\partial \rho}{\partial t} + \frac{\partial \rho v_j}{\partial x_j} = 0 \qquad (20.9)$$

20.2.2 Tricks bei der Umformung der Energiegleichung

Die Gleichung für die kinetische Energie $k = v_i^2/2$ gewinnt man aus (20.8) durch Vormultiplikation mit v_i. Bei den anschließenden Umformungen wird stets die Produktregel der Differenziation verwendet, insbesondere:

$$v_i \frac{\partial v_i}{\partial t} = \frac{\partial}{\partial t} \left(\frac{1}{2} v_i^2 \right) = \frac{\partial k}{\partial t} \qquad v_i \frac{\partial v_i}{\partial x_j} = \frac{\partial k}{\partial x_j} \qquad (20.10)$$

Damit und mit (20.9) lassen sich die ersten beiden Terme der Gleichung für die kinetische Energie in mehreren Schritten wie folgt umformen:

$$v_i \frac{\partial \rho v_i}{\partial t} + v_i \frac{\partial \rho v_i v_j}{\partial x_j} = \frac{\partial \rho k}{\partial t} + \frac{\partial \rho k v_j}{\partial x_j} \qquad (20.11)$$

Der Leser überzeuge sich durch eigenes Nachrechnen von der Richtigkeit. Die Wichtigkeit dieser Formel erkennt man durch den Vergleich mit der Impulsgleichung (20.8): In (20.11) ist einfach k anstelle von v_i in (20.8) getreten.

20.2.3 Die allgemeine Gleichung für die kinetische Energie

Die komplette Gleichung für die kinetische Energie, gewonnen aus (20.8) durch Vormultiplikation mit v_i, lautet nun

$$\frac{\partial \rho k}{\partial t} + \frac{\partial \rho k v_j}{\partial x_j} + \frac{\partial (p v_j + \pi_{ij} v_i)}{\partial x_j} + v_i \rho \frac{\partial \Phi}{\partial x_i} = p \frac{\partial v_i}{\partial x_i} + \pi_{ij} \frac{\partial v_i}{\partial x_j} \qquad (20.12)$$

Hier haben wir (20.11) genutzt sowie den dritten und vierten Term mit der Produktregel umgeformt. Aber der Gradient des Geopotenzials hat nur eine Komponente in x_3-, das heißt in z-Richtung. Daher lautet der letzte Term links in dieser Gleichung einfach $g\,\rho\,w$, worin w die vertikale Geschwindigkeitskomponente ist. Und der letzte Term rechts in (20.12) ist die weiter oben in Gleichung (11.45) eingeführte *Dissipation* $\rho\,\epsilon$. Damit gewinnt unsere Gleichung für die kinetische Energie diese Gestalt:

$$\boxed{\frac{\partial \rho\,k}{\partial t} + \frac{\partial \rho\,k\,v_j}{\partial x_j} + \frac{\partial (p\,v_j + \pi_{ij}\,v_i)}{\partial x_j} = -g\,\rho\,w + p\,\frac{\partial v_i}{\partial x_i} - \rho\,\epsilon} \qquad (20.13)$$

Der erste Term rechts ist der Austausch zur potenziellen Energie. Der zweite Term ist der reversible und der dritte der irreversible Austausch zur inneren Energie.

20.3 Dichtefluktuationen und Boussinesq-Näherung

Die fundamentalen Feldgleichungen (20.8), (20.9) und (20.13) werden gewöhnlich nicht in dieser allgemeinen Form verwendet. Sie sind jedoch die Grundlage, um daraus Spezialfälle abzuleiten. Insbesondere die gemittelten Gleichungen sind aus ihnen zu gewinnen.

Bei der Mittelung ist bei Produkten stets die obige Regel (18.3) zu beachten. Das gilt grundsätzlich auch für die Korrelationen zwischen Dichte und Geschwindigkeitskomponenten, also für Ausdrücke des Typs $\overline{\rho'\,v_i'}$. Nun zeigt sich, dass die Dichtefluktuationen sich nur im Fluss $\overline{\rho'\,w'}$ wirklich stark auswirken, und zwar an der Stelle, wo dieser Fluss zusammen mit g auftritt. Man setzt daher in der so genannten *Boussinesq-Näherung* die Dichte, mit Ausnahme dieser Korrelation, sonst überall gleich dem Mittelwert $\overline{\rho}$. Mit der Boussinesq-Näherung lauten (20.9), (20.8) und (20.13):

$$\frac{\partial \overline{\rho}}{\partial t} + \frac{\partial \overline{\rho}\,\overline{v_j}}{\partial x_j} = 0 \qquad (20.14)$$

$$\frac{\partial \overline{\rho}\,\overline{v_i}}{\partial t} + \frac{\partial \overline{\rho}\,\overline{v_i\,v_j}}{\partial x_j} + \frac{\partial \overline{p}}{\partial x_i} + \overline{\rho}\,\frac{\partial \Phi}{\partial x_i} = 0 \qquad (20.15)$$

$$\frac{\partial \overline{\rho}\,\overline{k}}{\partial t} + \frac{\partial \overline{\rho}\,\overline{k\,v_j}}{\partial x_j} + \frac{\partial \overline{p\,v_j}}{\partial x_j} = -g\,\overline{\rho\,w} + \overline{p\,\frac{\partial v_i}{\partial x_i}} - \overline{\rho}\,\overline{\epsilon} \qquad (20.16)$$

Man sieht, dass die Korrelation mit der Dichte nur im ersten Term rechts in (20.16) berücksichtigt ist. Die anderen Korrelationen (also $\overline{v_i\,v_j}$, $\overline{k\,v_j}$, $\overline{p\,v_j}$ sowie $\overline{p\,\partial v_i/\partial x_i}$) bleiben natürlich erhalten und erfahren durch die Boussinesq-Näherung keine Vereinfachung.

In den vorstehenden Gleichungen wurden aber noch zusätzliche Näherungen angesetzt. In der Gleichung (20.15) für den mittleren Impuls ist die molekulare Reibung gegen die um Größenordnungen größere Scheinreibung infolge der Reynoldsschen Geschwindigkeitskorrelationen vernachlässigt. Und in der Gleichung (20.16) für die mittleren Energie ist die molekulare Reibung ausschließlich in der mittleren Dissipation $\overline{\epsilon}$ übrig geblieben und ansonsten vernachlässigt.

Nachdem die Dichtefluktuationen jetzt an der wichtigsten Stelle berücksichtigt sind, können wir eine letzte Vereinfachung vornehmen und die mittlere Dichte überhaupt konstant setzen; ihr Kehrwert ist $\overline{\alpha}$. Das führt unseren Gleichungssatz über in

$$\frac{\partial \overline{v_j}}{\partial x_j} = 0 \tag{20.17}$$

$$\frac{\partial \overline{v_i}}{\partial t} + \frac{\partial \overline{v_i v_j}}{\partial x_j} + \overline{\alpha}\,\frac{\partial \overline{p}}{\partial x_i} + \frac{\partial \Phi}{\partial x_i} = 0 \tag{20.18}$$

$$\frac{\partial \overline{k}}{\partial t} + \frac{\partial \overline{k v_j}}{\partial x_j} + \overline{\alpha}\,\frac{\partial \overline{p\,v_j}}{\partial x_j} = -g\,\overline{\alpha}\,\overline{\rho\,w} + \overline{\alpha}\,\overline{p\,\frac{\partial v_i}{\partial x_i}} - \overline{\epsilon} \tag{20.19}$$

Hätte man diese Vereinfachung nicht gleich von Anfang vorsehen und sich die komplizierte Ableitung sparen können? Falls der Leser es versucht, wird er scheitern: Vernachlässigungen darf man nicht am Anfang ansetzen, sondern erst am Ende. Ein Beispiel dafür ist die Dissipation. Diese bleibt erhalten, obwohl in den mittleren Gleichungen sonst keine molekularen Ausdrücke mehr auftreten.

20.4 Die Gleichung für die mittlere kinetische Energie

Wegen der in (20.7) eingeführten Zerlegung $\overline{k} = k_{\mathrm{m}} + k_{\mathrm{e}}$ ist (20.19) die Gleichung für die totale kinetische Energie. Aber wie gewinnt man eine separate Gleichung für k_{m}?

Diese verschafft man sich mit der gleichen Methode wie vorher aus der Gleichung für den gemittelten Impuls. Dazu multipliziert man (20.18) mit $\overline{v_i}$ durch und zerlegt $\overline{v_i v_j}$ in den mittleren Fluss plus den Eddy-Fluss. Die Größen $\overline{v_i}$ in den ersten beiden Termen fasst man in k_{m} zusammen:

$$\frac{\partial k_{\mathrm{m}}}{\partial t} + \frac{\partial k_{\mathrm{m}}\,\overline{v_j}}{\partial x_j} + \overline{v_i}\,\frac{\partial \overline{v_i'\,v_j'}}{\partial x_j} + \overline{\alpha}\,\frac{\partial \overline{p}\,\overline{v_j}}{\partial x_j} + g\,\overline{w} = 0 \tag{20.20}$$

Im dritten Term zieht man $\overline{v_i}$ in die Divergenz hinein und erhält

$$\frac{\partial k_{\mathrm{m}}}{\partial t} + \frac{\partial k_{\mathrm{m}}\,\overline{v_j}}{\partial x_j} + \frac{\partial \overline{v_i}\,\overline{v_i'\,v_j'}}{\partial x_j} + \overline{\alpha}\,\frac{\partial \overline{p}\,\overline{v_j}}{\partial x_j} = \overline{v_i'\,v_j'}\,\frac{\partial \overline{v_i}}{\partial x_j} - g\,\overline{w} \tag{20.21}$$

Das ist eine separate Gleichung für die mittlere kinetische Energie. Man kann sie auch so schreiben:

$$\frac{\partial k_{\mathrm{m}}}{\partial t} + \frac{\partial}{\partial x_j}\left(k_{\mathrm{m}}\,\overline{v_j} + \overline{v_i}\,\overline{v_i'\,v_j'} + \overline{\alpha}\,\overline{p}\,\overline{v_j}\right) = \overline{v_i'\,v_j'}\,\frac{\partial \overline{v_i}}{\partial x_j} - g\,\overline{w} \tag{20.22}$$

Auf der linken Seite stehen jetzt nur die Tendenz von k_{m} sowie Flussdivergenzen; rechts stehen Wechselwirkungsterme, die man nicht als Flussdivergenz schreiben kann.

20.5 Die Gleichung für die turbulente kinetische Energie

Im letzten Schritt schreiben wir die Gleichung für die totale kinetische Energie aus und lassen die überflüssigen Glieder (beispielsweise $\partial \overline{v_j}/\partial x_j$) weg:

$$\frac{\partial(k_\mathrm{m}+k_\mathrm{e})}{\partial t} + \frac{\partial(k_\mathrm{m}+k_\mathrm{e})\,\overline{v_j}}{\partial x_j} + \frac{\partial \overline{k'\,v'_j}}{\partial x_j} + \overline{\alpha}\,\frac{\partial \overline{p v_j}}{\partial x_j} = -g\,\overline{w} - g\,\overline{\alpha}\,\overline{\rho'\,w'} + \overline{\alpha p'\,\frac{\partial v'_i}{\partial x_j}} - \overline{\epsilon} \quad (20.23)$$

Diese Gleichung enthält einige Glieder aus der Gleichung für die mittlere kinetische Energie. Man zieht jetzt (20.21) von (20.23) ab und erhält:

$$\frac{\partial k_\mathrm{e}}{\partial t} + \frac{\partial k_\mathrm{e}\,\overline{v_j}}{\partial x_j} + \frac{\partial \overline{k'\,v'_j}}{\partial x_j} + \overline{\alpha}\,\frac{\partial \overline{p'\,v'_j}}{\partial x_j} = -\overline{v'_i\,v'_j}\,\frac{\partial \overline{v_i}}{\partial x_j} - g\cdot\alpha\,\overline{\rho'\,w'} + \overline{\alpha p'\,\frac{\partial v'_i}{\partial x_j}} - \overline{\epsilon} \quad (20.24)$$

Hier kann man wieder links alle Flussdivergenzen zusammenfassen und bekommt damit die Gleichung für die turbulente kinetische Energie (TKE):

$$\boxed{\frac{\partial k_\mathrm{e}}{\partial t} + \frac{\partial}{\partial x_j}\left(k_\mathrm{e}\,\overline{v_j} + \overline{k'\,v'}_j + \overline{\alpha}\,\overline{p'\,v'_j}\right) = -\overline{v'_i\,v'_j}\,\frac{\partial \overline{v_i}}{\partial x_j} - g\,\overline{\alpha}\,\overline{\rho'\,w'} + \overline{\alpha p'\,\frac{\partial v'_i}{\partial x_j}} - \overline{\epsilon}}$$

$$(20.25)$$

Das ist offenbar keine Erhaltungsgleichung, so wie die Gleichung für die Energie, sondern eine Haushaltsgleichung, denn k_e ist schließlich nur ein Teil der Energie; auf der rechten Seite stehen Quellen und Senken, also Austauschterme. Der erste Term beschreibt den Austausch von k_e zu k_m, der zweite den zur potenziellen Energie und die letzten beiden den zur inneren Energie.

Beim ersten Term ist nur der vertikale Austausch (also $x_j = z$ und $v_j = w$) des horizontalen Windes $\boldsymbol{V}$ bedeutsam, so dass gilt:

$$\boxed{R = -\overline{v'_i v'_j}\,\frac{\partial \overline{v_i}}{\partial x_j} = -\overline{\boldsymbol{V}'w'}\,\frac{\partial \overline{\boldsymbol{V}}}{\partial z}} \quad (20.26)$$

R beschreibt die *dynamische Erzeugung* von TKE in der Grenzschicht (auch *Reynoldssche Konversionsrate*). Im einfachsten Fall ist $\overline{\boldsymbol{V}} = (\overline{u}, 0)$. Der vertikale Gradient von $\overline{u}$ ist positiv, aber der vertikale Impulstransport $\overline{u'\,w'}$ negativ; dann ist R positiv. R *verkleinert* also die mittlere und *vergrößert* die turbulente kinetische Energie (Produktion von k_e durch die Scherströmung).

Den zweiten Term rechts in (20.25) bezeichnet man vielfach als *Auftriebsfluss* (international als *buoyancy flux*):

$$\boxed{C = -g\,\overline{\alpha}\,\overline{\rho'\,w'} = \overline{b'\,w'}} \quad (20.27)$$

b ist der in (13.13) eingeführte *Auftrieb*. Dichte und Vertikalgeschwindigkeit sind bei konvektiven Verhältnissen negativ korreliert (bzw. Auftrieb und Vertikalgeschwindigkeit sind positiv korreliert); dann ist der Auftriebsfluss positiv (*konvektive* oder *instabile Grenzschicht*). Die Konversionsrate C beschreibt in diesem Fall die *thermische Erzeugung* von TKE in der Grenzschicht. Auch dieser Prozess *vergrößert* also k_e, auf Kosten der potenziellen Energie der Schichtung. In der *stabilen Grenzschicht* dagegen ist der Auftriebsfluss negativ und C *verkleinert* k_e. Damit ist C ein Parameter, der durch sein Vorzeichen den Stabilitätszustand der Grenzschicht kennzeichnet. $C = 0$ ist das Merkmal der neutralen Grenzschicht (ideales logarithmisches Windprofil).

Der dritte Term in (20.25) beschreibt die Umwandlung von TKE in Wärme aufgrund von Druckschwankungen; er wird wegen deren Kleinheit meist vernachlässigt. Die Dissipation schließlich, der vierte Term $\bar{\epsilon}$, *verzehrt* TKE zugunsten der inneren Energie.

20.6 Energieflussbilanzen

Die Energieflüsse in vertikaler Richtung spielen eine besonders wichtige Rolle in der Meteorologie, denn es sind die Kräfte, welche die Prozesse im Klimasystem antreiben. Die so genannte „physikalische Klimatologie", in der Mitte des vorigen Jahrhunderts vorwiegend betrieben von Lettau, Budyko, Riehl u. a., wurde schwerpunktartig auf den Energieflüssen im Niveau der Erdoberfläche aufgebaut, also auf

- dem solaren Strahlungsfluss,
- dem terrestrischen Strahlungsfluss,
- dem turbulenten Fluss von Wasserdampf,
- dem turbulenten Fluss von Enthalpie,
- dem Bodenwärmestrom.

Die Summe aller Strahlungsflüsse wird als *Strahlungsbilanz* bezeichnet und die Summe der fünf soeben genannten Flüsse als *Energiebilanz*. Auch an der Oberfläche der Erde hat man es mit einer Energiebilanz zu tun. Unsere frühere Abb. 4.1 ist ein Bilanzprofil durch die gesamte Atmosphäre.

In welchem Sinne kann man die Summe von Energieflüssen als Bilanzen bezeichnen, vor allem vor dem Hintergrund des Energiesatzes? Denn die Bilanz des Energiesatzes umfasst ja, unter Berücksichtigung des Gaußschen Integralsatzes, noch die Speicherung der Energie, und diese ist beispielsweise in Abb. 4.1 gar nicht enthalten. Das ist korrekt, denn sie gehört dort nicht hin.

Bilanzaussagen für den Energiefluss sind eine Folge des Energiesatzes: Sie drücken die *Stetigkeit des Flusses der Gesamtenergie* aus. Dieser Fluss darf nirgendwo Sprünge haben. Das scheint auf den ersten Blick eine Selbstverständlichkeit zu sein. Aber beim näheren Hinsehen stellt man fest, dass beispielsweise die Strahlungsbilanz im Niveau der Erdoberfläche vom Wert in der Atmosphäre, der im Allgemeinen recht groß ist (nach Abb. 4.1 typisch 100 W/m²), abrupt auf null abfällt: In den Erdboden dringt kein Licht ein, und der Übergang vollzieht sich in einer Schicht der Dicke mm.

Wir stellen also fest: Die Strahlungsbilanz ist im Niveau der Erdoberfläche unstetig. Gibt es auch stetige Flüsse, und welche sind es? Die Antwort lautet: Der Energiefluss ist der Gesamtfluss in der Haushaltsgleichung der Energie, und das macht ihn stetig.

Um dies zu begründen, betrachten wir die Haushaltsgleichung (11.63) der Energie feuchter Luft. In ihr sind alle Flüsse enthalten, die zum Gesamtenergiefluss F beitragen.

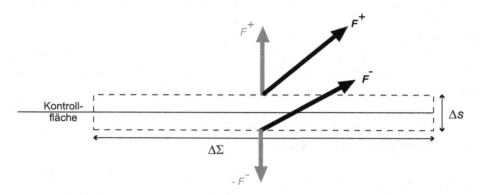

Abb. 20.1 Dünne Platte als Testvolumen um das Niveau der Erdoberfläche herum. $\Delta\Sigma$: Fläche der oberen und der unteren Begrenzungsfläche; Δs: Dicke der Platte; F^+, F^-: Vektoren (nähere Erläuterung siehe Text).

Die Haushaltsgleichung schreiben wir:

$$\frac{\partial F_z}{\partial z} = -\frac{\partial e\,\rho}{\partial t} - \frac{\partial F_x}{\partial x} - \frac{\partial F_y}{\partial y} = R \tag{20.28}$$

Die rechte Seite ist betragsmäßig beschränkt (es gibt keine Haushaltsgleichung, in der ein Summand unendlich groß ist), d.h. $|R| < R_{\max}$. Nun integrieren wir (20.28) über eine dünne Platte der Dicke Δs mit einer oberen und unteren Begrenzungsfläche $\Delta\Sigma$, also mit dem Volumen $\Delta\Sigma\,\Delta s$ (Abb. 20.1); die Platte liege parallel zu einer Kontrollfläche (insbesondere der Erdoberfläche). Der Vektor F^+ auf der oberen Seite hat die Projektion F^+ auf die nach oben gerichtete Normale; der Vektor F^- auf der unteren Seite hat die Projektion $-F^-$ auf die nach unten gerichtete Normale. Dann lautet die linke Seite von (20.28):

$$\int \frac{\partial F_z}{\partial z}\,\mathrm{d}V = \int \frac{\partial F_z}{\partial z}\,\mathrm{d}x\,\mathrm{d}y\,\mathrm{d}z = \left[F^+ + (-F^-)\right]\Delta\Sigma \tag{20.29}$$

Dieses Integral ist unabhängig von Δs. Das ist die Folge des Gaußschen Integralsatzes und hier das ausschlaggebende Argument.

Das Integral rechts in (20.28) lässt sich mithilfe der oberen Grenze $R_{\max}$ abschätzen:

$$\left| \int R\,\mathrm{d}V \right| < R_{\max} \int \mathrm{d}V = R_{\max}\,\Delta\Sigma\,\Delta s \tag{20.30}$$

Die Kombination von (20.29) und (20.30) liefert (wobei $\Delta\Sigma$ auf beiden Seiten heraus fällt):

$$|F^+ - F^-| < R_{\max}\,\Delta s \tag{20.31}$$

Da Δs beliebig klein gemacht werden kann (wobei $R_{\max}$ konstant bleibt, gleichgültig, wie groß es ist), geht die rechte Seite gegen null, also auch die linke. Das ist die Aussage der Stetigkeit des Energieflusses.

Der Gesamtenergiefluss ist also überall stetig, und insbesondere seine Vertikalkomponente im Niveau der Erdoberfläche ist stetig. Das bedeutet: Der Energiefluss unmittelbar oberhalb der Erdoberfläche ($R + LH + SH$) muss gleich dem Energiefluss unmittelbar unterhalb der Erdoberfläche (B) sein. Die Einzelflüsse ($R = $ Strahlungsbilanz, $LH = $ Fluss latenter Wärme, $SH = $ Fluss trockener Enthalpie, $B = $ Bodenwärmefluss) werden einheitlich positiv in die positive Richtung des Koordinatensystems gerechnet (nach oben in z-Koordinaten, nach unten in p-Koordinaten). Dann gilt in beiden Fällen

$$\boxed{R + LH + SH = B} \tag{20.32}$$

Hier ist zusätzlich berücksichtigt, dass im Niveau der Erdoberfläche der Vertikalfluss mechanischer Energie Null ist. Gleichung (20.32) ist die Grundlage der Energiebilanzbetrachtungen in der praktischen Grenzschichtuntersuchung.

Terminologie und Vorzeichenkonventionen sind bei anderen Autoren gewöhnlich anders als hier; die Grundgedanken sind jedoch gleich. Der Leser sei ermutigt, andere Schreibweisen nicht als Zeichen fehlender Übereinstimmung der Autoren, sondern als Herausforderung zu begreifen, zwischen den unterschiedlichen Perspektiven der verschiedenen Darstellungen hin und her zu rechnen, um das für ihn am Ende Wesentliche der Betrachtung herauszufinden.

Teil VI

Barokline Prozesse

Kurz und klar

Die wichtigsten Formeln des quasigeostrophischen Modells

Baroklinitätsvektor:
$$\boldsymbol{N} = \boldsymbol{\nabla} p \times \boldsymbol{\nabla}\alpha = \frac{c_p}{\Theta}\,\boldsymbol{\nabla} T \times \boldsymbol{\nabla}\Theta \qquad (\text{VI.1})$$

Vorticity-Definitionen:
$$\boldsymbol{\zeta} = \boldsymbol{\nabla} \times \boldsymbol{v}; \quad \boldsymbol{\eta} = 2\,\boldsymbol{\Omega} + \boldsymbol{\zeta}; \quad P = \boldsymbol{\nabla}\chi \cdot (\alpha\,\boldsymbol{\eta}) \qquad (\text{VI.2})$$

Vorticity-Gleichung:
$$\frac{\mathrm{d}\boldsymbol{\eta}}{\mathrm{d}t} + \boldsymbol{\eta}\,(\boldsymbol{\nabla}\cdot\boldsymbol{v}) = \boldsymbol{N} + (\boldsymbol{\eta}\cdot\boldsymbol{\nabla})\,\boldsymbol{v} \qquad (\text{VI.3})$$

Zirkulation:
$$Z = \oint \boldsymbol{v}\cdot\mathrm{d}\boldsymbol{x} \qquad (\text{VI.4})$$

Zirkulationssatz:
$$\frac{\mathrm{d}Z}{\mathrm{d}t} + \oint 2\,(\boldsymbol{\Omega}\times\boldsymbol{v})\cdot\mathrm{d}\boldsymbol{x} + \oint \alpha\,\mathrm{d}p + \oint \boldsymbol{S}\cdot\mathrm{d}\boldsymbol{x} = 0 \qquad (\text{VI.5})$$

Geostr. Wind:
$$u_{\mathrm{g}} = -\frac{1}{f_{\mathrm{o}}}\frac{\partial\Phi}{\partial y}, \quad v_{\mathrm{g}} = \frac{1}{f_{\mathrm{o}}}\frac{\partial\Phi}{\partial x} \quad \text{oder} \quad \boldsymbol{V}_{\mathrm{g}} = \frac{1}{f_{\mathrm{o}}}\,\boldsymbol{k}\times\boldsymbol{\nabla}\Phi \qquad (\text{VI.6})$$

Geostrophische Vorticity:
$$\zeta_{\mathrm{g}} = \frac{1}{f_{\mathrm{o}}}\,(\nabla^2\Phi) \qquad (\text{VI.7})$$

Ageostrophischer Wind $\boldsymbol{V}_{\mathrm{a}}$:
$$\boldsymbol{\nabla}\cdot\boldsymbol{V}_{\mathrm{a}} + \frac{\partial\omega}{\partial p} = 0 \qquad (\text{VI.8})$$

Thermischer Wind:
$$\mathrm{d}\boldsymbol{V}_{\mathrm{g}} = -\left(\frac{1}{f_{\mathrm{o}}}\,\boldsymbol{k}\times\boldsymbol{\nabla}(RT)\right)\mathrm{d}\log p \qquad (\text{VI.9})$$

qgFWM, Impuls:
$$\frac{\mathrm{D}_{\mathrm{g}}\boldsymbol{V}_{\mathrm{g}}}{\mathrm{D}t} + f_{\mathrm{o}}\,\boldsymbol{k}\times\boldsymbol{V}_{\mathrm{a}} + \beta\,y\,\boldsymbol{k}\times\boldsymbol{V}_{\mathrm{g}} = 0 \qquad (\text{VI.10})$$

qgFWM, Energie:
$$\frac{\mathrm{D}_{\mathrm{g}}\alpha}{\mathrm{D}t} - \sigma\,\omega = 0, \quad \sigma = -\frac{\alpha}{\Theta}\,\frac{\partial\Theta}{\partial p} \qquad (\text{VI.11})$$

qg abs. Vorticity-Gleichung:
$$\frac{\mathrm{D}_{\mathrm{g}}\eta_{\mathrm{g}}}{\mathrm{D}t} + f_{\mathrm{o}}\,\boldsymbol{\nabla}\cdot\boldsymbol{V}_{\mathrm{a}} = 0, \quad \eta_{\mathrm{g}} = \zeta_{\mathrm{g}} + \beta\,y \qquad (\text{VI.12})$$

qg pot. Vorticity-Gleichung:
$$\frac{\mathrm{D}_{\mathrm{g}}q_{\mathrm{g}}}{\mathrm{D}t} = 0, \quad q_{\mathrm{g}} = \eta_{\mathrm{g}} + \frac{f_{\mathrm{o}}}{\sigma}\,\frac{\partial^2\Phi}{\partial p^2} \qquad (\text{VI.13})$$

Q-Vektor:
$$\boldsymbol{Q} = -\frac{R}{p}\,\boldsymbol{\nabla} T\cdot\boldsymbol{\nabla}\boldsymbol{V}_{\mathrm{g}} = -\boldsymbol{\nabla}\alpha\cdot\boldsymbol{\nabla}\boldsymbol{V}_{\mathrm{g}} \qquad (\text{VI.14})$$

Omega-Gleichung:
$$\left(2\,\boldsymbol{\nabla}\cdot\boldsymbol{Q} - \beta\,\frac{\partial^2\Phi}{\partial p\,\partial x}\right) + \sigma\,\mathcal{L}\,\omega = 0 \qquad (\text{VI.15})$$

Laplace-Operator:
$$\mathcal{L} = \nabla^2 + \frac{f_{\mathrm{o}}^2}{\sigma}\,\frac{\partial^2}{\partial p^2} \qquad (\text{VI.16})$$

Barokline Instabilität:
$$\overline{u}_T^{*2} = \frac{1}{4\kappa^{*4}}\,\frac{1}{1-\kappa^{*4}} + \frac{1+\kappa^{*2}}{1-\kappa^{*2}}\,n^2 \qquad (\text{VI.17})$$

21 Vorticity und Zirkulation

Energetik (= Thermodynamik) und Dynamik (= Geofluiddynamik) ergänzen einander. Es sind komplementäre Aspekte im theoretischen Verständnis der Geofluide. Die Energetik baut auf dem Energiesatz auf und betrachtet die Konversion zwischen den verschiedenen Energiereservoiren. Die Dynamik dagegen baut auf dem Impulssatz auf und betrachtet die Konversion zwischen Wind-Vorticity und Erd-Vorticity. Eine weitere wichtige Kategorie ist die Verallgemeinerung der Barotropie, die wir in Teil IV behandelt haben, hin zur Baroklinität, der wir uns jetzt zuwenden. Das meteorologisch auffälligste Phänomen ist hier die Drehung des geostrophischen Windes mit der Höhe, der thermische Wind.

21.1 Der Baroklinitätsvektor

Wir haben oben in (14.1) den Baroklinitätsvektor N als Maß für die Parallelität zwischen isobaren und isosteren Flächen eingeführt. Nun betrachten wir in der 3D-Bewegungsgleichung den Vektor $-\alpha\,\nabla p$, der die beschleunigende Kraft des Druckgradienten wiedergibt. Seine Rotation

$$-\,\nabla \times (\alpha\,\nabla p) = -\alpha\,\underbrace{\nabla \times \nabla p}_{=\,0} - \nabla\alpha \times \nabla p = \nabla p \times \nabla\alpha = N \qquad (21.1)$$

ist gerade der *Baroklinitätsvektor* (oder *Solenoidvektor*). Er beschreibt den baroklinen Antrieb in der Vorticity-Gleichung. Ohne baroklinen Antrieb liegen barotrope Verhältnisse vor.

Zur weiteren Analyse nutzen wir die relative Ableitung der Gasgleichung:

$$\frac{1}{\alpha}\,\nabla\alpha = \frac{1}{T}\,\nabla T - \frac{1}{p}\,\nabla p \qquad (21.2)$$

Damit ergibt sich

$$N = \nabla p \times \left(\frac{\alpha}{T}\,\nabla T - \frac{\alpha}{p}\,\nabla p \right) = \frac{R}{p}\,\nabla p \times \nabla T \qquad (21.3)$$

Wir haben damit die Abhängigkeit des Baroklinitätsvektors von Druck und Dichte in eine Abhängigkeit von Druck und Temperatur transformiert.

In einem weiteren Schritt lässt sich p durch die Entropie s eliminieren. Dazu nutzen wir die Gibbs-Gleichung (man ersetze in dieser den Differenzialoperator d durch den ∇-Operator):

$$c_p\,\nabla T = T\,\nabla s + \alpha\,\nabla p \qquad (21.4)$$

Damit eliminieren wir ∇p in (21.3) und erhalten durch einfache Umrechnung

$$\boxed{N = \nabla T \times \nabla s} \qquad (21.5)$$

Formeln (21.1) und (21.5) sind die einfachsten Versionen des Baroklinitätsvektors. Statt der Entropie kann man auch die potenzielle Temperatur ansetzen:

$$\boxed{N = \frac{c_p}{\Theta}\,\nabla T \times \nabla \Theta} \qquad (21.6)$$

Für Θ im Nenner kann man in den Anwendungen mit genügender Genauigkeit den konstanten Referenzwert Θ_0 verwenden.

Diese Formeln besagen: Kreuzen sich verschiedene thermodynamische Felder, so entsteht der Baroklinitätsvektor, der eine zeitliche Änderung der absoluten Vorticity bewirkt.

21.2   Die Vorticity-Gleichung

Wir haben die Vorticity zunächst als kinematischen Begriff eingeführt (Kapitel 8). Danach haben wir die Gleichung für die absolute und die potenzielle Vorticity im barotropen Modell besprochen (Kapitel 14). Wir wollen jetzt die Vorticity-Gleichung in allgemeiner Form herleiten, und zwar zuerst die Gleichung für die absolute Vorticity und, darauf aufbauend, die Gleichung für die Ertelsche potenzielle Vorticity.

21.2.1   Definitionen der Vorticity

Eine Anmerkung zur Benennung der Vorticity-Größen:

- $\zeta = \nabla \times v$: Vektor der *relativen* Vorticity (ζ: Vertikalkomponente von ζ);
- Ω: Winkelgeschwindigkeit der Erdrotation ($2\,\Omega$: Vektor der *Erd-Vorticity*);
- $\eta = 2\,\Omega + \zeta$: Vektor der *absoluten* Vorticity;
- Q, P, q *potenzielle* Vorticity: Q barotrope, P Ertelsche, q barokline.

Der formale Zusammenhang dieser Komponenten lautet

$$\boldsymbol{\eta} = 2\,\boldsymbol{\Omega} + \boldsymbol{\zeta} = 2\,\Omega \begin{pmatrix} 0 \\ \cos\varphi \\ \sin\varphi \end{pmatrix} + \begin{pmatrix} \partial w/\partial y - \partial v/\partial z \\ \partial u/\partial z - \partial w/\partial x \\ \partial v/\partial x - \partial u/\partial y \end{pmatrix} \tag{21.7}$$

Die zweite und die dritte Komponente der Erd-Vorticity haben wir in Gleichung (8.21) als f' bzw. f bezeichnet (horizontale bzw. vertikale Komponente des Coriolis-Parameters). Die potenziellen Vorticities werden durch Kombination von $\boldsymbol{\eta}$ mit dem Massenfeld bzw. mit einer thermodynamischen Größe definiert (das wird weiter unten besprochen).

Die vertikale Komponente von $\boldsymbol{\zeta}$ ist ζ. Vergleicht man sie mit den horizontalen Komponenten, so findet man die Dominanz der vertikalen Windscherungsterme $\partial u/\partial z$ und $\partial v/\partial z$ gegenüber der horizontalen Windscherung:

$$\frac{\partial u}{\partial z} \cong \frac{\partial v}{\partial z} \approx \frac{10\ \text{m/s}}{5\ \text{km}} \qquad \frac{\partial u}{\partial y} \cong \frac{\partial v}{\partial x} \approx \frac{10\ \text{m/s}}{1000\ \text{km}} \tag{21.8}$$

Der vertikale Anteil der dreidimensionalen Vorticity macht im Allgemeinen den geringsten Teil aus; größenordnungsmäßig ist ζ nach dieser Abschätzung rund 200 mal kleiner als die horizontalen Komponenten. Also ist $\boldsymbol{\zeta}$ praktisch ein horizontaler Vektor. Dennoch ist seine kleine Vertikalkomponente ζ dynamisch die wichtigste Größe.

21.2.2 Die dreidimensionale Vorticity-Gleichung

Für die Ableitung der Vorticity-Gleichung starten wir mit der reibungsfreien Eulerschen Gleichung (8.19) im starr rotierenden System:

$$\frac{\mathrm{d}\boldsymbol{v}}{\mathrm{d}t} + 2\,\boldsymbol{\Omega} \times \boldsymbol{v} + \alpha\,\boldsymbol{\nabla}p + \boldsymbol{\nabla}\Phi = 0 \tag{21.9}$$

Die totalzeitliche Ableitung wird in lokalen plus advektiven Anteil zerlegt, die Weber-Transformation (28.66) auf den Advektionsterm angewendet, und die verschiedenen Terme werden neu zusammengefasst. Dies führt zu

$$\frac{\partial\boldsymbol{v}}{\partial t} + \boldsymbol{\nabla}\left(\frac{v^2}{2} + \Phi\right) + (2\,\boldsymbol{\Omega} + \boldsymbol{\zeta}) \times \boldsymbol{v} + \alpha\,\boldsymbol{\nabla}p = 0 \tag{21.10}$$

Durch Bildung der Rotation (d. h. Anwendung des Operators $\boldsymbol{\nabla}\times$) wird der zweite Term in (21.10) entfernt, womit unter Beachtung von (21.1) folgt:

$$\frac{\partial\boldsymbol{\zeta}}{\partial t} + \boldsymbol{\nabla} \times (\boldsymbol{\eta} \times \boldsymbol{v}) + \underbrace{\boldsymbol{\nabla}\alpha \times \boldsymbol{\nabla}p}_{=\,-\boldsymbol{N}} + \underbrace{\alpha\,\boldsymbol{\nabla} \times (\boldsymbol{\nabla}p)}_{=\,0} = 0 \tag{21.11}$$

Hier haben wir die Vertauschbarkeit des Gradienten und der lokalzeitlichen Ableitung

$$\frac{\partial}{\partial t}\boldsymbol{\nabla} \times \boldsymbol{v} = \boldsymbol{\nabla} \times \frac{\partial\boldsymbol{v}}{\partial t} \tag{21.12}$$

eines beliebigen Vektors $\boldsymbol{v}$ ebenso beachtet wie die Rechenregel, dass die Rotation eines Gradienten verschwindet. Damit lautet die reibungsfreie Vorticity-Gleichung

$$\boxed{\frac{\partial \zeta}{\partial t} + \boldsymbol{\nabla} \times (\boldsymbol{\eta} \times \boldsymbol{v}) - \boldsymbol{N} = 0} \tag{21.13}$$

Es ist nun Ansichtssache, ob man dies als Aussage für die relative oder für die absolute Vorticity versteht, denn man kann $\partial \zeta / \partial t$ wegen $\partial \boldsymbol{\Omega} / \partial t = 0$ durch $\partial \boldsymbol{\eta} / \partial t$ ersetzen.

Wenn wir uns dazu entschließen, wollen wir auch gleich den zweiten Term umformen. Dazu nutzen wir die Vektoridentität (28.57), die mit der Divergenzfreiheit von $\boldsymbol{\eta}$ folgendermaßen lautet:

$$\boldsymbol{\nabla} \times (\boldsymbol{\eta} \times \boldsymbol{v}) = (\boldsymbol{v} \cdot \boldsymbol{\nabla}) \, \boldsymbol{\eta} - \boldsymbol{v} \underbrace{(\boldsymbol{\nabla} \cdot \boldsymbol{\eta})}_{=\,0} - (\boldsymbol{\eta} \cdot \boldsymbol{\nabla}) \, \boldsymbol{v} + \boldsymbol{\eta} \, (\boldsymbol{\nabla} \cdot \boldsymbol{v}) \tag{21.14}$$

Wenn man beides in die Vorticity-Gleichung einbringt und danach wieder zum totalen Operator $\mathrm{d}/\mathrm{d}t = \partial / \partial t + \boldsymbol{v} \cdot \boldsymbol{\nabla}$ zurückkehrt, wird (21.13) zu

$$\boxed{\boxed{\frac{\mathrm{d}\boldsymbol{\eta}}{\mathrm{d}t} + \boldsymbol{\eta} \, (\boldsymbol{\nabla} \cdot \boldsymbol{v}) = \boldsymbol{N} + (\boldsymbol{\eta} \cdot \boldsymbol{\nabla}) \, \boldsymbol{v}}} \tag{21.15}$$

Diese Schreibweise der reibungsfreien absoluten Vorticity-Gleichung können wir in verschiedenen Richtungen interpretieren.

Zum Einen ist die linke Seite formal gleich der Vorticity-Gleichung (14.35) des Flachwassermodells – mit den Unterschieden, dass $\mathrm{d}/\mathrm{d}t$ im FWM zwei-, hier jedoch dreidimensional ist und dass die absolute Vorticity dort ein Skalar, hier jedoch ein Vektor ist.

Zum Zweiten liegt die Verallgemeinerung nicht nur im Vektorcharakter von (21.15). Dazu bilden wir die vertikale Komponente von (21.15)

$$\frac{\mathrm{d}\eta}{\mathrm{d}t} + \eta \, \boldsymbol{\nabla} \cdot \boldsymbol{v} = \left(\frac{\partial p}{\partial x} \frac{\partial \alpha}{\partial y} - \frac{\partial p}{\partial y} \frac{\partial \alpha}{\partial x} \right) + (\boldsymbol{\eta} \cdot \boldsymbol{\nabla}) \, w \tag{21.16}$$

Der erste Term rechts ist die Vertikalkomponente N_z von $\boldsymbol{N}$; das ist die barokline *Erzeugung* von Vorticity. Im zweiten Term ist w die Vertikalkomponente von $\boldsymbol{v}$; dieser Term beschreibt die *Umverteilung* von Vorticity. Die skalare Gleichung (21.16) ist also eine Verallgemeinerung der ebenfalls skalaren Gleichung (14.35) in folgenden Punkten:

- Die Vertikalkomponente η der absoluten Vorticity ist jetzt vertikal variabel; im FWM war sie vertikal konstant.

- Wenn man im ersten Term rechts in (21.16) den horizontalen Druckgradienten durch den geostrophischen Wind ersetzt, nimmt die Vertikalkomponente des Baroklinitätsvektors die Form an:

$$N_z = \rho \, f \left(u_\mathrm{g} \frac{\partial \alpha}{\partial x} + v_\mathrm{g} \frac{\partial \alpha}{\partial y} \right) \tag{21.17}$$

Weil α näherungsweise proportional zu T ist, folgt: Der barokline Antrieb ist gegeben durch die geostrophische Temperaturadvektion.

■ Den zweiten Term rechts in (21.16) kann man näherungsweise schreiben

$$(\boldsymbol{\eta} \cdot \boldsymbol{\nabla}) \, w \approx \frac{\partial u}{\partial z} \frac{\partial w}{\partial y} - \frac{\partial v}{\partial z} \frac{\partial w}{\partial x} \tag{21.18}$$

Dies zeigt, dass die vertikale Scherung von V und die horizontale Scherung von w miteinander wechselwirken. Auch diesen Mechanismus gibt es im barotropen Modell nicht.

21.3 Die Ertelsche potenzielle Vorticity

Mit der soeben abgeleiteten Vorticity-Gleichung sind die Aussagen für die Dynamik des Geschwindigkeitsfeldes scheinbar erschöpft. Wir können einer potenziellen Vorticity noch einen Schritt näher kommen, indem wir die Divergenz eliminieren. Dazu bringen wir in (21.15) die Massenkontinuitätsgleichung (10.15) ein, multiplizieren anschließend mit α und beachten links die Produktregel:

$$\boxed{\frac{\mathrm{d}\alpha\,\boldsymbol{\eta}}{\mathrm{d}t} = \alpha\,\boldsymbol{N} + (\alpha\,\boldsymbol{\eta} \cdot \boldsymbol{\nabla})\,\boldsymbol{v}} \tag{21.19}$$

Es scheint zunächst, als sei $\alpha\,\boldsymbol{\eta} = \boldsymbol{\eta}/\rho$ ähnlich aufgebaut wie η/Φ im barotropen Fall. Aber die rechte Seite ist hier nicht gleich null. Also ist (21.19) keine Erhaltungsgleichung wie (14.44), und $\alpha\,\boldsymbol{\eta} = \boldsymbol{\eta}/\rho$ ist keine Erhaltungsgröße wie η/Φ.

Eine vertiefte Deutung ergibt sich nun durch Kombination der dynamischen Vorticity-Gleichung mit einer thermodynamischen Größe. Das führt zu einer Verallgemeinerung der barotropen potenziellen Vorticity und zu einem neuen fundamentalen Erhaltungssatz.

21.3.1 Ableitung der Ertelschen Vorticity-Gleichung

Der Gedanke besteht darin, die Vektorgleichung (21.19) auf den Gradienten einer vorläufig unspezifizierten Funktion χ zu projizieren. Wir definieren also mit Ertel

$$\boxed{P = \boldsymbol{\nabla}\chi \cdot (\alpha\,\boldsymbol{\eta})} \tag{21.20}$$

Wir multiplizieren (21.19) skalar mit $\boldsymbol{\nabla}\chi$ und zerlegen den ersten Term mit der Produktregel sowie mit der Definition (21.20) in zwei Teile:

$$\frac{\mathrm{d}P}{\mathrm{d}t} - \alpha\,\boldsymbol{\eta} \cdot \frac{\mathrm{d}}{\mathrm{d}t}\,\boldsymbol{\nabla}\chi - \boldsymbol{\nabla}\chi \cdot [(\alpha\,\boldsymbol{\eta} \cdot \boldsymbol{\nabla})\,\boldsymbol{v}] - \alpha\,\boldsymbol{\nabla}\chi \cdot \boldsymbol{N} = 0 \tag{21.21}$$

Die totale Zeitableitung im zweiten Term zerlegen wir

$$\frac{\mathrm{d}P}{\mathrm{d}t} - \alpha\,\boldsymbol{\eta} \cdot \boldsymbol{\nabla}\frac{\partial\chi}{\partial t} - \alpha\,\boldsymbol{\eta} \cdot [(\boldsymbol{v} \cdot \boldsymbol{\nabla})\,\boldsymbol{\nabla}\chi] - \boldsymbol{\nabla}\chi \cdot [(\alpha\,\boldsymbol{\eta} \cdot \boldsymbol{\nabla})\,\boldsymbol{v}] - \alpha\,\boldsymbol{\nabla}\chi \cdot \boldsymbol{N} = 0 \tag{21.22}$$

und addieren $0 = -\alpha\,\boldsymbol{\eta}\cdot\boldsymbol{\nabla}(v\cdot\boldsymbol{\nabla}\chi) + \alpha\,\boldsymbol{\eta}\cdot\boldsymbol{\nabla}(v\cdot\boldsymbol{\nabla}\chi)$ hinzu (wodurch sich nichts ändert); den ersten Term dieser Identität fassen wir mit dem zweiten Term wieder zur totalen Zeitableitung zusammen. Dadurch wird (21.22) zu

$$\frac{\mathrm{d}P}{\mathrm{d}t} - \alpha\,\boldsymbol{\eta}\cdot\boldsymbol{\nabla}\frac{\mathrm{d}\chi}{\mathrm{d}t} - \alpha\,\boldsymbol{\nabla}\chi\cdot\boldsymbol{N} + \alpha\,Z = 0 \tag{21.23}$$

wobei wir die folgende Abkürzung eingeführt haben:

$$Z = -\boldsymbol{\eta}\cdot[(v\cdot\boldsymbol{\nabla})\,\boldsymbol{\nabla}\chi] - \boldsymbol{\nabla}\chi\cdot[(\boldsymbol{\eta}\cdot\boldsymbol{\nabla})\,v] + \boldsymbol{\eta}\cdot\boldsymbol{\nabla}(v\cdot\boldsymbol{\nabla}\chi) \tag{21.24}$$

Diese Größe ist gleich null, wie man (z. B. mit der elementaren Tensorschreibweise) in zwei Zeilen zeigen kann. Im zweiten Term links in (21.23) können wir schreiben:

$$\boldsymbol{\eta}\cdot\boldsymbol{\nabla}\frac{\mathrm{d}\chi}{\mathrm{d}t} = \boldsymbol{\nabla}\cdot\left(\frac{\mathrm{d}\chi}{\mathrm{d}t}\,\boldsymbol{\eta}\right) - \frac{\mathrm{d}\chi}{\mathrm{d}t}\underbrace{\boldsymbol{\nabla}\cdot\boldsymbol{\eta}}_{=0} \tag{21.25}$$

Der letzte Term rechts verschwindet, weil $\boldsymbol{\eta}$ durch Rotationsbildung entstanden ist. Im dritten Term links in (21.23) geht es genauso:

$$\boldsymbol{\nabla}\chi\cdot\boldsymbol{N} = \boldsymbol{\nabla}\cdot(\chi\,\boldsymbol{N}) - \chi\underbrace{\boldsymbol{\nabla}\cdot\boldsymbol{N}}_{=0} \tag{21.26}$$

Also lautet (21.23) nach Durchmultiplizieren mit ρ:

$$\boxed{\rho\,\frac{\mathrm{d}P}{\mathrm{d}t} + \boldsymbol{\nabla}\cdot\left(-\frac{\mathrm{d}\chi}{\mathrm{d}t}\,\boldsymbol{\eta}\right) + \boldsymbol{\nabla}\cdot(-\chi\,\boldsymbol{N}) = 0} \tag{21.27}$$

Damit haben wir die *Ertelsche Vorticity-Gleichung* gewonnen.

21.3.2   Die Erhaltungseigenschaft der Ertelschen Vorticity

Die hervorstechende Eigenschaft der Ertelschen Vorticity-Gleichung ist ihre Quellenfreiheit: Außer der Zeitableitung von P enthält sie nur Flussdivergenzen. Das tritt noch deutlicher hervor, wenn man die substanzielle Ableitung von P in (21.27) auf Flussform umschreibt:

$$\boxed{\frac{\partial P\rho}{\partial t} + \boldsymbol{\nabla}\cdot\left(P\rho\,v - \frac{\mathrm{d}\chi}{\mathrm{d}t}\,\boldsymbol{\eta} - \chi\,\boldsymbol{N} + \chi\,\boldsymbol{\nabla}\times\boldsymbol{S}\right) = 0} \tag{21.28}$$

Der aufmerksame Leser stutzt: Woher stammt plötzlich der letzte Term? Hätten wir in der obigen Eulerschen Gleichung (21.9) einen (vorläufig unspezifizierten) Vektor $\boldsymbol{S}$ als Platzhalter für die Reibungskraft hinzugefügt, so würden wir dessen Rotation in der Ertelschen Vorticity-Gleichung wieder finden. Diesen haben wir nun in Gleichung (21.28) einfach unter den Divergenzoperator dazu geschrieben, was wir schon in (21.27) hätten tun können. Bei Reibungsfreiheit fällt er wieder weg. Für die meisten Anwendungen genügt der reibungsfreie Fall.

Der *Ertelsche Wirbelsatz*, wie man die Gleichungen (21.27) und (21.28) auch nennt, hat weitreichende Berühmtheit erlangt. Wenn man bedenkt, dass über die skalare Größe χ noch nicht verfügt ist, man χ also willkürlich wählen kann, so repräsentiert der Satz für jedes χ eine Erhaltungsaussage, d. h. eine ganze Klasse von beliebig vielen Erhaltungssätzen.

Die große Bedeutung des Ertelschen Satzes liegt weiterhin darin, dass es für die Quellenfreiheit gar nicht darauf ankommt, wie der Transportvektor, dessen Divergenz die Tendenz von $P\rho$ antreibt, im einzelnen aussieht. Ausschlaggebend ist das Fehlen jeder Quelle. Insbesondere wirkt sich die Reibung, anders als beim Entropiehaushalt, nicht auf die Quellenfreiheit aus; die Prozesse dürfen vollständig irreversibel verlaufen, ohne dass die Konservativität von P beeinträchtigt wird.

Die Allgemeinheit des Ertelschen Wirbelsatzes legt den Gedanken nahe, Gleichung (21.27) als Ausgangspunkt für eine axiomatische Grundlegung der Geofluiddynamik zu betrachten und alle einfacheren Formen der Vorticity-Gleichung in der theoretischen Meteorologie (und der theoretischen Ozeanographie) als Spezialfall daraus zu gewinnen. Das wäre ähnlich wie z. B. in der Elektrodynamik, in der man ja auch alle Phänomene der Wellenausbreitung als Spezialfälle der Maxwellschen Gleichungen herzuleiten versucht. Dieser Denkansatz ist attraktiv; in der Arbeitsrichtung *Geophysical Fluid Dynamics* wird er heute international umgesetzt.

Man kann jetzt viele Spezialfälle von (21.27) betrachten. Der einfachste Fall liegt vor, wenn χ eine totale Erhaltungsgröße ist ($\mathrm{d}\chi/\mathrm{d}t = 0$, insbesondere $\chi = \Theta$) und gleichzeitig Barotropie ($N = 0$) sowie Reibungsfreiheit herrschen. Dann vereinfacht sich (21.27) zu

$$\frac{\mathrm{d}P}{\mathrm{d}t} = 0 \qquad (21.29)$$

Das reproduziert die barotrope potenzielle Vorticity-Gleichung (14.35). Ein anderer Fall ergibt sich für $\chi = z$, wobei z die Vertikalkoordinate ist und daher $\mathrm{d}z/\mathrm{d}t = w$ gilt. Dann ist $\nabla\chi$ der vertikale Einheitsvektor und $P = \alpha\,\eta$ die Vertikalkomponente der absoluten Vorticity.

21.4 Der Zirkulationssatz

Die *Zirkulation* wurde oben in Gleichung (8.61) als kinematische Größe eingeführt. Dieser Begriff ist wie folgt definiert (hier mit dem Ortsvektor $\boldsymbol{x}$):

$$\boxed{Z = \oint \boldsymbol{v} \cdot \mathrm{d}\boldsymbol{x}} \qquad (21.30)$$

Das Linienintegral ist zu einem festen Zeitpunkt (instantan) über einen geschlossenen Weg auszuführen. Die zeitliche Änderung von Z heißt *Zirkulationsbeschleunigung*:

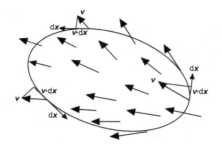

Abb. 21.1 Die Zirkulation Z eines Geschwindigkeitsfeldes auf einer Fläche erhält man durch Projektion des Geschwindigkeitsfeldes v auf das Linienelement $\mathrm{d}x$ (dicke schwarze Pfeile) der Umrandung und anschließende Integration über diese Umrandung.

$$\frac{\mathrm{d}Z}{\mathrm{d}t} = \oint \left(\frac{\mathrm{d}v}{\mathrm{d}t} \cdot \mathrm{d}x + v \cdot \frac{\mathrm{d}}{\mathrm{d}t}(\mathrm{d}x) \right) = \oint \frac{\mathrm{d}v}{\mathrm{d}t} \cdot \mathrm{d}x + \underbrace{\oint v \cdot \mathrm{d}v}_{=\,0} \qquad (21.31)$$

Der zweite Term rechts verschwindet wegen $v \cdot \mathrm{d}v = \mathrm{d}(v)^2/2$.

Wir bilden nun das Ringintegral über die Eulersche Gleichung (21.9), diesmal mit dem Reibungsglied S. Mit (21.31) ergibt sich

$$\frac{\mathrm{d}Z}{\mathrm{d}t} + \oint 2\,(\boldsymbol{\Omega} \times v) \cdot \mathrm{d}x + \oint \alpha\,\boldsymbol{\nabla}p \cdot \mathrm{d}x + \oint \boldsymbol{\nabla}\Phi \cdot \mathrm{d}x + \oint S \cdot \mathrm{d}x = 0 \qquad (21.32)$$

Für den Druckgradientterm gilt in generalisierten ζ-Koordinaten

$$\oint \alpha\,\boldsymbol{\nabla}p \cdot \mathrm{d}x = \oint \alpha \underbrace{\left(\frac{\partial p}{\partial x}\,\mathrm{d}x + \frac{\partial p}{\partial \zeta}\,\mathrm{d}\zeta + \frac{\partial p}{\partial z}\,\mathrm{d}z \right)}_{=\,\mathrm{d}p} = \oint \alpha\,\mathrm{d}p \qquad (21.33)$$

Eine eventuelle Zeitabhängigkeit von p spielt hier keine Rolle, denn die Durchführung der Ringintegration erfolgt ja instantan. Mit derselben Argumentation erhalten wir für den Geopotenzialterm in (21.32):

$$\oint \boldsymbol{\nabla}\Phi \cdot \mathrm{d}x = \oint \mathrm{d}\Phi = 0 \qquad (21.34)$$

Dieses Ringintegral verschwindet, weil der Integrand ein totales Differenzial ist.

Mit (21.33) und (21.34) nimmt (21.32) die Form an, die man als *allgemeinen Zirkulationssatz* bezeichnet:

$$\boxed{\frac{\mathrm{d}Z}{\mathrm{d}t} + \oint 2\,(\boldsymbol{\Omega} \times v) \cdot \mathrm{d}x + \oint \alpha\,\mathrm{d}p + \oint S \cdot \mathrm{d}x = 0} \qquad (21.35)$$

Die beiden ersten Terme lassen sich zu $\mathrm{d}Z^*/\mathrm{d}t$ zusammenfassen. Hier ist Z^* die Zirkulation im absoluten System (in Bezug zum Fixsternhimmel); vgl. dazu die obige Formel (8.15). Wir erhalten daher

$$Z^* = \oint v^* \cdot \mathrm{d}x \qquad \text{mit} \qquad v^* = v + \boldsymbol{\Omega} \times x \qquad (21.36)$$

Die totalzeitliche Änderung der Zirkulation im Absolutsystem wird also durch den Druckgradienten und die Reibung entlang des geschlossenen Integrationsweges hervorgerufen.

Wir betrachten als nächstes den Zusammenhang zwischen Zirkulation und Vorticity sowie anschließend den Fall, bei dem die Coriolis-Kraft eine vernachlässigbare Rolle spielt. Eine Anwendung dieses Falles ist im Land-See-Windsystem gegeben.

21.4.1 Zusammenhang zwischen Zirkulation und Vorticity

Auf das Zirkulationsintegral kann man den Satz von Stokes (8.62) aus Kapitel 8 anwenden:

$$\oint \boldsymbol{v} \cdot \mathrm{d}\boldsymbol{x} = \int_{\Sigma} (\boldsymbol{\nabla} \times \boldsymbol{v}) \cdot \boldsymbol{n} \, \mathrm{d}\Sigma \tag{21.37}$$

Das Symbol Σ bezeichnet die Fläche, die zwischen der geschlossenen Kurve des Integrals ausgespannt ist. Wir stellen uns diese Fläche wie eine Seifenblase oder wie ein Schmetterlingsnetz vor, das von einem geschlossenen Ring gehalten wird. Die Fläche ist überall gekrümmt, und an jeder Stelle gibt es einen auf der Fläche senkrecht stehenden Einheitsvektor $\boldsymbol{n}$. Das Differenzial dieser Oberfläche ist $\mathrm{d}\Sigma$, und über sie wird integriert. Gleichung (21.37) besagt: Die Zirkulation kann als ein Fluss von Vorticity durch die soeben definierte Oberfläche interpretiert werden.

Der Begriff der integralen Größe Zirkulation und der zugehörigen differenziellen Größe Vorticity ist natürlich unabhängig davon, ob im Fluid barotrope oder barokline Prozesse vorherrschen. Aber eine andere Invarianz ist noch bemerkenswerter: Die Form und Größe der Fläche, die zwischen dem Ring ausgespannt ist, hat auf den Wert gemäß (21.37) keinen Einfluss. Wenn das Strömungsfeld und der Ring des Schmetterlingsnetzes gleich bleiben, so ist der Vorticity-Fluss durch die Oberfläche des Netzes immer gleich, unabhängig davon, wie weit sich das Netz hinter dem Ring erstrecken mag.

Der Satz von Stokes stellt einen Zusammenhang zwischen der Zirkulation und der Vorticity sowie Aussagen über die Erhaltung der Vorticity in einem abgeschlossenen

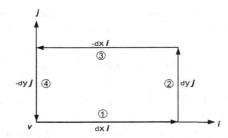

Abb. 21.2 Schema der Linienintegration in der Definition des Zirkulationsbegriffs.

Volumen her. Das wollen wir durch die folgende Betrachtung etwas vertiefen.

Dazu wählen wir in Abb. 21.2 ein Rechteck mit den Seitenlängen $\mathrm{d}x$ und $\mathrm{d}y$. Die Windgeschwindigkeit $\boldsymbol{v}$ soll jeweils an den Mittelpunkten der Seiten abgegriffen werden. Eine diskretisierte Näherung von Gleichung (21.30) könnte wie folgt aussehen:

$$\mathrm{d}Z = \sum_{k=1}^{4} \boldsymbol{v}(k) \cdot \mathrm{d}\boldsymbol{x}(k) = \boldsymbol{v}(1) \cdot \mathrm{d}\boldsymbol{x}(1) + \boldsymbol{v}(2) \cdot \mathrm{d}\boldsymbol{x}(2) + \boldsymbol{v}(3) \cdot \mathrm{d}\boldsymbol{x}(3) + \boldsymbol{v}(4) \cdot \mathrm{d}\boldsymbol{x}(4) \quad (21.38)$$

Für die Geschwindigkeiten $\boldsymbol{v}(k)$ setzen wir lineare Taylor-Entwicklungen an. Die differenziellen Wegstücke $\mathrm{d}\boldsymbol{x}(k)$ drücken wir mit den Einheitsvektoren $\boldsymbol{i}$ und $\boldsymbol{j}$ aus. Das ergibt

k	1	2	3	4
$\boldsymbol{v}(k)$	$\boldsymbol{v} + \frac{1}{2}\frac{\partial \boldsymbol{v}}{\partial x}\,\mathrm{d}x$	$\boldsymbol{v} + \frac{\partial \boldsymbol{v}}{\partial x}\,\mathrm{d}x + \frac{1}{2}\frac{\partial \boldsymbol{v}}{\partial y}\,\mathrm{d}y$	$\boldsymbol{v} + \frac{1}{2}\frac{\partial \boldsymbol{v}}{\partial x}\,\mathrm{d}x + \frac{\partial \boldsymbol{v}}{\partial y}\,\mathrm{d}y$	$\boldsymbol{v} + \frac{1}{2}\frac{\partial \boldsymbol{v}}{\partial y}\,\mathrm{d}y$
$\mathrm{d}\boldsymbol{x}(k)$	$\mathrm{d}x\,\boldsymbol{i}$	$\mathrm{d}y\,\boldsymbol{j}$	$-\mathrm{d}x\,\boldsymbol{i}$	$-\mathrm{d}y\,\boldsymbol{j}$

Das Rechteck von Abb. 21.2 ist zwar endlich, kann aber durch Verkleinerung von $\mathrm{d}x\,\mathrm{d}y$ beliebig klein gemacht werden. Einsetzen der Tabellenwerte in (21.38) liefert

$$\begin{aligned}
\mathrm{d}Z = {} & \mathrm{d}x\,\boldsymbol{i} \cdot \left(\boldsymbol{v} + \frac{1}{2}\frac{\partial \boldsymbol{v}}{\partial x}\,\mathrm{d}x \right) + \mathrm{d}y\,\boldsymbol{j} \cdot \left(\boldsymbol{v} + \frac{\partial \boldsymbol{v}}{\partial x}\,\mathrm{d}x + \frac{1}{2}\frac{\partial \boldsymbol{v}}{\partial y}\,\mathrm{d}y \right) \\
& - \mathrm{d}x\,\boldsymbol{i} \cdot \left(\boldsymbol{v} + \frac{1}{2}\frac{\partial \boldsymbol{v}}{\partial x}\,\mathrm{d}x + \frac{\partial \boldsymbol{v}}{\partial y}\,\mathrm{d}y \right) - \mathrm{d}y\,\boldsymbol{j} \cdot \left(\boldsymbol{v} + \frac{1}{2}\frac{\partial \boldsymbol{v}}{\partial y}\,\mathrm{d}y \right) \quad (21.39)
\end{aligned}$$

Die Mehrzahl der Terme heben sich paarweise auf, und übrig bleibt

$$\mathrm{d}Z = \frac{\partial v_y}{\partial x}\,\mathrm{d}x\,\mathrm{d}y - \frac{\partial v_x}{\partial y}\,\mathrm{d}x\,\mathrm{d}y = \underbrace{\left(\frac{\partial v_y}{\partial x} - \frac{\partial v_x}{\partial y} \right)}_{= \zeta_z} \underbrace{\mathrm{d}x\,\mathrm{d}y}_{\mathrm{d}\Sigma} \quad (21.40)$$

Darin ist ζ_z ist die Vertikalkomponente der relativen Vorticity und $\mathrm{d}\Sigma$ das Flächendifferenzial. Man erkennt, dass die Zirkulation die zur *lokalen* Größe Vorticity gehörende *integrale* Größe ist.

Die Umlaufrichtung der Integration in Abb. 21.2 könnte auch anders sein. Das würde sich so auswirken, dass die Vorzeichen von $\mathrm{d}x$ und $\mathrm{d}y$ sich umdrehen würden; dann würde sich $\mathrm{d}\Sigma$ nicht ändern, aber statt (21.40) würde $\mathrm{d}Z = -\zeta_z\,\mathrm{d}\Sigma$ herauskommen. Welches Vorzeichen ist denn nun richtig?

Natürlich sind beide Vorzeichen richtig, denn die Zirkulation eines Vektorfeldes längs einer umlaufenen Linie hängt nun einmal von der Richtung ab, in der die eingeschlossene Fläche umlaufen wird, und da gibt es genau zwei Möglichkeiten, die sich durch das Vorzeichen unterscheiden.

Die Vorzeichendefinition wird eindeutig, wenn man die Konvention der *Rechtsschraube* anwendet. Die Umlaufung in Abb. 21.2 produziert bei einer Rechtsschraube eine Richtung aus der Papierebene heraus *nach oben* (der Leser überzeuge sich davon anhand seiner praktischen Erfahrung mit dem Schraubendreher). Das ist aber gerade die positive z-Richtung, d. h. wir haben mit unserer Umlaufung in Abb. 21.2 Glück gehabt: Gleichung (21.40) ist in diesem Sinne „richtig", denn sie entspricht einer Rechtsschraube.

Wenn wir die y-Richtung in Abb. 21.2 als z-Richtung interpretieren, müssen wir gleichzeitig den Umlaufsinn ändern, denn die neue y-Richtung zeigt jetzt in die Papierebene hinein, also *nach unten* (der Leser überzeuge sich auch hiervon). Die zu (21.40) äquivalente Formel lautet dann

$$\mathrm{d}Z = \underbrace{\left(\frac{\partial v_x}{\partial z} - \frac{\partial v_z}{\partial x} \right)}_{= \zeta_y} \mathrm{d}z \, \mathrm{d}x \qquad (21.41)$$

Die entsprechende Überlegung für die dritte Komponente der Vorticity liefert

$$\mathrm{d}Z = \underbrace{\left(\frac{\partial v_z}{\partial y} - \frac{\partial v_y}{\partial z} \right)}_{= \zeta_x} \mathrm{d}y \, \mathrm{d}z \qquad (21.42)$$

Damit haben wir mithilfe des Zirkulationssatzes die früher mit dem Rotationsoperator definierten Vorticity-Komponenten reproduziert.

21.4.2 Anwendung: Das Land-See-Windsystem

Wir wollen nun die Zirkulation bzw. die Zirkulationsbeschleunigung am Beispiel des Land-See-Windsystems (Abb. 21.3) untersuchen. Da es sich um ein kleinräumiges Windsystem handelt, kann in guter Näherung der Coriolis-Term vernachlässigt werden. Gleichung (21.35) lautet dann

$$\frac{\mathrm{d}Z}{\mathrm{d}t} = - \oint \alpha \, \mathrm{d}p - \oint \boldsymbol{S} \cdot \mathrm{d}\boldsymbol{x} \qquad (21.43)$$

Zunächst berechnen wir Z. Die Zirkulationsrichtung im Land-See-Windsystem ist in Abb. 21.3 idealisiert dargestellt: Tagsüber steigt warme Luft über dem Land auf, zieht in der Höhe zum Meer, sinkt als kühle Luft wieder ab und weht schließlich aufs Land zurück. Ursache für die zugrunde liegende barokline Schichtung ist die differenzielle Aufheizung. Während der Druckgradient praktisch immer exakt nach unten gerichtet ist, verhält es sich mit dem Gradienten des spezifischen Volumens α (gestrichelte Flächen) komplizierter. Im rein barotropen Fall steigt α nach oben hin monoton an. Im baroklinen Fall jedoch (höhere Temperaturen, d. h. größeres α am Tag über dem Land) sinken die α-Flächen über Land nach unten. Dadurch entsteht eine Neigung, und der α-Gradient zeigt nach links oben.

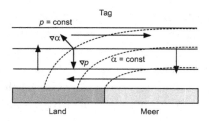

Abb. 21.3 Land-See-System am Tage im Vertikalschnitt. Lange Pfeile: vorherrschende Windrichtung. Kurze Pfeile: Richtung des Druckgradienten (nach unten) und des Gradienten von α (nach links oben). Gestrichelt: α-Flächen.

Zur Berechnung der Zirkulation wenden wir Gleichung (21.41) an. $d\Sigma$ ist jetzt als $dz\,dx$ zu interpretieren und ζ als Vorticity-Komponente in y-Richtung. Das liefert

$$Z = \int \zeta_y \, d\Sigma = \overline{\zeta_y} \, \Sigma \tag{21.44}$$

Hier soll der Mittelwert $\overline{\zeta_y}$ für den gesamten Querschnitt repräsentativ sein, also über die ganze Fläche $\Sigma = \int d\Sigma$ hinweg als Konstante angesehen werden können. Das Vorzeichen von Z findet sich im Vorzeichen von Σ wieder. Die Umlaufrichtung in Abb.

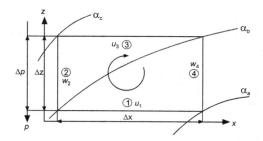

Abb. 21.4 Konventionen zur Auswertung des Land-See-Windsystems von Abb. 21.3. Richtung von p nach unten, von z nach oben, von x nach rechts positiv. Δp, Δz, Δx: zugehörige Intervalle (alle positiv). Gekrümmte Linien symbolisieren α-Flächen mit $\alpha_a < \alpha_b < \alpha_c$. Integrationsrichtung im Uhrzeigersinn.

21.2 verschiebt eine Rechtsschraube in die positive z-Richtung (aus dem Papier heraus, nach oben); entsprechend führt die Umlaufrichtung in Abb. 21.4 zur Verschiebung einer Rechtsschraube in die positive y-Richtung (in das Papier hinein), d. h. Σ in Gleichung (21.44) ist positiv.

Das kann man auch so ausdrücken: Für das Vorzeichen der Zirkulation sind das Vorzeichen der relevanten Vorticity-Komponente *und* das Vorzeichen der Umlaufrichtung maßgebend. Wenn bei positiver Umlaufrichtung (z. B. gegen den Uhrzeigersinn wie in Abb. 21.2 oder im Uhrzeigersinn wie in Abb. 21.4) die Zirkulation positiv herauskommt, so ist die Vorticity längs dieses Weges im Mittel positiv, d. h. der Wind weht auf dem umlaufenen Weg in Richtung der Umlaufung. Kommt hingegen (bei weiterhin positiver Umlaufrichtung) die Zirkulation negativ heraus, so ist die Vorticity negativ, und der Wind weht entgegen dieser Richtung. Dagegen ist das Vorzeichen der Vorticity ζ_y von der Wahl der Umlaufrichtung unabhängig und nur eine Eigenschaft des Windfeldes.

Der erste Term rechts in (21.43) ist der Solenoidterm. Er ist nicht vom Wind, sondern von der differenziellen Heizung abhängig. Da nur die Wege 2 und 4 einen Beitrag liefern (bei den Wegen 1 und 3 gilt $\Delta p = 0$), erhalten wir unter Beachtung der im Abb. 21.4 markierten Umlaufrichtung

$$-\oint \alpha \, \mathrm{d}p = -\left[-\frac{(\alpha_b + \alpha_c)}{2} \Delta p + \frac{(\alpha_b + \alpha_a)}{2} \Delta p \right] = \frac{(\alpha_c - \alpha_a)}{2} \Delta p > 0 \qquad (21.45)$$

Der Solenoidterm in (21.43) liefert also einen positiven Beitrag zur Zirkulationsbeschleunigung: Er ist der Antrieb der Zirkulation. Wenn beispielsweise anfangs keine Zirkulation vorliegt, so beschreibt (21.45) die Bildung einer positiv orientierten Zirkulation, genau wie es beim Land-See-System tagsüber der Fall ist.

Man könnte jetzt meinen, das liege an der glücklichen Wahl der Umlaufung im Zirkulationsintegral. Der Leser überzeuge sich davon, dass bei umgekehrter Umlaufung in Abb. 21.4 erstens Z in (21.44) das Vorzeichen wechselt und zweitens das Integral (21.45) ebenfalls, nicht aber $\overline{\zeta_y}$. Somit sind die Vorticity des Windfeldes und das Windfeld selbst invariant gegenüber der Wahl der Umlaufrichtung, wie es auch sein muss.

Bei einer stationären Zirkulation muss $\mathrm{d}Z/\mathrm{d}t$ verschwinden. Die Zirkulation kann nicht beliebig anwachsen, denn der Beschleunigung wirkt die Reibung entgegen, und im Gleichgewicht sollten Solenoid- und Reibungsterm einander kompensieren. Das entspricht für das Vorzeichen des Reibungsterms in Gleichung (21.43) der Forderung

$$\oint \boldsymbol{S} \cdot \mathrm{d}\boldsymbol{x} > 0 \qquad (21.46)$$

Im Abschnitt über den turbulenten Impulstransport hatten wir in Gleichung (18.14) festgestellt, dass der größte Anteil der Reibung von dem horizontalen Vektor stammt:

$$\boldsymbol{S} \approx \frac{\partial \overline{V'w'}}{\partial z} = -\nu \, \frac{\partial^2 \overline{V}}{\partial z^2} \qquad (21.47)$$

Dieser Vektor ist die Divergenz des vertikalen Flusses von Horizontalimpuls; in der Parametrisierung rechts ist ν der turbulente Austauschkoeffizient. In der jetzigen Konfiguration hat $\boldsymbol{V}$ nur eine u-Komponente, d. h. der Reibungsvektor lautet

$$\boldsymbol{S} = \left(-\nu \, \frac{\partial^2 \overline{u}}{\partial z^2}, \, 0 \right) \qquad (21.48)$$

Das Integrationsintervall für das Ringintegral (21.46) besteht aus den vier Wegstücken 1 bis 4. Aber nur die untere Komponente liefert einen signifikanten Beitrag. Denn erstens gibt es keine Beiträge auf den vertikalen Stücken, weil $\boldsymbol{S}$ keine vertikale Komponente hat, und zweitens gilt wegen der mit der Höhe abnehmenden Krümmung des Geschwindigkeitsfeldes: $\partial^2 \overline{u}/\partial z^2|_3 \ll \partial^2 \overline{u}/\partial z^2|_1$. Die Indizes beziehen sich auf die Wegstücke in Abb. 21.4. Vom gesamten Ringintegral bleibt also nur der Anteil des Wegstücks 1 übrig:

$$\oint \boldsymbol{S} \cdot \mathrm{d}\boldsymbol{x} \approx -\nu \, \frac{\partial^2 \overline{u}}{\partial z^2} \, (-\Delta x) = \nu \, \frac{\partial^2 \overline{u}}{\partial z^2} \, \Delta x \stackrel{!}{>} 0 \qquad (21.49)$$

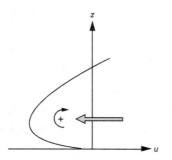

Abb. 21.5 Schema eines positiv gekrümmten Geschwindigkeitsfeldes $\overline{u}(z)$. Der landeinwärts gerichtete Wind nimmt anfangs mit der Höhe zu (die Reibung nimmt mit der Höhe ab), wird in größerer Höhe allmählich schwächer und ändert aufgrund der geschlossenen Zirkulation schließlich seine Richtung. Man überzeuge sich davon, dass diese Konfiguration mit der negativen Krümmung von Abb. 18.1 konsistent ist.

Die Forderung nach Positivität der rechten Seite dieser Gleichung ist wegen $\nu > 0$ und $\Delta x > 0$ identisch mit der Forderung nach einer positiven Krümmung der Funktion $\overline{u}(z)$. Dieses Geschwindigkeitsprofil ist in Abb. 21.5 skizziert. Es ist mit der Strömungskonfiguration beim Land-See-System in Übereinstimmung und führt in Gleichung (21.43) zu einem negativen Beitrag auf der rechten Seite, d.h. zu einer durch Reibung bedingten Abschwächung der Zirkulation.

Hier noch eine formale Bemerkung zum Integrieren: Wenn die linke Seite von (21.49) gegeben ist, so liegt hier eine Differenzialgleichung vor, aus der das Profil $\overline{u}(z)$ zu gewinnen ist. Die erste Randbedingung ist $\overline{u}(0) = 0$ und die zweite das positive Vorzeichen von (21.49). Auf diese Weise kommt $\overline{u}(z)$ richtig heraus: Unten weht der Wind in niedriger Höhe vom Meer zum Land, weiter oben dreht er zurück und weht ganz oben vom Land aufs Meer. Dadurch kommt auch die Drehrichtung des Land-Meer-Systems richtig heraus.

22 Das quasigeostrophische barokline Modell (qgM)

Übersicht

Im Mittelpunkt dieses Kapitels steht das hydrostatische und barokline *quasigeostrophische* Modell. Kernpunkte dieses zentralen Modells der Geofluiddynamik sind:

- Die hydrostatische Balance wird zwingend vorgegeben, d. h. die vertikale Bewegungsgleichung wird durch die hydrostatische Gleichung ersetzt.

- Daraus folgt die Massenerhaltungsgleichung; sie besagt, dass die dreidimensionale Divergenz in Druckkoordinaten verschwindet.

- Die Vorticity des wahren Windes ist durch die Vorticity des geostrophischen Windes gegeben. Die Vorticity-Tendenz wird über den ageostrophischen Wind und die Massenerhaltungsgleichung an die Temperatur gekoppelt.

- Die 3D-Advektion im Operator der zeitlichen Ableitung wird in den horizontalen Impulsgleichungen durch den 2D-geostrophischen Wind ersetzt.

- Damit können alle Gleichungen für die unbekannten Funktionen zu einer einzigen prognostischen Gleichung für nur eine unbekannte Funktion (die potenzielle Vorticity) zusammengefasst werden.

- Die potenzielle Vorticity ist eine aus dem Feld des Geopotenzials abgeleitete Funktion.

- Aus dem Geopotenzial können nach erfolgter Lösung alle Funktionen des quasigeostrophischen Modells diagnostisch gewonnen werden.

22.1 Die hydrostatischen primitiven Gleichungen

Wir beginnen mit den primitiven Gleichungen in p-Koordinaten. Sie beschreiben die Vorgänge einer trockenen Atmosphäre. Zu den primitiven Gleichungen zählen als *diagnostische* Aussagen die beiden Zustandsgleichungen (trockene Gasgleichung und Definition der potenziellen Temperatur) sowie hydrostatische Gleichung und Massenerhaltungsgleichung, ferner als *prognostische* Aussagen der Energiesatz und die Gleichung für den horizontalen Impulsvektor:

- Gasgleichung: $\qquad\qquad\qquad\qquad\qquad p\,\alpha = RT \qquad\qquad\qquad (22.1)$

- Potenzielle Temperatur: $\qquad\qquad\quad \Theta = T\left(\dfrac{p_0}{p}\right)^{\kappa} \qquad\qquad (22.2)$

- Hydrostatische Gleichung: $\qquad\qquad \dfrac{\partial \Phi}{\partial p} + \alpha = 0 \qquad\qquad\quad (22.3)$

- Massenerhaltungsgleichung: $\qquad \nabla \cdot \boldsymbol{V} + \dfrac{\partial \omega}{\partial p} = 0 \qquad\qquad (22.4)$

- Energiegleichung: $\qquad\qquad\qquad c_p\,\dfrac{T}{\Theta}\,\dfrac{\mathrm{d}\Theta}{\mathrm{d}t} = Q \qquad\qquad (22.5)$

- Impulsgleichung: $\qquad\quad \dfrac{\mathrm{d}\boldsymbol{V}}{\mathrm{d}t} + f\,\boldsymbol{k} \times \boldsymbol{V} + \nabla\Phi = 0 \qquad (22.6)$

Hier bezeichnet ∇ den horizontalen Nabla-Operator auf der p-Fläche, im Unterschied zur 3D-Version $\boldsymbol{\nabla}$. Die 3D-Vektoren $\boldsymbol{V}$ und $\boldsymbol{k}$ bezeichnen den horizontalen Wind und den vertikalen Einheitsvektor. $\mathrm{d}/\mathrm{d}t$ ist der Operator der totalen Zeitableitung in den Koordinaten t, x, y und p:

$$\frac{\mathrm{d}}{\mathrm{d}t} = \underbrace{\frac{\partial}{\partial t} + \boldsymbol{V} \cdot \nabla}_{=\,\mathrm{D/D}t} + \omega\,\frac{\partial}{\partial p} \qquad\qquad (22.7)$$

Für seine horizontale Komponente wollen wir wieder die oben eingeführte Kurzschreibweise $\mathrm{D/D}t$ verwenden, die jetzt natürlich auf der Druckfläche gilt.

In den primitiven Gleichungen scheinen uns zwei Inkonsistenzen unterlaufen zu sein: Die erste betrifft die scheinbar fehlende vertikale Bewegungsgleichung. Aber: In den hydrostatischen Gleichungen gibt es keine vertikale Bewegungsgleichung. Das Wesen der hydrostatischen Näherung besteht ja darin, die vertikale Beschleunigungskomponente $\mathrm{d}w/\mathrm{d}t$ gegenüber der Schwerkraft und dem vertikalen Druckgradienten zu vernachlässigen. Über $\mathrm{d}w/\mathrm{d}t = 0$ wird in den hydrostatischen Gleichungen keine Aussage gemacht.

Die zweite scheinbare Inkonsistenz betrifft die Massenerhaltungsgleichung. Diese ist ja an sich eine prognostische Gleichung für die Dichte. In hydrostatischen Druckkoordinaten jedoch wird sie diagnostisch.

Wenn man diese Überlegungen im Zusammenhang sieht, so müssten die letzten vier primitiven Gleichungen (22.3) bis (22.6) eher wie folgt angeordnet werden:

- Energiegleichung (22.5),
- Massenerhaltungsgleichung (22.4),
- horizontale und vertikale Bewegungsgleichung (22.6) und (22.3).

In dieser Interpretation zeigt sich, dass – mit Ausnahme der Gasgleichung (22.1) und der Definition (22.2) der potenziellen Temperatur – die primitiven Gleichungen in Wirklichkeit die drei fundamentalen Erhaltungssätze der Physik (bezüglich Energie, Masse und Impuls) repräsentieren und damit grundsätzlich prognostische Aussagen sind. Die Massenerhaltung jedoch wird diagnostisch, ebenso wie die vertikale Bewegungsgleichung, beide aufgrund der hydrostatischen Näherung.

22.2 Skalenanalyse der baroklinen primitiven Gleichungen

Die Denkweise der Skalenanalyse hatte sich für die Begründung der quasigeostrophischen Gleichungen und für das Aufzeigen ihrer inneren Konsistenz als wertvoll erwiesen. Wir versuchen also, die Ergebnisse von Kapitel 16 auf die baroklinen Gleichungen anzuwenden. Das neue Problem hier besteht darin, dass man eine Skala nicht nur für die Horizontalkoordinaten und den Horizontalwind braucht, sondern auch für die Vertikalkoordinate und den Vertikalwind, die im zweidimensionalen barotropen Modell nicht explizit vorkommen.

Zusätzlich zu den Skalen L und U in (16.16) führen wir also die Skalen P und W für die Druckkoordinate p bzw. die vertikale Druckgeschwindigkeit ω ein:

$$\frac{\partial}{\partial p} = \frac{1}{P}\,\frac{\partial}{\partial p^*} \qquad \omega = W\,\omega^* \tag{22.8}$$

Ihren Einfluss untersuchen wir nun nacheinander für die Massenerhaltungs-, die Energie- und die Impulsgleichung.

Entdimensionierung der Massenerhaltungsgleichung

Einsetzen in (22.4) führt zu

$$\frac{U}{L}\,\nabla^*\!\cdot\boldsymbol{V}^* + \frac{W}{P}\,\frac{\partial\omega^*}{\partial p^*} = 0 \quad\Longrightarrow\quad \nabla^*\!\cdot\boldsymbol{V}^* + \frac{L\,W}{P\,U}\,\frac{\partial\omega^*}{\partial p^*} = 0 \tag{22.9}$$

Für die entdimensionierten Geschwindigkeiten $\boldsymbol{V}^*$ und w^* lässt sich wieder eine Philippssche Reihenentwicklung nach dem (kleinen) Parameter Ro durchführen. Sie ergibt

$$\boldsymbol{V}^* = \boldsymbol{V}_{\mathrm{o}}^* + Ro\,\boldsymbol{V}_1^* \qquad \omega^* = \omega_{\mathrm{o}}^* + Ro\,\omega_1^* \tag{22.10}$$

Einsetzen in (22.9) liefert

$$\nabla^* \cdot \boldsymbol{V}_o^* + \frac{L\,W}{P\,U} \frac{\partial \omega_o^*}{\partial p^*} + Ro\,\nabla^* \cdot \boldsymbol{V}_1^* + Ro\,\frac{L\,W}{P\,U} \frac{\partial \omega_1^*}{\partial p^*} = 0 \qquad (22.11)$$

Zur Abschätzung des Faktors vor dem zweiten Term nehmen wir $P = 1000$ hPa und $W = g\,\rho\,w$ an, wobei g die Schwerebeschleunigung und $\rho = 1$ kg/m^3 die Luftdichte sowie w die Skala der Vertikalgeschwindigkeit ist. Diese kann man für die hier betrachteten großräumigen Bewegungen ($L = 1000$ km) zu $w = 10^{-3}\,U$ ansetzen. Das ergibt den dimensionslosen Faktor

$$\frac{L\,W}{P\,U} = 0.1 = Ro \qquad (22.12)$$

Für die nullte Näherung der Massenerhaltungsgleichung kommt daher nur der erste Term in (22.11) in Frage, aber für die erste Näherung nur der zweite und der dritte Term:

- Nullte Näherung: Man berücksichtige nur Terme ohne Ro:

$$\nabla^* \cdot \boldsymbol{V}_o^* = 0 \qquad (22.13)$$

  Man erhält also wieder die Divergenzfreiheit der nullten Näherung.
- Erste Näherung: Man berücksichtige nur Terme mit Ro^1 unter Beachtung der nullten Näherung:

$$\frac{\partial \omega_o^*}{\partial p^*} + \nabla^* \cdot \boldsymbol{V}_1^* = 0 \qquad (22.14)$$

  Die Vertikalgeschwindigkeit wird durch die Divergenz des Windanteils der ersten Näherung gesteuert.

In der Massenerhaltungsgleichung spielt also nur die nullte Näherung der Vertikalgeschwindigkeit eine Rolle; auch in der ersten Näherung kommt ω_1^* nicht vor. Dieses Ergebnis kann man einmal mit dem barotropen Gegenstück (16.42) vergleichen.

Entdimensionierung der Energiegleichung

Die Entdimensionierung der Energiegleichung führen wir für den einfachsten Fall isentroper Zustandsänderungen durch. Dafür lautet Gleichung (22.5):

$$\frac{1}{\Theta} \frac{d\Theta}{dt} = \frac{1}{\Theta} \frac{D\Theta}{Dt} + \omega\,\frac{1}{\Theta} \frac{\partial \Theta}{\partial p} = 0 \qquad (22.15)$$

Hier setzen wir die Skalen L, U, P und W ein. Für Θ benötigen wir zwei Skalen: $\Delta\Theta_h$ und $\Delta\Theta_v$. Die Skala $\Delta\Theta_h$ der horizontalen Temperaturänderungen ist zwar wesentlich kleiner als die Skala $\Delta\Theta_v$ der vertikalen Temperaturänderungen. Aber das wird durch die Größe des Horizontalwindes ausgeglichen, sodass bei Θ die horizontale und die vertikale Advektion größenordnungsmäßig gleich sind. Mit dem Ansatz

$$\Theta = \Delta\Theta_h\,\Theta_h^*(t^*, x^*, y^*) + \Delta\Theta_v\,\Theta_v^*(p^*) \qquad (22.16)$$

wird (22.15) zu

$$\frac{D^*\Theta_h^*}{Dt^*} + \left(\frac{L\,W\,\Delta\Theta_v}{P\,U\,\Delta\Theta_h}\right)\omega^*\,\frac{\partial\Theta_v^*}{\partial p^*} = 0 \qquad (22.17)$$

Der eingeklammerte Faktor ist für die großräumigen meteorologischen Prozesse der Außertropen etwa gleich 1. Das bedeutet: Für die Energiegleichung bringt die Entdimensionierung keine wirkliche Vereinfachung mit sich, d. h. hier brauchen wir sie nicht.

Entdimensionierung der Impulsgleichung

Für die erste horizontale Bewegungsgleichung führt die Skalenanalyse mit denselben Annahmen wie im barotropen Fall zu einer Gleichung desselben Typs wie (16.25); doch zusätzlich haben wir wegen (22.8) den Einfluss der Vertikaladvektion zu beachten. Also lautet die erste Komponente von (22.6) in dimensionsfreier Form

$$Ro\,\frac{D^*u^*}{Dt*} + Ro^2\,\omega^*\,\frac{\partial u^*}{\partial p^*} - (1 + Ro\,f^*)\,v^* + \frac{\partial\phi^*}{\partial x^*} = 0 \qquad (22.18)$$

Dieses Ergebnis besagt: Die dimensionsfreien horizontalen Bewegungsgleichungen der nullten und der ersten Näherung sind im baroklinen Modell denen des barotropen Modells gleich. Die vertikale Advektion von Impuls ist viel kleiner (quadratisch in Ro) als die horizontale Advektion von Impuls.

Den Unterschied in der Argumentation sollte man sich durchaus vor Augen halten: Im barotropen Modell verschwindet die vertikale Advektion exakt, weil der horizontale Strömungsvektor vertikal konstant ist; da kommt es also nicht auf die Größe der vertikalen Geschwindigkeitskomponente an. Aber bei baroklinen Verhältnissen ist der horizontale Strömungsvektor vertikal gerade nicht konstant, sondern repräsentiert den thermischen Wind, eine dynamisch sehr bedeutsame Größe. Dennoch ist auch bei baroklinen Verhältnissen die vertikale Advektion unbedeutend und daher vernachlässigbar, weil die vertikale Geschwindigkeitskomponente klein ist.

22.3   Geostrophischer und ageostrophischer Wind

Eine zentrale Rolle im quasigeostrophischen Modell, wie überhaupt in der Meteorologie, spielen der geostrophische Wind und sein Verhältnis zum wahren Wind. Der Unterschied zwischen beiden ist der ageostrophische Wind, dessen Absolutbetrag viel kleiner ist als der des geostrophischen Windes.

Wie in Kapitel 28 gezeigt, lässt sich jeder Vektor, insbesondere also der Wind, durch die Summe eines Potenzialgradienten χ und einer Vektorrotation $\boldsymbol{\Psi}$ ausdrücken:

$$\boldsymbol{v} = \boldsymbol{\nabla}\chi - \boldsymbol{\nabla}\times\boldsymbol{\Psi} = \boldsymbol{v}_a + \boldsymbol{v}_g = \boldsymbol{v}_a + \boldsymbol{V}_g \qquad (22.19)$$

Wir interpretieren die erste Komponente als den *ageostrophischen Wind* $\boldsymbol{v}_a$ und die zweite als den *geostrophischen Wind* $\boldsymbol{V}_g$. Das Minuszeichen in (22.19) ist kein Schönheitsfehler, sondern vektoranalytisch bedingt und wird sogleich bei der Definition der Stromfunktion verschwinden.

Der (absolut gesehen kleine) ageostrophische Wind $\boldsymbol{v}_{\mathrm{a}}$ hat drei Komponenten; er entspricht einer Potenzialströmung. Der (absolut gesehen große) geostrophische Wind $\boldsymbol{V}_{\mathrm{g}}$ ist ein rein horizontaler Vektor; er stellt eine rotierende Strömung dar. In der freien Atmosphäre, d. h. im Großteil der Atmosphäre überhaupt, ist die zweidimensionale Rotationskomponente $\boldsymbol{V}_{\mathrm{g}}$ um mindestens eine Größenordnung größer als die dreidimensionale Potenzialkomponente $\boldsymbol{v}_{\mathrm{a}}$.

22.3.1   Schreibweisen für den geostrophischen Wind

Weil der geostrophische Wind nur in der Horizontalen weht, d. h. $\boldsymbol{V}_{\mathrm{g}}$ keine vertikale Komponente hat, braucht das zugehörige Vektorpotenzial $\boldsymbol{\Psi}$ nur eine vertikale Komponente zu haben:

$$\boldsymbol{\Psi} = \begin{pmatrix} 0 \\ 0 \\ \Psi \end{pmatrix} \tag{22.20}$$

Diese Komponente $\Psi = \Psi(t,x,y,p)$ heißt *Stromfunktion*. Daraus gewinnt man $\boldsymbol{V}_{\mathrm{g}}$:

$$\boldsymbol{V}_{\mathrm{g}} = \boldsymbol{k} \times \nabla \Psi = \begin{pmatrix} -\partial\Psi/\partial y \\ \partial\Psi/\partial x \\ 0 \end{pmatrix} \tag{22.21}$$

Das gesamte Vektorpotenzial $\boldsymbol{\Psi}$ benötigt man also am Ende gar nicht. Zur Herleitung von (22.20) und (22.21) vgl. Kapitel 28, insbesondere die Gleichungen (28.71) und (28.72).

Die meteorologische Bedeutung der Stromfunktion, unabhängig von der vektoranalytischen Umsetzung, ergibt sich durch einen Vergleich mit der Definition des geostrophischen Windes aus dem Geopotenzial $\Phi = \Phi(t,x,y,p)$:

$$\boxed{u_{\mathrm{g}} = -\frac{1}{f_{\mathrm{o}}}\frac{\partial\Phi}{\partial y} \qquad v_{\mathrm{g}} = \frac{1}{f_{\mathrm{o}}}\frac{\partial\Phi}{\partial x}} \qquad \text{oder} \qquad \boxed{\boldsymbol{V}_{\mathrm{g}} = \frac{1}{f_{\mathrm{o}}}\,\boldsymbol{k} \times \nabla \Phi} \tag{22.22}$$

Komponentenschreibweise und Vektorschreibweise werden beide ständig benötigt. Hinreichend für die Gleichheit von (22.21) und (22.22) ist nun offenbar

$$\Psi = \frac{1}{f_{\mathrm{o}}}\,\Phi \tag{22.23}$$

Dieser Zusammenhang rechtfertigt die vielfach verwendete Bezeichnung *Stromfunktion* für das Geopotenzial Φ. Es ist jetzt Ansichtssache, ob man die Schreibweise mit Ψ oder die mit Φ bevorzugt. Wir wählen im folgenden die Φ-Schreibweise, weiter unten im

Zwei-Schichten-Modell die Ψ-Schreibweise. Dabei muss f_0 konstant sein; bei variablem f_0 führt die Umrechnung (22.23) in Widersprüche. Das gilt, obwohl der Coriolis-Parameter in der Näherung der β-Ebene natürlich nicht konstant ist.

22.3.2 Kinematische Größen des geostrophischen Windes

Aus dem geostrophischen Wind lassen sich durch räumliche Differenziation drei kinematische Größen ableiten: Divergenz, Rotation und thermischer Wind. Dabei fehlt dem Gradient-Operator, ebenso wie dem geostrophischen Wind, die vertikale Komponente. Statt ∇ und v_g schreiben wir also

$$\nabla = \begin{pmatrix} \partial/\partial x \\ \partial/\partial y \\ 0 \end{pmatrix} \qquad \boldsymbol{V}_g = \begin{pmatrix} u_g \\ v_g \\ 0 \end{pmatrix} \qquad (22.24)$$

Auch ∇ und $\boldsymbol{V}_g$ sind dreidimensionale Vektoren, mit denen nach den Regeln der Vektorrechnung zu verfahren ist – allerdings haben sie beide die vertikale Komponente null. Die horizontalen Ableitungen in ∇ sind auf der Druckfläche zu bilden, d. h. für konstantes p.

a) Die Divergenz des geostrophischen Windes

Aus Gleichung (22.22) folgt durch Anwendung der Vektorformel (28.56) für die Divergenz des geostrophischen Windes:

$$\nabla \cdot \boldsymbol{V}_g = \frac{1}{f_0} \underbrace{(\nabla \times \boldsymbol{k})}_{=\,0} \cdot \nabla\Phi - \frac{1}{f_0} \underbrace{(\nabla \times \nabla\Phi)}_{=\,0} \cdot \boldsymbol{k} = 0 \quad \Longrightarrow \quad \boxed{\nabla \cdot \boldsymbol{V}_g = 0} \quad (22.25)$$

Im ersten Term verschwindet die Rotation, weil $\boldsymbol{k}$ eine Konstante ist; im zweiten Term verschwindet die Rotation, weil $\nabla\Phi$ ein Gradient ist. Dieses Ergebnis war zu erwarten: Der geostrophische Wind ist ein rotierender Vektor; die Divergenz einer Rotation ist aber stets gleich null. Demnach hätte man sich die Berechnung in Gleichung (22.25) eigentlich sparen können, denn der geostrophische Wind ist unter allen Umständen divergenzfrei.

b) Die Vorticity des geostrophischen Windes

In gleicher Weise folgt durch Anwendung der Vektorformel (28.57) für die Rotation des geostrophischen Windes:

$$\nabla \times \boldsymbol{V}_g = \frac{1}{f_0} (\nabla\Phi \cdot \nabla) \boldsymbol{k} - \frac{1}{f_0} \nabla\Phi (\nabla \cdot \boldsymbol{k}) - \frac{1}{f_0} (\boldsymbol{k} \cdot \nabla) \nabla\Phi + \frac{1}{f_0} \boldsymbol{k} (\nabla \cdot \nabla\Phi) \quad (22.26)$$

Von den vier Termen rechts verschwinden die ersten drei, wie der Leser selbst überlegen möge. Nur der letzte Term bleibt übrig:

$$\boxed{\boxed{\nabla \times \boldsymbol{V}_{\mathrm{g}} = \left(\frac{1}{f_{\mathrm{o}}} \, \nabla^2 \Phi \right) \boldsymbol{k}}} \qquad (22.27)$$

Das schreibt man auch in der Form $\nabla \times \boldsymbol{V}_{\mathrm{g}} = \zeta_{\mathrm{g}} \, \boldsymbol{k} = \boldsymbol{\zeta}_{\mathrm{g}} = \boldsymbol{\zeta}$. Dies ist ein Vektor, dessen horizontale Komponenten gleich null sind. Da der geostrophische Wind ein horizontaler Vektor ist, muss seine Rotation ein vertikaler Vektor sein. Die Gleichung (22.27) kann man also durch Projektion auf $\boldsymbol{k}$ wie folgt umformen:

$$\boxed{\boxed{\boldsymbol{\zeta} \cdot \boldsymbol{k} = \frac{1}{f_{\mathrm{o}}} \, (\nabla^2 \Phi) = \zeta_{\mathrm{g}}}} \qquad (22.28)$$

Darin ist $\boldsymbol{\zeta}$ der 3D-Vektor der relativen Vorticity. Seine vertikale Komponente ζ_{g} (oder auch den Vektor selbst) nennt man *geostrophische Vorticity*.

Damit haben wir bereits die Tatsache verwendet, dass ζ_{g} *die Vorticity des wahren Windes* ist. Das ist ein bedeutsames Ergebnis. Der ageostrophische Wind ist entsprechend der Helmholtzschen Zerlegung (22.19) rotationsfrei. Wenn man also den geostrophischen Wind hat, der ja zunächst nur eine Näherung für den wahren Wind ist, so hat man in seiner Vorticity ζ_{g} bereits die Vorticity des gesamten Windes und damit die wichtigste dynamische Größe überhaupt.

c) Der thermische Wind

Die dritte kinematische Größe des geostrophischen Windes gewinnt man durch Differenzieren in vertikaler Richtung. Die Ableitung von (22.22) nach dem Druck unter Berücksichtigung der hydrostatischen Gleichung (22.3) liefert

$$\frac{\partial \boldsymbol{V}_{\mathrm{g}}}{\partial p} = \frac{1}{f_{\mathrm{o}}} \, \boldsymbol{k} \times \nabla \frac{\partial \Phi}{\partial p} = -\frac{1}{f_{\mathrm{o}}} \, \boldsymbol{k} \times \nabla \alpha \qquad (22.29)$$

Daraus folgt durch Eliminieren des spezifischen Volumens mithilfe der Gasgleichung sowie Zusammenfassen von $p \, \partial/\partial p$ zu $\partial/\partial \log p$:

$$\boxed{\boxed{\frac{\partial \boldsymbol{V}_{\mathrm{g}}}{\partial \log p} = -\frac{1}{f_{\mathrm{o}}} \, \boldsymbol{k} \times \nabla (RT)}} \qquad (22.30)$$

Die vertikale Änderung des geostrophischen Windes ist also durch den horizontalen Temperaturgradienten auf der Druckfläche gegeben. Der eigentliche *thermische Wind* ist ein Differenzwind zwischen verschiedenen Druckniveaus. Um diesen zu gewinnen, schreiben wir (22.30) wie folgt um

$$\boxed{\boxed{\mathrm{d}\boldsymbol{V}_{\mathrm{g}} = -\left(\frac{1}{f_{\mathrm{o}}} \, \boldsymbol{k} \times \nabla (RT) \right) \mathrm{d} \log p}} \qquad (22.31)$$

Das ist die Differenzialformel für den *thermischen Wind*.

Den zugehörigen Differenzenausdruck gewinnen wir durch Integration von (22.30) zwischen zwei Druckniveaus p_1, p_2. Mit der vertikal gemittelten Temperatur $\widehat{T}$ gemäß der Formel (24.17) ergibt sich der Differenzwind zwischen den beiden Druckniveaus:

$$\boxed{\boldsymbol{V}_{\mathrm{g}2} - \boldsymbol{V}_{\mathrm{g}1} = \left(\frac{1}{f_{\mathrm{o}}}\, \boldsymbol{k} \times \nabla(R\widehat{T})\right)\left(\log\frac{p_1}{p_2}\right)} \tag{22.32}$$

Die Analogie zwischen dem geostrophischen und dem thermischen Wind finden wir durch Vergleich der Beziehungen (22.22) und (22.32): Der geostrophische Wind ist durch den Gradienten von Φ bestimmt, er weht *parallel zu den Isohypsen* (den Isolinien des Geopotenzialfeldes). Der thermische Wind ist durch den Gradienten von $R\widehat{T}$ bestimmt, er weht *parallel zu den Isothermen* (den Isolinien des gemittelten Temperaturfeldes). Der Gradient ist im geostrophischen Fall auf der Druckfläche zu bilden, im Fall des thermischen Windes innerhalb der Druckschicht p_1 bis p_2; über diese ist auch die Mittelung für $\widehat{T}$ zu erstrecken.

Die Vertikalkoordinate $\log p$ in den vorstehenden Formeln ist dem Problem besonders angemessen, wie man durch Heranziehen der geopotenziellen Höhe Z gemäß der Definition (5.47) erkennt. Das Druckdifferential lässt sich mit der Skalenhöhe H gemäß (5.61) wie folgt schreiben:

$$\mathrm{d}\log p = -\frac{1}{H}\,\mathrm{d}Z \tag{22.33}$$

Mit der geopotenziellen Höhe Z als Vertikalkoordinate nimmt (22.31) die äquivalente Form an

$$\mathrm{d}\boldsymbol{V}_{\mathrm{g}} = \left(\frac{1}{f_{\mathrm{o}}}\, \boldsymbol{k} \times \nabla(RT)\right)\mathrm{d}\left(\frac{Z}{H}\right) \tag{22.34}$$

Auch das kann man, äquivalent zu (22.32), als Differenzformel schreiben:

$$\boldsymbol{V}_{\mathrm{g}2} - \boldsymbol{V}_{\mathrm{g}1} = \left(\frac{1}{f_{\mathrm{o}}}\, \boldsymbol{k} \times \nabla(R\widehat{T})\right)\left(\frac{Z_2 - Z_1}{H}\right) \tag{22.35}$$

Welche Version der thermischen Windformel man bevorzugt, hängt vom Geschmack des Bearbeiters sowie von den verfügbaren Daten ab.

22.3.3 Der ageostrophische Wind

Für den ageostrophischen Wind kann man wegen Gleichung (22.19) schreiben:

$$\boldsymbol{v}_{\mathrm{a}} = \boldsymbol{\nabla}\chi = \begin{pmatrix} \partial_x\chi \\ \partial_y\chi \\ \partial_z\chi \end{pmatrix} = \begin{pmatrix} u_{\mathrm{a}} \\ v_{\mathrm{a}} \\ w_{\mathrm{a}} \end{pmatrix} = \begin{pmatrix} u_{\mathrm{a}} \\ v_{\mathrm{a}} \\ w \end{pmatrix} \approx \begin{pmatrix} \boldsymbol{V}_{\mathrm{a}} \\ -\omega/(g\,\rho) \end{pmatrix} \tag{22.36}$$

Darin ist V_a die Horizontalkomponente des ageostrophischen Windes. Die Vertikalkomponente w_a des ageostrophischen Windes $\nabla\chi$ ist gleich der Vertikalkomponente w des wahren Windes, denn der geostrophische Wind hat ja keine Vertikalkomponente. Dieses w kann man gewöhnlich, und in guter Näherung, als $-\omega/(g\,\rho)$ interpretieren.

Für die kinematischen Größen, die zum ageostrophischen Wind gehören, gilt die zum geostrophischen Wind komplementäre Aussage: Seine Rotation verschwindet, weil v_a ein Gradient ist. Seine Divergenz dagegen ist die Divergenz des gesamten Windes.

Wir bringen also den so interpretierten Wind (22.19) in die Massenerhaltungsgleichung in Druckkoordinaten ein. Die horizontale Windkomponente ist $V = V_g + V_a$. Damit wird (22.4) zu

$$\nabla \cdot V_g + \nabla \cdot V_a + \frac{\partial \omega}{\partial p} = 0 \qquad \text{oder} \qquad \boxed{\nabla \cdot V_a + \frac{\partial \omega}{\partial p} = 0} \qquad (22.37)$$

Da der geostrophische Wind divergenzfrei ist, wirkt sich in der Massenerhaltungsgleichung nur die Divergenz des ageostrophischen Windes aus. Das bedeutet: Die Vertikalbewegung in der Atmosphäre wird vom ageostrophischen Wind kontrolliert, d. h. die Vertikalbewegung ist selbst ageostrophisch. Der geostrophische Wind kann unmittelbar keine Vertikalbewegung (also keine Wolkenbildung) bewirken. Es ist nun

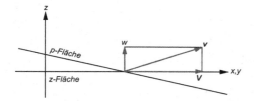

Abb. 22.1 Schema zur Interpretation der Komponenten des Windvektors in z- und in p-Koordinaten. Gezeichnet ist ein Schnitt in der Vertikalebene.

bemerkenswert, dass dieses Ergebnis (22.37) sich mit dem Ergebnis der Skalenanalyse (22.14) deckt. Die nullte Näherung der Vertikalbewegung steht mit der ersten Näherung des Horizontalwindes (das ist die ageostrophische Horizontalkomponente) im Gleichgewicht.

Zur Interpretation der Windkomponenten zeigt Abb. 22.1 den wahren Windvektor v und seine Projektion auf die Horizontale – diese liefert V – sowie seine Projektion auf die Vertikale – diese liefert w. Die horizontale Komponente von v ist und bleibt V. Also ist dieser Vektor in der z-Fläche definiert. Das ändert nichts daran, dass die Bildung von $\nabla \cdot V$ auf der p-Fläche geschieht.

22.4   Das quasigeostrophische Gleichungssystem

Nach den jetzt getroffenen Vorbereitungen können wir die hydrostatischen primitiven Gleichungen durch die quasigeostrophisch genäherten Gleichungen ersetzen. Dabei verfolgen wir zwei Ziele. Zum Einen soll am Ende eine einzige Gleichung für eine einzige vorherzusagende Funktion stehen. Diese Funktion ist die potenzielle Vorticity (repräsentiert durch das Geopotenzial). Zum Anderen aber sollen alle relevanten Felder (Wind, Temperatur, kinetische Energie usw.) aus der potenziellen Vorticity (d. h. aus dem Geopotenzial) berechnet werden können. Auf diese Weise erhält das quasigeostrophische System eine große innere Geschlossenheit: Es wird nur eine einzige Funktion vorhergesagt, aus der jedoch alle anderen Funktionen jederzeit abgeleitet werden können. In dieser Einfachheit liegen die Aussagekraft und der Erfolg des quasigeostrophischen Systems begründet.

Dieses Programm für das quasigeostrophische Modell (qgM) führen wir so durch, dass wir die in den Abschnitten über die Skalenanalyse und über den geostrophischen Wind gefundenen Ergebnisse auf die prognostischen Beziehungen – die Energiegleichung (22.5) und die Impulsgleichung (22.6) – übertragen.

22.4.1 Die Energiegleichung

Im einfachsten Fall einer nicht aufgeheizten Atmosphäre lautet die Energiegleichung $d\Theta/dt = 0$ oder entsprechend der Schreibweise (22.15):

$$\frac{1}{\Theta}\frac{D\Theta}{Dt} + \omega\,\frac{1}{\Theta}\,\frac{\partial\Theta}{\partial p} = 0 \tag{22.38}$$

Im ersten Term erkennen wir die relative Ableitung der potenziellen Temperatur nach der Zeit, jedoch nur auf der Druckfläche. Die potenzielle Temperatur aus Gleichung (22.2) lässt sich mithilfe der Gasgleichung (22.1) wie folgt schreiben:

$$\Theta = \left[\frac{p}{R}\left(\frac{p_o}{p}\right)^{\kappa}\right]\alpha \tag{22.39}$$

Die Funktion in den eckigen Klammern hängt nur vom Druck ab. Damit sowie mit der Selbstverständlichkeit, dass das Differenzial des Drucks (und damit auch das Differenzial jeder Druckfunktion) auf der Druckfläche selbst verschwindet, gelangt man zur relativen Ableitung des spezifischen Volumens:

$$\frac{1}{\Theta}\frac{D\Theta}{Dt} = \frac{1}{\alpha}\frac{D\alpha}{Dt} \tag{22.40}$$

Damit wird aus (22.38) nach Durchmultiplikation mit α:

$$\frac{D_g\alpha}{Dt} - \omega\underbrace{\left(-\frac{\alpha}{\Theta}\,\frac{\partial\Theta}{\partial p}\right)}_{\sigma} = 0 \tag{22.41}$$

Hier haben wir, wie vorher, die ageostrophische gegenüber der geostrophischen Advektion vernachlässigt, was den Operator D/Dt in D_g/Dt überführt. Man bezeichnet σ als *statische Stabilität*; vgl. dazu die obigen Gleichungen (10.30), (10.31). Die energetische Dynamik, d. h. der erste Term von Gleichung (22.41), wird durch die statische Stabilität gesteuert. Im einfachsten Fall betrachten wir σ als konstant.

22.4.2 Die Bewegungsgleichungen

Wir verwenden wieder die Aufspaltung des Windes in den geostrophischen (nullte Näherung) und den ageostrophischen Teil (erste Näherung in der Skalenanalyse) und operieren auf der β-Ebene (mit $y_0 = 0$, was dynamisch keinen Unterschied ausmacht):

$$V = V_g + V_a \qquad f = f_o + \beta y \qquad (22.42)$$

Damit lautet die Impulsgleichung (22.6):

$$\frac{\mathrm{d}V_g}{\mathrm{d}t} + \frac{\mathrm{d}V_a}{\mathrm{d}t} + f_o\,\boldsymbol{k} \times V_g + \beta\,y\,\boldsymbol{k} \times V_g + f_o\,\boldsymbol{k} \times V_a + \beta\,y\,\boldsymbol{k} \times V_a + \nabla\Phi = 0 \quad (22.43)$$

Die *nullte Näherung* dieser Beziehung im Sinne der Skalenanalyse besteht darin, die Tendenzen sowie Terme mit V_a und βy gegenüber V_g bzw. f_o zu vernachlässigen. Dadurch bleiben hier nur zwei Terme übrig:

$$\boxed{f_o\,\boldsymbol{k} \times V_g + \nabla\Phi = 0} \qquad (22.44)$$

Diese legen den Zusammenhang zwischen geostrophischem Wind und Geopotenzial fest. Gleichung (22.44) ist identisch mit Gleichung (22.22). Die *erste Näherung* der Skalenanalyse verlangt

$$\left|\frac{\mathrm{d}V_a}{\mathrm{d}t}\right| \ll \left|\frac{\mathrm{d}V_g}{\mathrm{d}t}\right| \qquad (22.45)$$

Dazu wird in der ersten Näherung bei der zeitlichen Änderung des geostrophischen Windes die vertikale Advektion des geostrophischen Windes vernachlässigt:

$$\frac{\mathrm{d}V_g}{\mathrm{d}t} = \frac{\mathrm{D}V_g}{\mathrm{D}t} + \underbrace{\omega\,\frac{\partial V_g}{\partial p}}_{\text{klein}} \approx \frac{\mathrm{D}V_g}{\mathrm{D}t} \approx \frac{\mathrm{D}_g V_g}{\mathrm{D}t} \qquad (22.46)$$

Die hier gemachte Näherung, den horizontalen Operator $\mathrm{D}/\mathrm{D}t$ durch $\mathrm{D_g}/\mathrm{D}t$ zu ersetzen (Stichwort: *geostrophische Advektion*), wurde ebenfalls bei der Skalenanalyse begründet. Im *semigeostrophischen Modell* (das wir hier nicht behandeln) wird diese Näherung übrigens nicht gemacht.

Schließlich wird von den vier mit f_o bzw. β behafteten Coriolis-Termen in (22.43) zunächst der erste weggelassen; er ist bei weitem der größte, wird aber in der nullten Näherung vom letzten Term in (22.43) balanciert und tritt daher hier gar nicht mehr auf. Außerdem wird der vierte Term weggelassen, weil er klein ist gegenüber dem zweiten und dem dritten; der zweite und der dritte sind gleich groß und bleiben bestehen. Gleichung (22.43) lautet damit

$$\boxed{\frac{\mathrm{D_g}V_g}{\mathrm{D}t} + \beta\,y\,\boldsymbol{k} \times V_g + f_o\,\boldsymbol{k} \times V_a = 0} \qquad (22.47)$$

Die nullte Näherung (22.44) definiert den geostrophischen Wind, und die erste Näherung (22.47) beschreibt die eigentliche Dynamik des Modells. Der Leser wird bemerken, dass diese Gleichung (22.47) die dimensionierte Fassung der dimensionsfreien Gleichung (22.18) ist, und zwar in ihrer ersten Näherung (Mitnahme der Terme mit der ersten Potenz von Ro). Wenn man also (22.18) hat, kann man (22.47) direkt hinschreiben.

Warum wird in der Impulsgleichung die vertikale Advektion vernachlässigt (also $d/dt \approx D/Dt$ gesetzt), in der Energiegleichung aber nicht? Ist das nicht inkonsistent? Dieser wichtige Unterschied erklärt sich so: In der Impulsgleichung sind die Skalen der horizontalen und der vertikalen Windänderung gleich; dadurch ist die vertikale Advektion um eine Ordnung kleiner als die horizontale und deshalb vernachlässigbar. In der Energiegleichung dagegen ist die Skala der vertikalen Temperaturänderung eine Ordnung größer als die der horizontalen Temperaturänderung; dadurch wird die in der Energiegleichung in derselben Weise bestehende Kleinheit der vertikalen Advektion ausgeglichen, und horizontale sowie vertikale Advektion werden gleich.

22.4.3   Die quasigeostrophischen Grundgleichungen

Wir haben jetzt als grundlegende Beziehungen für den geostrophischen Wind und für das spezifische Volumen (alternativ: Temperatur oder Dichte) die beiden diagnostischen Gleichungen für das qgM:

$$\boxed{\boxed{\boldsymbol{V}_\mathrm{g} = \frac{1}{f_\mathrm{o}} \boldsymbol{k} \times \nabla \Phi}} \qquad \boxed{\boxed{\alpha = -\frac{\partial \Phi}{\partial p}}} \qquad (22.48)$$

Sie stellen den Zusammenhang zwischen der elementaren dynamischen Größe (Wind) und der thermodynamischen Größe (Temperatur) der baroklinen Atmosphäre her und besagen: *Aus dem Geopotenzial folgt durch horizontale Ableitung der Wind und durch vertikale Ableitung die Temperatur.* Das Geopotenzial führt also seinen Namen zu Recht: Die dynamischen und die thermodynamischen Felder können aus ihm durch räumliche Gradientbildung gewonnen werden.

Über die zeitliche Entwicklung der Felder sagen die diagnostischen Beziehungen nichts aus; dynamisch gesehen ist das Gleichungssystem (22.48) degeneriert. Für die zeitliche Entwicklung brauchen wir die eben besprochene erste Näherung der Impulsgleichung (22.47) sowie die Energiegleichung (22.41) als die eigentlichen Grundgleichungen des qgM:

$$\frac{\mathrm{D}_\mathrm{g} \boldsymbol{V}_\mathrm{g}}{\mathrm{D}t} + \boldsymbol{k} \times (\beta\, y\, \boldsymbol{V}_\mathrm{g}) \;=\; -f_\mathrm{o}\, \boldsymbol{k} \times \boldsymbol{V}_\mathrm{a} \qquad (22.49)$$

$$\frac{\mathrm{D}_\mathrm{g} \alpha}{\mathrm{D}t} \;=\; \sigma\, \omega \qquad (22.50)$$

Die Schreibweise dieser Gleichungen ist bewusst so gewählt, um den folgenden Sachverhalt hervorzuheben: Die geostrophischen Komponenten (jeweils links, prognostisch) werden von den ageostrophischen Komponenten (rechts, diagnostisch) angetrieben.

Zum Vergleich mit dem barotropen Modell wollen wir (22.49), (22.50) auch in der zu (17.10) äquivalenten Form notieren

$$\boxed{\left\| \frac{\mathrm{D_g} \boldsymbol{V}_\mathrm{g}}{\mathrm{D}t} + f_0\, \boldsymbol{k} \times \boldsymbol{V}_\mathrm{a} + \beta\, y\, \boldsymbol{k} \times \boldsymbol{V}_\mathrm{g} = 0 \qquad \frac{\mathrm{D_g}\alpha}{\mathrm{D}t} - \sigma\,\omega = 0 \right\|} \qquad (22.51)$$

Dabei zeigt sich: Die Bewegungsgleichungen sind identisch. Dagegen ist die Massenerhaltungsgleichung im barotropen FWM hier im baroklinen Modell durch die Energieerhaltungsgleichung ersetzt (die es im FWM nicht gibt).

22.4.4   Abgeleitete Gleichungen

Aus den quasigeostrophischen Grundgleichungen gewinnen wir als abgeleitete Gleichungen zunächst die Beziehungen für die kinetische Energie und für die relative Vorticity. Zwei weitere abgeleitete Gleichungen (für potenzielle Vorticity und für Omega) erfordern anschließend eigene Abschnitte.

Die Gleichung der kinetischen Energie

Die quasigeostrophische kinetische Energie ist definiert als

$$K = \frac{1}{2}\,\boldsymbol{V}_\mathrm{g} \cdot \boldsymbol{V}_\mathrm{g} = \frac{1}{2}\,\boldsymbol{V}_\mathrm{g}^2 \qquad (22.52)$$

Die zugehörige dynamische Gleichung ergibt sich durch Multiplikation der quasigeostrophischen Impulsgleichung (22.49) mit dem geostrophischen Wind:

$$\boldsymbol{V}_\mathrm{g} \cdot \frac{\mathrm{D_g}\boldsymbol{V}_\mathrm{g}}{\mathrm{D}t} + \boldsymbol{V}_\mathrm{g} \cdot (\boldsymbol{k} \times \beta\, y\, \boldsymbol{V}_\mathrm{g}) = \boldsymbol{V}_\mathrm{g} \cdot (-f_0\, \boldsymbol{k} \times \boldsymbol{V}_\mathrm{a}) \qquad (22.53)$$

Der erste Term entspricht der totalzeitlichen Ableitung der kinetischen Energie K, und der zweite Term verschwindet. Das Ergebnis lautet

$$\frac{\mathrm{D_g}K}{\mathrm{D}t} = f_0\, \boldsymbol{k} \cdot (\boldsymbol{V}_\mathrm{g} \times \boldsymbol{V}_\mathrm{a}) \qquad (22.54)$$

Zur Umrechnung der rechten Seite wurde die Rechenregel (28.28) für das Spatprodukt verwendet.

Gleichung (22.54) besagt: K ändert sich nicht, wenn geostrophischer und ageostrophischer Wind parallel verlaufen, sondern nur dann, wenn sie einen Winkel miteinander bilden. Weht beispielsweise der ageostrophische Wind ins Tief hinein – also nach links, wenn man auf der Nordhalbkugel in Richtung von $\boldsymbol{V}_\mathrm{g}$ schaut –, so zeigt der Vektor $\boldsymbol{V}_\mathrm{g} \times \boldsymbol{V}_\mathrm{a}$ nach oben, also in Richtung von $\boldsymbol{k}$. Dadurch wird die rechte Seite von (22.54) positiv; dies bedeutet, dass K verstärkt wird. Umgekehrt wird die kinetische Energie der Zyklone abgeschwächt, wenn der ageostrophische Wind aus dem Tief heraus weht.

Die Vorticity-Gleichung

Die Vorticity-Gleichung haben wir bereits zweimal besprochen: erstens für den Spezialfall des FWM – das Ergebnis war die Gleichung (14.35) für die Vertikalkomponente von η – und zweitens in allgemeiner Form; das Ergebnis war die Gleichung (21.15) für η.

Jetzt brauchen wir die Vorticity-Gleichung in p-Koordinaten für das qgM. Dazu wenden wir das Kreuzprodukt auf die qg Impulsgleichung an. Dazu wird (22.49) unter Verwendung der zweidimensionalen Version der Weber-Transformation (28.65) und des Operators der totalen Zeitableitung wie folgt geschrieben:

$$\frac{\partial V_{\mathrm{g}}}{\partial t} + \nabla K + \zeta_{\mathrm{g}}\, \boldsymbol{k} \times \boldsymbol{V}_{\mathrm{g}} + \beta\, y\, \boldsymbol{k} \times \boldsymbol{V}_{\mathrm{g}} = -f_{\mathrm{o}}\, \boldsymbol{k} \times \boldsymbol{V}_{\mathrm{a}} \qquad (22.55)$$

Die Zusammenfassung des dritten und des vierten Terms sowie die Rotationsbildung mit dem horizontalen Nabla-Operator ergeben

$$\nabla \times \frac{\partial V_{\mathrm{g}}}{\partial t} + \nabla \times \nabla K + \nabla \times [(\zeta_{\mathrm{g}} + \beta\, y)\, \boldsymbol{k} \times \boldsymbol{V}_{\mathrm{g}}] = -\nabla \times (f_{\mathrm{o}}\, \boldsymbol{k} \times \boldsymbol{V}_{\mathrm{a}}) \qquad (22.56)$$

Im ersten Term kann die Reihenfolge von Kreuzprodukt und Zeitableitung vertauscht werden, der zweite Term verschwindet, und auf die restlichen beiden Terme wird die Vektorregel (28.57) angewendet:

$$\frac{\partial \zeta_{\mathrm{g}}\, \boldsymbol{k}}{\partial t} + \boldsymbol{k}\, [\nabla \cdot (\zeta_{\mathrm{g}} + \beta\, y)\, \boldsymbol{V}_{\mathrm{g}}] = -f_{\mathrm{o}}\, \boldsymbol{k}\, (\nabla \cdot \boldsymbol{V}_{\mathrm{a}}) \qquad (22.57)$$

Durch skalare Multiplikation mit $\boldsymbol{k}$ und Berücksichtigung von $\nabla \cdot \boldsymbol{V}_{\mathrm{g}} = 0$ ergibt sich

$$\frac{\partial \zeta_{\mathrm{g}}}{\partial t} + \boldsymbol{V}_{\mathrm{g}} \cdot \nabla\, (\zeta_{\mathrm{g}} + \beta\, y) = -f_{\mathrm{o}}\, \nabla \cdot \boldsymbol{V}_{\mathrm{a}} \qquad (22.58)$$

Das kann man mit der Vertikalkomponente der absoluten Vorticity $\zeta_{\mathrm{g}} + \beta\, y = \eta_{\mathrm{g}}$ auch so schreiben:

$$\boxed{\frac{\mathrm{D}_{\mathrm{g}}\eta_{\mathrm{g}}}{\mathrm{D}t} + f_{\mathrm{o}}\, \nabla \cdot \boldsymbol{V}_{\mathrm{a}} = 0} \qquad (22.59)$$

Diese qg Vorticity-Gleichung für das *barokline qgM* ist identisch mit der qg Vorticity-Gleichung (17.17) für das *barotrope qgFWM*.

Das ist nicht verblüffend, denn wir haben ja oben schon in (22.51) gesehen, dass die Bewegungsgleichungen gleich sind, und dies setzt sich natürlich in die Vorticitygleichung fort. Aber worin besteht dann überhaupt noch der Unterschied zwischen dem qgM und dem qgFWM? Die dynamischen Gleichungen sind tatsächlich identisch. Aber im qgFWM gibt es in der Vertikalen nur eine Version von (17.17), d. h. nur ein vertikal konstantes η_{g}. Doch im qgM gibt es im Prinzip unendlich viele Versionen von (22.59), d. h. es gibt jetzt Vertikalprofile von η_{g} und von $\boldsymbol{V}_{\mathrm{a}}$.

22.5 Die Gleichung der potenziellen Vorticity

Im FWM haben wir durch Kombination von Vorticity-Gleichung und Massenerhaltungsgleichung die Divergenz eliminiert und dadurch die Erhaltungsgleichung für die potenzielle Vorticity gefunden. Das geht hier in analoger Weise durch Kombination von Vorticity-Gleichung und Energiegleichung. Wir betrachten die Ableitung der Energiegleichung (22.50) nach dem Druck:

$$\frac{\mathrm{D_g}}{\mathrm{D}t}\frac{\partial \alpha}{\partial p} + \underbrace{\frac{\partial \boldsymbol{V_g}}{\partial p}\cdot \nabla \alpha}_{=\,0} = \sigma\,\frac{\partial \omega}{\partial p} \tag{22.60}$$

Hier haben wir die Stabilität σ als konstant angenommen; das ist im einfachsten Fall gerechtfertigt, kann jedoch auf vertikal variables σ verallgemeinert werden. Das Verschwinden des zweiten Terms links folgt aus Gleichung (22.29) für den thermischen Wind; danach verläuft der Vektor $\partial \boldsymbol{V_g}/\partial p$ orthogonal zu $\nabla \alpha$.

Die Vorticity-Gleichung (22.59) lautet mit der Massenerhaltungsgleichung

$$\frac{\mathrm{D_g}\eta_{\mathrm{g}}}{\mathrm{D}t} = f_{\mathrm{o}}\,\frac{\partial \omega}{\partial p} \tag{22.61}$$

Daraus und aus (22.60) lässt sich ω eliminieren, und es folgt eine weitere Erhaltungsgleichung:

$$\boxed{\frac{\mathrm{D_g}\eta_{\mathrm{g}}}{\mathrm{D}t} - \frac{\mathrm{D_g}}{\mathrm{D}t}\left(\frac{f_{\mathrm{o}}}{\sigma}\,\frac{\partial \alpha}{\partial p}\right) = 0} \tag{22.62}$$

Die potenzielle Vorticity-Gleichung

Die Größe

$$\boxed{q_{\mathrm{g}} = \eta_{\mathrm{g}} - \frac{f_{\mathrm{o}}}{\sigma}\,\frac{\partial \alpha}{\partial p} = \beta\,y + \zeta_{\mathrm{g}} - \frac{f_{\mathrm{o}}}{\sigma}\,\frac{\partial \alpha}{\partial p} = \beta\,y + \frac{1}{f_{\mathrm{o}}}\,\nabla^2\Phi + \frac{f_{\mathrm{o}}}{\sigma}\,\frac{\partial^2\Phi}{\partial p^2}} \tag{22.63}$$

heißt *quasigeostrophische potenzielle Vorticity* (kurz qgpV). Bisweilen wird auch f_{o} zu q_{g} addiert, was jedoch nur den Absolutwert der qgpV verschiebt und die Dynamik nicht ändert. Im letzten Term der rechten Seite liegt die durch die Baroklinität geforderte Verallgemeinerung. Aus Gleichung (22.62) wird dann

$$\boxed{\frac{\mathrm{D_g}q_{\mathrm{g}}}{\mathrm{D}t} = 0} \tag{22.64}$$

Das ist das einfache, oben als Programm angestrebte Ergebnis. Eine Bemerkung zur Terminologie: Um den Charakter der Quasigeostrophie im Bewusstsein des Lesers zu halten, führen wir den Index g in den Symbolen $\boldsymbol{V_g}, \zeta_{\mathrm{g}}, \eta_{\mathrm{g}}, q_{\mathrm{g}}, \mathrm{D_g}/\mathrm{D}t$ konsequent mit. Bei $\boldsymbol{V_g}$ und $\mathrm{D_g}/\mathrm{D}t$ ist das zwingend notwendig, aber bei $\zeta_{\mathrm{g}}, \eta_{\mathrm{g}}, q_{\mathrm{g}}$ könnte man auf diese Pedanterie verzichten.

Wenn man q_g gewonnen hat, beispielsweise durch eine Vorhersage, dann erhält man Φ aus der rechten Seite von (22.63). Das läuft auf die Inversion des dreidimensionalen Laplace-Operators hinaus:

$$\mathcal{L} = \nabla^2 + \frac{f_\mathrm{o}^2}{\sigma} \frac{\partial^2}{\partial p^2} \qquad (22.65)$$

Dafür gibt es heute schnelle Rechenprogramme.

Die Potenzialtendenzgleichung

Mit dem eben eingeführten Operator ist die qgpV gegeben durch

$$q_\mathrm{g} = \beta\, y + \frac{1}{f_\mathrm{o}}\, \mathcal{L}\,\Phi \qquad (22.66)$$

Die Erhaltungsgleichung (22.64) lässt sich damit in die folgende Form bringen:

$$\mathcal{L}\, \frac{\partial \Phi}{\partial t} = -f_\mathrm{o}\, \boldsymbol{V}_\mathrm{g} \cdot \nabla q_\mathrm{g} \qquad (22.67)$$

Das ist die Tendenzgleichung für das Geopotenzial. Wenn man $\boldsymbol{V}_\mathrm{g}$ und q_g diagnostiziert und damit die rechte Seite von (22.67) bestimmt hat, kann man durch Inversion von $\mathcal{L}$ die Potenzialtendenz bestimmen. Dies wurde in der Praxis der frühen numerischen Wettervorhersage auch so gemacht und dient heute noch vielfach zur schnellen fast quantitativen Interpretation der Entwicklung von zyklonalen Zentren. Gleichung (22.67) besagt, dass die Tendenz von Φ durch die geostrophische Advektion von q_g bewirkt wird. Dabei unterscheidet man zwischen der *Vorticity-Advektion* (dem Anteil von q_g aus der horizontalen Komponente von $\mathcal{L}$) und der *Temperaturadvektion* (dem Anteil von q_g aus der vertikalen Komponente von $\mathcal{L}$).

22.6 Die Omega-Gleichung

Durch Kenntnis des Geopotenzials Φ hat man die Information über alle geostrophischen Komponenten vorliegen. Im vorigen Abschnitt haben wir aus den quasigeostrophischen Grundgleichungen die ageostrophischen Komponenten eliminiert und eine *prognostische* Gleichung für den *geostrophischen Wind* hergeleitet. Jetzt wollen wir umgekehrt aus den Grundgleichungen den Operator der zeitlichen Ableitung eliminieren und uns damit *diagnostische* Gleichungen für die *ageostrophischen Windkomponenten* verschaffen. Wir wollen dieses Programm mit dem Vektorkalkül durchführen (was nicht zwingend notwendig, aber sehr übersichtlich ist). Dazu stellen wir vorweg einige zusätzliche Formeln der Vektoranalysis bereit.

22.6.1 Spezielle Vektorformeln

Für den vertikalen Einheitsvektor $\boldsymbol{k}$ und einen beliebigen horizontalen Vektor $\boldsymbol{H}$ gilt die häufig benötigte Umrechnung

$$\boldsymbol{k} \times (\boldsymbol{k} \times \boldsymbol{H}) = -\boldsymbol{H} \tag{22.68}$$

Und für $\boldsymbol{k}$ sowie zwei beliebige horizontale Vektoren $\boldsymbol{H}_1$ und $\boldsymbol{H}_2$ gilt

$$(\boldsymbol{k} \times \boldsymbol{H}_1) \cdot (\boldsymbol{k} \times \boldsymbol{H}_2) = \boldsymbol{H}_1 \cdot \boldsymbol{H}_2 \tag{22.69}$$

Beide Aussagen sind formal einfach zu beweisen und außerdem unmittelbar anschaulich: Gleichung (22.68) besagt, dass nach zweimaligem Drehen um 90 Grad der Vektor $\boldsymbol{H}$ in die entgegen gesetzte Richtung zeigt. Und Gleichung (22.69) besagt, dass zwei horizontale Vektoren, wenn man jeden um 90 Grad gedreht hat, das gleiche innere Produkt miteinander haben, als wenn man sie nicht gedreht hätte.

Weiter gelten für einen konstanten Vektor $\boldsymbol{k}$ und einen beliebigen raum- und/oder zeitabhängigen Vektor $\boldsymbol{A}$ die Vertauschungsregeln:

$$\frac{\partial}{\partial t}(\boldsymbol{k} \times \boldsymbol{A}) = \boldsymbol{k} \times \frac{\partial \boldsymbol{A}}{\partial t} \qquad \text{und} \qquad \frac{\mathrm{D}}{\mathrm{D}t}(\boldsymbol{k} \times \boldsymbol{A}) = \boldsymbol{k} \times \frac{\mathrm{D}\boldsymbol{A}}{\mathrm{D}t} \tag{22.70}$$

In der ersten Gleichung kann man t auch durch x, y, z oder p ersetzen. Die partiellen Ableitungsoperatoren sind linear und können daher stets vertauscht werden:

$$\frac{\partial}{\partial p}(\nabla \cdot \boldsymbol{A}) = \nabla \cdot \frac{\partial \boldsymbol{A}}{\partial p} \qquad \text{und} \qquad \frac{\partial}{\partial p}(\nabla \times \boldsymbol{A}) = \nabla \times \frac{\partial \boldsymbol{A}}{\partial p} \tag{22.71}$$

22.6.2 Der Q-Vektor

Die beiden quasigeostrophischen Grundgleichungen (22.49) und (22.50) schreiben wir nochmals auf:

$$\frac{\mathrm{D}_{\mathrm{g}}\boldsymbol{V}_{\mathrm{g}}}{\mathrm{D}t} + \boldsymbol{k} \times (\beta\, y\, \boldsymbol{V}_{\mathrm{g}}) + f_{\mathrm{o}}\, \boldsymbol{k} \times \boldsymbol{V}_{\mathrm{a}} = 0 \tag{22.72}$$

$$\frac{\mathrm{D}_{\mathrm{g}}\alpha}{\mathrm{D}t} - \sigma\, \omega = 0 \tag{22.73}$$

Das Eliminieren des Operators $\mathrm{D}_{\mathrm{g}}/\mathrm{D}t$ gelingt durch geschicktes Differenzieren sowie durch ständiges Verwenden der Beziehungen

$$\frac{\partial \Phi}{\partial p} = -\alpha \qquad f_{\mathrm{o}}\, \boldsymbol{V}_{\mathrm{g}} = \boldsymbol{k} \times \nabla \Phi \qquad f_{\mathrm{o}}\, \boldsymbol{k} \times \boldsymbol{V}_{\mathrm{g}} = -\nabla \Phi \qquad f_{\mathrm{o}}\, \boldsymbol{k} \times \frac{\partial \boldsymbol{V}_{\mathrm{g}}}{\partial p} = \nabla \alpha \tag{22.74}$$

Die erste Gleichung ist die hydrostatische Windgleichung, die zweite und dritte sind die geostrophische und die vierte die thermische Windgleichung (nach Durchmultiplikation mit $\boldsymbol{k}\times$).

Umformung von Gleichung (22.72)

Wir multiplizieren die letzte Gleichung mit $f_{\mathrm{o}}\,\boldsymbol{k}\times$ und beachten dabei die geostrophische Gleichung in (22.74):

$$\frac{\mathrm{D_g}}{\mathrm{D}t}(-\nabla\Phi) - f_{\mathrm{o}}\,\beta\,y\,\boldsymbol{V}_{\mathrm{g}} - f_{\mathrm{o}}^2\,\boldsymbol{V}_{\mathrm{a}} = 0 \tag{22.75}$$

Das Ergebnis leiten wir nach p ab:

$$\frac{\mathrm{D_g}}{\mathrm{D}t}\left(-\nabla\frac{\partial\Phi}{\partial p}\right) + \underbrace{\frac{\partial\boldsymbol{V}_{\mathrm{g}}}{\partial p}\cdot\nabla(-\nabla\Phi)}_{=\,\boldsymbol{Q}_1} - f_{\mathrm{o}}\,\beta\,y\,\frac{\partial\boldsymbol{V}_{\mathrm{g}}}{\partial p} - f_{\mathrm{o}}^2\,\frac{\partial\boldsymbol{V}_{\mathrm{a}}}{\partial p} = 0 \tag{22.76}$$

Der zweite Term ist ein Vektor, den wir als $\boldsymbol{Q}_1$ bezeichnen. Er entsteht durch das Nachdifferenzieren des advehierenden Windes $\boldsymbol{V}_{\mathrm{g}}$.

Umformung von Gleichung (22.73)

Auf diese Gleichung wenden wir den horizontalen Gradient-Operator an:

$$\nabla\left(\frac{\mathrm{D_g}}{\mathrm{D}t}\frac{\partial\Phi}{\partial p}\right) + \nabla(\sigma\,\omega) = \frac{\mathrm{D_g}}{\mathrm{D}t}\left(\nabla\frac{\partial\Phi}{\partial p}\right) + \underbrace{(\nabla\boldsymbol{V}_{\mathrm{g}})\cdot\nabla\frac{\partial\Phi}{\partial p}}_{=\,\boldsymbol{Q}_2} + \sigma\,\nabla\omega = 0 \tag{22.77}$$

Der zweite Term ist ein Vektor, den wir als $\boldsymbol{Q}_2$ bezeichnen. Er entsteht ebenfalls durch das Nachdifferenzieren des advehierenden Windes $\boldsymbol{V}_{\mathrm{g}}$.

Formen des Q-Vektors

Die beiden eben definierten Vektoren sind gleich. Um das zu zeigen, rechnen wir den ersten auf den zweiten um und nutzen dazu die obigen Vektorformeln:

$$\boldsymbol{Q}_1 = -\frac{\partial\boldsymbol{V}_{\mathrm{g}}}{\partial p}\cdot\nabla(\nabla\Phi) \tag{22.78}$$

$$= -\frac{1}{f_{\mathrm{o}}}\left(\boldsymbol{k}\times\nabla\frac{\partial\Phi}{\partial p}\right)\cdot\nabla\left(-f_{\mathrm{o}}\,\boldsymbol{k}\times\boldsymbol{V}_{\mathrm{g}}\right) \tag{22.79}$$

$$= \left(\boldsymbol{k}\times\nabla\frac{\partial\Phi}{\partial p}\right)\cdot\left(\boldsymbol{k}\times\nabla\boldsymbol{V}_{\mathrm{g}}\right) \tag{22.80}$$

Mit Regel (22.69) lautet die x-Komponente dieses Vektors:

$$Q_{1,x} = \left(\boldsymbol{k}\times\nabla\frac{\partial\Phi}{\partial p}\right)\cdot\left(\boldsymbol{k}\times\frac{\partial\boldsymbol{V}_{\mathrm{g}}}{\partial x}\right) = \nabla\frac{\partial\Phi}{\partial p}\cdot\frac{\partial\boldsymbol{V}_{\mathrm{g}}}{\partial x} = Q_{2,x} \tag{22.81}$$

und die y-Komponente entsprechend

$$Q_{1,y} = \left(\boldsymbol{k}\times\nabla\frac{\partial\Phi}{\partial p}\right)\cdot\left(\boldsymbol{k}\times\frac{\partial\boldsymbol{V}_{\mathrm{g}}}{\partial y}\right) = \nabla\frac{\partial\Phi}{\partial p}\cdot\frac{\partial\boldsymbol{V}_{\mathrm{g}}}{\partial y} = Q_{2,y} \tag{22.82}$$

Das sind aber gerade die Komponenten des Vektors $\boldsymbol{Q}_2$. Beide fassen wir zu der Formel für den *Q-Vektor* $\boldsymbol{Q}_1 = \boldsymbol{Q}_2 = \boldsymbol{Q}$ zusammen:

$$\boxed{\boldsymbol{Q} = \nabla \frac{\partial \Phi}{\partial p} \cdot \nabla \boldsymbol{V}_{\mathrm{g}} = -\frac{R}{p} \, \nabla T \cdot \nabla \boldsymbol{V}_{\mathrm{g}} = -\nabla \alpha \cdot \nabla \boldsymbol{V}_{\mathrm{g}}} \tag{22.83}$$

Hier haben wir $\partial \Phi / \partial p$ zuerst durch α und dann mit der Gasgleichung durch T ausgedrückt. Die so entstehenden Formeln rechts besagen: *Der Q-Vektor ist proportional zum Skalarprodukt aus dem Temperaturgradienten und zum Gradienten des geostrophischen Windes.* Dabei erinnern wir uns daran, dass der Gradient-Operator ∇ im qgM auf der Druckfläche zu bilden ist. Außerdem bemerken wir, dass die neue Größe $\nabla \boldsymbol{V}_{\mathrm{g}}$, also der Gradient des geostrophischen Windes, ein Tensor ist.

Gemäß (22.83) gibt es drei Schreibweisen für T. Und gemäß (22.74) gibt es zwei Schreibweisen für $\boldsymbol{V}_{\mathrm{g}}$. Also gibt es sechs Schreibweisen für $\boldsymbol{Q}$. Die wichtigste ist diejenige, bei der nur das Geopotenzial verwendet wird:

$$\boxed{\boldsymbol{Q} = \frac{1}{f_{\mathrm{o}}} \, \nabla \frac{\partial \Phi}{\partial p} \cdot \nabla (\boldsymbol{k} \times \nabla \Phi)} \tag{22.84}$$

Seine Komponenten sind

$$\boxed{Q_x = \frac{1}{f_{\mathrm{o}}} \, \nabla \frac{\partial \Phi}{\partial p} \cdot \left(\boldsymbol{k} \times \nabla \frac{\partial \Phi}{\partial x} \right)} \tag{22.85}$$

$$\boxed{Q_y = \frac{1}{f_{\mathrm{o}}} \, \nabla \frac{\partial \Phi}{\partial p} \cdot \left(\boldsymbol{k} \times \nabla \frac{\partial \Phi}{\partial y} \right)} \tag{22.86}$$

In dieser Schreibweise kommen nur die jeweils zweiten Ableitungen des Geopotenzialfeldes vor. Wenn man bedenkt, dass die Differenziation die Eigenschaft hat, ein Feld „aufzurauen", so wird verständlich, dass der Q-Vektor sozusagen die Feinstruktur des Geopotenzialfeldes sichtbar macht, die im relativ „glatten" Geopotenzialfeld selbst weniger hervortritt. Das hängt damit zusammen, dass der Q-Vektor die kleinskaligen Vertikalbewegungen kontrolliert.

Formal ist anzumerken, dass jede der Komponentengleichungen (22.85) und (22.86) ein Spatprodukt aus drei Vektoren ist, das man allein durch zyklische Vertauschung auf drei verschiedene Weisen schreiben kann; das eröffnet ein weites Feld für synoptische Interpretationen.

22.6.3 Die Q-Vektor-Gleichung

Was ist mit der Herleitung des kompliziert aussehenden Q-Vektors gewonnen? Dazu setzen wir unser Ergebnis in (22.76) sowie (22.77) ein und addieren beide Gleichungen. Wie beabsichtigt, heben die beiden Zeitableitungen einander auf, und wir erhalten

$$2\,\boldsymbol{Q} - f_{\mathrm{o}}\,\beta\,y \, \frac{\partial \boldsymbol{V}_{\mathrm{g}}}{\partial p} - f_{\mathrm{o}}^2 \, \frac{\partial \boldsymbol{V}_{\mathrm{a}}}{\partial p} + \sigma \, \nabla \omega = 0 \tag{22.87}$$

Diese Gleichung koppelt die geostrophischen Komponenten (die ersten beiden Terme) mit den ageostrophischen Komponenten (den letzten beiden Termen). Es ist eine diagnostische Gleichung, die man jetzt wahlweise nach V_a oder nach ω auflösen kann. Dazu nutzen wir die qg Massenerhaltungsgleichung (22.37), in der V_a und ω gemeinsam vorkommen, sodass man nach einer der beiden Größen auflösen kann. Nach welcher soll man auflösen? Am einfachsten ist es, zuerst V_a zu eliminieren und nach ω aufzulösen. Wenn man die Vertikalgeschwindigkeit hat, kann man im zweiten Schritt mit Gleichung (22.37) auch V_a berechnen.

Die Gleichung für Omega

Wir bilden die Divergenz von Gleichung (22.87):

$$2\,\nabla \cdot Q - f_\circ\,\beta\,(\nabla y) \cdot \frac{\partial V_g}{\partial p} - f_\circ^2\,\frac{\partial}{\partial p}\nabla \cdot V_a + \sigma\,\nabla^2\omega = 0 \qquad (22.88)$$

Hier haben wir beachtet, dass die Divergenz von V_g verschwindet. Ferner schreiben wir den meridionalen Einheitsvektor $\nabla y = j$ und eliminieren $\nabla \cdot V_a$ durch $\partial\omega/\partial p$. Das liefert die ω-*Gleichung*:

$$2\,\nabla \cdot Q - f_\circ\,\beta\,j \cdot \frac{\partial V_g}{\partial p} + \sigma\left(\nabla^2 + \frac{f_\circ^2}{\sigma}\frac{\partial^2}{\partial p^2}\right)\omega = 0 \qquad (22.89)$$

Die runde Klammer in dieser Gleichung ist gleich dem in (22.65) definierten Laplace-Operator $\mathcal{L}$. Also lautet die Omega-Gleichung

$$2\,\nabla \cdot Q - f_\circ\,\beta\,\frac{\partial v_g}{\partial p} + \sigma\,\mathcal{L}\,\omega = 0 \qquad (22.90)$$

oder

$$\boxed{\left(2\,\nabla \cdot Q - \beta\,\frac{\partial^2\Phi}{\partial p\,\partial x}\right) + \sigma\,\mathcal{L}\,\omega = 0} \qquad (22.91)$$

In den runden Klammern stehen hier nur Ausdrücke, die von Φ abhängen. Das bedeutet: Die Omega-Gleichung (22.91) koppelt die Felder von Φ und von ω. Dennoch sind beide Felder nicht gleichberechtigt. Denn das Φ-Feld kann man mit der Vorticity-Gleichung prognostizieren, ohne das ω-Feld. Umgekehrt aber gibt es für das ω-Feld keine Vorhersagegleichung. Das Feld von ω beeinflusst das Feld von Φ nur indirekt. Die Gleichung der potenziellen Vorticity ist nur eine Gleichung für Φ. Pointiert gesagt: Der Prognostiker muss das ω-Feld bei der Vorhersage gar nicht kennen, denn er kommt mit dem Φ-Feld aus. Das Umgekehrte gilt aber nicht: Man kann nicht das ω-Feld vorhersagen und das Φ-Feld daraus berechnen wollen.

Wenn man die Potenzialtendenzgleichung gelöst und damit das Feld von Φ bestimmt hat, kann man durch Inversion des Operators $\mathcal{L}$ die Gleichung (22.90) lösen und damit das Feld von ω bestimmen.

Die Gleichung für den ageostrophischen Wind

Hierzu ist wenig zu sagen. Man setzt das Feld von ω in die Massenerhaltungsgleichung ein und löst eine Poisson-Gleichung für das Geschwindigkeitspotenzial, durch das der ageostrophische Wind definiert werden kann.

23 Das quasigeostrophische Zwei-Schichten-Modell

Das barotrope Modell hat nur eine Gleichung $D_g Q_g / Dt = 0$ für Q_g in der Vertikalen, aber das barokline Modell hat im Prinzip unendlich viele Gleichungen $D_g q_g / Dt = 0$ für q_g in der Vertikalen. Das Minimum, um Baroklinität darzustellen, sind zwei Schichten in der Vertikalen. Damit kann der thermische Wind als Scherung zwischen Ober- und Unterschicht repräsentiert werden, und dies ist die Voraussetzung für das Auftreten barokliner Instabilität. Diese kann man mit der Zwei-Schichten-Version des qgM in einfacher Weise demonstrieren.

Bevor wir das tun, beginnen mit einer kurzen Zusammenstellung der im letzten Kapitel entwickelten Gleichungen. Anschließend spezialisieren wir das für das Zwei-Schichten-Modell.

23.1   Zusammenfassung der quasigeostrophischen Gleichungen

Der eigentliche Gewinn des quasigeostrophischen Modells ist die Definition der quasigeostrophischen potentiellen Vorticity: Es ist eine einzige aus dem Geopotenzialfeld abgeleitete Funktion. Das qgM besteht in der Angabe einer einzigen partiellen Differenzialgleichung für die qgpV. Wenn man sie gelöst hat, kann man alle Felder daraus ableiten: Temperatur, Wind, Dichte (= reziprokes spezifisches Volumen), ageostrophischen Horizontalwind und Vertikalwind ω. Insbesondere sind durch den Operator $\mathcal{L}$ die Omega-Gleichung und die Gleichung der qgpV mit dem gleichen mathematischen Apparat zu behandeln.

Der Q-Vektor ist geostrophisch, er repräsentiert vier Ableitungen des Geopotenzialfeldes und treibt das ω-Feld an. Das ω-Feld ist im Gegensatz zum Geopotenzialfeld kleinskalig, und es liefert ein Hilfsmittel zur Untersuchung der Vertikalbewegung.

Quasigeostrophische Grundgleichungen

- Impulsgleichung:

$$\frac{D_g V_g}{Dt} + k \times (\beta y \, V_g) = -f_o \, k \times V_a \qquad (23.1)$$

- Energiegleichung:

$$\frac{D_g \alpha}{Dt} = \sigma \, \omega \qquad (23.2)$$

- 2D-Zeitableitung:

$$\frac{D_g}{Dt} = \frac{\partial}{\partial t} + V_g \cdot \nabla = \frac{\partial}{\partial t} + u_g \frac{\partial}{\partial x} + v_g \frac{\partial}{\partial y} \qquad (23.3)$$

Definitionen des quasigeostrophischen Modells

- Statische Stabilität:

$$\sigma = -\frac{\alpha}{\Theta} \frac{\partial \Theta}{\partial p} \qquad (23.4)$$

- Geostrophischer Wind:

$$V_g = \frac{1}{f_o} \, k \times \nabla \Phi \qquad (23.5)$$

- Thermischer Wind:

$$\frac{\partial V_g}{\partial p} = -\frac{1}{f_o} \, k \times \nabla \alpha \qquad (23.6)$$

- Relative Vorticity:

$$\zeta_g = \frac{\partial v_g}{\partial x} - \frac{\partial u_g}{\partial y} = \frac{1}{f_o} \nabla^2 \Phi \qquad (23.7)$$

- Absolute Vorticity:

$$\eta_g = \beta y + \zeta_g \qquad (23.8)$$

- Potenzielle Vorticity:

$$q_g = \beta y + \frac{1}{f_o} \left(\nabla^2 + \frac{f_o^2}{\sigma} \frac{\partial^2}{\partial p^2} \right) \Phi \qquad (23.9)$$

- Q-Vektor:

$$Q = \nabla \frac{\partial \Phi}{\partial p} \cdot \nabla V_g \qquad (23.10)$$

Gleichungen des quasigeostrophischen Modells

- Vorticity-Gleichung:

$$\frac{D_g \eta_g}{Dt} + f_o \, \nabla \cdot V = 0 \qquad (23.11)$$

■ Potenzielle Vorticity-Gleichung:
$$\frac{D_g q_g}{Dt} = 0 \qquad (23.12)$$

■ Omega-Gleichung:
$$\left(2\,\nabla \cdot \boldsymbol{Q} - \beta\,\frac{\partial^2 \Phi}{\partial x\,\partial p}\right) + \sigma\left(\nabla^2 + \frac{f_0^2}{\sigma}\,\frac{\partial^2}{\partial p^2}\right)\omega = 0 \quad (23.13)$$

23.2 Architektur des Zwei-Schichters

Wir untersuchen jetzt die Lösungen von (23.12) im Zwei-Schichten-Modell, wobei wir q_g in der Definition (23.9) durch die Stromfunktion Ψ ausdrücken; das Geopotenzial ist dann $\Phi = f_0\,\Psi$. Dazu definieren wir fünf Druckniveaus gemäß der folgenden Tabelle mit $\Delta p = 500$ hPa und den entsprechenden eingetragenen Randbedingungen und Diskretisierungen der vertikalen Ableitungen.

Index	Druck / hPa	Definierte Funktion	Diskretisierung
0	0	$\omega_0 \equiv 0$	$\dfrac{\partial \Psi}{\partial p} = \vartheta_0$
1	250	$\Psi_1(t,x,y)$	$\dfrac{\partial \omega}{\partial p} \approx \dfrac{\omega_2}{\Delta p}$
2	500	$\omega_2(t,x,y)$	$\dfrac{\partial \Psi}{\partial p} \approx \dfrac{\Psi_3 - \Psi_1}{\Delta p}$
3	750	$\Psi_3(t,x,y)$	$\dfrac{\partial \omega}{\partial p} \approx -\dfrac{\omega_2}{\Delta p}$
4	1000	$\omega_4 \equiv 0$	$\dfrac{\partial \Psi}{\partial p} = \vartheta_4$

Für die potenzielle Vorticity im Niveau p_1 gilt

$$q_1 = f + \zeta_1 + \frac{f_0^2}{\sigma}\left(\frac{\left.\dfrac{\partial \Psi}{\partial p}\right|_2 - \left.\dfrac{\partial \Psi}{\partial p}\right|_0}{\Delta p}\right) \qquad (23.14)$$

Ab sofort schreiben wir die diskretisierten Ausdrücke mit Gleichheitszeichen, obwohl es sich in Wirklichkeit um Näherungen handelt; die statische Stabilität σ setzen wir konstant an. Gleichung (23.14) lautet mit der Diskretisierung aus der Tabelle:

$$q_1 = f + \zeta_1 + 2\,\frac{f_0^2}{\sigma}\,\frac{\Psi_3 - \Psi_1}{2\,\Delta p^2} - \underbrace{\frac{f^2}{\sigma}\,\frac{\vartheta_0}{\Delta p}}_{q_{1,0}} \tag{23.15}$$

Analog dazu ist die potenzielle Vorticity q_3 im Niveau p_3 definiert:

$$q_3 = f + \zeta_3 - 2\,\frac{f_0^2}{\sigma}\,\frac{\Psi_3 - \Psi_1}{2\,\Delta p^2} + q_{3,0} \tag{23.16}$$

Bei $q_{1,0}$ und $q_{3,0}$ handelt es sich um konstante Terme; sie beeinflussen die Dynamik des Modells nicht, und wir setzen sie daher im einfachsten Fall beide gleich null. Wir führen zwei Abkürzungen ein, nämlich eine barotrope (mittlere) Komponente Ψ_M und eine barokline (thermische) Komponente Ψ_T mit

$$\Psi_M = \frac{\Psi_1 + \Psi_3}{2} \qquad \Psi_T = \frac{\Psi_1 - \Psi_3}{2} \tag{23.17}$$

Ebenso führen wir die barokline (thermische) potenzielle Vorticity ein:

$$q_T = \frac{q_1 - q_3}{2} = \frac{\zeta_1 - \zeta_3}{2} - 2\,\frac{f_0^2}{\sigma\,\Delta p^2}\,\frac{\Psi_1 - \Psi_3}{2} \tag{23.18}$$

Damit und mit der *Stabilitätswellenzahl K*, definiert durch

$$\boxed{K^2 = 2\,\frac{f_0^2}{\sigma_0\,\Delta p^2}} \tag{23.19}$$

können die potenziellen Vorticities wie folgt geschrieben werden:

$$q_1 = f + \zeta_1 - K^2\,\Psi_T \qquad q_3 = f + \zeta_3 + K^2\,\Psi_T \qquad q_T = \zeta_T - K^2\,\Psi_T \tag{23.20}$$

Das sind also Linearkombinationen aus der absoluten Vorticity im entsprechenden Niveau und den thermischen Komponenten von Vorticity und Stromfunktion.

23.3 Der Grundzustand

Der Zustand $\Psi(t, x, y)$ besteht aus einem mittleren, nur von der y-Koordinate abhängigen Anteil $\overline{\Psi}(y)$ und einer Störung $\Psi'(t, x, y)$. Die mittlere Stromfunktion $\overline{\Psi}$ wird gemäß Gleichung (22.22) mithilfe des mittleren Windes $\overline{u}$ und der Koordinate y ausgedrückt:

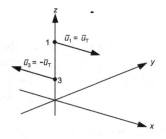

Abb. 23.1 Die barokline Instabilität hat ihren Ursprung in der Scherung des geostrophischen Windes infolge unterschiedlicher Neigungen der Druckflächen. In der Höhe (Niveau 1) soll Westwind ($\overline{u}_1 > 0$), dagegen in den unteren Schichten (Niveau 3) Ostwind wehen ($\overline{u}_3 < 0$).

$$\Psi(t,x,y) = \overline{\Psi} + \Psi'(t,x,y) = -\overline{u}\,y + \Psi'(t,x,y) \tag{23.21}$$

Für die beiden Niveaus p_1 und p_3 gilt danach sowie nach Abb. 23.1:

$$\overline{\Psi}_1 = -\overline{u}_T\,y \qquad \overline{\Psi}_3 = \overline{u}_T\,y \tag{23.22}$$

Damit folgt für die thermische Komponente der Stromfunktion (23.17):

$$\overline{\Psi}_T = -\overline{u}_T\,y \tag{23.23}$$

Für den Grundzustand $\overline{V}$ des geostrophischen Windes (den wir hier ohne den Index g schreiben) gilt also

$$\overline{V}_1 = \begin{pmatrix} \overline{u}_T \\ 0 \end{pmatrix} \qquad \overline{V}_3 = \begin{pmatrix} -\overline{u}_T \\ 0 \end{pmatrix} \tag{23.24}$$

Die mittlere Vorticity soll in beiden Niveaus verschwinden, d. h. es soll gelten: $\overline{\zeta}_1 = \overline{\zeta}_3 = 0$. Mit (23.20) und (23.23) wird der Grundzustand der potenziellen Vorticities zu

$$\overline{q}_1 \;=\; f_0 + \beta\,y - K^2\,\overline{\Psi}_T = f_0 + \left(\beta + K^2\,\overline{u}_T\right) y \tag{23.25}$$

$$\overline{q}_3 \;=\; f_0 + \beta\,y + K^2\,\overline{\Psi}_T = f_0 + \left(\beta - K^2\,\overline{u}_T\right) y \tag{23.26}$$

Dieser Grundzustand ist zeitlich konstant. Man beachte, dass der Operator der zeitlichen Ableitung mit dem mittleren Wind anzusetzen ist, also $D/Dt = \overline{D}/Dt$, denn eine andere Advektion gibt es ja im Grundzustand nicht:

$$\frac{D_1\,\overline{q}_1}{Dt} \;=\; \frac{\overline{D}_1\,\overline{q}_1}{Dt} = \left(\frac{\partial}{\partial t} + \overline{V}_1 \cdot \boldsymbol{\nabla} \right) \overline{q}_1 = +\overline{u}_T\,\frac{\partial \overline{q}_1}{\partial x} = 0 \tag{23.27}$$

$$\frac{D_3\,\overline{q}_3}{Dt} \;=\; \frac{\overline{D}_3\,\overline{q}_1}{Dt} = \left(\frac{\partial}{\partial t} + \overline{V}_3 \cdot \boldsymbol{\nabla} \right) \overline{q}_3 = -\overline{u}_T\,\frac{\partial \overline{q}_3}{\partial x} = 0 \tag{23.28}$$

23.4 Die Störungsgleichungen   .

Neben dem Grundzustand existieren natürlich auch Störungen; diese sind durch Striche an den Funktionen gekennzeichnet. Eine vollständige Auflistung der Größen mit Grundzustand und Störung wird im Abschnitt (23.7) gegeben. Hier werden nur jene Störterme vorgestellt, die unmittelbar für die Störungsgleichungen des Zwei-Schichten-Modells relevant sind.

Will man die totale Zeitableitung der potenziellen Vorticity berechnen, so muss man die Geschwindigkeit des Advektionsterms im Differenzialoperator und die potenzielle Vorticity in Grundzustand und Störterm zerlegen:

$$\frac{\mathrm{D}}{\mathrm{D}t} = \frac{\partial}{\partial t} + \overline{\boldsymbol{V}} \cdot \boldsymbol{\nabla} + \boldsymbol{V}' \cdot \boldsymbol{\nabla} \qquad q = \overline{q} + q' \qquad (23.29)$$

Während der Grundstrom $\overline{\boldsymbol{V}}$ nur eine zonale Komponente aufweist, hat die Störung nur eine meridionale Komponente. Mit der Stör-Stromfunktion Ψ' gilt für diese:

$$\boldsymbol{V}'_1 = \begin{pmatrix} 0 \\ v'_1 \end{pmatrix} \quad v'_1 = \frac{\partial \Psi'_1}{\partial x} \qquad \boldsymbol{V}'_3 = \begin{pmatrix} 0 \\ v'_3 \end{pmatrix} \quad v'_3 = \frac{\partial \Psi'_3}{\partial x} \qquad (23.30)$$

Bei der potenziellen Vorticity q besteht der Störterm aus dem der Vorticity ζ und dem der baroklinen Komponente Ψ_T:

$$q'_1 = \zeta'_1 - K^2 \, \Psi'_T \qquad q'_3 = \zeta'_3 + K^2 \, \Psi'_T \qquad (23.31)$$

Der Störterm der relativen Vorticity lässt sich durch den Störterm der Stromfunktion ausdrücken:

$$\zeta'_1 = \frac{\partial v'_1}{\partial x} = \frac{\partial^2 \Psi'_1}{\partial x^2} \qquad \zeta'_3 = \frac{\partial v'_3}{\partial x} = \frac{\partial^2 \Psi'_3}{\partial x^2} \qquad (23.32)$$

Dabei wurde berücksichtigt, dass $\boldsymbol{V}'$ keine meridionale Abhängigkeit aufweist.

Nach diesen Vorbereitungen wird der Operator der totalen Zeitableitung (23.3) auf die Erhaltungsgleichung der potenziellen Vorticities angewendet:

$$\underbrace{\frac{\partial \overline{q}}{\partial t}}_{\mathrm{I}} + \underbrace{\overline{\boldsymbol{V}} \cdot \boldsymbol{\nabla} \overline{q}}_{\mathrm{II}} + \underbrace{\frac{\partial q'}{\partial t}}_{\mathrm{III}} + \underbrace{\overline{\boldsymbol{V}} \cdot \boldsymbol{\nabla} q'}_{\mathrm{IV}} + \underbrace{\boldsymbol{V}' \cdot \boldsymbol{\nabla} \overline{q}}_{\mathrm{V}} + \underbrace{\boldsymbol{V}' \cdot \boldsymbol{\nabla} q'}_{\mathrm{VI}} = 0 \qquad (23.33)$$

- Die Terme I und II verschwinden gemäß (23.27) und (23.28).
- Die Terme III und IV bilden gemeinsam die totale Zeitableitung $\overline{\mathrm{D}}q'/\mathrm{D}t$ der potenziellen Stör-Vorticity bei Advektion mit dem Grundstrom.
- Im Term V tritt nur die y-Ableitung des Grundzustands der potenziellen Vorticity auf.

- Der Term VI verschwindet, da $\boldsymbol{V}'$ nur eine y-Komponente und q' nur eine x-Abhängigkeit hat. Das bedeutet: Nichtlineare Störterme brauchen nicht eigens vernachlässigt zu werden. Das nichtlineare Modell wird in der hier gewählten Zwei-Schichten-Version von selbst linear.

Damit lautet Gleichung (23.33) für die beiden Niveaus p_1 und p_3:

$$\frac{\overline{D}_1\, q'_1(t,x)}{Dt} + \left(\beta + K^2\,\overline{u}_T\right) v'_1(t,x) \;=\; 0 \qquad (23.34)$$

$$\frac{\overline{D}_3\, q'_3(t,x)}{Dt} + \left(\beta - K^2\,\overline{u}_T\right) v'_3(t,x) \;=\; 0 \qquad (23.35)$$

Das ist ein Gleichungssystem für die Funktionen q'_1, q'_3, v'_1 und v'_3. Wenn man diese durch die Stromfunktionen Ψ'_1 und Ψ'_3 ausdrückt, so wird es ein lineares Gleichungssystem nur für Ψ'_1 und Ψ'_3. Dabei ist stillschweigend vorausgesetzt, dass die mittleren Funktionen $\overline{\Psi}_1$ und $\overline{\Psi}_3$ bekannt sind, was wir ja durch die Vorgabe des Grundzustands so eingerichtet haben.

Unser Gleichungssystem hat eine wichtige Besonderheit, die sich aus dem Ansatz der unbekannten Funktionen als Störungen ergibt: Die rechte Seite ist gleich null, d. h. die Lösungsfunktionen sind nicht angetrieben, sondern führen freie Schwingungen aus.

Die Lösungen eines solchen Gleichungssystems kann man auf zweifache Weise betrachten: erstens durch explizites Eliminieren der Unbekannten, d. h. durch Berechnung der Eigenschwingungen (das überlassen wir an dieser Stelle dem Leser); zweitens durch einen Wellenansatz und die Analyse der Dispersionsgleichung. Diesen zweiten Weg wollen wir hier beschreiten.

23.5 Die Phasengeschwindigkeit barokliner Wellen

Für die Störungen der Stromfunktion in den Niveaus p_1 und p_3 verwenden wir den Ansatz der Überlagerung einzelner Wellen, die die Wellenzahlen κ_i, die Frequenzen ω_j und die Amplituden $A_1(\kappa_i, \omega_j)$ bzw. $A_3(\kappa_i, \omega_j)$ haben:

$$\begin{pmatrix} \Psi'_1(t,x) \\ \Psi'_3(t,x) \end{pmatrix} = \sum_{i,j} \begin{pmatrix} A_1(\kappa_i, \omega_j) \\ A_3(\kappa_i, \omega_j) \end{pmatrix} \exp\left[i\left(\kappa\, x_i + \omega_j\, t\right)\right] \qquad (23.36)$$

Wegen der Linearität des Gleichungssystems genügt es, eine einzige Teilwelle zu betrachten. Der Differenzialoperator $\overline{D}/Dt$ lautet nach Bildung der Ableitungen der Exponentialfunktion wie folgt:

$$\frac{\overline{D}}{Dt} = \frac{\partial}{\partial t} + \overline{u}_T\,\frac{\partial}{\partial x} = i\,\omega + i\,\kappa\,\overline{u}_T \qquad (23.37)$$

Mit dem Lösungsansatz (23.36) resultiert für die Störterme (23.31) der potenziellen Vorticity:

$$q_1' = \left[-\kappa^2 A_1 - K^2 \left(\frac{A_1 - A_3}{2} \right) \right] \exp\left[i \left(\kappa\, x + \omega\, t \right) \right] \tag{23.38}$$

$$q_3' = \left[-\kappa^2 A_3 + K^2 \left(\frac{A_1 - A_3}{2} \right) \right] \exp\left[i \left(\kappa\, x + \omega\, t \right) \right] \tag{23.39}$$

Weil ja auch die Geschwindigkeiten v_1' und v_3' gemäß den Gleichungen (23.30) durch die Stromfunktionen Ψ_1' und Ψ_3' gegeben sind, kann auch dafür dieser Lösungsansatz verwendet werden:

$$v_1' = i\,\kappa\, A_1 \exp\left[i \left(\kappa\, x + \omega\, t \right) \right] \tag{23.40}$$

$$v_3' = i\,\kappa\, A_3 \exp\left[i \left(\kappa\, x + \omega\, t \right) \right] \tag{23.41}$$

Wir setzen die Lösungsansätze der potenziellen Vorticity (23.38) und (23.39) sowie jene der Geschwindigkeiten (23.40) und (23.41) unter Beachtung der Schreibweise des Differenzialoperators (23.37) in die Störungsgleichungen (23.34) und (23.35) ein und erhalten auf diese Weise ein lineares Gleichungssystem für die Amplituden A_1 und A_3, wobei der Exponentialterm bereits herausgehoben und durchdividiert wurde:

$$i \left(\omega + \overline{u}_T\, \kappa \right) \left(-\kappa^2 A_1 - K^2 \frac{A_1 - A_3}{2} \right) + \left(\beta + K^2\, \overline{u}_T \right) i\,\kappa\, A_1 = 0 \tag{23.42}$$

$$i \left(\omega - \overline{u}_T\, \kappa \right) \left(-\kappa^2 A_3 + K^2 \frac{A_1 - A_3}{2} \right) + \left(\beta - K^2\, \overline{u}_T \right) i\,\kappa\, A_3 = 0 \tag{23.43}$$

Das Gleichungssystem (23.42) und (23.43) kann auch in der Matrixschreibweise formuliert werden:

$$\begin{pmatrix} M_{11} & M_{12} \\ M_{21} & M_{22} \end{pmatrix} \begin{pmatrix} A_1 \\ A_3 \end{pmatrix} = \underline{\underline{M}} \begin{pmatrix} A_1 \\ A_3 \end{pmatrix} = 0 \tag{23.44}$$

Für die einzelnen (dimensionsfreien) Komponenten des Tensors $\underline{\underline{M}}$ gilt nach Division durch $i\,\kappa\,\beta$:

$$M_{11} = -\frac{\kappa}{\beta} \left(\omega + \overline{u}_T\, \kappa \right) - \frac{K^2\, \omega}{2\,\kappa\,\beta} + 1 + \frac{K^2\, \overline{u}_T}{2\,\beta} \tag{23.45}$$

$$M_{12} = \left(\omega + \overline{u}_T\, \kappa \right) \frac{K^2}{2\,\kappa\,\beta} \tag{23.46}$$

$$M_{21} = \left(\omega - \overline{u}_T\, \kappa \right) \frac{K^2}{2\,\kappa\,\beta} \tag{23.47}$$

$$M_{22} = -\frac{\kappa}{\beta} \left(\omega - \overline{u}_T\, \kappa \right) - \frac{K^2\, \omega}{2\,\kappa\,\beta} - 1 + \frac{K^2\, \overline{u}_T}{2\,\beta} \tag{23.48}$$

Im nächsten Schritt wird ω gemäß $\omega = -c\,\kappa$ durch die Phasengeschwindigkeit ersetzt. Die Matrixkomponenten (23.45) bis (23.48) werden dadurch zu

$$M_{11} = \frac{\kappa^2}{\beta}\,(c - \overline{u}_T) + \frac{K^2 c}{2\,\beta} + 1 + \frac{K^2\,\overline{u}_T}{2\,\beta} \tag{23.49}$$

$$M_{12} = -(c - \overline{u}_T)\,\frac{K^2}{2\,\beta} \tag{23.50}$$

$$M_{21} = -(c + \overline{u}_T)\,\frac{K^2}{2\,\beta} \tag{23.51}$$

$$M_{22} = \frac{\kappa^2}{\beta}\,(c + \overline{u}_T) + \frac{K^2 c}{2\,\beta} - 1 + \frac{K^2\,\overline{u}_T}{2\,\beta} \tag{23.52}$$

Unter Verwendung der dimensionsfreien Abkürzungen

$$\kappa^* = \frac{\kappa}{K} \qquad c^* = \frac{c\,K^2}{\beta} \qquad \overline{u}_T^* = \frac{\overline{u}_T\,K^2}{\beta} \tag{23.53}$$

nimmt die Matrixgleichung (23.44) mit den Komponenten (23.49) bis (23.52) die folgende Gestalt an:

$$\underline{\underline{M}}^* \begin{pmatrix} A_1 \\ A_3 \end{pmatrix} = 0 \tag{23.54}$$

mit

$$\underline{\underline{M}}^* = \begin{pmatrix} (c^* - \overline{u}_T^*)\,(\kappa^{*2} + \tfrac{1}{2}) + (1 + \overline{u}_T^*) & -\tfrac{1}{2}(c^* - \overline{u}_T^*) \\[2ex] -\tfrac{1}{2}(c^* + \overline{u}_T^*) & (c^* + \overline{u}_T^*)\,(\kappa^{*2} + \tfrac{1}{2}) + (1 - \overline{u}_T^*) \end{pmatrix} \tag{23.55}$$

Der oben erwähnte Umstand, dass unsere baroklinen Störungen nicht angetrieben, sondern frei sind, hat jetzt eine wichtige mathematische Konsequenz. Die Determinante der Koeffizientenmatrix $\underline{\underline{M}}^*$ kann gleich null oder von null verschieden sein. Ist sie von null verschieden, so gibt es genau eine (nämlich die triviale) Lösung: $A_1 = 0$, $A_3 = 0$. Ist die Determinante aber gleich null, dann gibt es eine ganze Schar nichttrivialer Lösungen. Doch an diesen sind wir interessiert. Wir verlangen also, dass die Determinante verschwindet.

Beim Bilden der Determinante von $\underline{\underline{M}}^*$ heben einige Terme einander auf, und es verbleibt

$$\det\left(\underline{\underline{M}}^*\right) = \left(c^{*2} - \overline{u}_T^{*2}\right)\left(\kappa^{*2} + \frac{1}{2}\right)^2 + \frac{1}{4}\left(1 - \overline{u}_T^{*2}\right) + 2\left(\kappa^{*2} + \frac{1}{2}\right)\left(c^{*2} + \overline{u}_T^{*2}\right) \tag{23.56}$$

Dieser Ausdruck soll verschwinden. Durch eine weitere Umformung von (23.56) erhält man eine quadratische Gleichung in c^*:

$$c^{*2} + c^* \left(\frac{1 + 2\,\kappa^{*2}}{\kappa^{*2}\,(1 + \kappa^{*2})} \right) + \frac{\overline{u}_T^{*2}\,(1 - \kappa^{*2})}{1 + \kappa^{*2}} + \frac{1}{\kappa^{*4} + \kappa^{*2}} = 0 \qquad (23.57)$$

Mit der Abkürzung:

$$\boxed{D^* = \left(\frac{1}{2\kappa^{*2}}\,\frac{1}{1 + \kappa^{*2}} \right)^2 - \frac{1 - \kappa^{*2}}{1 + \kappa^{*2}}\,\overline{u}_T^{*2}} \qquad (23.58)$$

erhalten wir für die Lösung von (23.57):

$$c_{1,2}^* = -\frac{1/2 + \kappa^{*2}}{\kappa^{*2}\,(1 + \kappa^{*2})} \pm \sqrt{D^*} \qquad (23.59)$$

Die Phasengeschwindigkeit c^* hängt also vom thermischen Wind $\overline{u}_T^*$ und von der Wellenzahl κ^* ab. Bei den relevanten Lösungen ist κ^* ist kleiner oder gleich 1. D^* heißt *Diskriminante* der quadratischen Gleichung (23.57). Man verwechsle das nicht mit der oben definierten *Determinante* $\underline{\underline{M}}^*$.

Je nach dem Vorzeichen von D^* gibt es reelle oder imaginäre Lösungen. Zuerst nehmen wir $D^* > 0$ an. Dafür haben wir jeweils zwei Lösungen für die Phasengeschwindigkeit. Wenn wir c_2^* dem negativen Vorzeichen vor der Wurzel in (23.59) zuordnen, so ist c_2^* negativ, d. h. nach Westen gerichtet.

Um c_1^* einzugrenzen (weiterhin für $D^* > 0$), fragen wir: Wie groß kann D^* werden? Der größte Wert, den D^* annehmen kann, ist für $\kappa^* < 1$ durch $\overline{u}_T = 0$ gegeben. Das bedeutet

$$\sqrt{D^*} \leq \frac{1}{2\,\kappa^{*2}}\,\frac{1}{\kappa^{*2} + 1} \qquad (23.60)$$

und hat zur Folge:

$$c_1^* < -\frac{1}{1 + \kappa^{*2}} \qquad (23.61)$$

Mit anderen Worten: Bei nicht negativer Diskriminante sind beide Lösungen für die Phasengeschwindigkeit negativ, d. h. die baroklinen Wellen pflanzen sich nach Westen fort, wie wir das bereits im einfachsten Fall der barotropen Rossby-Wellen gesehen haben.

23.6 Baroklin instabile Wellen

Der interessanteste Fall liegt vor, wenn die Diskriminante negativ wird. Wir nehmen also ab jetzt $D^* < 0$ an. Dann hat unsere quadratische Gleichung (23.57) komplexe Lösungen. Der Imaginärteil in der Exponentialfunktion beschreibt eine harmonische Welle und der Realteil eine Dämpfung oder ein Anwachsen der Amplitude:

$$c^* = c_r^* \pm i\,c_i^* \quad \Longrightarrow \quad \exp\left[i\,\kappa\,(x - c\,t)\right] = \exp\left[i\,\kappa\,(x - c_r\,t)\right]\,\exp\left(\pm\kappa\,c_i\,t\right) \qquad (23.62)$$

Der Leser lasse sich durch den Wechsel zwischen dimensionslosen Größen (z. B. c^*) und der zugehörigen dimensionierten Größe (c) nicht verwirren. Zur theoretischen Argumentation verwenden wir am liebsten die dimensionslosen Parameter; aber in der Wellenfunktion (23.62) müssen wir natürlich die originalen dimensionierten Größen nehmen. Den Zusammenhang zwischen beiden liefern bei Bedarf die Gleichungen (23.53).

Der Imaginärteil der komplexen Phasengeschwindigkeit ist also

$$c_i^* = \sqrt{-D^*} \qquad (23.63)$$

Darin ist c_i^* reell und kann beiderlei Vorzeichen haben. Relevant ist aber das positive, denn dieser Fall bestimmt den Vergrößerungsfaktor der Amplitude der baroklinen Wellen zu Beginn der Instabilität.

Bei einer hinreichend kleinen Zeit t ist der Anstieg der Amplitude linear gemäß

$$e^{\kappa c_i t} \approx 1 + \kappa c_i t \qquad (23.64)$$

Die Größe

$$\kappa c_i = N \qquad (23.65)$$

ist eine Frequenz, sie bestimmt die Stärke der Instabilität. N wird als *Wachstumsrate* bezeichnet. Man vergleiche dazu die mathematisch gleich gebaute Theorie der statischen Instabilität, insbesondere Formeln (13.23), (13.36) für das Komplexwerden der Auftriebsfrequenz; die Auftriebsfrequenz wird dort ebenfalls als N bezeichnet.

Für die beiden Faktoren von N in (23.65) hat man die dimensionierten Größen zu nehmen. Wir ersetzen c_i mithilfe von (23.53) durch c_i^*:

$$\kappa c_i = \frac{\beta \kappa}{K^2} c_i^* = N \qquad \text{oder} \qquad N^2 = \left(\frac{\beta \kappa}{K^2}\right)^2 c_i^{*2} = -\left(\frac{\beta \kappa}{K^2}\right)^2 D^* \qquad (23.66)$$

und führen die *dimensionslose Wachstumsrate* n ein:

$$\boxed{\frac{N}{\beta \kappa / K^2} = n} \qquad (23.67)$$

Die rechte Gleichung in (23.66) lautet damit

$$\boxed{n^2 + D^* = 0} \qquad (23.68)$$

Diese Formel für die instabilen Wellen verknüpft über D^* den thermischen Wind $\overline{u}_T^*$ mit der Wellenzahl κ^*; der Parameter ist n. Mit D^* aus (23.58) lautet Gleichung (23.68) nun explizit

$$n^2 + \left(\frac{1}{2\kappa^{*2}} \frac{1}{1 + \kappa^{*2}}\right)^2 = \frac{1 - \kappa^{*2}}{1 + \kappa^{*2}} \overline{u}_T^{*2} \qquad (23.69)$$

Wenn man dies nach dem thermischen Wind auflöst, gelangt man zur Bedingung für das Auftreten barokliner Instabilität:

$$\overline{u}_T^{*2} = \frac{1}{4\kappa^{*4}} \frac{1}{1 - \kappa^{*4}} + \frac{1 + \kappa^{*2}}{1 - \kappa^{*2}} \, n^2 \qquad (23.70)$$

Zur Veranschaulichung plotten wir für das Argument $\kappa^{*4} = x$ die Funktion

$$f(x) = \frac{1}{4x} \frac{1}{1 - x} + \frac{1 + \sqrt{x}}{1 - \sqrt{x}} \, n^2 \qquad (23.71)$$

Für n wählen wir eine lineare Zunahme.

Das Ergebnis ist in Abb. 23.2 gezeigt. In dieser Darstellung wird die Kurve für $n = 0$ vollständig symmetrisch (erstmals von Thompson 1961 gezeigt). Bei höheren Werten der Wachstumsrate werden die Kurven unsymmetrisch. Das ist so zu interpretieren: Bei nennenswerter barokliner Instabilität (d. h. bei genügend starkem thermischen Wind)

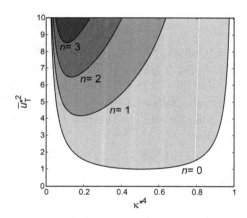

Abb. 23.2 Bedingung für barokline Instabilität. Geplottet ist die dimensionsfreie Funktion (23.71). Dimensionsfreie Parameter sind der thermische Wind u_T^* (vertikale Achse) und die Wellenzahl κ^* (horizontale Achse) sowie die Wachstumsrate n (Kurvenparameter). Barokline Instabilität tritt bei $n > 0$ ein.

befinden wir uns bei den langen Wellen (kleine Wellenzahlen, links oben in Abb. 23.2). In diesem Bereich liegen die Kurven für die Wachstumsraten dicht gedrängt. Das bedeutet: Dort besteht eine hohe Empfindlichkeit gegenüber der Wellenlänge. Barokline Wellen mit einer Wellenzahl, die zu klein ist für Instabilität (lange Wellen), bleiben stabil, während benachbarte mit leicht größerer Wellenzahl (kurze Wellen) bereits tief im Instabilitätsbereich liegen können

Allgemein gilt: Die baroklinen Wellen werden umso eher instabil, je geringer die statische Stabilität ist. Woher stammt die Energie der baroklinen Welle? – Aus der baroklinen Schichtung, also vom horizontalen Temperaturgradienten, der durch das Strahlungsfeld ständig wieder aufgebaut und durch die barokline Instabilität abgebaut wird.

23.7 Liste der Funktionen des Zwei-Schichten-Modells

Die folgende Aufstellung enthält die relevanten Funktionen des Zwei-Schichten-Modells, jeweils mit dem Grundzustand und dem Störterm.

Funktion $f(t,x,y)$	Grundzustand $\overline{f}(y)$	Störung $f'(x,t)$
$\Psi_{1,3}$	$\overline{\Psi}_{1,3} = -\overline{u}_{1,3}\, y$	$\Psi'_{1,3}$
$\Psi_M = \dfrac{\Psi_1 + \Psi_3}{2}$	$\overline{\Psi}_M = -\overline{u}_M\, y = 0$	$\Psi'_M = \dfrac{\Psi'_1 + \Psi'_3}{2}$
$\Psi_T = \dfrac{\Psi_1 - \Psi_3}{2}$	$\overline{\Psi}_T = -\overline{u}_T\, y$	$\Psi'_T = \dfrac{\Psi'_1 - \Psi'_3}{2}$
$\boldsymbol{V}_1 = \begin{pmatrix} -\partial\Psi_1/\partial y \\ \partial\Psi_1/\partial x \end{pmatrix}$	$\overline{\boldsymbol{V}}_1 = \begin{pmatrix} \overline{u}_1 \\ 0 \end{pmatrix} = \begin{pmatrix} \overline{u}_T \\ 0 \end{pmatrix}$	$\boldsymbol{V}'_1 = \begin{pmatrix} 0 \\ v'_1 \end{pmatrix} = \begin{pmatrix} 0 \\ \partial\Psi'_1/\partial x \end{pmatrix}$
$\boldsymbol{V}_3 = \begin{pmatrix} -\partial\Psi_3/\partial y \\ \partial\Psi_3/\partial x \end{pmatrix}$	$\overline{\boldsymbol{V}}_3 = \begin{pmatrix} \overline{u}_3 \\ 0 \end{pmatrix} = \begin{pmatrix} -\overline{u}_T \\ 0 \end{pmatrix}$	$\boldsymbol{V}'_3 = \begin{pmatrix} 0 \\ v'_3 \end{pmatrix} = \begin{pmatrix} 0 \\ \partial\Psi'_3/\partial x \end{pmatrix}$
$\boldsymbol{V}_M = \begin{pmatrix} -\partial\Psi_M/\partial y \\ \partial\Psi_M/\partial x \end{pmatrix}$	$\overline{\boldsymbol{V}}_M = \begin{pmatrix} 0 \\ 0 \end{pmatrix}$	$\boldsymbol{V}'_M = \begin{pmatrix} 0 \\ v'_M \end{pmatrix} = \begin{pmatrix} 0 \\ \partial\Psi'_M/\partial x \end{pmatrix}$
$\boldsymbol{V}_T = \begin{pmatrix} -\partial\Psi_T/\partial y \\ \partial\Psi_T/\partial x \end{pmatrix}$	$\overline{\boldsymbol{V}}_T = \begin{pmatrix} \overline{u}_T \\ 0 \end{pmatrix}$	$\boldsymbol{V}'_T = \begin{pmatrix} 0 \\ v'_T \end{pmatrix} = \begin{pmatrix} 0 \\ \partial\Psi'_T/\partial x \end{pmatrix}$
$\zeta_{1,3} = \nabla^2 \Psi_{1,3}$	$\overline{\zeta}_{1,3} = 0$	$\zeta'_{1,3} = \dfrac{\partial v'_{1,3}}{\partial x} = \dfrac{\partial^2 \Psi'_{1,3}}{\partial x^2}$
$\zeta_{M,T} = \nabla^2 \Psi_{M,T}$	$\overline{\zeta}_{M,T} = 0$	$\zeta'_{M,T} = \dfrac{\partial v'_{M,T}}{\partial x} = \dfrac{\partial^2 \Psi'_{M,T}}{\partial x^2}$
$q_1 = f + \zeta_1 - K^2\,\Psi_T$	$\overline{q}_1 = (\beta + K^2\,\overline{u}_T)\, y$	$q'_1 = \dfrac{\partial^2 \Psi'_1}{\partial x^2} - K^2\, \dfrac{\Psi'_1 - \Psi'_3}{2}$
$q_3 = f + \zeta_3 + K^2\,\Psi_T$	$\overline{q}_3 = (\beta - K^2\,\overline{u}_T)\, y$	$q'_3 = \dfrac{\partial^2 \Psi'_3}{\partial x^2} + K^2\, \dfrac{\Psi'_1 - \Psi'_3}{2}$
$q_M = \dfrac{q_1 + q_3}{2}$	$\overline{q}_M = \beta y$	$q'_M = \zeta'_M - \dfrac{\partial^2 \Psi'_M}{\partial x^2}$
$q_T = \dfrac{q_1 - q_3}{2} = \zeta_T - K^2\,\Psi_T$	$\overline{q}_T = K^2\,\overline{u}_T\, y$	$q'_T = \dfrac{\partial^2 \Psi'_T}{\partial x^2} - K^2\, \dfrac{\Psi'_1 - \Psi'_3}{2}$

23.8 Schlussbemerkungen zum qgM

Die Aufgabe der theoretischen Meteorologie ist es, den formalen Zusammenhang zwischen den Größen herzuleiten, die den jeweiligen Zustand der Atmosphäre beschreiben. Dies dient zwei Zwecken. Der erste besteht darin, dass der Theoretiker den Zusammenhang *verstehen* will: Die theoretische Meteorologie hat also als erste Aufgabe, die Phänomene in der Atmosphäre zu erklären. Ein Beispiel ist das Konzept der potenziellen Temperatur, mit dem der Föhneffekt erklärt wird, der den Alpenbewohnern lange ein Rätsel war (und immer noch für große Unanschaulichkeit sorgt). Im Bereich der großräumigen Windfelder ist ein anderes Beispiel die Vorticity. Die Rolle auch dieser Größe ist sehr unanschaulich, wenn man bedenkt, dass die dynamisch relevante Komponente der Vorticity ihre Vertikalkomponente ist, die aber mit Abstand die kleinste ist; dennoch ist gerade sie die ausschlaggebende Größe. Durch das qgM in seiner barotropen und baroklinen Form haben wir uns diese Zusammenhänge verständlich gemacht.

Der zweite und ausschlaggebende Zweck der Theorie besteht darin, den Beweis für den Wahrheitswert der formalen Erklärungen anzutreten. Der Theoretiker will also die künftige Entwicklung *vorhersagen*. Das ist deswegen schwieriger, weil auch der Laie das Ergebnis am Ende beurteilen kann. Die Forderung zur zutreffenden Vorhersage beruht auf der einfachen Überlegung: Wenn die dynamischen Gleichungen richtig sind, also die Veränderungen der Atmosphäre zutreffend beschreiben, müssen sie in der Lage sein, eine korrekte Wettervorhersage zu liefern.

Dieses Programm hat die theoretische Meteorologie im vorigen Jahrhundert in Angriff genommen – mit sichtbarem Erfolg. Die Wettervorhersagen, bis hinein in die lokale Skala, sind heute zuverlässiger als jemals zuvor. Wesentliches Werkzeug auf dem Weg dahin dazu war lange Zeit das quasigeostrophische Modell, mit dem es gelingt, das Vorhersageproblem auf die Prognose nur einer Funktion, des Geopotenzials, zu reduzieren. Bis vor wenigen Jahren wurden beispielsweise Neuentwicklungen am *Europäischen Zentrum für Mittelfrist-Wettervorhersage - EZMW* jeweils zuerst mit dem qgM getestet.

Es muss aber klar sein, dass das qgM nur ein erster Einstieg in das komplexe Problem der eigentlichen Wettervorhersage ist. Die damit gegebenen Grenzen auch dieses Lehrbuchs kann man thesenartig so ausdrücken:

- Trotz der Vereinfachungen, die im qgM gemacht werden, erlaubt das Modell ein quantitatives Verständnis der großräumigen Prozesse bis an die Grenze der Mesoskala. Dies wird, mehr in die Einzelheiten gehend als hier, in der theoretischen Synoptik behandelt.

- Viele synoptisch wichtige Prozesse sind dennoch im qgM nicht enthalten. Dazu gehört etwa der Bereich der Frontendynamik; dazu braucht man das *semigeostrophische* Modell, das über das qgM hinausgeht. Für eine vertiefte Diskussion dieser Vorgänge steht der synoptischen Meteorologie heute ein umfangreicher theoretischer Apparat zur Verfügung (vgl. etwa das Buch von Bott, 2012).

- Schließlich ist der weite Bereich der Wolken- und Niederschlagsbildung und der Strahlungsvorgänge sowie der damit zusammenhängenden Wettererscheinungen im qgM auch nicht ansatzweise repräsentiert. Das erfordert ein Zurückgehen zu den vollständigen Gleichungen und deren numerische Lösung mithilfe von Großrechnern.

Teil VII

Globale Haushalte

Kurz und klar

Die wichtigsten Formeln der globalen Haushalte

Globales Transporttheorem:
$$\int_V \rho \frac{\mathrm{d}a}{\mathrm{d}t}\,\mathrm{d}V + \int_V \boldsymbol{\nabla} \cdot \boldsymbol{J}\,\mathrm{d}V = \int_V \rho\,Q\,\mathrm{d}V \quad \text{(VII.1)}$$

Lokales Theorem (Flussform):
$$\frac{\partial\,a\,\rho}{\partial t} + \boldsymbol{\nabla} \cdot (\rho\,a\,\boldsymbol{v} + \boldsymbol{J}) = \rho\,Q \quad \text{(VII.2)}$$

Mittelwert eines Produkts:
$$\{q\,w\} = \{q\}\{w\} + \{q^e\,w^e\} \quad \text{(VII.3)}$$

Feuchtehaushalt:
$$\frac{\partial}{\partial t}\left(\frac{p_s}{g}\langle\overline{q}\rangle\right) + \nabla \cdot \left(\frac{p_s}{g}\langle\overline{q\boldsymbol{V}}\rangle\right) + \overline{E} + \overline{P} = 0 \quad \text{(VII.4)}$$

Impulshaushalt:
$$\frac{\partial\langle\overline{[u]}\rangle}{\partial t} + \frac{\partial\cos\varphi\,\langle\overline{[u\,v]}\rangle}{\cos\varphi\partial y} + g\,\frac{\overline{[\tau_x]}}{p_s} = 0 \quad \text{(VII.5)}$$

Massenhaushalt:
$$\frac{1}{\cos\varphi}\frac{\partial\cos\varphi[v]}{\partial y} + \frac{\partial[\omega]}{\partial p} = 0 \quad \text{(VII.6)}$$

Massenstromfunktion:
$$[v] = \frac{g}{2\pi\mathrm{a}\cos\varphi}\frac{\partial\Psi}{\partial p}; \quad [\omega] = -\frac{g}{2\pi\mathrm{a}\cos\varphi}\frac{\partial\Psi}{\partial y} \quad \text{(VII.7)}$$

Energiehaushalt:
$$\frac{\partial\langle\overline{[e]}\rangle}{\partial t} + \frac{\partial\cos\varphi\,\langle\overline{[e^*\,v]}\rangle}{\cos\varphi\partial y} + \frac{g}{p_s}\left(\overline{[SH]} + \overline{[LH]} + \overline{[r_p]}\right) = 0$$
$$\text{(VII.8)}$$

APE barotrop (inkompressibel):
$$APE = \frac{1}{2}\,g\,A\,\rho\,\overline{h'^2} \quad \text{(VII.9)}$$

APE baroklin (inkompressibel):
$$APE = \frac{1}{2}\,g\,A\int_{\rho=0}^{\rho(z=0)}\overline{z'^2}\,\mathrm{d}\rho \quad \text{(VII.10)}$$

Globales Mittel:
$$\{f\} = \frac{1}{M}\int_0^{2\pi}\int_{-\pi/2}^{\pi/2}\int_0^{p_s} f(\lambda,\varphi,p)\,\mathrm{a}\cos\varphi\,\mathrm{d}\lambda\,\mathrm{a}\,\mathrm{d}\varphi\,\frac{\mathrm{d}p}{g}$$
$$\text{(VII.11)}$$

Masse der globalen Atmosphäre:
$$M = \frac{A}{g}\,\widehat{p_s} \quad \text{(VII.12)}$$

APE und KE:
$$TPE = \{c_p\,T\}, \quad \left\{\frac{V^2}{2}\right\} = KE \quad \text{(VII.13)}$$

APE (Lorenz-Näherung):
$$APE \approx \left\{\frac{1}{2}\,c_p\,\widetilde{T}\,\frac{\gamma_d}{\gamma_d - \widetilde{\gamma}}\left(\widetilde{\frac{T''}{\widetilde{T}}}\right)^2\right\} \quad \text{(VII.14)}$$

Konversionsraten:
$$G = \{N\,Q\}, \quad C = -\{\alpha\,\omega\}, \quad D = \{\boldsymbol{V}\cdot\boldsymbol{R}\} \quad \text{(VII.15)}$$

Haushalte von APE und KE:
$$\frac{\partial APE}{\partial t} = G - C, \quad \frac{\partial KE}{\partial t} = C - D \quad \text{(VII.16)}$$

24 Das Haushaltsprinzip

Wir verallgemeinern und vertiefen hier die in den Kapiteln 10 und 11 für Masse und Energie erarbeiteten Aussagen, insbesondere das allgemeine Transporttheorem. Das Hauptaugenmerk in den Anwendungen liegt anschließend auf der Nutzung des Transporttheorems für ausgewählte globale und zonal gemittelte Haushalte.

24.1 Die allgemeine Haushaltsgleichung

In einem Haushalt gibt es drei grundsätzlich verschiedene Größen, die wir als *Zustandsgröße*, *Ausfluss* und *Quelle* bezeichnen können. Miteinander gekoppelt sind sie durch die allgemeine Haushaltsgleichung

$$\boxed{\frac{\mathrm{d}A}{\mathrm{d}t} + B = C} \tag{24.1}$$

Diese Größen können kurz wie folgt charakterisiert werden:

- Die Zustandsgröße A definiert den Zustand des Systems. In der Haushaltsgleichung erscheint ihre zeitliche Änderung.
- Der Ausfluss B repräsentiert den Gesamtfluss der Zustandsgröße aus dem Kontrollvolumen nach außen (echter Ausfluss) oder nach innen (Einfluss). Diese Größe trägt zu einer Abnahme bzw. Zunahme von A bei.
- Die Quelle beschreibt die Erzeugung (echte Quelle) oder Vernichtung (negative Quelle, Senke) von A im Inneren des Kontrollvolumens.

Die Selbstverständlichkeit dieses Zusammenhangs kann man sich etwa an einem Geldhaushalt klarmachen: A stellt das Vermögen dar, B die Ausgaben (negative Ausgaben sind Einnahmen) und C die Gelderzeugung (z. B. Aktiengewinne). Wir wollen nun die drei Komponenten des Haushalts nacheinander etwas näher betrachten.

24.1.1 Speicherung

Der erste Term in Gleichung (24.1) ist die zeitliche Änderung der Zustandsgröße. Das wird als *Speicherung* bzw. *Tendenz* bezeichnet. Bei positiver Tendenz nimmt A mit der Zeit zu, bei negativer Tendenz ab. Ist $dA/dt = 0$, so nennt man diesen Zustand des Haushalts *stationär*. Die Zustandsgröße kann beispielsweise von einem Prognosemodell vorhergesagt werden.

A ist eine *extensive* (globale, totale, integrale) Zustandsgröße. Ihr Differenzial ist proportional zum Massendifferenzial. Die Proportionalitätskonstante ist die zugehörige *intensive* (lokale, differenzielle) Zustandsgröße a. Der Zusammenhang zwischen diesen Darstellungen wird mit $dM = \rho \, dV$ über das Massen- bzw. das Volumenintegral hergestellt:

$$dA = a \, dM \quad \Longrightarrow \quad A = \int_M a \, dM = \int_V a \, \rho \, dV \tag{24.2}$$

Ist beispielsweise A die Gesamtmasse des Wasserdampfs, so ist a die spezifische Feuchte.

Wir nehmen für den Augenblick an, dass keine Masse aus dem Kontrollvolumen aus- oder einfließt, und zwar an keiner Stelle (so genanntes *flüssiges Volumen*). Mit dieser Voraussetzung bilden wir die zeitliche Änderung der Zustandsgröße, d. h. wir leiten (24.2) nach der Zeit ab:

$$\frac{dA}{dt} = \frac{d}{dt} \int_M a \, dM = \int_M \frac{da}{dt} \, dM = \int_V \frac{da}{dt} \, \rho \, dV \tag{24.3}$$

Nach unserer Annahme wirkt der Operator d/dt nur auf den Integranden, aber nicht auf die Integrationsgrenzen; d. h. man darf zeitliche Ableitung und Integration vertauschen.

24.1.2 Ausflüsse

Der Ausfluss der Zustandsgröße A über den Rand des Kontrollvolumens kann gleich null sein; dann ist der Haushalt *abgeschlossen*. Massenmäßig ist er das gemäß unserer vorigen Annahme sowieso schon. Aber der massenmäßige Abschluss kann den Austausch von A durch andere Mechanismen nicht unbedingt verhindern. Beispielsweise ist beim Energiehaushalt der wichtigste nicht durch Massentransport bewirkte Energiefluss der Strahlungsfluss.

Wir verschaffen uns nun B aus einem Vektor $\boldsymbol{J}$, von dem wir nur annehmen, dass in ihm alle sonst noch ablaufenden Transporte von A enthalten sind. Wie dieser Vektor sonst genau beschaffen ist, brauchen wir hier noch nicht zu wissen. Es genügt die

Annahme, dass es ihn überall im Kontrollvolumen und über den Rand hinaus gibt. Dann ist B die Projektion von $\boldsymbol{J}$ auf die Normale der Oberfläche, integriert über die geschlossene Oberfläche des Kontrollvolumens:

$$B = \int_\Sigma \boldsymbol{J} \cdot \boldsymbol{n} \, \mathrm{d}\Sigma \qquad (24.4)$$

Dies ist der gleiche Ansatz, den wir schon in Gleichung (10.4) beim Massenfluss verwendet haben. Der hier noch unbekannte Transportvektor $\boldsymbol{J}$ muss später durch Zusatzwissen über die Größe A definiert werden.

Trotz des niedrigen Wissensstandes über $\boldsymbol{J}$ können wir die rechte Seite von (24.4) mit dem Gaußschen Integralsatz in ein Volumenintegral verwandeln:

$$\int_\Sigma \boldsymbol{J} \cdot \boldsymbol{n} \, \mathrm{d}\Sigma = \int_V \boldsymbol{\nabla} \cdot \boldsymbol{J} \, \mathrm{d}V \qquad (24.5)$$

Diese äquivalente Fassung des Ausflusses von A werden wir gleich brauchen.

24.1.3 Quelle

Die Quelle ist gegeben durch die *Erzeugungsrate* Q von A im Inneren des Volumens:

$$C = \int_M Q \, \mathrm{d}M = \int_V Q \, \rho \, \mathrm{d}V \qquad (24.6)$$

Die Erzeugungsrate kann durch Phasenumwandlung (wie beim Haushalt des Wasserdampfs) oder durch chemische Umwandlung (wie bei chemischen Reaktionen) oder durch anderweitige Prozesse (z. B. Dissipation bei der Entropie) verursacht sein. C hat nicht die Form eines Oberflächen-, sondern ursprünglich eines Massenintegrals. Jedoch ist Q selbst vorläufig ein Buchstabe ohne spezifizierten Inhalt. Ist $C = 0$, dann wird der Haushalt als *quellenfrei* bezeichnet. Wenn die Quellenfreiheit nicht nur gelegentlich, sondern zu jedem Zeitpunkt und für jedes denkbare Kontrollvolumen gegeben ist, d. h. wenn Q überall verschwindet, wird der Haushalt als *konservativ* bezeichnet. Die zugehörige Zustandsgröße nennt man in diesem Fall eine *Erhaltungsgröße*. Gesamtmasse, Gesamtenergie und Gesamtimpuls sind Erhaltungsgrößen.

24.1.4 Das globale Transporttheorem

Von den drei Komponenten unseres obigen Haushaltsprinzips (24.1) kennen wir bisher nur:

- Die mathematische Form. Der erste Term ist die Zeitableitung eines Massenintegrals. Der zweite ist ein Integral über die Oberfläche des Kontrollvolumens. Der dritte schließlich ist wieder ein Massenintegral. Der erste und der letzte Term in (24.1) sind durch Skalarfelder definiert, der zweite durch ein Vektorfeld. Keine der drei Größen kann man ineinander umrechnen (mit einer gewichtigen Ausnahme, die gleich besprochen wird).

- Die physikalischen Dimensionen der Größen kennen wir auch. Für den Wasserdampfhaushalt beispielsweise hat C die Einheit kg/s; die zugehörige Erzeugung Q ist die massenspezifische Verdunstungsrate von Wassertröpfchen mit der Einheit 1/s.

- Außerdem kennen wir die Vorzeichen. Positives $\mathrm{d}A/\mathrm{d}t$ bedeutet Zunahme von A, negatives Abnahme von A. Positives B ist echter Ausfluss, er verringert den Gesamtwert von A, negatives B ist Einfluss, er vergrößert A. Positives C schließlich vergrößert A, negatives C verkleinert A.

Wenn wir nun dieses immer noch bescheidene Vorwissen zusammen mit den Ausdrücken (24.3) bis (24.6) in (24.1) einbringen, so gewinnen wir die Urform der globalen Haushaltsgleichung für die spezifische Zustandsgröße a:

$$\int_M \frac{\mathrm{d}a}{\mathrm{d}t}\,\mathrm{d}M + \int_\Sigma \boldsymbol{J} \cdot \boldsymbol{n}\,\mathrm{d}\Sigma = \int_M Q\,\mathrm{d}M \qquad (24.7)$$

Diese Gleichung stellt den Grundgedanken dar, auf dem das allgemeine Transporttheorem aufsetzt. Die Integration ist über ein flüssiges Volumen zu erstrecken, durch dessen gedachte Grenzen keine Masse aus- oder einfließt. Dann kann sich die Gesamtmenge der intensiven Größe a im Kontrollvolumen nur ändern durch den Fluss von $\boldsymbol{J}$ über den Rand oder durch eine Erzeugungsrate Q im Inneren des Volumens.

Wir können nun in (24.7) die Massenintegrale (mit $\mathrm{d}M = \rho\,\mathrm{d}V$) und das Oberflächenintegral (mit dem Gaußschen Integralsatz) einheitlich in Volumenintegrale umwandeln:

$$\boxed{\int_V \rho \frac{\mathrm{d}a}{\mathrm{d}t}\,\mathrm{d}V + \int_V \boldsymbol{\nabla} \cdot \boldsymbol{J}\,\mathrm{d}V = \int_V \rho\,Q\,\mathrm{d}V} \qquad (24.8)$$

Das ist die *globale* Form des allgemeinen Transporttheorems.

24.1.5   Das lokale Transporttheorem

Bei den drei Termen in (24.8) handelt es sich um Integrale über das stets gleiche Volumen. Also müssen die Integranden dieselbe Gleichung erfüllen:

$$\boxed{\rho \frac{\mathrm{d}a}{\mathrm{d}t} + \boldsymbol{\nabla} \cdot \boldsymbol{J} = \rho\,Q} \qquad (24.9)$$

Das ist die *lokale substanzielle* Form des allgemeinen Transporttheorems. Beide Versionen (24.8), (24.9) sind in der physikalischen Aussage am Ende gleich, denn wenn die eine gilt, so auch die andere und umgekehrt.

Beim Übergang zur lokalen Formulierung haben wir die Bedingung hinter uns gelassen, dass die Integration über ein flüssiges Volumen zu erfolgen hat. Da (24.9) eine lokale Gleichung ist, spielt die Frage der massenmäßigen Abschließung letzten Endes keine Rolle. Im globalen Theorem (24.8) dürfen wir V als beliebiges Volumen interpretieren, auch als eines, durch dessen Grenzen hindurch Masse fließt.

Wir können nun weiter den ersten Term in (24.9) mit dem Windvektor v in der Flussform (10.23) schreiben. Dadurch nimmt (24.9) die dazu äquivalente Form an:

$$\boxed{\frac{\partial a \rho}{\partial t} + \boldsymbol{\nabla} \cdot (\rho\, a\, v + \boldsymbol{J}) = \rho\, Q} \tag{24.10}$$

Das ist die *lokale Flussform* des Transporttheorems. Die Aussage dieses Theorems ist unabhängig vom Kontrollvolumen; (24.9) und (24.10) sind Feldgleichungen, die an jeder Stelle des Strömungsfeldes gelten.

Im Divergenzterm dieser Gleichung treten zwei Flüsse auf: $\rho\, a\, v$ ist der rein *advektive* Fluss von a. Für $a = 1$ ist dies beispielsweise der Massenfluss. Dieser Fluss wird mit dem Windvektor v transportiert. Der zweite, oben als Ausfluss eingeführte und noch nicht spezifizierte Fluss $\boldsymbol{J}$ kann ebenfalls advektive, jedoch auch *konduktive* Anteile enthalten.

Alle drei Terme in (24.9) oder (24.10) sind grundsätzlich gleich bedeutsam, obwohl sie ganz unterschiedliche Größenordnungen und völlig verschiedene physikalische Bedeutungen haben. Ein besonders wichtiger Spezialfall ist für konservative Haushalte ($Q \equiv 0$) die Situation in Nähe der Stationarität ($\partial \rho a / \partial t \equiv 0$). Pauschal kann man sagen, vor allem für die allgemeine Zirkulation der Atmosphäre auf der globalen Skala, dass die Haushalte zeitlich nur schwach veränderlich sind, d. h. quasi-stationär ablaufen. Daraus folgt, dass auch die Flussdivergenz näherungsweise gleich null sein muss.

Daraus folgt aber natürlich nicht, dass auch der Fluss selbst verschwindet. Vielmehr stehen die aktiven dynamischen Systeme der Atmosphäre in einem unterschiedlich stark balancierten Fließgleichgewicht.

24.2 Anwendungen des Transporttheorems

In strenger Form wird das Transporttheorem in der theoretischen Hydrodynamik auf die Erhaltungsgrößen Masse gemäß Gleichung (10.18), Impuls gemäß Gleichung (11.26) und Energie gemäß Gleichung (11.59) angewendet. Die Flüsse $a\,\rho\,v$ und $\boldsymbol{J}$ sind in Komponentenschreibweise:

$$\text{Masse } (a = 1) \qquad \rho\, v_j \qquad J_j = 0 \tag{24.11}$$

$$\text{Impuls } (a = v_i) \qquad v_i\, \rho\, v_j \qquad J_{ij} = p\, \delta_{ij} + \pi_{ij} \tag{24.12}$$

$$\text{Energie } (a = e) \qquad e\, \rho\, v_j \qquad J_j = p\, v_j + \pi_{ij}\, v_i + r_j + w_j \tag{24.13}$$

A) Zustandsgrößen	Größe	Dimension
• Substanz	Gesamtmasse der Luft	kg
	spezifische Feuchte q	$g/kg = 10^{-3}$
	Spurenstoffe (Konzentration)	g/kg
	Bodenfeuchte	z. B. kg/m^2
	Gletschereismasse	z. B. kg/m^2
• Energie	Fühlbare Wärme $c_p\, T$	J/kg
	spez. latente Energie $L\, q$	J/kg
	spez. potenzielle Energie Φ	J/kg
	spez. kinetische Energie k	J/kg
• Impuls	Wind $\mathbf{V} = (u,\, v)$	m/s
	Strömung im Ozean	m/s
	Geschwindigkeit von Meereis	m/s
B) Flussgrößen	Größe	Dimension
• Massenfluss	Massenstromfunktion Ψ	kg/s
• Hydrologische Flüsse	Niederschlag P	$kg\, m^{-2}\, s^{-1}$
	Verdunstung E	$kg\, m^{-2}\, s^{-1}$
	Abfluss A	$kg\, m^{-2}\, s^{-1}$
• Energieflüsse	Nettostrahlung RAD	W/m^2
	Fluss latenter Wärme LH	W/m^2
	Fluss fühlbarer Wärme SH	W/m^2
• Impulsfluss	Windschub τ	Pa
	Korrelationsfluss $\overline{u'\, v'}$	m^2/s^2
C) Quellgrößen	Größe	Dimension
• Phasenwechsel	Kondensationsrate	$kg\, m^{-3}\, s^{-1}$
• Chemische Reaktion	Umsatzrate	$kg\, m^{-3}\, s^{-1}$

Darin sind r_j und w_j die Komponenten von Strahlungsvektor $\boldsymbol{r}$ und Wärmeflussvektor $\boldsymbol{w}$. Der oben als Ausfluss eingeführte Vektor $\boldsymbol{J}$ ist nicht unbedingt ein rein konduktiver Fluss, sondern hat etwa bei der Energie advektive $(p\,v_j, \pi_{ij}\,v_i)$ und konduktive Anteile (R_j, W_j). Beim Impuls ist $\boldsymbol{J}$ ein Tensor, weil die zu transportierende massenspezifische Größe (der Wind $\boldsymbol{v}$) ein Vektor ist (daher rühren in diesem Fall die zwei Indizes bei J_{ij}).

Beim Massenhaushalt ($\boldsymbol{J} = 0$, $Q = 0$) reproduziert (24.10) die Flussform (10.18) der Massenkontinuitätsgleichung. So wird sie auch in der Literatur oft begründet. Wir tun das hier aber nicht. Wir haben in Kapitel 10 die lokale Massenkontinuitätsgleichung (10.18) aus der Kombination mit der fluiddynamischen Kontinuitätsgleichung heraus begründet. Dazu haben wir den Zusammenhang zwischen den kartesischen Ortskoordinaten und den Lagrangeschen Identitätskoordinaten benötigt. Die Argumente, die zu (24.8) führen, liefern diesen Zusammenhang nicht; er muss von außen zugefügt werden.

Das Transporttheorem ist von großer Allgemeinheit. Es lässt sich auf die Haushalte beliebiger Zustandsgrößen anwenden, auch solcher, die nicht konservativ im strengen Sinne sind. Die Betrachtung solcher Partialhaushalte führt zu einer ganzen Klasse relevanter Aussagen in der Klimatheorie. Typische hier in Frage kommende Größen sind in der vorstehenden Tabelle zusammengestellt.

24.3 Advektive Flüsse

Advektive Flüsse spielen in der Meteorologie eine zentrale Rolle. Es handelt sich um Eigenschaftsflüsse, die vom Massenflussvektor $\rho\,\boldsymbol{v}$ des Trägermediums *advehiert* (= „herangefahren") werden. Ihre Richtung ist die des Geschwindigkeitsvektors $\boldsymbol{v}$ der Luft, und transportiert wird die lokale Zustandsgröße a. Für $a = c_p\,T$ haben wir den advektiven Fluss von Enthalpie (man spricht auch vom *advektiven Fluss fühlbarer Wärme*), für $a = q$ den advektiven Fluss von atmosphärischem Wasserdampf (er ist proportional zum *advektiven Fluss latenter Wärme*) und für $a = k$ den *advektiven Fluss kinetischer Energie*. Jede spezifische Zustandsgröße ist diesem Transportprozess unterworfen. Die Einzelheiten der jeweiligen Felder werden in der quantitativen Klimatologie im Detail untersucht, vor allem durch die operationellen Messsysteme.

24.3.1 Nichtlinearität der Advektion

Der advektive Fluss vereint mehrere Größen miteinander: die massenspezifische Eigenschaft a, die Dichte ρ und den Geschwindigkeitsvektor $\boldsymbol{v}$. Ihrer Natur nach handelt es sich bei den drei Einzelgrößen ebenso wie beim gesamten Flussvektor um eine instantane, lokale Größe, die zu jedem Raum-Zeit-Punkt einen wohldefinierten Wert hat.

Dieses Konzept versagt vor der Perspektive der Struktur der Materie und den Erkenntnissen der Quantentheorie. Danach ist eine beliebige Unterteilung des Raum-Zeit-Kontinuums bis hin zu einem einzelnen Punkt nicht möglich. Das bedeutet: Wir können die Vorstellung des Kontinuums nicht bis zur letzten Konsequenz durchhalten.

Diese grundsätzliche Beschränkung, so fundamental sie in der Tat ist, bedeutet dennoch für die Geofluidtheorie kein wirkliches Problem. Denn eine andere, durch die Praxis der Messsysteme erzwungene, Beschränkung wirkt sich ungleich gravierender und so stark aus, dass die subtilen Fragen des Kontinuumsproblems dadurch völlig verdeckt werden.

Diese erzwungene Beschränkung betrifft die Notwendigkeit der raum-zeitlichen Mittelung jeder Messung in der Geophysik. Von einer geophysikalischen Messgröße erhält man in der Praxis nie instantane und/oder lokale Werte, sondern bestenfalls Mittelwerte über mehr oder weniger ausgedehnte Bereiche des Raum-Zeit-Kontinuums. Dies, zusammen mit der Nichtlinearität unseres advektiven Vektors, erzeugt die *Korrelationsflüsse* oder *Eddy-Flüsse*.

Den grundsätzlichen Mechanismus haben wir oben in Kapitel 18 bei der Behandlung der Turbulenz besprochen. In den folgenden Abschnitten wollen wir ihn auf ausgewählte Mittelungsoperatoren anwenden, die für die Haushalte der globalen Atmosphäre gebraucht werden.

24.3.2   Spezielle Mittelungsoperatoren

In diesem Abschnitt besprechen wir einige konkrete Mittelbildungen: das zeitliche, das zonale und das vertikale Mittel. Im Wesentlichen handelt es sich dabei um die Ausführung der entsprechenden Integrale mit anschließender Division durch das Integrationsgebiet. Dieses Thema ist formal unabhängig vom hier behandelten Advektionsproblem. Es gehört dennoch in diesen Zusammenhang, weil die Mittelungsoperatoren gerade bei den advektiven Flüssen laufend benötigt werden.

Zeitliche Mittelung

Das Zeitmittel einer Funktion f wollen wir mit einem Querstrich in der Form von $\overline{f}$ bezeichnen. Definiert ist die zeitliche Mittelung wie folgt:

$$\overline{f} = \frac{\int\limits_{t_1}^{t_2} f(t)\,dt}{\int\limits_{t_1}^{t_2} dt} = \frac{1}{t_2 - t_1} \int\limits_{t_1}^{t_2} f(t)\,dt \qquad \text{mit} \qquad f(t) = \overline{f} + f'(t) \tag{24.14}$$

Messungen in der Meteorologie liefern immer nur zeitliche Mittelwerte. Je kürzer das Mittelungsintervall ist, desto näher kommt man dem Ideal der Augenblicksmessung. Der Mittelwert $\overline{f}$ ist zeitlich konstant, und die zeitlichen Fluktuationen sind in der *Abweichung* $f'(t)$ enthalten.

Zonale Mittelung

Die zonale Mittelung ist das durch den Umfang des betrachteten Breitenkreises dividierte Integral der Funktion über eben diesen Breitenkreis. Die zonale Koordinate ist $x = a \cos \varphi \, \lambda$. Wir schreiben also wahlweise $f(x)$ oder $f(\lambda)$:

$$[f] = \frac{\displaystyle\int_0^{2\pi a \cos \varphi} f(x)\, \mathrm{d}x}{\displaystyle\int_0^{2\pi a \cos \varphi} \mathrm{d}x} = \frac{\displaystyle\int_0^{2\pi} f(\lambda)\, \mathrm{d}\lambda}{\displaystyle\int_0^{2\pi} \mathrm{d}\lambda} = \frac{1}{2\pi} \int_0^{2\pi} f(\lambda)\, \mathrm{d}\lambda \quad \text{mit} \quad f(\lambda) = [f] + f^*(\lambda)$$

(24.15)

Der Übergang von der x-Schreibweise zur λ-Schreibweise ergibt sich durch Division durch $a \cos \varphi$. Dieser Faktor ist bei der zonalen Mittelung naturgemäß eine Konstante, die man daher aus dem oberen und dem unteren Integral herausziehen kann. Der zonale Mittelwert $[f]$ ist auf dem Breitenkreis konstant, und die zonalen Fluktuationen sind in der *Abweichung* $f^*(\lambda)$ enthalten.

Barometrische Mittelung

Formel (5.57) lässt sich zur Mittelung einer Feldgröße wie der Temperatur nutzen:

$$\mathrm{d}\Phi = -RT\mathrm{d}\log p \tag{24.16}$$

Durch Integration beider Seiten vom Niveau 1 bis 2 bekommt man:

$$\Phi_2 - \Phi_1 = -R \underbrace{\frac{\displaystyle\int_1^2 T\, \mathrm{d}\log p}{\displaystyle\int_1^2 \mathrm{d}\log p}}_{=\widehat{T}} \int_1^2 \mathrm{d}\log p = -R\widehat{T} \log\left(\frac{p_2}{p_1}\right) \tag{24.17}$$

$\widehat{T}$ ist also nicht das geometrische Mittel über die Höhe, sondern das Mittel über den Logarithmus des Druckes (was formal ein großer, praktisch jedoch nur ein kleiner Unterschied ist). Das Symbol $\widehat{}$ bezeichnet den Operator der *barometrischen Mittelung*, der Quotient in der Mitte definiert diesen Operator. Der Geopotenzialunterschied ist positiv, wenn das Niveau 2 geometrisch höher liegt als das Niveau 1.

Man kann die vertikale Mittelung aber auch anders durchführen. Wenn man (24.16) in die Form:

$$\frac{\mathrm{d}\Phi}{T} = -R\, \mathrm{d}\log p \tag{24.18}$$

umschreibt, beidseits integriert und dabei die Temperatur T als Funktion des Geopotenzials Φ auffasst, so ergibt sich:

$$\int\limits_1^2 \frac{\mathrm{d}\Phi}{T} = \underbrace{\frac{\int\limits_1^2 \frac{1}{T}\mathrm{d}\Phi}{\int\limits_1^2 \mathrm{d}\Phi}}_{=\widetilde{1/T}} \int\limits_1^2 \mathrm{d}\Phi = \widetilde{1/T}\,(\Phi_2 - \Phi_1) = -R\log\left(\frac{p_2}{p_1}\right) \qquad (24.19)$$

Das ist eine zu Gleichung (24.17) analoge Beziehung. Die beiden Temperaturmittelwerte sind mit durchaus verschiedenen Operatoren definiert. Dennoch muss, wegen der Gleichheit der Beziehungen (24.17) und (24.19), das Ergebnis gleich sein:

$$\widetilde{1/T} = 1/\widehat{T}, \qquad \text{jedoch} \qquad \widetilde{1/T} \neq 1/\widetilde{T} \qquad (24.20)$$

Der Mittelwert eines Quotienten ist also nicht gleich dem Quotienten des Mittels.

Vertikale Mittelung

Das vertikale Mittel schließlich entspricht dem durch die vertikale Intervalllänge geteilten vertikalen Integral. Im vorigen Abschnitt haben wir die barometrische Mittelung über den Logarithmus des Drucks besprochen. Meist wird jedoch als vertikale Komponente der Druck selbst verwendet. Angewendet auf eine Funktion $f(p)$ gilt dafür

$$\langle f \rangle = \frac{\int\limits_{p_O}^{p_s} f(p)\,\mathrm{d}p}{\int\limits_{p_O}^{p_s} \mathrm{d}p} = \frac{1}{p_s - p_O} \int\limits_{p_O}^{p_s} f(p)\,\mathrm{d}p \qquad (24.21)$$

Mit p_s wird der Druck an der Erdoberfläche, mit p_O jener am oberen Rand der Atmosphäre bezeichnet; dafür nimmt man im einfachsten Fall $p_O = 0$, manchmal jedoch auch den Druck im Niveau der Tropopause. Die Mittelung über den Druck entspricht bei Gültigkeit der hydrostatischen Gleichung einer Mittelung über die Masse.

Vertauschung von Mittelungen

Für die praktische Anwendung ist es wichtig, dass die Mittelungsoperatoren miteinander vertauschbar sind. Formal gesagt: Die Mittelung ist ein linearer Operator, die Mittelung über verschiedene Koordinaten entspricht der sukzessiven Ausführung linearer Operatoren, und diese sind vertauschbar. Wir überzeugen uns davon am Beispiel einer Funktion $f(t, \lambda)$ und mitteln auf beide hier mögliche Weisen. Die Unabhängigkeit der Argumente t und λ und die der jeweiligen Integralgrenzen führt zur Unabhängigkeit der Integrationsreihenfolge. Damit ergibt sich

$$[\overline{f}] = \overline{[f]} = \frac{1}{2\pi\,(t_2 - t_1)} \int\limits_0^{2\pi} \int\limits_{t_1}^{t_2} f(t, \lambda)\,\mathrm{d}t\,\mathrm{d}\lambda \qquad (24.22)$$

Das Ergebnis hängt nicht davon ab, um welche Argumente (t, λ) es sich im einzelnen handelt. Die Mittelungen über die unabhängigen Argumente t, λ, φ und p in den Haushaltsgleichungen können in beliebiger Reihenfolge hintereinander ausgeführt werden.

Vertauschung von Mittelung und Ableitung

Eine gemittelte Größe hängt naturgemäß von dem Argument nicht mehr ab, über das gemittelt wurde. Aber von den Argumenten, die bei der zur Mittelung durchgeführten Integration nicht betroffen waren, hängt die Größe nach der Mittelung weiterhin ab. Wir betrachten wieder die Funktion $f(t, \lambda)$. Das Zeitmittel von f hängt jetzt nur noch von λ ab: $\overline{f} = \overline{f}(\lambda)$. Natürlich möchte man nach dieser Variablen ableiten können. Dann gilt

$$\frac{\partial}{\partial \lambda} \overline{f}(\lambda) = \frac{1}{t_2 - t_1} \int\limits_{t_1}^{t_2} \frac{\partial f(t, \lambda)}{\partial \lambda} \, \mathrm{d}t = \overline{\left(\frac{\partial f(t, \lambda)}{\partial \lambda} \right)} \qquad (24.23)$$

Das demonstriert die Vertauschbarkeit: Es ist gleichgültig, ob man zuerst über die Variable t mittelt und dann nach λ differenziert, oder zuerst nach λ differenziert und anschließend über t mittelt. Das liegt natürlich wieder an der Linearität der Operatoren $\partial/\partial \lambda$ und $\overline{()}$, deren Vertauschbarkeit daher von vornherein gegeben ist.

Diese Eigenschaften des Mittelwerts führen in den Anwendungen zu einer großen Vereinfachung der Schreibweise. Statt mit Integralen zu hantieren, verwendet man die Mittelwerte, wodurch man eine größere Übersichtlichkeit der Formeln gewinnt.

24.3.3 Anisotropie der Flusskomponenten

Der dreidimensionale Windvektor $\boldsymbol{v} = (\boldsymbol{V}, w)$ ist anisotrop: Die Horizontalkomponente $\boldsymbol{V}$ ist groß, die Vertikalkomponente w ist klein. Dies äußert sich in einer entsprechenden Anisotropie der Flussvektoren $a \rho \boldsymbol{v}$. Wenn man die Haushaltsgleichung in Druckkoordinaten notiert, so entfällt die Dichte, und die Divergenz des Flusses ist die Summe aus einem horizontalen Divergenzanteil $\nabla \cdot a \boldsymbol{V}$ und einem vertikalen Anteil $\partial a \omega/\partial p$. Der Flussvektor $(a \boldsymbol{V}, a \omega)$ in Druckkoordinaten ist ein Pseudovektor, den man nur dem Divergenzoperator in p-Koordinaten aussetzen darf. Seine Komponenten sind die maßgebenden Transportkomponenten der Haushaltsgröße a.

Horizontale Flüsse

In horizontaler Richtung ist der Beitrag der advektiven Flusskomponenten, insbesondere also $a \boldsymbol{V}$, der dominante Anteil bei allen Haushaltsgrößen; die Horizontalkomponenten der konduktiven Anteile spielen so gut wie keine Rolle. Auch subskalige Korrelationsanteile von $a \boldsymbol{V}$ spielen gewöhnlich keine Rolle. Praktisch gesagt: Eine aktuelle Messung von a und von $\boldsymbol{V}$, die in Wirklichkeit stets mindestens ein 5-Minuten-Mittel repräsentiert, kann ohne besonderen Fehler zum Horizontalfluss $a\,V$ kombiniert werden.

Vertikale Flüsse

In vertikaler Richtung ist dies anders. Hier spielt der Korrelationsfluss, vor allem in der Grenzschicht, eine große, vielfach die ausschlaggebende Rolle. Insbesondere gilt für das Zeitmittel

$$\overline{a\,\omega} = \overline{a}\,\overline{\omega} + \overline{a'\,\omega'} \tag{24.24}$$

Bei konvektiv aktiven Lagen dominiert der Korrelationsfluss.

Advektion und Konvektion

Die Horizontalkomponente $a\,V$ wird gewöhnlich im engeren Sinne als *advektiver Fluss* bezeichnet. Im Unterschied dazu heißt der vertikale Korrelationsanteil $\overline{a'\,\omega'}$ im engeren Sinne *konvektiver Fluss*.

24.4   Konduktive Flüsse

Der wichtigste Transportmechanismus der Zustandsgröße a ist der advektive Fluss. Es gibt jedoch auch nicht-advektive Mechanismen des Transports von a, die das Windfeld nicht benötigen. Die beiden wesentlichen *konduktiven* Flüsse sind:

Strahlung

Der wichtigste nicht-advektive Fluss ist die Strahlung. Der Strahlungsflussdichtevektor r habe eine vertikale Komponente $r_z = -r_p$. Als Vorzeichenkonvention verwenden wir die selbstverständliche Verabredung, dass r_z positiv sein soll, wenn die Strahlung nach oben gerichtet ist. Dadurch wird r_p bei nach oben gerichteter Strahlung von selbst negativ. Das entspricht der Konvention, Flusskomponenten in der Richtung der jeweils verwendeten positiven Koordinatenrichtung als positiv anzusehen.

Der molekulare Wärmefluss

Der molekulare Wärmefluss w ist die im Abschnitt 11.4.2 besprochene Wärmeleitung. Er ist durch den lokalen Temperaturgradienten gegeben und tritt in jedem Medium auf. Verglichen mit dem turbulenten Wärmefluss ist er in der Atmosphäre ohne praktische Bedeutung. Im Erdboden jedoch ist er als vertikaler Temperaturfluss wichtig für den Energiehaushalt und muss daher in Energieflussbilanzen berücksichtigt werden. Der molekulare Wärmefluss wird nicht durch Wind hervorgerufen.

25 Haushalte der globalen Atmosphäre

In diesem Kapitel behandeln wir ausgewählte Haushalte der allgemeinen Zirkulation der Atmosphäre aus der globalen Perspektive. Dazu geht man allgemein von hydrostatischen Verhältnissen aus. Eine quantitative Darstellung atmosphärischer Haushaltsgrößen für hydrostatische Verhältnisse beruht auf der lokalen Haushaltsgleichung in der auf Druckkoordinaten transformierten Form. Diese verschaffen wir uns im ersten Abschnitt.

25.1   Die Haushaltsgleichung in Druckkoordinaten

Die Haushaltsgleichung wird gewöhnlich nicht in der Form (24.9) oder (24.10) des allgemeinen Transporttheorems verwendet. Insbesondere verwendet man nicht die vektorielle Schreibweise, weil die Anisotropie der globalen Atmosphäre praktisch immer eine Komponentendarstellung erzwingt. Auch die Datensituation ist gewöhnlich so, dass man die Vektorschreibweise nicht verwenden kann, sondern eine Komponentendarstellung braucht. Für das Windfeld verwendet man vorzugsweise nicht kartesische Koordinaten, sondern hydrostatische oder generalisierte meteorologische Koordinaten.

25.1.1   Transformation auf Druckkoordinaten

Gleichung (24.9) lautet nach Division durch ρ:

$$\frac{\mathrm{d}a}{\mathrm{d}t} + \frac{1}{\rho}\, \boldsymbol{\nabla} \cdot \boldsymbol{J} = Q \qquad\qquad (25.1)$$

Wenn man da/dt in p-Koordinaten entwickelt:

$$\frac{\partial a}{\partial t} + u\,\frac{\partial a}{\partial x} + v\,\frac{\partial a}{\partial y} + \omega\,\frac{\partial a}{\partial p} + \frac{1}{\rho}\,\boldsymbol{\nabla}\cdot\boldsymbol{J} = Q \tag{25.2}$$

und die mit a multiplizierte Massenkontinuitätsgleichung (10.29) in hydrostatischen Koordinaten:

$$a\left(\frac{\partial u}{\partial x} + \frac{1}{\cos\varphi}\,\frac{\partial \cos\varphi\,v}{\partial y} + \frac{\partial \omega}{\partial p} = 0\right) \tag{25.3}$$

zu (25.2) addiert, so kann man entsprechende Terme zusammenfassen und kommt zu

$$\frac{\partial a}{\partial t} + \underbrace{\frac{\partial a\,u}{\partial x} + \frac{1}{\cos\varphi}\,\frac{\partial a\cos\varphi\,v}{\partial y}}_{=\,\nabla\cdot a\boldsymbol{V}} + \frac{\partial a\,\omega}{\partial p} + \frac{1}{\rho}\,\boldsymbol{\nabla}\cdot\boldsymbol{J} = Q \tag{25.4}$$

Die beiden unterklammerten Glieder fasst man zur Horizontaldivergenz von $a\,\boldsymbol{V}$ zusammen; beim Bilden der Divergenz darf man den durch $\cos\varphi$ ausgedrückten Einfluss der Meridiankonvergenz nicht vergessen.

Gleichung (25.4) ist die in Druckkoordinaten geschriebene Version der Flussform (24.10). Der Vorteil der Schreibweise (25.4) gegenüber (24.10) liegt im Wegfall der Dichte, sodass die gleich zu bildenden Korrelationsflüsse einfach werden.

Eine weitere Umformung nehmen wir mit der Divergenz des Flusses $\boldsymbol{J}$ dadurch vor, dass wir nur seine vertikale Komponente $J_z = -J_p$ berücksichtigen. Mit der statischen Gleichung ergibt das

$$\frac{1}{\rho}\,\boldsymbol{\nabla}\cdot\boldsymbol{J} \approx -\frac{1}{\rho}\,\frac{\partial J_p}{\partial z} \approx +g\,\frac{\partial J_p}{\partial p} \tag{25.5}$$

Damit nimmt (25.4) diese Form an:

$$\boxed{\frac{\partial a}{\partial t} + \nabla\cdot a\,\boldsymbol{V} + \frac{\partial a\,\omega}{\partial p} + g\,\frac{\partial J_p}{\partial p} = Q} \tag{25.6}$$

Das ist der Prototyp der Gleichung für die quantitative Darstellung globaler Haushalte.

25.1.2 Gemittelte Formen der Haushaltsgleichung

Wenn man die oben definierten Mittelwertoperatoren (24.14), (24.15) und (24.21) auf (25.6) anwendet, so ergeben sich die nachfolgend erläuterten Besonderheiten.

Zeitmittelung

Das zeitliche Mittel wird durch Überstreichung sowie durch einen Strich gemäß Formel (24.14) ausgedrückt. Dementsprechend wird Gleichung (25.6) zu

$$\frac{\partial \overline{a}}{\partial t} + \nabla\cdot\overline{a\boldsymbol{V}} + \frac{\partial \overline{a}\,\overline{\omega}}{\partial p} + \frac{\partial \overline{a'\,\omega'}}{\partial p} + g\,\frac{\partial \overline{J_p}}{\partial p} = \overline{Q} \tag{25.7}$$

Dabei haben wir im vertikalen Transport $a\,\omega$ den Korrelationsfluss explizit geschrieben, im horizontalen jedoch nicht. Der Grund hierfür liegt darin, dass die zeitlich gemittelten Flüsse $\overline{a'\,\omega'}$ an der Erdoberfläche gewöhnlich eine Sonderbehandlung erfordern, die entsprechenden Horizontalflüsse jedoch nicht.

Zonale Mittelung

Das zonale Mittel wird durch eckige Klammern gemäß (24.15) notiert. Damit lautet Gleichung (25.6)

$$\frac{\partial [a]}{\partial t} + \nabla \cdot [a\,\boldsymbol{V}] + \frac{\partial [a\,\omega]}{\partial p} + g\,\frac{\partial [J_p]}{\partial p} = [Q] \tag{25.8}$$

Wenn man den zweiten Term explizit ausschreibt, so sieht man, dass das zonale Mittel der Zonalkomponente des Gradienten verschwindet. Aus (25.8) wird daher

$$\frac{\partial [a]}{\partial t} + \frac{1}{\cos\varphi}\,\frac{\partial \cos\varphi\,[a\,v]}{\partial y} + \frac{\partial [a\,\omega]}{\partial p} + g\,\frac{\partial [J_p]}{\partial p} = [Q] \tag{25.9}$$

Man vergleiche das mit (25.4). Diese dramatische Vereinfachung ist einer der Gründe für die Beliebtheit der zonalen Mittelbildung.

Zonal gemittelte Haushalte sind in den Anwendungen immer auch zeitlich gemittelt. Dadurch wird Gleichung (25.9) zu

$$\frac{\partial [\overline{a}]}{\partial t} + \frac{1}{\cos\varphi}\,\frac{\partial \cos\varphi\,[\overline{a}\,\overline{v}]}{\partial y} + \frac{\partial [\overline{a}\,\overline{\omega}]}{\partial p} + \frac{\partial [\overline{a'\,\omega'}]}{\partial p} + g\,\frac{\partial [\overline{J_p}]}{\partial p} = [\overline{Q}] \tag{25.10}$$

Dabei haben wir wie vorher das zeitliche Mittel beim Fluss in vertikaler Richtung in seine beiden Bestandteile (mittleren Fluss plus Korrelationsfluss) zerlegt, beim Fluss in horizontaler Richtung jedoch nicht.

Vertikale Mittelung

Hier starten wir sogleich mit dem zeitlichen Mittel der Haushaltsgleichung, weil vertikal gemittelte Haushalte in den Anwendungen immer auch zeitlich gemittelt sind.

$$\frac{\partial \langle\overline{a}\rangle}{\partial t} + \nabla \cdot \langle\overline{a\boldsymbol{V}}\rangle + \left\langle \frac{\partial \overline{a}\,\overline{\omega}}{\partial p} \right\rangle + \left\langle \frac{\partial \overline{a'\,\omega'}}{\partial p} \right\rangle + g\left\langle \frac{\partial \overline{J_p}}{\partial p} \right\rangle = \langle\overline{Q}\rangle \tag{25.11}$$

Für das vertikale Mittel einer vertikalen Ableitung $\partial f/\partial p$ gilt aber

$$\left\langle \frac{\partial f}{\partial p} \right\rangle = \frac{f(p_s) - f(0)}{p_s} \tag{25.12}$$

Das wirkt sich auf die drei letzten Terme der linken Seite aus. Beim ersten kommt null heraus, weil $\overline{\omega}$ für $p = 0$ und $p = p_s$ verschwindet. Beim zweiten verschwindet zwar ω' ebenfalls für $p = 0$ und $p = p_s$. Dennoch kommt nicht null heraus, weil $\overline{a'\,\omega'}$ an der Erdoberfläche in den zugehörigen molekularen Fluss übergeht und daher als wichtiger Grenzfluss berücksichtigt werden muss (wir schreiben $\overline{a'\,\omega'}|_{p_s}$ und sagen, dass dieser Fluss für p gegen p_s den molekularen Fluss als Grenzwert hat). Und $\overline{J_p}$ hat unter Umständen in beiden Niveaus $p = 0$ und $p = p_s$ nicht-verschwindende Werte (insbesondere bei der Strahlung). Also gilt

$$\frac{\partial \langle \overline{a} \rangle}{\partial t} + \nabla \cdot \langle \overline{aV} \rangle + \frac{1}{p_s} \, \overline{a'\omega'}|_{p_s} + \frac{g}{p_s} \left(\overline{J_p}|_{p_s} - \overline{J_p}|_0 \right) = \langle \overline{Q} \rangle \qquad (25.13)$$

Der dritte und der vierte Term links stellen Flüsse senkrecht zur Erdoberfläche dar; der fünfte ist der Fluss durch den oberen Rand der Atmosphäre hindurch.

Schließlich können wir das vertikale Mittel auch noch im zonalen Mittel betrachten. Dazu müssen wir (25.13) zonal mitteln:

$$\boxed{\frac{\partial [\langle \overline{a} \rangle]}{\partial t} + \frac{1}{\cos \varphi} \frac{\partial \cos \varphi \, [\langle \overline{av} \rangle]}{\partial y} + \frac{1}{p_s} \left[\overline{a'\omega'} \right]_{p_s} + \frac{g}{p_s} \left(\left[\overline{J_p} \right]_{p_s} - \left[\overline{J_p} \right]_0 \right) = [\langle \overline{Q} \rangle]}$$

$$(25.14)$$

Die Bedeutung dieses Formelapparats zeigt sich in den Anwendungen.

Ohne Herleitung fügen wir noch einen wichtigen Haushaltsgedanken hinzu: Wenn man die in den geographischen Breiten verschieden großen Flächen in Gleichung (25.14) richtig berücksichtigen und ferner dem Umstand Rechnung tragen will, dass a eine massenspezifische Größe ist (z. B. die kinetische Energie), so muss man die ganze Gleichung (25.14) mit dem Faktor $2\pi \, a \cos \varphi \, p_s / g$ multiplizieren; dabei ist a der Erdradius (nicht mit der Zustandsgröße a zu verwechseln!).

25.1.3   Praktische Umsetzung

Zur praktischen Umsetzung hat man nacheinander folgende Entscheidungen zu treffen, die naturgemäß von der Verfügbarkeit der Daten abhängen:

- Um welche Größe a handelt es sich? Daraus ergeben sich der nicht-advektive Vertikalfluss F_p und die lokale Quelle Q.
- Welches Zeitmittel ist von Interesse? Wir wollen uns hier auf das Jahresmittel und die extremen Jahreszeiten (Winter, Sommer) beschränken, also den Klimastandpunkt einnehmen. Auf der hochauflösenden lokalen Skala der Wetterprognose ist das Zeitmittel demgegenüber ein 1- bis 6-Stunden-Mittel.
- Welches Raummittel ist gewünscht? Die den Feldern zugrunde liegenden Daten werden als *Punktwerte* oder *Gitterwerte* aufgefasst, obwohl sie in Wirklichkeit Raummittel über horizontale Abstände von 20 bis 200 km präsentieren. Dabei liegt die hochauflösende lokale Skala der Wetterprognose eher am unteren Ende, die Klimaskala eher am oberen Ende des Bereichs. Auch hier wollen wir den Klimastandpunkt einnehmen, was zu den folgenden zweidimensionalen Darstellungen führt:
  - Zonales Mittel; das liefert die zweidimensionale so genannte *zonal symmetrische* Darstellung. Diese Darstellung bezeichnet man auch als *Vertikal-Meridional-Schnitt* durch die Atmosphäre. Prominentes Beispiel ist die *globale Massenzirkulation* (Abb. 25.9).

- Vertikales Mittel; das liefert eine zweidimensionale Weltkarte, die so genannte *barotrope Komponente* der Zirkulation. Prominentes Beispiel ist die Weltkarte des horizontalen *Feuchteflusses* (Abb. 25.3).

■ Die Mittelung über zwei Raumkoordinaten erbringt folgende praktisch wichtige Kombinationen:

- Horizontales Flächenmittel; das ergibt ein eindimensionales Vertikalprofil als Funktion des Drucks (Beispiel: Vertikalprofil der potenziellen Temperatur).
- Vertikal-zonales Mittel; das ergibt eine eindimensional horizontale Darstellung als Funktion der geographischen Breite (Beispiel: Meridionaler Feuchtetransport, Abb. 25.5).

■ Man kann auch über alle drei Raumkoordinaten mitteln, was einem so genannten *nulldimensionalen Modell* der Atmosphäre entspricht; der Haushalt der verfügbaren potenziellen Energie ist ein prominentes Beispiel für diese Denkweise.

■ Schließlich muss man sich entscheiden, ob man ein *Prognosemodell* betreiben will – dann löst man Gleichung (25.6) nach der Tendenz $\partial a/\partial t$ auf. Oder man will ein *diagnostisches Modell* betreiben – dann hat man sich nach der *Datenlage* zu richten.

In den folgenden Abschnitten werden die vier wichtigsten Partialhaushalte der atmosphärischen Zirkulation auf der globalen Skala besprochen: Die Haushalte von Wasserdampf, Zonalimpuls, Gesamtmasse und Gesamtenergie. Diese Darstellung ist, anders als die anderen Kapitel in diesem Buch, weniger grundlagenorientiert als vielmehr anwendungsorientiert. Wir zeigen damit, wie eine konsequente Anwendung der Haushaltstheorie weit in die quantitative Klimatologie hineinführt. Die Daten für die Abbildungen sind der umfangreichen Auswertung von Kottek und Hantel (2005) entnommen; Datengrundlage sind die ERA-Daten der Jahre 1991 bis 1995.

25.2 Der globale Wasserhaushalt

Die Verteilung der spezifischen Feuchte $[\overline{q}]$ im Vertikal-Meridional-Schnitt zeigt Abb. 25.1. Die Tendenz dieses Feldes ist der erste Term in der Haushaltsgleichung (25.10). Man sieht den starken Abfall der Feuchte in vertikaler Richtung ebenso wie in Richtung der Pole. Das globale Feuchtemaximum findet sich in der untersten Atmosphäre in den Tropen. Zwecks Flächentreue verwenden wir als meridionale Achse nicht φ, sondern $\sin\varphi$.

Als Nächstes wenden wir die vertikal integrierte Form (25.13) der Haushaltsgleichung auf die spezifische Feuchte q an:

$$\frac{\partial \langle \overline{q} \rangle}{\partial t} + \nabla \cdot \langle \overline{q\boldsymbol{V}} \rangle + \frac{1}{p_s} \overline{q'\,\omega'}|_{p_s} + \frac{g}{p_s} \overline{J_q}|_{p_s} = 0 \qquad (25.15)$$

Darin repräsentiert q vom gesamten Wassergehalt der Luft nur die gasförmige Feuchte (den Wasserdampf), nicht aber den Kondensatanteil; jedoch spielt dieser nur im Verti-

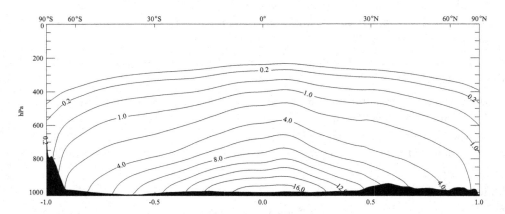

Abb. 25.1 Zonal-zeitliches Mittel $[\overline{q}]$ der spezifischen Feuchte im Vertikal-Meridional-Schnitt, Einheit: g/kg. Mittel der Jahre 1991–1995. Vertikale Achse: Druck; horizontale Achse: Sinus der geographischen Breite.

kaltransport eine Rolle. Der Vertikaltransport $\overline{q'\omega'}$ enthält nur den Feuchteanteil, kein Kondensat. J_q ist der vertikale Fluss von Kondensat, anschaulich gesagt der *Niederschlagsfluss*. Er stammt aus der Feuchtequelle Q_q, vgl. (11.61).

Man sieht hier, was nicht-advektiver Fluss bedeutet: Der Niederschlagsfluss ist der Vertikalfluss von kondensiertem Wasser. Er ist nicht bedingt durch die Advektion, sondern durch die Sinkgeschwindigkeit der Kondensatteilchen. Die Einheit von J_q ist kg m^{-2} s^{-1}. Der Bodenwert von J_q ist der Niederschlag im gewöhnlichen Sinne. Entsprechend ist der turbulente Feuchtefluss am Boden als Verdunstung zu interpretieren. Wir haben also:

$$\text{Verdunstung:} \quad \frac{1}{g}\overline{q'\omega'}|_{p_s} = E \qquad \text{Niederschlag:} \quad J_q|_{p_s} = P \qquad (25.16)$$

Die Einheiten von E und P sind gleich, das Vorzeichen wird positiv nach unten gerechnet. Daher ist P stets positiv (der Regen fällt nach unten), aber E negativ (die Feuchte verdunstet nach oben). Wenn $E > 0$ ist, so liegt Feuchtefluss nach unten vor. Das geschieht beispielsweise bei Nacht (Taufall): Die nach unten fließende Feuchte kondensiert an der Erdoberfläche.

Wenn man (25.15) mit p_s/g durchmultipliziert, so folgt

$$\boxed{\frac{\partial}{\partial t}\left(\frac{p_s}{g}\langle\overline{q}\rangle\right) + \nabla\cdot\left(\frac{p_s}{g}\langle\overline{q\boldsymbol{V}}\rangle\right) + \overline{E} + \overline{P} = 0} \qquad (25.17)$$

Das ist die Formel für den zeitlich und vertikal gemittelten Wasserhaushalt. Das gesamte in der Säule befindliche Wasser ist das *niederschlagsfähige Wasser* oder kurz

$$\text{Niederschlagswasser:} \quad VAP = \frac{p_s}{g}\langle\overline{q}\rangle \qquad (25.18)$$

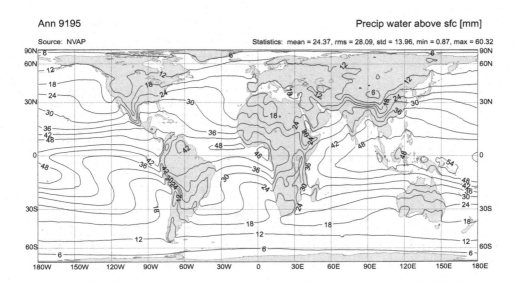

Abb. 25.2 Niederschlagswasser VAP in der Atmosphäre in mm; Mittel der Jahre 1991–1995.

Dieses ist in Abb. 25.2 dargestellt. Es ist im Jahresgang schwach, aber merklich veränderlich (hier nicht demonstriert). Wenn man die in der Abbildung aufgetragene *Niederschlagshöhe* (in der Einheit mm) mit der Wasserdichte multipliziert, kommt man auf die physikalisch korrekte Einheit kg/m^2 für das Niederschlagswasser. Die Zahlenwerte sind also in mm und in kg/m^2 gleich.

Die nächste Größe ist der Horizontalfluss. Das Feld dieses Vektors zeigt Abb. 25.3. Woher die dort angegebene, recht ungewohnte Einheit $kg\,m^{-1}\,s^{-1}$ rührt, möge der Leser selbst herausfinden. Man erkennt im Bild den ostwärts gerichteten Fluss in den Außertropen und den westwärts gerichteten Fluss in den Tropen. Die intensivsten Feuchteflüsse treten über den tropischen Meeren und den warmen Strömungen der Außertropen auf, die schwächsten über den Kontinenten; zudem kann man den blockierenden Einfluss der Topographie erkennen. Wesentlich ist die starke Zonalität des Flussvektors, der eine nur schwach ausgeprägte Nord-Süd-Komponente hat.

Nun kommen wir zur einer weiteren Größe, dem Niederschlag (Abb. 25.4). Seine Einheit mm/d kann man in $kg\,m^{-2}\,s^{-1}$ umrechnen. Im Ganzen nimmt die Niederschlagsrate von den Tropen in Richtung der Pole ab, doch treten (beispielsweise über dem Golfstrom) auch noch weit polwärts hohe Werte auf. Über den Kontinenten lassen sich lokale Minima im Landesinneren wie in Nordafrika, Australien oder Zentralasien ausmachen, aber auch Luv- und Lee-Effekte bei den großen Gebirgszügen erkennen.

In den Abbildungen 25.2, 25.3 und 25.4 sind (mit Ausnahme der Verdunstung) alle in der Haushaltsgleichung (25.17) auftretenden Größen dargestellt. Die zonal integrierte Version von Gleichung (25.17) lautet

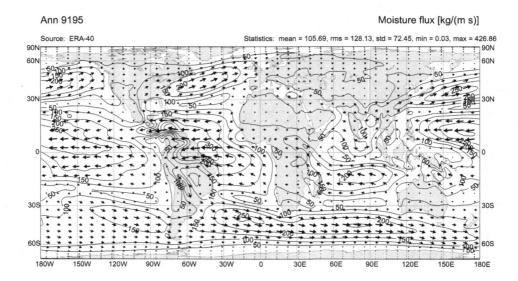

Abb. 25.3 Vertikal integrierter Vektor $p_s \langle \overline{qV} \rangle / g$ des horizontalen Feuchteflusses (Einheit kg m^{-1} s^{-1}); Mittel der Jahre 1991–1995.

$$2\pi\, a \cos\varphi\, \frac{p_s}{g}\, \frac{\partial[\langle\overline{q}\rangle]}{\partial t} + \frac{p_s}{g}\, \frac{\partial}{\partial y}\, 2\pi\, a \cos\varphi[\langle\overline{qv}\rangle] + 2\pi\, a \cos\varphi\, ([E] + [P]) = 0 \qquad (25.19)$$

Das ist die für die Haushaltsgröße $a = q$ spezialisierte Form der allgemeinen Beziehung (25.14). Die Größe a ist der Erdradius. Der Faktor $2\pi\, a \cos\varphi$ sorgt für die Berücksichtigung des polwärts kleiner werdenden Flächenanteils der Breitenkreise. Als wichtigste Komponente dieser Gleichung betrachten wir den totalen nordwärtigen Fluss von Wasser im zonalen Mittel (Abb. 25.5). Dargestellt ist das zonale Integral von Abb. 25.3. Durch die Integration ist die zonale Komponente des Flussvektors von Abb. 25.3 verschwunden, und nur die meridionale Komponente ist geblieben.

Diese meridionale Komponente in Abb. 25.5 zeigt den Wassertransport der Atmosphäre zwischen den Breitenkreisen. Man erkennt einen polwärtigen Wassertransport polwärts von 30° Breite und einen äquatorwärtigen Wassertransport äquatorwärts von 30° Breite auf beiden Hemisphären. Das bedeutet anschaulich: Sowohl in die Polargebiete hinein wie in die innere Tropenzone hinein transportiert die Atmosphäre Wasser. Dieser horizontale Wassertransport speist die Regengebiete der Außertropen (also z. B. den Regennachschub für Europa) ebenso wie die Regengebiete der inneren Tropen (Zentralafrika, Indien, Amazonasgebiet).

Die klimatologischen Regengebiete sind die *Konvergenzgebiete* des meridionalen Feuchteflusses. Und zwar konvergiert der Fluss polwärts von etwa 50° Breite zum Pol hin auf beiden Halbkugeln; *außerdem konvergiert er* in der Tropenzone zwischen etwa

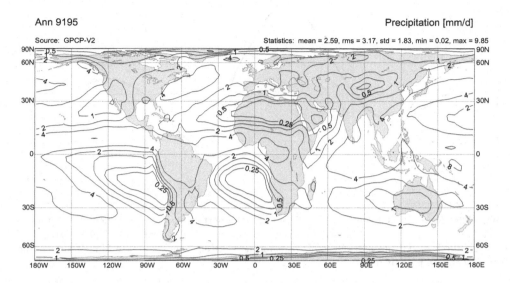

Abb. 25.4 Niederschlag (Einheit mm/d), Mittel der Jahre 1991–1995.

10°S und 10°N. Man differenziere die in Abb. 25.5 dargestellte Kurve in meridionaler Richtung und überzeuge sich davon, dass die Ableitung in den Konvergenzgebieten negativ ist.

Der Wasserverlust in den Konvergenzgebieten wird durch Wassergewinn in den *Divergenzgebieten* ausgeglichen; hier ist die meridionale Ableitung positiv. Die Divergenzgebiete des Horizontalflusses (etwa zwischen 10° und 40° Breite auf beiden Halbkugeln) sind die Breiten des Verdunstungsüberschusses, also die Subtropen.

25.3 Der globale Impulshaushalt

Der Wind v ist im Sinne der Physik der *massenspezifische Impuls*. Der Impuls ist eine konservative Größe, und das Verständnis des globalen Windsystems beginnt mit der Analyse des globalen Impulshaushalts.

Das dreidimensionale Windfeld zeigt klimatologisch (Monatszeitmittel) eine starke Anisotropie. Die bei weitem dominante Komponente ist der zonale Wind u; er wird in positiver x-Richtung, also nach Osten, positiv gerechnet (das ist dann ein Westwind). Mehr als eine Ordnung kleiner ist (jedenfalls im zonal-zeitlichen Mittel) die meridionale Komponente v; sie wird in positiver y-Richtung, also nach Norden, positiv gerechnet (das ist dann ein Südwind). Noch einmal um mehr als eine Ordnung kleiner ist die vertikale Komponente. Dafür wird gewöhnlich die Darstellung in Druckkoordinaten mit

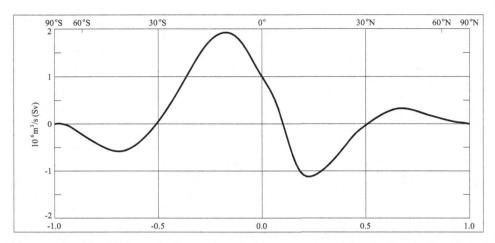

Abb. 25.5 Zonal-zeitlich gemittelter und vertikal integrierter meridionaler Feuchtefluss (positiv nach Norden, negativ nach Süden). Aufgetragen ist die Größe $(p_s\, 2\pi\, a\, \cos\varphi\, [\langle \overline{qv}\rangle]/g)/\rho$. Die Division durch die Dichte ρ des Wassers transformiert die eigentlich korrekte Einheit kg/s in die hier verwendete Einheit m^3/s.

$\omega = \mathrm{d}p/\mathrm{d}t$ gewählt; ihre positive Richtung zeigt nach unten. Mit der hydrostatischen Gleichung kann man einen angenäherten Zusammenhang zwischen w und ω herstellen:

$$\omega \approx -g\,\rho\,w \qquad\qquad (25.20)$$

Man betrachtet im allgemeinen den Haushalt der zonalen Windkomponente, der mit der Erdrotation in Wechselwirkung steht, aus der Perspektive des Impulses bzw. des *Drehimpulses*. Im Unterschied dazu betrachtet man die zonal gemittelten Komponenten der Meridional- und der Vertikalgeschwindigkeit gewöhnlich gemeinsam, und zwar aus der Perspektive der globalen *Massenzirkulation*.

25.3.1 Die zonale Windkomponente

Die Verteilung des Zonalwindes in der globalen Atmosphäre ist in Abb. 25.6 gezeigt. Dominant ist der *Westwind in den Außertropen*. Man erkennt das Starkwindband, das in etwa 200 hPa und in etwa 40° Breite auf beiden Hemisphären zentriert ist. Die übliche Bezeichnung als *Strahlstrom* ist in dieser Darstellung etwas ungenau, denn der eigentliche Strahlstrom ist das aktuelle Starkwindband, das sich mäandrierend von West nach Ost um die Erde herum erstreckt und viel schärfer (mit höheren Geschwindigkeiten und räumlich weit enger begrenzt) ausgeprägt ist. Im Bild sieht man den klimatologischen Mittelwert dieses Strahlstroms.

In der Tropenzone herrscht Ostwind vor; hier ist der Zonalwind negativ. Die harmlos aussehenden Ostwindmaxima in Nähe der Erdoberfläche repräsentieren die klimatisch wichtigen Passatgebiete über den Weltmeeren in den Subtropen und in die Tropen hinein. Strahlstromstärke erreicht der Ostwind nur in der Stratosphäre. Dieser jahreszeit-lich variierende tropische Oststrahlstrom (*tropical easterly jet*) steht in Zusammenhang mit der äquatorialen Kelvinwelle; er ist jedoch in der Druckkoordinaten-Darstellung von Abb. 25.6 gerade noch am Oberrand sichtbar.

Die Superrotation der Erdatmosphäre

Wenn wir das auffällige Maximum des Zonalwindes von Abb. 25.6 jetzt einfach als „Strahlstrom" auffassen, so zeigt das Bild einen merkwürdigen Sachverhalt: Das weltweite Massenmittel des Zonalwindes (mit dem Betrag 6.7 m/s) in der globalen Atmosphäre ist positiv, dank der überwältigenden Wirkung der Strahlströme beider Hemisphären. Dieser global gemittelte Westwind bedeutet, dass die Atmosphäre um diesen Wert schneller rotiert als die feste Erde. Man bezeichnet das als *Superrotation*.

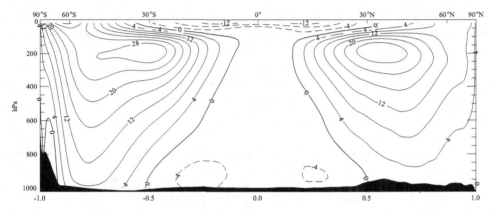

Abb. 25.6 Zonal-zeitliches Mittel $[\overline{u}]$ der zonalen Windkomponente im Vertikal-Meridional-Schnitt, Einheit m/s. Mittel der Jahre 1991–1995. Vertikale Achse: Druck; horizontale Achse: Sinus der geographischen Breite.

Auf den ersten Blick scheint die Superrotation unmöglich zu sein, denn würde die Atmosphäre schneller von West nach Ost rotieren als die Erde, so müsste sie doch die feste Erde im Laufe der Jahrmillionen infolge der Reibung allmählich beschleunigen, d. h. die Erde müsste immer schneller rotieren, oder? Dieser scheinbare Widerspruch erklärt sich durch die Besonderheiten der Reibungsübertragung zwischen Atmosphäre und Erde, die wir weiter unten besprechen.

Elementare Strahlstromtheorie

Am einfachsten lässt sich der Strahlstrom mit der Kombination aus hydrostatischer und geostrophischer Näherung erklären. Dazu drücken wir die Gleichung (22.30) im

Abschnitt über den thermischen Wind in ihren Komponenten aus und betrachten die Komponente in x-Richtung:

$$\boxed{\frac{\partial [\overline{u_g}]}{\partial \log p} = \frac{R}{f_0} \frac{\partial [\overline{T}]}{\partial y}} \tag{25.21}$$

Hier haben wir beim geostrophischen Wind und bei der Temperatur sogleich die zonal-zeitliche Mittelung angebracht, die ja der Darstellung von Abb. 25.6 zugrunde liegt. Weil nun der meridionale Gradient von $[\overline{T}]$ negativ ist („zum Nordpol hin wird es kälter"), so ist klar, dass $[\overline{u_g}]$ nach unten hin abnehmen, also nach oben zunehmen muss. Nun weiß man, dass der Bodenwind schwach ist. Also muss der Höhenwind stärker, gewissermaßen westlicher sein als der Bodenwind. Das ist die Aussage von Gleichung (25.21).

Diese qualitative Erklärung gilt nur in Breiten mit ausgeprägtem meridionalem Temperaturgradienten, also nicht in den Tropen, denn diese sind fast isotherm. Sie zeigt, dass es ein maximales Westwindband in der Breite mit maximalem meridionalem Temperaturgradienten geben sollte, d. h. einen Strahlstrom in 40° Breite und keinen in den Tropen. Und dieser Effekt sollte auf beiden Halbkugeln die gleiche Wirkung haben; denn die Vorzeichenumkehr des Temperaturgradienten in der Polarfront auf der Süd-halbkugel wird ja durch die Vorzeichenumkehr des Coriolis-Parameters ausgeglichen. Aber wie viel macht das aus?

Integriert man Gleichung (25.21) vertikal vom Boden bis zum Niveau p, so ergibt sich

$$\overline{[u_g(p_s)]} - \overline{[u_g(p)]} = \frac{R}{f_0} \frac{\partial}{\partial y} \int\limits_p^{p_s} [\overline{T}] \, d \log p \tag{25.22}$$

Erweitern mit $\int d \log p$ bringt das in Formel (24.17) definierte barometrische Mittel ins Spiel:

$$\overline{[u_g(p_s)]} - \overline{[u_g(p)]} = \frac{R}{f_0} \frac{\partial}{\partial y} \left(\frac{\int\limits_p^{p_s} [\overline{T}] \, d \log p}{\int\limits_p^{p_s} d \log p} \int\limits_p^{p_s} d \log p \right) \tag{25.23}$$

Auflösen nach dem zonalen geostrophischen Wind im Niveau p liefert

$$\overline{[u_g(p)]} \approx -\frac{R}{f_0} \log\left(\frac{p_s}{p}\right) \frac{\partial \widehat{[\overline{T}]}}{\partial y} \tag{25.24}$$

Hier haben wir den Wind $u_g(p_s)$ an der Erdoberfläche gegenüber dem Höhenwind $u_g(p)$ vernachlässigt.

Mit dieser Formel wollen wir den geostrophischen Wind als Funktion der Höhe abschätzen und nehmen dafür an, dass die mittlere Temperatur auf der Nordhalbkugel nach Norden hin um 10 K pro 1000 km abnimmt:

$$\frac{\Delta \widehat{T}}{\Delta y} \approx -\frac{10 \text{ K}}{1000 \text{ km}} \tag{25.25}$$

Für den Faktor am Differenzial in (25.24) ergibt sich (für ein Druckniveau von 500 hPa):

$$\frac{R}{f_0} \log \frac{p_s}{p} = \frac{287 \text{ J s}}{10^{-4} \text{ kg s}} \cdot (0.7) \tag{25.26}$$

Wenn man alles einsetzt, kommt man auf

$$(u_g)_{(p \,=\, 500\, \text{hPa})} \approx 20 \text{ m/s} \tag{25.27}$$

Diese Abschätzung für den außertropischen Strahlstrom hat eine Genauigkeit von näherungsweise 80 %.

25.3.2 Komponenten des Impulshaushalts

Wir begnügen uns hier mit der Betrachtung des Impulshaushalts in zeitlich und vertikal gemittelter Form.

Der Windschub an der Erdoberfläche

Der vertikale Mittelwert der zeitlich gemittelten Impulserhaltungsgleichung ist gegeben durch

$$\frac{\partial \langle \overline{u} \rangle}{\partial t} + \nabla \cdot \langle \overline{u \boldsymbol{V}} \rangle + \frac{\overline{u' \omega'}|p_s}{p_s} - f \langle \overline{v} \rangle + \frac{\partial \langle \overline{\Phi} \rangle}{\partial x} = 0 \tag{25.28}$$

Im zonalen Mittel verschwindet der letzte Term. Aber auch der vorletzte verschwindet im zonalen Mittel. Denn die vertikal und zonal gemittelte Meridionalgeschwindigkeit $[\langle \overline{v} \rangle]$ ist proportional zum gesamten Massentransport der Atmosphäre senkrecht zu einem Breitenkreis. Dieser muss im Klimamittel gleich null sein, sonst würde netto Masse polwärts oder äquatorwärts von einer Breite zur anderen fließen, was natürlich unmöglich ist.

Der dritte Term links in (25.28) ist der vertikale Impulsfluss durch die Erdoberfläche nach unten. Wie bei der Feuchte ist der Grenzwert für p_s nicht durch Korrelation, sondern durch molekulare Prozesse bedingt, hier durch Reibung. Man bezeichnet beide horizontale Komponenten gemeinsam als

$$\text{Windschubvektor:} \quad \frac{1}{g} \, \overline{\boldsymbol{V}' \omega'}|p_s = \boldsymbol{\tau} = (\tau_x, \tau_y) \tag{25.29}$$

Der dritte Term links in (25.28) ist also das zonale Mittel $[\tau_x]$ der ersten Komponente des Vektors (25.29). Formal ist (25.29) ebenso aufgebaut wie der Ansatz (25.16) für die Verdunstung. Der Vektor $\boldsymbol{\tau}$ repräsentiert den vertikalen Transport von horizontalem Impuls durch Reibung an der Erdoberfläche – eine wichtige Größe beim globalen Impulshaushalt wie auch als Antrieb für die Meeresströmungen.

Für den zonalen Mittelwert von (25.28) gilt

$$\boxed{\boxed{\frac{\partial \langle \overline{[u]}\rangle}{\partial t} + \frac{\partial \cos\varphi \, \langle \overline{[u\,v]}\rangle}{\cos\varphi \, \partial y} + g\,\frac{\overline{[\tau_x]}}{p_s} = 0}} \qquad (25.30)$$

Das ist die zonal, zeitlich und vertikal gemittelte Haushaltsgleichung des Zonalimpulses.

Die physikalische Einheit von $\boldsymbol{\tau}$ ist $\mathrm{Pa} = \mathrm{N/m}^2$, also die Einheit des Drucks. Aber es ist ein Flächendruck, der tangential zur Oberfläche wirkt und durch einen zur Fläche senkrechten Impulstransport bewirkt wird.

Abb. 25.7 zeigt die globale Verteilung von $\boldsymbol{\tau}$. Im allgemeinen überwiegt die zonale Komponente. Man erkennt zwei, durch den 30°-Breitenkreis getrennte Zonen. In den niedrigen Breiten dominiert die östliche Komponente des Windschubs. Das bedeutet, dass dort Ostimpuls (also von Ost nach West gerichteter Impuls) nach unten fließt. Dies ist gleichbedeutend mit einem *Fluss von Westimpuls nach oben in den Tropen*.

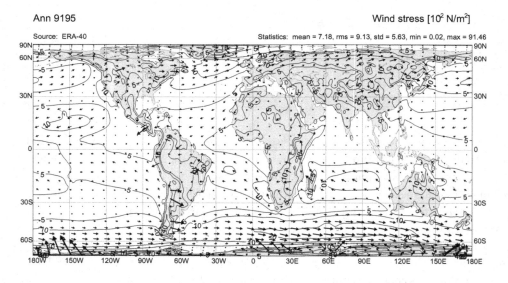

Abb. 25.7 Windschubvektor an der Erdoberfläche, Mittel der Jahre 1991–1995. Der Mittelwert ist das Mittel über den Absolutbetrag des Vektors.

In den höheren Breiten dominiert die westliche Komponente von $\boldsymbol{\tau}$. Das bedeutet, dass dort Westimpuls (also von West nach Ost gerichteter Impuls) nach unten fließt. Wir haben also einen *Fluss von Westimpuls nach unten in den Außertropen*.

Der Ostwind in den Tropen versucht sozusagen, die Erde zu bremsen: Die Erde gibt Westimpuls an die Atmosphäre ab. Andererseits bemüht sich der Westwind in den Außertropen, die Erdrotation zu beschleunigen. Beides ist konsistent mit der Konvention, dass die zonale Komponente $[\tau_x]$ des Windschubs am Äquator negativ ist und in den

Außertropen positiv. Da die Flächen zwischen 0° und 30° sowie zwischen 30° und 90° gleich groß sind, heben sich die beiden entgegen gesetzten Schubspannungen auf.

Beim Meer handelt es sich im Gegensatz zur festen Erde nicht um einen starren Körper, sodass dieser Windschub das Wasser im Ozean lokal antreiben kann.

Der globale Impulskreislauf

Für den Vertikalfluss von Zonalimpuls im globalen Mittel finden wir also: Der *Aufwärtsfluss von Westimpuls in den Tropen* und der *Abwärtsfluss von Westimpuls in den Außertropen* balancieren sich im Rahmen der Messgenauigkeit. Daraus ergeben sich zwei wichtige Konsequenzen:

■ Der Impulskreislauf der globalen Atmosphäre beginnt in den Tropen mit einem Aufwärtsfluss von Westimpuls. Dieser wird durch die allgemeine Zirkulation aus den Tropen heraus horizontal polwärts transportiert. In den Außertropen schließt sich der Kreislauf durch Abwärtsfluss von Westimpuls.

■ Der Netto-Impulsaustausch zwischen Atmosphäre und fester Erde ist gleich null. Weder gewinnt noch verliert die feste Erde über längere Zeiträume hinweg Impuls durch die Reibung der Atmosphäre.

Wo in der Haushaltsgleichung steht eigentlich der gerade behauptete polwärtige Impulstransport aus den Tropen in die Außertropen? Im zonalen Mittel ist die Divergenz des horizontalen Flusses von u gegeben durch $\cos\varphi^{-1}\,\partial(\cos\varphi\,[\langle\overline{uv}\rangle])/\partial y$. Die Antwort auf unsere Frage lautet also: Der polwärtige Impulstransport ist der Meridionalfluss von Zonalimpuls, ausgedrückt durch die Flussgröße $[\langle\overline{uv}\rangle]$, die in Gleichung (25.28) versteckt ist (diese Flussgröße ist im Bild nicht dargestellt). Die meridionale Divergenz dieses Flusses balanciert den vertikalen Windschub. In den Tropen ist $\partial(\cos\varphi\,[\langle\overline{uv}\rangle])/\partial y$ positiv; dort *divergiert* der Meridionalfluss und balanciert die Negativwerte von $[\tau_x]$. In den Außertropen ist die Divergenz negativ, dort *konvergiert* der Meridionalfluss und balanciert die Positivwerte von $[\tau_x]$.

Die wichtigste Komponente in diesem Meridionalfluss ist die Korrelation von u und v auf ein und demselben Breitenkreis. Für das zonal-zeitliche Mittel von uv gilt nach Formel (18.12)

$$[\overline{uv}] = [\overline{u}]\,[\overline{v}] + [\overline{u^e\,v^e}] \tag{25.31}$$

Der erste Term dieser Zerlegung kann gegenüber dem zweiten vernachlässigt werden. Der horizontale Korrelationsfluss $[\overline{u^e\,v^e}]$ ist maximal im Niveau des stärksten Windes, also bei etwa 200 hPa; man nennt ihn den meridionalen *Eddy-Impulsfluss*. Seine Entdeckung durch die ersten weltumspannenden Radiosondendaten in 30°N war in der Mitte des 20. Jahrhunderts eine wissenschaftliche Sensation.

25.4   Der globale Massenhaushalt

Den globalen Massenhaushalt wollen wir in der Horizontalebene und in der Vertikal-Meridional-Ebene betrachten. Beide Komponenten der globalen Zirkulation lassen sich einheitlich mit der Massenkontinuitätsgleichung in Druckkoordinaten behandeln:

$$\nabla \cdot \boldsymbol{V} + \frac{\partial \omega}{\partial p} = 0 \tag{25.32}$$

Das ist eine besonders einfache Haushaltsgleichung, denn sie ist stationär. Die Näherung liegt in der zugrunde liegenden hydrostatischen Gleichung.

25.4.1   Die Horizontalzirkulation

Das vertikale Mittel von (25.32) lautet

$$\nabla \cdot \langle \boldsymbol{V} \rangle = 0 \tag{25.33}$$

Das Feld von $\langle \boldsymbol{V} \rangle$ ist in Abb. 25.8 dargestellt. Auffällig ist, dass ein nennenswerter horizontaler Massenfluss nur in den Außertropen stattfindet. Er ist vorwiegend von West nach Ost gerichtet, entsprechend der oben gefundenen Superrotation der Atmosphäre.

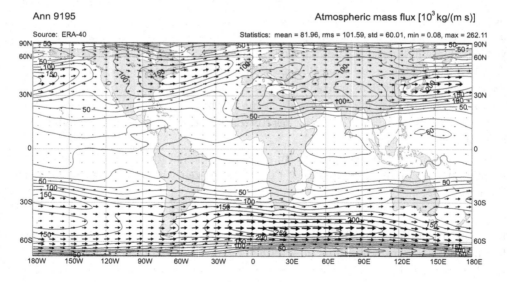

Abb. 25.8 Totaler horizontaler Massenfluss, Einheit 10^3 kg m^{-1} s^{-1}, Mittel der Jahre 1991–1995. Isolinienabstand 25 Einheiten, gültig für den Betrag der Vektoren.

Weiterhin ist bemerkenswert, dass nach Gleichung (25.33) die Divergenz von $\langle \boldsymbol{V} \rangle$ überall verschwindet. Das lässt sich in Komponenten so ausdrücken: Die zonale Ableitung von $\langle u \rangle$ wird überall durch die meridionale Ableitung von $\langle v \rangle$ balanciert, obwohl $\langle v \rangle$ selbst ja mindestens eine Größenordnung kleiner ist als $\langle u \rangle$.

Die Dominanz der Zonalzirkulation in Abb. 25.8 wird verständlich, wenn man bedenkt, dass die meridionale Komponente des Vektorfeldes $\langle V \rangle$ in Abb. 25.8 im zonalen Mittel verschwinden muss; denn es darf keinen Nettofluss von Masse über einen Breitenkreis hinweg geben. Ein solcher würde zusätzliche Masse in der entsprechenden Breitenzone aufstauen, was im Klimamittel ausgeschlossen ist. Möglich sind kurzzeitige schwache Massenverschiebungen zwischen den Breitenkreisen bei synoptischen Störungen (Zeitskala von Stunden bis Tagen) sowie (noch schwächere) Massenverschiebungen, die mit dem Temperaturwechsel zwischen Sommer und Winter zusammenhängen.

25.4.2 Die Meridionalzirkulation

Wenn mittlere Massentransporte über die Breitenkreise hinweg unmöglich sind, wie kann es dann überhaupt einen Nord-Süd-Austausch von Luft geben? Die erste Möglichkeit dazu wurde in Abb. 25.8 gezeigt: In ein und derselben Breite kann der Massenflussvektor in einer bestimmten geographischen Länge nach Norden und in einer anderen Länge nach Süden gerichtet sein, solange nur das Breitenmittel von $\langle V \rangle$ keine Nord-Süd-Komponente hat – das ergibt einen Austausch in der Horizontalebene.

Der Austausch kann sich aber auch in der Vertikal-Meridional-Ebene vollziehen. Um das zu erkennen, schreiben wir Gleichung (25.32) in Komponenten an und führen die zonale Mittelung durch:

$$\left[\frac{\partial u}{\partial x} \right] + \frac{\partial \cos \varphi \, [v]}{\cos \varphi \, \partial y} + \frac{\partial [\omega]}{\partial p} = 0 \qquad (25.34)$$

Der erste Term ist das zonale Mittel der Ableitung nach der zonalen Koordinate; dieser Mittelwert verschwindet auf dem geschlossenen Breitenkreis. Gleichung (25.34) wird dadurch zu

$$\boxed{\frac{1}{\cos \varphi} \frac{\partial \cos \varphi \, [v]}{\partial y} + \frac{\partial [\omega]}{\partial p} = 0} \qquad (25.35)$$

Diese Beziehung (25.35) stellt einen unmittelbaren Zusammenhang zwischen der zonal gemittelten meridionalen und der zonal gemittelten vertikalen Windkomponente dar. Beide Komponenten gemeinsam lassen sich als Ableitungen einer Massenstromfunktion Ψ in der meridional-vertikalen Ebene ausdrücken:

$$\boxed{[v] = \frac{g}{2\pi \, a \cos \varphi} \frac{\partial \Psi}{\partial p} \qquad [\omega] = -\frac{g}{2\pi \, a \cos \varphi} \frac{\partial \Psi}{\partial y}} \qquad (25.36)$$

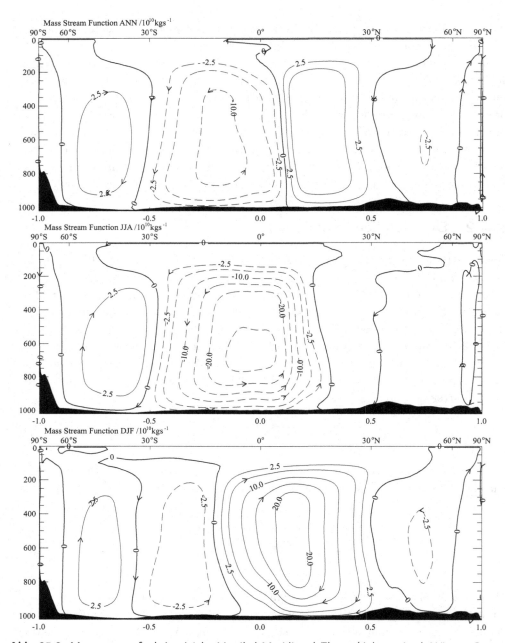

Abb. 25.9 Massenstromfunktion in der Vertikal-Meridional-Ebene (Jahresmittel, Winter, Sommer). Dargestellt sind Isolinien von Ψ gemäß Gleichung (25.36) in der Einheit 10^{10} kg/s. Isolinienabstand 5 Einheiten; zusätzlich ist die einzelne Stromlinie bei 2.5 Einheiten aufgetragen.

Der Faktor $2\pi\,a\cos\varphi$ mit dem Erdradius a darin entspricht dem Umfang des Breiten-kreises, über den gemittelt wird.

Wenn man in den beiden vorstehenden Gleichungen die Vorzeichen vertauscht, so erhält Ψ ebenfalls ein anderes Vorzeichen; auf die Vorzeichen von $[v]$ und $[\omega]$ hat dies keinen Einfluss. Diese Willkür in der Definition von Ψ lässt sich bis zur Helmholtz-schen Vektorzerlegung (28.69) zurückverfolgen. Die Faktoren in (25.36) sind so gewählt, dass Ψ den wahren Massentransport in meridionaler (positiv nach N) bzw. vertikaler Richtung (positiv nach unten) angibt.

Diese Stromfunktion ist in Abb. 25.9 dargestellt. Im Jahresmittel gibt es je zwei entgegengesetzt umlaufene Zirkulationsräder in jeder Hemisphäre. Wichtiger jedoch ist der Jahresgang.

Die Hadley-Zelle

Das Zirkulationsrad in der Nähe des Äquators bezeichnet man als *Hadley-Zelle*. In un-mittelbarer Äquatornähe befindet sich die *innertropische Konvergenzzone*, in der die Luft aufsteigt, in der Höhe polwärts strömt und dort absinkt. An der Erdoberfläche schließt sich dieser Kreis. Die Hadley-Zelle stellt eine so genannte *thermisch direkte Zirkulation* dar: Warmes Fluid steigt im Schwerefeld auf, kaltes sinkt ab. Diese Zirku-lation vollzieht sich vor dem Hintergrund der viel stärkeren Ost-West-Strömung, wie auch aus Abb. 25.8 mit der globalen Verteilung des Massenflusses hervorgeht.

Die Hadley-Zelle variiert stark im Jahresrhythmus. Das Jahresmittel der Zirkulation entsteht durch die Mittelung über zwei große, einander stark ausgleichende jahreszeit-lich wechselnde Zirkulationsräder. Zwei symmetrische Hadley-Zellen liegen nur für eine kurze Zeitspanne im Frühling und im Herbst vor. Das Aufstiegsgebiet der Hadley-Zelle wandert im Nordsommer nach Norden, sodass sich auch die Regengebiete nach Norden ausdehnen.

Die Ferrel-Zelle

Bei der Ferrel-Zelle (polwärts von etwa 30° Breite) handelt es sich um ein Absinken in wärmeren Gefilden und ein Aufsteigen in kühleren Breiten. Man nennt dies im Unterschied zur Hadley-Zelle eine *indirekte* oder *erzwungene Zirkulation*. Das ist eine thermische Zirkulation, bei der Kaltluft (mit niedrigem Auftrieb) aufsteigt und Warm-luft (mit hohem Auftrieb) absinkt. Wie Abb. 25.9 zeigt, ist der Massentransport in der Ferrel-Zelle viel schwächer als in der Hadley-Zelle. In Polnähe erkennt man schließlich noch die Andeutung einer weiteren ganz schwachen Hadley-Zelle.

25.5   Der globale Energiehaushalt

Als wir den Strahlungshaushalt der Erde behandelt haben, konnten wir an die Materie gebundene Wärmeflüsse noch nicht berücksichtigen. Diese Flüsse behandeln wir jetzt, um zu einem vollständigen Energiehaushalt der Atmosphäre zu gelangen.

25.5.1   Energieformen

In der Atmosphäre setzt sich die spezifische Gesamtenergie folgendermaßen zusammen:

$$e = c_v\,T + \Phi + k + L\,q \tag{25.37}$$

Dabei ist $c_v\,T$ die spezifische *innere Energie*, Φ die spezifische *potenzielle Energie*, k die spezifische *kinetische Energie* und $L\,q$ die spezifische *latente Wärmeenergie*.

Der Vektor $e\,\rho\,\boldsymbol{v}$ ist der advektive und $\boldsymbol{J}$ der zusätzliche Energieflussvektor; dieser ist es, der für massenmäßig abgeschlossene Volumina dennoch einen Energieaustausch senkrecht zur Oberfläche ermöglicht. In $\boldsymbol{J}$ berücksichtigen wir keine molekularen Anteile durch Reibung oder Wärmeleitung; die Komponenten für das vollständige $\boldsymbol{J}$ sind in Formel (11.59) angegeben. Damit lautet der zusätzliche Energieflussvektor hier

$$\boldsymbol{J} = p\,\boldsymbol{v} + \boldsymbol{r} = p\,\alpha\,\rho\,\boldsymbol{v} + \boldsymbol{r} \tag{25.38}$$

$\boldsymbol{r}$ ist der Vektor der Strahlungsflussdichte. Wir setzen $e^* = e + p\,\alpha$ und erhalten

$$e^* = k + \Phi + c_v\,T + L\,q + \underbrace{p\,\alpha}_{R\,T} = k + \Phi + c_p\,T + L\,q \tag{25.39}$$

Von der Divergenz des Strahlungsflusses $\boldsymbol{\nabla}\cdot\boldsymbol{r}$ können die horizontalen Anteile vernachlässigt werden. Der verbleibende vertikale Anteil wird auf Druckkoordinaten transformiert:

$$\alpha\,\boldsymbol{\nabla}\cdot\boldsymbol{r} \approx g\,\frac{\partial r_p}{\partial p} \tag{25.40}$$

r_p ist der vertikale Strahlungsfluss (nach unten positiv), und die Größe $-g\,\partial r_p/\partial p$ ist die Strahlungs*erwärmung* der Atmosphäre, konsistent mit Gleichungen (1.32), (1.36). Damit erhält man die *lokale Haushaltsgleichung für die atmosphärische Gesamtenergie* in Druckkoordinaten:

$$\frac{\partial e}{\partial t} + \boldsymbol{\nabla}\cdot e^*\,\boldsymbol{V} + \frac{\partial(e^*\omega + g\,r_p)}{\partial p} = 0 \tag{25.41}$$

Dabei ist ∇ wie zuvor der horizontale Divergenzoperator, und die vertikalen Anteile befinden sich in den runden Klammern. Die Frage, woher der Faktor α in (25.40)

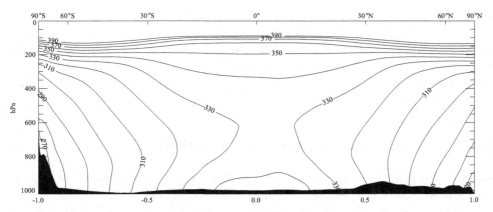

Abb. 25.10 Zonal-zeitliches Mittel $\overline{[\Theta_e]}$ der äquivalentpotenziellen Temperatur im Vertikal-Meridional-Schnitt, Einheit K. Mittel der Jahre 1991–1995. Vertikale Achse Druck, horizontale Achse Sinus der geographischen Breite.

kommt und warum nach dem Übergang zu p-Koordinaten die Dichte in den ersten beiden Termen von (25.41) verschwunden ist, beantworte der Leser selbst.

Wir können auch Gleichung (25.41) zonal-zeitlich und vertikal mitteln. Das ergibt

$$\frac{\partial \langle \overline{[e]} \rangle}{\partial t} + \frac{\partial \cos\varphi \, \langle \overline{[e^* v]} \rangle}{\cos\varphi \, \partial y} + \frac{g}{p_s} \left(\overline{[SH]} + \overline{[LH]} + \overline{[r_p]} \right) = 0 \qquad (25.42)$$

Das ist die zonal, zeitlich und vertikal gemittelte Haushaltsgleichung der Gesamtenergie; SH und LH sind die Vertikalflüsse fühlbarer bzw. latenter Energie an der Erdoberfläche (positiv nach unten).

Die wichtigsten massenspezifischen Energieformen der Atmosphäre sind in der nachfolgenden Tabelle aufgelistet. In der letzten Spalte steht jeweils die auf die Einheitsfläche bezogene Energie der planetaren Atmosphäre.

Energieform	Formel	planetare Atmosphäre ($\mathrm{J/m^2}$)
Kinetische Energie	$k = \boldsymbol{V}^2/2$	1
Potenzielle Energie	$\Phi = g\,h$	693
Thermische Energie	$c_p\,T$	2496
Chemische Energie	$L\,q$	64

Man sieht, dass die thermische Energie (Enthalpie, fühlbare Wärme, proportional zur inneren Energie) in der Atmosphäre den größten Anteil stellt; die kinetische Energie spielt dabei kaum eine Rolle. Während die kinetische Energie vom Wind getragen wird, ist die chemische Energie an den Wasserkreislauf gebunden.

Der nicht-advektive Fluss

Der wichtigste nicht-advektive Fluss ist die Strahlung; nur sie haben wir hier berücksichtigt. Der molekulare Wärmefluss stellt den Bodenwert des vertikalen Eddy-Anteils beim konvektiven Fluss dar und spielt nur als Randbedingung eine Rolle (dabei jedoch die entscheidende).

25.5.2   Komponenten des globalen Energiehaushalts

Die äquivalentpotenzielle Temperatur $\overline{[\Theta_e]}$ im Vertikal-Meridional-Schnitt ist in Abb. 25.10 gezeigt. Die Größe Θ_e ist näherungsweise proportional zu a und damit eine brauchbare Näherung für die Gesamtenergie. Ihre Tendenz ist also eine Näherung für den ersten Term in der Haushaltsgleichung (25.41).

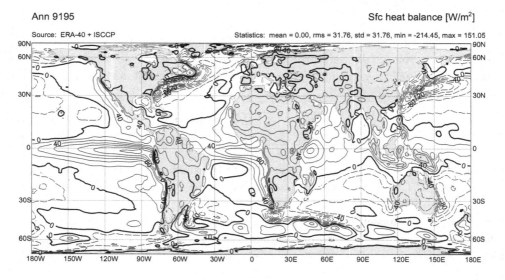

Abb. 25.11 Gesamte Wärmebilanz an der Erdoberfläche, Mittel der Jahre 1991–1995. Man beachte die aufgrund fehlender Transportmechanismen ausgeglichene Wärmebilanz auf dem Festland, während die Strömungen des Meeres in der Lage sind, Wärme aus den tropischen Gewässern polwärts zu transportieren. Einmal mehr sticht der Golfstrom heraus. Wie zu erwarten, weist dieser eine stark negative Wärmebilanz auf.

Abb. 25.11 zeigt den Fluss $e^*\omega + g\,R_p$ durch die Erdoberfläche hindurch, der sich aus Strahlungsfluss (nach unten, also positiv) und sensiblem plus latentem molekularem Fluss (nach oben, also negativ) zusammensetzt. Die Summe nennt man die „*Wärmebilanz*" der Erdoberfläche (eine ebenso unglückliche wie weit verbreitete Bezeichnung). Diese Größe hat über Land relativ kleine Werte (teilweise Messfehler), denn die Speicherung von Energie im Boden der Kontinente ist sehr gering und reicht nur einige Meter weit in die Erde. Nahezu die gesamte Energie wird als latente und als fühlbare

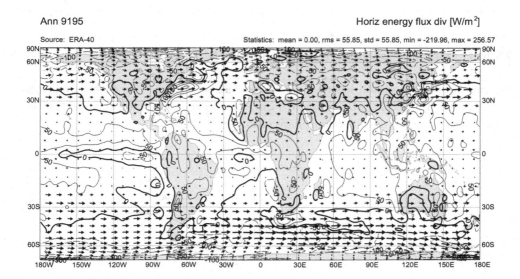

Abb. 25.12 Vertikal integrierte horizontaler Energiefluss, dargestellt als Vektorpfeile, sowie zugehörige Divergenz (Isolinien). Mittel der Jahre 1991–1995.

Wärme wieder abgegeben. Die Wärmebilanz hat große Werte über den Ozeanen. Dort ist sie positiv bevorzugt im Tropengürtel, am stärksten im tropischen Ostpazifik; hier nimmt der Ozean netto Energie auf, die er dann durch Meeresströmungen wieder wegtransportieren muss. Hohe negative Werte der Wärmebilanz sieht man im Bereich von Golfstrom und Kuroshio; dort gibt der Ozean Energie vertikal an die Atmosphäre ab.

Im Ozean wird sehr viel Energie gespeichert. Dennoch treten am Boden des Ozeans keine Wärmeflüsse in den Untergrund ein. Weder am Land noch am Grunde des Ozeans fließt Energie in die Erde. Der gesamte ankommende Energiefluss kann zu horizontalen Transporten beitragen.

Den Vektor des horizontalen Energieflusses zeigt Abb. 25.12. Während es in den Tropen nur geringe Energieflüsse gibt, ist in Richtung der Pole ein Gradient zu verzeichnen. Dieses Feld kann man mit Abb. 25.3 für den Feuchtefluss vergleichen. Anders als der Feuchtefluss ist der Energiefluss stark in den Außertropen und schwach in den Tropen, weil beim Energiefluss nicht die Feuchte, sondern der Massenfluss dominiert. Der Energiefluss divergiert am stärksten über Golfstrom und Kuroshio.

Am oberen Rand der Atmosphäre wird der vertikale Fluss nur durch Strahlung bewirkt (hier nicht gezeigt). Dieser Fluss ist mit der Wärmebilanz an der Erdoberfläche und der horizontalen Energieflussdivergenz im Gleichgewicht und schließt das Bild. Wir können also folgende Aussagen festhalten:

■ Die Energie, die man in den Außertropen durch vertikale Divergenz verliert, erhält man horizontal aus Richtung des Äquators durch Konvergenz.

■ In den Tropen liegen die Verhältnisse umgekehrt: Vertikal liegt eine Konvergenz des Strahlungsflusses vor, was eine Divergenz horizontal in Richtung des Pols bedingt.

25.5.3 Der Energiehaushalt im zonalen Mittel

Den nordwärts gerichteten Energiefluss, aufgeschlüsselt für die Atmosphäre und den Ozean, zeigt Abb. 25.13. Man erkennt darin, wie auf der Nordhalbkugel die Energie nach Norden und auf der Südhemisphäre nach Süden transportiert wird.

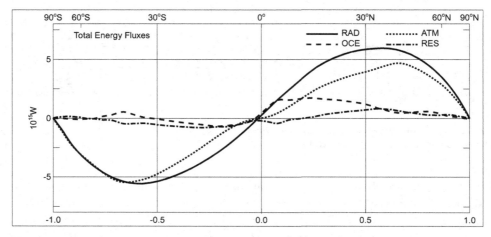

Abb. 25.13 Meridionaler Energietransport (nach N positiv) in der Atmosphäre (punktiert), im Ozean (gestrichelt) sowie der aus Satellitendaten erforderliche Transport in beiden Fluiden zusammen (schwarz) als Funktion des Sinus der geographischen Breite; ferner aufgetragen ist das Residuum aus der Satellitenkurve und der Summe von Atmosphäre und Ozean (strichpunktiert). Im tropisch-subtropischen Gürtel von 35°S bis 35°N ist der Transport divergent, polwärts davon konvergent.

Den weitaus größten Anteil am Energietransport hat die Atmosphäre. Der ozeanische Transport kann trotz der 1000-fach größeren Dichte des Wassers und dem dadurch naturgemäß hohen Gewicht jedes Beitrags der Wasserteilchen nicht mithalten, weil die Geschwindigkeit im Wasser viel geringer ist als in der Atmosphäre und weil die Kontinente den Ost-West-Austausch im Ozean wirksam behindern.

Die Kurve „RES" in Abb. 25.13 ist die Summe der drei anderen gemessenen Kurven und sollte im Idealfall Null sein; sie stellt daher den Messfehler dar (Messdaten aus 1991-1995; Auswertungen wurden 2005 abgeschlossen).

26 Verfügbare potenzielle Energie

Die Vorstellung, dass nicht die gesamte in der Atmosphäre gespeicherte Energie verfügbar ist, geht auf die Erfahrung der frühen Thermodynamiker zurück, die wussten, dass man Wärmeenergie nicht ohne weiteres in mechanische Energie umwandeln kann. Nun ist in der Atmosphäre ja Wind vorhanden, also kinetische Energie, und einiges an Energie lässt sich aus der Atmosphäre auch gewinnen. Aber wie viel? Wenn man sich den riesigen thermischen Energievorrat der Atmosphäre vor Augen hält, so entsteht die Frage, warum die kinetische Energie nicht viel größer ist, d. h. warum der Wind eigentlich so schwach ist. Der Wind in der Atmosphäre könnte, rein aus dem Energievorrat der Luft betrachtet, überall stärker sein als ein Hurrikan. Warum ist der Wind gewöhnlich so schwach?

Dieses Problem behandelte Margules vor über 100 Jahren in seiner heute klassischen Arbeit „Die Energie der Stürme". Lorenz bearbeitete 1955 die Frage erneut und stellte das Prinzip der verfügbaren potenziellen Energie auf. Diese *available potential energy – APE* nach Lorenz ist der Anteil der potenziellen Energie, der für die Nachfüllung des Reservoirs der kinetischen Energie verfügbar ist. Die kinetische Energie wird dann ihrerseits durch Reibung in Wärme umgewandelt und damit gewissermaßen „vernichtet".

Wir behandeln das Thema in zwei Abschnitten. Im ersten betrachten wir ein *inkompreesibles Fluid* (Wasser) in einer barotropen Konfiguration (vertikal konstante Dichte) und in einer baroklinen Konfiguration (vertikal variable Dichte). Für die erste zeigen wir, dass die *APE* nur von der Form der Wasseroberfläche abhängt. Für die zweite zeigen wir, dass *APE* durch Mittelung des Geopotenzials auf Dichteflächen ermittelt werden kann.

Im zweiten Abschnitt wird das Konzept dann auf das *kompressible Fluid* der Atmosphäre angewendet. Hier geben wir eine Zusammenfassung der klassischen Lorenzschen Theorie. Dabei nutzen wir den Grundgedanken der Mittelung auf Dichteflächen. Diese Mittelung führen wir in der Atmosphäre auf Flächen potenzieller Dichte durch, was äquivalent zur Mittelung auf Θ-Flächen ist und den Lorenzschen Gedanken der isentropen Umschichtung verwirklicht.

26.1 Die potenzielle Energie eines inkompressiblen Fluids

Die potenzielle Energie eines Körpers der Masse M ist gegeben durch

$$P = g\,M\,z_s \tag{26.1}$$

Wiederum ist g die Schwerebeschleunigung, und z_s ist die vertikale Koordinate des Schwerpunkts. Diese Formel „weiß nicht", ob der Körper fest ist oder ob es sich um eine Fluidschicht (aus einer Flüssigkeit oder einem Gas) handelt.

Wie ist der Schwerpunkt definiert? Der Vektor $\boldsymbol{x}$ zeige zu einem Punkt im Inneren oder am Rand des Körpers; dort herrsche die Dichte $\rho(x, y, z)$. Dann ist der Ortsvektor des Schwerpunkts wie folgt definiert:

$$\boldsymbol{x}_s = \frac{\int_V \boldsymbol{x}\,\rho\,\mathrm{d}V}{\int_V \rho\,\mathrm{d}V} = \frac{1}{M}\iiint_{x\,y\,z} \boldsymbol{x}\,\rho\,\mathrm{d}x\,\mathrm{d}y\,\mathrm{d}z \tag{26.2}$$

Die Integration ist über das Volumen V des Körpers zu erstrecken. Der Schwerpunkt ist also das Massenmittel des Ortsvektors, erstreckt über das Volumen des Körpers. Die Horizontalposition des Schwerpunkts ist für die potenzielle Energie gleichgültig, und es zählt nur die Vertikalkomponente von $\boldsymbol{x}_s$:

$$z_s = \frac{1}{M}\iiint_{x\,y\,z} z\,\rho\,\mathrm{d}x\,\mathrm{d}y\,\mathrm{d}z \tag{26.3}$$

Wenn man das in die Definition (26.1) einsetzt, so kürzt sich die Masse heraus, und es ergibt sich

$$P = \iiint_{x\,y\,z} \Phi\,\rho\,\mathrm{d}x\,\mathrm{d}y\,\mathrm{d}z = \int_M \Phi\,\mathrm{d}M \tag{26.4}$$

Hier haben wir $g\,z = \Phi$ gesetzt. Die *totale potenzielle Energie* P eines Körpers ist also gleich der *massenspezifischen potenziellen Energie* Φ, integriert über die Masse des Körpers. Die Definitionen (26.1) und (26.4) sind identisch. Die rechte Schreibweise zeigt den eigentlichen Zusammenhang, und die mittlere Schreibweise in (26.4) ist die praktisch verwendete.

26.1.1 Potenzielle Energie in einem barotropen Fluid

Als einfachste Anwendung von (26.4) in der Form von (26.3) betrachten wir ein Fluid konstanter Dichte (Abb. 26.1); man denke an Wasser mit konstanter Dichte ρ in einem

Schwimmbecken. Bei der Ableitung der entsprechenden Formeln stellen wir zunächst den Aspekt des Schwerpunkts in den Vordergrund.

Die Rolle der Fluidoberfläche

Für die Konfiguration a) lautet Gleichung (26.3):

$$z_s = \frac{A}{V} \int_z z \, \mathrm{d}z = \frac{1}{H} \left[\frac{z^2}{2} \right]_{z=0}^{z=H} = \frac{H}{2} \tag{26.5}$$

Hier haben wir $\rho = M/V$ nach vorn gezogen und gekürzt sowie außerdem die Integration über x und y ausgeführt, wobei die Fläche A herauskommt. Dann haben wir die Integration zwischen 0 und H ausgeführt. Das Ergebnis am Ende kann nicht überraschen: Der Schwerpunkt liegt bei der Hälfte der Wasserhöhe.

Jetzt erlauben wir der Wasseroberfläche eine Störung, dargestellt durch die Funktion $h(x, y)$ mit dem horizontalen Mittelwert

$$\overline{h} = \frac{1}{A} \iint_{x \, y} h(x, y) \, \mathrm{d}x \, \mathrm{d}y \qquad \text{mit} \qquad A = \iint_{x \, y} \mathrm{d}x \, \mathrm{d}y \tag{26.6}$$

Damit kann man die Störung in der folgenden Form schreiben:

$$h(x, y) = \overline{h} + h'(x, y) \qquad \text{mit} \qquad \overline{h'} = 0 \tag{26.7}$$

Gleichung (26.3) lautet also für die Konfiguration b):

$$z_s = \frac{1}{V} \iint_{x \, y} \left(\int_{z=0}^{z=h(x,y)} z \, \mathrm{d}z \right) \mathrm{d}x \, \mathrm{d}y = \frac{1}{A \, H} \iint_{x \, y} \left(\frac{h^2(x, y)}{2} \right) \mathrm{d}x \, \mathrm{d}y \tag{26.8}$$

Diese Formel lässt sich vereinfachen, indem man die Mittelwertdefinition (26.6) auf h^2 anwendet und dabei $H = \overline{h}$ beachtet:

$$z_s = \frac{1}{\overline{h}} \frac{\overline{h^2}}{2} \tag{26.9}$$

Aber der quadratische Mittelwert lautet $\overline{h^2} = \overline{h}^2 + \overline{h'^2}$, wie schon früher gezeigt; dabei ist $\overline{h'^2}$ die Varianz der Funktion h. Damit nimmt (26.9) die folgende Form an:

$$z_s = \frac{\overline{h}}{2} \left(1 + \frac{\overline{h'^2}}{\overline{h}^2} \right) \tag{26.10}$$

Einsetzen in (26.1) liefert

$$P = \frac{1}{2} \, g \, A \, \rho \left(\overline{h}^2 + \overline{h'^2} \right) \tag{26.11}$$

Dieses Ergebnis ist sehr aussagekräftig. Danach ist die niedrigste Lage des Schwerpunkts unseres Fluids diejenige mit verschwindender Varianz, d. h. mit strikt horizontaler Oberfläche. Wenn die Oberfläche schief liegt (beispielsweise bei der Konfiguration b) in Abb. 26.1) oder Wellen hat – selbst wenn diese Störung im Mittel gleich null ist –, so steigt der Schwerpunkt und damit auch P entsprechend an.

a)

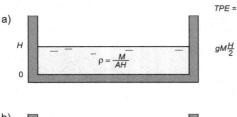

b)

c)

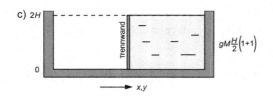

Abb. 26.1 Zur potenziellen Energie eines barotropen Fluidvolumens. M = Gesamtmasse, A = horizontale Grundfläche, H = mittlere Höhe. a) Horizontale Oberfläche; b) gestörte Oberfläche $h(x) = \overline{h} + h'(x)$; c) Fluid im rechten Teil des Beckens auf doppelte Höhe aufgestaut.

Gleichung (26.10) reproduziert offensichtlich das Ergebnis der Konfiguration a). Angewendet auf die Konfiguration c) in Abb. 26.1 bilden wir die Varianz von h, wenn die Wasseroberfläche in der rechten Hälfte des Beckens aufgestaut ist. Dann ist im linken Becken $h' = -\overline{h}$, und im rechten ist $h' = +\overline{h}$. Also ist die Varianz gleich $\overline{h'^2} = \overline{h}^2$. Dadurch ist der in (26.10) eingeklammerte Zusatzterm gleich 1, und der Schwerpunkt erhält den Wert $z_s = H$, wie die Anschauung unmittelbar bestätigt.

Barotrope verfügbare potenzielle Energie

Die potenzielle Energie P^a der Konfiguration a) in Abb. 26.1 ist offensichtlich nicht verfügbar. Aber die Konfiguration b) enthält einen verfügbaren Anteil. Dieser entsteht durch die Anhebung des Schwerpunkts aufgrund der Störung der Wasseroberfläche. Er wird verfügbar gemacht durch Horizontalstellung der Wasseroberfläche, d. h. dadurch, dass die Konfiguration b) zum *Referenzzustand* der Konfiguration a) zurückkehrt. Das entspricht einer *isentropen Umschichtung* der Wassermasse.

Wir definieren daher als verfügbare potenzielle Energie $A\,PE$ (*available potential energy*):

$$APE^b = P^b - P^a = g\,M\,(z_s^b - z_s^a) \tag{26.12}$$

Durch Kombination der Gleichungen (26.1) und (26.10) ergibt sich also die allgemeine Formel, die wir gemäß (26.11) formulieren:

$$\boxed{APE = \frac{1}{2}\,g\,A\,\rho\,\overline{h'^2}} \tag{26.13}$$

Das ist die *verfügbare potenzielle Energie im barotropen FWM*. Die entscheidende Größe in dieser Formel ist die Varianz der Wasseroberfläche. Die *APE* ist bei gegebener Dichte und Grundfläche von der Wassertiefe unabhängig.

26.1.2 Potenzielle Energie in einem baroklinen Fluid

Jetzt betrachten wir, immer noch für inkompressible Verhältnisse, die Situation mit Dichteschichtung. Dabei nehmen wir von vornherein an, dass die Schichtung statisch stabil sein soll, d. h. die Dichte soll nach unten hin zunehmen.

Zwei-Schichten-Konfiguration

Im einfachsten Fall setzen wir ein Zwei-Schichten-Modell an; vgl. die Konfiguration a) von Abb. 26.2. Der Schwerpunkt der oberen Schicht (Index T) mit der konstanten Dichte ρ_T ist gegeben durch

$$z_s = \frac{\int_V z \, dV}{\int_V dV} = \frac{1}{2} \frac{\overline{h_T}^2 - \overline{h_B}^2}{\overline{h_T} - \overline{h_B}} \tag{26.14}$$

Der Leser überprüfe selbst die Richtigkeit dieser Formel. Bei dieser Gelegenheit überzeuge er sich von der Zweckmäßigkeit der Schreibweise mit Mittelwerten. Diese Methode gestattet nicht nur eine einfache Überprüfung der Dimensionsrichtigkeit, sondern ist in der Regel auch viel übersichtlicher als die Schreibweise mit Integralen.

Wenn wir, wie bisher, die Grundfläche des Beckens mit $\int_x \int_y dx \, dy = A$ bezeichnen, so liefert der allgemeine Ansatz (26.1) mit (26.14) und (26.10) für die potenziellen Energien der oberen und der unteren Schicht:

$$P_T = \frac{1}{2} \, g \, A \, \rho_T \, (\overline{h_T}^2 - \overline{h_B}^2) \qquad \text{und} \qquad P_B = \frac{1}{2} \, g \, A \, \rho_B \, \overline{h_B}^2 \tag{26.15}$$

Das ergibt mit der Dichtedifferenz $\Delta\rho = \rho_B - \rho_T$ für die gesamte potenzielle Energie beider Fluidschichten zusammen:

$$P = P_T + P_B = \frac{1}{2} \, g \, A \left(\rho_T \, \overline{h_T}^2 + \Delta\rho \, \overline{h_B}^2 \right) \tag{26.16}$$

oder

$$P = \frac{1}{2} \, g \, A \left(\rho_T \, \overline{h_T}^2 + \Delta\rho \, \overline{h_B}^2 \right) + \frac{1}{2} \, g \, A \left(\rho_T \, \overline{h'_T}^2 + \Delta\rho \, \overline{h'_B}^2 \right) \tag{26.17}$$

Nach unserer obigen Voraussetzung ist $\Delta\rho > 0$. Der niedrigste Wert von P wird erreicht, wenn beide Trennflächen dieses Zwei-Schichten-Modells strikt horizontal sind, d. h. wenn gilt: $\overline{h_T}^2 = \overline{h_T}^2$ und $\overline{h_B}^2 = \overline{h_B}^2$. Dann bleibt nur das erste Glied in (26.17) übrig, denn dieser Ausdruck kann sich nicht ändern; er stellt also auch den Referenzwert von P dar.

Die verfügbare potenzielle Energie dieser Konfiguration ist gleich dem zweiten Glied:

$$\boxed{APE = \frac{1}{2} \, g \, A \, \rho_T \, \overline{h'_T}^2 + \frac{1}{2} \, g \, A \, \Delta\rho \, \overline{h'_B}^2} \tag{26.18}$$

Beide Ausdrücke sind gleich aufgebaut. Der erste Term in (26.18) reproduziert (26.13); er stellt den barotropen Beitrag zu APE dar. Der zweite Term in (26.18) ist neu; er

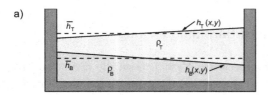

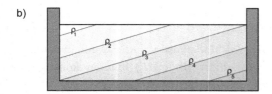

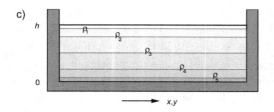

Abb. 26.2 Zur potenziellen Energie eines baroklinen Fluidvolumens. a) Barokline Konfiguration, bestehend aus 2 barotropen Schichten; b) Konfiguration mit horizontaler Wasseroberfläche und stetiger Dichteschichtung; c) Zustand niedrigster potenzieller Energie, entstanden aus b) durch isentrope Umschichtung.

ist der barokline Beitrag zu APE. Eindrucksvoll am baroklinen Beitrag zu (26.18) ist die Einfachheit der Formel: APE ist positiv definit bei irgendeiner Störung der Trennfläche. Gleichgültig, wie h_B im einzelnen aussieht: Ausschlaggebend ist die Varianz der Trennfläche zwischen den Dichteschichten. Außerdem ist wegen $\Delta\rho/\rho \ll 1$ der barokline Beitrag viel kleiner als der barotrope.

Stetige Dichteschichtung

Nach dem Zwei-Schichten-Modell betrachten wir nun die Konfiguration b) in Abb. 26.2. Wir gehen wie bisher vor und berechnen die totale potenzielle Energie. Dann ist die verfügbare potenzielle Energie gleich der Differenz zwischen der aktuellen und der durch Umschichtung erreichbaren minimalen Energie.

Nach dem Ansatz (26.4) gilt

$$P = g \iiint\limits_{x\ y\ z} z\,\rho\,\mathrm{d}x\,\mathrm{d}y\,\mathrm{d}z \tag{26.19}$$

Die Integrationen über x und y sollen sich wie vorher über die horizontale Fläche A erstrecken, die wir nicht näher spezifizieren. Das Problem ist jetzt die Dichte, die eine Funktion von allen drei Koordinaten ist.

Wir betrachten zuerst das vertikale Integral

$$\int_{z=0}^{H} z\,\rho\,\mathrm{d}z = \frac{1}{2} \int_{z=0}^{H} \rho\,\mathrm{d}(z^2) = \frac{1}{2}\left[\rho z^2\right]_{z=0}^{z=H} - \frac{1}{2} \int_{\rho(z=0)}^{\rho(z=H)} z^2\,\mathrm{d}\rho \qquad (26.20)$$

Hier haben wir mit partieller Integration umgeformt. Für den ersten Term rechts ergibt sich

$$\frac{1}{2}\left[\rho\,z^2\right]_{z=0}^{z=H} = \frac{1}{2}\,\rho\,H^2 = \frac{1}{2}\int_{\rho=0}^{\rho(z=H)} H^2\,\mathrm{d}\rho = \frac{1}{2}\int_{\rho=0}^{\rho(z=H)} [z(x,y,\rho)]^2\,\mathrm{d}\rho \qquad (26.21)$$

Bei der letzten Umformung haben wir angenommen, dass $z = z(x,y,\rho)$ den gleichen Wert H hat für alle ρ, die kleiner sind als im Niveau H. Damit kann man die beiden Summanden rechts in (26.20) zusammenfassen zu

$$\int_{z=0}^{H} \rho\,z\,\mathrm{d}z = \frac{1}{2}\int_{\rho=0}^{\rho(z=0)} z^2\,\mathrm{d}\rho \qquad (26.22)$$

Das können wir wieder durch das Flächenmittel $\overline{z^2} = \iint z^2\,\mathrm{d}x\,\mathrm{d}y \,/ \iint \mathrm{d}x\,\mathrm{d}y$ sowie auch $\iint \mathrm{d}x\,\mathrm{d}y = A$ ausdrücken. Einsetzen in (26.19) liefert

$$P = \frac{1}{2}\,g\,A \int_{\rho=0}^{\rho(z=0)} \overline{z^2}\,; \mathrm{d}\rho = \frac{1}{2}\,g\,A \int_{\rho=0}^{\rho(z=0)} \left(\overline{z}^2 + \overline{z'^2}\right)\,\mathrm{d}\rho \qquad (26.23)$$

Die Störung $z' = z'(x,y,\rho)$ ist die Abweichung von z auf der Dichtefläche. Bei dieser Schreibweise liegt auf der Hand, welches hier die verfügbare potenzielle Energie ist:

$$\boxed{APE = \frac{1}{2}\,g\,A \int_{\rho=0}^{\rho(z=0)} \overline{z'^2}\,\mathrm{d}\rho} \qquad (26.24)$$

Die *verfügbare potenzielle Energie des baroklinen Modells* (stetige Dichteschichtung eines inkompressiblen Fluids der Konfiguration c) in Abb. 26.2) ist also gleich der mittleren Varianz von z auf der Dichtefläche.

26.2 Die Lorenzsche verfügbare potenzielle Energie

In der klassischen Theorie der verfügbaren potenziellen Energie nach Lorenz werden in ihrer einfachsten Form die folgenden Annahmen getroffen:

- Durchgehende Gültigkeit der hydrostatischen Gleichung.

- Flache Erdoberfläche (d. h. keine Orographie, Lage der Erdoberfläche überall bei $z = 0$).
- Trockene Atmosphäre, d. h. Wasserdampf und latente Wärme werden in der Energetik nicht berücksichtigt.

Diese Vereinfachungen kann man leicht fallen lassen, ohne den dahinter steckenden fruchtbaren Grundgedanken ändern zu müssen.

26.2.1 Das Konzept

Bei einer trockenen Atmosphäre gibt es drei Formen lokaler Energie: die kinetische Energie k, die potenzielle Energie $\Phi = g\,z$ und die innere Energie $c_v\,T$. In der Physik ist es üblich, $k + \Phi$ als *mechanische Energie* zu kombinieren und diese mit der inneren Energie austauschen zu lassen. Das haben wir beispielsweise weiter oben im Abschnitt 11.2.3 getan.

Wir haben aber dort schon betont, dass es zwar verschiedene Energieformen (außer den eben drei genannten noch weitere), aber nur eine Energie gibt. Die eben vorgenommene Zerlegung ist willkürlich, und die Betrachtung des Austauschs zwischen verschiedenen Energieformen ist nicht eindeutig. Es gibt keine absolut „richtige" Kombination von Energieformen; verschiedene Kombinationen sind grundsätzlich gleich richtig, und ihre Wahl ist der Vorliebe des Betrachters überlassen.

Man kann also ebenso die innere und die potenzielle Energie zur *totalen potenziellen Energie* kombinieren und jetzt den Austausch dieser Energieform mit der kinetischen Energie untersuchen. Im Wesentlichen dies tut Lorenz, und hier wollen wir ihm folgen. Dazu gehen wir in folgenden Schritten vor:

- Wir zeigen, dass die so definierte totale potenzielle Energie gleich der fühlbaren Wärme ist (beides im globalen Mittel).
- Wir nehmen durch isentrope Zustandsänderungen eine Umschichtung der globalen Atmosphäre vor, bei der am Ende Isentropen- und Druckflächen parallel zueinander sind. Die totale potenzielle Energie dieses Referenzzustands ist die kleinste, die die Atmosphäre haben kann.
- Als *verfügbare potenzielle Energie* definieren wir die Differenz zwischen dem aktuellen Zustand und dem Referenzzustand. Diese Energie ist zur Varianz der Temperatur auf Isobarenflächen proportional (im globalen Mittel).
- Aus den Gleichungen für die thermische und die kinetische Energie gewinnen wir die Raten von drei Umwandlungen: der *„Erzeugung"* verfügbarer potenzieller Energie, der *Konversion* verfügbarer potenzieller in kinetische Energie und der *„Vernichtung"* kinetischer Energie durch Dissipation.

Die Schreibweise mit Anführungszeichen soll darauf aufmerksam machen, dass die suggestiven Namen dieser Größen fragwürdig sind. Denn bekanntlich kann Energie, auch verfügbare potenzielle, weder erzeugt noch vernichtet werden. Sie kann aber aus anderen Energieformen oder in solche umgewandelt werden – und das ist es, was hier tatsächlich geschieht.

26.2.2 Die totale potenzielle Energie

Als gesamte potenzielle Energie einer Luftsäule definierte Lorenz:

$$E = \frac{1}{g} \int\limits_0^{p_s} (c_v\,T + \Phi)\,\mathrm{d}p \tag{26.25}$$

Das Integral ist sogleich über die Massenkoordinate p ausgeführt; damit haben wir implizit die hydrostatische Gleichung verwendet. Durch partielle Integration lässt sich der zweite Teil von E wie folgt umformen:

$$\int\limits_0^{p_s} \Phi\,\mathrm{d}p = \underbrace{[\Phi p]_0^{p_s}}_{=\,0} - \int\limits_{p=0}^{p=p_s} p\,\mathrm{d}\Phi = R \int\limits_0^{p_s} T\,\mathrm{d}p \tag{26.26}$$

Der erste Ausdruck im Mittelteil verschwindet, weil an der Obergrenze der Atmosphäre $p = 0$ und an der Untergrenze $\Phi = 0$ ist (an dieser Stelle haben wir den Einfluss der Topographie vernachlässigt); der zweite Ausdruck im Mittelteil wird mit der Gasgleichung und der statischen Gleichung zum Ausdruck rechts umgeformt. Wenn man das Ergebnis in (26.25) einsetzt, so folgt mit $c_v + R = c_p$:

$$E = \frac{1}{g} \int\limits_0^{p_s} c_p\,T\,\mathrm{d}p \tag{26.27}$$

Hierin ist E das Massenintegral der fühlbaren Wärme und damit eine flächenspezifische Energie (Einheit $\mathrm{J/m^2}$). Diese Größe ist zunächst nur für die lokale Säule definiert, d. h. E ist eine Funktion von t, x und y. Beim Vergleich von (26.25) und (26.27) erkennt man einmal mehr, dass für die Atmosphäre nicht die spezifische innere Energie $c_v\,T$ die ausschlaggebende Größe ist, sondern die spezifische Enthalpie $c_p\,T$, die man allgemein als *fühlbare Wärme* bezeichnet.

Wir eliminieren nun im Integranden die aktuelle mithilfe der potenziellen Temperatur:

$$T\,\mathrm{d}p = \left(\frac{p}{p_0}\right)^\kappa \Theta\,\mathrm{d}p = \frac{1}{p_0^\kappa}\,\Theta\,(p^\kappa\,\mathrm{d}p) \tag{26.28}$$

Nun ist der eingeklammerte Ausdruck rechts das Differenzial von $p^{1+\kappa}/(1+\kappa)$. Das Integral (26.27) lässt sich mit diesem Trick und anschließender partieller Integration wie folgt umformen:

$$\int\limits_0^{p_s} T\mathrm{d}p = \frac{1}{p_0^\kappa} \int\limits_0^{p_s} \Theta\,\mathrm{d}\left(\frac{p^{1+\kappa}}{1+\kappa}\right) = \frac{1}{p_0^\kappa\,(1+\kappa)} \left(\left[\Theta\,p^{1+\kappa}\right]_{p=0}^{p_s} - \int\limits_{\Theta(p=0)}^{\Theta(p_s)} p^{1+\kappa}\,\mathrm{d}\Theta \right) \tag{26.29}$$

Der erste Summand in der Klammer liefert nur an der Erdoberfläche einen Beitrag und lässt sich folgendermaßen schreiben:

$$\left[\Theta\, p^{1+\kappa}\right]_{p=0}^{p_s} = \Theta(p_s)\, p_s^{1+\kappa} = \int\limits_{\Theta=0}^{\Theta(p_s)} p_s^{1+\kappa}\, d\Theta \qquad (26.30)$$

Mit $\Theta(p_s)$ ist natürlich der Wert von Θ an der Stelle $p = p_s$ gemeint. In (26.30) haben wir ausgenutzt, dass p_s eine Konstante, also gar keine Funktion von Θ ist, sodass man den ganzen Ausdruck als Integral über Θ zwischen 0 und $\Theta(p_s)$ schreiben kann. Dazu muss man für alle $\Theta < \Theta(p_s)$ setzen: $p = p_s$, was wir hiermit so verstehen wollen. Mit dieser Definition kann man am Ende den Index bei p_s weglassen.

Das Ergebnis dieser raffinierten Umformung von Lorenz lässt sich mit dem zweiten Summanden in Gleichung (26.29) zusammenfassen (wobei man zuerst die Integralgrenzen umkehren muss). Dadurch wird Gleichung (26.29) zu

$$\int\limits_0^{p_s} T\, dp = \frac{1}{p_0^{\kappa}(1+\kappa)}\left(\int\limits_{\Theta=0}^{\Theta(p_s)} p^{1+\kappa}\, d\Theta + \int\limits_{\Theta(p_s)}^{\Theta(p=0)} p^{1+\kappa}\, d\Theta\right) = \frac{1}{p_0^{\kappa}(1+\kappa)}\int\limits_{\Theta=0}^{\Theta(p=0)} p^{1+\kappa}\, d\Theta$$

$$(26.31)$$

Wenn man nun für $\Theta(p=0)$ den größten in der Erdatmosphäre vorkommenden Wert als Θ_∞ definiert, so haben wir das einfache Ergebnis (vergleiche dazu Abb. 26.3):

$$\int\limits_0^{p_s} T\, dp = \frac{1}{p_0^{\kappa}}\int\limits_{\Theta=0}^{\Theta_\infty} \frac{p^{1+\kappa}}{1+\kappa}\, d\Theta \qquad (26.32)$$

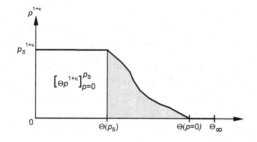

Abb. 26.3 APE-Formel, trickreich nach Lorenz.

Wozu machte Lorenz das so, und warum ist das ein einfaches Ergebnis? Die gerade vorgenommene Umformung liefert zunächst nur die vertikal integrierte Energie, d. h. die Gesamtenergie einer lokalen atmosphärischen Säule. Die *totale potenzielle Energie* der globalen Atmosphäre erhält man nun, indem man die Energie (26.25), unter Verwendung von (26.27) und (26.32), über die Erdoberfläche integriert oder, was dasselbe ist, horizontal mittelt (darüber gesetztes Dach) und mit der Fläche A multipliziert:

$$A \cdot \widehat{E} = \frac{A}{g}\frac{c_p}{p_0^{\kappa}}\int\limits_{\Theta=0}^{\Theta_\infty} \frac{\widehat{p^{1+\kappa}}}{1+\kappa}\, d\Theta = M \cdot \underbrace{\{c_v\, T + \Phi\}}_{TPE} \qquad (26.33)$$

Diese Gleichung stellt das Massenintegral von $c_v T + \Phi$ über die globale Atmosphäre dar; die Einheit dieser Größe ist J. Was wir ab sofort als totale potenzielle Energie *TPE* bezeichnen wollen, ist also die *massenspezifische totale potenzielle Energie*, gemittelt über die Masse der globalen Atmosphäre (geschweifte Klammern, Einheit J/kg).

Hier haben wir für eine beliebige Funktion $f = f(\lambda, \varphi, \Theta)$ den Mittelungsoperator auf der isentropen Fläche eingeführt:

$$\widehat{f} = \frac{1}{A} \int\limits_{\lambda=0}^{2\pi} \int\limits_{\varphi=-\pi/2}^{\pi/2} f(\lambda, \varphi, \Theta)\, a \cos\varphi\, \mathrm{d}\lambda\, a\, \mathrm{d}\varphi = \frac{1}{A} \int\limits_{x=0}^{2\pi a \cos\varphi} \int\limits_{y=-a\pi/2}^{+a\pi/2} f(x, y, \Theta)\, \mathrm{d}x\, \mathrm{d}y$$

(26.34)

mit

$$A = \int\limits_{\lambda=0}^{2\pi} \int\limits_{\varphi=-\pi/2}^{\pi/2} a \cos\varphi\, \mathrm{d}\lambda\, a\, \mathrm{d}\varphi = \int\limits_{x=0}^{2\pi a \cos\varphi} \int\limits_{y=-a\pi/2}^{+a\pi/2} \mathrm{d}x\, \mathrm{d}y$$

(26.35)

Ebenso haben wir das *globale Massenmittel* eingeführt:

$$\{f\} = \frac{1}{M} \int\limits_{\lambda=0}^{2\pi} \int\limits_{\varphi=-\pi/2}^{\pi/2} \int\limits_{p=0}^{p_s} f(\lambda, \varphi, p)\, a \cos\varphi\, \mathrm{d}\lambda\, a\, \mathrm{d}\varphi\, \frac{\mathrm{d}p}{g}$$

(26.36)

wobei für die Gesamtmasse der Atmosphäre gilt:

$$M = \frac{A}{g}\, \widehat{p_s}$$

(26.37)

Bei der Definition (26.34) wurde angenommen, dass der Parameter Θ konstant ist (d. h. die Mittelung soll auf der Isentropenfläche geschehen) und dass die Fläche für alle praktisch vorkommenden Fälle stets den gleichen Inhalt A hat (Modell der flachen Atmosphäre). Bei der Mittelung, die wir wahlweise über λ, φ oder über die Pseudokoordinaten x, y ausführen, ist außerdem zu beachten, dass Isentropenflächen unter den Erdboden geraten können; jedoch macht das nichts aus, wenn man in diesem Fall (wie vorher bei p) einfach den Bodenwert des Integranden nimmt, bis die Θ-Fläche wieder auftaucht.

Bei der Anwendung des Mittelungsoperators $\widehat{}$ auf den Bodendruck wird explizit keine Rücksicht auf den Umstand genommen, dass die p_s-Fläche keine Isentropenfläche ist, obwohl die Definition (26.34) das doch verlangt. Der Leser löse selbst diesen scheinbaren Widerspruch.

Jedenfalls folgt aus (26.33) jetzt:

$$TPE = \frac{c_p}{p_0^\kappa}\, \frac{1}{\widehat{p_s}} \int\limits_{\Theta=0}^{\Theta_\infty} \widehat{\frac{p^{1+\kappa}}{1+\kappa}}\, \mathrm{d}\Theta$$

(26.38)

Wenn man nun zu (26.27) zurückgeht und mit Lorenz den eben eingeführten Operator $\{\ \}$ des globalen Massenmittels verwendet, dann lässt sich das auch so ausdrücken:

$$\boxed{TPE = \{c_p\, T\}}\tag{26.39}$$

Das ist eine besonders einfache Schreibweise für die totale potenzielle Energie.

26.2.3 Verfügbare potenzielle Energie

Der größte Teil der in den Gleichungen (26.38) oder (26.39) niedergelegten Energie der globalen Atmosphäre ist nicht verfügbar. Wie groß ist dieser Teil? Nicht verfügbar wäre die Energie einer Atmosphäre, in der weltweit der Druck auf den Isentropenflächen überall gleich wäre bzw. in der Druck- und Isentropenflächen überall parallel verliefen.

Isentrope Umschichtung

Diese virtuelle Konfiguration kann man sich aus der aktuellen Konfiguration durch *isentrope Umschichtung* entstanden denken. Formal erhält man sie, indem man in (26.38) den Druck auf der Isentropenfläche mittelt, also p durch $\widehat{p}$ ersetzt:

$$UPE = \frac{c_p}{p_0^{\kappa}}\,\frac{1}{\widehat{p_s}}\int\limits_{\Theta=0}^{\Theta_\infty}\frac{\widehat{p}^{\,1+\kappa}}{1+\kappa}\,\mathrm{d}\Theta\tag{26.40}$$

Das ist der methodische Schlüssel in der Lorenz-Theorie: Die isentrope Umschichtung dadurch formal durchzuführen, dass man das Mittel $\widehat{p^{1+\kappa}}$ durch $\widehat{p}^{\,1+\kappa}$ ersetzt. $\widehat{p}$ ist definitionsgemäß nur eine Funktion von Θ.

Die unverfügbare potenzielle Energie UPE dient uns als Referenzzustand für die totale potenzielle Energie TPE. Aber UPE ist praktisch genauso groß wie TPE. Das ist ja das Problem dieser energetischen Betrachtung: Wir haben es mit einem riesigen Schatz an Energie zu tun, den man leider nicht heben kann.

Die Differenz der aktuellen und der unverfügbaren Energie ist die gesuchte verfügbare potenzielle Energie APE (*available potential energy*):

$$APE = \{c_p\, T\} - \{c_p\, T\}_{\mathrm{ref}} = TPE - UPE = \frac{c_p}{p_0^{\kappa}}\,\frac{1}{\widehat{p_s}}\int\limits_{\Theta=0}^{\Theta_\infty}\left(\frac{\widehat{p^{1+\kappa}}}{1+\kappa} - \frac{\widehat{p}^{\,1+\kappa}}{1+\kappa}\right)\mathrm{d}\Theta\tag{26.41}$$

Dieses Integral wirkt recht erschreckend, und wir wollen es uns näher ansehen.

Die Lorenzschen Formeln

Um zu erkennen, dass (26.41) wenigstens positiv ist, kann man nach Lorenz zunächst die Zerlegung $p = \widehat{p} + p^{\,e}$ mit $\widehat{p^{\,e}} = 0$ vornehmen; hier ist $p^{\,e}$ die Eddy-Abweichung des

Drucks vom Mittel $\widehat{p}$ auf der Isentropenfläche. Damit lautet die Differenz im Integranden

$$\widehat{p^{1+\kappa}} - \widehat{p}^{1+\kappa} = \widehat{p}^{1+\kappa}\left[\widehat{\left(\frac{p}{\widehat{p}}\right)^{1+\kappa}} - 1\right] = \widehat{p}^{1+\kappa}\left[\widehat{\left(1 + \frac{p^e}{\widehat{p}}\right)^{1+\kappa}} - 1\right] \qquad (26.42)$$

Nun setzen wir für positives s und kleines, aber ebenfalls positives x eine binomische Entwicklung an: $(1+x)^s = 1 + sx + s\,(s-1)\,x^2/2! + \cdots$. Diese brechen wir nach dem quadratischen Glied ab. Damit wird Gleichung (26.42) zu

$$\widehat{p^{1+\kappa}} - \widehat{p}^{1+\kappa} = \widehat{p}^{1+\kappa}\left[1 + (1+\kappa)\,\widehat{\left(\frac{p^e}{\widehat{p}}\right)} + \frac{(1+\kappa)\,\kappa}{2!}\,\widehat{\left(\frac{p^e}{\widehat{p}}\right)^2} + \cdots - 1\right] \qquad (26.43)$$

In den eckigen Klammern heben die erste und die letzte Eins einander auf. Der zweite Term verschwindet wegen der Eigenschaft $\widehat{p^e} = 0$. Nur der dritte Term bleibt übrig und liefert nach Einsetzen in (26.41) sowie einigen weiteren rein algebraischen Umformungen:

$$APE = c_p\,\frac{\kappa}{2}\,\frac{p_0}{\widehat{p}_s}\int\limits_{\Theta=0}^{\Theta_\infty}\left(\frac{\widehat{p}}{p_0}\right)^{1+\kappa}\widehat{\left(\frac{p^e}{\widehat{p}}\right)^2}\,\mathrm{d}\Theta \qquad (26.44)$$

Das ist die Lorenzsche „exakte" Formel für die verfügbare potenzielle Energie. Der Grundgedanke ist der gleiche wie bei der barotropen *APE*: Dort haben wir die *Varianz von z auf der Fläche konstanter Dichte* gemittelt. Hier mitteln wir die *Varianz von p auf der Fläche konstanter potenzieller Dichte*, die mit der Isentropenfläche identisch ist.

Zunächst sieht man, dass die verfügbare potenzielle Energie offensichtlich positiv definit ist. Die entscheidende Größe im Integranden ist das Quadrat der Druckstörung p^e. Wegen der weltweiten Mittelung ist das zu interpretieren als die Varianz dieser Druckstörung auf der Isentropenfläche. Wenn es keine *Fluktuationen des Drucks auf der Isentropenfläche* gibt, so verschwindet *APE*.

Das kann man schließlich in *Temperaturfluktuationen auf der Druckfläche* umrechnen. Das Ergebnis ist die folgende von Lorenz angegebene Näherung, die wir hier ohne Ableitung notieren:

$$APE \approx \left\{\frac{1}{2}\,c_p\,\widetilde{T}\,\frac{\gamma_d}{\gamma_d - \widetilde{\gamma}}\,\widetilde{\left(\frac{T''}{\widetilde{T}}\right)^2}\right\} \qquad (26.45)$$

Der Operator $\widetilde{}$ bezeichnet die Mittelung auf der Druckfläche und der Doppelstrich die zugehörige Abweichung, d. h. es ist speziell $T = \widetilde{T} + T''$. Ferner ist γ ist das aktuelle und γ_d das *trockenisentrope Temperaturgefälle*; vgl. dazu Gleichung (13.23).

Dieses Ergebnis besagt: *Die verfügbare potenzielle Energie ist proportional zur Varianz der Temperatur auf der Druckfläche, gültig für das globale Massenmittel.* Das ist ein fundamental barokliner Ansatz. Wenn die Temperatur auf der Druckfläche keine Varianz hat, ist ja die T-Fläche der p-Fläche parallel, und das haben wir als Barotropie definiert. Um *APE* zu erzeugen, muss man also Baroklinität erzeugen, und das geschieht durch differenzielle Aufheizung.

26.2.4   Der Haushalt der verfügbaren potenziellen Energie

Die Enthalpiegleichung der Atmosphäre folgt aus der Gibbsschen Form (6.74):

$$\boxed{\boxed{\frac{\mathrm{d}c_p\,T}{\mathrm{d}t} = \alpha\,\omega + Q}} \tag{26.46}$$

Hier ist $\omega = \mathrm{d}p/\mathrm{d}t$, und für die Aufheizung der Atmosphäre gilt folgende Definition:

$$\boxed{Q = c_p\,\frac{T}{\Theta}\,\frac{\mathrm{d}\Theta}{\mathrm{d}t}} \tag{26.47}$$

Diese beiden Gleichungen nutzen wir zuerst für den Referenzzustand.

Der Haushalt des Referenzzustands

Wegen der Barotropie des Referenzzustands ist $\alpha = \alpha(p)$, woraus mit der Gasgleichung auch $T = T(p)$ folgt. Da im Referenzzustand $p = p(\Theta)$ ist, gilt für die Temperatur weiterhin: $T = T(\Theta)$. Damit wird Gleichung (26.46) zu

$$\frac{\mathrm{d}c_p\,T}{\mathrm{d}t} = \frac{\alpha(p)\,\mathrm{d}p}{\mathrm{d}t} + \frac{c_p\,T(\Theta)\,\mathrm{d}\Theta/\Theta}{\mathrm{d}t} \tag{26.48}$$

Im Zähler jedes der drei Ausdrücke steht jetzt jeweils ein totales Differenzial, sodass wir mit geeigneten Stammfunktionen f und g schreiben können:

$$\frac{\mathrm{d}c_p\,T}{\mathrm{d}t} = \frac{\mathrm{d}f}{\mathrm{d}t} + \frac{\mathrm{d}g}{\mathrm{d}t} \tag{26.49}$$

Das globale Massenmittel irgendeiner dieser Ableitungen, z. B. der ersten rechts, ist gegeben durch

$$\left\{\frac{\mathrm{d}f}{\mathrm{d}t}\right\} = \left\{\frac{\partial f}{\partial t}\right\} + \{\nabla \cdot f\boldsymbol{x}\} + \left\{\frac{\partial f\,\omega}{\partial p}\right\} \tag{26.50}$$

Hier haben wir den Operator $\mathrm{d}/\mathrm{d}t$ in Druckkoordinaten in Flussform entwickelt. Aber das globale Mittel einer horizontalen Divergenz verschwindet natürlich ebenso wie das einer vertikalen Divergenz, sodass der zweite und der dritte Term rechts gleich null sind. Im ersten kann man Zeitableitung und Massenmittel vertauschen. Also lautet das globale Massenmittel von (26.48):

$$\frac{\partial}{\partial t}\{c_p\,T\}_{\mathrm{ref}} = \frac{\partial}{\partial t}\{f\} + \frac{\partial}{\partial t}\{g\} \tag{26.51}$$

Nun ist klar, dass die Massenmittel $\{c_p T\}$, $\{f\}$ und $\{g\}$ zeitlich konstant sein müssen (von Klimaschwankungen abgesehen); das dürfte schon für den aktuellen Referenzzustand gelten, noch viel mehr aber für das Jahresmittel. Das bedeutet: Jeder der einzelnen Terme in der Energiegleichung (26.51) verschwindet für sich. Das ist Ausdruck der anschaulichen Tatsache, dass der Referenzzustand ein totes Energiereservoir ist, in dem keine Energieumwandlungen stattfinden. Damit lässt sich (26.51) unter Bezug auf (26.46) auch so schreiben:

$$\frac{\partial}{\partial t}\{c_p T\}_{\text{ref}} = \underbrace{\{\alpha\,\omega\}_{\text{ref}}}_{=0} + \underbrace{\{Q\}_{\text{ref}}}_{=0} \tag{26.52}$$

Das nutzen wir nun zur Gewinnung der Tendenzgleichung für die *APE*.

Der Haushalt der APE

Die Gleichung für die verfügbare potenzielle Energie verschaffen wir uns aus der Energiegleichung (26.46) durch Differenzbildung zwischen dem aktuellen Zustand und dem Referenzzustand sowie anschließende Massenmittelung:

$$\frac{\partial}{\partial t}\{c_p T\} - \frac{\partial}{\partial t}\{c_p T\}_{\text{ref}} = \{\alpha\,\omega\} - \{\alpha\,\omega\}_{\text{ref}} + \{Q\} - \{Q\}_{\text{ref}} \tag{26.53}$$

Die linke Seite ist gleich $\partial APE/\partial t$. Man vergleiche dazu mit Gleichung (26.41). Auf der rechten Seite beachten wir $\{\alpha\,\omega\}_{\text{ref}} = 0$. Den Massenmittelwert von $\alpha\,\omega$ kann man mit der statischen Gleichung sowie unter Beachtung von

$$\left\{\nabla\cdot\Phi\boldsymbol{V} + \frac{\partial\Phi\,\omega}{\partial p}\right\} = 0 \tag{26.54}$$

umschreiben zu

$$\boxed{C = -\{\alpha\,\omega\} = -\{\boldsymbol{V}\cdot\nabla\Phi\}} \tag{26.55}$$

Das ist die *Konversionsrate* zwischen *APE* und *KE*. Für die Aufheizungsdifferenz gilt

$$\{Q\} - \{Q\}_{\text{ref}} = \left\{c_p\left(\frac{p}{p_0}\right)^\kappa \frac{d\Theta}{dt}\right\} - \left\{c_p\left(\frac{\tilde{p}}{p_0}\right)^\kappa \frac{d\Theta}{dt}\right\} \tag{26.56}$$

Das lässt sich umformen zu

$$\{Q\} - \{Q\}_{\text{ref}} = \left\{\underbrace{\left[1 - \left(\frac{\tilde{p}}{p}\right)^\kappa\right]}_{=N}\underbrace{\left[c_p\left(\frac{p}{p_0}\right)^\kappa \frac{d\Theta}{dt}\right]}_{=Q}\right\} \tag{26.57}$$

oder

$$\boxed{\{N\,Q\} = G} \tag{26.58}$$

Das ist die *Erzeugungsrate* oder *Generationsrate* von *APE*. Damit lautet die Gleichung für die verfügbare potenzielle Energie:

$$\boxed{\frac{\partial APE}{\partial t} = G - C} \tag{26.59}$$

Die Konversionsrate von der verfügbaren potenziellen zur kinetischen Energie beschreibt die Wechselwirkung zwischen *APE* und *KE*. Die Erzeugungsrate G ist die Korrelation zwischen dem Lorenzschen *efficiency factor*

$$\boxed{N = 1 - \left(\frac{\tilde{p}}{p}\right)^{\kappa}} \tag{26.60}$$

und der Heizungsrate Q. Wegen $Q_{\text{ref}} = 0$ gilt natürlich

$$\boxed{\{NQ\} = \{Q\}} \tag{26.61}$$

Die Heizung der Atmosphäre ist also gleich der Erzeugung von *APE* (wohlgemerkt nur im Mittel, denn trotz (26.61) ist im Allgemeinen $NQ \neq Q$).

Der Haushalt der KE

Die Gleichung für die globale kinetische Energie verschafft sich Lorenz aus der horizontalen Bewegungsgleichung in Druckkoordinaten, z.B. aus (III.3)=(8.40):

$$\frac{\mathrm{d}}{\mathrm{d}t} \frac{\boldsymbol{V}^2}{2} = -\boldsymbol{V} \cdot \nabla\Phi + \boldsymbol{V} \cdot \boldsymbol{R} \tag{26.62}$$

Hier ist $\boldsymbol{R}$ ein zusätzlicher unspezifizierter Reibungsvektor. Mit den Definitionen

$$\boxed{\left\{\frac{\boldsymbol{V}^2}{2}\right\} = KE} \quad \text{und} \quad \boxed{\{\boldsymbol{V} \cdot \boldsymbol{R}\} = D} \tag{26.63}$$

für die globale kinetische Energie *KE* bzw. für die *Dissipation D* gilt für den Massenmittelwert von (26.62) über die globale Atmosphäre:

$$\boxed{\frac{\partial KE}{\partial t} = C - D} \tag{26.64}$$

Die Gleichungen (26.59) und (26.64) sind die *globalen Haushaltsgleichungen für den Lorenz-Zyklus*. Durch G wird *APE* erzeugt, und durch C wird in *KE* konvertiert. Das auf diese Weise ständig nachgefüllte Reservoir von *KE* wird durch D laufend wieder entleert. Im stationären Klimamittel sind alle drei Konversionsraten gleich:

$$G = C = D \tag{26.65}$$

Damit ist unsere Betrachtung der Theorie für den klassischen Lorenzschen Energiezyklus abgeschlossen.

26.2.5   Die subskalige Komponente im APE-Zyklus

Die Theorie hat den Formalismus des Energiezyklus bereitzustellen, aber sie kann keine Aussagen darüber machen, wie groß die Umwandlungsraten sind, d. h. wie stark der globale Energiezyklus wirklich ist. Dazu muss man die Daten der allgemeinen Zirkulation heranziehen.

Dazu eine Bemerkung zu den Einheiten. Die Umwandlungsraten (26.65) haben die Einheit von Q oder von $\alpha\,\omega$, also W/kg. Es hat sich jedoch eingebürgert, die Umwandlungsraten nicht als *massenspezifische Leistung*, sondern als *flächenspezifische Leistung*, also im Grunde als Flüsse anzugeben; das ist so ähnlich wie beim Niederschlag, den man gewöhnlich nicht in der Einheit kg m^{-2} s^{-1}, sondern durch Division mit der Wasserdichte in der Einheit mm/s angibt. Man multipliziert dazu die Umwandlungsraten (26.65) mit der flächenspezifischen Masse M/A der globalen Atmosphäre gemäß Formel (26.37) und kommt zu den Größen

$$(G^*, C^*, D^*) = \frac{\widehat{p_s}}{g}\,(G, C, D) \qquad (26.66)$$

Diese haben die Einheit W/m^2. Die Abb. 26.4 zeigt ein Beispiel für eine solche neuere Auswertung. Die konkrete Auswertung der Gleichungen (26.59) und (26.64) des globalen Energiezyklus ist bis heute mit einer hohen Fehlerrate behaftet. Die von Lorenz und nachfolgenden Bearbeitern angegebenen Werte der Konversionsflüsse (26.66) liegen zwischen 2 und 3 W/m^2.

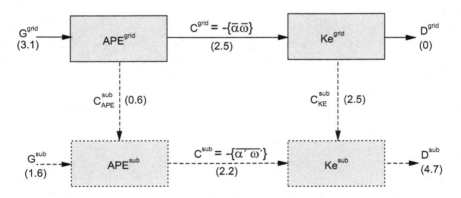

Abb. 26.4 Energiezyklus der globalen Atmosphäre, Konversionsraten G (Erzeugung), C (Umwandlung), D (Dissipation) in der Einheit W/m^2. Oberer Index „grid": Gitterskalige Konversionsrate; „sub": subgitterskalige Konversionsrate (nach Haimberger und Hantel, Tellus **52 A**, 2000, p. 75-92, Fig. 13, modifiziert).

Bei diesen frühen Auswertungen wurden jedoch stets nur sehr großräumige Felder herangezogen. Die ursprüngliche horizontale Auflösung dieser heute als *gitterskalige* Daten bezeichneten Auswertungen war gröber als 1000 km. Die heutigen gitterskaligen Felder beispielsweise der Routineanalysen des Europäischen Zentrums für Mittelfrist-Wettervorhersagen (EZMW) in Reading, Großbritannien, haben eine Auflösung von unter 100 km.

Die Prozesse unterhalb der Gitterskala produzieren jedoch auch Umwandlungsraten. Ihre Auswertung kann nicht, wie die der gitterskaligen Flüsse, aus den vorliegenden Feldanalysen vorgenommen werden, sondern muss indirekt ausgeführt werden. Dabei zeigt sich, dass die *subgitterskaligen* Prozesse Beiträge von etwa gleicher Höhe leisten wie die gitterskaligen. Die früher angegebenen Werte für C (typisch 2.5 W/m^2) müssen also in Richtung auf etwa den doppelten Wert korrigiert werden.

Ein gewichtiges Argument für die Notwendigkeit der Analyse der Subskala ergibt sich aus dem Dissipationsprozess. Die „Vernichtung" von Energie durch Reibung, also die Konversion kinetischer Energie in thermodynamische Energie durch Dissipation, geschieht sicher nicht auf der Gitterskala, sondern tief auf der Subgitterskala durch molekulare Prozesse (D^{sub} in Abb. 26.4).

Teil VIII

Anhänge

Kurz und klar

Häufig gebrauchte mathematische Formeln

Totales Differential von $f(x, y)$: $\quad \mathrm{d}f = \dfrac{\partial f(x,y)}{\partial x} \mathrm{d}x + \dfrac{\partial f(x,y)}{\partial y} \mathrm{d}y \qquad$ (VIII.1)

Relative Ableitung: $\quad \dfrac{\mathrm{d}(fg)}{fg} = \dfrac{\mathrm{d}f}{f} + \dfrac{\mathrm{d}g}{g} \qquad$ (VIII.2)

Kartesischer Vektor: $\quad \boldsymbol{x} = \displaystyle\sum_{i=1}^{i=3} x_i \, \boldsymbol{e}_i = x_i \, \boldsymbol{e}_i \qquad$ (VIII.3)

Vektorprodukt: $\quad \boldsymbol{x} \times \boldsymbol{y} = \epsilon_{ijk} \, x_i \, y_j \, \boldsymbol{e}_k \qquad$ (VIII.4)

Antisymmetrie des Vektorprodukts: $\quad \boldsymbol{x} \times \boldsymbol{y} = -\boldsymbol{y} \times \boldsymbol{x} \qquad$ (VIII.5)

Spatprodukt: $\quad (\boldsymbol{x} \times \boldsymbol{y}) \cdot \boldsymbol{z} = \epsilon_{ijk} \, x_i \, y_j \, z_k \qquad$ (VIII.6)

Gradientoperator: $\quad \boldsymbol{\nabla} = \boldsymbol{e}_i \dfrac{\partial}{\partial x_i} \quad$ und $\quad \boldsymbol{e}_j \cdot \boldsymbol{\nabla} = \dfrac{\partial}{\partial x_j} \qquad$ (VIII.7)

Operator der totalen Zeitableitung: $\quad \dfrac{\mathrm{d}}{\mathrm{d}t} = \dfrac{\partial}{\partial t} + \boldsymbol{v} \cdot \boldsymbol{\nabla} \qquad$ (VIII.8)

Gradient des Vektors $\boldsymbol{v}(\boldsymbol{x})$: $\quad \boldsymbol{\nabla} \boldsymbol{v} = \boldsymbol{e}_i \dfrac{\partial}{\partial x_i}(v_j \, \boldsymbol{e}_j) = \dfrac{\partial v_j}{\partial x_i} \, \boldsymbol{e}_i \, \boldsymbol{e}_j \qquad$ (VIII.9)

Divergenz des Vektors $\boldsymbol{v}(\boldsymbol{x})$: $\quad \boldsymbol{\nabla} \cdot \boldsymbol{v} = \boldsymbol{e}_i \cdot \dfrac{\partial}{\partial x_i}(v_j \, \boldsymbol{e}_j) = \dfrac{\partial v_i}{\partial x_i} \qquad$ (VIII.10)

Rotation des Vektors $\boldsymbol{v}(\boldsymbol{x})$: $\quad \boldsymbol{\nabla} \times \boldsymbol{v} = \varepsilon_{ijk} \dfrac{\partial}{\partial x_i} v_j \, \boldsymbol{e}_k \qquad$ (VIII.11)

Gaußscher Integralsatz für $\boldsymbol{F}$: $\quad \displaystyle\int \boldsymbol{F} \cdot \boldsymbol{n} \, \mathrm{d}\Sigma = \int \boldsymbol{\nabla} \cdot \boldsymbol{F} \, \mathrm{d}V \qquad$ (VIII.12)

Stokesscher Integralsatz für $\boldsymbol{v}$: $\quad \displaystyle\oint \boldsymbol{v} \cdot \boldsymbol{\sigma} \, \mathrm{d}s = \int (\boldsymbol{\nabla} \times \boldsymbol{v}) \cdot \boldsymbol{n} \, \mathrm{d}\Sigma \qquad$ (VIII.13)

Weber-Transformation: $\quad (\boldsymbol{v} \cdot \boldsymbol{\nabla}) \boldsymbol{v} = \boldsymbol{\nabla} \dfrac{v^2}{2} + \boldsymbol{\zeta} \times \boldsymbol{v} \qquad$ (VIII.14)

2D-Windvektor: $\quad \boldsymbol{V} = \underbrace{\left(\dfrac{\partial \chi}{\partial x} - \dfrac{\partial \psi}{\partial y}\right)}_{=u} \boldsymbol{i} + \underbrace{\left(\dfrac{\partial \chi}{\partial y} + \dfrac{\partial \psi}{\partial x}\right)}_{=v} \boldsymbol{j} \qquad$ (VIII.15)

3D-Nabla, 2D-Nabla: $\quad \boldsymbol{\nabla} = \begin{pmatrix} \partial_x \\ \partial_y \\ \partial_z \end{pmatrix}, \quad \boldsymbol{\nabla} = \begin{pmatrix} \partial_x \\ \partial_y \\ 0 \end{pmatrix} \qquad$ (VIII.16)

27 Formeln für Differenziale

27.1   Das totale Differenzial

Die klassische Ableitung einer Funktion $f(x)$ nach x ist gegeben durch

$$\frac{\mathrm{d}f}{\mathrm{d}x} = \lim_{\Delta x \to 0} \frac{f(x + \Delta x) - f(x)}{\Delta x} \tag{27.1}$$

Die Verallgemeinerung auf mehrere unabhängige Argumente, z. B. x, y, besteht in der *partiellen Ableitung*, beispielsweise $\partial f(x,y)/\partial x$. Durch das besondere Differenziationssymbol ∂ wird lediglich darauf hingewiesen, dass die anderen Argumente, von denen f auch noch abhängt (im Beispiel y), bei der Bildung der Ableitung konstant zu halten ist, sodass sich die partielle Ableitung auf den Prototyp (27.1) reduziert.

Demgegenüber ist das *totale Differenzial* einer Funktion mehrerer Variabler definiert durch (hier für zwei Variable: x und y):

$$\boxed{\mathrm{d}f = \frac{\partial f(x,y)}{\partial x}\, \mathrm{d}x + \frac{\partial f(x,y)}{\partial y}\, \mathrm{d}y} \tag{27.2}$$

Dabei sind die Differenziale $\mathrm{d}x$ und $\mathrm{d}y$ der unabhängigen Argumente durchaus endliche Größen, ebenso wie $\mathrm{d}f$ selbst. Mit der gebräuchlichen Bezeichnung „unendlich kleine" oder „infinitesimale" Größen für diese Differenziale wird jedoch auf einen wichtigen Punkt aufmerksam gemacht: Die Differenziale müssen klein genug gewählt werden, damit die durch (27.2) definierte Ebene eine genügend gute Näherung für die Funktion $f(x,y)$ bleibt. Denn $f(x,y)$ ist ja im Allgemeinen selbst keine Ebene, sondern gekrümmt. Mit „unendlich klein" drückt man aus, dass die Näherung von $f(x,y)$ durch das Differenzial (27.2) stets so genau gemacht werden kann, wie man will, indem man die Differenziale $\mathrm{d}x$ und $\mathrm{d}y$ nur klein genug wählt.

27.2   Wechsel der Funktionsargumente

Wir betrachten eine Funktion $z = f(x, y)$ zweier Variablen. Der funktionale Zusammenhang besteht darin, dass die *unabhängigen Argumente* x und y auf das *abhängige Argument* z abgebildet werden. Wir nehmen an, dass man f eindeutig nach den unabhängigen Argumenten auflösen kann, sodass wir die unabhängigen Argumente beliebig wählen können und zu diesen vollständig symmetrischen Funktionen kommen:

$$x = x(y, z) \qquad y = y(z, x) \qquad z = z(x, y) \qquad (27.3)$$

Obwohl die jeweils gewählten Argumente beliebig sind, hängen die drei Funktionen x, y, z doch miteinander zusammen. Aber wie? Das wollen wir hier ohne Bezug auf die Thermodynamik ganz allgemein angeben und später bei den Anwendungen nutzen.

Bei den folgenden partiellen Ableitungen sollen die Argumentlisten von Gleichung (27.3) streng gelten, sodass beispielsweise $\partial z / \partial x$ als Kurzschreibweise für $\partial z(x, y)/\partial x$ zu betrachten ist; dabei darf insbesondere die Reihenfolge der in Klammern stehenden unabhängigen Argumente nicht vertauscht werden. Wenn man diese Regeln einhält, lösen sich manche Probleme der vielen Formeln der Thermodynamik in Wohlgefallen auf. Wir finden nun für die totalen Differenziale von x und y:

$$\mathrm{d}x = \frac{\partial x}{\partial y} \, \mathrm{d}y + \frac{\partial x}{\partial z} \, \mathrm{d}z \qquad \mathrm{d}y = \frac{\partial y}{\partial z} \, \mathrm{d}z + \frac{\partial y}{\partial x} \, \mathrm{d}x \qquad (27.4)$$

Die Größe $\mathrm{d}y$ im ersten Differenzial kann man durch das zweite Differenzial eliminieren:

$$\mathrm{d}x = \frac{\partial x}{\partial y} \frac{\partial y}{\partial z} \, \mathrm{d}z + \frac{\partial x}{\partial y} \frac{\partial y}{\partial x} \, \mathrm{d}x + \frac{\partial x}{\partial z} \, \mathrm{d}z \qquad (27.5)$$

Umordnen und Ausklammern liefert

$$\left(1 - \frac{\partial x}{\partial y} \frac{\partial y}{\partial x} \right) \mathrm{d}x = \left(\frac{\partial x}{\partial y} \frac{\partial y}{\partial z} + \frac{\partial x}{\partial z} \right) \mathrm{d}z \qquad (27.6)$$

Dabei sind die $\mathrm{d}x$ und die $\mathrm{d}z$ beliebig, so dass die Klammerausdrücke links und rechts jeweils für sich verschwinden müssen. Der erste liefert

$$\frac{\partial x}{\partial y} \frac{\partial y}{\partial x} = 1 \qquad \text{oder} \qquad \frac{\partial x(y, z)}{\partial y} \frac{\partial y(x, z)}{\partial x} = 1 \qquad (27.7)$$

In der zweiten Formulierung haben wir die obigen Argumentlisten explizit in die Formel hineingeschrieben. Es handelt sich um das Produkt zweier partieller Ableitungen. Also kann man auf beiden Seiten durch den zweiten Faktor dividieren und findet (wobei wir in der Schlussversion die Argumentlisten wieder weglassen):

$$\frac{\partial x(y, z)}{\partial y} = \frac{1}{\partial y(x, z)/\partial x} \qquad \text{oder} \qquad \frac{\partial x}{\partial y} = \frac{1}{\partial y/\partial x} \qquad (27.8)$$

Der zweite Klammerausdruck von (27.6) liefert (jetzt konsequent ohne Argumentlisten):

$$\frac{\partial x}{\partial y} \frac{\partial y}{\partial z} = -\frac{\partial x}{\partial z} \qquad \text{oder} \qquad \boxed{\frac{\partial x}{\partial y} \frac{\partial y}{\partial z} \frac{\partial z}{\partial x} = -1} \qquad (27.9)$$

Das ist ein ebenso unerwartetes wie praktisch nützliches Ergebnis. Man probiere es mit der Gasgleichung aus.

In der ersten Formulierung von (27.7) scheint man die partiellen Differenziale einfach kürzen zu können (das stimmt), in den Formulierungen von (27.9) dagegen nicht (auch das stimmt). Worin liegt der Unterschied? Das möge der Leser selbst herausfinden.

27.3 Die relative Ableitung

Für zwei Funktionen $f(x)$ und $g(x)$ lautet die Produktregel der Differenziation:

$$\frac{\mathrm{d}}{\mathrm{d}x}\left[f(x)\,g(x)\right] = f(x)\,\frac{\mathrm{d}g(x)}{\mathrm{d}x} + g(x)\,\frac{\mathrm{d}f(x)}{\mathrm{d}x} \tag{27.10}$$

Das lässt sich ohne Bezug auf das Argument x einfacher als Differenzial schreiben:

$$\boxed{\mathrm{d}(f\,g) = f\,\mathrm{d}g + g\,\mathrm{d}f} \tag{27.11}$$

Diese kürzere Schreibweise hat zusätzlich den Vorteil, dass man sich nicht festlegen muss, von welchem Argument f und g abhängen; es können auch mehrere sein. Dividieren durch fg liefert weiter:

$$\boxed{\boxed{\frac{\mathrm{d}(f\,g)}{f\,g} = \frac{\mathrm{d}f}{f} + \frac{\mathrm{d}g}{g}}} \tag{27.12}$$

Das ist die elementare Form der *relativen Ableitung*. Sie wird auch, etwas vornehm, *logarithmische Ableitung* genannt, ist jedoch nichts weiter als eine andere Form der wohlbekannten Produktregel.

Warum brauchen wir dann die relative Ableitung, wenn wir die Produktregel schon haben? – Weil die relative Ableitung die Beiträge der verschiedenen Funktionen zur Gesamtableitung optisch trennt und dadurch besser sichtbar macht. Dies zeigt der Vergleich der Schreibweisen (27.11) und (27.12).

Diesen Zusammenhang kann man auch durch Bezug auf die Logarithmusfunktion log finden, denn für diese gilt ja

$$\mathrm{d}(\alpha \log f) = \alpha\,\mathrm{d}\log f = \alpha\,\frac{\mathrm{d}f}{f} \tag{27.13}$$

neben einer hierzu analogen Gleichung für g. Damit, und ständig unter Ausnutzung der Rechenregeln für den Logarithmus, können wir nun sogleich die relative Ableitung von Funktionen des Typs $f^\alpha g^\beta$ bilden, wobei α und β beliebige reelle Zahlen sind:

$$\frac{\mathrm{d}\left(f^\alpha\,g^\beta\right)}{f^\alpha\,g^\beta} = \mathrm{d}\log\left(f^\alpha\,g^\beta\right) = \mathrm{d}\left[\log\left(f^\alpha\right) + \log\left(g^\beta\right)\right] = \mathrm{d}\left(\alpha \log f + \beta \log g\right) \tag{27.14}$$

Die Zusammenfassung von (27.14) und (27.13) ergibt die „Wahnsinnsformel" für die relative Ableitung eines Potenzprodukts aus beispielsweise drei solcher Faktoren:

$$\frac{\mathrm{d}\left(f^\alpha\,g^\beta\,h^\gamma\right)}{f^\alpha\,g^\beta\,h^\gamma} = \alpha\,\frac{\mathrm{d}f}{f} + \beta\,\frac{\mathrm{d}g}{g} + \gamma\,\frac{\mathrm{d}h}{h} \tag{27.15}$$

Die Vereinfachung auf der rechten Seite, zu der hier der Logarithmus verhilft, kann man am besten würdigen, wenn man das Differenzial der Funktion $f^\alpha\, g^\beta\, h^\gamma$ auf die übliche Weise bildet. Jeder Anfänger kann das, und natürlich funktioniert es auch.

Mit (27.15) dagegen bildet man zuerst die relative Ableitung und multipliziert dann das Ergebnis mit der gesamten Funktion $f^\alpha\, g^\beta\, h^\gamma$. Das geht schneller und ist umso übersichtlicher, je mehr solcher Potenzfaktoren man hat.

Eine historische Bemerkung zum Logarithmus. Die Eigenschaften des Logarithmus bei der Umrechnung von Potenzprodukten sind so vorteilhaft, dass vor dem Computerzeitalter das Rechnen mit Logarithmen Allgemeingut war. Da man den Logarithmus zu jeder Grundzahl definieren kann, wäre es wenig geschickt, mit dem „natürlichen" Logarithmus zur Grundzahl e, wie er in der Mathematik definiert ist und wie wir ihn hier verwenden, numerische Rechnungen auszuführen. Das tut man lieber mit dem Logarithmus zur Grundzahl 10, weil man hier die Zehnerpotenzen ganz leicht bilden kann. Für die Umrechnung führt man allgemein den Logarithmus $\log_a$ zur Grundzahl a (beispielsweise $a = 10$) ein:

$$\xi = \log_a x \qquad \text{mit der Eigenschaft} \qquad a^\xi = x \tag{27.16}$$

Ferner verschafft man sich eine konstante Zahl m, für die gilt:

$$a^m = e \qquad \text{oder} \qquad m = \frac{1}{\log a} = \log_a e \approx 0.434 \tag{27.17}$$

Die Umrechnung zwischen $\log_a$ und dem natürlichen Logarithmus $\log$ lautet damit:

$$\log_a x = m \log x \tag{27.18}$$

Beim praktischen Zahlenrechnen mit Potenzprodukten braucht man diese Umrechnung gar nicht, sondern arbeitet man gleich mit $\log_{10} = \lg$. Das Rechnen mit diesem *dekadischen Logarithmus* oder *Zehnerlogarithmus* gehörte für die Naturwissenschaftler bis in die zweite Hälfte des 20. Jahrhunderts hinein zum unerlässlichen Handwerkszeug. Dafür gab es *Logarithmentafeln*, die man schon in der Schule verwendete; die Konstante m hieß *Modul*. Und da war es nun sehr praktisch, für den Zehnerlogarithmus einen eigenen Namen zu haben, eben „lg". Wenn man dann ausnahmsweise einmal mit dem natürlichen Logarithmus rechnen musste, nannte man diese „ln". Außerdem gibt es mittlerweile für das duale System den *binären* Logarithmus „lb" mit der Grundzahl (oder Basis) 2.

Diese Methoden und Abkürzungen haben sich beim praktischen Zahlenrechnen durch den Einsatz von Computern und Tachenrechnern im Grunde überlebt, auch der Zehnerlogarithmus (außer wenn man viel mit Zehnerpotenzen arbeitet, da ist „lg" manchmal noch praktisch). Erhalten hat sich aber u. a. die Sonderbezeichnung „ln" für den natürlichen Logarithmus. Wir verwenden zwar in diesem Buch ausschließlich den natürlichen Logarithmus, benutzen jedoch nicht die Sonderbezeichnung, sondern das in der Mathematik für den natürlichen Logarithmus übliche Symbol log.

28 Werkzeuge der elementaren Vektorrechnung

Übersicht

In diesem Buch kommen folgende Typen von Größen vor:

- Skalare. Das sind reelle Zahlen mit einer physikalischen Einheit. Beispiele sind der Druck p oder die Temperatur T.

- Vektoren. Das sind gerichtete Größen, ebenfalls mit einer physikalischen Einheit. Beispiele sind die Kraft F (in diesem Buch manchmal auch K) oder die Geschwindigkeit v. Vektoren gehorchen den Gesetzen der Vektoraddition, wofür die Zerlegung in Komponenten nicht notwendig ist. Ein Vektor ist etwas Ganzheitliches, auch wenn man ihn nicht als eine einzige reelle Zahl darstellen kann, sondern drei reelle Zahlen benötigt. Wir schreiben hier, wie üblich, Vektoren mit fett gesetzten Buchstaben.

- Tensoren. Hier braucht man, beispielsweise für den Schubspannungstensor $(\tau_{ij}) = \underline{T}$, neun reelle Zahlen. Aber auch ein Tensor wie $\underline{T}$ ist etwas Ganzheitliches (eigentliche Tensoren sind gegen Koordinatentransformationen invariant).

Diese Liste kann man fortsetzen. In der Algebra kann man zeigen, dass Skalare, Vektoren, Tensoren gemeinsam als Tensoren aufgefasst werden können: Skalare sind Tensoren nullter Stufe, Vektoren sind Tensoren erster Stufe, und die zweistufigen Tensoren wie der Schubspannungstensor sind sozusagen nur die Spitze eines Eisbergs, denn es gibt Tensoren beliebig hoher Stufe.

Für die Grundlagen der theoretischen Meteorologie genügt aber die elementare Vektorrechnung als wichtiger Spezialfall der allgemeinen Tensorrechnung. Wir beschränken uns in diesem Buch und daher auch in den folgenden Abschnitten auf dreidimensionale Vektoren in einem kartesischen Raum sowie auf die Einführung der elementaren Tensoren und insbesondere auf die zugehörige übersichtliche Indexrechnung.

28.1　Vektoralgebra

Abb. 28.1 illustriert die Grundoperationen von Vektoren: Man kann sie durch Multiplikation mit Skalaren verkürzen oder verlängern, und man kann Vektoren addieren. Durch Anwendung beider Operationen kann man Linearkombinationen bilden, z. B. folgendermaßen:

$$\alpha\,\boldsymbol{a} = \boldsymbol{b} \qquad \alpha\,\boldsymbol{a} + \beta\,\boldsymbol{b} = \boldsymbol{c} \qquad \boldsymbol{c} = \sum_{i=1}^{i=n} \alpha_i\,\boldsymbol{a}_i = \alpha_i\,\boldsymbol{a}_i \qquad (28.1)$$

Die dritte Gleichung entspricht der Summationskonvention: In einem Produkt ist über gleiche Indizes zu summieren. Für Operationen des Typs (28.1) gelten folgende Gesetze (hier sind Vektoren mit fetten und Skalare mit gewöhnlichen Buchstaben bezeichnet):

Kommutativgesetz:　$\boldsymbol{x} + \boldsymbol{y} = \boldsymbol{y} + \boldsymbol{x}$　　　　　　　　　　　　　　　　(28.2)

Assoziativgesetz der Addition von Vektoren:　$\boldsymbol{x} + (\boldsymbol{y} + \boldsymbol{z}) = (\boldsymbol{x} + \boldsymbol{y}) + \boldsymbol{z}$　(28.3)

Existenz des Nullvektors:　$\boldsymbol{x} + \boldsymbol{0} = \boldsymbol{x}$　　　　　　　　　　　　(28.4)

Existenz eines bezüglich der Addition inversen Vektors:　$\boldsymbol{x} + (-\boldsymbol{x}) = \boldsymbol{0}$　(28.5)

Assoziativgesetz der Multiplikation mit Skalaren:　$\alpha\,(\beta\,\boldsymbol{x}) = (\alpha\,\beta)\,\boldsymbol{x}$　(28.6)

Distributivgesetz der Addition:　$\alpha\,(\boldsymbol{x} + \boldsymbol{y}) = \alpha\,\boldsymbol{x} + \alpha\,\boldsymbol{y}$　　　(28.7)

Distributivgesetz der Multiplikation:　$(\alpha + \beta)\,\boldsymbol{x} = \alpha\,\boldsymbol{x} + \beta\,\boldsymbol{x}$　　(28.8)

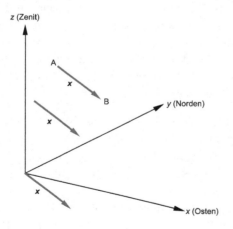

Abb. 28.1 Der Vektor $\boldsymbol{x}$ zeige von A nach B. Der zugehörige Vektorraum sei durch die kartesischen Koordinaten x, y, z definiert. In ihm ist die Lage von $\boldsymbol{x}$ unbestimmt: Man kann $\boldsymbol{x}$ im Vektorraum unter Beibehaltung seiner Länge und seiner Richtung an jede Stelle verschieben; das ist die Voraussetzung für das Parallelogrammgesetz der Addition. Für die Anwendungen mag man sich vorstellen, dass die Koordinaten in die geographischen Richtungen (x nach Osten, y nach Norden, z nach oben) zeigen.

28.1.1 Basis und Skalarprodukt

Für Vektoren im dreidimensionalen Raum definieren wir die *Basis*. Dies sei sogleich eine *Orthonormalbasis* e_1, e_2, e_3, mit der sich jeder Vektor darstellen lässt:[1]

$$x = \sum_{i=1}^{i=3} x_i\, e_i = x_i\, e_i \qquad (28.9)$$

Die reellen Zahlen x_i sind die *kartesischen Komponenten* von x. Die Summationskonvention hat zur Folge, dass der Buchstabe i in Gleichung (28.9) ein *gebundener Index* ist, weil über ihn summiert wird. Also folgt weiter, dass man ihm auch einen anderen Namen geben kann, beispielsweise

$$x_i\, e_i = x_j\, e_j = x_\alpha\, e_\alpha \qquad (28.10)$$

Diese Methode, den gebundenen Index willkürlich zu wechseln, ist ein oft benötigtes Werkzeug bei Umrechnungen von Tensorausdrücken.

Mit der Basis definieren wir das *Skalarprodukt* durch den Operator · als Abbildung zunächst nur zweier Basisvektoren auf einen Skalar:

$$e_i \cdot e_i = 1 \quad e_i \cdot e_j = 0 \quad \text{für} \quad i \neq j \quad \text{Zusammengefasst:} \quad e_i \cdot e_j = \delta_{ij} \qquad (28.11)$$

Das *Kronecker-Symbol* δ_{ij} bezeichnet den 3×3-Tensor, der in der Hauptdiagonalen Einsen und überall sonst Nullen hat (daher auch *Einheitstensor*). Das Skalarprodukt zweier beliebiger Vektoren ist dann

$$x \cdot y = (x_i\, e_i) \cdot (y_j\, e_j) = (x_i\, y_j)(e_i \cdot e_j) = x_i\, y_j \delta_{ij} = x_i\, y_i = x_1\, y_1 + x_2\, y_2 + x_3\, y_3 \quad (28.12)$$

Man sagt auch, dass man x *auf* y *projiziert*. Für das Skalarprodukt gelten folgende Regeln:

Kommutativgesetz: $\quad x \cdot y = y \cdot x$ $\qquad (28.13)$

Distributivgesetz: $\quad x \cdot (y + z) = (x \cdot y) + (x \cdot z)$ $\qquad (28.14)$

Quadrat des Betrages: $\quad x \cdot x = x^2 = |x|^2 = x_i^2 \quad x = \sqrt{|x|^2}$ $\qquad (28.15)$

Einheitsvektor in Richtung von x: $\quad e = x/|x|$ $\qquad (28.16)$

Komponenten von x: $\quad x \cdot e_i = (x_j\, e_j) \cdot e_i = x_j\, (e_j \cdot e_i) = x_j\, \delta_{ji} = x_i$ $\qquad (28.17)$

---

[1] Wenn es zweckmäßig ist, schreiben wir die Orthonormalbasis auch als i, j, k oder e_x, e_y, e_z oder σ, ν, κ (zur letzteren Bezeichnung siehe weiter unten bei natürlichen Koordinaten).

Das Kommutativgesetz besagt, dass das Skalarprodukt ein *symmetrischer* Operator ist. Die letzte Zeile der Regeln drückt aus, dass man die Komponenten eines Vektors erhält, indem man ihn auf die Einheitsvektoren projiziert. Mit dem Kronecker-Symbol kann man eine indizierte Größe (z. B. die Komponenten a_i eines Vektors) zu anderen Indizes hin erweitern und quasi beliebig „aufblasen":

$$a_i = \delta_{ij}\, a_j = \delta_{ij}\, \delta_{jk}\, a_k = \ldots \tag{28.18}$$

In umgekehrter Richtung geht dies natürlich auch (das nennt man *Verjüngung*):

$$\delta_{ij}\, \delta_{jk} = \delta_{ik} \qquad \delta_{ij}\, \delta_{jk}\, \delta_{kl} = \delta_{il} \qquad \ldots \tag{28.19}$$

Außerdem darf man wegen der Symmetrie von δ_{ij} auch stets die Indizes im Einheitstensor vertauschen.

28.1.2   Der Permutationstensor

Der *Permutationstensor* ist wie folgt definiert:

$$\epsilon_{ijk} = 1 \quad \text{für} \quad ijk = 123,\, 231 \text{ oder } 312 \quad \text{(gerade Permutationen)}$$
$$\epsilon_{ijk} = -1 \quad \text{für} \quad ijk = 321,\, 213 \text{ oder } 132 \quad \text{(ungerade Permutationen)} \tag{28.20}$$
$$\epsilon_{ijk} = 0 \quad \text{sonst (falls zwei Indizes gleich sind)}$$

Er besteht aus 27 Elementen. Den Wert 1 haben drei davon, und drei weitere haben den Wert -1; die restlichen 21 sind gleich null. Die Größe ϵ_{ijk} ändert sich nicht, wenn man die Indizes zyklisch vertauscht (d. h. ohne Änderung der Permutation):

$$\boxed{\epsilon_{ijk} = \epsilon_{kij} = \epsilon_{jki}} \tag{28.21}$$

Der Permutationstensor ändert jedoch das Vorzeichen, wenn man zwei Indizes vertauscht (was die Permutation ändert; dies ist die Eigenschaft der *Antisymmetrie*):

$$\boxed{\epsilon_{ijk} = -\epsilon_{ikj} \qquad \epsilon_{ijk} = -\epsilon_{kji} \qquad \epsilon_{ijk} = -\epsilon_{jik}} \tag{28.22}$$

Das Produkt zweier Permutationstensoren mit einem gleichen Index lässt sich mit dem Einheitstensor wie folgt verjüngen (*Graßmann-Identität*):

$$\boxed{\epsilon_{ijk}\, \epsilon_{ilm} = \delta_{jl}\, \delta_{km} - \delta_{jm}\, \delta_{kl}} \tag{28.23}$$

Der Beweis ergibt sich aus der Überlegung, dass die linke Seite gleich 1 ist für $j = l$, $k = m$ und gleich -1 für $j = m$, $k = l$ (nach Dutton). Die Gleichung (28.23) benötigt man für den tensoriellen Beweis von Vektorformeln mit doppelten Kreuzprodukten.

28.1.3 Das Vektorprodukt

Mit der Basis definieren wir das *Vektorprodukt* (auch Kreuzprodukt) durch den Operator $\times$ als Abbildung zweier Basisvektoren auf einen Vektor. Das liefert die speziellen Kreuzprodukte:

$$
\begin{aligned}
e_1 \times e_1 &= 0 & e_1 \times e_2 &= e_3 & e_1 \times e_3 &= -e_2 \\
e_2 \times e_1 &= -e_3 & e_2 \times e_2 &= 0 & e_2 \times e_3 &= e_1 \\
e_3 \times e_1 &= e_2 & e_3 \times e_2 &= -e_1 & e_3 \times e_3 &= 0
\end{aligned}
\tag{28.24}
$$

Mithilfe von (28.20) kann man die Gleichung (28.24) kompakt so schreiben:

$$
e_i \times e_j = \epsilon_{ijk}\, e_k
\tag{28.25}
$$

Damit lässt sich allgemein das Vektorprodukt für zwei Vektoren formulieren:

$$
\boxed{x \times y = \epsilon_{ijk}\, x_i\, y_j\, e_k}
\tag{28.26}
$$

Man überzeuge sich von der Richtigkeit dieser Formel, indem man x und y gemäß (28.9) nach Komponenten entwickelt und dabei Gleichung (28.25) beachtet. Die Eigenschaft des Permutationstensors, bei Indexvertauschung das Vorzeichen zu wechseln, kann man in der entsprechenden Regel für das Vektorprodukt wieder erkennen:

$$
\boxed{x \times y = -y \times x}
\tag{28.27}
$$

Das Kommutativgesetz gilt also hier nicht, denn das Vektorprodukt ist ein *antisymmetrischer* Operator.

Eine weitere Anwendung ist die oft benötigte Formel für das *Spatprodukt* dreier Vektoren, beispielsweise x, y, z:

$$
(x \times y) \cdot z = (y \times z) \cdot x = (z \times x) \cdot y = x \cdot (y \times z) = y \cdot (z \times x) = z \cdot (x \times y)
\tag{28.28}
$$

Das beweist man z. B. mithilfe von Gleichung (28.26):

$$
\boxed{(x \times y) \cdot z = \epsilon_{ijk}\, x_i\, y_j\, z_k}
\tag{28.29}
$$

Die anderen Formeln ergeben sich durch zyklische Vertauschung.

28.2 Vektoranalysis

Tensoren kann man als Funktionen der Raumkoordinaten und der Zeit betrachten. Wenn dabei Ableitungen benötigt werden, betreten wir das Gebiet der Tensoranalysis, im einfachsten Fall das der Vektoranalysis. Wir beginnen mit der wichtigsten tensoriellen Verallgemeinerung der Ableitung, dem Gradienten eines Skalars.

28.2.1 Gradient eines Skalars

Die Abbildung des horizontalen Ortsvektors x auf einen Skalar f lässt sich folgendermaßen schreiben:

$$f(x) = f(x_1 \, e_1 + x_2 \, e_2) = f(x_1, x_2) \qquad (28.30)$$

Bei f denken wir an Größen wie Druck oder Temperatur, die z. B. von den Koordinaten in der Ebene abhängen. Wir betrachten in Abb. 28.2 die Verschiebung von x um $s\,a$, wobei $a = a_1 + a_2$ ein beliebiger Einheitsvektor und s ein beliebiger Skalar ist; die Hilfsvektoren a_1 und a_2 zeigen in die Achsenrichtungen und sind natürlich keine Einheitsvektoren. Die Ableitung von f nach dem unabhängigen Argument x setzen wir nun wie folgt an:

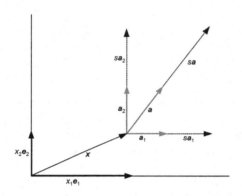

Abb. 28.2 Die Lage der im Text erwähnten Vektoren zur Motivation des Gradientenbegriffs. Neben dem Ortsvektor x wird dessen Verschiebung um den Vektor $s\,a$ (gestrichelt eingezeichnet) betrachtet. Dabei ist a ein Einheitsvektor und s ein Skalar.

$$
\begin{aligned}
G &= \lim_{s \to 0} \frac{f(x + s\,a) - f(x)}{|s\,a|} \\
&= \lim_{s \to 0} \frac{[f(x + s\,a) - f(x + s\,a_2)] + [f(x + s\,a_2) - f(x)]}{s}
\end{aligned} \qquad (28.31)
$$

Das Subtrahieren und Addieren des speziellen Funktionswerts $f(x + s\,a_2)$ dient dazu, die Ableitung in Richtung von a in zwei Teile zu zerlegen: zuerst Ableitung in Richtung von a_2, also in Richtung von x_2, und anschließend in Richtung von a_1, also von x_1.

Die Größe G hängt von Vektoren ab, ist aber selbst ein Skalar. Wir erweitern den ersten Klammerausdruck von (28.31) mit a_1 und den zweiten mit a_2:

$$G = a_1 \lim_{s \to 0} \frac{f(x + s\,a_1 + s\,a_2) - f(x + s\,a_2)}{s\,a_1} + a_2 \lim_{s \to 0} \frac{f(x + s\,a_2) - f(x)}{s\,a_2} \qquad (28.32)$$

Mit (28.30) ergibt sich

$$
\begin{aligned}
G &= a_1 \lim_{s \to 0} \frac{f(x_1 + s\,a_1, x_2 + s\,a_2) - f(x_1, x_2 + s\,a_2)}{s\,a_1} \\
&\quad + a_2 \lim_{s \to 0} \frac{f(x_1, x_2 + s\,a_2) - f(x_1, x_2)}{s\,a_2}
\end{aligned} \qquad (28.33)
$$

Im ersten Term ist das zweite unabhängige Argument von f konstant, aber im zweiten Term das erste. Das entspricht zwei verschiedenen partiellen Ableitungen:

$$G = a_1 \frac{\partial f(x_1, x_2)}{\partial x_1} + a_2 \frac{\partial f(x_1, x_2)}{\partial x_2} \tag{28.34}$$

Diese skalare Größe ist die gewöhnliche Ableitung in Richtung von $\boldsymbol{a}$. Wir multiplizieren den ersten Summanden mit $1 = \boldsymbol{e}_1 \cdot \boldsymbol{e}_1$ und den zweiten mit $1 = \boldsymbol{e}_2 \cdot \boldsymbol{e}_2$, was G nicht verändert:

$$G = (a_1 \, \boldsymbol{e}_1) \cdot \left(\boldsymbol{e}_1 \, \frac{\partial f}{\partial x_1} \right) + (a_2 \, \boldsymbol{e}_2) \cdot \left(\boldsymbol{e}_2 \, \frac{\partial f}{\partial x_2} \right) \tag{28.35}$$

Weil $\boldsymbol{e}_1$ und $\boldsymbol{e}_2$ orthogonal sind, lässt sich das auch so schreiben:

$$G = (a_1 \, \boldsymbol{e}_1 + a_2 \, \boldsymbol{e}_2) \cdot \left(\boldsymbol{e}_1 \, \frac{\partial f}{\partial x_1} + \boldsymbol{e}_2 \, \frac{\partial f}{\partial x_2} \right) = \boldsymbol{a} \cdot \left(\boldsymbol{e}_i \, \frac{\partial f}{\partial x_i} \right) \tag{28.36}$$

Hier ist es nun ein Leichtes, durch die Definition

$$\boxed{\boldsymbol{e}_i \, \frac{\partial}{\partial x_i} = \boldsymbol{\nabla}} \tag{28.37}$$

den *Gradientoperator* einzuführen. Damit erhalten wir am Ende:

$$G = \boldsymbol{a} \cdot \boldsymbol{\nabla} f = a_i \, \frac{\partial f}{\partial x_i} \tag{28.38}$$

Das Symbol $\boldsymbol{\nabla}$ wird „*Nabla*" ausgesprochen und gelegentlich auch als „del-Operator" bezeichnet. G lässt sich also als Projektion des Gradienten auf den Einheitsvektor $\boldsymbol{a}$ darstellen. Weil aber $\boldsymbol{a}$ beliebig ist, hat dieser Vektor keine Bedeutung, er verhilft nur dem Gradienten zu einem Skalar und wirkt als Empfängervektor.

Für die j-te Komponente des Gradientenvektors ergibt sich wie vorher durch Projektion auf $\boldsymbol{e}_j$:

$$\boxed{\boldsymbol{e}_j \cdot \boldsymbol{\nabla} = \boldsymbol{e}_j \cdot \boldsymbol{e}_i \, \frac{\partial}{\partial x_i} = \frac{\partial}{\partial x_j}} \tag{28.39}$$

Die vorstehende Betrachtung haben wir in zwei Dimensionen durchgeführt, aber sie gilt natürlich für beliebige Dimensionen, insbesondere für unseren dreidimensionalen Raum.

28.2.2 Anwendung des $\boldsymbol{\nabla}$-Operators

Mit dem Nabla-Operator kann man nun verschiedene Ausdrücke der Tensoranalysis als Vektorgrößen schreiben. Angewendet auf f, definiert in Gleichung (28.30), sowie auf den Vektor $\boldsymbol{v}$ (dabei denken wir meist an den Geschwindigkeitsvektor) werden folgende Begriffe verwendet:

■ Gradient der skalaren Funktion $f(\boldsymbol{x})$:

$$\boldsymbol{\nabla} f = \boldsymbol{e}_i \frac{\partial f}{\partial x_i} = \frac{\partial f}{\partial x}\,\boldsymbol{i} + \frac{\partial f}{\partial y}\,\boldsymbol{j} + \frac{\partial f}{\partial z}\,\boldsymbol{k} = \begin{pmatrix} \partial_x f \\ \partial_y f \\ \partial_z f \end{pmatrix} \tag{28.40}$$

In der Mitte haben wir, statt wie bisher nach den $\boldsymbol{e}_i$, nach den Einheitsvektoren $\boldsymbol{i}, \boldsymbol{j}, \boldsymbol{k}$ entwickelt, sogleich in den kartesischen Koordinaten x, y, z. Rechts haben wir den Gradienten als Spaltenvektor geschrieben. Außerdem haben wir die unmittelbar verständliche Abkürzung $\partial/\partial x = \partial_x$ (entsprechend auch für y und z) verwendet.

■ Totales Differenzial der skalaren Funktion $f(\boldsymbol{x})$:

$$\mathrm{d} f = f(\boldsymbol{x} + \mathrm{d}\boldsymbol{x}) - f(\boldsymbol{x}) = \boldsymbol{\nabla} f \cdot \mathrm{d}\boldsymbol{x} \tag{28.41}$$

■ Der Operator der totalen Zeitableitung lautet in Vektornotation

$$\frac{\mathrm{d}}{\mathrm{d}t} = \frac{\partial}{\partial t} + \boldsymbol{v} \cdot \boldsymbol{\nabla} \tag{28.42}$$

■ Gradient des Vektors $\boldsymbol{v}(\boldsymbol{x})$:

$$\boldsymbol{\nabla}\boldsymbol{v} = \boldsymbol{e}_i \frac{\partial}{\partial x_i} \left(v_j\,\boldsymbol{e}_j\right) = \frac{\partial v_j}{\partial x_i}\,\boldsymbol{e}_i\,\boldsymbol{e}_j \tag{28.43}$$

Der Nabla-Operator lässt sich nicht nur auf Skalare, sondern allgemein auf Tensoren anwenden. Dabei erzeugt er einen Tensor höherer Stufe. Hier ist es die *Dyade* $\boldsymbol{e}_i\,\boldsymbol{e}_j$, ein Tensor zweiter Stufe. Die Formel (28.43) kann man auch auf die Koordinaten x, y, z oder auf die Windkomponenten u, v, w umschreiben.

■ Divergenz des Vektors $\boldsymbol{v}(\boldsymbol{x})$:

$$\boldsymbol{\nabla} \cdot \boldsymbol{v} = \boldsymbol{e}_i \cdot \frac{\partial}{\partial x_i} \left(v_j\,\boldsymbol{e}_j\right) = \left(\boldsymbol{e}_i \cdot \boldsymbol{e}_j\right) \frac{\partial v_j}{\partial x_i} = \delta_{ij} \frac{\partial v_j}{\partial x_i} = \frac{\partial v_i}{\partial x_i} \tag{28.44}$$

Hier haben wir einmal die ganze Kette der Indexumrechnungen ausgeschrieben. In kartesischen Koordinaten gilt

$$\boldsymbol{\nabla} \cdot \boldsymbol{v} = \partial_x u + \partial_y v + \partial_z w \tag{28.45}$$

■ Rotation des Vektors $\boldsymbol{v}(\boldsymbol{x})$:

$$\boldsymbol{\nabla} \times \boldsymbol{v} = \varepsilon_{ijk} \frac{\partial}{\partial x_i}\, v_j\,\boldsymbol{e}_k \tag{28.46}$$

Das entspricht der obigen Formel (28.26) für das Kreuzprodukt. Statt der tensoriellen Schreibweise ist auch die Determinantenschreibweise zweckmäßig:

$$\boldsymbol{\nabla} \times \boldsymbol{v} = \begin{vmatrix} \boldsymbol{i} & \boldsymbol{j} & \boldsymbol{k} \\ \partial_x & \partial_y & \partial_z \\ u & v & w \end{vmatrix} \tag{28.47}$$

Damit erhalten wir für die fertig ausgerechnete Determinante:

$$\boldsymbol{\nabla} \times \boldsymbol{v} = (\partial_y\, w - \partial_z\, v)\, \boldsymbol{i} + (\partial_z\, u - \partial_x\, w)\, \boldsymbol{j} + (\partial_x\, v - \partial_y\, u)\, \boldsymbol{k} \tag{28.48}$$

Als Spaltenvektor formuliert lautet sie

$$\boldsymbol{\nabla} \times \boldsymbol{v} = \begin{pmatrix} \partial_y\, w - \partial_z\, v \\ \partial_z\, u - \partial_x\, w \\ \partial_x\, v - \partial_y\, u \end{pmatrix} \tag{28.49}$$

Die hier aufgeführten Werkzeuge der dreidimensionalen Vektoranalysis sind für den Einstieg in die theoretische Meteorologie grundlegend und weitgehend auch ausreichend. Für spätere Vertiefungen des formalen Apparats sei auf Pichler (1997) oder Zdunkowski und Bott (2003) sowie auf Standardwerke der mathematischen Physik (z. B. Lang und Pucker, 2005) verwiesen.

28.2.3 Spezielle Vektorformeln

Für beliebige Skalare Φ und Ψ sowie Vektoren $\boldsymbol{A}$ und $\boldsymbol{B}$ gelten folgende Regeln:

$$\begin{aligned} \boldsymbol{\nabla}(\Phi + \Psi) &= \boldsymbol{\nabla}\Phi + \boldsymbol{\nabla}\Psi & (28.50) \\ \boldsymbol{\nabla}\cdot(\boldsymbol{A} + \boldsymbol{B}) &= \boldsymbol{\nabla}\cdot\boldsymbol{A} + \boldsymbol{\nabla}\cdot\boldsymbol{B} & (28.51) \\ \boldsymbol{\nabla}\times(\boldsymbol{A} + \boldsymbol{B}) &= \boldsymbol{\nabla}\times\boldsymbol{A} + \boldsymbol{\nabla}\times\boldsymbol{B} & (28.52) \\ \boldsymbol{\nabla}(\Phi\,\Psi) &= \Psi\,\boldsymbol{\nabla}\Phi + \Phi\,\boldsymbol{\nabla}\Psi & (28.53) \\ \boldsymbol{\nabla}\cdot(\Phi\boldsymbol{A}) &= \boldsymbol{A}\cdot\boldsymbol{\nabla}\Phi + \Phi\,\boldsymbol{\nabla}\cdot\boldsymbol{A} & (28.54) \\ \boldsymbol{\nabla}\times(\Phi\boldsymbol{A}) &= (\boldsymbol{\nabla}\Phi)\times\boldsymbol{A} + \Phi\,(\boldsymbol{\nabla}\times\boldsymbol{A}) & (28.55) \\ \boldsymbol{\nabla}\cdot(\boldsymbol{A}\times\boldsymbol{B}) &= \boldsymbol{B}\cdot(\boldsymbol{\nabla}\times\boldsymbol{A}) - \boldsymbol{A}\cdot(\boldsymbol{\nabla}\times\boldsymbol{B}) & (28.56) \\ \boldsymbol{\nabla}\times(\boldsymbol{A}\times\boldsymbol{B}) &= (\boldsymbol{B}\cdot\boldsymbol{\nabla})\boldsymbol{A} - \boldsymbol{B}\,(\boldsymbol{\nabla}\cdot\boldsymbol{A}) - (\boldsymbol{A}\cdot\boldsymbol{\nabla})\boldsymbol{B} + \boldsymbol{A}\,(\boldsymbol{\nabla}\cdot\boldsymbol{B}) & (28.57) \\ \boldsymbol{\nabla}(\boldsymbol{A}\cdot\boldsymbol{B}) &= (\boldsymbol{B}\cdot\boldsymbol{\nabla})\boldsymbol{A} + (\boldsymbol{A}\cdot\boldsymbol{\nabla})\boldsymbol{B} + \boldsymbol{B}\times(\boldsymbol{\nabla}\times\boldsymbol{A}) + \boldsymbol{A}\times(\boldsymbol{\nabla}\times\boldsymbol{B}) & (28.58) \\ \boldsymbol{\nabla}\times\boldsymbol{\nabla}\Phi &= \boldsymbol{0} & (28.59) \\ \boldsymbol{\nabla}\cdot(\boldsymbol{\nabla}\times\boldsymbol{A}) &= 0 & (28.60) \\ \boldsymbol{\nabla}\times(\boldsymbol{\nabla}\times\boldsymbol{A}) &= \boldsymbol{\nabla}(\boldsymbol{\nabla}\cdot\boldsymbol{A}) - \boldsymbol{\nabla}^2\boldsymbol{A} & (28.61) \\ \boldsymbol{\nabla}\cdot(\boldsymbol{A}\boldsymbol{B}) &= (\boldsymbol{\nabla}\cdot\boldsymbol{A})\boldsymbol{B} + (\boldsymbol{A}\cdot\boldsymbol{\nabla})\boldsymbol{B} & (28.62) \\ \boldsymbol{\nabla}(\boldsymbol{A}\cdot\boldsymbol{B}) &= (\boldsymbol{\nabla}\boldsymbol{A})\cdot\boldsymbol{B} + (\boldsymbol{A}\boldsymbol{\nabla})\cdot\boldsymbol{B} & (28.63) \end{aligned}$$

Besonders wichtig sind die Formeln (28.59) und (28.60): Die erste besagt, dass Gradientenfelder wirbelfrei sind, und die zweite, dass Wirbelfelder gradientenfrei sind. Das Skalarprodukt ∇^2 von Nabla mit sich selbst wird auch als Δ-Operator geschrieben und als *Laplace-Operator* bezeichnet.

28.2.4 Die Weber-Transformation

Einen Spezialfall von Gleichung (28.58) erhält man im Fall $A = B$:

$$\nabla(A \cdot A) = 2\,(A \cdot \nabla)A + 2\,A \times (\nabla \times A) \tag{28.64}$$

oder

$$(A \cdot \nabla)A = \frac{1}{2}\,\nabla A^2 + (\nabla \times A) \times A \tag{28.65}$$

Das ist die *Weber-Transformation*; man kann sie mit Hilfe der obigen Tensorformel (28.23) beweisen. Die Weber-Transformation ist von Bedeutung, wenn wir A mit der Geschwindigkeit v identifizieren. Die linke Seite entspricht dann der Advektion von Impuls im Euler-Operator:

$$\boxed{(v \cdot \nabla)\,v = \nabla \frac{v^2}{2} + \zeta \times v} \tag{28.66}$$

Der erste Term rechts ist der Gradient der spezifischen kinetischen Energie, der zweite das Vektorprodukt von Vorticity und Wind.

28.2.5 Die Helmholtzsche Vektorzerlegung

Für einen beliebigen Vektor v (den wir uns sogleich als Windvektor vorstellen können) lässt sich stets ein Vektor P finden, der diese Poisson-Gleichung löst:

$$v = \nabla^2 P \tag{28.67}$$

Für P gilt (bei Anwendung der passenden Formel aus der vorstehenden Sammlung):

$$\nabla^2 P = \nabla(\nabla \cdot P) - \nabla \times (\nabla \times P) \tag{28.68}$$

Kürzen wir $\nabla \cdot P$ mit χ und $\nabla \times P$ mit Ψ ab, so folgt

$$\boxed{v = \underbrace{\nabla \chi}_{u} + \underbrace{(-\nabla \times \Psi)}_{w}} \tag{28.69}$$

Man kann also jeden Vektor in den Gradienten eines *skalaren Potenzials* χ (diese Komponente ist wirbelfrei) und die Rotation eines *Vektorpotenzials* $\boldsymbol{\Psi}$ aufspalten (diese Komponente ist divergenzfrei). Das negative Vorzeichen in der Definition von $\boldsymbol{w}$ sieht auf den ersten Blick künstlich aus, ist aber doch zweckmäßig. Ein Geschwindigkeitsfeld, dessen Vektorpotenzial überall verschwindet, bezeichnet man in der Fluidphysik als *Potenzialströmung*. Das skalare Potenzial isoliert man aus einem vorgelegten Vektor $\boldsymbol{v}$ durch Divergenzbildung, das Vektorpotenzial durch Rotationsbildung:

$$\nabla \cdot v = \nabla^2 \chi \qquad \nabla \times v = \nabla^2 \boldsymbol{\Psi} \tag{28.70}$$

Durch Lösen von Poisson-Gleichungen lassen sich χ und $\boldsymbol{\Psi}$ bestimmen.

28.2.6 Komponenten des horizontalen Windes

Ein wichtiger Spezialfall ist die Zerlegung eines horizontalen Vektors. Wir behandeln das anhand des Horizontalwindes $\boldsymbol{V} = u\,\boldsymbol{e}_x + v\,\boldsymbol{e}_y$. Dieser formal dreidimensionale Vektor hat die Vertikalkomponente null. Dementsprechend braucht das zugehörige Vektorpotenzial $\boldsymbol{\Psi}$ nur eine vertikale Komponente zu haben:

$$\boldsymbol{\Psi} = \begin{pmatrix} 0 \\ 0 \\ \psi \end{pmatrix} = \psi\,\boldsymbol{k} \tag{28.71}$$

Hier haben wir $\boldsymbol{k} = \boldsymbol{e}_3$ gesetzt. Die skalare Funktion $\psi = \psi(x,y)$ nennt man *Stromfunktion*. Damit erhält man gemäß der Zerlegung (28.69) den folgenden horizontalen Vektor:

$$\boldsymbol{w} = -\nabla \times \boldsymbol{\Psi} = -\begin{pmatrix} \boldsymbol{i} & \boldsymbol{j} & \boldsymbol{k} \\ \partial_x & \partial_y & * \\ 0 & 0 & \Psi \end{pmatrix} = \begin{pmatrix} -\partial\psi/\partial y \\ \partial\psi/\partial x \\ 0 \end{pmatrix} = \boldsymbol{k} \times \nabla\psi \tag{28.72}$$

Für die Umformung von links bis nach ganz rechts haben wir die obige Vektorformel (28.55) sowie die Tatsache verwendet, dass $\nabla \times \boldsymbol{k} = 0$ ist. Wir interpretieren den Vektor (28.72) als *Rotationskomponente* des Horizontalwindes. Das Symbol $*$ in der zweiten Zeile besagt, dass die vertikale Operatorkomponente nicht spezifiziert werden muss, weil sie sowieso nur auf verschwindende Komponenten von $\boldsymbol{\Psi}$ wirkt. Das rechtfertigt, den 3D-Nabla-Operator ∇ durch seine 2D-Komponente ∇ zu ersetzen, bei der die vertikale Ableitung nicht aktiv ist. Der Potenzialanteil von $\boldsymbol{V}$ lautet

$$\boldsymbol{u} = \nabla\chi \tag{28.73}$$

Der horizontale Windvektor ist also gegeben durch

$$\boldsymbol{V} = \nabla\chi + \boldsymbol{k} \times \nabla\psi = \underbrace{\left(\frac{\partial\chi}{\partial x} - \frac{\partial\psi}{\partial y} \right)}_{=\,u} \boldsymbol{i} + \underbrace{\left(\frac{\partial\chi}{\partial y} + \frac{\partial\psi}{\partial x} \right)}_{=\,v} \boldsymbol{j} \tag{28.74}$$

Im ersten Ausdruck sind divergente und rotierende Komponente getrennt geschrieben. Im zweiten Ausdruck sind beide in der x- und der y-Komponente des Windvektors zusammengefasst. Potenzial χ und Stromfunktion ψ für einen gegebenen Windvektor $\boldsymbol{V}(x,y)$ gewinnt man als Lösungen der Poisson-Gleichungen:

$$\nabla \cdot \boldsymbol{V} = \nabla^2 \chi \qquad (\nabla \times \boldsymbol{V}) \cdot \boldsymbol{k} = \nabla^2 \psi \qquad (28.75)$$

Die Divergenzbildung bildet auf einen Skalar ab. Daher enthält die linke Gleichung in (28.75) rechts und links Skalare. In der rechten Gleichung liefert die Rotationsbildung zunächst einen Vektor, der jedoch nur eine vertikale Komponente hat; um diese zu isolieren, haben wir ihn auf $\boldsymbol{k}$ projiziert.

29 Weiterführende Literatur

Die meisten in diesem Buch behandelten Themen haben ihre klassische Form längst gefunden. Allerdings setzt jeder Autor andere Akzente. Außerdem sind die Meteorologie und die Klimatologie in die Geofluiddynamik eingebettet, und dieses Feld ist seit einem halben Jahrhundert in stürmischer Entwicklung. Hinzu kommt, dass in diesem Buch manche Gebiete nur stiefmütterlich oder gar nicht dargestellt werden, obwohl sie begrifflich eigentlich auch dazu gehören; ein Beispiel dafür ist die Statistik (siehe Taylor), ein anderes die Chemie (siehe Graedel und Crutzen).

Der Leser sei daher ermutigt, beim Studium der theoretischen Meteorologie auch andere Autoren (nicht nur deutschsprachige) zu befragen. Im Folgenden wird eine kurze, subjektive Bibliographie dazu gegeben. Dabei sind auch einige Werke aufgenommen, die teilweise weit aus dem vorliegenden Buch herausführen; ein Beispiel ist die Datensammlung von Kottek und Hantel, ein anderes das Buch von de Groot und Mazur über irreversible Thermodynamik. – Am nächsten verwandt mit dem vorliegenden Werk sind die Bücher von Etling, Holton, Lange, Pichler und Satoh.

- Benoit **Cushman-Roisin** and Jean-Marie **Beckers**: *Introduction to Geophysical Fluid Dynamics*. Elsevier (2011), 828 ff. Umfassende moderne Einführung in die Dynamik der Geofluide Atmosphäre und Ozean, im Fachjargon als GFD bezeichnet. Die GFD wird verstanden als Dynamik von Geofluiden angesichts von Rotation und Schichtung. Gehört zu den Standardwerken im englischsprachigen Raum.

- Andreas **Bott**: *Synoptische Meteorologie – Methoden der Wetteranalyse und -prognose*. Springer Spektrum (2012), 485 ff. Neues deutschsprachiges Lehrbuch der theoretischen Synoptik.

- S.R. **de Groot** and P. **Mazur**: *Non-Equilibrium Thermodynamics*. Dover Publications (1984), 510 ff. Klare, geschlossene Darstellung der Theorie irreversibler Prozesse, trotz der Tiefe der Abhandlung gut verständlich. Im Mittelpunkt steht der Zusammenhang der Haushaltsgleichungen für Masse, Energie und Impuls mit dem Haushalt der Entropie und der irreversiblen Entropiequelle.

- Dieter **Etling**: *Theoretische Meteorologie – Eine Einführung*. Springer Verlag (2002), 354 ff. In Stoffumfang dem vorliegenden Buch am ehesten ähnlich, jedoch weniger begriffsbezogen und stärker anwendungsbezogen orientiert, außerdem weniger die globalen Aspekte und mehr die lokale Skala betonend.

- G. **Falk** und W. **Ruppel**: *Energie und Entropie – Eine Einführung in die Thermodynamik*. Springer Verlag (1976), 408 ff. Didaktisch gelungene Darstellung der physikalischen Thermodynamik mit Konzentration auf die zentralen Größen Energie und Entropie. Axiomatische Begründung der Gibbsschen Fundamentalgleichung für das Energiedifferenzial.

- T.E. **Graedel** und Paul J. **Crutzen**: *Chemie der Atmosphäre – Bedeutung für Klima und Umwelt*. Spektrum Akademischer Verlag (1994), 511 ff. Einführung in die chemischen Prozesse der Atmosphäre, insbesondere die Chemie der Schadstoffe. Crutzen erklärte das 1985 entdeckte Ozonloch (Nobelpreis für Chemie 1995).

- James R. **Holton**: *An Introduction to Dynamic Meteorology*. Academic Press (1992), 511 ff. Verbreitetes Standardlehrbuch der dynamischen Meteorologie im englischsprachigen Raum, hervorgegangen aus der Theoretikerschule an den Universitäten im Osten der USA. Keine Strahlungs- und kaum eine thermodynamische Komponente behandelt, sehr kompakt.

- Josef **Honerkamp** und Hartmann **Römer**: *Klassische Theoretische Physik – Eine Einführung*. Springer Verlag (1993), 335 ff. Zusammenhängende übersichtliche Darstellung der Hauptgebiete der klassischen theoretischen Physik. Lesenswert das Kapitel „Elemente der Strömungslehre".

- Markus **Kottek** and Michael **Hantel**: *Global climate maps 1991–1995*. Kapitel 17 in: M. Hantel (Ed.): *Observed Global Climate*, Landolt-Börnstein, Numerical Data and Functional Relationships in Science and Technology, New Series, Vol. V/6. Springer Verlag (2005), 567 ff. Klimakarten der globalen atmosphärischen Zirkulation; Beispiele daraus wurden in Kapitel 25 des vorliegenden Buches verwendet.

- Helmut **Kraus**: *Grundlagen der Grenzschichtmeteorologie – Einführung in die Physik der atmosphärischen Grenzschicht und in die Mikrometeorologie*. Springer Verlag (2008), 211 ff. Knappe, physikalisch orientierte Darstellung der wesentlichen Konzepte von Grenzschicht- und Mikrometeorologie durch einen erfahrenen Praktiker.

- Christian B. **Lang** und Norbert **Pucker**: *Mathematische Methoden in der Physik*. Spektrum Akademischer Verlag (2005), 713 ff. Gut geschriebener Zugang zu den im vorliegenden Buch angewandten mathematischen Methoden.

- Hans-Joachim **Lange**: *Die Physik des Wetters und des Klimas – Ein Grundkurs zur Theorie des Systems Atmosphäre*. Dietrich Reimer Verlag (2002), 625 ff. Ausführliche Behandlung der Thermodynamik, vornehmlich aus der Perspektive der theoretischen Berliner Schule. Mathematisch anspruchsvoll, dennoch anschaulich und gut zu verstehen, über weite Strecken geradezu ein Lesebuch.

- Helmut **Pichler**: *Dynamik der Atmosphäre*. Spektrum Akademischer Verlag (1997), 572 ff. Inhaltsreiches und umfassendes Standardlehrbuch im deutschsprachigen Raum, konzentriert auf das Gesamtgebiet der dynamischen Meteorologie. In der Anlage ähnlich wie Holton, jedoch formal konsequenter. Durchgehende Verwendung der Vektor- und der Tensorschreibweise.

- Wilhelm **Raith**: *Bergmann-Schäfer – Lehrbuch der Experimentalphysik (Erde und Planeten)*. Band 7 der Lehrbuchs der Experimentalphysik von Bergmann-Schäfer, Walter de Gruyter (2001), 727 ff. Zusammenstellung der Einzelfächer, die sich mit der Erde beschäftigen: Geophysik, Ozeanographie, Meteorologie, Planetologie. Bietet in den Kapiteln *Meteorologie* und *Klimatologie* die Grundlagen für die wichtigsten Phänomene dieser Disziplinen.

- Masaki **Satoh**: *Atmospheric Circulation Dynamics and General Circulation Models*. Springer Verlag (2004), 643 ff. Umfangreiches und vollständiges, jedoch besonders gut balanciertes und kompaktes Lehrbuch der gesamten theoretischen Meteorologie bis hinein in die Klimatologie. Frische und robuste Darstellung aus Sicht eines führenden Theoretikers globaler Klimamodelle.

- John R. **Taylor**: *An Introduction to Error Analysis – The Study of Uncertainties in Physical Measurements*. University Science Books(1982), 270 ff. Überlegen klare und einfache Darstellung der Grundgedanken der Statistik. Führt von der Interpretation von Messdaten hin zur linearen Regression und zur Bewertung der Anpassungsgüte.

- Philip D. **Thompson**: *Numerical Weather Analysis and Prediction*. The Macmillan Company, New York (1961), 170 ff. Eine der frühen Darstellungen des barotropen und des baroklinen Modells, in Klarheit und Einfachheit unübertroffen. Das schlanke Buch ist geeignet zum Grundstudium linearer Wellen, der Vorticity, des Zwei-Schichten-Modells und der numerischen Lösung der Vorticity-Gleichung.

- Wilford **Zdunkowski** and Andreas **Bott**: *A Coursein Theoretical Meteorology*. Cambridge University Press (Dynamics of the Atmosphere (2003), 719 ff.; Thermodynamics of the Atmosphere, 2004, 251 ff.; Radiation in the Atmosphere (2007), 496 ff. Letzteres zusammen mit Thomas **Trautmann**). Dreibändiges Lehrbuch, umfassende Gesamtdarstellung der theoretischen Meteorologie im Stil der Hinkelmannschen Mainzer Schule. Überzeugende Verwendung der Vektor- und der Tensorschreibweise. Vielfach ausführlicher als das vorliegende Buch, auch mathematisch deutlich anspruchsvoller.

Index

Printed in the United States
By Bookmasters